高等学校电子信息类规划教材

U0276002

人工智能原理与方法

王永庆 编著

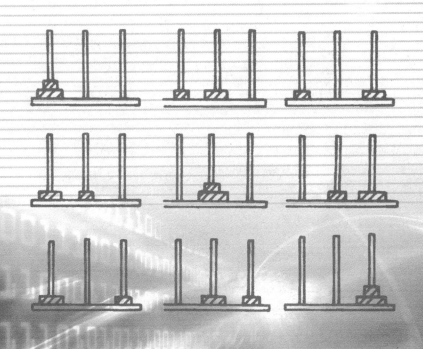

西安交通大学出版社
XI'AN JIAOTONG UNIVERSITY PRESS

内 容 简 介

　　本书较全面地介绍了人工智能的基本理论、方法及其应用技术。全书共 12 章，可分为三大部分：第一部分包括第 1 章至第 6 章，论述了人工智能的三大技术，即知识表示、推理及搜索，重点讨论了不确定性的表示及处理技术；第二部分包括第 7 章至第 10 章，着重讨论了专家系统、机器学习、模式识别及智能决策支持系统等研究领域的有关概念及系统构成技术；第三部分包括第 11 章和第 12 章，分别讨论了神经网络和智能计算机的概念、模型、研究现状及展望等。

　　该书取材新颖，具有系统性、新颖性、实用性及可读性等特点，便于教学和自学，适于作为计算机学科本科生及研究生的教科书，亦可供有关科技人员参考

图书在版编目（CIP）数据

　　人工智能原理与方法/工永庆编著. — 西安. 西安交通大学
出版社，1998.5 （2023.8 重印）
　　ISBN 978-7-5605-0934-1

　　I.①人… 　II.①王… 　III.①人工智能 　IV. TP18

　　中国版本图书馆 CIP 数据核字（2011）第 120136 号

书　　名	人工智能原理与方法
编　著	王永庆
责任编辑	曹昳
出版发行	西安交通大学出版社
	（西安市兴庆南路 1 号　邮政编码 710048）
网　　址	http://www.xjtupress.com
电　　话	（029）82668357　82667874（市场营销中心）
	（029）82668315（总编办）
传　　真	（029）82668280
印　　刷	陕西思维印务有限公司
开　　本	787mm×1092mm　1/16　印张 30　字数 727 千字
版次印次	1998 年 5 月第 1 版　2023 年 8 月第 20 次印刷
书　　号	ISBN 978-7-5605-0934-1
定　　价	69.80 元

出 版 说 明

为做好全国电子信息类专业"九五"教材的规划和出版工作,根据国家教委《关于"九五"期间普通高等教育教材建设与改革的意见》和《普通高等教育"九五"国家级重点教材立项、管理法》,我们组织各有关高等学校、中等专业学校、出版社、各专业教学指导委员会,在总结前四轮规划教材编审、出版工作的基础上,根据当代电子信息科学技术的发展和面向 21 世纪教学内容和课程体系改革的要求,编制了《1996~2000 年全国电子信息类专业教材编审出版规划》。

本轮规划教材是由个人申报,经各学校、出版社推荐,由各专业教学指导委员会评选,并由我部教材办与各专指委、出版社审核后确定的。本轮规划教材的编制,注意了将教学改革力度较大、有创新精神、特色风格的教材和质量较高、教学适用性较好、需要修订的教材以及教学急需,尚无正式教材的选题优先列入规划。在重点规划本科、专科和中专教材的同时,选择了一批对学科发展具有重要意义,反映学科前沿的选修课、研究生课教材列入规划,以适应高层次专门人才培养的需要。

限于我们的水平和经验,这批教材的编审、出版工作还可能存在不少缺点和不足,希望使用教材的学校、教师、同学和广大读者积极提出批评和建议,以不断提高教材的编写、出版质量,共同为电子信息类专业教材建设服务。

电子工业部教材办公室

前　言

本教材系按电子工业部的《1996～2000 年全国电子信息类专业教材编审出版规划》,由全国高校计算机专业教学指导委员会编审、推荐出版。该书由马玉祥教授主审,李伯成教授为责任编委。

人工智能自 1956 年作为一门新兴的前沿学科问世以来,已经取得了许多引人瞩目的成就,逐渐形成了诸如专家系统、机器学习、模式识别、自然语言理解、机器人学等多个研究领域。现在,各发达国家都把人工智能作为重点列入了本国的高科技发展计划,投入了巨大的人力与财力,并在智能计算机的研制方面形成了激烈竞争的局面。在这种形势下,作者曾于 1994 年编写出版了《人工智能》一书,被多所高等院校用作本科生及研究生教材,反映较好,3 年内先后印刷两次,仍不能满足需要。为了适应教学、科研等日益发展的需求,作者在该书的基础上,吸收国内外最新的研究成果并结合自己的研究及教学实践,经修订及大量增加新内容,重新编写了《人工智能原理与方法》这本书,把它奉献给广大读者,愿它能对从事该学科研究及学习的人们有所启迪与帮助。

作者从事人工智能的教学及研究工作多年,深切体会到这一研究及教学的难度。这一方面是由于人工智能是一门涉及面较宽的综合性学科,与数学、计算机科学、思维科学、神经生理学、心理学等多种学科都有密切的联系,需要多方面的知识;另一方面是由于它是一门正在迅速发展着的学科,新的思想、新的理论以及新的方法不断涌现,新的研究成果不断充实着它的研究内容,尚未形成完整、成熟的理论体系,这除了对研究者提供了广阔的研究天地外,同时也要求他们要不断地学习,随时跟踪迅速发展的形势。鉴于这些情况,本书在选材、内容组织及描述等方面力求做到:

系统性:系统地介绍人工智能的基本理论、方法及实现技术。

新颖性:在介绍人工智能的传统理论及方法的同时,着眼于当前国内外的最新研究,使读者掌握当前提出的新理论、新方法,跟踪各研究领域发展的新趋势。

实用性:把理论与应用实践密切结合起来,既注重理论上的探讨,又注重理论在实践中的应用。本书结合当前国内外人工智能应用的实际情况,对不确定性的概念及其表示与处理方法做了较多的讨论,提供了多种处理方法。

可读性:鉴于人工智能涉及的面较宽,学习上有一定难度的情况,本书首先对有关的预备性知识进行了简要的讨论,为后继内容的学习作了铺垫;另外在内容的安排上努力做到由浅入深,前呼后应;在语言的表达方式上力求通俗易懂,尽量用实例说明抽象的概念与原理,便于理解;每一章的后面都附有小结与思考题,突出重点,便于教学与自学。

本书可作为大学本科人工智能课程的教科书,亦可作为研究生以及对人工智能有兴趣的科技、工程技术人员学习的参考书。

全书共分 12 章。第 1 章(绪论)介绍人工智能的基本概念,例如什么是人工智能,人工智能的研究目标及方法等;第 2 章(人工智能的数学基础)介绍本书中用到的数学知识,如一阶谓词逻辑、多值逻辑、概率及模糊理论等;第 3 章(知识与知识表示)介绍知识的概念、特性及其表示方法;第 4 章(经典逻辑推理)介绍推理的基本概念以及运用经典逻辑进行的推理,如自然演绎推理、归结演绎推理等;第 5 章(不确定与非单调推理)介绍不确定性推理与非单调推理的概念、不确定性推理中需要解决的基本问题、不确定性的表示方法及处理方法等;第 6 章(搜索策略)介绍推理中的各种搜索策略,如盲目搜索及启发式搜索等;第 7 章(专家系统)、第 8 章(机器学习)、第 9 章(模式识别)及第 10 章(智能决策支持系统)分别介绍人工智能中各主要研究领域的有关概念及实现技术;第 11 章(神经网络)介绍神经网络的概念、主要模型及其在专家系统与模式识别中的应用;第 12 章(智能计算机)介绍智能计算机的概念以及当前研究的现状与展望。

李伯成教授、马玉祥教授在百忙中对全书进行了审阅,提出了许多宝贵意见,在此谨表示衷心的感谢。研究生罗文通、常欣编制并调试了附录中的程序,在此也表示感谢。

由于作者水平所限,书中疏漏与错误之处在所难免,恳请广大同行和读者指正。

王永庆
1997 年 9 月
于西安交通大学

目 录

第 3 章 知识与知识表示

6

8

第 1 章   绪   论

人工智能(Artificial Intelligence，简记为 AI)是当前科学技术发展中的一门前沿学科,同时也是一门新思想、新观念、新理论、新技术不断出现的新兴学科以及正在迅速发展的学科。它是在计算机科学、控制论、信息论、神经心理学、哲学、语言学等多种学科研究的基础上发展起来的,因此又可把它看作是一门综合性的边缘学科。它的出现及所取得的成就引起了人们的高度重视,并得到了很高的评价。有的人把它与空间技术、原子能技术一起誉为 20 世纪的三大科学技术成就;有的人把它称为继三次工业革命后的一又一次革命,并称前三次工业革命主要是延长了人手的功能,把人类从繁重的体力劳动中解放出来,而人工智能则是延伸人脑的功能,实现脑力劳动的自动化。

本章将讨论智能、人工智能的基本概念,并对人工智能的研究目标、研究内容、研究途径及研究领域进行简要的讨论。

1.1   什么是人工智能

1.1.1   智能

什么是智能? 智能的本质是什么? 这是古今中外许多哲学家、脑科学家一直在努力探索和研究的问题,但至今仍然没有完全解决,以致被列为自然界四大奥秘(物质的本质、宇宙的起源、生命的本质、智能的发生)之一。近些年来,随着脑科学、神经心理学等研究的进展,对人脑的结构和功能积累了一些初步认识,但对整个神经系统的内部结构和作用机制,特别是脑的功能原理还没有完全搞清楚,有待进一步的探索。在此情况下,要从本质上对智能给出一个精确的、可被公认的定义显然是不现实的。目前人们大多是把对人脑的已有认识与智能的外在表现结合起来,从不同的角度、不同的侧面、用不同的方法来对智能进行研究的,提出的观点亦不相同。其中影响较大的主要有思维理论、知识阈值理论及进化理论等。

思维理论来自认知科学。认知科学又称为思维科学,它是研究人们认识客观世界的规律和方法的一门科学,其目的在于揭开大脑思维功能的奥秘。该理论认为智能的核心是思维,人的一切智慧或智能都来自于大脑的思维活动,人类的一切知识都是人们思维的产物,因而通过对思维规律与方法的研究可望揭示智能的本质。

知识阈值理论着重强调知识对于智能的重要意义和作用,认为智能行为取决于知识的数量及其一般化的程度,一个系统之所以有智能是因为它具有可运用的知识。在此认识的基础上,它把智能定义为:智能就是在巨大的搜索空间中迅速找到一个满意解的能力。这一理论在人工智能的发展史中有着重要的影响,知识工程、专家系统等都是在这一理论的影响下发展起来的。

进化理论是由美国麻省理工学院(MIT)的布鲁克(R.A.Brook)教授提出来的。1991 年他提出了"没有表达的智能",1992年又提出了"没有推理的智能",这是他根据自己对人造机器动物的研究与实践提出的与众不同的观点。该理论认为人的本质能力是在动态环境中的行走能力、对外界事物的感知能力、维持生命和繁衍生息的能力,正是这些能力对智能的发展提供了基础,因此智能是某种复杂系统所浮现的性质。它是由许多部件交互作用产生的,智能仅仅由系统总的行为以及行为与环境的联系所决定,它可以在没有明显的可操作的内部表达的情况下产生,也可以在没有明显的推理系统出现的情况下产生。该理论的核心是用控制取代表示,从而取消概念、模型及显式表示的知识,否定抽象对于智能及智能模拟的必要性,强调分层结构对于智能进化的可能性与必要性。目前这一观点尚未形成完整的理论体系,有待进一步的研究,但由于它与人们的传统看法完全不同,因而引起了人工智能界的注意。

综合上述各种观点,可以认为智能是知识与智力的总和。其中,知识是一切智能行为的基础,而智力是获取知识并运用知识求解问题的能力,即在任意给定的环境和目标的条件下,正确制订决策和实现目标的能力,它来自人脑的思维活动。具体地说,智能具有下述特征:

1. 具有感知能力

感知能力是指人们通过视觉、听觉、触觉、味觉、嗅觉等感觉器官感知外部世界的能力。感知是人类最基本的生理、心理现象,是获取外部信息的基本途径,人类的大部分知识都是通过感知获取有关信息,然后经过大脑加工获得的。可以说如果没有感知,人们就不可能获得知识,也不可能引发各种各样的智能活动。因此,感知是产生智能活动的前提与必要条件。

在人类的各种感知方式中,它们所起的作用是不完全一样的。据有关研究,大约80%以上的外界信息是通过视觉得到的,有10%是通过听觉得到的,这表明视觉与听觉在人类感知中占有主导地位。这就提示我们,在人工智能的机器感知方面,主要应加强机器视觉及机器听觉的研究。

2. 具有记忆与思维的能力

记忆与思维是人脑最重要的功能,亦是人们之所以有智能的根本原因所在。记忆用于存储由感觉器官感知到的外部信息以及由思维所产生的知识;思维用于对记忆的信息进行处理,即利用已有的知识对信息进行分析、计算、比较、判断、推理、联想、决策等。思维是一个动态过程,是获取知识以及运用知识求解问题的根本途径。

思维可分为逻辑思维、形象思维以及在潜意识激发下获得灵感而"忽然开窍"的顿悟思维等。其中,逻辑思维与形象思维是两种基本的思维方式。

逻辑思维又称为抽象思维,它是一种根据逻辑规则对信息进行处理的理性思维方式,反映了人们以抽象的、间接的、概括的方式认识客观世界的过程。在此过程中,人们首先通过感觉器官获得对外部事物的感性认识,经过初步概括、知觉定势等形成关于相应事物的信息,存储于大脑中,供逻辑思维进行处理。然后,通过匹配选出相应的逻辑规则,并且作用于已经表示成一定形式的已知信息,进行相应的逻辑推理(演绎)。通常情况下,这种推理都比较复杂,不可能只用一条规则做一次推理就可解决问题,往往要对第一次推出的结果再运用新的规则进行新一轮的推理,等等。至于推理是否会获得成功,这取决于两个因素,一是用于推理的规则是否完备,另一是已知的信息是否完善、可靠。如果推理规则是完备的,由感性认识获得的初始信息是完善、可靠的,则由逻辑思维可以得到合理、可靠的结论。逻辑思维具有如下特点:

(1) 依靠逻辑进行思维。

(2) 思维过程是串行的,表现为一个线性过程。

（3）容易形式化，其思维过程可以用符号串表达出来。

（4）思维过程具有严密性、可靠性，能对事物未来的发展给出逻辑上合理的预测，可使人们对事物的认识不断深化。

形象思维又称为直感思维，它是一种以客观现象为思维对象、以感性形象认识为思维材料、以意象为主要思维工具、以指导创造物化形象的实践为主要目的的思维活动。在思维过程中，它有两次飞跃，首先是从感性形象认识到理性形象认识的飞跃，即把对事物的感觉组合起来，形成反映事物多方面属性的整体性认识（即知觉），再在知觉的基础上形成具有一定概括性的感觉反映形式（即表象），然后经形象分析、形象比较、形象概括及组合形成对事物的理性形象认识。思维过程的第二次飞跃是从理性形象认识到实践的飞跃，即对理性形象认识进行联想、想象等加工，在大脑中形成新意象，然后回到实践中，接受实践的检验。这个过程不断循环，就构成了形象思维从低级到高级的运动发展。形象思维具有如下特点：

（1）主要是依据直觉，即感觉形象进行思维。

（2）思维过程是并行协同式的，表现为一个非线性过程。

（3）形式化困难，没有统一的形象联系规则，对象不同，场合不同，形象的联系规则亦不相同，不能直接套用。

（4）在信息变形或缺少的情况下仍有可能得到比较满意的结果。

由于逻辑思维与形象思维分别具有不同的特点，因而可分别用于不同的场合。当要求迅速做出决策而不要求十分精确时，可用形象思维，但当要求进行严格的论证时，就必须用逻辑思维；当要对一个问题进行假设、猜想时，需用形象思维，而当要对这些假设或猜想进行论证时，则要用逻辑思维。人们在求解问题时，通常把这两种思维方式结合起来使用，首先用形象思维给出假设，然后再用逻辑思维进行论证。

顿悟思维又称为灵感思维，它是一种显意识与潜意识相互作用的思维方式。在工作及日常生活中，我们都有过这样的体验：当遇到一个问题无法解决时，大脑就会处于一种极为活跃的思维状态，从不同角度用不同方法去寻求问题的解决方法，即所谓的"冥思苦想"。突然间，有一个"想法"从脑中涌现出来，它沟通了解决问题的有关知识，使人"顿开茅塞"，问题迎刃而解。像这样用于沟通有关知识或信息的"想法"通常被称为灵感。灵感也是一种信息，它可能是与问题直接有关的一个重要信息，也可能是一个与问题并不直接相关、且不起眼的信息，只是由于它的到来"捅破了一层薄薄的窗纸"，使解决问题的智慧被启动起来。顿悟思维具有如下特点：

（1）具有不定期的突发性。

（2）具有非线性的独创性及模糊性。

（3）它穿插于形象思维与逻辑思维之中，起着突破、创新、升华的作用。它比形象思维更复杂，至今人们还不能确切地描述灵感的具体实现以及它产生的机理。

最后还应该指出的是，人的记忆与思维是不可分的，它们总是相随相伴的，其物质基础都是由神经元组成的大脑皮质，通过相关神经元此起彼伏的兴奋与抑制实现记忆与思维活动。

3. 具有学习能力及自适应能力

学习是人的本能，每个人都在随时随地的进行着学习，既可能是自觉的、有意识的，也可能是不自觉、无意识的；既可以是有教师指导的，也可以是通过自己的实践。总之，人人都在通过与环境的相互作用，不断地进行着学习，并通过学习积累知识、增长才干，适应环境的变化，充实、完善自己。只是由于各人所处的环境不同,条件不同,学习的效果亦不相同,体现出不同的智能差异。

4. 具有行为能力

人们通常用语言或者某个表情、眼神及形体动作来对外界的刺激作出反应,传达某个信息,这称为行为能力或表达能力。如果把人们的感知能力看作是用于信息的输入,则行为能力就是用作信息的输出,它们都受到神经系统的控制。

1.1.2 人工智能

众所周知,世界国际象棋棋王卡斯帕罗夫与美国 IBM 公司的 RS/6000 SP(深蓝)计算机系统于 1997 年 5 月 3 日至 5 月 11 日进行了六局的"人机大战",最终"深蓝"以 3.5 比 2.5 的总比分将卡斯帕罗夫击败,拉下了这场世人注目的"人机大战"的帷幕。

比赛虽然结束了,但留给人们的思考却仍然在继续着。我们知道,下棋是一个斗智、斗策的过程,不仅要求参赛者具有超凡的记忆能力、丰富的下棋经验,而且还要有很强的思维能力,能对瞬息万变的随机情况迅速地作出反应,及时地采取措施进行有效的处理,否则就会造成一着失误而全盘皆输的可悲局面。对于人类说,这显然是一种智能的表现,但对计算机来说,这又意味着什么? 人们自然会问,计算机作为一种电子数字机器,怎么会有类似于人的智能呢? 这正是人工智能这门学科要研究并解决的问题。

顾名思义,所谓人工智能就是用人工的方法在机器(计算机)上实现的智能;或者说是人类智能在机器上的模拟;或者说是人们使机器具有类似于人的智能。由于人工智能是在机器上实现的,因此又可称之为机器智能。又由于机器智能是模拟人类智能的,因此又可称它为模拟智能。

现在,"人工智能"这个术语已被用作"研究如何在机器上实现人类智能"这门学科的名称。从这个意义上说,可把它定义为:人工智能是一门研究如何构造智能机器(智能计算机)或智能系统,使它能模拟、延伸、扩展人类智能的学科。通俗地说,人工智能就是要研究如何使机器具有能听、会说、能看、会写、能思维、会学习、能适应环境变化、能解决各种面临的实际问题等功能的一门学科。总之,它是要使机器能做需要人类智能才能完成的工作,甚至比人更高明。

关于"人工智能"的含义,早在它还没有正式作为一门学科出现之前,就由英国数学家图灵(A. M. Turing, 1912~1954)这位超时代的天才提了出来。1950 年他发表了题为"计算机与智能"(Computing Machinery and Intelligence)的论文,文章以"机器能思维吗?"开始论述并提出了著名的"图灵测试",形象地指出了什么是人工智能以及机器应该达到的智能标准,现在许多人仍把它作为衡量机器智能的准则。尽管学术界目前存在着不同的看法,但它对人工智能这门学科的发展所产生的深远影响却是功不可灭的。图灵在这篇论文中指出不要问一个机器是否能思维,而是要看它能否通过如下测试:分别让人与机器位于两个房间里,他们可以通话,但彼此都看不到对方,如果通过对话,作为人的一方不能分辨对方是人还是机器,那么就可认为对方的那台机器达到了人类智能的水平。为了进行这个测试,图灵还用他丰富的想象力设计了一个很有趣且智能性很强的对话内容,称为"图灵的梦想"。在这个对话中,"询问者"代表人,"智者"代表机器,并且假设他们都阅读过狄更斯(C. Dickens)所著的名为《匹克威克外传》的小说。对话内容如下:

询问者:你的 14 行诗的首行为"你如同夏日",你不觉得"春日"更好吗?

智者:它不合韵。

询问者:"冬日"如何？它可是完全合韵的。

智者:它确是合韵,但没有人愿被比为"冬日"。

询问者:你不是说过匹克威克先生让你能想起圣诞节吗?

智者:是的。

询问者:圣诞节是冬天的一个日子,我想匹克威克先生对这个比喻不会介意吧。

智者:我认为你不够严谨,"冬日"指的是一般的冬天的日子,而不是某个特别的日子,如圣诞节。

由上述对话可以看出,要使机器达到人类智能的水平,或者正如有些学者所说的那样超过人类智能的水平,该是一件多么艰巨的工作。但是,人工智能的研究正在朝着这个方向前进着,图灵的梦想总有一天会变成现实。

若以图灵的标准来衡量本段开始时所提到的"深蓝"计算机,它当然还不是一台智能计算机,连开发该计算机系统的 IBM 专家也承认它离智能计算机还相差甚远,但它毕竟以自己高速并行的计算能力(2×10^8 步/s 棋的计算速度)实现了人类智能在机器上的部分模拟,在人工智能的研究道路上迈出了可喜的一步。

1.1.3 人工智能的发展简史

"人工智能"是在 1956 年作为一门新兴学科的名称正式提出的。自此之后,它已取得了惊人的成就,获得了迅速的发展。毫无疑问,现在它已经成为人类科学技术中一门充满生机和希望的前沿学科。回顾它的发展历史,可归结为孕育、形成、发展这三个阶段。

1. 孕育(1956 年之前)

人工智能之所以能取得今日的成就,以一门充满活力且备受世人瞩目的学科屹立于世界高科技之林,这是与几代科学技术工作者长期坚持不懈地努力分不开的,是各有关学科共同发展的结果。

自古以来,人们就一直试图用各种机器来代替人的部分脑力劳动,以提高征服自然的能力。其中对人工智能的产生、发展有重大影响的主要研究及其贡献有:

(1) 早在公元前,伟大的哲学家亚里斯多德(Aristotle,公元前 384～322)就在他的名著《工具论》中提出了形式逻辑的一些主要定律,他提出的三段论至今仍是演绎推理的基本依据。

(2) 英国哲学家培根(F. Bacon, 1561～1626)曾系统地提出了归纳法,还提出了"知识就是力量"的警句,这对于研究人类的思维过程,以及自 20 世纪 70 年代人工智能转向以知识为中心的研究都产生了重要影响。

(3) 德国数学家莱布尼茨(G. Leibniz, 1646～1716)提出了万能符号和推理计算的思想,他认为可以建立一种通用的符号语言以及在此符号语言上进行推理的演算。这一思想不仅为数理逻辑的产生和发展奠定了基础,而且是现代机器思维设计思想的萌芽。

(4) 英国逻辑学家布尔(G. Boole, 1815～1864)创立了布尔代数,他在《思维法则》一书中首次用符号语言描述了思维活动的基本推理法则。

(5) 英国数学家图灵对人工智能的贡献在前面已经提及,还值得一提的是他在 1936 年提出了一种理想计算机的数学模型,即图灵机,这为后来电子数字计算机的问世奠定了理论基础。

(6) 美国神经生理学家麦克洛奇(W.McCulloch)与匹兹(W.Pitts)在 1943 年建成了第一个神经网络模型(M-P 模型),开创了微观人工智能的研究工作,为后来人工神经网络的研究奠定了基础。

(7) 美国数学家莫克利(J.W.Mauchly)和埃柯特(J.P.Eckert)在 1946 年研制出了世界上第一台电子数字计算机 ENIAC,这项划时代的研究成果为人工智能的研究奠定了物质基础。

由上面的叙述不难看出,人工智能的产生和发展绝不是偶然的,它是科学技术发展的必然产物,是历史赋予科学工作者的一项光荣而艰巨的使命,客观上的条件已经基本具备,何时出现只是一个时间以及由谁来领头倡导的问题了。

2. 形成(1956~1969)

1956 年夏季,由麻省理工学院的麦卡锡(J.McCarthy)与明斯基(M.L.Minsky)、IBM 公司信息研究中心的洛切斯特(N.Lochester)、贝尔实验室的香农(C.E.Shannon)共同发起,邀请 IBM 公司的莫尔(T.More)和塞缪尔(A.L.Samuel)、麻省理工学院的塞尔夫里奇(O.Selfridge)和索罗门夫(R.Solomonff)以及兰德公司和卡内基-梅隆大学的纽厄尔(A.Newell)、西蒙(H.A.Simon)等 10 人在达特莫斯(Dartmouth)大学召开了一次研讨会,讨论关于机器智能的有关问题,历时两个月。会上经麦卡锡提议正式采用了“人工智能”这一术语,用它来代表有关机器智能这一研究方向。这是一次具有历史意义的重要会议,它标志着人工智能作为一门新兴学科正式诞生了。

自这次会议之后的 10 多年间,人工智能的研究取得了许多引人瞩目的成就,例如:

(1) 在机器学习方面,塞缪尔于 1956 年研制出了跳棋程序。这个程序能从棋谱中学习,也能从下棋实践中提高棋艺,1959 年它击败了塞缪尔本人,1962 年又击败了一个州的冠军。

(2) 在定理证明方面,美籍华人数理逻辑学家王浩于 1958 年在 IBM-704 计算机上用 3~5min 证明了《数学原理》中有关命题演算的全部定理(220 条),并且还证明了谓词演算中 150 条定理的 85%;1965 年鲁宾逊(Robinson)提出了消解原理,为定理的机器证明做出了突破性的贡献。

(3) 在模式识别方面,1959 年塞尔夫里奇推出了一个模式识别程序;1965 年罗伯特(Roberts)编制出了可分辨积木构造的程序。

(4) 在问题求解方面,1960 年纽厄尔等人通过心理学试验总结出了人们求解问题的思维规律,编制了通用问题求解程序 GPS,可以用来求解 11 种不同类型的问题。

(5) 在专家系统方面,美国斯坦福大学的费根鲍姆(E.A.Feigenbaum)自 1965 年开始在他领导的研究小组内开展专家系统 DENDRAL 的研究,1968 年完成并投入使用。该专家系统能根据质谱仪的实验,通过分析推理决定化合物的分子结构,其分析能力已接近于、甚至超过有关化学专家的水平,在美、英等国得到了实际应用。该专家系统的研制成功不仅为人们提供了一个实用的智能系统,而且对知识表示、存储、获取、推理及利用等技术是一次非常有益的探索,为以后专家系统的建造树立了榜样,对人工智能的发展产生了深刻的影响,其意义远远超出了系统本身在实用上所创造的价值。

(6) 在人工智能语言方面,1960 年麦卡锡研制出了人工智能语言 LISP,该语言至今仍然是建造智能系统的重要工具。

除此之外,在其它方面也取得了很多研究成果,这里就不再一一列举了。在这一时期发生的一个重大事件是 1969 年成立了国际人工智能联合会议(International Joint Conferences On Artificial Intelligence, 简称 IJCAI),这是人工智能发展史上的一个重要里程碑,它标志着人工智能这门新兴学科已经得到了世界的肯定与公认。

3. 发展(1970 年以后)

进入 20 世纪 70 年代后,人工智能的研究已不仅仅局限于少数几个国家,许多国家都相继开展了这方面的研究工作,研究成果大量涌现。例如 1972 年法国马赛大学的科麦瑞尔(A.Comerauer)提出并实现了逻辑程序设计语言 PROLOG;斯坦福大学的肖特里菲(E.H.Shortliffe)等人从 1972 年开始研制用于诊断和治疗感染性疾病的专家系统 MYCIN。更值得一提的是 1970 年创刊了国际性的人工智能杂志(Artificial Intelligence),它对推动人工智能的发展,促进研究者们的交流起到了重要作用。

但是,前进的道路并不是平坦的,对于一个刚刚问世 10 多年的新兴学科来说更是这样。正当研究者们在已有成就的基础上向更高标准攀登的时候,困难与问题也接踵而来。例如塞缪尔的下棋程序与世界冠军对弈时,五局中败了四局。机器翻译中也出了不少问题,当时人们总以为只要用一部双向词典及一些词法知识就可以实现两种语言文字间的互译,结果发现远非这么简单。例如,当把"光阴似箭"的英语句子"Time flies like an arrow"翻译成日语,然后再翻译回来的时候,竟变成了"苍蝇喜欢箭";当把"心有余而力不足"的英语句子"The spirit is willing but the flesh is weak"翻译成俄语,然后再翻译回来时竟变成了"The wine is good but the meat is spoiled",即"酒是好的,但肉变质了"。在问题求解方面,过去研究的多是良结构的问题,但现实世界中的问题大多是不良结构的,如果仍用过去的方法进行研究就会产生组合爆炸。在其它方面,如神经网络、机器学习等也都遇到了这样或者那样的困难。在此情况下,本来就对人工智能持怀疑态度的人开始对它进行指责,说人工智能是"骗局"、"庸人自扰",有些国家还削减了人工智能的研究经费,使人工智能的研究一时陷入了困境。

然而,人工智能研究的先驱者们在困难和挫折面前并没有退缩,没有动摇他们继续进行研究的决心。经过认真的反思、总结前一段研究的经验及教训,费根鲍姆关于以知识为中心开展人工智能研究的观点被大多数人接受。从此人工智能的研究又迎来了蓬勃发展的新时期,即以知识为中心的时期。

自人工智能从对一般思维规律的探讨转向以知识为中心的研究以来,专家系统的研究在多种领域中都取得了重大突破,各种不同功能、不同类型的专家系统如雨后春笋般地建立起来,产生了巨大的经济效益及社会效益,令人刮目相看。例如,地矿勘探专家系统 PROSPECTOR 拥有 15 种矿藏知识,能根据岩石标本及地质勘探数据对矿藏资源进行估计和预测,能对矿床分布、储藏量、品位、开采价值等进行推断,制订合理的开采方案,成功地找到了超亿美元的钼矿。专家系统 MYCIN 能识别 51 种病菌,正确使用 23 种抗菌素,可协助医生诊断、治疗细菌感染性血液病,为患者提供最佳处方,成功地处理了数百病例,还通过了如下测试:用 MYCIN 与斯坦福大学医学院九名感染病医生分别对 10 例感染原不清楚的患者进行诊断并给出处方,由八位专家对他们的诊断进行评判,而且被测对象(即 MYCIN 及九位医生)互相隔离,评判专家亦不知道哪一份答卷是谁做的。评判内容包括两个方面,一是所开出的处方是否对症有效;另一是所开出的处方是否对其它可能的病原体也有效且用药又不过量。评判结果是:对第一个评判内容,MYCIN 与另外三名医生的处方一致且有效;对第二个评判内容,MYCIN 的得分超过了九名医生,显示出了较高的医疗水平。此外, 内科诊断专家系统 CA-

DUCEUS 正确地诊断出了许多疑难病症。美国 DEC 公司的专家系统 XCON 能根据用户需求确定计算机的配置,专家来做这项工作一般需要三个小时,而该系统只需 0.5min,速度提高了 300 多倍,DEC 公司还建立了另外一些专家系统,由此产生的净收益每年超过 4 000 万美元。信用卡认证辅助决策专家系统 American Express 能够防止不应有的损失,据说每年可节省 2 700万美元左右。

专家系统的成功,使人们越来越清楚地认识到知识是智能的基础,对人工智能的研究必须以知识为中心来进行。由于对知识的表示、利用、获取等的研究取得了较大的进展,特别是对不确定性知识的表示与推理取得了突破,建立了主观 Bayes 理论、确定性理论、证据理论、可能性理论等,这就对人工智能中其它领域(如模式识别、自然语言理解等)的发展提供了支持,解决了许多理论及技术上的问题。

在这一时期里,一个比较重要的事件是 1977 年费根鲍姆在第五届国际人工智能联合会议上提出了"知识工程"的概念,对以知识为基础的智能系统的研究与建造起到了重要作用。另一个影响较大的事件是日本在 1981 年宣布了第五代计算机的发展计划,并在 1991 年第 12 届国际人工智能联合会议上展出了他们研制的 PSI-3 智能工作站和由 $4 \times 4PSI-3$ 构成的模型机系统。日本的这一发展计划在世界上曾引起轰动,掀起了研制新一代计算机的热潮,其意义是深远的。它不仅对人工智能的研究与发展有重要的推动作用,而且对政治、经济、科学技术的发展都有重要的影响,正如费根鲍姆所说的那样,它将从技术上"决定世界上新的力量对比"。

我国自 1978 年也开始把"智能模拟"作为国家科学技术发展规划的主要研究课题之一,并在 1981 年成立了中国人工智能学会(CAAI),目前在专家系统、模式识别、机器人学、汉语的机器理解等方面都取得了很多研究成果。

1.2 人工智能的研究目标及基本内容

1.2.1 人工智能的研究目标

关于人工智能的研究目标,在由 MIT 不久前出版的新书"Artificial Intelligence at MIT. Expanding Frontiers"中作了明确的论述:"它的中心目标是使计算机有智能,一方面是使它们更有用,另一方面是理解使智能成为可能的原理。"显然,人工智能研究的目标是构造可实现人类智能的智能计算机或智能系统。它们都是为了"使得计算机有智能",为了实现这一目标,就必须开展"使智能成为可能的原理"的研究。

研制像图灵所期望那样的智能机器,使它不仅能模拟而且可以延伸、扩展人的智能,是人工智能研究的根本目标。为实现这个目标,就必须彻底搞清楚使智能成为可能的原理,同时还需要相应硬件及软件的密切配合,这涉及到脑科学、认知科学、计算机科学、系统科学、控制论、微电子学等多种学科,依赖于它们的协同发展。但是,这些学科的发展目前还没有达到所要求的水平。就以目前使用的计算机来说,其体系结构是集中式的,工作方式是串行的,基本元件是二态逻辑,而且刚性连接的硬件与软件是分离的,这就与人类智能中分布式的体系结构、串行与并行共存且以并行为主的工作方式、非确定性的多态逻辑等不相适应。正如图灵奖获得者威尔克斯(M.V.Wilkes)最近在评述人工智能研究的历史与展望时所说的那样:图灵意义下的智能行为超出了电子数字计算机所能处理的范围。由此不难看出,像图灵所期望那样的智能机器在目前还是难以实现的。因此,可把构造智能计算机作为人工智能研究的远期目标。

人工智能研究的近期目标是使现有的电子数字计算机更聪明、更有用,使它不仅能做一般的数值计算及非数值信息的数据处理,而且能运用知识处理问题,能模拟人类的部分智能行为。针对这一目标,人们就要根据现有计算机的特点研究实现智能的有关理论、技术和方法,建立相应的智能系统。例如目前研究开发的专家系统、机器翻译系统、模式识别系统、机器学习系统、机器人等。

人工智能研究的远期目标与近期目标是相辅相成的。远期目标为近期目标指明了方向,而近期目标的研究则为远期目标的最终实现奠定了基础,作好了理论及技术上的准备。另外,近期目标的研究成果不仅可以造福于当代社会,还可进一步增强人们对实现远期目标的信心,消除疑虑。人工智能的创始人麦卡锡曾经告诫说:"我们正处在一个让人们认为是魔术师的局面,我们不能忽视这种危险。"这大概也是为了强调近期研究目标的重要性,希望以更多的研究成果证明人工智能是可以实现的,它不是虚幻的。

最后还应该指出的是,近期目标与远期目标之间并无严格的界限。随着人工智能研究的不断深入、发展,近期目标将不断地变化,逐步向远期目标靠近,近年来在人工智能各个领域中所取得的成就充分说明了这一点。

1.2.2　人工智能研究的基本内容

在人工智能的研究中有许多学派,例如以麦卡锡与尼尔逊(N.J.Nilsson)为代表的逻辑学派(研究基于逻辑的知识表示及推理机制);以纽厄尔和西蒙为代表的认知学派(研究对人类认知功能的模拟,试图找出产生智能行为的原理);以费根鲍姆为代表的知识工程学派(研究知识在人类智能中的作用与地位,提出了知识工程的概念);以麦克莱伦德(J.L.McClelland)和鲁梅尔哈特(J.D.Rumelhart)为代表的连接学派(研究神经网络);以贺威特(C.Hewitt)为代表的分布式学派(研究多智能系统中的知识与行为)以及以布鲁克为代表的进化论学派等。不同学派的研究内容与研究方法都不相同。另外,人工智能又有多种研究领域,各个研究领域的研究重点亦不相同。再者,在人工智能的不同发展阶段,研究的侧重面也有区别,本来是研究重点的内容一旦理论上及技术上的问题都得到了解决,就不再成为研究内容。因此我们只能在较大的范围内讨论人工智能的基本研究内容。对照上一节关于"智能"的讨论,结合人工智能的远期目标,认为人工智能的基本研究内容应包括以下几个方面:

1. 机器感知

所谓机器感知就是使机器(计算机)具有类似于人的感知能力,其中以机器视觉与机器听觉为主。机器视觉是让机器能够识别并理解文字、图象、物景等;机器听觉是让机器能识别并理解语言、声响等。

机器感知是机器获取外部信息的基本途径,是使机器具有智能不可缺少的组成部分,正如人的智能离不开感知一样,为了使机器具有感知能力,就需要为它配置上能"听"、会"看"的感觉器官,对此人工智能中已经形成了两个专门的研究领域,即模式识别与自然语言理解。

2. 机器思维

所谓机器思维是指对通过感知得来的外部信息及机器内部的各种工作信息进行有目的的处理。正像人的智能是来自大脑的思维活动一样,机器智能也主要是通过机器思维实现的。因此,机器思维是人工智能研究中最重要、最关键的部分。为了使机器能模拟人类的思维活动,使它能像人那样既可以进行逻辑思维,又可以进行形象思维,需要开展以下几方面的研究工作：

(1) 知识的表示,特别是各种不精确、不完全知识的表示。

(2) 知识的组织、累积、管理技术。

(3) 知识的推理,特别是各种不精确推理、归纳推理、非单调推理、定性推理等。

(4) 各种启发式搜索及控制策略。

(5) 神经网络、人脑的结构及其工作原理。

3．机器学习

人类具有获取新知识、学习新技巧,并在实践中不断完善、改进的能力,机器学习就是要使计算机具有这种能力,使它能自动地获取知识,能直接向书本学习,能通过与人谈话学习,能通过对环境的观察学习,并在实践中实现自我完善,克服人们在学习中存在的局限性,例如容易忘记,效率低以及注意力分散等。

4．机器行为

与人的行为能力相对应,机器行为主要是指计算机的表达能力,即"说"、"写"、"画"等。对于智能机器人,它还应具有人的四肢功能,即能走路,能取物、能操作等。

5．智能系统及智能计算机的构造技术

为了实现人工智能的近期目标及远期目标,就要建立智能系统及智能机器,为此需要开展对模型、系统分析与构造技术、建造工具及语言等的研究。

1.3 人工智能的研究途径

自人工智能作为一门学科面世以来,关于它的研究途径主要有两种不同的观点。一种观点主张用生物学的方法进行研究,搞清楚人类智能的本质;另一种观点主张通过运用计算机科学的方法进行研究,实现人类智能在计算机上的模拟。前一种方法称为以网络连接为主的连接机制方法,后一种方法称为以符号处理为核心的方法。

1.3.1 以符号处理为核心的方法

以符号处理为核心的方法又称为自上而下方法或符号主义。这种方法起源于 20 世纪 50 年代中期,是在纽厄尔与西蒙等人研究的通用问题求解系统 GPS 中首先提出来的,用于模拟人类求解问题的心理过程,逐渐形成为物理符号系统。坚持这种方法的人认为,人工智能的研究目标是实现机器智能,而计算机自身具有符号处理的推算能力,这种能力本身就蕴含着演绎推理的内涵,因而可通过运行相应的程序系统来体现出某种基于逻辑思维的智能行为,达到模拟人类智能活动的效果。目前人工智能的大部分研究成果都是基于这种方法实现的。由于该方法的核心是符号处理,因此人们把它称为以符号处理为核心的方法或符号主义。

该方法的主要特征是：

(1) 立足于逻辑运算和符号操作,适合于模拟人的逻辑思维过程,解决需要进行逻辑推理的复杂问题。

(2) 知识可用显式的符号表示,在已知基本规则的情况下,无需输入大量的细节知识。

(3) 便于模块化,当个别事实发生变化时易于修改。

(4) 能与传统的符号数据库进行链接。

(5) 可对推理结论作出解释,便于对各种可能性进行选择。

但是,人们并非仅仅依靠逻辑推理来求解问题,有时非逻辑推理在求解问题的过程中起着更重要的作用,甚至是决定性的作用。人的感知过程主要是形象思维,这是逻辑推理做不到的,因而无法用符号方法进行模拟。另外,用符号表示概念时,其有效性在很大程度上取决于符号表示的正确性,当把有关信息转换成推理机构能进行处理的符号时,将会丢失一些重要信息,它对带有噪声的信息以及不完整的信息也难以进行处理。这就表明单凭符号方法来解决智能中的所有问题是不可能的。

1.3.2 以网络连接为主的连接机制方法

以网络连接为主的连接机制方法是近些年比较热门的一种方法,它属于非符号处理范畴,是在人脑神经元及其相互连接而成网络的启示下,试图通过许多人工神经元间的并行协同作用来实现对人类智能的模拟。这种方法又称为自下而上方法或连接主义。坚持这种方法的人认为,大脑是人类一切智能活动的基础,因而从大脑神经元及其连接机制着手进行研究,搞清楚大脑的结构以及它进行信息处理的过程与机理,可望揭示人类智能的奥秘,从而真正实现人类智能在机器上的模拟。

该方法的主要特征是:

(1) 通过神经元之间的并行协同作用实现信息处理,处理过程具有并行性、动态性、全局性。

(2) 通过神经元间分布式的物理联系存储知识及信息,因而可以实现联想功能,对于带有噪声、缺损、变形的信息能进行有效的处理,取得比较满意的结果。例如用该方法进行图象识别时,即使图象发生了畸变,也能进行正确的识别。近期的一些研究表明,该方法在模式识别、图象信息压缩等方面都取得了一些研究成果。

(3) 通过神经元间连接强度的动态调整来实现对人类学习、分类等的模拟。

(4) 适合于模拟人类的形象思维过程。

(5) 求解问题时,可以比较快地求得一个近似解。

但是,这种方法不适合模拟人们的逻辑思维过程,而且就目前神经网络的研究现状来看,由固定的体系结构与组成方案所构成的系统还达不到开发多种多样知识的要求,因此单靠连接机制方法来解决人工智能中的全部问题也是不现实的。

1.3.3 系统集成

由上面的讨论可以看出,符号方法与连接机制方法各有所长,也各有所短。符号方法善于模拟人的逻辑思维过程,求解问题时,如果问题有解,它可以准确地求出最优解,但是求解过程中的运算量将随问题复杂性的增加而呈指数性的增长;另外,符号方法要求知识与信息都用符号表示,但这一形式化的过程需由人来完成,它自身不具有这一能力。连接机制方法善于模拟人的形象思维过程,求解问题时,由于它可以并行处理,因而可以比较快的得到解,但一般是近似的,次优的;另外,连接机制方法求解问题的过程是隐式的,难以对求解过程给出显式的解释。在这一情况下,如果能将两者结合起来,就可达到取长补短的目的。再者,就人类的思维过程来看,逻辑思维与形象思维只是人类智能中思维方式的两个方面。一般来说,人在求解问题时都是两种思维方式并用的,通过形象思维得到一个直觉的解或给出一种假设,然后用逻辑思维进行仔细的论证或搜索,最终得到一个最优解。因此,从模拟人类智能的角度来看,也应该将两者结合起来。著名的人工智能学者明斯基、西蒙、纽厄尔等在总结人工智能所走过的曲折道路时,都指出了把两种方法结合起来的重要性,纽厄尔还发出了建立"集成智能系统"的强烈呼吁。看来,把两种方法结合在一起进行综合研究,是模拟智能研究的一条必由之路。

当然,由于两种方法存在着太多的不同,因此要把它们结合起来有许多困难需要克服。例如,如何用形象思维得出逻辑规则? 如何用逻辑思维去证实形象思维的结果? 两种思维方式间信息如何转换与传递? 等等。目前,国内外学者都开展了相应的研究工作,例如 MCC 公司的人工智能实验室在里奇(E.Rich)的领导下就开展了建造一个可用于过程控制的集成系统的研究工作,取得了一定的进展。

就目前的研究而言,把两种方法结合起来的途径主要有两种:一种是结合,即两者分别保持原来的结构,但密切合作,任何一方都可把自己不能解决的问题转化给另一方;另一种是统一,即把两者自然地统一在一个系统中,既有逻辑思维的功能,又有形象思维的功能。

最简单的结合方法是所谓的"黑盒/细线"结构(Black-box/thin-wire)。每一个盒子或者是一个符号处理系统,或者是一个人工神经网络。盒子与盒子之间通过一个"细线",即带宽很窄的信道进行通信,但任何一方都不知道另一方的内部情形。除了这种结构形式外,目前还有另外一些混合体系结构,如黑盒模块化(Black-box modularity)、并行管理和控制(Parallel monitoring and control)、神经网络的符号化机制(The symbolic setup of a neural net)、符号信息的神经网络获取方式(Neural net acquisition of symbolic information)、两院制结构(Bicameral architecture)等。其中,在两院制结构中大多数知识都同时用人工神经网络和符号形式表示,每部分以各自的推理机制工作,在必要时可从一种形式中抽取知识并将其转换为另一种形式,所以,尽管知识是以两种形式表示的,但实质上是共享的。

施密斯(M.L.Smith)为 Eaton 公司开发的汽车紧急刹车平衡系统是集成系统的一个典型例子。这个系统包括两个基于知识的单元和五个神经网络子系统。首先由操作人员从平衡分析器手工输入信息和事实数据到一个基于规则的预处理器,然后再把这些数据同时加入到五个神经网络子系统中。前面的系统把分析器的原始数据以图形方式显示,供专家分析。每个神经网络子系统对相应于每个图的数据按好坏进行分类。最后,这些判断以符号形式输入到第二个基于规则的诊断系统,该系统对其进行分析,并在适当的时候建议刹车系统复原。

1.4 人工智能的研究领域

目前,人工智能的研究更多的是结合具体领域进行的,主要研究领域有专家系统、机器学习、模式识别等。

1.4.1 专家系统

专家系统是目前人工智能中最活跃、最有成效的一个研究领域。自费根鲍姆等研制出第一个专家系统 DENDRL 以来,它已获得了迅速发展,广泛地应用医疗诊断、地质勘探、石油化工、教学、军事等各个方面,产生了巨大的社会效益和经济效益。

专家系统是一种基于知识的系统,它从人类专家那里获得知识,并用来解决只有专家才能解决的困难问题。因此可以这样来定义专家系统:专家系统是一种具有特定领域内大量知识与经验的程序系统,它应用人工智能技术、模拟人类专家求解问题的思维过程求解领域内的各种问题,其水平可以达到甚至超过人类专家的水平。

关于专家系统的有关概念及建造技术将在第 7 章做详细讨论。

1.4.2　机器学习

知识是智能的基础,要使计算机有智能,就必须使它有知识,但如何使计算机具有知识呢?通常有两种方法,一种是人们把有关知识归纳、整理在一起,并用计算机可接受、处理的方式输入到计算机中去;另一种是使计算机自身具有学习能力,它可以直接向书本、向教师学习,亦可以在实践过程中不断总结经验、吸取教训,实现自身的不断完善,这后一种方式一般称为机器学习。

作为人工智能的一个研究领域,它主要研究如何使计算机具有类似于人的学习能力,使计算机能通过学习自动地获取知识及技能,实现自我完善。为达到这一目标,它将开展三个方面的研究,即人类学习机理的研究,学习方法的研究以及建立面向具体任务的学习系统。

机器学习是一个难度较大的研究领域,它与脑科学、神经心理学、计算机视觉、计算机听觉等都有密切联系,依赖于这些学科的共同发展。因此,经过近些年的研究,虽然已经取得了很大进展,提出了多种学习方法,但并未从根本上解决问题。

关于机器学习的有关概念及其学习方法将在第 8 章做进一步的讨论。

1.4.3　模式识别

机器感知是机器智能的一个重要方面,是机器获取外部信息的基本途径。模式识别就是研究如何使机器具有感知能力的一个研究领域,其中主要研究对视觉模式及听觉模式的识别。

模式是对一个物体或者某些其它感兴趣实体定量的或者结构的描述,而模式类是指具有某些共同属性的模式集合。用机器进行模式识别的主要内容是研究一种自动技术,依靠这种技术,机器就可自动地或者人尽可能少干预地把模式分配到它们各自的模式类中去。

传统的模式识别方法主要有统计模式识别与结构模式识别这两大类。近年来迅速发展的模糊数学及人工神经网络技术已经深入到模式识别中,出现了模糊模式识别及神经网络模式识别的提法,特别是新兴的神经网络方法在模式识别领域中有着巨大的发展潜力。

关于模式识别的概念及识别方法的进一步内容将在第 9 章进行讨论。

1.4.4　自然语言理解

目前人们使用计算机时,大都是用计算机的高级语言(如 C 语言、Fortran 语言等)编制程序来告诉计算机"做什么"以及"怎样做"的,这只有经过相当训练的人才能做到,对计算机的利用带来了诸多不便,严重阻碍了计算机应用的进一步推广。如果能让计算机"听懂"、"看懂"人类自身的语言(如汉语、英语、法语等),那将使更多的人可以使用计算机,大大提高计算机的利用率。自然语言理解就是研究如何让计算机理解人类自然语言的一个研究领域。具体地说,它要达到如下三个目标:

(1)计算机能正确理解人们用自然语言输入的信息,并能正确回答输入信息中的有关问题。

(2)对输入信息,计算机能产生相应的摘要,能用不同词语复述输入信息的内容。

(3) 计算机能把用某一种自然语言表示的信息自动地翻译为另一种自然语言。例如把英语翻译成汉语,或把汉语翻译成英语,等等。

关于自然语言理解的研究可以追溯到 20 世纪 50 年代初期。当时由于通用计算机的出现,人们开始考虑用计算机把一种语言翻译成另一种语言的可能性,在此之后的 10 多年中,机器翻译一直是自然语言理解中的主要研究课题。起初,主要是进行"词对词"的翻译,当时人们认为翻译工作只要进行"查词典"及简单的"语法分析"就可以了,即对一篇要翻译的文章,首先通过查词典找出两种语言间的对应词,然后经过简单的语法分析调整词序就可以实现翻译。出于这一认识,人们把主要精力用于在计算机内构造不同语言对照关系的词典上。但是这种方法并未达到预期的效果,以致闹出了一些阴差阳错、颠三倒四的笑话,正像我们在前面列举的一些例子那样。进入 20 世纪 70 年代后,一批采用句法-语义分析技术的自然语言理解系统脱颖而出,在语言分析的深度和难度方面都比早期的系统有了长足的进步。这期间,有代表性的系统主要有维诺格拉德(T.Winograd)于 1972 年研制的 SHRDLU;伍德(W.Woods)于 1972 年研制的 LUNAR;夏克(R.Schank)于 1973 年研制的 MARGIE 等。其中,SHRDLU 是一个在"积木世界"中进行英语对话的自然语言理解系统,系统模拟一个能操作桌子上一些玩具积木的机器人手臂,用户通过与计算机对话命令机器人操作积木块,例如让它拿起、放下某个积木等。LUNAR 是一个用来协助地质学家查找、比较和评价阿波罗-11 飞船带回的月球岩石和土壤标本化学分析数据的系统,该系统第一个实现了用普通英语与计算机对话的人机接口。MARGIE 是夏克根据概念依赖理论建成的一个心理学模型,目的是研究自然语言理解的过程。进入 20 世纪 80 年代后,更强调知识在自然语言理解中的重要作用,1990 年 8 月在赫尔辛基召开的第 13 届国际计算机语言学大会上,首次提出了处理大规模真实文本的战略目标,并组织了"大型语料库在建造自然语言系统中的作用"、"词典知识的获取与表示"等专题讲座,预示着语言信息处理的一个新时期的到来。近 10 年来,在自然语言理解的研究中,一个值得注意的事件是语料库语言学(Corpus Linguistics)的崛起,它认为语言学知识来自于语料,人们只有从大规模语料库中获取理解语言的知识,才能真正实现对语言的理解。目前,基于语料库的自然语言理解方法还不成熟,正处于研究之中,但它是一个应引起重视的研究方向。

1.4.5　自动定理证明

自动定理证明是人工智能中最先进行研究并得到成功应用的一个研究领域,同时它也为人工智能的发展起到了重要的推动作用。

定理证明的实质是对前提 P 和结论 Q,证明 $P \to Q$ 的永真性。但是,要直接证明 $P \to Q$ 的永真性一般来说是很困难的,通常采用的方法是反证法。在这方面海伯伦(Herbrand)与鲁宾逊(Robinson)先后进行了卓有成效的研究,提出了相应的理论及方法,为自动定理证明奠定了理论基础。尤其是鲁宾逊提出的归结原理使定理证明得以在计算机上实现,对机器推理作出了重要贡献。

关于自动定理证明的理论及方法,我们将在第 4 章进行讨论。

1.4.6　自动程序设计

自动程序设计包括程序综合与程序正确性验证两个方面的内容。程序综合用于实现自动编程,即用户只需告诉计算机要"做什么",无须说明"怎样做",计算机就可自动实现程序的设计。程序正确性的验证是要研究出一套理论和方法,通过运用这套理论和方法就可证明程序的正确性。目前常用的验证方法是用一组已知其结果的数据对程序进行测试,如果程序的运行结果与已知结果一致,就认为程序是正确的。这种方法对于简单程序来说未必不可,但对于一个复杂系统来说就很难行得通。因为复杂程序中存在着纵横交错的复杂关系,形成难以计数的通路,用于测试的数据即使很多,也难以保证对每一条通路都能进行测试,这就不能保证程序的正确性。程序正确性的验证至今仍是一个比较困难的课题,有待进一步开展研究。

1.4.7 机器人学

机器人是指可模拟人类行为的机器。人工智能的所有技术几乎都可在它身上得到应用,因此它可被当作人工智能理论、方法、技术的试验场地。反过来,对机器人学的研究又大大推动了人工智能研究的发展。

自 20 世纪 60 年代初研制出尤尼梅特和沃莎特兰这两种机器人以来,机器人的研究已经从低级到高级经历了三代的发展历程,它们是:

1. 程序控制机器人(第一代)

第一代机器人是程序控制机器人,它完全按照事先装入到机器人存储器中的程序安排的步骤进行工作。程序的生成及装入有两种方式,一种是由人根据工作流程编制程序并将它输入到机器人的存储器中;另一种是"示教-再现"方式,所谓"示教"是指在机器人第一次执行任务之前,由人引导机器人去执行操作,即教机器人去做应做的工作,机器人将其所有动作一步步地记录下来,并将每一步表示为一条指令,示教结束后机器人通过执行这些指令(即再现)以同样的方式和步骤完成同样的工作。如果任务或环境发生了变化,则要重新进行程序设计。这一代机器人能成功地模拟人的运动功能,它们会拿取和安放、会拆卸和安装、会翻转和抖动,能尽心尽职地看管机床、熔炉、焊机、生产线等,能有效地从事安装、搬运、包装、机械加工等工作。目前国际上商品化、实用化的机器人大都属于这一类。这一代机器人的最大缺点是它只能刻板地完成程序规定的动作,不能适应变化了的情况,环境情况略有变化(例如装配线上的物品略有倾斜),就会出现问题。更糟糕的是它会对现场的人员造成危险,由于它没有感觉功能,以致有时会出现机器人伤害人的情况,日本就曾经出现机器人把现场的一个工人抓起来塞到刀具下面的情况。

2. 自适应机器人(第二代)

第二代机器人的主要标志是自身配备有相应的感觉传感器,如视觉传感器、触觉传感器、听觉传感器等,并用计算机对之进行控制。这种机器人通过传感器获取作业环境、操作对象的简单信息,然后由计算机对获得的信息进行分析、处理,控制机器人的动作。由于它能随着环境的变化而改变自己的行为,故称为自适应机器人。目前,这一代机器人也已进入商品化阶段,主要从事焊接、装配、搬运等工作。第二代机器人虽然具有一些初级的智能,但还没有达到完全"自治"的程度,有时也称这类机器人为人-眼协调型机器人。

3. 智能机器人(第三代)

这是指具有类似于人的智能的机器人,即它具有感知环境的能力,配备有视觉、听觉、触觉、嗅觉等感觉器官,能从外部环境中获取有关信息;具有思维能力,能对感知到的信息进行处理,以控制自己的行为;具有作用于环境的行为能力,能通过传动机构使自己的"手"、"脚"等肢体行动起来,正确、灵巧地执行思维机构下达的命令。目前研制的机器人大都只具有部分智能,真正的智能机器人还处于研究之中。

1.4.8 博弈

诸如下棋、打牌、战争等一类竞争性的智能活动称为博弈。人工智能研究博弈的目的并不是为了让计算机与人进行下棋、打牌之类的游戏,而是通过对博弈的研究来检验某些人工智能技术是否能达到对人类智能的模拟,因为博弈是一种智能性很强的竞争活动。另外,通过对博弈过程的模拟可以促进人工智能技术深入一步的研究。人们对博弈的研究一直抱有极大的兴趣,早在 1956 年人工智能刚刚作为一门学科问世时,塞缪尔就研制出了跳棋程序;1991 年 8 月在悉尼举行的第 12 届国际人工智能联合会议上,IBM 公司研制的 Deep Thought 2 计算机系统就与澳大利亚国际象棋冠军约翰森(D.Johansen)举行了一场人机对抗赛,结果以 1∶1 平局告终;再就是 1996 年 2 月以及 1997 年 5 月"深蓝"与卡斯帕罗夫所进行的两次人-机大战。

1.4.9 智能决策支持系统

智能决策支持系统是近年来新兴的一个研究领域,它是把人工智能的有关技术应用于决策支持系统领域而形成的。由于决策支持系统与人工智能原本是平行发展的两个学科,各自有自己的研究方法与发展道路,因而要将两者结合起来尚需解决许多技术上的困难问题。

关于智能决策支持系统的有关概念及技术将在第 10 章进行讨论。

1.4.10 人工神经网络

人工神经网络是一个用大量简单处理单元经广泛连接而组成的人工网络,用来模拟大脑神经系统的结构和功能。早在 1943 年,神经心理学家麦克洛奇和数学家皮兹就提出了形式神经元的数学模型(M-P 模型),从此开创了神经科学理论研究的时代,1944 年赫布(Hebb)提出了改变神经元连接强度的 Hebb 规则,它们至今仍在各种神经网络模型的研究中起着重要的作用。20 世纪 60 年代至 70 年代,由于神经网络研究自身的局限性,致使其研究陷入了低潮,但到 80 年代由于霍普菲尔特(J.J.Hopfield)提出了 HNN 模型,从而有力地推动了神经网络的研究,由此又使人工神经网络的研究进入了一个新的发展时期,取得了许多研究成果。现在它已经成为人工智能中一个极其重要的研究领域。

关于人工神经网络的进一步内容将在第 11 章进行讨论。

本 章 小 结

1. 本章首先讨论了智能及人工智能的基本概念。智能是知识与智力的总和,它具有感知能力、记忆与思维能力、学习能力及自适应能力、行为能力等特征。人工智能是用人工方法在计算机上实现的智能,它是人类智能在计算机上的模拟。人工智能作为一门学科的名称,主要是研究如何在计算机上实现人类的智能。

2. 人工智能的研究经历了孕育、形成、发展这几个阶段,目前仍处于不断发展之中。

3. 人工智能的最终目标是构造智能计算机,其近期目标是在现有的电子数字计算机上实现人类智能的部分模拟,构造分别用于不同目的的智能系统。

4. 人工智能研究的基本内容是机器感知、机器思维、机器学习、机器行为及智能系统与智能计算机的构造技术。

　　5．人工智能的研究途径主要有以符号处理为核心的方法、以网络连接为主的连接机制方法及系统集成。

　　6．人工智能的研究领域主要有专家系统、机器学习、模式识别、自然语言理解、自动定理证明、自动程序设计、机器人学、博弈、智能决策支持系统、人工神经网络等。

习　　题

1.1　什么是智能？它有哪些主要特征？人们主要有哪几种思维方式？各有什么特点？

1.2　何谓人工智能？发展过程中经历了哪些阶段？

1.3　人工智能研究的目标是什么？它研究的基本内容有哪些？

1.4　什么是以符号处理为核心的方法？什么是以网络连接为主的连接机制方法？各有什么特征？

1.5　什么是系统集成？有哪些集成方法？

1.6　人工智能有哪些主要的研究领域？

第2章　人工智能的数学基础

  人类智能在计算机上的模拟就是人工智能,而智能的核心是思维,因而如何把人们的思维活动形式化、符号化,使其得以在计算机上实现,就成为人工智能研究的重要课题。在这方面,逻辑的有关理论、方法、技术起着十分重要的作用,它不仅为人工智能提供了有力的工具,而且也为知识的推理奠定了理论基础。此外,概率论及模糊理论的有关概念及理论也在不确定性知识的表示与处理中占有重要地位。因此,在系统学习人工智能的理论与技术之前,先掌握一些有关逻辑、概率论及模糊理论方面的知识是很有必要的。

  人工智能中用到的逻辑可概括地划分为两大类。一类是经典命题逻辑和一阶谓词逻辑,其特点是任何一个命题的真值或者为"真",或者为"假",二者必居其一。因为它只有两个真值,因此又称为二值逻辑。另一类是泛指除经典逻辑外的那些逻辑,主要包括三值逻辑、多值逻辑、模糊逻辑、模态逻辑及时态逻辑等,统称为非经典逻辑。在非经典逻辑中,又可分为两种情况,一种是与经典逻辑平行的逻辑,如多值逻辑、模糊逻辑等,它们使用的语言与经典逻辑基本相同,主要区别是经典逻辑中的一些定理在这种非经典逻辑中不再成立,而且增加了一些新的概念和定理。另一种是对经典逻辑的扩充,如模态逻辑、时态逻辑等。它们一般承认经典逻辑的定理,但在两个方面进行了扩充:一是扩充了经典逻辑的语言;二是补充了经典逻辑的定理。例如模态逻辑增加了两个新算子 L(……是必然的)和 M(……是可能的),从而扩大了经典逻辑的词汇表。

  概率论在人工智能中的应用主要体现在有关概率、条件概率等的概念以及 Bayes 定理等,多年来它一直是人工智能中处理不确定性的理论基础。

  本章将扼要地介绍几种今后要用到的逻辑及概率论、模糊理论的有关知识,目的是为后继章节的讨论奠定基础。

2.1　命题逻辑与谓词逻辑

  命题逻辑与谓词逻辑是最先应用于人工智能的两种逻辑,对于知识的形式化表示,特别是定理的自动证明发挥了重要作用,在人工智能的发展史中占有重要地位。

  谓词逻辑是在命题逻辑基础上发展起来的,命题逻辑可看作是谓词逻辑的一种特殊形式。本节主要讨论谓词逻辑的主要概念及有关定理。

2.1.1　命题

  定义 2.1　命题是具有真假意义的语句。

  命题代表人们进行思维时的一种判断,或者是肯定,或者是否定,只有这两种情况。若命题的意义为真,称它的真值为真,记作 T;若命题的意义为假,称它的真值为假,记作 F。一个命题不能同时既为真又为假,但可以在一定条件下为真,在另一种条件下为假。没有真假意义的语句(如感叹句、疑问句等)不是命题。例如,"北京是中华人民共和国的首都","3<5"都是真值为 T 的命题;"太阳从西边升起","煤球是白色的"都是真值为 F 的命题。"1+1=10"在二进制情况下是真值为 T 的命题,但在十进制情况下却是真值为 F 的命题。同样,对于命题"今天是晴天",也要看当天的实际情况才能决定其真值。

在命题逻辑中,命题通常用大写的英文字母表示,例如可用英文字母 P 表示"西安是个古老的城市"这个命题。英文字母表示的命题既可以是一个特定的命题,也可以是一个抽象的命题,前者称为命题常量,后者称为命题变元。对于命题变元而言,只有把确定的命题代入后,它才可能有明确的真值(T 或 F)。

命题逻辑的这种表示法有较大的局限性,它无法把它所描述的客观事物的结构及逻辑特征反映出来,也不能把不同事物间的共同特征表述出来。例如,对于"老李是小李的父亲"这一命题,若用英文字母表示,例如用字母 P,则无论如何也看不出老李与小李的父子关系。又如,对于"李白是诗人"、"杜甫也是诗人"这两个命题,用命题逻辑表示时,也无法把两者的共同特征(都是诗人)形式地表示出来。由于这些原因,在命题逻辑的基础上发展起来了谓词逻辑。

2.1.2　谓词

在谓词逻辑中,命题是用谓词表示的,一个谓词可分为谓词名与个体这两个部分。个体表示某个独立存在的事物或者某个抽象的概念;谓词名用于刻画个体的性质、状态或个体间的关系。例如,对于"老张是教师"这个命题,用谓词可表示为 $Teacher\ (Zhang)$。其中,$Teacher$ 是谓词名,$Zhang$ 是个体,"$Teacher$"刻画了"$Zhang$"的职业是教师这一特征。又如,"5>3"这个不等式可用谓词表示为 $Greater(5,3)$,这里 $Greater$ 刻画了 5 与 3 之间的"大于"关系。

谓词的一般形式是:

$$P(x_1,x_2,\cdots,x_n)$$

其中,P 是谓词名,$x_1,x_2,\cdots,x_n$ 是个体。谓词名通常用大写的英文字母表示,个体通常用小写的英文字母表示。

在谓词中,个体可以是常量,也可以是变元,还可以是一个函数。例如,对于"$x<5$",可表示为 $Less(x,5)$,其中 x 是变元。又如,对于"小王的父亲是教师",可表示为 $Teacher\ (facther\ (Wang))$,其中 $father\ (Wang)$ 是一个函数。

在用谓词表示客观事物时,谓词的语义是由使用者根据需要人为地定义的。例如对于谓词 $S(x)$,既可以定义它表示"x 是一个学生",也可以定义它表示"x 是一只船"或者别的什么。

当谓词中的变元都用特定的个体取代时,谓词就具有一个确定的真值:T 或 F。

谓词中包含的个体数目称为谓词的元数。例如 $P(x)$ 是一元谓词,$P(x,y)$ 是二元谓词,$P(x_1,x_2,\cdots,x_n)$ 是 n 元谓词。

在谓词 $P(x_1,x_2,\cdots,x_n)$ 中,若 $x_i(i=1,\cdots,n)$ 都是个体常量、变元或函数,称它为一阶谓词。如果某个 x_i 本身又是一个一阶谓词,则称它为二阶谓词。余者类推。今后我们用到的都是一阶谓词。

个体变元的取值范围称为个体域。个体域可以是有限的,也可以是无限的。例如,若用 $I(x)$ 表示"x 是整数",则个体域是所有整数,它是无限的。

谓词与函数表面上很相似,容易混淆,其实这是两个完全不同的概念。谓词的真值是“真”或“假”,而函数的值是个体域中的某个个体,函数无真值可言,它只是在个体域中从一个个体到另一个个体的映射。

个体常量、个体变元、函数统称为“项”。

2.1.3 谓词公式

1. 连接词

无论是命题逻辑还是谓词逻辑,均可用下列连接词把一些简单命题连接起来构成一个复合命题,以表示一个比较复杂的含义。

$\urcorner$:称为“非”或者“否定”。其作用是否定位于它后面的命题。当命题 P 为真时,$\urcorner P$ 为假;当 P 为假时,$\urcorner P$ 为真。

$\vee$:称为“析取”。它表示被它连接的两个命题具有“或”关系。

$\wedge$:称为“合取”。它表示被它连接的两个命题具有“与”关系。

$\rightarrow$:称为“条件”或者“蕴含”。$P \rightarrow Q$ 表示“P 蕴含 Q”,即“如果 P,则 Q”,其中 P 称为条件的前件,Q 称为条件的后件。

$\leftrightarrows$:称为“双条件”。$P \leftrightarrows Q$ 表示“P 当且仅当 Q”。

以上连接词的定义由表2-1给出。

表 2-1 谓词逻辑真值表

P	Q	$\urcorner P$	$P \vee Q$	$P \wedge Q$	$P \rightarrow Q$	$P \leftrightarrows Q$
T	T	F	T	T	T	T
T	F	F	T	F	F	F
F	T	T	T	F	T	F
F	F	T	F	F	T	T

2. 量词

为刻画谓词与个体间的关系,在谓词逻辑中引入了两个量词,一个是全称量词($\forall x$),它表示“对个体域中的所有(或任一个)个体 x”;另一个是存在量词($\exists x$),它表示“在个体域中存在个体 x”。

例如,设谓词 $P(x)$ 表示 x 是正数,$F(x,y)$ 表示 x 与 y 是朋友,则:

$(\forall x)P(x)$ 表示个体域中的所有个体 x 都是正数。

$(\forall x)(\exists y)F(x,y)$ 表示对于个体域中的任何个体 x,都存在个体 y,x 与 y 是朋友。

$(\exists x)(\forall y)F(x,y)$ 表示在个体域中存在个体 x,他与个体域中的任何个体 y 都是朋友。

$(\exists x)(\exists y)F(x,y)$ 表示在个体域中存在个体 x 与个体 y,x 与 y 是朋友。

$(\forall x)(\forall y)F(x,y)$ 表示对于个体域中的任何两个个体 x 和 y,x 与 y 都是朋友。

3. 谓词公式

定义 2.2 可按下述规则得到谓词演算的合式公式:

(1) 单个谓词是合式公式,称为原子谓词公式;

(2) 若 A 是合式公式,则 $\neg A$ 也是合式公式;

(3) 若 A,B 都是合式公式,则 $A \wedge B, A \vee B, A \rightarrow B, A \leftrightarrows B$ 也都是合式公式;

(4) 若 A 是合式公式, x 是任一个体变元,则 $(\forall x)A$ 和 $(\exists x)A$ 也都是合式公式。

在合式公式中,连接词的优先级别是

$$\neg, \wedge, \vee, \rightarrow, \leftrightarrows$$

另外,位于量词后面的单个谓词或者用括弧括起来的合式公式称为量词的辖域,辖域内与量词中同名的变元称为约束变元,不受约束的变元称为自由变元。例如

$$(\exists x)(P(x,y) \rightarrow Q(x,y)) \vee R(x,y)$$

其中,$(P(x,y) \rightarrow Q(x,y))$ 是 $(\exists x)$ 的辖域,辖域内的变元 x 是受 $(\exists x)$ 约束的变元,而 $R(x,y)$ 中的 x 是自由变元,公式中的所有 y 都是自由变元。

在谓词公式中,变元的名字是无关紧要的,可以把一个名字换成另一个名字。但必须注意,当对量词辖域内的约束变元更名时,必须把同名的约束变元都统一改成相同的名字,且不能与辖域内的自由变元同名;当对辖域内的自由变元改名时,不能改成与约束变元相同的名字。例如,对于公式 $(\forall x)P(x,y)$,可改名为 $(\forall z)P(z,t)$,这里把约束变元 x 改成了 z,把自由变元 y 改成了 t。

命题公式是谓词公式的一种特殊情况,它是用连接词把命题常量、命题变元连接起来所构成的合式公式。例如:

$$\neg(P \vee Q), \quad P \rightarrow (Q \vee R), \quad (P \rightarrow Q) \wedge (Q \rightarrow R) \leftrightarrows (P \rightarrow R)$$

都是命题公式。

2.1.4 谓词公式的解释

在命题逻辑中,对命题公式中各个命题变元的一次真值指派称为命题公式的一个解释。一旦解释确定后,根据各连接词的定义就可求出命题公式的真值(T 或 F)。在谓词逻辑中,由于公式中可能有个体常量、个体变元以及函数,因此不能像命题公式那样直接通过真值指派给出解释,必须首先考虑个体常量和函数在个体域中的取值,然后才能针对常量与函数的具体取值为谓词分别指派真值。由于存在多种组合情况,所以一个谓词公式的解释可能有很多个。对于每一个解释,谓词公式都可求出一个真值(T 或 F)。

下面首先给出解释的定义,然后用例子说明如何构造一个解释以及如何根据解释求出谓词公式的真值。

定义 2.3 设 D 为谓词公式 P 的个体域,若对 P 中的个体常量、函数和谓词按如下规定赋值:

(1) 为每个个体常量指派 D 中的一个元素;

(2) 为每个 n 元函数指派一个从 D^n 到 D 的映射,其中

$$D^n = \{(x_1, x_2, \cdots, x_n)/x_1, \cdots, x_n \in D\}$$

(3) 为每个 n 元谓词指派一个从 D^n 到 $\{F, T\}$ 的映射。

则称这些指派为公式 P 在 D 上的一个解释。

例 2.1 设个体域 $D = \{1,2\}$,求公式 $A = (\forall x)(\exists y)P(x,y)$ 在 D 上的解释,并指出在每一种解释下公式 A 的真值。

解: 在公式 A 中没有包括个体常量和函数,所以可直接为谓词指派真值,设为

$$P(1,1) = T, \ P(1,2) = F, \ P(2,1) = T, \ P(2,2) = F$$

这就是公式 A 在 D 上的一个解释。在此解释下,因为 $x = 1$ 时有 $y = 1$ 使 $P(x,y)$ 的真值为 T;$x = 2$ 时也有 $y = 1$ 使 $P(x,y)$ 的真值为 T,即对于 D 中的所有 x 都有 $y = 1$ 使 $P(x,y)$ 的真值为 T,所以在此解释下公式 A 的真值为 T。

还可以对公式 A 中的谓词指派另外一组真值,设为

$$P(1,1) = T, \ P(1,2) = T, \ P(2,1) = F, \ P(2,2) = F$$

这是对公式 A 的另一个解释。在此解释下,对 D 中的所有 x(即 $x = 1$ 与 $x = 2$)不存在一个 y,使得公式 A 的真值为 T,所以在此解释下公式 A 的真值为 F。

公式 A 在 D 上共有 16 种解释,这里不再一一列出,读者可列出其中的几个,并求出公式 A 的真值。

例 2.2 设个体域 $D = \{1,2\}$,求公式 $B = (\forall x)(P(x) \rightarrow Q(f(x),b))$ 在 D 上的某一个解释,并指出公式 B 在此解释下的真值。

解: 设对个体常量 b、函数 $f(x)$ 指派的值分别为:

$$b = 1, \ f(1) = 2, \ f(2) = 1$$

对谓词指派的真值为:

$$P(1) = F, \ P(2) = T, \ Q(1,1) = T, \ Q(2,1) = F$$

这里,由于已指派 $b = 1$,所以 $Q(1,2)$ 与 $Q(2,2)$ 不可能出现,故没有给它们指派真值。

上述指派就是对公式 B 的一个解释。在此解释下,由于当 $x = 1$ 时,有

$$P(1) = F, \ Q(f(1),1) = Q(2,1) = F$$

所以 $P(1) \rightarrow Q(f(1),1)$ 的真值为 T。当 $x = 2$ 时

$$P(2) = T, \ Q(f(2),1) = Q(1,1) = T$$

所以 $P(2) \rightarrow Q(f(2),1)$ 的真值也为 T。即对个体域 D 中的所有 x 均有

$$P(x) \rightarrow Q(f(x),b)$$

的真值为 T。所以公式 B 在此解释下的真值为 T。

由上面的例子可以看出,谓词公式的真值都是针对某一个解释而言的,它可能在某一个解释下的真值为 T,在另一个解释下的真值为 F。

若公式 P 在解释 I 下其真值为 T,则称 I 为公式 P 的一个模型。

2.1.5 谓词公式的永真性、可满足性、不可满足性

定义 2.4 如果谓词公式 P 对个体域 D 上的任何一个解释都取得真值 T,则称 P 在 D 上是永真的;如果 P 在每个非空个体域上均永真,则称 P 永真。

由此定义可以看出,为了判定某个公式永真,必须对每个个体域上的每一个解释逐一判定。当解释的个数为有限时,尽管工作量较大,总还是可以判定的,但当解释的个数为无限时,公式的永真性就很难判定了。

定义 2.5 对于谓词公式 P,如果至少存在一个解释使得公式 P 在此解释下的真值为 T,则称公式 P 是可满足的。

谓词公式的可满足性又称为相容性。

定义 2.6 如果谓词公式 P 对于个体域 D 上的任何一个解释都取得真值 F,则称 P 在 D

上是永假的;如果 P 在每个非空个体域上均永假,则称 P 永假。

谓词公式的永假性又称为不可满足性或不相容性。

2.1.6 谓词公式的等价性与永真蕴含

定义 2.7 设 P 与 Q 是两个谓词公式,D 是它们共同的个体域,若对 D 上的任何一个解释,P 与 Q 都有相同的真值,则称公式 P 和 Q 在 D 上是等价的。如果 D 是任意个体域,则称 P 和 Q 是等价的,记作 $P{\Leftrightarrow}Q$。

下面列出今后要用到的一些主要等价式:

1. 交换律
$$P \vee Q \Leftrightarrow Q \vee P, \quad P \wedge Q \Leftrightarrow Q \wedge P$$

2. 结合律
$$(P \vee Q) \vee R \Leftrightarrow P \vee (Q \vee R)$$
$$(P \wedge Q) \wedge R \Leftrightarrow P \wedge (Q \wedge R)$$

3. 分配律
$$P \vee (Q \wedge R) \Leftrightarrow (P \vee Q) \wedge (P \vee R)$$
$$P \wedge (Q \vee R) \Leftrightarrow (P \wedge Q) \vee (P \wedge R)$$

4. 德·摩根律
$$\neg(P \vee Q) \Leftrightarrow \neg P \wedge \neg Q$$
$$\neg(P \wedge Q) \Leftrightarrow \neg P \vee \neg Q$$

5. 双重否定律
$$\neg\neg P \Leftrightarrow P$$

6. 吸收律
$$P \vee (P \wedge Q) \Leftrightarrow P, \quad P \wedge (P \vee Q) \Leftrightarrow P$$

7. 补余律
$$P \vee \neg P \Leftrightarrow T, \quad P \wedge \neg P \Leftrightarrow F$$

8. 连接词化归律
$$P \rightarrow Q \Leftrightarrow \neg P \vee Q$$
$$P \leftrightarrows Q \Leftrightarrow (P \rightarrow Q) \wedge (Q \rightarrow P)$$
$$P \leftrightarrows Q \Leftrightarrow (P \wedge Q) \vee (\neg P \wedge \neg Q)$$

9. 量词转换律
$$\neg(\exists x)P \Leftrightarrow (\forall x)(\neg P)$$
$$\neg(\forall x)P \Leftrightarrow (\exists x)(\neg P)$$

10. 量词分配律
$$(\forall x)(P \wedge Q) \Leftrightarrow (\forall x)P \wedge (\forall x)Q$$
$$(\exists x)(P \vee Q) \Leftrightarrow (\exists x)P \vee (\exists x)Q$$

定义 2.8 对于谓词公式 P 和 Q,如果 $P \rightarrow Q$ 永真,则称 P 永真蕴含 Q,且称 Q 为 P 的逻辑结论,称 P 为 Q 的前提,记作 $P \Rightarrow Q$。

下面列出今后要用到的一些主要永真蕴含式:

1．化简式

$$P \land Q \Rightarrow P, \qquad P \land Q \Rightarrow Q$$

2．附加式

$$P \Rightarrow P \lor Q, \qquad Q \Rightarrow P \lor Q$$

3．析取三段论

$$\neg P, \qquad P \lor Q \Rightarrow Q$$

4．假言推理

$$P, \qquad P \to Q \Rightarrow Q$$

5．拒取式

$$\neg Q, \quad P \to Q \Rightarrow \neg P$$

6．假言三段论

$$P \to Q, \qquad Q \to R \Rightarrow P \to R$$

7．二难推论

$$P \lor Q, \quad P \to R, \quad Q \to R \Rightarrow R$$

8．全称固化

$$(\forall x) P(x) \Rightarrow P(y)$$

其中 y 是个体域中的任一个体,利用此永真蕴含式可消去公式中的全称量词。

9．存在固化

$$(\exists x) P(x) \Rightarrow P(y)$$

其中 y 是个体域中某一个可使 $P(y)$ 为真的个体。利用此永真蕴含式可消去公式中的存在量词。

上面列出的等价式及永真蕴含式是进行演绎推理(见第 4 章)的重要依据,应用这些公式可保证推理的有效性,因此这些公式又称为推理规则。除此之外,谓词逻辑中还有如下一些推理规则:

(1) P 规则:在推理的任何步骤上都可引入前提。

(2) T 规则:推理时,如果前面步骤中有一个或多个公式永真蕴含公式 S,则可把 S 引入推理过程中。

(3) CP 规则:如果能从 R 和前提集合中推出 S 来,则可从前提集合推出 $R \to S$ 来。

(4) 反证法:$P \Rightarrow Q$,当且仅当 $P \land \neg Q \Leftrightarrow F$。即,$Q$ 为 P 的逻辑结论,当且仅当 $P \land \neg Q$ 是不可满足的。

把反证法推广到谓词公式集,可得到如下反证法定理:

定理 2.1 Q 为 $P_1, P_2, \cdots, P_n$ 的逻辑结论,当且仅当

$$(P_1 \land P_2 \land \cdots \land P_n) \land \neg Q$$

是不可满足的。

该定理将在第 4 章的归结反演中得到应用,它是归结反演的理论根据。

2.2 多值逻辑

经典命题逻辑和谓词逻辑的语义解释只有两个真值。任何一个命题的真值只能是"真"与

"假"中的某一个,即它或者为"真",或者为"假"。但是,现实世界中的事物是极其复杂且多种多样的,并非都是"非真即假",而可能处于"真"与"假"之间的某个位置上,即既不绝对的"真",又不绝对的"假"。为了刻画这一情况,人们在经典逻辑的基础上提出了多值逻辑。

在多值逻辑中,除了"真"与"假"之外,还在这两者之间定义了无限多个逻辑真值,并且用"1"表示"真",用"0"表示"假",用 $T(A)$ 表示命题 A 为真的程度,它是介于 0 至 1 之间的一个实数,即

$$0 \leqslant T(A) \leqslant 1$$

称 $T(A)$ 为命题 A 的真度。

与二值逻辑一样,多值逻辑也定义了用连接词表示的逻辑运算,其定义如下:

(1) $T(\neg A) = 1 - T(A)$

(2) $T(A \wedge B) = \min\{T(A), T(B)\}$

(3) $T(A \vee B) = \max\{T(A), T(B)\}$

(4) $T(A \rightarrow B) = \min\{1, 1 - T(A) + T(B)\}$

(5) $T(A \leftrightarrows B) = 1 - |T(A) - T(B)|$

对于 $A \rightarrow B$,除了可用上面给出的定义计算 $T(A \rightarrow B)$ 外,还可以按下述定义计算 $T(A \rightarrow B)$:

R_b: $T(A \rightarrow B) = \min\{1 - T(A), T(B)\}$

R_c: $T(A \rightarrow B) = \min\{T(A), T(B)\}$

R_p: $T(A \rightarrow B) = T(A) \times T(B)$

R_*: $T(A \rightarrow B) = 1 - T(A) + T(A) \times T(B)$

R_{st}: $T(A \rightarrow B) = \max\{1 - T(A), T(B)\}$

R_m: $T(A \rightarrow B) = \max\{\min\{T(A), T(B)\}, 1 - T(A)\}$

R_{bp}: $T(A \rightarrow B) = \max\{0, T(A) + T(B) - 1\}$

R_g: $T(A \rightarrow B) = \begin{cases} 1, & \text{当 } T(A) \leqslant T(B) \\ T(B), & \text{当 } T(A) > T(B) \end{cases}$

R_s: $T(A \rightarrow B) = \begin{cases} 1, & \text{当 } T(A) \leqslant T(B) \\ 0, & \text{当 } T(A) > T(B) \end{cases}$

$R_\square$: $T(A \rightarrow B) = \begin{cases} 1, & \text{当 } T(A) < 1 \text{ 或 } T(B) = 1 \\ 0, & \text{当 } T(A) = 1 \text{ 或 } T(B) < 1 \end{cases}$

$R_\triangle$: $T(A \rightarrow B) = \begin{cases} 1, & \text{当 } T(A) \leqslant T(B) \\ \dfrac{T(A)}{T(B)}, & \text{当 } T(A) > T(B) \end{cases}$

R_{dp}: $T(A \rightarrow B) = \begin{cases} T(A), & \text{当 } T(B) = 1 \\ T(B), & \text{当 } T(A) = 1 \\ 0, & \text{当 } T(A) < 1 \text{ 且 } T(B) < 1 \end{cases}$

在具体应用时,究竟选用哪种定义计算 $T(A \rightarrow B)$,要根据实际情况决定,哪一种算出的结果更贴合实际,就选用哪一种。

在多值逻辑中,如果限定命题的真值只能有三个,即除了"真"与"假"之外,还有一个真值,

就称它为三值逻辑。在三值逻辑中,第三个真值是什么呢? 现在已经有许多关于它的直观解释。例如,在 Kleene 的强三值逻辑中把它解释为"不能判定",即由于当前的条件还不成熟,不能判定它究竟是"真"还是"假",但它不是"真"就一定是"假";在 Luckasiewicz 逻辑中,把第三个真值解释为"不确定",即相应命题不仅是既不"真"又不"假",而且在某种意义上是不确定的,不但我们不知道它的真值,甚至它根本就不具有真值;在 Bochvar 逻辑中,把第三个真值解释为"无意义",它既非"真"也非"假",这是为了解决语义悖论而提出的。

如果限定命题的真值只能是 0,0.5,1,就得到了另一种三值逻辑,即计算三值逻辑。该逻辑中各连接词的定义与多值逻辑相同,其真值表如表 2-2 所示。

表 2-2　计算三值逻辑真值表

$\neg A$	
A	$\neg A$
0	1
0.5	0.5
1	0

$A \wedge B$	0	0.5	1
0	0	0	0
0.5	0	0.5	0.5
1	0	0.5	1

$A \vee B$	0	0.5	1
0	0	0.5	1
0.5	0.5	0.5	1
1	1	1	1

$A \rightarrow B$	0	0.5	1
0	1	1	1
0.5	0.5	1	1
1	0	0.5	1

$A \leftrightarrows B$	0	0.5	1
0	1	0.5	0
0.5	0.5	1	0.5
1	0	0.5	1

多值逻辑在人工智能中有较多的应用,因为它在真与假之间有多个中间状态,在一定程度上承认了真值的中介过渡性,因此可用来表示不确定性的知识。但是,由于多值逻辑只是用穷举中介的方法表示真值的过渡性,把中介看作彼此独立、界限分明的对象,没有反映出中介之间的相互渗透,因而它还不能完全解决不确定性知识的表示问题。

2.3　概率论

概率论是研究随机现象中数量规律的一门学科。由于随机现象是现实世界中广泛存在的一种现象,而且反映了事物的一种不确定性,即随机性,因而对它的研究就为人们提供了一种表示和处理这种不确定性的有力工具。

2.3.1　随机现象
在千姿百态的现实世界中存在着各种各样的自然现象和社会现象,其中有一类这样的现

26

象:在相同条件下做同一个试验时,得到的结果可能相同,也可能不相同,而且在试验之前无法预言一定会出现哪一个结果,具有偶然性。例如,抛掷一枚硬币时,其结果可能是正面向上,也可能是反面向上,究竟哪一面向上,只有在硬币落地后方可知道,在抛掷之前难以准确预言。再如,假设在一个口袋中装入红、黄、绿色的园球各三个,且它们具有相同的大小和重量,现在让一个小朋友闭上眼睛从中随意地取出一个,则他取出的球可能是红色的,也可能是绿色或黄色的,这在他取出之前也难以准确地确定。如果把取出的球仍放回袋子中,然后让他再取一次,则这次取出的球可能与上一次相同,也可能不相同。重复多次地进行这个试验,其结果都是这样。像这样在相同条件下重复进行某种试验时,试验结果不一定完全相同且不可预知的现象称为随机现象。

在随机现象中,试验结果呈现出的不确定性称为随机性。

2.3.2　样本空间与随机事件

1.样本空间

由上面关于随机现象的讨论可知,在对随机现象进行观察或试验时,每一次试验的结果是无法准确预言的,但是它可能会出现什么样的结果一般都可以知道。例如在抛掷硬币的试验中,虽然在抛掷之前不能预言抛掷后是哪一面向上,但可知道它不是正面向上就是反面向上。在上面关于袋中取球的试验中,情况也是这样,虽然在球取出之前不能预言取出的球是什么颜色,但可知道它一定是红、黄、绿这三种颜色中的某一种。

在概率论中,把试验中每一个可能出现的结果称为试验的一个样本点,由样本点的全体构成的集合称为样本空间。今后我们用 d 表示样本点,用 D 表示样本空间。

例 2.3　在抛掷硬币的试验中,若用 d_1 表示正面向上,用 d_2 表示反面向上,则该试验的样本空间为

$$D = \{d_1, d_2\}$$

例 2.4　假设某篮球教练为了检查队员投篮的命中率,让队员一次次连续地投篮,则可能出现的结果是:

第一次投篮就命中,记为 d_1

第二次投篮才命中,记为 d_2

$\vdots$

第 n 次投篮才命中,记为 d_n

$\vdots$

则该试验的样本空间为

$$D = \{d_1, d_2, \cdots, d_n, \cdots\}$$

由这些例子可以看出,样本空间中的样本点可以是有限个,也可以是无限个。在每次随机试验中,这些样本点有且仅有一个出现。

2.随机事件

在实际应有中,人们不仅关心某个样本点所代表的可能结果是否会出现,有时更关心由某些样本点构成的集合所代表的事物是否会出现。如在例 2.4 中,人们可能会关心队员能否在不超过三次的情况下投中球篮。此时,所关心的事物是由样本点 d_1, d_2, d_3 构成的集合。我

们把要考察的由一些样本点构成的集合称为随机事件,简称为事件。事件通常用大写英文字母 $A, B, \cdots$ 表示。例如,若用 A 表示"投篮次数不超过三次就投中"这一事件,则

$$A = \{d_1, d_2, d_3\}$$

在一次试验中,若事件包含的某一个样本点出现,就称这一事件发生了。显然,由全体样本点构成的集合(即样本空间)所表示的事件是一个必然要发生的事件,称为必然事件;由空集所表示的事件,即不包含任何样本点的事件,在任何一次试验中都不会发生,称为不可能事件。必然事件记为 D,不可能事件记为 Φ。当然,由单个样本点构成的集合也是一个事件,称为基本事件。

下面我们讨论事件之间的关系:

(1) 事件的包含。若事件 A 的发生必然导致事件 B 的发生,即 A 的样本点都是 B 的样本点,则称 B 包含 A,记作 $B \supset A$ 或 $A \subset B$。如图 2-1 所示。

(2) 事件的并(和)。由"事件 A 与事件 B 至少有一个发生"所表达的事件,即由 A 与 B 的样本点共同构成的事件,称为 A 与 B 的并事件,记作 $A \cup B$。如图 2-2 所示。

(3) 事件的交(积)。由"事件 A 与事件 B 同时发生"所表达的事件,即由既属于 A 同时又属于 B 的样本点所构成的事件,称为 A 与 B 的交事件,记作 $A \cap B$。如图 2-3 所示。

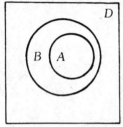 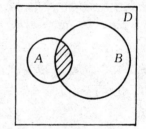

图 2-1 $B \supset A$ 图 2-2 $A \cup B$ 图 2-3 $A \cap B$

(4) 事件的差。由"事件 A 发生而事件 B 不发生"所表达的事件,即由属于 A 但不属于 B 的样本点构成的事件,称为 A 与 B 的差事件,记作 $A - B$。如图 2-4 所示。

(5) 事件的逆。若事件 A 与 B 同时满足 $A \cap B = \Phi$ 和 $A \cup B = D$,则称 A 与 B 为互逆事件,记作 $A = \neg B$ 或 $B = \neg A$。在每次随机试验中,A 与 $\neg A$ 有一个且仅有一个发生。如图 2-5 所示。

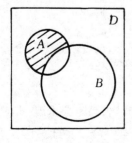 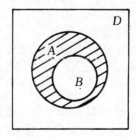 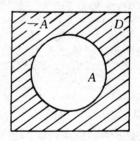

图 2-4 $A - B$ 图 2-5 $\neg A$

2.3.3 事件的概率

由 2.3.1 关于随机现象的讨论可知,在一定条件下,随机现象的试验结果往往不止一个,对于某次试验可能出现这个结果,也可能出现那个结果,究竟出现哪一个结果,试验之前无法确定,具有随机性。但是,当对一个试验重复进行多次时,却能发现它具有某种统计规律性。例如,在抛掷硬币时,如果仅抛掷少数几次,则"正面向上"这一事件出现的次数并没有什么规律性。但若连续抛掷几千次乃至几万次,就会发现"正面向上"与"反面向上"的次数几乎一样多。有人曾连续抛掷了 10 000 次,得到"正面向上"的次数为 4 979 次。又有人连续抛掷了 80 640 次,得到"正面向上"的次数为 39 699 次。这两个试验表明,当抛掷硬币的次数足够多时,"正面向上"发生的次数与总抛掷次数的比呈现出接近于 0.5 的稳定性。对一般的随机现象而言,也有与之类似的特性,只是比数不同而已。由此可使我们对随机事件的定性研究进入定量研究,用一个数来表示随机事件发生的可能性。事件发生的可能性大时,用一个较大的数表示;发生的可能性小时,用一个较小的数表示,这个表示事件发生可能性大小的数称为事件的概率。设用 A 表示某一事件,则它的概率记作 $P(A)$。

至于概率的确切定义,在不同类型的随机试验中有着不同的定义方法,这里只简要地给出它的古典定义及统计定义。

1. 古典概型

如果随机试验 E 的样本空间 D 中只包含有限个基本事件,并且在每次试验中每个基本事件发生的可能性相同,则称 E 为古典型随机试验,简称为古典概型。

定义 2.9 设 E 为古典概型,样本空间中共有 n 个基本事件,事件 A 中含有 m 个基本事件,则称

$$P(A) = \frac{m}{n}$$

为事件 A 的概率。

例 2.5 把从 $1,2,\cdots,7$ 这七个数字中每取一个数字作为一个基本事件,求如下两个事件的概率:

$$A = \{取数字 3 的倍数\}$$
$$B = \{取偶数\}$$

解:由于样本空间中包含 7 个基本事件,所以 $n=7$。

对于事件 A,$m=2$,故有

$$P(A) = \frac{m}{n} = \frac{2}{7}$$

对于事件 B,$m=3$,故有

$$P(B) = \frac{m}{n} = \frac{3}{7}$$

2. 统计概率

前面曾经说过,随机试验具有统计规律性,当试验次数足够多时,一个事件(设为 A)发生的次数 m 与试验的总次数 n 之比:

$$f_n(A) = \frac{m}{n}$$

将在一个常数 $p(0 \leqslant p \leqslant 1)$ 附近摆动,并且稳定于 p。由此我们可给出概率的统计定义。

定义 2.10 在同一组条件下所做的大量重复试验中,事件 A 出现的频率 $f_n(A)$ 总是在 $[0,1]$ 上的一个确定的常数 p 附近摆动,并且稳定于 p,则称 p 为事件 A 的概率。即

$$P(A) = p$$

在抛掷硬币的试验中,当抛掷次数足够多时,f_n(正面向上)的值将在 0.5 附近作微小摆动,所以"正面向上"这一事件的概率为 0.5。

无论是古典概型意义下的概率,还是统计概率,它们都具有如下一些性质:

(1) 对于任一事件 A,有

$$0 \leqslant P(A) \leqslant 1$$

(2) 必然事件 D 的概率 $P(D)=1$,不可能事件 Φ 的概率 $P(\Phi)=0$。

(3) 设事件 $A_1, A_2, \cdots, A_k (k \leqslant n)$ 是两两互不相容的事件,即有 $A_i \bigcap A_j = \Phi (i \neq j)$,则

$$P(\bigcup_{i=1}^{k} A_i) = P(A_1) + P(A_2) + \cdots + P(A_k)$$

(4) 对任一事件 A,有

$$P(\neg A) = 1 - P(A)$$

(5) 若 A, B 是两个事件,则

$$P(A \bigcup B) = P(A) + P(B) - P(A \bigcap B)$$

(6) 若 A, B 是两个事件,且 $A \supset B$,则

$$P(A - B) = P(A) - P(B)$$

2.3.4 条件概率

假设 A 与 B 是某个随机试验中的两个事件,如果在事件 B 发生的条件下考虑事件 A 发生的概率,就称它为事件 A 的条件概率,记为 $P(A/B)$。

例 2.6 对于例 2.5,求解在事件 B 发生的条件下,事件 A 发生的条件概率。

解: 由于事件 B 已经发生,所以以下事件,即

取到数字 2; 取到数字 4; 取到数字 6

中必有一个出现。另外,由于事件 A 是"取数字 3 的倍数",而在上述三个事件中只有数字 6 是 3 的倍数,因此只有当"取到数字 6"这一事件发生时事件 A 才能发生。所以,在 B 发生的条件下事件 A 的概率是 1/3。

由这个例子可以看出,为了得到在 B 发生条件下 A 的条件概率,只要把 B 的样本点作为新的样本空间 D_1,然后在 D_1 上求事件 $A \bigcap B$ 的概率就可以了。由此可得到条件概率的下述定义。

定义 2.11 设 A, B 是两个事件,$P(B) > 0$,则称

$$P(A/B) = \frac{P(A \bigcap B)}{P(B)}$$

为在事件 B 已发生的条件下事件 A 的条件概率。

2.3.5 全概率公式与 Bayes 公式

1. 全概率公式

定理 2.2 设事件 $A_1, A_2, \cdots, A_n$ 满足:

(1) 两两互不相容,即当 $i \neq j$ 时,有 $A_i \bigcap A_j = \Phi$;

(2) $P(A_i) > 0 \quad (1 \leqslant i \leqslant n)$;

(3) $D = \bigcup\limits_{i=1}^{n} A_i$

则对任何事件 B 有下式成立:

$$P(B) = \sum\limits_{i=1}^{n} P(A_i) \times P(B/A_i)$$

该公式称为全概率公式,它提供了一种计算 $P(B)$ 的方法。

2. Bayes 公式

定理 2.3 设事件 $A_1, A_2, \cdots, A_n$ 满足定理 2.2 规定的条件,则对任何事件 B 有下式成立:

$$P(A_i/B) = \frac{P(A_i) \times P(B/A_i)}{\sum\limits_{j=1}^{n} P(A_j) \times P(B/A_j)} \quad i = 1, 2, \cdots, n$$

该定理称为 Bayes 定理,上式称为 Bayes 公式。

如果把全概率公式代入 Bayes 公式中,就可得到

$$P(A_i/B) = \frac{P(A_i) \times P(B/A_i)}{P(B)} \quad i = 1, 2, \cdots, n$$

即

$$P(A_i/B) \times P(B) = P(B/A_i) \times P(A_i) \quad i = 1, 2, \cdots, n$$

这是 Bayes 公式的另外一种形式。

2.4 模糊理论

概率论用 $[0,1]$ 上的一个数(概率)表示随机事件发生的可能性,这就对随机性给出了一种定量的描述及处理方法,为在计算机上进行处理奠定了基础。但是随机性只是现实世界中的一种不确定性,除此之外还广泛存在着另一种更为普遍的不确定性,这就是模糊性。为了刻画和处理这种不确定性,1965 年扎德(L. A. Zadeh)等人从集合论的角度对模糊性的表示与处理进行了大量研究,提出了模糊集、隶属函数、语言变量、语言真值及模糊推理等重要概念,开创了模糊数学这一新兴的数学分支,从而对模糊性的定量描述与处理提供了一种新途径。尽管目前关于模糊理论的研究还不够完善,无论是在理论上还是在实践方面都还存在一些问题有待解决,但它的出现却已经显示出了强大的生命力。

本节将讨论模糊理论中与我们今后学习有关的基本概念及技术,给出模糊性的表示及处理方法。

2.4.1 模糊性

所谓模糊性是指客观事物在性态及类属方面的不分明性,其根源是在类似事物间存在一系列过渡状态,它们互相渗透,互相贯通,使得彼此之间没有明显的分界线。例如,我们通常说"某人个子高""某某人个子较高"等,但是,究竟多高才算"高",多高才算"较高",却是不明确的,在"高"与"较高"之间不存在明确的分界线,因而它们都是模糊的,具有模糊性。

模糊性是客观世界中某些事物本身所具有的一种特性,它与随机性有着本质的区别。对于随机性而言,事件本身的含义是明确的,只是在一定条件下可能发生也可能不发生,而且事先不能确切的预知,因而用[0,1]上的一个数来指出该事件发生的可能性。而模糊性所反映的事物本身是模糊不清的,一个具体对象是否符合一个模糊概念不能明确地判定。例如,当我们见到一位不认识的人时,有人可能会说他是个"中年"人,也有人会说他是"青年"人,之所以有这样的差别,是由于"中年"与"青年"都是模糊概念,在它们之间没有明确的分界线,致使人们对它们难以明确判定。

2.4.2 集合与特征函数

为了便于理解模糊理论中关于模糊集及隶属函数的概念,我们先来回顾一下普通集合论中关于集合及其特征函数的概念。

通常我们在处理某一问题时,总是把议题限制在某一个范围内,称此"范围"为相应问题的论域。

在论域中,把具有某种属性的事物的全体称为集合。集合中的每一个事物称为这个集合的一个元素。集合一般用大写的英文字母 $A, B, \cdots$ 等表示;集合中的元素一般用小写字母 $a, b, \cdots$ 等表示。若 a 属于集合 A,则记为 $a \in A$;若 a 不属于 A,则记为 $a \overline{\in} A$。

由于集合中的元素都具有某种属性,因此可用集合表示某一确定性概念,而且可用一个函数来刻画它,该函数称为特征函数,下面给出它的定义。

定义 2.12 设 A 是论域 U 上的一个集合,对任意 $u \in U$,令

$$C_A(u) = \begin{cases} 1, & \text{当 } u \in A \\ 0, & \text{当 } u \overline{\in} A \end{cases}$$

则称 $C_A(u)$ 为集合 A 的特征函数。特征函数 $C_A(u)$ 在 $u = u_0$ 处的取值 $C_A(u_0)$ 称为 u_0 对 A 的隶属度。

对任意一个集合 A 都有唯一确定的一个特征函数与之对应,同时任一特征函数都唯一确定了一个集合 A:

$$A = \{u \mid C_A(u) = 1\}$$

所以,可以认为集合 A 与其特征函数是等价的,集合 A 就是其特征函数值等于 1 的元素所构成的集合。

2.4.3 模糊集与隶属函数

一个确定性概念可用一个普通集合表示,并用一个特征函数来刻画它。那么,对于一个模糊概念是否也可以这样呢?下面我们通过一个例子来给出答案。

设论域

$$U = \{1, 2, 3, 4, 5\}$$

在此论域上,"奇数"是一个确定性的概念,它可用集合

$$A = \{1, 3, 5\}$$

表示,并且可用一个特征函数

$$C_A(u) = \begin{cases} 1, & \text{当 } u = 1, 3, 5 \\ 0, & \text{当 } u = 2, 4 \end{cases}$$

来刻画它。但是,在此论域上对模糊概念"大"和"小"是否也可以用一个普通集合来表示,且用一个取值只能为 0 或 1 的特征函数来刻画它呢? 显然不可以,因为"大"和"小"都是模糊概念,没有明确的边界线,不可以简单地用 $\{1, 2, 3\}$ 表示"小",用 $\{4,5\}$ 表示"大",或者用 $\{1, 2\}$ 表示"小",用 $\{3,4,5\}$ 表示"大"。

对于模糊概念都存在与上例类似的问题,为了解决这个问题,把模糊概念及有关模糊概念间存在的连续过渡特征表示出来,扎德把普通集合论里特征函数的取值范围由 $\{0,1\}$ 推广到闭区间 $[0,1]$ 上,引入了模糊集及隶属函数的概念,下面给出它的定义。

定义 2.13 设 U 是论域,μ_A 是把任意 $u \in U$ 映射为 $[0,1]$ 上某个值的函数,即

$$\mu_A : U \to [0,1]$$
$$u \to \mu_A(u)$$

则称 μ_A 为定义在 U 上的一个隶属函数,由 $\mu_A(u)$($u \in U$)所构成的集合 A 称为 U 上的一个模糊集,$\mu_A(u)$ 称为 μ 对 A 的隶属度。

由此定义可以看出,模糊集 A 完全由其隶属函数所刻画,隶属函数 μ_A 把 U 中的每一个元素 u 都映射为 $[0,1]$ 上的一个值 $\mu_A(u)$,表示该元素隶属于 A 的程度,值越大表示隶属程度越高。当 $\mu_A(u)$ 的值仅为 0 或 1 时,模糊集 A 便退化为一个普通集合,隶属函数退化为特征函数。

例 2.7 设有论域

$$U = \{1, 2, 3, 4, 5\}$$

分别用模糊集把模糊概念"大"与"小"表示出来。

解: 设 A、B 分别为表示"大"与"小"的模糊集,μ_A,μ_B 分别为相应的隶属函数。

由于"1"和"2"是 U 中较小的数,因而它们对模糊概念"小"应有较大的隶属度;"4"和"5"是 U 中较大的数,因而它们对模糊概念"大"应有较大的隶属度。这样,就可把"大"和"小"的模糊集写出来。设为:

$$A = \{0, \quad 0, \quad 0.1, \quad 0.6, \quad 1\}$$
$$B = \{1, \quad 0.5, \quad 0.01, \quad 0, \quad 0\}$$

其中:

$$\mu_A(1) = 0, \quad \mu_A(2) = 0, \quad \mu_A(3) = 0.1, \quad \mu_A(4) = 0.6, \quad \mu_A(5) = 1$$
$$\mu_B(1) = 1, \quad \mu_B(2) = 0.5, \quad \mu_B(3) = 0.01, \quad \mu_B(4) = 0, \quad \mu_B(5) = 0$$

在这个例子中,论域中各元素的隶属度是根据通常对"大"和"小"的理解假设的,实际应用时,它们的值应由隶属函数确定。关于隶属函数的建立方法将在 2.4.12 讨论,下面用一个例子给出一种确定隶属度的简单方法。

例 2.8 设有论域

$$U = \{高山, 刘水, 秦声\}$$

确定一个模糊集 A,以表示出他们三人分别对"学习好"这个模糊概念的隶属程度。

解: 为了确定模糊集 A,可先求出他们三人各自的平均成绩,然后再除以 100,这实际上就是确定了一个从 U 到 $[0,1]$ 的映射。设三人的平均成绩分别为:

高山   98 分,   刘水   90 分,   秦声   86 分

经除 100 后,就分别得到了他们对"学习好"的隶属度:

$$\mu_A(高山) = 0.98, \quad \mu_A(刘水) = 0.90, \quad \mu_A(秦声) = 0.86$$

这就确定了相应的模糊集 A：

$$A = \{0.98, \quad 0.90, \quad 0.86\}$$

2.4.4 模糊集的表示方法

一般来说，若论域是离散且为有限集

$$U = \{u_1, u_2, \cdots, u_n\}$$

时，其模糊集可用

$$A = \{\mu_A(u_1), \mu_A(u_2), \cdots, \mu_A(u_n)\}$$

表示。

扎德为了具体地指出论域元素与其隶属度的对应关系，给出了如下形式的表示方法：

$$A = \mu_A(u_1)/u_1 + \mu_A(u_2)/u_2 + \cdots + \mu_A(u_n)/u_n$$

也可写为

$$A = \sum_{i=1}^{n} \mu_A(u_i)/u_i \text{ 或者 } A = \bigcup_{i=1}^{n} \mu_A(u_i)/u_i$$

其中，$\mu_A(u_i)$ 为 u_i 对 A 的隶属度。如果某个 u_i 对 A 的隶属度 $\mu_A(u_i) = 0$，可略去不写。例如

$$A = 1/u_1 + 0.7/u_2 + 0/u_3 + 0.4/u_4$$

与

$$A = 1/u_1 + 0.7/u_2 + 0.4/u_4$$

是相同的模糊集。

在扎德表示法中，$\mu_A(u_i)/u_i$ 不是分子与分母相除的关系，它只是指出分子 $\mu_A(u_i)$ 是分母 u_i 对模糊集 A 的隶属度；式中的"＋"号也不是相加的意思，它只是一个分隔符。有时，模糊集也可写成如下两种形式：

$$A = \{\mu_A(u_1)/u_1, \mu_A(u_2)/u_2, \cdots, \mu_A(u_n)/u_n\}$$

或者

$$A = \{(\mu_A(u_1), u_1), (\mu_A(u_2), u_2), \cdots, (\mu_A(u_n), u_n)\}$$

其中，前一种称为单点形式，后一种称为序偶形式。

若论域是连续的，则模糊集可用实函数表示。例如，扎德以年龄为论域，取 $U = [0, 100]$，给出了"年老"与"年轻"这两个模糊概念的隶属函数，从而表示出了相应的模糊集。

$$\mu_{年轻}(u) = \begin{cases} 1, & 当 0 \leqslant u \leqslant 25 \\ \left[1 + \left(\dfrac{u-25}{5}\right)^2\right]^{-1}, & 当 25 < u \leqslant 100 \end{cases}$$

$$\mu_{年老}(u) = \begin{cases} 0, & 当 0 \leqslant u \leqslant 50 \\ \left[1 + \left(\dfrac{5}{u-50}\right)^2\right]^{-1}, & 当 50 < u \leqslant 100 \end{cases}$$

这两个隶属函数可用图 2-6 分别表示出来。

无论论域 U 是有限的还是无限的，连续的还是离散的，扎德都用如下记号作为模糊集 A 的一般表示形式：

$$A = \int_{u \in U} \mu_A(u)/u$$

这里的"∫"不是数学中的积分符号,也不是求和,只是表示论域中各元素与其隶属度对应关系的总括,是一个记号。

另外,在给定的论域 U 上可以有多个模糊集,记 U 上模糊集的全体为 $\mathscr{F}(U)$,即

$$\mathscr{F}(U) = \{A \mid \mu_A : U \rightarrow [0,1]\}$$

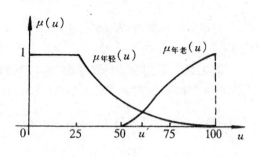

图 2-6 "年轻"与"年老"

2.4.5 模糊集的运算

与普通集合类似,模糊集也有包含、交、并、补等运算。

1. 包含运算

定义 2.14 设 $A, B \in \mathscr{F}(U)$,若对任意 $u \in U$,都有

$$\mu_B(u) \leqslant \mu_A(u)$$

成立,则称 A 包含 B,记为 $B \subseteq A$。

2. 并、交、补运算

定义 2.15 设 $A, B \in \mathscr{F}(U)$,分别称 $A \cup B, A \cap B$ 为 A 与 B 的并集、交集,称 $\neg A$ 为 A 的补集或余集,它们的隶属函数分别为:

$$A \cup B: \quad \mu_{A \cup B}(u) = \max_{u \in U}\{\mu_A(u), \mu_B(u)\}$$

$$A \cap B: \quad \mu_{A \cap B}(u) = \min_{u \in U}\{\mu_A(u), \mu_B(u)\}$$

$$\neg A: \quad \mu_{\neg A}(u) = 1 - \mu_A(u)$$

为简便起见,模糊集合论中通常用"∨"表示 max,用"∧"表示 min,分别称为取极大、取极小运算。这里,不要把它们与谓词逻辑中的析取符号"∨"与合取符号"∧"混淆起来,在不同的应用场合下,其作用是不同的。用"∨"和"∧"表示时,上面关于并集及交集的隶属函数可简写为:

$$A \cup B: \quad \mu_{A \cup B}(u) = \mu_A(u) \vee \mu_B(u)$$

$$A \cap B: \quad \mu_{A \cap B}(u) = \mu_A(u) \wedge \mu_B(u)$$

例 2.9 设 $U = \{u_1, u_2, u_3\}$

$$A = 0.3/u_1 + 0.8/u_2 + 0.6/u_3$$

$$B = 0.6/u_1 + 0.4/u_2 + 0.7/u_3$$

则

$$A \cap B = (0.3 \wedge 0.6)/u_1 + (0.8 \wedge 0.4)/u_2 + (0.6 \wedge 0.7)/u_3$$

$$= 0.3/u_1 + 0.4/u_2 + 0.6/u_3$$

$$A \cup B = (0.3 \vee 0.6)/u_1 + (0.8 \vee 0.4)/u_2 + (0.6 \vee 0.7)/u_3$$

$$= 0.6/u_1 + 0.8/u_2 + 0.7/u_3$$

$$\neg A = (1 - 0.3)/u_1 + (1 - 0.8)/u_2 + (1 - 0.6)/u_3$$

35

$$= 0.7/u_1 + 0.2/u_2 + 0.4/u_3$$

由该例的运算过程不难看出,两个模糊集间的运算实际上就是逐点对隶属函数做相应的运算。

例 2.10 设用 A 表示"年老"的模糊集,用 B 表示"年轻"的模糊集,由上段给出的关于"年老"及"年轻"的隶属函数和图 2-6,可以得到它们的并集、交集及补集。

$$A \bigcup B = \int_{u \in U} \mu_A(u) \vee \mu_B(u)/u$$

$$= \int_{0 \leqslant u \leqslant 25} 1/u + \int_{25 < u \leqslant u'} \left[1 + \left(\frac{u-25}{5}\right)^2\right]^{-1}/u + \int_{u' < u \leqslant 100} \left[1 + \left(\frac{5}{u-50}\right)^2\right]^{-1}/u$$

$$A \bigcap B = \int_{u \in U} \mu_A(u) \wedge \mu_B(u)/u$$

$$= \int_{50 < u \leqslant u'} \left[1 + \left(\frac{5}{u-50}\right)^2\right]^{-1}/u + \int_{u' < u \leqslant 100} \left[1 + \left(\frac{u-25}{5}\right)^2\right]^{-1}/u$$

$$\neg A = \int_{0 \leqslant u \leqslant 50} 1/u + \int_{50 < u \leqslant 100} 1 - \left[1 + \left(\frac{5}{u-50}\right)^2\right]^{-1}/u$$

上述关于模糊集并、交、补运算的定义是由扎德给出的,由于它具体地指出了进行相应运算的方法,因此又称为扎德算子。在模糊集合论的研究历史中,除扎德算子外,人们还根据不同的应用环境提出了另外一些算子,它们既可用于模糊集的并、交运算,也可被认为是在模糊集上另外增加的运算,下面列出其中用得较多的几种。

(1) 有界和算子"$\bigoplus$"与有界积算子"$\odot$"

$$A \bigoplus B: \quad \min\{1, \mu_A(u) + \mu_B(u)\}$$

$$A \odot B: \quad \max\{0, \mu_A(u) + \mu_B(u) - 1\}$$

(2) 概率和算子"$\hat{+}$"与实数积算子"$\cdot$"

$$A \hat{+} B: \quad \mu_A(u) + \mu_B(u) - \mu_A(u) \times \mu_B(u)$$

$$A \cdot B: \quad \mu_A(u) \times \mu_B(u)$$

(3) 爱因斯坦(Einstein)和算子"$\overset{+}{\varepsilon}$"与爱因斯坦积算子"$\dot{\varepsilon}$"

$$A \overset{+}{\varepsilon} B: \quad \frac{\mu_A(u) + \mu_B(u)}{1 + \mu_A(u) \times \mu_B(u)}$$

$$A \dot{\varepsilon} B: \quad \frac{\mu_A(u) \times \mu_B(u)}{1 + [1 - \mu_A(u)] \times [1 - \mu_B(u)]}$$

(4) 亚格尔(Yager)和算子"$\overset{+}{Y}$"与亚格尔积算子"$\dot{Y}$"

$$A \overset{+}{Y} B: \quad \min\{1, [(\mu_A(u))^p + (\mu_B(u))^p]^{1/p}\}$$

$$A \dot{Y} B: \quad 1 - \min\{1, [(1 - \mu_A(u))^p + (1 - \mu_B(u))^p]^{1/p}\}$$

其中,常数 p 在 $[1, +\infty)$ 上选取。

上述运算中,取极大"$\vee$"、有界和"$\bigoplus$"、概率和"$\hat{+}$"、爱因斯坦和"$\overset{+}{\varepsilon}$"、亚格尔和"$\overset{+}{Y}$"分别对应于模糊集的"并"运算,统称为"并型运算";取极小"$\wedge$"、有界积"$\odot$"、实数积"$\cdot$"、爱因斯坦积"$\dot{\varepsilon}$"、亚格尔积"$\dot{Y}$"分别对应于模糊集的"交"运算,统称为"交型运算"。

2.4.6　模糊集的 λ 水平截集

λ 水平截集是把模糊集向普通集合转化的一个重要概念,下面给出它的定义。

定义 2.16　设 $A \in \mathscr{F}(U)$,$\lambda \in [0,1]$,则称普通集合

$$A_\lambda = \{u \mid u \in U, \mu_A(u) \geqslant \lambda\}$$

为 A 的一个 λ 水平截集,λ 称为阈值或置信水平。

λ 水平截集有如下性质:

(1) 设 $A, B \in \mathscr{F}(U)$,则

$$(A \bigcup B)_\lambda = A_\lambda \bigcup B_\lambda$$
$$(A \bigcap B)_\lambda = A_\lambda \bigcap B_\lambda$$

(2) 若 $\lambda_1, \lambda_2 \in [0,1]$,且 $\lambda_1 < \lambda_2$,则

$$A_{\lambda_1} \supseteq A_{\lambda_2}$$

由性质 2 可以看出,阈值 λ 越大,其水平截集 A_λ 越小,当 $\lambda = 1$ 时,A_λ 最小,称它为模糊集的核,下面给出它及支集的定义。

定义 2.17　设 $A \in \mathscr{F}(U)$,则称

$$\text{Ker } A = \{u \mid u \in U, \quad \mu_A(u) = 1\}$$
$$\text{Supp } A = \{u \mid u \in U, \quad \mu_A(u) > 0\}$$

分别称为模糊集 A 的核及支集。当 $\text{Ker}A \neq \Phi$ 时,称 A 为正规模糊集。

模糊集的 λ 水平截集、核及支集可用图 2-7 直观地表示出来。

例 2.11　设有如下模糊集:

$$A = 0.3/u_1 + 0.7/u_2 + 1/u_3 + 0.6/u_4 + 0.5/u_5$$

若 λ 分别为 1, 0.6, 0.5, 0.3,则相应的 λ 水平截集分别为:

$$A_1 = \{u_3\}$$
$$A_{0.6} = \{u_2, u_3, u_4\}$$
$$A_{0.5} = \{u_2, u_3, u_4, u_5\}$$
$$A_{0.3} = \{u_1, u_2, u_3, u_4, u_5\}$$

A 的核及支集分别是:

$$\text{Ker}A = \{u_3\}$$
$$\text{Supp}A = \{u_1, u_2, u_3, u_4, u_5\}$$

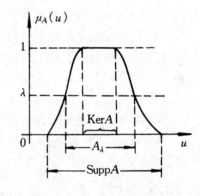

图 2-7　λ 水平截集、核及支集

2.4.7　模糊度

德拉卡(Delaca)在 1972 年曾提出对模糊集的定量描述问题,从而奠定了度量模糊性的理论基础。模糊度就是这种定量描述中的一种,除此之外,还有平均隶属度、模糊集的方差、模糊集的重心等。

模糊度是模糊集的模糊程度的一种度量,下面给出它的定义。

定义 2.18 设 $A \in \mathcal{F}(U)$，d 是定义在 $\mathcal{F}(U)$ 上的一个实函数,如果它满足如下条件:

(1) 对任意 $A \in \mathcal{F}(U)$，有 $d(A) \in [0,1]$；

(2) 当且仅当 A 是一个普通集合时,$d(A)=0$；

(3) 若 A 的隶属函数 $\mu_A(u) \equiv 0.5$，则 $d(A)=1$；

(4) 若 $A, B \in \mathcal{F}(U)$，且对任意 $u \in U$，满足

$$u_B(u) \leqslant \mu_A(u) \leqslant 0.5$$

或者

$$u_B(u) \geqslant \mu_A(u) \geqslant 0.5$$

则有

$$d(B) \leqslant d(A)$$

(5) 对任意 $A \in \mathcal{F}(U)$，有

$$d(A) = d(\neg A)$$

则称 d 为定义在 $\mathcal{F}(U)$ 上的一个模糊度,$d(A)$ 称为 A 的模糊度。

由该定义可以看出模糊度的直观含意:

(1) 任何模糊集的模糊度都是 $[0,1]$ 上的一个数。

(2) 普通集合的模糊度为 0,它表示普通集合所刻画的概念是不模糊的。

(3) 越靠近 0.5 时就越模糊,尤其是当 $\mu_A(u)=0.5$ 时最模糊。

(4) 模糊集 A 与其补集 $\neg A$ 具有相同的模糊度。

下面讨论计算模糊度的方法。

当论域 U 为有限时,模糊度可用下述公式计算:

1. 海明(Haming)模糊度

$$d_1(A) = \frac{2}{n} \sum_{i=1}^{n} | \mu_A(u_i) - \mu_{A_{0.5}}(u_i) |$$

其中,n 是论域 U 中元素的个数,$\mu_{A_{0.5}}(u_i)$ 是 A 的 $\lambda = 0.5$ 截集的隶属函数,由于 $A_{0.5}$ 是一个普通集合,所以 $\mu_{A_{0.5}}(u_i)$ 实际上是特征函数,故 $\mu_{A_{0.5}}(u_i)$ 的值为

$$\mu_{A_{0.5}}(u_i) = \begin{cases} 1, & \mu_A(u_i) \geqslant 0.5 \\ 0, & \mu_A(u_i) < 0.5 \end{cases}$$

2. 欧几里德(Euclid)模糊度

$$d_2(A) = \frac{2}{\sqrt{n}} \left(\sum_{i=1}^{n} | \mu_A(u_i) - \mu_{A_{0.5}}(u_i) |^2 \right)^{1/2}$$

3. 明可夫斯基(Minkowski)模糊度

$$d_p(A) = \frac{2}{n^{1/p}} \left(\sum_{i=1}^{n} | \mu_A(u_i) - \mu_{A_{0.5}}(u_i) |^p \right)^{1/p}$$

显然,海明模糊度与欧几里德模糊度分别是 $p=1$ 及 $p=2$ 时明可大斯基模糊度的特例。

例 2.12 设 $U = \{u_1, u_2, u_3, u_4\}$

$$A = 0.8/u_1 + 0.9/u_2 + 0.1/u_3 + 0.6/u_4$$

则

$$d_1(A) = \frac{2}{4}(| 0.8 - 1 | + | 0.9 - 1 | + | 0.1 - 0 | + | 0.6 - 1 |)$$

$$= \frac{1}{2}(0.2 + 0.1 + 0.1 + 0.4)$$
$$= 0.4$$
$$d_2(A) = \frac{2}{\sqrt{4}}\left[(0.8-1)^2 + (0.9-1)^2 + (0.1-0)^2 + (0.6-1)^2\right]^{1/2}$$
$$= 0.47$$

4. 熵农模糊度

$$d(A) = \frac{1}{n\ln 2}\sum_{i=1}^{n} S(\mu_A(u_i))$$

其中 $S(x)$ 是定义在 $[0,1]$ 上的熵农函数,即

$$S(x) = \begin{cases} -x\ln x - (1-x)\ln(1-x), & x \in (0,1) \\ 0, & x=1 \text{ 或 } x=0 \end{cases}$$

2.4.8 模糊数

在人们的社会实践及科学研究中,经常要用到一些模糊的数量,例如"今天到会的人约有500 人左右","如果天空阴云密布,则要下雨的可能性大约为 0.6"。这里的"500 左右""大约0.6"显然不是精确数,而是模糊数。下面给出它的定义并讨论对它的表示方法及算术运算。

定义 2.19 如果实数域 R 上的模糊集 A 的隶属函数 $\mu_A(u)$ 在 R 上连续且具有如下性质:

(1) A 是凸模糊集,即对任意 $\lambda \in [0,1]$,A 的 λ 水平截集 A_λ 是闭区间;

(2) A 是正规模糊集,即存在 $u \in R$,使 $\mu_A(u) = 1$。

则称 A 为一个模糊数。

直观上看,模糊数的隶属函数的图形是单峰的,且在峰顶使隶属度达到 1。例如,对"u_0 左右"的数可用图 2-8 表示。

模糊数的模糊程度可由其隶属函数图形的陡峭程度来表示。

模糊数可用其隶属函数表示。例如对模糊数"6 左右"可用如下隶属函数表示:

$$\mu_6(u) = \begin{cases} e^{-10(u-6)^2}, & \text{当 } |u-6| \leqslant 3 \\ 0, & \text{当 } |u-6| > 3 \end{cases}$$

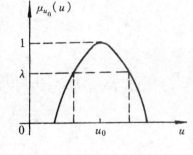

图 2-8 模糊数 u_0

关于模糊数之间的运算,有如下定义。

定义 2.20 设 θ 是实数域 R 上的一种二元运算,A 和 B 为任意的模糊数,则模糊数间的运算定义为

$$A\,\theta\,B: \quad \mu_{A\theta B}(z) = \bigvee_{z=x\theta y}(\mu_A(x) \wedge \mu_B(y))$$

当 θ 表示实数 $+$、$-$、$\times$、$\div$ 运算时,有:

$$A+B: \quad \mu_{A+B}(z) = \bigvee_{z=x+y}(\mu_A(x) \wedge \mu_B(y))$$
$$A-B: \quad \mu_{A-B}(z) = \bigvee_{z=x-y}(\mu_A(x) \wedge \mu_B(y))$$

$$A \times B: \quad \mu_{A \times B}(z) = \bigvee_{z = x \times y} (\mu_A(x) \land \mu_B(y))$$

$$A \div B: \quad \mu_{A \div B}(z) = \bigvee_{z = x \div y} (\mu_A(x) \land \mu_B(y)) \qquad (y \neq 0)$$

由定义 2.20 可知,当对两个模糊数进行某种运算时,实际上是对它们相应的元素做这种运算,而对它们的隶属度取极小,然后再对相同元素的隶属度取极大。

例 2.13 设有:

$$3 \text{左右} = 0.5/2 + 1/3 + 0.6/4$$
$$2 \text{左右} = 0.4/1 + 1/2 + 0.7/3$$

则

$$3 \text{左右} + 2 \text{左右} = \frac{0.5 \land 0.4}{2+1} + \frac{0.5 \land 1}{2+2} + \frac{0.5 \land 0.7}{2+3}$$
$$+ \frac{1 \land 0.4}{3+1} + \frac{1 \land 1}{3+2} + \frac{1 \land 0.7}{3+3}$$
$$+ \frac{0.6 \land 0.4}{4+1} + \frac{0.6 \land 1}{4+2} + \frac{0.6 \land 0.7}{4+3}$$
$$= 0.4/3 + 0.5/4 + 1/5 + 0.7/6 + 0.6/7$$

式中用虚线连起来的项是论域中元素相同的项,根据模糊数二元运算的定义,要对这些项的隶属度取极大值。用相同方法可以得到:

$$3 \text{左右} - 2 \text{左右} = \frac{0.5 \land 0.4}{2-1} + \frac{0.5 \land 1}{2-2} + \frac{0.5 \land 0.7}{2-3}$$
$$+ \frac{1 \land 0.4}{3-1} + \frac{1 \land 1}{3-2} + \frac{1 \land 0.7}{3-3}$$
$$+ \frac{0.6 \land 0.4}{4-1} + \frac{0.6 \land 1}{4-2} + \frac{0.6 \land 0.7}{4-3}$$
$$= 0.5/-1 + 0.7/0 + 1/1 + 0.6/2 + 0.4/3$$

$$3 \text{左右} \times 2 \text{左右} = \frac{0.5 \land 0.4}{2 \times 1} + \frac{0.5 \land 1}{2 \times 2} + \frac{0.5 \land 0.7}{2 \times 3}$$
$$+ \frac{1 \land 0.4}{3 \times 1} + \frac{1 \land 1}{3 \times 2} + \frac{1 \land 0.7}{3 \times 3}$$
$$+ \frac{0.6 \land 0.4}{4 \times 1} + \frac{0.6 \land 1}{4 \times 2} + \frac{0.6 \land 0.7}{4 \times 3}$$
$$= 0.4/2 + 0.4/3 + 0.5/4 + 1/6 + 0.6/8 + 0.7/9 + 0.6/12$$

$$3 \text{左右} \div 2 \text{左右} = \frac{0.5 \land 0.4}{2 \div 1} + \frac{0.5 \land 1}{2 \div 2} + \frac{0.5 \land 0.7}{2 \div 3}$$
$$+ \frac{1 \land 0.4}{3 \div 1} + \frac{1 \land 1}{3 \div 2} + \frac{1 \land 0.7}{3 \div 3}$$
$$+ \frac{0.6 \land 0.4}{4 \div 1} + \frac{0.6 \land 1}{4 \div 2} + \frac{0.6 \land 0.7}{4 \div 3}$$
$$= 0.5/0.67 + 0.7/1 + 0.6/1.3 + 1/1.5 + 0.6/2 + 0.4/3 + 0.4/4$$

一般来说,若 A 和 B 是两个模糊数,则 $A \theta B$ 也是模糊数。在上例中,对乘法及除法其运算结果的隶属函数出现了起伏的情况,这是由于在此例中对"3 左右"及"2 左右"定义的隶属函数都不是连续的。

2.4.9 模糊关系及其合成

1. 模糊关系

为了说明什么是模糊关系,首先回顾一下普通集合上关于"关系"的概念。

设 U 与 V 是两个集合,则称

$$U \times V = \{(u, v) \mid u \in U, v \in V\}$$

为 U 与 V 的笛卡尔乘积。

通俗地说,就是从 U 与 V 中分别取一个元素 u 与 v,把它们构成一个序偶 (u, v),由全体序偶所构成的集合就是 U 与 V 的笛卡尔乘积。

所谓从 U 到 V 的关系 R,是指 $U \times V$ 上的一个子集,即 $R \subseteq U \times V$,记为

$$U \xrightarrow{R} V$$

对于 $U \times V$ 中的元素 (u, v),若 $(u, v) \in R$,则称 u 与 v 有关系 R;若 $(u, v) \bar{\in} R$,则称 u 与 v 没有关系 R。

例 2.14 设 $U = \{$红桃,方块,黑桃,梅花$\}$

$V = \{A, 2, 3, 4, 5, 6, 7, 8, 9, 10, J, Q, K\}$

则 $U \times V$ 中有 52 个元素:

$$U \times V = \{(红桃, A), (红桃, 2), \cdots\cdots, (梅花, K)\}$$

其中每一个元素代表一张扑克牌。

若有 4 个人在一起玩牌,每个人拿 13 张牌(大、小王除外),则每个人拿的牌是 $U \times V$ 的一个子集,构成了一个关系。

在普通集合上定义的"关系"都是确定性关系,u 与 v 之间或者有某种关系,或者没有这种关系。但是,在现实世界中很多事物之间的关系并不都是十分明确的,不能简单地用"有"或"没有"来衡量,需要考虑有关系的程度。例如人与人之间的"相像关系"就是这样,有些人的长相"很像",有些人的长相"完全不像",有些人的长相"有些像",但"像"的程度又各有不同。像这样存在着有关系的程度的关系称为模糊关系。

下面给出模糊集的笛卡尔乘积及模糊关系的定义。

定义 2.21 设 A_i 是 $U_i (i = 1, 2, \cdots, n)$ 上的模糊集,则称

$$A_1 \times A_2 \times \cdots \times A_n = \int_{U_1 \times U_2 \times \cdots \times U_n} (\mu_{A_1}(u_1) \wedge \mu_{A_2}(u_2) \wedge \cdots \wedge \mu_{A_n}(u_n)) / (u_1, u_2, \cdots u_n)$$

为 $A_1, A_2, \cdots, A_n$ 的笛卡尔乘积,它是 $U_1 \times U_2 \times \cdots \times U_n$ 上的一个模糊集。

定义 2.22 在 $U_1 \times U_2 \times \cdots \times U_n$ 上的一个 n 元模糊关系 R 是指以 $U_1 \times U_2 \times \cdots \times U_n$ 为论域的一个模糊集,记为

$$R = \int_{U_1 \times U_2 \times \cdots \times U_n} \mu_R(u_1, u_2, \cdots, u_n) / (u_1, u_2, \cdots, u_n)$$

在上述定义中,$\mu_{A_i}(u_i) (i = 1, 2, \cdots, n)$ 是模糊集 A_i 的隶属函数;$\mu_R(u_1, u_2, \cdots, u_n)$ 是模糊关系 R 的隶属函数,它把 $U_1 \times U_2 \times \cdots \times U_n$ 上的每一个元素 $(u_1, u_2, \cdots, u_n)$ 映射为 $[0, 1]$ 上的一个实数,该实数反映出 $u_1, u_2, \cdots, u_n$ 具有关系 R 的程度。特别是对于二元关系

$$R = \int_{U \times V} \mu_R(u, v)/(u, v)$$

$\mu_R(u, v)$ 反映了 u 与 v 具有关系 R 的程度。

例 2.15 设有一组学生 U:

$$U = \{张三, 李四, 王五\}$$

他们对球类运动 V:

$$V = \{篮球, 排球, 足球, 乒乓球\}$$

有不同的爱好,把它们对各种球类运动的爱好程度列成一张表,就构成了 $U \times V$ 上的一个模糊关系 R,如表 2-3 所示。

表 2-3 模糊关系

$\mu_R(u, v)$ 　　　　 V U	篮球	排球	足球	乒乓球
张三	0.7	0.5	0.4	0.1
李四	0	0.6	0	0.5
王五	0.5	0.3	0.8	0

一般地说,当 U 与 V 都是有限论域时,其模糊关系 R 可用一个模糊矩阵表示。例如,设

$$U = \{u_1, u_2, \cdots, u_m\}$$
$$V = \{v_1, v_2, \cdots, v_n\}$$

则 $U \times V$ 上的模糊关系为

$$R = \begin{bmatrix} \mu_R(u_1, v_1) & \mu_R(u_1, v_2) & \cdots & \mu_R(u_1, v_n) \\ \mu_R(u_2, v_1) & \mu_R(u_2, v_2) & \cdots & \mu_R(u_2, v_n) \\ \vdots & \vdots & & \vdots \\ \mu_R(u_m, v_1) & \mu_R(u_m, v_2) & \cdots & \mu_R(u_m, v_n) \end{bmatrix}$$

对于例 2.15,其模糊矩阵是

$$R = \begin{bmatrix} 0.7 & 0.5 & 0.4 & 0.1 \\ 0 & 0.6 & 0 & 0.5 \\ 0.5 & 0.3 & 0.8 & 0 \end{bmatrix}$$

例 2.16 设

$$U = V = \{u_1, u_2, u_3\}$$

是三个人的集合,R 是他们之间的"信任关系",且设

$$\mu_R(u_1, u_1) = 1, \qquad \mu_R(u_1, u_2) = 0.3, \qquad \mu_R(u_1, u_3) = 0.8$$
$$\mu_R(u_2, u_1) = 0.9, \quad \mu_R(u_2, u_2) = 1, \qquad \mu_R(u_2, u_3) = 0.6$$
$$\mu_R(u_3, u_1) = 0.7, \quad \mu_R(u_3, u_2) = 0.5, \qquad \mu_R(u_3, u_3) = 1$$

其中,$\mu_R(u_i, u_j)$ 表示 u_i 对 u_j 的信任程度。其模糊矩阵为

$$R = \begin{bmatrix} 1 & 0.3 & 0.8 \\ 0.9 & 1 & 0.6 \\ 0.7 & 0.5 & 1 \end{bmatrix}$$

此例表明 U 与 V 可以是相同的论域,即 $U = V$。此时,称 R 为 U 上的模糊关系。

2. 模糊关系的合成

定义 2.23 设 R_1 与 R_2 分别是 $U \times V$ 与 $V \times W$ 上的两个模糊关系,则 R_1 与 R_2 的合成是指从 U 到 W 的一个模糊关系,记为

$$R_1 \circ R_2$$

其隶属函数为

$$\mu_{R_1 \circ R_2}(u, w) = \vee \{\mu_{R_1}(u, v) \wedge \mu_{R_2}(v, w)\}$$

下面用例子说明合成的方法。

例 2.17 设有如下两个模糊关系:

$$R_1 = \begin{bmatrix} 0.4 & 0.5 & 0.1 \\ 0.2 & 0.6 & 0.2 \\ 0.5 & 0.3 & 0.2 \end{bmatrix} \qquad R_2 = \begin{bmatrix} 0.2 & 0.8 \\ 0.4 & 0.6 \\ 0.6 & 0.4 \end{bmatrix}$$

则 R_1 与 R_2 的合成是

$$R = R_1 \circ R_2 = \begin{bmatrix} 0.4 & 0.5 \\ 0.4 & 0.6 \\ 0.3 & 0.5 \end{bmatrix}$$

其方法是取 R_1 的第 i 行元素分别与 R_2 第 j 列的对应元素相比较,两个数中取其小者,然后再在所得的一组最小数中取最大的一个,并以此数作为 $R_1 \circ R_2$ 的第 i 行、第 j 列的元素。例如,以 R_1 的第一行元素分别与 R_2 的第一列元素相比较:因为 $0.4 > 0.2$,所以取其小者 0.2;因为 $0.5 > 0.4$, 所以取 0.4;因为 $0.1 < 0.6$,所以取 0.1。这样就得到一组数 $(0.2, 0.4, 0.1)$,然后再在这三个数中取最大者,即 0.4,它就是 $R_1 \circ R_2$ 中第一行第一列的元素。

2.4.10 模糊变换

定义 2.24 设

$$A = \{\mu_A(u_1), \mu_A(u_2), \cdots, \mu_A(u_n)\}$$

是论域 U 上的模糊集,R 是 $U \times V$ 上的模糊关系,则

$$A \circ R = B$$

称为模糊变换。

例 2.18 设

$$A = \{0.2, 0.5, 0.3\}$$

$$R = \begin{bmatrix} 0.2 & 0.7 & 0.1 & 0 \\ 0 & 0.4 & 0.5 & 0.1 \\ 0.2 & 0.3 & 0.4 & 0.1 \end{bmatrix}$$

则

$$B = A \circ R = \{0.2, 0.4, 0.5, 0.1\}$$

在第 5 章将讨论应用模糊变换进行模糊推理的方法。这里,先给出一个应用模糊变换进行模糊综合评判的例子,以加深对它的理解。

例 2.19 设对某厨师做的一道菜进行评判,评判的因素是:色(u_1)、香(u_2)、味(u_3),它们构成了论域 U:

$$U = \{u_1, u_2, u_3\}$$

评判时由评委对每一个评判因素分别进行打分,要求评判的等级是好(v_1)、较好(v_2)、一般(v_3)、差(v_4),它们构成了论域 V:

$$V = \{v_1, v_2, v_3, v_4\}$$

仅就"色"而言,假设有 60% 的评委认为这道菜"好";20% 的评委认为"比较好";20% 的评委认为"一般";没有评委认为"差"。即对这道菜"色"的评价是

$$\{0.6, 0.2, 0.2, 0\}$$

假设对"香"的评价是

$$\{0.8, 0.1, 0.1, 0\}$$

假设对"味"的评价是

$$\{0.3, 0.3, 0.3, 0.1\}$$

这样就可写出矩阵 R:

$$R = \begin{bmatrix} 0.6 & 0.2 & 0.2 & 0 \\ 0.8 & 0.1 & 0.1 & 0 \\ 0.3 & 0.3 & 0.3 & 0.1 \end{bmatrix}$$

假设三个评判因素在评判中所占的比重(即它们的"权")分别是:"色"为 0.3;"香"为 0.3;"味"为 0.4。这三个"权"值组成了 U 上的一个模糊向量:

$$A = \{0.3, 0.3, 0.4\}$$

由此可得到评委对这道菜的综合评判为:

$$B = A \circ R$$

$$= \{0.3, 0.3, 0.4\} \circ \begin{bmatrix} 0.6 & 0.2 & 0.2 & 0 \\ 0.8 & 0.1 & 0.1 & 0 \\ 0.3 & 0.3 & 0.3 & 0.1 \end{bmatrix}$$

$$= \{0.3, 0.3, 0.3, 0.1\}$$

在此例中,其评判结果中各项的和刚好为 1,所以它就是最终的评判结果。如果不是这样,就需要进行归一处理。即,用各项的和分别除以每一项,以商作为评判结果。例如,设评判后得到:

$$B = \{w_1, w_2, w_3, w_4\}$$

并设

$$w = w_1 + w_2 + w_3 + w_4$$

则最终的评判结果为

$$B' = \{\frac{w_1}{w}, \frac{w_2}{w}, \frac{w_3}{w}, \frac{w_4}{w}\}$$

2.4.11 实数域上几种常用的隶属函数

以实数域 R 为论域的隶属函数又称为模糊分布,这是实际应用中最重要且用得最多的情形,本段给出其中常用的几种。

1. 正态分布

正态分布的隶属函数为

$$\mu_\Lambda(u) = \mathrm{e}^{-k(u-a)^2}, \qquad 当\ k > 0$$

如图 2-9 所示。

2. 升半正态分布

升半正态分布的隶属函数为

$$\mu_A(u) = \begin{cases} 0, & 当\ u \leqslant a \\ 1 - \mathrm{e}^{-k(u-a)^2}, & 当\ u > a,其中\ k > 0 \end{cases}$$

如图 2-10 所示。

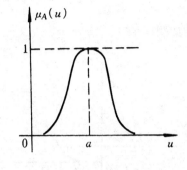

图 2-9 正态分布

3. 降半正态分布

降半正态分布的隶属函数为

$$\mu_A(u) = \begin{cases} 1, & 当\ u \leqslant a \\ \mathrm{e}^{-k(u-a)^2}, & 当\ u > a,其中\ k > 0 \end{cases}$$

如图 2-11 所示。

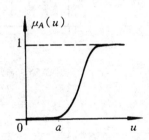

图 2-10 升半正态分布

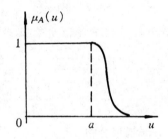

图 2-11 降半正态分布

4. 哥西分布

哥西分布的隶属函数为

$$\mu_A(u) = \frac{1}{1 + \alpha(u-a)^\beta}$$

$$\alpha > 0, \beta\ 为正偶数$$

如图 2-12 所示。

5. 升半哥西分布

升半哥西分布的隶属函数为

$$\mu_A(u) = \begin{cases} 0, & 当\ u \leqslant a \\ \dfrac{\alpha(u-a)^\beta}{1 + \alpha(u-a)^\beta}, & 当\ u > a,其中\ \alpha > 0,\ \beta > 0 \end{cases}$$

如图 2-13 所示。

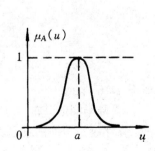

图 2-12 哥西分布

6. 降半哥西分布

降半哥西分布的隶属函数为

$$\mu_A(u) = \begin{cases} 1, & \text{当 } u \leqslant a \\ \dfrac{1}{1 + \alpha(u-a)^\beta}, & \text{当 } u > a, \text{其中 } \alpha > 0, \beta > 0 \end{cases}$$

如图 2-14 所示。

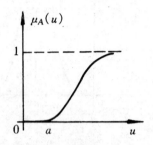

图 2-13 升半哥西分布

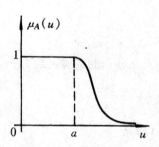

图 2-14 降半哥西分布

7. 梯形分布

梯形分布的隶属函数为

$$\mu_A(u) = \begin{cases} 0, & \text{当 } u \leqslant a - a_2 \\ \dfrac{a_2 + u - a}{a_2 - a_1}, & \text{当 } a - a_2 < u \leqslant a - a_1 \\ 1, & \text{当 } a - a_1 < u \leqslant a + a_1 \\ \dfrac{a_2 - u + a}{a_2 - a_1}, & \text{当 } a + a_1 < u \leqslant a + a_2 \\ 0, & \text{当 } u > a_1 + a_2 \end{cases}$$

如图 2-15 所示。

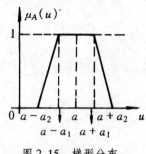

图 2-15 梯形分布

8. 升半梯形分布

升半梯形分布的隶属函数为

$$\mu_A(u) = \begin{cases} 0, & \text{当 } u \leqslant a_1 \\ \dfrac{u - a_1}{a_2 - a_1}, & \text{当 } a_1 < u \leqslant a_2 \\ 1, & \text{当 } u > a_2 \end{cases}$$

如图 2-16 所示。

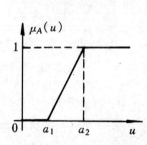

图 2-16 升半梯形分布

9. 降半梯形分布

降半梯形分布的隶属函数为

$$\mu_A(u) = \begin{cases} 1, & \text{当 } u \leqslant a_1 \\ \dfrac{a_2 - u}{a_2 - a_1}, & \text{当 } a_1 < u \leqslant a_2 \\ 0, & \text{当 } u > a_2 \end{cases}$$

如图 2-17 所示。

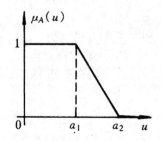

图 2-17 降半梯形分布

46

2.4.12　建立隶属函数的方法

用模糊集刻画模糊性时,隶属函数的建立是一件基本且关键的工作,它直接影响到求解问题的质量。但由于模糊性自身的复杂性及多样性,很难用一种统一的模式来建立,因而就使得隶属函数的建立成为一件较为困难的工作。尽管目前国内外的许多学者对此进行了大量研究,亦提出了一些理论及方法,但从总体上看仍处于研究阶段。这里给出的一些方法在具体应用时,需要根据实际问题的具体情况,通过实践不断修正,只有这样才能建立起符合实际的隶属函数。

目前,关于隶属函数的建立方法主要有模糊统计法、对比排序法、专家评判法、基本概念扩充法等,下面分别进行讨论。

1. 模糊统计法

设 U 为论域,A 为 U 上的一个模糊概念,现在要为 A 建立相应的隶属函数,其步骤如下:

(1) 把论域 U 划分为若干区间。例如以年龄作为论域 U,把它划分为13.5 岁~14.5 岁为一个区间,14.5~15.5 岁为另一个区间,如此等等。

(2) 选择 n 个具有正确判断力的评判员,请他们分别给出模糊概念应该属于的区段。例如,假设 A 代表"年轻"这一模糊概念,请各位评判员分别给出"年轻"最适合的年龄区段,即从多少岁至多少岁,例如 18 岁~25 岁。

(3) 假设 n 个评判员给出的区段中覆盖某个区间的次数为 m,则当 n 足够大时,就可把 m/n 作为该区间中值(设为 u_0)对 A 的隶属度,即

$$\mu_A(u_0) = \frac{m}{n}$$

对每个区间的中值点 u 求出 $\mu_A(u)$ 后,就可绘制出 A 的隶属函数的曲线。

国内曾有学者对"年轻"这一模糊概念做了大量的调查研究工作,并用上述方法建立了相应的隶属函数,结果是符合实际情况的。

2. 对比排序法

设论域

$$U = \{u_1, u_2, \cdots, u_n\}$$

是一个有限论域,为了对 U 上某个模糊概念建立隶属函数,只要对每一个 u_i 确定其隶属度就可以了。但是,有时要直接为每一个 u_i 都确定一个隶属度是相当困难的,或者工作量太大,此时一个较为简便的方法是对 U 中的元素两两进行比较,从而给出一个相对于另一个隶属于该模糊概念的隶属度,然后再作相应的处理,最终求出每个 u_i 的隶属度。对比排序法就是基于这一思路来建立隶属函数的,下面用一个具体例子说明它建立隶属函数的方法。

设论域 U 为

$$U = \{u_1, u_2, u_3\}$$

其中 u_1, u_2, u_3 分别代表一个人,现在要分别确定他们对"身体强壮"这一模糊概念的隶属度。设用 $g(u_1, u_2)$ 表示 u_1 相对于 u_2 而言对"身体强壮"的隶属度,并假设:

$$g(u_1, u_2) = 0.7, \qquad g(u_2, u_1) = 0.4$$
$$g(u_1, u_3) = 0.8, \qquad g(u_3, u_1) = 0.5$$
$$g(u_2, u_3) = 0.6, \qquad g(u_3, u_2) = 0.3$$

这样就可得到一张表,如表 2-4 所示。

表 2-4   关于"身体强壮"的隶属度表

$g(u_i, u_j)$	u_1	u_2	u_3
u_1	1	0.7	0.8
u_2	0.4	1	0.6
u_3	0.5	0.3	1

其中,$g(u_1, u_1) = g(u_2, u_2) = g(u_3, u_3) = 1$,其道理是显然的。把每一行的数分别加起来,然后再除以 3,就得到了各元素对"身体强壮"的隶属度,即:

$$\mu_A(u_1) = \frac{1}{3} \times [g(u_1, u_1) + g(u_1, u_2) + g(u_1, u_3)] = 0.83$$

$$\mu_A(u_2) = \frac{1}{3} \times [g(u_2, u_1) + g(u_2, u_2) + g(u_2, u_3)] = 0.67$$

$$\mu_A(u_3) = \frac{1}{3} \times [g(u_3, u_1) + g(u_3, u_2) + g(u_3, u_3)] = 0.60$$

其中,A 是"身体强壮"的模糊集;1/3 是权值,因为共有 3 个人,且考虑为平权,故各占 1/3。由此可得到 A 为:

$$A = 0.83/u_1 + 0.67/u_2 + 0.60/u_3$$

如果各人是非平权的,并设其权值分别为 0.2,0.3,0.5,则得到:

$$\mu_A(u_1) = 0.2 \times [g(u_1, u_1) + g(u_1, u_2) + g(u_1, u_3)] = 0.5$$

$$\mu_A(u_2) = 0.3 \times [g(u_2, u_1) + g(u_2, u_2) + g(u_2, u_3)] = 0.6$$

$$\mu_A(u_3) = 0.5 \times [g(u_3, u_1) + g(u_3, u_2) + g(u_3, u_3)] = 0.9$$

相应的模糊集为

$$A = 0.5/u_1 + 0.6/u_2 + 0.9/u_3$$

3. 专家评判法

专家评判法是目前应用较多的一种建立隶属函数的方法,其要点是让专家直接给出论域中每个元素的隶属度,然后再做一些相应的处理。尽管这种方法具有较浓厚的个人主观判断的色彩,但只要选择合适的专家,它仍不失为一种比较可靠的方法,因为专家毕竟具有较丰富的实践经验,给出的隶属度一般比较准确。

设论域

$$U = \{u_1, u_2, \cdots, u_n\}$$

且设 A 是 U 上待确定其隶属函数的模糊集,专家评判法的建立过程如下:

(1) 请 m 位专家,让每位专家分别对每一个 $u_i(i=1,2,\cdots,n)$ 给出一个隶属度 $\mu_A(u_i)$ 的估计值,设第 j 位专家给出的估计值为 $S_{ij}(i=1,2,\cdots,n; j=1,2,\cdots,m)$,求出平均值 $\overline{S}_i$ 及离差 d_i:

$$\overline{S}_i = \frac{1}{m} \sum_{j=1}^{m} S_{ij}$$

$$d_i = \frac{1}{m} \sum_{j=1}^{m} (\overline{S}_i - S_{ij})^2$$
$$i = 1, 2, \cdots, n$$

(2) 检查离差 d_i 是否小于或等于事先指定的阈值 ε，如果大于 ε，则请专家重新给出估计值，然后再计算 $\overline{S}_i$ 及 d_i。重复这一过程，直到离差小于或等于 ε 时为止。设在第 k 轮时达到了要求，此时再请各位专家给出自己所作估计值的"确信度"，设为

$$c_1, c_2, \cdots, c_m$$

其中，$0 \leqslant c_j \leqslant 1(j = 1, 2, \cdots, m)$，$c_j$ 表示第 j 位专家对自己给出的估计值有把握的程度。求出它们的平均值：

$$\overline{c} = \frac{1}{m} \sum_{j=1}^{m} c_j$$

(3) 若 $\overline{c}$ 的值达到了一定的标准，则就以 $\overline{S}_i$ 作为 u_i 的隶属度 $\mu_A(u_i)$，$i = 1, 2, \cdots, n$。

如果考虑到各专家的情况不同，希望某些专家的意见占较大的比重，则可以为每位专家分配一个权值 w_j（w_j 满足 $w_j \geqslant 0$，且 $\sum_{j=1}^{m} \omega_j = 1$），此时计算 $\overline{S}_i$ 及 $\overline{c}$ 的公式分别改为：

$$\overline{S}_i = \sum_{j=1}^{m} w_j \times S_{ij}, \qquad i = 1, 2, \cdots, n$$

$$\overline{c} = \sum_{j=1}^{m} w_j \times c_j$$

4. 基本概念扩充法

在人类的知识中，有许多模糊概念是由若干基本的模糊概念复合而成的。例如，"大"与"小"是两个基本模糊概念，则模糊概念"不大"、"不小"、"不大也不小"、"或大或小"就是由"大"及"小"复合而成的。此时，如果我们用上面讨论的方法或者利用 2.4.11 讨论的常用隶属函数得到了基本模糊概念的隶属函数，那么就可通过对基本模糊概念的隶属函数进行某种复合或加权复合得到相应模糊概念的隶属函数。

另外，在人们的自然语言中，经常在一些表示模糊概念的词语（如"大"、"小"、"高"、"低"等）前面加上某个语气词（如"极"、"很"、"相当"、"比较"、"有点"、"稍许"等）来表示肯定的程度，从而构成了新的模糊概念。由于加语气词后形成的模糊概念与原来的模糊概念（如"大"与"很大"）并没有本质的区别，只是肯定的程度不同，因而当已知基本模糊概念的隶属函数后，就可通过对它进行某种运算得到加语气词后模糊概念的隶属函数。下面以模糊概念"大"为例说明求"极大"、"很大"、"比较大"等的隶属函数的方法。

设"大"的隶属函数为 $\mu_{大}(u)$，则：

$$\mu_{极大}(u) = \mu_{大}^{4}(u)$$
$$\mu_{很大}(u) = \mu_{大}^{2}(u)$$
$$\mu_{相当大}(u) = \mu_{大}^{1.5}(u)$$
$$\mu_{比较大}(u) = \mu_{大}^{0.75}(u)$$
$$\mu_{有点大}(u) = \mu_{大}^{0.5}(u)$$
$$\mu_{稍许有点大}(u) = \mu_{大}^{0.25}(u)$$

具体应用时，上式中 $u_{大}(u)$ 的幂指数"4"、"0.75"等可根据实际情况进行调整，这里给出的数

是指一般情况。

在对模糊数的应用中,有时也有类似的情况。例如在专家系统中用模糊数表示知识或证据的可信度时,领域专家除了用模糊数指出相应知识的可信度外,还指出对这个模糊数的肯定程度,如"非常肯定"、"基本肯定"等。此时,只要对相应的模糊数确定了隶属函数,然后用"非常肯定"对应于上述的语气词"很",用"基本肯定"对应于"有点",等等,就可求出对它们复合后的隶属函数。

像这样通过对基本模糊概念的隶属函数进行某种运算,从而得到另一概念的隶属函数的方法称为基本概念扩充法。

例 2.20 设 $U = \{1, 2, \cdots, 10\}$,且已知:

$$大 = 0.2/4 + 0.4/5 + 0.6/6 + 0.8/7 + 1/8 + 1/9 + 1/10$$
$$小 = 1/1 + 0.8/2 + 0.6/3 + 0.4/4 + 0.2/5$$

则

$$\begin{aligned}
不大 &= (1-0)/1 + (1-0)/2 + (1-0)/3 + (1-0.2)/4 + (1-0.4)/5 + (1-0.6)/6 \\
&\quad + (1-0.8)/7 + (1-1)/8 + (1-1)/9 + (1-1)/10 \\
&= 1/1 + 1/2 + 1/3 + 0.8/4 + 0.6/5 + 0.4/6 + 0.2/7
\end{aligned}$$

$$不小 = 0.2/2 + 0.4/3 + 0.6/4 + 0.8/5 + 1/6 + 1/7 + 1/8 + 1/9 + 1/10$$

$$\begin{aligned}
不大也不小 &= 不大 \bigcap 不小 \\
&= 0.2/2 + 0.4/3 + 0.6/4 + 0.6/5 + 0.4/6 + 0.2/7
\end{aligned}$$

$$\begin{aligned}
很大 &= 0.2^2/4 + 0.4^2/5 + 0.6^2/6 + 0.8^2/7 + 1^2/8 + 1^2/9 + 1^2/10 \\
&= 0.04/4 + 0.16/5 + 0.36/6 + 0.64/7 + 1/8 + 1/9 + 1/10
\end{aligned}$$

$$\begin{aligned}
有点大 &= \sqrt{0.2}/4 + \sqrt{0.4}/5 + \sqrt{0.6}/6 + \sqrt{0.8}/7 + \sqrt{1}/8 + \sqrt{1}/9 + \sqrt{1}/10 \\
&= 0.45/4 + 0.63/5 + 0.77/6 + 0.89/7 + 1/8 + 1/9 + 1/10
\end{aligned}$$

本 章 小 结

本章扼要地介绍了人工智能中用到的一些数学知识,以便为今后的学习奠定基础,其要点如下:

1. 命题逻辑与谓词逻辑是二值逻辑,其真值或者为真,或者为假,只有这两种情况。因此通常用它来描述确定性的事物或概念,人工智能的机器定理证明就是在此基础上发展起来的。

2. 世界上的事物千差万别,形形色色,除了确定性的事物或概念外,更广泛存在的是不确定性的事物或概念。目前在人工智能中对不确定性的事物或概念是通过运用多值逻辑、模糊理论及概率来描述、处理的。多值逻辑、模糊理论及概率虽然都是通过在[0,1]上取值来刻画不确定性,但三者之间又存在着很大区别。多值逻辑是通过在真(1)与假(0)之间增加了若干中介真值来描述事物为真的程度的,但它把各个中介真值看作是彼此完全分立的,界限分明。而模糊理论认为不同的中介真值之间没有明确的界限,表现了不同中介真值相互贯通、渗透的特征,从而更好地反映了不确定性的本质。概率用来度量事件发生的可能性,而事件本身的含义是明确的,只是在一定条件下它可能发生也可能不发生,它与模糊理论是从两个不同角度来描述不确定性的,因而有人称模糊理论描述了事物内在的不确定性,而概率描述的是事物外在的不确定性。

3. 在概率论中,用以表示事件发生可能性大小的数量称为概率,记为 $P(A)$。针对不同的随机试验有两种不同的求概率的方法,一种称为古典概型方法,另一种称为统计方法。条件概率是指在一个事件已发生的前提下另一事件发生的概率,设用 B 表示已发生的事件,则在 B 发生的前提下事件 A 的条件概率记为 $P(A/B)$。对于条件概率,有两个很重要的公式,这就是全概率公式与 Bayes 公式。

4. 在模糊理论中,模糊概念、模糊数量、模糊关系都是用模糊集及其隶属函数表示的。在本章中,我们对模糊集、隶属函数、模糊关系以及有关运算等都作了较为详细的讨论,最后又给出了建立隶属函数的方法。只有对这些基本知识有一个较深刻的认识,才会有助于第 5 章关于模糊推理的讨论。

习　　题

2.1　什么是命题?请写出三个真值为 T 及真值为 F 的命题。

2.2　何谓个体及个体域?函数与谓词的区别是什么?

2.3　什么是谓词公式?什么是谓词公式的解释?设 $D=\{1,2\}$,试给出谓词公式
$$(\exists x)(\forall y)(P(x,y) \rightarrow Q(x,y))$$
的所有解释,并且对每一种解释指出该谓词公式的真值。

2.4　对下列谓词公式分别指出哪些是约束变元?哪些是自由变元?并指出各量词的辖域。

(1) $P(x,y) \vee Q(x,y) \wedge R(x,y)$

(2) $(\exists x)(\forall y)(P(x,y) \vee Q(x,z)) \vee R(u,v)$

(3) $(\forall x)(\rightarrow P(x,f(x)) \vee (\exists z)(Q(x,z) \wedge \rightarrow R(x,z)))$

(4) $(\forall x)((\exists y)((\exists t)(P(x,t) \vee Q(y,t)) \wedge R(x,y))$

(5) $(\forall x)(\exists y)(P(x,y) \vee (\exists x)((\forall y)(P(x,y) \wedge Q(x,y) \vee (\exists x)Q(x,y))))$

2.5　何谓谓词公式的永真性,永假性,相容性,等价性及永真蕴含?

2.6　什么是多值逻辑?什么是真度?它有什么作用?

2.7　何谓随机现象?何谓随机性?请写出三个随机现象的例子。

2.8　在 0,1,2,…,9 这 10 个数字中一次任取两个数,问抽到数字 5 的概率是多少?

2.9　某厂有三个车间,其产量分别占全厂产量的 30%,32%,38%,各车间的次品率依次为 2%,2.5%,1.5%,试用条件概率及全概率公式求出该厂产品的次品率。

2.10　何谓模糊性?它与随机性有什么区别?请举出三个日常生活中的模糊概念。

2.11　请说明模糊概念、模糊集及隶属函数这三者之间的联系。

2.12　设某小组有五个同学,分别为 x_1,x_2,x_3,x_4,x_5。现在分别对每个同学的"体格健壮"程度打分:
$$x_1:0.75 \quad x_2:0.85 \quad x_3:0.90 \quad x_4:0.38 \quad x_5:0.65$$
这样就确定了一个模糊集 A,它表示该小组同学对"体格健壮"这个模糊概念的隶属程度,请写出该模糊集。

2.13　设有论域
$$U = \{x_1,x_2,x_3,x_4,x_5\}$$
并设 A,B 是 U 上的两个模糊集,且有

$$A = 0.6/x_1 + 0.4/x_2 + 0.3/x_3 + 0.2/x_4 + 0.1/x_5$$
$$B = 0.8/x_3 + 0.6/x_4 + 1/x_5$$

请分别计算 $A \cap B, A \cup B, \neg A, A \oplus B, A \odot B, A \underset{\triangle}{} B, A \cdot B, A \underset{\varepsilon}{+} B, A \varepsilon B$ 及 $A \underset{\gamma}{\vee} B$，$A \acute{Y} B$ (设 $p = 2$)。

2.14 什么是模糊集的水平截集？它有什么用途？

2.15 何谓模糊度？其直观含意是什么？有哪些计算模糊度的方法？

2.16 什么是模糊数？设有如下两个模糊数：
$$5 左右 = 0.3/3 + 0.8/4 + 1/5 + 0.8/6 + 0.1/7$$
$$3 左右 = 0.4/1 + 0.8/2 + 1/3 + 0.7/4 + 0.2/5$$

分别计算 $5左右 + 3左右, 5左右 - 3左右, 5左右 \times 3左右, 5左右 \div 3左右$。

2.17 何谓模糊关系？如何表示？

2.18 设有五种水果：苹果、梨、桔子、柑子、桃组成一个论域 U，并用 x_1, x_2, x_3, x_4, x_5 分别代表这些水果。现在用打分的方法来表示这五种水果外形上的相似程度，完全相似者为"1"分，完全不相似者为"0"分，其余按具体相似程度给予 $0 \sim 1$ 之间的一个数，这样就确定了一个 U 上的模糊关系。请你写出这个模糊关系。

2.19 设有如下两个模糊关系：

$$R_1 = \begin{bmatrix} 0.3 & 0.7 & 0.2 \\ 1 & 0 & 0.4 \\ 0 & 0.5 & 1 \\ 0.6 & 0.7 & 0.8 \end{bmatrix} \qquad R_2 = \begin{bmatrix} 0.2 & 0.8 \\ 0.6 & 0.4 \\ 0.9 & 0.1 \end{bmatrix}$$

请写出 R_1 与 R_2 的合成 $R_1 \circ R_2$。

2.20 设 A 是论域 U 上的模糊集，R 是 $U \times V$ 上的模糊关系，A 和 R 分别为：

$$A = \{0.2, 0.3, 0.5\}$$

$$R = \begin{bmatrix} 0.1 & 0.3 & 0.4 & 0.2 \\ 0.3 & 0.4 & 0.2 & 0.1 \\ 0 & 0.6 & 0.3 & 0.1 \end{bmatrix}$$

求模糊变换 $A \circ R$。

2.21 实数域上有哪几种常用的隶属函数？

2.22 有哪几种建立隶属函数的方法？

第3章 知识与知识表示

人类的智能活动过程主要是一个获得并运用知识的过程,知识是智能的基础。为了使计算机具有智能,使它能模拟人类的智能行为,就必须使它具有知识。但知识是需要用适当的模式表示出来才能存储到计算机中去的,因此关于知识的表示问题就成为人工智能中一个十分重要的研究课题。

本章将对知识的有关概念及一些基本的知识表示模式进行讨论。关于不确定性知识的表示以及基于人工神经网络的知识表示方法,将分别在第5章及第11章结合有关内容进行讨论。

3.1 基本概念

本节讨论知识及其表示的有关概念。

3.1.1 什么是知识

"知识"是人们日常生活及社会活动中常用的一个术语。例如人们常说"某人在某方面有丰富的知识","应该多学点知识","知识就是力量"等等。但什么是知识? 知识有哪些特性? 它与平常所说的"信息"有什么区别及联系? 一般很少去做深入的研究。由于今后我们要经常用到它,所以先对它的含义及有关概念作一简单讨论。

1. 数据与信息

人们赖以生存的空间是一个物质的世界,同时又是一个信息的世界。在这个不断变化的世界中,无论是在政治、经济、军事方面,还是在科学研究、文化、教育等方面,每时每刻都在产生着大量的信息。谁能及时地掌握有用的信息,并能把有关的信息关联起来加以充分地利用,谁就能在激烈的竞争中立于不败之地。随着社会的发展与进步,信息在人类生活中越来越扮演着极其重要的角色。但是,信息是需要用一定的形式表示出来才能被记载和传递的,尤其是使用计算机来做信息的存储及处理时,更需要用一组符号及其组合进行表示。像这样用一组符号及其组合表示的信息称为数据。

由此可见,现在我们所说的"数据"已不仅仅是通常意义下的"数",而是对它在概念上的拓广和延伸,它是泛指对客观事物的数量、属性、位置及其相互关系的抽象表示。它既可以是一个数,例如整数、小数、正数、负数,也可以是由一组符号组合而成的字符串,例如一个人的姓名、性别、地址或者一个消息等等。

数据与信息是两个密切相关的概念。数据是信息的载体和表示,信息是数据在特定场合下的具体含义,或者说信息是数据的语义,只有把两者密切地结合起来,才能实现对现实世界中某一具体事物的描述。另外,数据与信息又是两个不同的概念。对同一个数据,它在某一场合下可能表示这样一个信息,但在另一场合下却表示另一个信息。例如,数字"6"是一个数据,它既可以表示"6本书"、"6张椅子",也可以表示"6个人"或者"6台电视机"等。同样,对同一个信息,在不同场合下也可用不同的数据表示,正如对同样的一句话,不同的人会用不同的言词来表达一样。

2. 知识

正如上述,信息在人类生活中越来越占据着十分重要的地位。但是,只有当把有关的信息关联在一起的时候,它才有实际意义。一般来说,把有关信息关联在一起所形成的信息结构称为知识。

知识是人们在长期的生活及社会实践中、科学研究及实验中积累起来的对客观世界的认识与经验,人们把实践中获得的信息关联在一起,就获得了知识。信息之间有多种关联形式,其中用得最多的一种是用

如果……, 则……

所表示的关联形式,它反映了信息间的某种因果关系。例如我国北方的人们经过多年的观察发现,每当冬天要来临的时候,就会看到有一批批的大雁向南方飞去,于是把"大雁向南飞"与"冬天就要来临了"这两个信息关联在一起,就得到了如下一条知识:

如果大雁向南飞,则冬天就要来临了。

知识反映了客观世界中事物之间的关系,不同事物或者相同事物间的不同关系形成了不同的知识。例如,"雪是白色的"是一条知识,它反映了"雪"与"颜色"之间的一种关系。又如"如果头痛且流涕,则有可能患了感冒"是一条知识,它反映了"头痛且流涕"与"可能患了感冒"之间的一种因果关系。在人工智能中,把前一种知识称为"事实",而把后一种知识,即用"如果……,则……"关联起来所形成的知识称为"规则",这在下面将做进一步的讨论。

3.1.2 知识的特性

知识主要具有如下一些特性:

1. 相对正确性

知识是人们对客观世界认识的结晶,并且又受到长期实践的检验。因此,在一定的条件及环境下,知识一般是正确的,可信任的。这里,"一定的条件及环境"是必不可少的,它是知识正确性的前提。因为任何知识都是在一定的条件及环境下产生的,因而也就只有在这种条件及环境下才是正确的,在人们的日常生活及科学实验中可以找到很多这样的例子。例如汤加人"以胖为美",并且以胖的程度作为财富的标志,这在汤加是一条被广为接受的正确知识,但在别的地方人们却不这样认为,它就变成了一条不正确的知识。再如,1+1=2,这是一条妇幼皆知的正确知识,但它也只是在十进制的前提下才是正确的,如果是二进制,它就不正确了。

2. 不确定性

知识是有关信息关联在一起形成的信息结构,"信息"与"关联"是构成知识的两个要素。由于现实世界的复杂性,信息可能是精确的,也可能是不精确的、模糊的;关联可能是确定的,也可能是不确定的。这就使得知识并不总是只有"真"与"假"这两种状态,而是在"真"与"假"之间还存在许多中间状态,即存在为"真"的程度问题,知识的这一特性称为不确定性。

造成知识具有不确定性的原因是多方面的,概括起来可归结为以下几种情况:

(1)由随机性引起的不确定性。由第2章2.3节的讨论可知,在随机现象中一个事件是否发生是不能预先确定的,它可能发生,也可能不发生,因而需要用[0,1]上的一个数来指出它

发生的可能性。显然,由这种事件所形成的知识不能简单地用"真"或"假"来刻画它,它是不确定的。就以前面所说的"如果头痛且流涕,则有可能患了感冒"这一条知识来说,其中的"有可能"实际上就是反映了"头痛且流涕"与"患了感冒"之间的一种不确定的因果关系,因为具有"头痛且流涕"的人并不一定都是"患了感冒"。因此它是一条具有不确定性的知识。

(2) 由模糊性引起的不确定性。由于某些事物客观上存在的模糊性,使得人们无法把两个类似的事物严格地区分开来,不能明确地判定一个对象是否符合一个模糊概念;又由于某些事物间存在着模糊关系,使得我们不能准确地确定它们之间的关系究竟是"真"还是"假"。像这样由模糊概念、模糊关系所形成的知识显然是不确定的。

(3) 由不完全性引起的不确定性。人们对客观世界的认识是逐步提高的,只有在积累了大量的感性认识后才能升华到理性认识的高度,形成某种知识,因此知识有一个逐步完善的过程。在此过程中,或者由于客观事物表露得不够充分,致使人们对它的认识不够全面,或者对充分表露的事物一时抓不住本质,致使对它的认识不够准确。这种认识上的不完全、不准确必然导致相应的知识是不精确、不确定的。

事实上,由于现实世界的复杂性,人们很难一下掌握完全的信息,因而不完全性就成为引起知识不确定性的一个重要原因。人们求解问题时,很多情况下也是在知识不完全的背景下进行思维并最终求得问题的解决的,第5章讨论的非单调推理反映了这种情况。

(4) 由经验性引起的不确定性。在人工智能的重要研究领域专家系统中,知识都是由领域专家提供的,这种知识大都是领域专家在长期的实践及研究中积累起来的经验性知识。尽管领域专家能够得心应手地运用这些知识,正确地解决领域内的有关问题,但若让他们精确地表述出来却是相当困难的,这是引起知识不确定性的一个原因。另外,由于经验性自身就蕴含着不精确性及模糊性,这就形成了知识不确定性的另一个原因。因此,在专家系统中大部分知识都具有不确定性这一特性。

3. 可表示性与可利用性

知识是可以用适当形式表示出来的,如用语言、文字、图形、神经元网络等,正是由于它具有这一特性,所以它才能被存储并得以传播。至于它的可利用性,这是不言而喻的,我们每个人天天都在利用自己掌握的知识解决所面临的各种各样问题。

3.1.3 知识的分类

对知识从不同角度划分,可得到不同的分类方法,这里仅讨论其中常见的几种。

若就知识的作用范围来划分,知识可分为:常识性知识,领域性知识。

常识性知识是通用性知识,是人们普遍知道的知识,适用于所有领域。领域性知识是面向某个具体领域的知识,是专业性的知识,只有相应专业的人员才能掌握并用来求解领域内的有关问题,例如专家的经验及有关理论就属于领域知识。专家系统主要是以领域知识为基础建立起来的。

若就知识的作用及表示来划分,知识可分为:事实性知识,过程性知识,控制性知识。

事实性知识用于描述领域内的有关概念、事实、事物的属性及状态等。例如:

糖是甜的。

西安是一个古老的城市。

一年有春、夏、秋、冬四个季节。

这都是事实性知识。事实性知识一般采用直接表达的形式,如用谓词公式表示等。过程性知识主要是指与领域相关的知识,用于指出如何处理与问题相关的信息以求得问题的解。过程性知识一般是通过对领域内各种问题的比较与分析得出的规律性的知识,由领域内的规则、定律、定理及经验构成。对于一个智能系统来说,过程性知识是否完善、丰富、一致将直接影响到系统的性能及可信任性,是智能系统的基础。其表示方法既可以是下面将要讨论的一组产生式规则,也可以是语义网络等。控制性知识又称为深层知识或者元知识,它是关于如何运用已有的知识进行问题求解的知识,因此又称为"关于知识的知识"。例如问题求解中的推理策略(正向推理及逆向推理);信息传播策略(如不确定性的传递算法);搜索策略(广度优先、深度优先、启发式搜索等);求解策略(求第一个解、全部解、严格解、最优解等);限制策略(规定推理的限度)等等。关于表达控制信息的方式,按表达形式级别的高低可分成三大类,即策略级控制(较高级)、语句级控制(中级)及实现级控制(较低级)。

若就知识的确定性来划分,知识可分为:确定性知识,不确定性知识。

确定性知识是指可指出其真值为"真"或"假"的知识,它是精确性的知识。不确定性知识是指具有"不确定"特性的知识,它是对不精确、不完全及模糊性知识的总称。

若就知识的结构及表现形式来划分,知识可分为:逻辑性知识,形象性知识。

逻辑性知识是反映人类逻辑思维过程的知识,例如人类的经验性知识等。这种知识一般都具有因果关系及难以精确描述的特点,它们通常是基于专家的经验,以及对一些事物的直观感觉。在下面将要讨论的知识表示方法中,一阶谓词逻辑表示法、产生式表示法等都是用来表示这一种知识的。人类的思维过程除了逻辑思维外,还有一种称之为"形象思维"的思维方式。例如,我们问"什么是树?",如果用文字来回答这个问题,那将是十分困难的,但若指着一棵树说"这就是树",就容易在人们的头脑中建立起"树"的概念。像这样通过事物的形象建立起来的知识称为形象性知识。目前人们正在研究用神经元网络连接机制来表示这种知识。

如果撇开知识涉及领域的具体特点,从抽象的、整体的观点来划分,知识可分为:零级知识,一级知识,二级知识。

这种关于知识的层次划分还可以继续下去,每一级知识都对其低一层的知识有指导意义。其中,零级知识是指问题领域内的事实、定理、方程、实验对象和操作等常识性知识及原理性知识;一级知识是指具有经验性、启发性的知识,例如经验性规则、含义模糊的建议、不确切的判断标准等;二级知识是指如何运用上述两级知识的知识。在实际应用中,通常把零级知识与一级知识统称为领域知识,而把二级以上的知识统称为元知识。

3.1.4 知识的表示

世界上的每一个国家或民族都有自己的语言和文字,它是人们表达思想、交流信息的工具。正是有了这样的表达工具,才促进了人类的文明及社会的进步。很难想象,如果没有语言和文字,当今的人类社会将会是个什么样子。

在计算机的发展史中,数的二进制表示使数据得以在计算机中存储、运算;字符串、图象、声音等非数值信息的表示成功使得信息处理获得迅速的发展,促成了管理科学的现代化;计算机高级语言的出现和发展不仅使得计算机的应用得以进一步的普及,促进了各种学科的发展,而且也加快了计算机科学及工程自身的前进步伐。

在其它学科领域中,一般也都有相应的表示形式。例如数学中的数字表示形式、函数表示形式、微积分符号等;化学中的化学元素符号、分子式等。

由此可见,任何需要进行交流、处理的对象都需要用适当的形式表示出来才能被应用,对于知识当然也是这样。人工智能研究的目的是要建立一个能摸拟人类智能行为的系统,为达到这个目的就必须研究人类智能行为在计算机上的表示形式,只有这样才能把知识存储到计算机中去,供求解现实问题使用。

有了上述的一些基本认识后,就可以说明什么是知识表示及其表示方法了。所谓知识表示实际上就是对知识的一种描述,或者说是一组约定,一种计算机可以接受的用于描述知识的数据结构。对知识进行表示的过程就是把知识编码成某种数据结构的过程。

知识表示方法又称为知识表示技术,其表示形式称为知识表示模式。

对于知识表示方法的研究,离不开对知识的研究与认识。由于目前对人类知识的结构及机制还没有完全搞清楚,因此关于知识表示的理论及规范尚未建立起来。尽管如此,人们在对智能系统的研究及建立过程中,还是结合具体研究提出了一些知识表示方法。概括起来,这些表示方法可分为如下两大类:符号表示法,连接机制表示法。

符号表示法是用各种包含具体含义的符号,以各种不同的方式和次序组合起来表示知识的一类方法,它主要用来表示逻辑性知识,本章中将要讨论的各种知识表示方法都属于这一类。连接机制表示法是用神经网络技术表示知识的一种方法,它把各种物理对象以不同的方式及次序连接起来,并在其间互相传递及加工各种包含具体意义的信息,以此来表示相关的概念及知识。相对于符号表示法而言,连接机制表示法是一种隐式的表示知识方法,它特别适用于表示各种形象性的知识。关于这种表示方法,将在第11章进行讨论。

另外,若按控制性知识的组织方式进行分类,表示方法可分为:说明性表示法,过程性表示法。

说明性表示法着重于知识的静态方面,如客体、事件、事实及其相互关系和状态等,其控制性知识包含在控制系统中;而过程性表示法强调的是对知识的利用,着重于知识的动态方面,其控制性知识全部嵌入于对知识的描述中,且将知识包含在若干过程之中。关于过程性表示法将在本章的3.7节进行讨论。

目前用得较多的知识表示方法主要有:一阶谓词逻辑表示法,产生式表示法,框架表示法,语义网络表示法,脚本表示法,过程表示法,Petri网表示法,面向对象表示法。自下一节开始将分别讨论这些表示方法。

对同一知识,一般都可以用多种方法进行表示,但其效果却不相同。因为不同领域中的知识一般都有不同的特点,而每一种表示方法也各有自己的长处与不足。因而,有些领域的知识可能采用这种表示模式比较合适,而有些领域的知识可能采用另一种表示模式更好。有时还需要把几种表示模式结合起来,作为一个整体来表示领域知识,以取得取长补短的效果。另外,上述各种知识表示方法大都是在进行某项具体研究或者建立某个智能系统时提出来的,有一定的针对性和局限性,应用时需根据实际情况做适当的改变。在建立一个具体的智能系统时,究竟采用哪种表示模式,目前还没有统一的标准,也不存在一个万能的知识表示模式。但一般来说,在选择知识表示方法时,应从以下几个方面进行考虑:

1. 充分表示领域知识

确定一个知识表示模式时,首先应该考虑的是它能否充分地表示领域知识。为此,需要深入地了解领域知识的特点以及每一种表示模式的特征,以便做到"对症下药"。例如,在医疗诊断领域中,其知识一般具有经验性、因果性的特点,适合于用产生式表示法进行表示;而在设计类(如机械产品设计)领域中,由于一个部件一般由多个子部件组成,部件与子部件既有相同的属性又有不同的属性,即它们既有共性又有个性,因而在进行知识表示时,应该把这个特点反映出来,此时单用产生式模式来表示就不能反映出知识间的这种结构关系,这就需要把框架表示法与产生式表示法结合起来。由此可见,知识表示模式的选择和确定往往要受到领域知识自然结构的制约,要视具体情况而定。当已有的知识表示方法不能适应自己面临的问题时,就需要重新设计一种新的知识表示模式。

2. 有利于对知识的利用

知识的表示与利用是密切相关的两个方面。"表示"的作用是把领域内的相关知识形式化并用适当的内部形式存储到计算机中去,而"利用"是使用这些知识进行推理,求解现实问题。这里所说的"推理"是指根据问题的已知事实,通过使用存储在计算机中的知识推出新的事实(结论)或者执行某个操作的过程。显然,"表示"的目的是为了"利用",而"利用"的基础是"表示"。为了使一个智能系统能有效地求解领域内的各种问题,除了必须具备足够的知识外,还必须使其表示形式便于对知识的利用。如果一种表示模式的数据结构过于复杂或者难于理解,使推理不便于进行匹配、冲突消解及不确定性的计算等处理,那就势必影响到系统的推理效率,从而降低系统求解问题的能力。

3. 便于对知识的组织、维护与管理

为了把知识存储到计算机中去,除了需要用合适的表示方法把知识表示出来外,还需要对知识进行合理的组织,而对知识的组织是与表示方法密切相关的,不同的表示方法对应于不同的组织方式,这就要求在设计或选择知识表示方法时能充分考虑将要对知识进行的组织方式。另外,在一个智能系统初步建成后,经过对一定数量实例的运行,可能会发现其知识在质量、数量或性能方面存在某些问题,此时或者需要增补一些新知识,或者需要修改甚至删除某些已有的知识。在进行这些工作时,又需要进行多方面的检测,以保证知识的一致性、完整性等,这称之为对知识的维护与管理。在确定知识的表示模式时,应充分考虑维护与管理的方便性。

4. 便于理解和实现

一种知识表示模式应是人们容易理解的,这就要求它符合人们的思维习惯。至于实现上的方便性,更是显然的。如果一种表示模式不便于在计算机上实现,那它就只能是纸上谈兵,没有任何实用价值。

以上我们讨论了知识及其表示的有关概念,下面几节将分别讨论各种知识表示方法。

3.2 一阶谓词逻辑表示法

谓词逻辑是一种形式语言,也是到目前为止能够表达人类思维活动规律的一种最精确的语言,它与人们的自然语言比较接近,又可方便地存储到计算机中去并被计算机做精确处理。因此,它成为最早应用于人工智能中表示知识的一种逻辑。

3.2.1 表示知识方法

谓词逻辑适合于表示事物的状态、属性、概念等事实性的知识,也可以用来表示事物间确定的因果关系,即规则。事实通常用谓词公式的与/或形表示,所谓与/或形是指用合取符号

（∧）及析取符号（∨）连接起来的公式。规则通常用蕴含式表示。例如对于

$$如果 x,则 y$$

可表示为

$$x \rightarrow y$$

用谓词公式表示知识时,需要首先定义谓词,指出每个谓词的确切含义,然后再用连接词把有关的谓词连接起来,形成一个谓词公式表达一个完整的意义。

例3.1 设有下列知识:

> 刘欢比他父亲出名。
>
> 高扬是计算机系的一名学生,但他不喜欢编程序。
>
> 人人爱劳动。

为了用谓词公式表示上述知识,首先需要定义谓词:

> $BIGGER(x,y)$: x 比 y 出名。
>
> $COMPUTER(x)$: x 是计算机系的学生。
>
> $LIKE(x,y)$: x 喜欢 y。
>
> $LOVE(x,y)$: x 爱 y。
>
> $MAN(x)$: x 是人。

此时可用谓词公式把上述知识分别表示为:

> $BIGGER(Liuhuan, father(Liuhuan))$
>
> $COMPUTER(Gaoyang) \wedge \rightarrow LIKE(Gaoyang, programing)$
>
> $(\forall x)(MAN(x) \rightarrow LOVE(x, labour))$

例3.2 设有下列知识:

> 自然数都是大于零的整数。
>
> 所有整数不是偶数就是奇数。
>
> 偶数除以2是整数。

首先定义谓词如下:

> $N(x)$: x 是自然数。
>
> $I(x)$: x 是整数。
>
> $E(x)$: x 是偶数。
>
> $O(x)$: x 是奇数。
>
> $GZ(x)$: x 大于零。

另外,用函数 $S(x)$ 表示 x 除以2。此时,上述知识可用谓词公式分别表示为:

> $(\forall x)(N(x) \rightarrow GZ(x) \wedge I(x))$
>
> $(\forall x)(I(x) \rightarrow E(x) \vee O(x))$
>
> $(\forall x)(E(x) \rightarrow I(s(x)))$

例3.3 设在房内 c 处有一机器人,在 a 及 b 处各有一张桌子,a 桌上有一个盒子,如图3-1所示。为了让机器人从 c 处出发把盒子从 a 处拿到 b 处的桌上,然后再回到 c 处,需要制订相应的行动规划。现在用一阶谓词逻辑来描述机器人的行动过程。

在该例子中,不仅要用谓词公式表示事物的状态、位置,而且还要用谓词公式表示动作。为做到这一点,首先必须定义谓词。设相关谓词定义如下:

$TABLE(x)$: x 是桌子。

$EMPTY(y)$: y 手中是空的。

$AT(y,z)$: y 在 z 附近。

$HOLDS(y,w)$: y 拿着 w。

$ON(w,x)$: w 在 x 的上面。

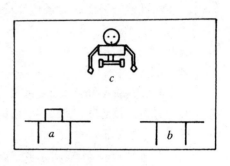

其中，x 的个体域是 $\{a,b\}$；y 的个体域是 $\{robot\}$；z 的个体域是 $\{a,b,c\}$；w 的个体域是 $\{box\}$。

问题的初始状态是：

$$AT(robot,c)$$
$$EMPTY(robot)$$
$$ON(box,a)$$
$$TABLE(a)$$
$$TABLE(b)$$

图 3-1　机器人行动规划

问题的目标状态是：

$$AT(robot,c)$$
$$EMPTY(robot)$$
$$ON(box,b)$$
$$TABLE(a)$$
$$TABLE(b)$$

机器人行动的目标是把问题的初始状态转化为目标状态,其间它必须完成一系列的操作,但如何用谓词公式表示操作呢? 仔细分析就会发现,操作一般可以分为条件(为完成相应操作所必须具备的条件)和动作两部分,条件可以很容易地用谓词公式表示,而动作可通过动作前后的状态变化表示出来,即只要指出动作后应从动作前的状态中删去和增加什么谓词公式就描述了相应的动作。在本例中,机器人为了把盒子从 a 桌上拿到 b 桌上,它应执行如下三个操作:

$$GOTO(x,y): \text{从 } x \text{ 处走到 } b \text{ 处。}$$
$$PICK\text{-}UP(x): \text{在 } x \text{ 处拿起盒子。}$$
$$SET\text{-}DOWN(x): \text{在 } x \text{ 处放下盒子。}$$

这三个操作可分别用条件与动作表示如下:

1. GOTO(x,y)

条件:$AT(robot,x)$

动作 $\begin{cases} \text{删除}:AT(robot,x) \\ \text{增加}:AT(robot,y) \end{cases}$

2. PICK-UP(x)

条件:$ON(box,x) \wedge TABLE(x) \wedge AT(robot,x) \wedge EMPTY(robot)$

动作: $\begin{cases} \text{删除}:EMPTY(robot) \wedge ON(box,x) \\ \text{增加}: HOLDS(robot,box) \end{cases}$

3. SET-DOWN(x)

条件:$AT(robot,x) \wedge TABLE(x) \wedge HOLDS(robot,box)$

动作 $\begin{cases} \text{删除}:HOLDS(robot,box) \\ \text{增加}:EMPTY(robot) \wedge ON(box,x) \end{cases}$

机器人在执行每一个操作之前,总要先检查当前状态是否可使所要求的条件得到满足。若能满足,就执行相应的操作,否则就检查下一个操作所要求的条件。所谓检查当前状态是否满足所要求的条件,其实是一个定理证明的过程,即证明当前状态是否蕴含操作所要求的条件,若蕴含就表示所要求的条件得到了满足。

有了上述概念,就可写出机器人行动规划问题的求解过程。其中,在检查条件的满足性时要进行变量的代换。

$AT(robot,c)$
$EMPTY(robot)$
$ON(box,a)$ 状态 1(初始状态)
$TABLE(a)$ 用 c 代换 x
$TABLE(b)$ 用 a 代换 y

$\Downarrow GOTO(x,y)$

$AT(robot,a)$
$EMPTY(robot)$
$ON(box,a)$ 状态 2
$TABLE(a)$ 用 a 代换 x
$TABLE(b)$

$\Downarrow PICK\text{-}UP(x)$

$AT(rorot,a)$
$HOLDS(robot,box)$ 状态 3
$TABLE(a)$ 用 a 代换 x
$TABLE(b)$ 用 b 代换 y

$\Downarrow GOTO(x,y)$

$AT(robot,b)$
$HOLDS(robot,box)$ 状态 4
$TABLE(a)$ 用 b 代换 x
$TABLE(b)$

$\Downarrow SET\text{-}DOWN(x)$

$AT(robot,b)$
$EMPTY(robot)$ 状态 5
$ON(box,b)$ 用 b 代换 x
$TABLE(a)$ 用 c 代换 y
$TABLE(b)$

$\Downarrow GOTO(x,y)$

$AT(robot,c)$
$EMPTY(robot)$
$ON(box,b)$ 状态 6(目标状态)
$TABLE(a)$
$TABLE(b)$

在以上求解过程中,有两个直接相关的问题需要解决:

(1) 当某一状态可同时满足多个操作的条件时,应选用哪一个操作? 例如对于状态3,它既可以满足 $GOTO(x,y)$ 的条件,又可以满足 $SET\text{-}DOWN(x)$ 的条件,此时该选用哪一个?

(2) 在进行变量代换时,如果存在多种代换的可能性,如何确定用哪一个? 例如在把状态1变化为状态2时,我们用 c 代换了 x,用 a 代换了 y。这里用 c 代换 x 的理由是显然的,否则它就不能满足 $GOTO(x,y)$ 的条件。但是,为什么要用 a 代换 y,而不用 b 代换 y 呢?

对于第一个问题,这与求解过程所采用的搜索策略有关,关于搜索策略将在第6章进行讨论。但针对这一具体情况,可采用如下办法解决:每当进行一个操作使问题由一种状态转换为另一种状态时,立即检查该新状态是否为目标状态。若是,则问题得到了解决;若不是,则检查该新状态是否与过去已经出现过的状态相同,如果相同,表明刚才进行的操作对求解是无帮助的,这时就回溯到上一状态选择别的操作。对于状态3,如果选用 $SET\text{-}DOWN(x)$ 操作,将使状态改变为:

$$AT\,(robot,a)$$
$$EMPTY\,(robot)$$
$$ON\,(box,a)$$
$$TABLE\,(a)$$
$$TABLE\,(b)$$

显然,这就是状态2。这说明对状态3不能选用 $SET\text{-}DOWN(x)$,而只能选用 $GOTO(x,y)$。

对于第二个问题,也可使用类似的方法来解决。例如对于状态1,如果我们用 b 来代换 y,则得到:

$$AT\,(robot,b)$$
$$EMPTY\,(robot)$$
$$ON\,(box,a)$$
$$TABLE\,(a)$$
$$TABLE\,(b)$$

此时将会发现,该状态既不是目标状态,又不能满足 $PICK\text{-}UP(x)$ 及 $SET\text{-}DOWN(x)$ 的条件。如果仍用 $GOTO(x,y)$ 对它进行操作,则可能出现两种情况,一是用 b 代换 x,用 c 代换 y,这就又回到状态1,即机器人到 b 处转了一圈,什么事也没做,又回到了 c 处;另一是用 b 代换 x,用 a 代换 y,即让机器人从 b 处走到 a 处。这与让机器人直接从 c 处走到 a 处相比,显然多走了一段弯路,浪费了时间。因此,对状态1直接用 a 代换 y 是最佳选择。

上面我们用例子说明了用谓词公式表示知识的方法。除此之外,还可用它表示知识元,例如在下一节将要讨论的产生式表示方法中,产生式的前提条件及结论都可用谓词公式表示。

3.2.2 一阶谓词逻辑表示法的特点

一阶谓词逻辑是一种形式语言系统,它用逻辑方法研究推理的规律,即条件与结论之间的蕴含关系,其表示知识方法有如下优点:

1. 自然性

谓词逻辑是一种接近于自然语言的形式语言,人们比较容易接受,用它表示的知识比较容易理解。

2. 精确性

谓词逻辑是二值逻辑,其谓词公式的真值只有"真"与"假",因此可用它表示精确知识,并可保证经演绎推理所得结论的精确性。

3. 严密性

谓词逻辑具有严格的形式定义及推理规则,利用这些推理规则及有关定理证明技术可从已知事实推出新的事实,或证明作出的假设。

4. 容易实现

用谓词逻辑表示的知识可以比较容易地转换为计算机的内部形式,易于模块化,便于对知识的增加、删除及修改。用它表示知识所进行的自然演绎推理及归结演绎推理都易于在计算机上实现。

一阶谓词逻辑表示法除具有上述优点外,尚有如下局限性:

1. 不能表示不确定性的知识

谓词逻辑只能表示精确性的知识,不能表示不精确、模糊性的知识,但由于人类的知识大多都不同程度地具有不确定性,这就使得它表示知识的范围受到了限制。另外,谓词逻辑难以表示启发性知识及元知识。所谓启发性知识是指与问题特性有关的知识,将在第 6 章进行讨论。

2. 组合爆炸

在其推理过程中,随着事实数目的增大及盲目地使用推理规则,有可能形成组合爆炸。目前已在这一方面做了大量的研究工作,亦出现了一些比较有效的方法,如定义一个过程或启发式控制策略来选取合适的规则等。

3. 效率低

用谓词逻辑表示知识时,其推理是根据形式逻辑进行的,把推理与知识的语义割裂了开来,这就使得推理过程冗长,降低了系统的效率。

尽管谓词逻辑表示法有以上一些局限性,但它仍是一种重要的知识表示方法。目前使用这种方法表示知识的系统主要有:

(1) 格林(Green)等人研制的 QA3 系统,这是一个通用系统,适用于求解化学等方面的问题。其知识用谓词逻辑表示,推理采用归结法(见第 4 章),控制采用启发式。

(2) 菲克斯(Fiks)等人研制的 STRIPS 系统,这是一个机器人行动规划系统,具有问题应答及规划求解的能力。

(3) 菲尔曼(Filman)等人研制的 FOL 系统,这是一个证明系统,用一阶谓词逻辑的推理法则进行自然演绎推理。

此外,人工智能语言 PROLOG 也是以一阶谓词逻辑为基础的程序设计语言,它是建造智能系统的有力工具。

3.3 产生式表示法

产生式表示法又称为产生式规则表示法。

"产生式"这一术语是由美国数学家波斯特(E.Post)在 1943 年首先提出来的,他根据串替代规则提出了一种称为波斯特机的计算模型,模型中的每一条规则称为一个产生式。在此之后,几经修改与充实,如今已被用到多种领域中。例如用它来描述形式语言的语法,表示人类心理活动的认知过程等。1972 年纽厄尔和西蒙在研究人类的认知模型中开发了基于规则的产生式系统。目前它已成为人工智能中应用最多的一种知识表示模式,许多成功的专家系统都是用它来表示知识的。例如费根鲍姆等人研制的化学分子结构专家系统 DENDRAL、肖特里菲等人研制的诊断感染性疾病的专家系统 MYCIN 等。

3.3.1　产生式的基本形式

产生式通常用于表示具有因果关系的知识,其基本形式是

$$P \rightarrow Q$$

或者

$$\text{IF} \quad P \quad \text{THEN} \quad Q$$

其中,P 是产生式的前提,用于指出该产生式是否可用的条件;Q 是一组结论或操作,用于指出当前提 P 所指示的条件被满足时,应该得出的结论或应该执行的操作。整个产生式的含义是:如果前提 P 被满足,则可推出结论 Q 或执行 Q 所规定的操作。例如

$$r_4: \quad \text{IF} \quad \text{动物会飞} \quad \text{AND} \quad \text{会下蛋} \quad \text{THEN} \quad \text{该动物是鸟}$$

就是一个产生式。其中,r_4 是该产生式的编号;"动物会飞 AND 会下蛋"是前提 P;"该动物是鸟"是结论 Q。

谓词逻辑中的蕴含式与产生式的基本形式有相同的形式,其实蕴含式只是产生式的一种特殊情况,理由有二:

(1) 蕴含式只能表示精确知识,其真值或者为真,或者为假,而产生式不仅可以表示精确知识,而且还可以表示不精确知识。例如在专家系统 MYCIN 中有这样一条产生式:

IF　　本微生物的染色斑是革兰氏阴性,

本微生物的形状呈杆状,

病人是中间宿主

THEN　　该微生物是绿脓杆菌,置信度为 0.6

它表示当前提中列出的各个条件都得到满足时,结论"该微生物是绿脓杆菌"可以相信的程度为 0.6。这里,用 0.6 指出了知识的强度,但对谓词逻辑中的蕴含式是不可以这样做的。

(2) 用产生式表示知识的系统中,决定一条知识是否可用的方法是检查当前是否有已知事实可与前提中所规定的条件匹配,而且匹配可以是精确的,也可以是不精确的,只要按某种算法(见第 5 章)求出的相似度落在某个预先指定的范围内就认为是可匹配的,但对谓词逻辑的蕴含式来说,其匹配总要求是精确的。

由于产生式与蕴含式存在这些区别,导致它们在处理方法及应用等方面都有较大的差别。

为了严格地描述产生式,下面用巴科斯范式 BNF(Backus Normal Form)给出它的形式描述及语义:

〈产生式〉::=〈前提〉→〈结论〉

〈前　提〉::=〈简单条件〉|〈复合条件〉

〈结　论〉::=〈事实〉|〈操作〉

〈复合条件〉::=〈简单条件〉AND〈简单条件〉[(AND〈简单条件〉)…]

|〈简单条件〉OR〈简单条件〉[(OR〈简单条件〉)…]

〈操　作〉::=〈操作名〉[(〈变元〉,…)]

另外,产生式又称为规则或产生式规则;产生式的"前提"有时又称为"条件"、"前提条件"、"前件"、"左部"等;其"结论"部分有时称为"后件"或"右部"等。今后我们将不加区分地使用这些术语,不再作单独说明。

3.3.2　产生式系统

把一组产生式放在一起,让它们互相配合,协同作用,一个产生式生成的结论可以供另一个产生式作为已知事实使用,以求得问题的解决,这样的系统称为产生式系统。

一般来说,一个产生式系统由以下三个基本部分组成:规则库,综合数据库,控制系统。它们之间的关系如图 3-2 所示。

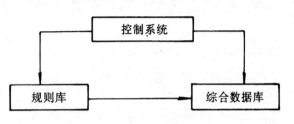

图 3-2　产生式系统的基本结构

1. 规则库

用于描述相应领域内知识的产生式集合称为规则库。

显然,规则库是产生式系统赖以进行问题求解的基础,其知识是否完整、一致,表达是否准确、灵活,对知识的组织是否合理等,不仅将直接影响到系统的性能,而且还会影响到系统的运行效率,因此对规则库的设计与组织应给予足够的重视。一般来说,在建立规则库时应注意以下问题:

(1) 有效地表达领域内的过程性知识。规则库中存放的主要是过程性知识,用于实现对问题的求解。为了使系统具有较强的问题求解能力,除了需要获取足够的知识外,还需要对知识进行有效的表达。为此,需要解决如下一些问题:如何把领域中的知识表达出来,即为了求解领域内的各种问题需要建立哪些产生式规则? 对知识中的不确定性如何表示? 规则库建成后能否对领域内的不同问题分别形成相应的推理链,即规则库中的知识是否具有完整性? 对以上问题,除不确定性的表示将在第 5 章讨论外,其余问题将会从下面给出的一个典型例子中得到启发。

例 3.4　动物识别系统的规则库。

这是一个用以识别虎、金钱豹、斑马、长颈鹿、企鹅、驼鸟、信天翁等七种动物的产生式系统。为了实现对这些动物的识别,该系统建立了如下规则库:

r_1:　IF　该动物有毛发　　　THEN　　该动物是哺乳动物

r_2:　IF　该动物有奶　　　THEN　　该动物是哺乳动物

r_3:　IF　该动物有羽毛　　　THEN　　该动物是鸟

r_4:　IF　该动物会飞　　AND　会下蛋　THEN　　该动物是鸟

r_5:　IF　该动物吃肉　　　THEN　　该动物是食肉动物

r_6:　IF　该动物有犬齿　AND　有爪

　　　　　　　　AND　　眼盯前方

　　　　　　THEN　该动物是食肉动物

r_7:　IF　该动物是哺乳动物　AND　有蹄

65

THEN 该动物是有蹄类动物

r_8: IF · 该动物是哺乳动物　AND 是嚼反刍动物

THEN 该动物是有蹄类动物

r_9: IF 该动物是哺乳动物　AND 是食肉动物

AND 是黄褐色

AND 身上有暗斑点

THEN 该动物是金钱豹

r_{10}: IF 该动物是哺乳动物　AND 是食肉动物

AND 是黄褐色

AND 身上有黑色条纹

THEN 该动物是虎

r_{11}: IF 该动物是有蹄类动物　AND 有长脖子

AND 有长腿

AND 身上有暗斑点

THEN 该动物是长颈鹿

r_{12}: IF 该动物是有蹄类动物　AND 身上有黑色条纹

THEN 该动物是斑马

r_{13}: IF 该动物是鸟　AND 有长脖子

AND 有长腿

AND 不会飞

AND 有黑白二色

THEN 该动物是鸵鸟

r_{14}: IF 该动物是鸟　AND 会游泳

AND 不会飞

AND 有黑白二色

THEN 该动物是企鹅

r_{15}: IF 该动物是鸟　AND 善飞

THEN 该动物是信天翁

由上述产生式规则可以看出,虽然该系统是用来识别七种动物的,但它并没有简单地只设计7条规则,而是设计了15条,其基本想法是,首先根据一些比较简单的条件,如"有毛发"、"有羽毛"、"会飞"等对动物进行比较粗的分类,如"哺乳动物"、"鸟"等,然后随着条件的增加,逐步缩小分类范围,最后给出分别识别七种动物的规则。这样做起码有两个好处,一是当已知的事实不完全时,虽不能推出最终结论,但可以得到分类结果;另一是当需要增加对其它动物(如牛、马等)的识别时,规则库中只需增加关于这些动物个性方面的知识,如 r_9 至 r_{15} 那样,而对 r_1 至 r_8 可直接利用,这样增加的规则就不会太多。在上例中,$r_1, r_2, \cdots, r_{15}$ 分别是对各产生式规则所做的编号,以便于对它们的引用。

另外,由上述规则很容易形成各种动物的推理链,例如虎及长颈鹿的推理链如图 3-3 所示。

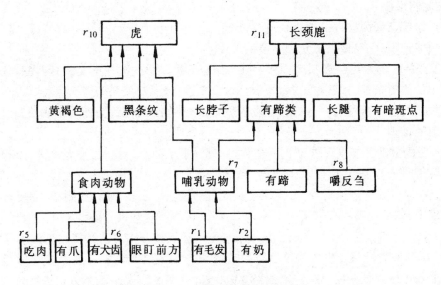

图 3-3　虎与长颈鹿的推理链

(2) 对知识进行合理的组织与管理。对规则库中的知识进行适当的组织,采用合理的结构形式,可使推理避免访问那些与当前问题求解无关的知识,从而提高求解问题的效率。

仅就例 3.4 的规则库而言,如若能将知识分为如下两个子集:

$$\{r_1, r_2, r_5, r_6, r_7, r_8, r_9, r_{10}, r_{11}, r_{12}\}$$

$$\{r_3, r_4, r_{13}, r_{14}, r_{15}\}$$

则当待识别动物属于其中一个子集时,另一个子集中的知识在当前的问题求解过程中就可不用考虑,从而节约了查找所需知识的时间。当然,这种划分还可以逐级进行下去,使得相关的知识构成一个子集或子子集,构成一个层次型的规则库。

另外,对规则库进行合适的管理,可以检测并排除那些冗余及矛盾的知识,保持知识的一致性,提高规则库的质量。关于这部分内容将在专家系统一章再作讨论。

2. 综合数据库

综合数据库又称为事实库、上下文、黑板等。它是一个用于存放问题求解过程中各种当前信息的数据结构,例如问题的初始状态、原始证据、推理中得到的中间结论(如上例中的"哺乳动物","鸟"等)及最终结论(如上例中的"虎"、"长颈鹿"等)。当规则库中某条产生式的前提可与综合数据库中的某些已知事实匹配时,该产生式就被激活,并把用它推出的结论放入综合数据库中,作为后面推理的已知事实。显然,综合数据库的内容是在不断变化的,是动态的。

综合数据库中的已知事实通常用字符串、向量、集合、矩阵、表等数据结构表示,如在专家系统 MYCIN 中对事实通常用如下一个四元组表示:

(特性　　　对象　　　值　　　可信度因子)

其中"可信度因子"是指对该事实为真的相信程度。例如对事实"张山大约是 25 岁",可用四元组表示为

(*AGE*　　　*ZHANGSHAN*　　　25　　　0.8)

这里用可信度因子 0.8 表示对"张山是 25 岁"的可相信程度,反映了由"大约"表示出来的不确定性。

3. 控制系统

控制系统又称为推理机构,由一组程序组成,负责整个产生式系统的运行,实现对问题的求解。粗略地说,它要做以下几项主要的工作:

(1) 按一定的策略从规则库选择规则与综合数据库中的已知事实进行匹配。所谓匹配是指把规则的前提条件与综合数据库中的已知事实进行比较,如果两者一致,或者近似一致且满足预先规定的条件,则称匹配成功,相应的规则可被使用;否则称为匹配不成功,相应规则不可用于当前的推理。

(2) 匹配成功的规则可能不止一条,这称为发生了冲突。此时,推理机构必须调用相应的解决冲突策略进行消解,以便从中选出一条执行。

(3) 在执行某一条规则时,如果该规则的右部是一个或多个结论,则把这些结论加入到综合数据库中;如果规则的右部是一个或多个操作,则执行这些操作。

(4) 对于不确定性知识,在执行每一条规则时还要按一定算法计算结论的不确定性。

(5) 随时掌握结束产生式系统运行的时机,以便在适当的时候停止系统的运行。

以上各点中的每一项都有许多工作要做,这将在第 4 章及第 5 章分别进行讨论。

为了使读者对产生式系统求解问题的过程有一个感性的认识,下面以例 3.4 给出的规则为例,来看动物识别系统是如何工作的。

设在综合数据库中存放有下列已知事实:

该动物身上有暗斑点,有长脖子,有长腿,有奶,有蹄

并假设综合数据库中的已知事实与规则库中的知识是从第一条(即 r_1)开始,逐条进行匹配的,则当推理开始时,推理机构的工作过程是:

(1) 首先从规则库中取出第一条规则 r_1,检查其前提是否可与综合数据库中的已知事实匹配成功。由于综合数据库中没有"该动物有毛发"这一事实,所以匹配不成功,r_1 不能被用于推理。然后取第二条规则 r_2 进行同样的工作。显然,r_2 的前提"该动物有奶"可与综合数据库中的已知事实匹配,因为在综合数据库中存在"该动物有奶"这一事实。此时 r_2 被执行,并将其结论部分,即"该动物是哺乳动物"加入到综合数据库中。此时综合数据库的内容变为:

该动物身上有暗斑点,有长脖子,有长腿,有奶,有蹄,是哺乳动物

(2) 接着分别用 r_3,r_4,r_5,r_6 与综合数据库中的已知事实进行匹配,均不成功。但当用 r_7 与之匹配时,获得了成功,此时执行 r_7 并将其结论部分"该动物是有蹄类动物"加入到综合数据库中,综合数据库的内容变为:

该动物身上有暗斑点,有长脖子,有长腿,有奶,有蹄,是哺乳动物,是有蹄类动物

(3) 在此之后,发现 r_{11} 又可与综合数据库中的已知事实匹配成功,并且推出了"该动物是长颈鹿"这一最终结论。至此,问题的求解过程就可结束了。

上述问题的求解过程是一个不断地从规则库中选取可用规则与综合数据库中的已知事实进行匹配的过程,规则的每一次成功匹配都使综合数据库增加了新的内容,并朝着问题的解决方向前进了一步,这一过程称为推理。当然,上述过程只是一个简单的推理过程,在第 4 章及第 5 章将对推理的有关问题开展全面的讨论。

对上面列出的推理过程,读者一定会问:计算机如何知道该在什么时候终止问题的求解过程呢?下面通过列出产生式系统求解问题的一般步骤来回答这个问题。

产生式系统求解问题的一般步骤是:

(1) 初始化综合数据库,把问题的初始已知事实送入综合数据库中。

(2) 若规则库中存在尚未使用过的规则,而且它的前提可与综合数据库中的已知事实匹配,则转第(3)步;若不存在这样的事实,则转第(5)步。

(3) 执行当前选中的规则,并对该规则做上标记,把该规则执行后得到的结论送入综合数据库中。如果该规则的结论部分指出的是某些操作,则执行这些操作。

(4) 检查综合数据库中是否已包含了问题的解,若已包含,则终止问题的求解过程;否则转第(2)步。

(5) 要求用户提供进一步的关于问题的已知事实,若能提供,则转第(2)步;否则终止问题的求解过程。

(6) 若规则库中不再有未使用过的规则,则终止问题的求解过程。

在上述第(4)步中,为了检查综合数据库中是否包含问题的解,可采用如下两种简单的处理方法:

(1) 把问题的全部最终结论,如动物识别系统中的虎、金钱豹等七种动物的名称全部列于一张表中,每当执行一条规则得到一个结论时,就检查该结论是否包含在表中,若包含在表中,说明它就是最终结论,求得了问题的解。

(2) 对每条结论部分是最终结论的产生式规则,如动物识别系统中的规则 r_9 至 r_{15},分别做一标记,当执行到上述一般步骤中的第(3)步时,首先检查该选中的规则是否带有这个标记,若带有,则由该规则推出的结论就是最终结论,即求得了问题的解。

最后,需要特别说明的是,问题的求解过程与推理的控制策略有关,上述的一般步骤只是针对正向推理而言的,而且它只是粗略地描述了产生式系统求解问题的大致步骤,许多细节均未考虑,如冲突消解、不确定性的处理等,这些问题都将在下面的几章中分别讨论。

3.3.3 产生式系统的分类

对产生式系统从不同角度进行划分,可得到不同的分类方法。例如按推理方向划分可分为前向、后向和双向产生式系统;按其所表示的知识是否具有确定性可分为确定性及不确定性产生式系统。这些分类方法我们将分别在以后的各章中进行讨论,这里仅讨论按规则库及综合数据库的性质及结构特征进行的分类。此时,产生式系统可分为如下三类:

可交换的产生式系统

可分解的产生式系统

可恢复的产生式系统

下面分别进行讨论。

1. 可交换的产生式系统

产生式系统求解问题的过程是一个反复从规则库中选用合适规则并执行规则的过程。在这一过程中,不同的控制策略将会得到不同的规则执行次序,从而有不同的求解效率。如果一个产生式系统对规则的使用次序是可交换的,无论先使用哪一条规则都可达到目的,即规则的使用次序是无关紧要的,就称这样的产生式系统为可交换的产生式系统。为便于理解这一概念,下面给出一个简单的例子。

设综合数据库 DB 的初始状态是 $\{a, b, c\}$,其中 a, b, c 均为整数;并设规则库 RB 中有下述规则:

r_1:	IF	$\{a, b, c\}$	THEN	$\{a, b, c, a \times b\}$
r_2:	IF	$\{a, b, c\}$	THEN	$\{a, b, c, b \times c\}$
r_3:	IF	$\{a, b, c\}$	THEN	$\{a, b, c, a \times c\}$

现在希望通过推理使综合数据库 DB 变为

$$\{a, b, c, a \times b, b \times c, a \times c\}$$

其中，$a \times b$ 表示 a 与 b 相乘，余者类推。

显然，无论先使用哪一条规则都可达到目的，所以由上述 RB 与 DB 构造的产生式系统是一个可交换的产生式系统。

严格地说，所谓一个产生式系统是可交换的，是指它的 RB 和每一个 DB 都具有如下性质：

(1) 设 RS 为可应用于 DB_i 的规则集合，当使用 RS 中任何一条规则 R 使 DB 的状态改变后，该 RS 对 DB 仍然适用。即对任何规则 $R \in RS$，RS 仍然是

$$R(DB_i) = DB_{i+1}$$

的可用规则集。

(2) 如果 DB_i 满足目标条件，则当应用 RS 中任何一条规则所生成的新综合数据库 DB_{i+1} 仍然满足目标条件。

(3) 若对当前的综合数据库 DB_i 使用某一规则序列 $r_1, r_2, \cdots, r_k$ 得到一个新的综合数据库 DB_k，即

$$DB_i \xrightarrow{r_1} DB_{i+1} \xrightarrow{r_2} \cdots \xrightarrow{r_k} DB_k$$

则当改变规则的使用次序后，仍然可得到 DB_k。

由以上性质可以看出，在可交换产生式系统中，综合数据库 DB 的内容是递增的，即对规则的任何执行序列

$$DB_0 \xrightarrow{r_1} DB_1 \xrightarrow{r_2} \cdots \xrightarrow{r_g} DB_g$$

都有

$$DB_0 \subseteq DB_1 \subseteq \cdots \subseteq DB_g$$

成立。这说明在可交换产生式系统中，其规则的结论部分总是包含着新的内容，一旦执行该规则就会把该新内容添加到综合数据库中。

另外，由可交换产生式系统的性质还可看出，用这种系统求解问题时，其搜索过程不必进行回溯，不需要记载可用规则的作用顺序。由于求解问题时只需选用任一个规则序列，而不必搜索多个序列，这就节省了时间，提高了求解问题的效率。

2. 可分解的产生式系统

把一个规模较大且比较复杂的问题分解为若干个规模较小且比较简单的子问题，然后对每个子问题分别进行求解，是人们求解问题时常用的方法，可分解的产生式系统就是基于这一思想提出来的。

一个产生式系统可分解的条件是可把它的综合数据库 DB 及终止条件都分解为若干独立的部分，其产生式规则一般具有如下形式：

$$\text{IF} \quad P \quad \text{THEN} \quad \{DB_i^1, DB_i^2, \cdots, DB_i^m\}$$

其含义是,若当前综合数据库是 DB_i,则当前提条件 P 被满足时,就把 DB_i 分解为 m 个互相独立的子库。例如,设综合数据库的初始内容是 $\{C,B,Z\}$,规则库中有如下规则:

$$r_1: \quad \text{IF} \quad C \quad \text{THEN} \quad \{D,L\}$$
$$r_2: \quad \text{IF} \quad C \quad \text{THEN} \quad \{B,M\}$$
$$r_3: \quad \text{IF} \quad B \quad \text{THEN} \quad \{M,M\}$$
$$r_4: \quad \text{IF} \quad Z \quad \text{THEN} \quad \{B,B,M\}$$

终止条件是生成只包含 M 的综合数据库。即,使综合数据库的内容变为

$$\{M, M, \cdots, M\}$$

求解该问题时,首先把初始综合数据库分解为三个子库,然后对每个子库分别应用规则库中的合适规则进行求解,其求解过程如图 3-4 所示。

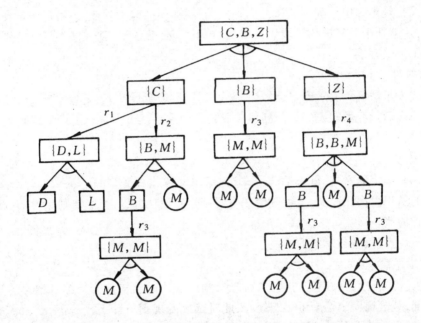

图 3-4　可分解的产生式系统

图 3-4 中,用括弧连接起来的子节点间是"与"关系,不用括弧连接的子节点是"或"关系。显然,用图表示可分解产生式系统求解问题的过程时,得到的是一棵与/或树。

在可分解产生式系统中,由于初始数据库被分解成了若干子库,每个子库又可再分解成若干子子库,依此类推,这就缩小了搜索范围,提高了求解问题的效率。关于这个问题,在第 6 章还要做进一步的讨论。

3. 可恢复的产生式系统

在可交换产生式系统中,规则的使用次序是可交换的,但要求每条规则的执行都要为综合数据库添加新的内容,这一要求是很强的,对许多情况不能适用。事实上,人们在求解问题的过程中是经常要进行回溯的,当问题求解到某一步发现无法继续下去时,就撤消在此之前得到的某些结果,恢复到先前的某个状态。用产生式系统求解问题也是这样,当执行一条规则后使综合数据库的状态由 DB_i 变为 DB_{i+1} 时,如果发现由 DB_{i+1} 不可能得到问题的解,就需要立即撤消由刚才执行规则所产生的结果,使综合数据库恢复到先前的状态,然后选用别的规则继续

求解。像这样在问题的求解过程中既可以对综合数据库添加新内容,又可删除或修改老内容的产生式系统称为可恢复的产生式系统。在第 6 章讨论重排九宫等问题时,可以看到这样的例子。

3.3.4 产生式表示法的特点

产生式表示法主要有以下优点:

1. 自然性

产生式表示法用"如果……,则……"的形式表示知识,这是人们常用的一种表达因果关系的知识表示形式,既直观、自然,又便于进行推理。正是由于这一原因,才使得产生式表示法成为人工智能中最重要且应用最多的一种知识表示模式。

2. 模块性

产生式是规则库中最基本的知识单元,它们同推理机构相对独立,而且每条规则都具有相同的形式,这就便于对其进行模块化处理,为知识的增、删、改带来了方便,为规则库的建立和扩展提供了可管理性。

3. 有效性

产生式表示法既可表示确定性知识,又可表示不确定性知识;既有利于表示启发式知识,又可方便地表示过程性知识。目前已建造成功的专家系统大多都是用产生式来表达其过程性知识的。

4. 清晰性

产生式有固定的格式,每一条产生式规则都由前提与结论(操作)这两部分组成,而且每一部分所含的知识量都比较少,这就既便于对规则进行设计,又易于对规则库中知识的一致性及完整性进行检测。

除以上优点外,它亦有如下一些不足之处:

1. 效率不高

在产生式系统求解问题的过程中,首先要用产生式的前提部分与综合数据库中的已知事实进行匹配,从规则库中选出可用的规则,此时选出的规则可能不止一个,这就需要按一定的策略进行"冲突消解",然后把选中的规则启动执行。因此,产生式系统求解问题的过程是一个反复进行"匹配—冲突消解—执行"的过程。鉴于规则库一般都比较庞大,而匹配又是一件十分费时的工作,因此其工作效率是不高的。另外,在求解复杂问题时容易引起组合爆炸。

2. 不能表达具有结构性的知识

产生式适合于表达具有因果关系的过程性知识,但对具有结构关系的知识却无能为力,它不能把具有结构关系的事物间的区别与联系表示出来。下面我们将会看到框架表示法可以解决这方面的问题。因此,产生式表示法除了可以独立作为一种知识表示模式外,还经常与其它表示法结合起来表示特定领域的知识。例如在专家系统 PROSPECTOR 中用生产式与语义网络相结合,在 Aikins 中把产生式与框架表示法结合起来,等等。

由上述关于产生式表示法的特点,可以看出产生式表示法适合于表示具有下列特点的领域知识:

(1)由许多相对独立的知识元组成的领域知识,彼此间关系不密切,不存在结构关系。例如化学反应方面的知识。

(2) 具有经验性及不确定性的知识,而且相关领域中对这些知识没有严格、统一的理论。例如医疗诊断、故障诊断等方面的知识。

(3) 领域问题的求解过程可被表示为一系列相对独立的操作,而且每个操作可被表示为一条或多条产生式规则。

3.4 框架表示法

框架表示法是以框架理论为基础发展起来的一种结构化的知识表示方法,现已在多种系统中得到应用。

3.4.1 框架理论

1975 年美国著名的人工智能学者明斯基在其论文"A framework for representing knowledge"中提出了框架理论,并把它作为理解视觉、自然语言对话及其它复杂行为的基础。

该理论认为人们对现实世界中各种事物的认识都是以一种类似于框架的结构存储在记忆中的,当面临一个新事物时,就从记忆中找出一个合适的框架,并根据实际情况对其细节加以修改、补充,从而形成对当前事物的认识。例如,当一个人将要走进一个教室时,在他进入之前就能依据以往对"教室"的认识,想象到这个教室一定有四面墙,有门、窗,有天花板和地板,有课桌、坐凳、黑板等,尽管他对这个教室的细节(如教室的大小、门窗的个数、桌凳的数量、颜色等)还不清楚,但对教室的基本结构是可以预见到的。他之所以能做到这一点,是由于他通过以往的认识活动已经在记忆中建立了关于教室的框架,该框架不仅指出了相应事物的名称(教室),而且还指出了事物各有关方面的属性(如有四面墙,有课桌,有黑板,……),通过对该框架的查找就很容易得到教室的各有关特征。在他进入教室后,经观察得到了教室的大小、门窗的个数、桌凳的数量、颜色等细节,把它们填入到教室框架中,就得到了教室框架的一个具体事例,这是他关于这个具体教室的视觉形象,称为事例框架。

在框架理论中,明斯基在给出框架的基本概念及结构的同时,还对其应用提出了一些实用性的问题。例如,对给定的条件,如何选择初始框架;为了表现事物进一步的细节,如何给框架赋值;当所选用的框架不满足给定的条件时,如何寻找新的框架;当找不到合适的框架时,是修改旧的框架还是建立一个新框架等等。这些问题对框架表示法的应用都是十分重要的,本节我们仅讨论其中的部分问题,重点是框架的基本概念及其表示知识的方法,余下的问题将在第五章的 5.7 节进行讨论。

3.4.2 框架

框架是一种描述所论对象(一个事物、一个事件或一个概念)属性的数据结构。在框架理论中,将其视作知识表示的一个基本单位。

一个框架由若干个被称为"槽"的结构组成,每一个槽又可根据实际情况划分为若干个"侧面"。一个槽用于描述所论对象某一方面的属性,一个侧面用于描述相应属性的一个方面。槽和侧面所具有的属性值分别称为槽值和侧面值。在一个用框架表示知识的系统中,一般都含有多个框架,为了指称和区分不同的框架以及一个框架内的不同槽、不同侧面,需要分别给它们赋予不同的名字,分别称为框架名、槽名及侧面名。另外,无论是对于框架,还是槽或侧面,都可以为其附加上一些说明性的信息,一般是指一些约束条件,用于指出什么样的值才能填入到槽或侧面中去。

下面给出框架的一般表示形式。

〈框架名〉

槽名 1:	侧面名$_1$	值$_1$,值$_2$,…,值$_{p_1}$
	侧面名$_2$	值$_1$,值$_2$,…,值$_{p_2}$
	⋮	⋮
	侧面名 $m1$	值$_1$,值$_2$,…,值$_{p_{m1}}$
槽名 2:	侧面名$_1$	值$_1$,值$_2$,…,值$_{q_1}$
	侧面名$_2$	值$_1$,值$_2$,…,值$_{q_2}$
	⋮	⋮
	侧面名 $m2$	值$_1$,值$_2$,…,值$_{q_{m2}}$
⋮		
槽名 n:	侧面名$_1$	值$_1$,值$_2$,…,值$_{r_1}$
	侧面名$_2$	值$_1$,值$_2$,…,值$_{r_2}$
	⋮	⋮
	侧面名 mn	值$_1$,值$_2$,…,值$_{r_{mn}}$
约束:	约束条件$_1$	
	约束条件$_2$	
	⋮	
	约束条件$_n$	

由上述表示形式可以看出,一个框架可以有任意有限数目的槽,一个槽可以有任意有限数目的侧面,一个侧面又可以有任意有限数目的侧面值。一个槽可以分为若干个侧面,也可不分侧面,视其描述的属性而定。另外,槽值或侧面值既可以是数值、字符串、布尔值,也可以是一个在满足某个给定条件时要执行的动作或过程,特别是它还可以是另一个框架的名字,从而实现一个框架对另一个框架的调用,表示出框架之间的横向联系。

现在来看两个例子,以增强对框架的感性认识,第一个例子是关于"假冒伪劣商品"的框架,第二个例子是关于"教师"的框架。

框架名: 〈假冒伪劣商品〉
  商品名称:
  生产厂家:
  出售商店:
  处 罚: 处理方式:

处罚依据：
处罚时间：　单位（年、月、日）
经办部门：

在这个框架中，用"〈〉"括起来的内容是框架名，它有四个槽，其槽名分别是"商品名称"、"生产厂家"、"出售商店"及"处罚"。其中"处罚"槽包括四个侧面，侧面名分别是"处罚方式"、"处罚依据"、"处罚时间"及"经办部门"。对于"处罚时间"侧面，用"单位"指出了一个填值时的标准限制，要求所填的时间必须按年、月、日的顺序填写。下面再来看第二个例子。

框架名：〈教师〉
　　　姓名：　单位（姓、名）
　　　年龄：　单位（岁）
　　　性别：　范围（男、女）
　　　　　　　缺省：　男
　　　职称：　范围（教授，副教授，讲师，助教）
　　　　　　　缺省：　讲师
　　　部门：　单位（系，教研室）
　　　住址：　〈住址框架〉
　　　工资：　〈工资框架〉
　　　开始工作时间：　单位（年、月）
　　　截止时间：　单位（年、月）
　　　　　　　缺省：　现在

该框架共有九个槽，分别描述了"教师"九个方面的情况，或者说是关于"教师"的九个属性，在每个槽里都指出了一些说明性的信息，用于对槽的填值给出某些限制。其中，"〈〉"和"单位"已在上例中作了说明；"范围"指出槽的值只能在指定的范围内挑选，例如对"职称"槽，其槽值只能是"教授"、"副教授"、"讲师"、"助教"中的某一个，不能是别的，如"工程师"等；"缺省"表示当相应槽不填入槽值时，就以缺省值作为槽值，这样可以节省一些填槽的工作。例如对"性别"槽，当不填入"男"或"女"时，就默认它是"男"，这样对男性教师就可以不填这个槽的槽值。

对于上述两个框架，当把具体的信息填入槽或侧面后，就得到了相应框架的一个事例框架。例如把某教师的一组信息填入"教师"框架的各个槽，就可得到：

框架名：〈教师-1〉
　　　姓名：　夏冰
　　　年龄：　36
　　　性别：　女
　　　职称：　副教授
　　　部门：　计算机系软件教研室
　　　住址：　〈adr-1〉

工资： 〈sal-1〉

开始工作时间： 1988,9

截止时间： 1996,7

这就是一个关于"教师"的事例框架,其框架名为"教师-1",对于每个教师都可以有这样一个事例框架。

下面给出框架的 BNF 描述:

〈框架〉::=〈框架头〉〈槽部分〉[〈约束部分〉]

〈框架头〉::=框架名〈框架名的值〉

〈槽部分〉::=〈槽〉,[〈槽〉]

〈约束部分〉::=约束〈约束条件〉,[〈约束条件〉]

〈框架名的值〉::=〈符号名〉|〈符号名〉(〈参数〉,[〈参数〉])

〈槽〉::=〈槽名〉〈槽值〉|〈侧面部分〉

〈槽名〉::=〈系统预定义槽名〉|〈用户自定义槽名〉

〈槽值〉::=〈静态描述〉|〈过程〉|〈谓词〉|〈框架名的值〉|〈空〉

〈侧面部分〉::=〈侧面〉,[〈侧面〉]

〈侧面〉::=〈侧面名〉〈侧面值〉

〈侧面名〉::=〈系统预定义侧面名〉|〈用户自定义侧面名〉

〈侧面值〉::=〈静态描述〉|〈过程〉|〈谓词〉|〈框架名的值〉|〈空〉

〈静态描述〉::=〈数值〉|〈字符串〉|〈布尔值〉|〈其它值〉

〈过程〉::=〈动作〉|〈动作〉,[〈动作〉]

〈参数〉::=〈符号名〉

对此表示有如下几点说明:

(1) 框架名的值允许带有参数。此时,当另一个框架调用它时需要提供相应的实在参数。

(2) 当槽值或侧面值是一个过程时,它既可以是一个明确表示出来的〈动作〉串,也可以是对主语言的某个过程的调用,从而可将过程性知识表示出来。

(3) 当槽值或侧面值是谓词时,其真值由当时谓词中变元的取值确定。

(4) 槽值或侧面值为〈空〉时,表示该值等待以后填入,当时还不能确定。

(5) 〈约束条件〉是任选的,当不指出约束条件时,表示没有约束。

3.4.3 框架网络

由于框架中的槽值或侧面值都可以是另一个框架的名字,这就在框架之间建立起来了联系,通过一个框架可以找到另一个框架。如在上例关于夏冰的框架中,"住址"槽的槽值是"adr-1",而它是一个地址框架的名字,这就在"教师-1"与"adr-1"这两个框架间建立了联系。当某人希望了解夏冰的情况时,不仅可以直接在"教师-1"框架中了解到有关她的"年龄"、"职称"等情况,还可通过"住址"槽找到她的住址框架,从而得知她的详细住址。

框架之间除了可以有上述横向联系外,还可以在有关框架间建立起纵向联系。现以学校里"师生员工"框架、"教职工"框架及"教师"框架为例,说明如何在它们之间建立起纵向联系,并由此引出框架表示的一个重要特性。

76

我们知道,无论是教师,还是学生以及在学校工作的其他人员,如干部、实验员、工人等,尽管他们所担负的任务不同,但由于他们都共处于学校这个环境中,必然会有一些共同的属性,因此在对他们进行描述时,可以把他们具有的共同属性抽取出来,构成一个上层框架,然后再对各类人员独有的属性分别构成下层框架,为了指明框架间的这种上、下关系,可在下层框架中设立一个专用的槽(一般称为"继承"槽),用以指出它的上层框架是哪一个。这样不仅在框架间建立了纵向联系,而且通过这种联系,下层框架还可以继承上层框架的属性及值,避免了重复描述,节约了时间和空间的开销。

继承性是框架表示法的一个重要特性,它不仅可以在两层框架之间实现继承关系,而且可以通过两两的继承关系,从最低层追溯到最高层,使高层的信息逐层向低层传递。

至此,我们讨论了用框架名作为槽值时所建立起来的框架间的横向联系,又讨论了用"继承"槽建立起来的框架间的纵向联系。像这样具有横向联系及纵向联系的一组框架称为框架网络。图 3-5 是一个关于师生员工的框架网络。

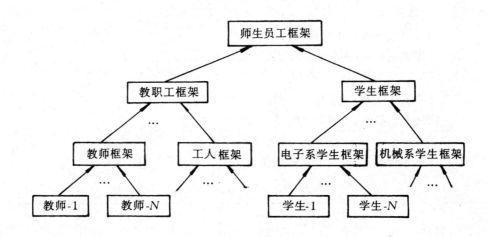

图 3-5 框架网络

在图 3-5 所示的框架网络中,"师生员工"框架用于描述师、生、员、工们的共同属性,例如"姓名"、"性别"、"年龄"等;"教职工"框架用于描述教师、干部、工人的共同属性,但凡是在"师生员工"框架中已经指出的属性在这里就可以不再指出;"学生"框架用于描述学生的共同属性,已在"师生员工"框架中指出的属性在这里也可不再重复描述。以此类推可知,在"教师"框架、"工人"框架、"电子系学生"框架等中也只需描述只有他们自己具有的属性。但是,如果一个在上层框架中描述的属性在下层框架需作进一步说明时,则需要在下层框架中再次给出描述。例如,设在"师生员工"框架中对"年龄"槽的描述是:

年龄:单位(岁)

由于学生一般都是在七岁开始上学的,因此学生的年龄可由

年龄 = 学龄 + 7

得到,所以在"学生"框架中仍可设置"年龄"槽,并在该槽的描述中给出计算年龄的过程。如果在下层框架中对某些槽没有作特别的声明,那么它将自动继承上层框架相应槽的槽值。

下面具体地给出上述几个框架的描述:

师生员工框架为:

框架名：〈师生员工〉
        姓名：   单位(姓,名)
        年龄：   单位(岁)
        性别：   范围(男,女)
                缺省：男
        健康状况：   范围(健康,一般,差)
                缺省：一般
        住址：   〈住址框架〉

教职工框架为：

框架名：〈教职工〉
        继承：〈师生员工〉
        工作类别：   范围(教师,干部,工人)
                缺省： 教师
        开始工作时间：   单位(年,月)
        截止工作时间：   单位(年,月)
                缺省： 现在
        离退休状况：   范围(离休、退休)
                缺省： 退休

教师框架为：

框架名：〈教师〉
        继承：〈教职工〉
        部门：   单位(系,教研室)
        语种：   范围(英语,法语,德语,日语,俄语)
                缺省： 英语
        外语水平：   范围(优,良,中,差)
                缺省：良
        职称：   范围(教授,副教授,讲师,助教)
                缺省： 讲师
        研究方向：

某个教师的实例框架为：

框架名：〈教师-1〉

继承：〈教师〉
姓名：孙　林
年龄：28
健康状况：健康
部门：计算机系软件教研室
语种：德语
开始工作时间：1985,9
　　　⋮

由上述框架描述可以看出：

(1) 在框架网络中，既有用"继承"槽指出的上、下层框架间的纵向联系，也有以框架名作为槽值指出的框架间的横向联系，因此框架网络是一个纵、横交错的复杂的框架体系结构。

(2) 原则上说，事例框架中的每一个槽都应给出槽值，但对可以继承上层框架槽值的槽，其槽值可不给出。例如在上面的"教师-1"框架中，虽然没有给出"性别"、"职称"槽及其槽值，但由继承性可知孙林的性别为"男"，职称为"讲师"。

为了说明框架调用时"参数"的应用方法，下面再来看一个关于"房间"、"教室"的例子。

下面是一个关于"房间"的描述框架：

框架名：〈房间〉

墙数 x_1：

缺省：　$x_1 = 4$

条件：　$x_1 > 0$

窗数 x_2：

缺省：　$x_2 = 2$

条件：　$x_2 \geqslant 0$

门数 x_3：

缺省：　$x_3 = 1$

条件：　$x_3 > 0$

前墙：〈墙框架(w_1, d_1)〉

后墙：〈墙框架(w_2, d_2)〉

左墙：〈墙框架(w_3, d_3)〉

右墙：〈墙框架(w_4, d_4)〉

天花板：〈天花板框架〉

地板：〈地板框架〉

门：〈门框架〉

窗：〈窗框架〉

条件：　$w_1 + w_2 + w_3 + w_4 = x_2$

$d_1 + d_2 + d_3 + d_4 = x_3$

在此框架描述中,"墙数"槽的约束条件是 $x_1 > 0$,它指明在其事例框架中相应槽的值必须大于零,即房间应至少有一面墙,这可用来检测填槽时出现的错误。如果不给出墙的面数,就认为是四面墙。条件 $w_1 + w_2 + w_3 + w_4 = x_2$ 指出各面墙上窗数的和应与房间的总窗数相符,这也可以用来检验填槽的正确性。其它约束条件的作用与此类似,不再一一说明。"前墙"、"后墙"、"左墙"、"右墙"等槽给出的是"墙"框架的名字,并且给出了调用"墙"框架时的参数,这些参数应与"墙"框架中的参数一一对应,由下面关于"墙"框架的描述可清楚地看到这一点。

框架名: 〈墙(w, d)〉

       颜色:

       门数:

       窗数:

"房间"是对各类房子(如会客室、卧室、厨房、教室等)的总称,对每一种具体的房子来说,又都各有自己的特征。例如"教室"有课桌、坐凳、黑板等;卧室有床;厨房有炉子、餐具等。因此对每一种房子还需要用框架给出进一步的描述,这里不再一一列出,下面仅仅给出一个关于"教室"的事例框架。

框架名: 〈402 教室〉

       墙数: 4

       窗数: 4

       门数: 2

       前墙: 〈墙框架$(0,0)$〉

       后墙: 〈墙框架$(0,1)$〉

       左墙: 〈墙框架$(2,1)$〉

       右墙: 〈墙框架$(2,0)$〉

       课桌数: 30

       坐凳数: 30

       黑板数: 1

       天花板: 〈天花板框架〉

       地 板: 〈地板框架〉

3.4.4 框架中槽的设置与组织

由以上讨论可知,框架是一种集事物各方面属性的描述为一体,并反映相关事物间各种关系的数据结构。在此结构中,槽起着至关重要的作用,因为不仅要用它描述事物各有关方面的属性,而且还要用它来指出相关事物间的复杂关系。因此,在用框架作为知识的表示模式时,对槽的设置与组织应给予足够的重视。具体地说,应该注意以下几个方面的问题:

1. 充分表达事物各有关方面的属性

在以框架作为知识表示模式的系统中,知识是通过事物的属性来表示的。为使系统具有丰富的知识,以满足问题求解的需要,就要求框架中有足够的槽把事物各有关方面的属性充分表达出来。这里所说的"各有关方面的属性"有两方面的含义:一是要与系统的设计目标相一致,凡是系统设计目标所要求的属性,或者问题求解中有可能要用到的属性都应该用相应的槽把它们表示出来;另一是仅仅需要对有关的属性设立槽,不可面面俱到,以免浪费空间和降低系统的运行效率。一般来说,一个事物的属性通常都是多方面的,但并不是每一个属性都是系统所要求的。因此,在选择把哪些属性作为槽的描述对象时,首先要对系统的设计目标及应用范围进行认真的分析,并依此对事物的属性进行筛选,仅把那些需要的属性找出来,并为它们建立相应的槽。

2. 充分表达相关事物间的各种关系

现实世界中的事物一般不是孤立的,彼此间存在着千丝万缕的联系。为了将其中有关的联系反映出来,以构成完整的知识体系,需要设置相应的槽来描述这些联系。

在框架系统中,事物之间的联系是通过在槽中填入相应的框架名来实现的,至于它们之间究竟是一种什么关系,则是由槽名来指明的。为了提供一些常用且可公用的槽名,在框架表示系统中通常定义一些标准槽名,应用时不用说明就可直接使用,称这些槽名为系统预定义槽名。下面列出其中用得较多的几个:

(1) ISA 槽。ISA 槽用于指出事物间抽象概念上的类属关系。其直观含义是"是一个","是一种","是一只",…。当用它作为某下层框架的槽时,表示该下层框架所描述的事物是其上层框架的一个特例,上层框架是比下层框架更一般或更抽象的概念。设有如下两个框架:

框架名: 〈运动员〉

    姓名: 单位(姓,名)

    年龄: 单位(岁)

    性别: 范围(男,女)

    缺省: 男

框架名: 〈棋手〉

    ISA: 〈运动员〉

    脑力: 特好

在此例中,"棋手"框架中的"ISA"槽指出该框架所描述的事物是"运动员"框架所描述事物的一个特例,即"棋手"是一种"运动员"。

一般来说,用"ISA"槽所指出的联系都具有继承性,即下层框架可以继承其上层框架所描述的属性及值。

(2) AKO 槽。AKO 槽用于具体地指出事物间的类属关系。其直观含义是"是一种"。当用它作为某下层框架的槽时,就明确地指出该下层框架所描述的事物是其上层框架所描述事物中的一种,下层框架可以继承其上框架所描述的属性及值。

对上面的例子,可将"棋手"框架中的"ISA"改为"AKO"。

(3) Subclass 槽。Subclass 槽用于指出子类与类(或子集与超集)之间的类属关系。当用它作为某下层框架的槽时,表示该下层框架是其上层框架的一个子类(或子集)。对于上例,由于"棋手"是"运动员"中的一个子类,因而可将"棋手"框架中的"ISA"改为"Sbuclass"。

(4) Instance 槽。Instance 槽用来建立 AKO 槽的逆关系。当用它作为某上层框架的槽时,可用来指出它的下一层框架是哪些。对于上例,假设还有"足球运动员"、"排球运动员"的框架,则"运动员"框架中可用 Instance 槽来指出它的这些下层框架,即:

框架名: 〈运动员〉
　　Instance: 〈棋手〉,〈足球运动员〉,〈排球运动员〉
　　姓名: 单位(姓,名)
　　年龄: 单位(岁)
　　性别: 范围(男,女)
　　缺省: 男

由 Instance 槽所建立起来的上、下层框架间的联系具有继承性,即下层框架可以继承上层框架所描述的属性与值。

(5) Part-of 槽。Part-of 槽用于指出"部分"与"全体"的关系。当用它作为某下层框架的槽时,它指出该下层框架所描述的事物只是其上层框架所描述事物的一部分。例如,上层框架是对汽车的描述,下层框架是对轮胎的描述。显然,轮胎只是汽车的一部分(部件)。

这里,应特别注意把"Part-of"槽与上面讨论的那四种槽区分开来。它们虽然都是用来指出框架间的层次结构关系的,但却有着完全不同的性质。前面那四种槽描述的是上、下层框架间的类属关系,它们具有共同的特性,下层框架可以继承上层框架所描述的属性及值;而"Part-of"槽只是指出下层框架是上层框架的一个子结构,两者一般不具有共同的特征,下层框架不能继承上层框架所描述的属性及值。例如,轮胎是汽车一部分,但两者的结构及性能却完全不同,"轮胎"框架不能继承"汽车"框架所描述的属性及值。区分这一差异在框架系统的实现过程中是很重要的,它告诉我们:当两个框架有继承关系时,需选用前面那四种中的某一种,这样上层框架中的槽及其值就可以复制到下层框架中被使用,从而免去了重复性的描述;当两个具有上、下层结构关系的框架只是"全体"与"部分"的关系时,可选用"Part-of"来指出上、下层的联系。

(6) Infer 槽。Infer 槽用于指出两个框架所描述事物间的逻辑推理关系,用它可以表示相应的产生式规则。例如,设有如下知识:

　　　　如果咳嗽、发烧且流涕,则八成是患了感冒,
　　　　　　　　需服用"感冒清",
　　　　　　　　一日三次,每次 2~3 粒,
　　　　　　　　多喝开水。

对该知识,可用如下两个框架表示:

框架名：〈诊断规则〉
  症状 1： 咳嗽
  症状 2： 发烧
  症状 3： 流涕
  Infer： 〈结论〉
  可信度： 0.8

框架名：〈结论〉
  病名： 感冒
  治疗方法： 服用感冒清，一日 3 次，每次 2～3 粒
  注意事项： 多喝开水
  预后： 良好

（7）Possible-Reason 槽。Possible-Reason 槽与 Infer 槽的作用相反，它用来把某个结论与可能的原因联系起来。例如，在上述的"结论"框架中可增加一个 Possible-Reason 槽，其槽值是某个框架的框架名，在该框架中描述了产生"感冒"的原因，如感染了流感病毒等。

除了上述七种描述框架间层次结构关系及推论关系的槽外，还有一些描述其它关系（如占有关系、时间关系、空间关系、相似关系等）的槽，这里不再一一列出，待下一节讨论语义网络的语义联系时再作说明。

3．对槽及侧面进行合理的组织

在框架中通过引入 AKO 槽、Instance 槽等可实现上、下层框架间的继承性，这一特性使得我们有可能把同一层上不同框架中的相同属性抽取出来，放入到它们的上层框架（即父框架）中。这样不仅可以大大减少重复性的信息，而且有利于知识的一致性。为了做到这一点，需要对框架及槽进行合理的组织，尽量把不同框架描述的相同属性抽取出来构成上层框架，而在下层框架中只描述相应事物独有的属性。例如，设有鸽子、啄木鸟、布谷鸟、燕子及鹦鹉等五种动物，要求用框架将其特征描述出来。分析这五种动物可以发现，它们有许多共同的特征，如身上有羽毛、会飞、会走等等。此时，可把这些共同特征抽取出来构成一个上层框架，然后再对每一个动物独有的特征（如羽毛颜色、嘴的形状等）分别构成一个框架，再用 AKO 槽或 Instance 槽把上、下层框架联系起来。

4．有利于进行框架推理

用框架表示知识的系统一般由两大部分组成：一是由框架及其相互关联构成的知识库；另一是由一组解释程序构成的框架推理机。前者的作用是提供求解问题所需要的知识，后者的作用是针对用户提出的问题，通过运用知识库中的相关知识完成求解问题的任务，给出问题的解。

框架推理是一个反复进行框架匹配的过程，而且多数情况下其匹配都具有不确定性，为了使推理得以进行，通常都需要设置相应的槽来配合。如在有些系统中设置了"充分条件"槽、

"必要条件"槽、"触发条件"槽、"否决条件"槽及"阈值"槽等来配合不确定性匹配的实现。至于究竟需要设置一些什么样的槽来配合推理,与其所用的推理方法有关,不能一概而论。

综合上述,槽的设置与组织是框架系统中一项基础性的工作,设置时应从整个系统的全局出发作统筹安排,合理组织,既要避免重复性的描述及信息的冗余,又要着眼于应用的方便性。只有这样,才能为建造一个高效、实用的系统奠定一个良好的基础。

3.4.5　框架系统中求解问题的基本过程

在用框架表示知识的系统中,问题的求解主要是通过匹配与填槽实现的。当要求解某个问题时,首先把这个问题用一个框架表示出来,然后通过与知识库中已有的框架进行匹配,找出一个或几个可匹配的预选框架作为初步假设,并在此初步假设的引导下收集进一步的信息,最后用某种评价方法对预选框架进行评价,以便决定是否接受它。

框架的匹配是通过对相应的槽的槽名及槽值逐个进行比较实现的。如果两个框架的各对应槽没有矛盾或者满足预先规定的某些条件,就认为这两个框架可以匹配。由于框架间存在继承关系,一个框架所描述的某些属性及值可能是从它的上层框架那里继承过来的,因此两个框架的比较往往要牵涉到它们的上层、上上层框架,这就增加了匹配的复杂性。另外,框架间的匹配一般都具有不确定性,因为建立在知识库中的框架其结构和描述都已固定下来,而应用中的问题却是随机的,变化的,要使它们完全一致是不现实的。由于这些原因,使得框架的匹配问题成为一个比较复杂且比较困难,但又不能不解决的问题。在不同的系统中,采用的解决方法各不相同,如上面提到的建立"必要条件"槽、"充分条件"槽等就是其中的一种解决方法。

现在来看一个例子。假设前面提出的关于师生员工的框架网络已建立在知识库中,当前要解决的问题是从知识库中找出一个满足如下条件的教师:

男性,年龄在 30 岁以下,身体健康,职称为讲师

把这些条件用框架表示出来,就可得到如下的初始问题框架:

框架名：　教师-x

　　　姓名：

　　　年龄：　　＜30

　　　性别：　　男

　　　健康状况：　健康

　　　职称：　讲师

用此框架与知识库中的框架匹配,显然"教师-1"框架可以匹配。因为"年龄"槽与"健康状况"槽都符合要求,"教师-1"框架虽然没有给出"性别"及"职称"的槽值,但由继承性可知它们分别是"男"及"讲师",完全符合初始问题框架"教师-x"的要求,所以要找的教师有可能就是孙林。

这里之所以说是"有可能",是由于知识库中可与问题框架"教师-x"匹配成功的框架可能不止一个,因而目前匹配成功的框架还只能作为预选框架,需要进一步收集信息,以便从中选出一个,或者根据框架中其它槽的内容以及框架间的关系明确下一步查找的方向和线索。

框架系统中的问题求解过程与人类求解问题的思维过程有许多相似之处。当人们对某事物不完全了解时,往往是先根据当前已掌握的情况着手工作,然后在工作过程中不断发现、掌

握新情况、新线索,使工作向纵深发展,直到达到了最终目标。框架系统中的问题求解过程也是这样的。就以上例来说,系统首先根据当前已知的条件对知识库中的框架进行部分匹配,找出像孙林等人这样的预选框架,并且由这些框架中其它槽的内容以及框架间的联系得到启发,提出进一步的要求,使问题的求解向前推进一步。如此重复进行这一过程,直到问题最终得到解决为止。

3.4.6 框架表示法的特点

框架表示法有以下特点:

1．结构性

框架表示法最突出的特点是它善于表达结构性的知识,能够把知识的内部结构关系及知识间的联系表示出来,因此它是一种经组织起来的结构化的知识表示方法。这一特点是产生式表示法所不具备的,产生式系统中的知识单位是产生式规则,这种知识单位由于太小而难于处理复杂问题,也不能把知识间的结构关系显式地表示出来。框架表示法的知识单位是框架,而框架是由槽组成的,槽又可分为若干侧面,这样就可把知识的内部结构显式地表示出来。另外,产生式规则只能表示事物间的因果关系,而框架表示法不仅可以通过 Infer 槽或 Possible-Reason 槽表示事物间的因果关系,还可以通过其它槽表示出事物间更复杂的联系。

另外,框架表示法与下一节将要讨论的语义网络表示法也有所不同,待下一节再作详细的分析。

2．继承性

在前面的讨论中已经看到,框架表示法通过使槽值为另一个框架的名字实现框架间的联系,建立起表示复杂知识的框架网络。在框架网络中,下层框架可以继承上层框架的槽值,也可以进行补充和修改,这样不仅减少了知识的冗余,而且较好地保证了知识的一致性。

3．自然性

框架表示法体现了人们在观察事物时的思维活动,当遇到新事物时,通过从记忆中调用类似事物的框架,并将其中某些细节进行修改、补充,就形成了对新事物的认识,这与人们的认识活动是一致的。

框架表示法的主要不足之处是不善于表达过程性的知识。因此,它经常与产生式表示法结合起来使用,以取得互补的效果。

目前,人们对框架表示法已经做了相当多的研究及应用工作,主要有:

(1)鲍勃夫(Bobow)研制了基于框架表示的知识表示语言 KRL(Knowledge Representation Language)。

(2)克莱顿(B.D.Clayton)等人研制了基于框架、基于产生式规则、面向过程的通用型专家系统工具 ART(Automated Reasoning Tool)。

(3)美国 Intellicorp 公司研制了基于框架、基于产生式规则、面向过程、面向对象的通用专家系统工具 KEE(Knowledge Engineering Environment)。

(4)斯梯菲克(Stefik)研制了用框架表示知识的多层规则系统。

(5)卡内基-梅隆大学研制了框架表示语言 SRL(Schema Representation Language)。

(6)麻省理工学院人工智能实验室研制了框架表示语言 FRL(Frame Representation Language)。

3.5 语义网络表示法

语义网络是奎廉(J.R.Quillian)于 1968 年在他的博士论文中作为人类联想记忆的一个显式心理学模型最先提出的。随后他设计的可教式语言理解器 TLC (Teachable Language Comprehenden)中用作知识表示,1972 年西蒙将其用于自然语言理解系统。目前,语义网络已广泛地应用于人工智能的许多领域中,是一种表达能力强而且灵活的知识表示方法。

3.5.1 语义网络的概念

如前所述,产生式表示法主要用于描述事物间的因果关系,框架表示法主要用于描述事物的内部结构及事物间的类属关系。但是,客观世界中的事物是错综复杂的,相互间除了具有这些关系外,还存在着其它各种含义的联系。为了描述更复杂的概念、事物及其语义联系,引入了语义网络的概念。

语义网络是通过概念及其语义关系来表达知识的一种网络图。从图论的观点看,它其实就是一个"带标识的有向图"。其中,有向图的节点表示各种事物、概念、情况、属性、动作、状态等;弧表示各种语义联系,指明它所连接的节点间的某种语义关系。节点和弧都必须带有标识,以便区分各种不同对象以及对象间各种不同的语义联系。每个节点可以带有若干属性,一般用框架或元组表示。另外,节点还可以是一个语义子网络,形成一个多层次的嵌套结构。

一个最简单的语义网络是如下一个三元组:

（节点 1, 弧, 节点 2）

它可用图 3-6 表示,称为一个基本网元。其中,A、B 分别代表两个节点;R_{AB} 表示 A 与 B 间的某种语义联系。例如图3-7所示的语义网络就是一个基本网元。其中,在"猎狗"与"狗"之间的语

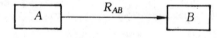

图 3-6　基本网元
图 3-7　猎狗与狗的语义网络

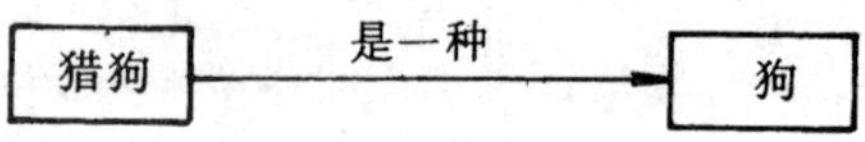

义联系"是一种"具体地指出了"猎狗"与"狗"的语义关系,即"猎狗"是"狗"中的一种,两者之间存在类属关系。这里,弧线的方向是有意义的,需要根据事物间的关系确定。例如在表示类属关系时,箭头所指的节点代表上层概念,而箭尾节点代表下层概念或者一个具体的事物。

当把多个基本网元用相应语义联系关联在一起时,就可得到一个语义网络,如图 3-8 所示。

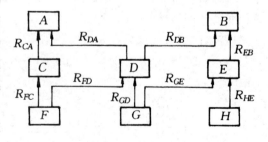

图 3-8　语义网络的结构

下面给出语义网络的 *BNF* 描述:

〈语义网络〉::=〈基本网元〉|Merge(〈基本网元〉,…)

〈基本网元〉::=〈节点〉〈语义联系〉〈节点〉

〈节点〉::=(〈属性—值对〉,…)

〈属性—值对〉::=〈属性名〉:〈属性值〉

〈语义联系〉::=〈系统预定义的语义联系〉|〈用户自定义的语义联系〉

其中，Merge(…)是一个合并过程，它把括弧中的所有基本网元关联在一起，即把相同的节点合并为一个，从而构成一个语义网络。例如，设有如图 3-9 所示的三个基本网元，经合并后得到图 3-10 所示的语义网络。

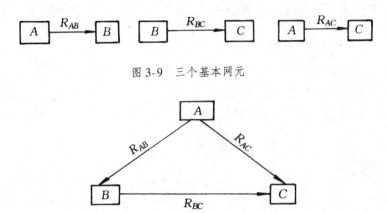

图 3-9　三个基本网元

图 3-10　合并后的语义网络

3.5.2　知识的语义网络表示

任何一种知识表示模式都应具有两种功能：一是能表达事实性的知识；另一是能表达有关事实间的联系，使之能从一些事实找到另一些有关的事实。这两种功能可以用两种不同的机制来实现，例如可以用一组谓词公式表达事实，然后再用一定形式的索引和分类来表达相关事实间的联系。但在语义网络中是用单一的机制来表示这两种功能的。

语义网络可以表示事实性的知识，亦可表示有关事实性知识之间的复杂联系，下面分别讨论。

1. 用语义网络表示事实

前面我们已经用语义网络表示了"猎狗是一种狗"这一简单事实。如果我们还希望进一步指出"狗是一种动物"，并且分别指出它们所具有的属性，则只要在图 3-7 中增加一个节点和一条弧，并对每个节点附上相应的属性就可以了，如图 3-11 所示。

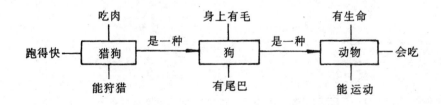

图 3-11　狗的语义网络

图 3-11 中用短线与相应节点相连的部分是该节点所描述对象的属性。与框架表示法一样，语义网络也具有属性继承的特性，即下层概念可以继承上层概念的属性，这样就可在下层概念只

列出它独有的属性。在图 3-11 中,虽然没有指出猎狗有尾巴、有毛、有生命、能运动、会吃的特征,但由于在它的上层概念"狗"及"动物"的描述中已指出了这些属性,因此由继承性可知"猎狗"也具有这些属性。另外,在语义网络中,下层概念还可对其上层概念的属性做进一步的细化、补充、变异,使之能更准确地反映该下层概念的特征。如在图 3-11 中,"吃肉"、"跑得快"就分别是对"会吃"及"能运动"的细化,而"能狩猎"则是一个新的补充。关于属性的变异,在下面的例子中将会看到。

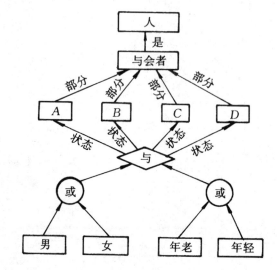

图 3-12 具有合取、析取关系的语义网络

在一些稍微复杂一点的事实性知识中,经常会用到像"并且"及"或者"这样的连接词。用谓词公式表示时,可用合取符号"∧"及析取符号"∨"分别把它们表示出来,语义网络中可通过增设合取节点及析取节点来进行表示。只是在使用时应该注意其语义,不要出现不合理的组合情况,以致改变了本来的语义。例如对下述事实:

与会者有男、有女、有的年老、
有的年轻

可用图 3-12 所示的语义网络表示。其中,A,B,C,D 分别代表四种不同情况的与会者。

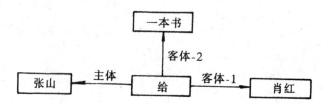

图 3-13 用动作作为节点的语义网络

上述例子中的节点都是用来表示一个事物或者一个具体概念的。其实,节点还可以用来表示某一情况、某一事件或者某个动作。此时,节点可以有一组向外的弧,用于指出不同的情况,例如当用节点表示某一动作时,向外的弧可用来指出动作的主体及客体。设有如下事实:

张山给肖红一本书

可用图 3-13 所示的语义网络表示。

也可把"张山给肖红一本书"作为一个事件,并在语义网络中增设一个"事件"节点,如图 3-14 所示。

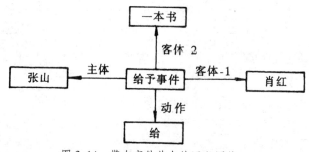

图 3-14 带有事件节点的语义网络

再如,设有如下事实:

"小信使"这只鸽子从春天到秋天占有一个窝

可用图 3-15 所示的语义网络表示。

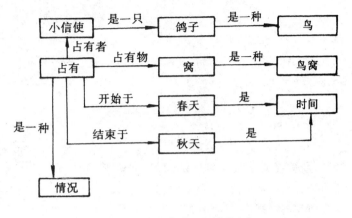

图 3-15 中设立了一个"占有"节点,之所以要设立这个节点,是由于已知的事实中不仅指出了"小信使这只鸽子占有一个窝",而且还指出了占有的时间。如果我们把"占有"作为一个关系用一条弧表示,即用图 3-16 的语义网络表示,则占有时间就无法表示出来。

图 3-15 所示的语义网络中,由于增设了"占有"节点,通过由它向外引出的弧不仅指出了"占有"的物主,而且还指出了占有物以及占有的开始时间与结束时间。

图 3-15 小信使的语义网络(1)

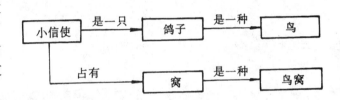

图 3-16 小信使的语义网络(2)

2. 用语义网络表示有关事实间的关系

语义网络可以描述事物间多种复杂的语义关系,下面列出其中常用的几种。

(1) 分类关系。分类关系是指事物间的类属关系,上面已经给出了这方面的例子,下面再来看一个稍微复杂一些的例子,如图 3-17 所示。

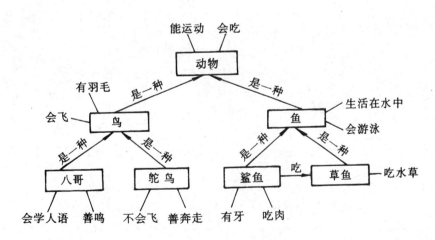

图 3-17 动物分类的语义网络

在图 3-17 中,下层概念节点除了可继承、细化、补充上层概念节点的属性外,还出现了变异的情况:鸟是鸵鸟的上层概念节点,其属性是"有羽毛"、"会飞",但鸵鸟只是继承了"有羽毛"

89

这一属性,把鸟的"会飞"变异为"不会飞"、"善奔走"。

(2)聚集关系。如果下层概念是其上层概念的一个方面或者一个部分,则称它们的关系是聚集关系。如图 3-18 所示的语义网络就是一种聚集关系。

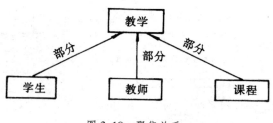

图 3-18 聚集关系

(3)推论关系。如果一个概念可由另一个概念推出,则称它们之间存在推论关系。图3-19所示的语义网络就是一个简单的推论关系。

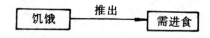

图 3-19 推论关系

(4)时间、位置等关系。在描述一个事物时,经常需要指出它发生的时间、位置等,或者需要指出它的组成、形状,此时也可用相应的语义网络表示。例如,设有如下事实:

> 胡途是思源公司的经理。
> 该公司位于朱雀大街上。
> 胡途今年 35 岁。

对这些事实可用图 3-20 所示的语义网络表示。

如果在思源公司有两个人的名字都叫胡途,但一个是经理,另一个是他聘用的工作人员,年龄 20 岁。如何在同一个语义网络中区分他们并反映他们的关系呢?此时,为了区分这两个同名的人可增设两个节点:胡-1 及胡-2,分别代表当经理的胡途及受聘者胡途,其语义网络如图 3-21 所示。

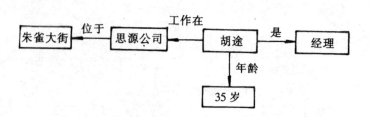

图 3-20 胡途的语义网络(1)

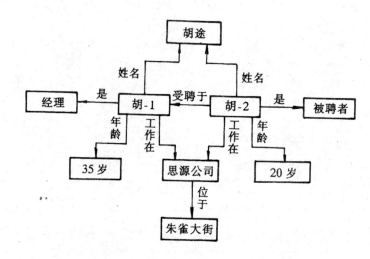

图 3-21 胡途的语义网络(2)

如果还希望指出受聘者胡途的受聘时间，只要把"胡-1"与"胡-2"之间的语义联系"受聘于"用图 3-22 代替就可以了。在图 3-22 中,为了把受聘者的受聘时间加入到图 3-21 所示的语义网络中,增设了一个"事件"节点,并且用语义联系"作用"具体地指出了该事件是一个什么事件。

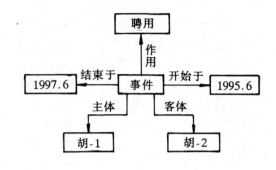

图 3-22 聘用时间的语义网络

(5)多元关系。在语义网络中,一条弧只能从一个节点指向另一个节点,适用于表示一个二元关系。但在许多情况下需要用一种关系把几个事物联系起来。例如,对于如下事实:

郑州位于西安和北京之间

就需要用"……在……和……之间"这样一种关系把郑州、西安、北京联系在一起。为了在语义网络中描述多元关系,可以用节点来表示关系。例如对上例就可用图 3-23 所示的语义网络表示。

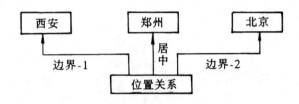

图 3-23 用一个节点表示多元关系

3．用语义网络表示比较复杂的知识

首先讨论如何把一些简单但存在某些联系的知识组织到一个语义网络中,然后再讨论如何应用网络分区技术表示语义上比较复杂的知识。

设有如下两个简单事实:

黎明的自行车是飞鸽牌,黑色,28 型。

刘华的自行车是金狮牌,红色,26 型。

用前面讨论的方法,很容易分别将它们的语义网络写出来,但需要写成两个网络,这就对知识的利用带来诸多不便。仔细分析上述事实就会发现,它们都是关于自行车的,因此只要把自行车作为一个通用概念用一个节点表示,而把黎明及刘华的自行车分别作为它的实例,就很容易用一个语义网络把它们表示出来,而且这样做以后,当要寻找有关自行车的信息时(例如要查找有哪些人有自行车,其车的特征是什么等),只要首先找到"自行车"这个节点就可以了。上述事实的语义网络如图 3-24 所示。

在图 3-24 中,除了表示上述两个事实外,还进一步指出了"自行车"是一种"交通工具",并且用"人"指出了自行车所有者的身份。

用语义网络表示比较复杂的知识时,往往牵涉到对量化变量的处理。对于存在量词可以直接用"是一个","是一种"等这样的语义联系来表示,但对全称量词则需要用网络分区技术才能实现。网络分区技术是亨德里克(G.G.Hendrix)在 1975 年提出的,其基本思想是:把一个表示复杂知识的命题划分为若干子命题,每一个子命题用一个较简单的语义网络表示,称为一个子空间,多个子空间构成一个大空间。每个子空间可以看作是大空间中的一个节点,称为超节点。空间可以逐层嵌套,子空间之间用弧互相连接。例如对如下事实:

每个学生都背诵了一首唐诗

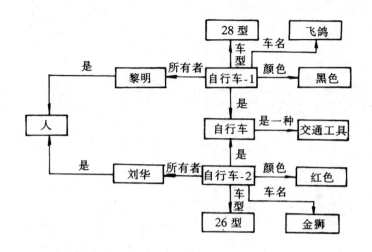

图 3-24 自行车的语义网络

可用图 3-25 所示的语义网络表示。

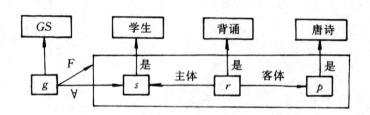

图 3-25 具有全称量词的语义网络(1)

在图 3-25 中, s 是全称变量,表示任一个学生; r 是存在变量,表示某一次背诵; p 也是存在变量,表示某一首唐诗; s, r, p 及其语义联系构成一个子网,是一个子空间,表示对每一个学生 s,都存在一个背诵事件 r 和一首唐诗 p;节点 g 是这个子空间的代表,由弧 F 指出它所代表的子空间是什么及其具体形式;弧 $\forall$ 指出 s 是一个全称变量,在此例中因为只有一个全称变量,所以只有一条 $\forall$ 弧,若有多个全称变量,则有多少个全称变量就应该有多少条 $\forall$ 弧;节点 GS 代表整个空间。

在这种表示法中,要求子空间中的所有非全称变量节点都是全称变量的函数,否则就应该放在子空间的外面。例如对于如下事实:

每个学生都背诵了"静夜思"这首唐诗

由于"静夜思"是一首具体的唐诗,不是全称变量的函数,所以应该把它放在子空间的外面,如图 3-26 所示。

在具体实现语义网络的表示时,一个节点的数据结构应记录六种信息,即指向该节点的弧,该节点发出的弧,节点的名称,该节点的位置,节点的特性表及相关空间。一个弧的数据结构应记录五种信息,即弧的名称,弧的起始节点,终止节点,弧的特性表及包含该弧的空间等。

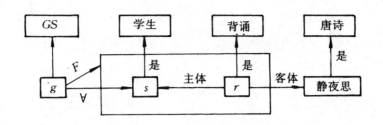

图 3-26 具有全称量词的语义网络(2)

3.5.3 常用的语义联系

语义联系反映了节点间的语义关系。鉴于语义关系的复杂性,所以语义联系也是多种多样的,可以根据需要定义,下面列出其中一些常用的语义联系,以便用时参考。

在上一节讨论框架中槽的设置时,已对 ISA,AKO,Infer 等作了讨论,它们同样可以用作语义网络的语义联系,这里不再讨论。

1. A-Member-of 联系

它表示个体与集体(类或集合)之间的关系,它们之间有属性继承性和属性更改权。例如,对于"张山是工会会员"可用图 3-27 所示的语义网络表示。

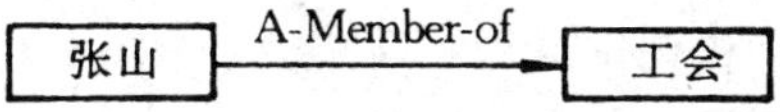

图 3-27 A-Member-of 联系

2. Gomposed-of 联系

它表示"构成"联系,是一种一对多的联系,被它联系的节点间不具有属性继承性。例如,对于"整数由正整数、负整数及零组成"可用图 3-28 所示的语义网络表示。

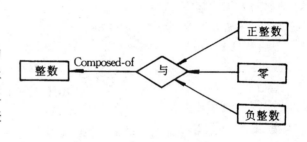

图 3-28 Gomposed-of 联系

3. Have 联系

它表示属性或事物的"占有"关系。例如,对于"鸟有翅膀"可用图 3-29 所示的语义网络表示。

4. Before,After,At 联系

它们是用来表示事件之间的时间先后关系的。其中,Befor 表示一个事件在另一个事件之前发生;After 表示一个事件在另一个事件之后发生;At 表示某一事件发生的时间。例如,对于"唐朝在宋朝之前"可用图 3-30 所示的语义网络表示。

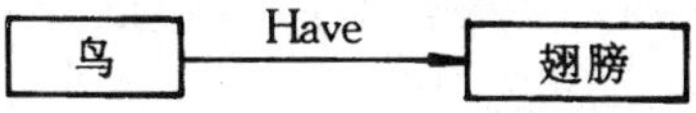

图 3-29 Have 联系

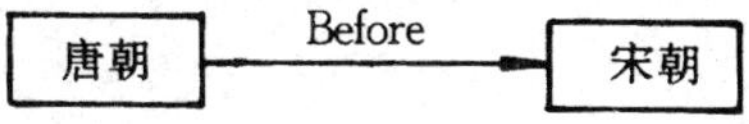

图 3-30 Before 联系

5. Located-on(-at,-under,-inside,-outside 等)

这些语义联系用来表示事物间的位置关系。例如,对于"书放在桌子上"可用图 3-31 所示的语义网络表示。

6. Similar-to，Near-to 联系

这些语义联系表示事物间的相似和接近关系。例如,对于"猫与虎相似"可用图 3-32 所示的语义网络表示。

图 3-31　Located-on 联系　　　　　　　　图 3-32　Similar-to 联系

3.5.4　语义网络系统中求解问题的基本过程

用语义网络表示知识的问题求解系统称为语义网络系统。该系统主要由两大部分组成:一是由语义网络构成的知识库;另一是用于求解问题的解释程序,称为语义网络推理机。

在语义网络系统中,问题的求解一般是通过匹配实现的,其主要过程为:

(1) 根据待求解问题的要求构造一个网络片断,其中有些节点或弧的标识是空的,反映待求解的问题。

(2) 依此网络片断到知识库中去寻找可匹配的网络,以找出所需要的信息。当然,这种匹配一般不是完全的,具有不确定性,因此需要解决不确定性匹配的问题。

(3) 当问题的语义网络片断与知识库中的某语义网络片断匹配时,则与询问处匹配的事实就是问题的解。

下面通过一个例子来说明这一过程。

设有如下事实:

赵云是一个学生。

他在东方大学主修计算机课程。

他入校的时间是 1990 年。

这些事实可用图 3-33 所示的语义网络表示出来并放入知识库中。

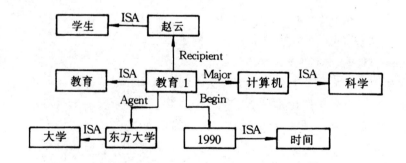

图 3-33　赵云受教育情况的语义网络

在图 3-33 中,"教育-1"是指赵云所受的教育。

假设现在希望知道赵云主修的课程,根据这个问题可以构造一个语义网络片断,如图3-34所示。

图 3-34　待求解问题的语义网络片断

用图 3-34 所示的语义网络片断与图 3-33 所示的语义网络进行匹配时,由 Major 弧所指的节点可知赵云的主修课程是计算机,这就得到了问题的答案。如果还希望知道赵云是什么时间入学的以及他在哪个学校学习等,只需在表示问题的语义网络片断中增加相应的空节点及弧就可以了。

在前面讨论语义网络的语义联系时曾经指出,可以用"推论(Infer)"联系指出两个概念间的推论关系,这亦可用来进行推理,但要求对知识库中的语义网络进行合理的组织。设有如图 3-35 所示的语义网络:

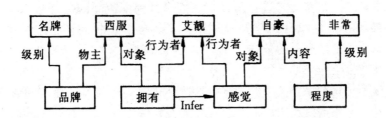

图 3-35　关于艾靓的语义网络

从此语义网络中我们很难判定究竟是"艾靓因有西服而感到非常自豪",还是"艾靓因有名牌西服而感到非常自豪",按说应该是后者更合理些,但从该语义网络的结构中却分析不出来。如果利用前面讨论的网络分区的思想,把该语义网络分成两个区(S_1 与 S_2),每个区分别表示一定的事实,即:

S_1:　艾靓有名牌西服。

S_2:　艾靓感到非常自豪。

并且把每个区作为一个超节点用弧连接起来,那么它所表达的事实就非常清楚,且可在此基础上运用 Infer 进行推理。

3.5.5　语义网络表示法的特点

语义网络表示法主要有以下优点:

1. 结构性

与框架表示法一样,语义网络表示法也是一种结构化的知识表示方法。它能把事物的属性以及事物间的各种语义联系显式地表示出来。下层概念节点可以继承、补充、变异上层概念的属性,从而实现信息的共享。但它与框架表示法又不完全相同,框架表示法适合于表达固定的、典型的概念、事件和行为,而语义网络表示法具有更大的灵活性,用其它表示方法能表达的知识几乎都可以用语义网络表示出来。如果我们把一种事物、概念或情况作为语义网络中的节点,并且用其语义联系表示这些节点间的宏观关系,那么每个节点的内部结构关系可用框架表示。

2.联想性

语义网络最初是作为人类联想记忆模型提出来的,其表示方法着重强调事物间的语义联系,由此就可把各节点间的联系以明确、简洁的方式表现出来,通过这些联系很容易找到与某一节点有关的信息。这样,不仅便于以联想的方式实现对系统的检索,使之具有记忆心理学中关于联想的特性,而且它所具有的这种自索引能力使之可以有效地避免搜索时所遇到的组合爆炸问题。

3.自然性

语义网络实际上是一个带有标识的有向图,可直观地把事物的属性及事物间的语义联系表示出来,便于理解,自然语言与语义网络之间的转换也比较容易实现。

语义网络表示法的主要缺点是:

1.非严格性

与谓词逻辑相比,语义网络没有公认的形式表示体系。一个给定的语义网络所表达的含义完全依赖于处理程序如何对它进行解释。在推理过程中,有时不能区分事物的"类"与"个体",因此通过推理网络而实现的推理不能保证其正确性。另外,目前采用的表示量词的网络表示方法在逻辑上都是不充分的,不能保证不存在二义性。

2.处理上的复杂性

语义网络表示知识的手段是多种多样的,这虽对其表示带来了灵活性,但同时也由于表示形式的不一致使得对它的处理增加了复杂性。由于节点之间的联系可以是线性的也可以是非线性的,甚至是递归的,因而对相应知识的检索就相对复杂一些,要求对网络的搜索要有强有力的组织原则。

目前关于语义网络的研究仍在深入地进行。例如,什么是节点的真正含义?是否存在统一的方式来表示一种思想?信念及时间如何表示?等等。

用语义网络表示知识的系统主要有:

(1)沃克(Walker)研制的自然语言理解系统。

(2)卡鲍尼尔(Garbonell)研制的回答地理问题的教学系统。

(3)麦托普拉斯(Mytopoulos)研制的自然语言理解系统。

(4)西蒙研制的自然语言理解系统。

(5)海斯(Hays)研制的描写概念的系统。

3.6 脚本表示法

脚本表示法是夏克(R.C.Schank)依据他的概念依赖理论提出的一种知识表示方法,时间约在1975年。脚本与框架类似,由一组槽组成,用来表示特定领域内一些事件的发生序列。

3.6.1 概念依赖理论

在人类的各种知识中,常识性知识是数量最大、涉及面最宽、关系最复杂的知识,很难把它们形式化地表示出来交给计算机处理。面对这一难题,夏克提出了概念依赖理论,其基本思想是:把人类生活中各类故事情节的基本概念抽取出来,构成一组原子概念,确定这些原子概念间的相互依赖关系,然后把所有故事情节都用这组原子概念及其依赖关系表示出来。

由于各人的经历不同,考虑问题的角度和方法不同,因此抽象出来的原子概念也不尽相同,但一些基本要求都是应该遵守的。例如原子概念不能有二义性,各原子概念应该互相独立等等。夏克在其研制的 SAM(Script Applier Mechanism)中对动作一类的概念进行了原子化,抽取了 11 种原子动作,并把它们作为槽来表示一些基本行为。这 11 种原子动作是:

(1) PROPEL:表示对某一对象施加外力。例如推、拉、打等。

(2) GRASP:表示行为主体控制某一对象。例如抓起某件东西,扔掉某件东西等。

(3) MOVE:表示行为主体变换自己身体的某一部位。例如抬手、蹬脚、站起、坐下等。

(4) ATRANS:表示某种抽象关系的转移。例如当把某物交给另一人时,该物的所有关系就发生了转移。

(5) PTRANS:表示某一物理对象物理位置的改变。例如某人从一处走到另一处,其物理位置发生了变化。

(6) ATTEND:表示用某个感觉器官获取信息。例如用眼睛查看或听某种声音等。

(7) INGEST:表示把某物放入体内。例如吃饭、喝水等。

(8) EXPEL:表示把某物排出体外。例如落泪、呕吐等。

(9) SPEAK:表示发出声音。例如唱歌、喊叫、说话等。

(10) MTRANS:表示信息的转移。例如看电视、窃听、交谈、读报等。

(11) MBUILD:表示由已有的信息形成新信息。

夏克利用这 11 种原子概念及其依赖关系把生活中的事件编制成脚本,每个脚本代表一类事件,并把事件的典型情节规范化。当接受一个故事时,就找出一个相应的脚本与之匹配,根据事先安排的脚本情节来理解故事。

3.6.2 脚本

脚本描述的是特定范围内原型事件的结构,一般由以下几部分组成:

(1) 进入条件: 指出脚本所描述的事件可能发生的先决条件,即事件发生的前提条件。

(2) 角色: 描述事件中可能出现的人物。

(3) 道具: 描述事件中可能出现的有关物体。

(4) 场景: 描述事件序列,可以有多个场景。

(5) 结局: 给出脚本所描述的事件发生以后必须满足的条件。

下面用夏克的"餐厅"脚本为例来说明如何用脚本来表示事件序列。

脚本: 餐厅

进入条件: 顾客饿了,需要进餐;顾客有钱。

角色: 顾客、服务员、厨师、老板。

道具: 食品、桌子、菜单、钱。

场景:

　　第一场: 进入餐厅

　　　　　　PTRANS　　　　顾客走进餐厅

　　　　　　ATTEND　　　　顾客注视桌子

MBUILD	确定往哪儿坐
PTRANS	朝确定的桌子走去
MOVE	在桌旁坐下

第二场：定菜

MTRANS	顾客招呼服务员
PTRANS	服务员朝顾客走来
MTRANS	顾客向服务员要菜单
PTRANS	服务员去拿菜单
PTRANS	服务员向顾客走来
ATRANS	服务员把菜单交给顾客
ATTEND	顾客看菜单
MBUILD	顾客选食品
MTRANS	顾客招呼服务员
PTRANS	服务员向顾客走来
MTRANS	顾客告诉服务员所要食品
PTRANS	服务员去找厨师
MTRANS	服务员告诉厨师所要食品
DO	厨师加工食品(通过调用"加工食品"的脚本实现)

第三场：上菜进餐

ATRANS	厨师把食品交给服务员
PTRANS	服务员走向顾客
ATRANS	服务员把食品交给顾客
INGEST	顾客吃食品

此时,若顾客还希望再要食品则转第二场,否则进入第四场。

第四场：顾客离开

MTRANS	顾客告诉服务员要结帐
PTRANS	服务员向顾客走来
ATRANS	服务员把帐单交给顾客
ATRANS	顾客把饭钱及小费交给服务员
PTRANS	服务员向老板走去
ATRANS	服务员把钱交给老板
MOVE	老板招手送别顾客
PTRANS	顾客走向餐厅

结局：顾客吃了饭;顾客花了钱;老板挣了钱;餐厅食品减少了。

由此例可以看出,脚本就像一个电影剧本一样,一场一场地表示一些特定事件的序列。

一个脚本建立起来以后,如果该脚本适合于某一给定的事件,则通过脚本可以预测没有明显提及的事件的发生,并能给出已明确提到的事件之间的联系。例如,对于以下情节："张三来到肯德基餐厅,要了一份家乡鸡,然后他就回家去了。"利用餐厅脚本可以回答"张三吃饭了吗?"、"张三有没有付钱?"等一类的问题。虽然上述情节中没有指出张三是否吃饭以及是否付钱,但根据餐厅脚本可知:"张三吃了饭","张三付了钱"。

脚本表示法与框架表示法相比,比较呆板,能力也有限。另外,人类日常的行为有各种各样,很难用一个脚本就理解各种各样的情节。目前脚本表示法主要在自然语言理解方面获得了一些应用。

3.7 过程表示法

在人工智能的发展史中,关于知识的表示方法曾存在两种不同的观点。一种观点认为知识主要是陈述性的,其表示方法应着重将其静态特性,即事物的属性以及事物间的关系表示出来,称以这种观点表示知识的方法为陈述式或说明性表示方法;另一种观点认为知识主要是过程性的,其表示方法应将知识及如何使用这些知识的控制性策略均表述为求解问题的过程,称以这种观点表示知识的方法为过程性表示方法,或过程表示法。

3.7.1 表示知识方法

说明性表示方法是一种静态表示知识的方法,其主要特征是把领域内的过程性知识与控制性知识(即问题求解策略)分离开来。如在前面讨论的产生式系统中,规则库只是用来表示并存储领域内的过程性知识,而把控制性知识隐含在控制系统中,两者是分离的。

过程性表示方法着重于对知识的利用,它把与问题有关的知识以及如何运用这些知识求解问题的控制策略都表述为一个或多个求解问题的过程,每一个过程是一段程序,用于完成对一个具体事件或情况的处理。在问题求解过程中,当需要使用某个过程时就调用相应的程序并执行。在以这种方法表示知识的系统中,知识库是一组过程的集合,当需要对知识库进行增、删、改时,则相应地增加、删除及修改有关的过程。

例如,设有如下知识:

如果 x 与 y 是兄弟,且 x 是 z 的父亲,

则 y 是 z 的叔父。

若用说明性表示法表示这条知识,则可用产生式规则表示为:

IF $Brother\ (x,y)$ AND $Father\ (x,z)$

THEN $Uncle(y,z)$

其中,$Brother\ (x,y)$表示 x 与 y 是兄弟;$Father\ (x,z)$表示 x 是 z 的父亲;$Uncle\ (y,z)$表示 y 是 z 的叔父。该产生式规则静态地描述了上面给出的知识,仅仅指出了 $Uncle(y,z)$ 是 $Brother(x,y)$ 及 $Father\ (x,z)$ 的逻辑结论,即当 $Brother\ (x,y)$ 与 $Father\ (x,z)$ 同时在综合数据库中有可匹配的已知事实时,控制系统可推出结论 $Uncle(y,z)$。至于如何利用这些知识推出结论,那是控制系统的任务。该知识表示没有给出任何有关推理的控制性信息。但若用过程表示法表示上述知识,则就要把控制性知识融于对知识的表示中。过程表示法有多种表示形式,下面用过程规则来表示上述知识:

BR($Uncle$? y ? z)

GOAL($Brother$? x y)

GOAL($Father$ x z)

INSERT(*Uncle*   *y*   *z*)

RETURN

其中,BR 是后向推理的标志,关于推理方向将在下一章讨论;GOAL 表示求解子目标,即进行过程调用;INSERT 表示对数据库实施插入操作;RETURN 表示该过程规则结束,每一条过程规则都需以 RETURN 作为结束标志,当其它过程调用该过程规则时,一旦执行到 RETURN 就将把控制权返回到调用它的过程规则那里去;带"?"的变量表示其值将在该过程中求得。

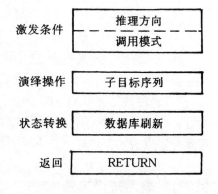

上述过程规则的含义是:按后向推理方式进行推理,为了求解(*Uncle* ? *y* ? *z*),首先应通过过程调用求解(*Brother* ? *x* *y*)得到 *x* 的值,然后将得到的 *x* 值传递给(*Father x z*)并求解它,如果这些操作都成功,就将(*Uncle* *y* *z*)插入到数据库中,并将控制权返回给调用者。

一般来说,一个过程规则包括激发条件、演绎操作、状态转换及返回四个部分,其结构如图 3-36 所示。

图 3-36　过程规则的结构

1. 激发条件

激发条件由两部分组成,即推理方向与调用模式。推理方向指出其推理是前向推理(FR)还是后向推理(BR)。若为前向推理,则只有当数据库中有已知事实可与其"调用模式"匹配时,该过程规则才能被激活;若为后向推理,则只有当"调用模式"与查询目标或子目标匹配时才能将该过程规则激活。

2. 演绎操作

演绎操作由一系列的子目标构成,当上面的激发条件被满足时,将执行这里列出的演绎操作,如上例中的 GOAL(*Brother* ? *x* *y*)及 GOAL(*Father* *x* *z*)。

3. 状态转换

状态转换操作用于对数据库进行增、删、改,分别用 INSERT, DELETE 及 MODIFY 语句实现。

4. 返回

过程规则的最后一个语句是 RETURN,用于指出将控制权返回到调用该过程规则的上级过程规则那里去。

在用过程规则表示知识的系统中,问题求解的基本过程是:每当有一个新的目标时,就从可用的过程规则中选择一个(设为 R),并执行该过程规则 R。在 R 的执行过程中可能又将产生新的目标,此时就调用相应的过程规则并执行它。反复进行这一过程,直到执行到 RE-TURN 语句,这时就将控制权返回给调用当前过程规则的上级过程规则(设为 R′),对 R′也做同样处理,并按调用时的相反次序逐级返回。在这一过程中,如果某过程规则运行失败,就选择另一个同层的可用过程规则执行,如果不存在这样的过程规则,则返回失败标志并将执行的控制权移交给上级过程规则。

下面用上面给出的例子来说明求解问题的过程。

设数据库中有以下已知事实:

100

$$(Brother \quad 刘海 \quad 刘洋)$$
$$(Father \quad 刘海 \quad 刘小海)$$

其中,第一个事实表示刘海与刘洋是兄弟;第二个事实表示刘海是刘小海的父亲。

假设需要求解的问题是:找出两个人 u 及 v,其中 u 是 v 的叔父。该问题可表示为:

$$GOAL(Uncle \quad ?u \quad ?v)$$

求解该问题的过程是:

(1) 在过程规则库中找出对于问题 GOAL($Uncle$? u ? v)其激发条件可被满足的过程规则。显然 BR($Uncle$? y ? z)经如下变量代换:

$$u/y, \qquad v/z$$

后可以匹配,所以选用该过程规则。

(2) 执行该过程规则中的第一个语句 GOAL($Brother$? x y)。此时,其中的 y 已被 u 代换。经与已知事实($Brother$ 刘海 刘洋)匹配,分别求得了变量 x 及 u 的值,即

$$x = 刘海, \qquad u = 刘洋$$

(3) 执行该过程规则中的第二个语句 GOAL($Father$ x z)。此时 x 的值已经知道,z 已被 v 代换。经与已知事实($Father$ 刘海 刘小海)匹配,求得了变量 v 的值:

$$v = 刘小海$$

(4) 执行该过程规则中的第四个语句 Insert($Uncle$ y z)。此时 y 与 z 的值均已知道,分别是刘洋及刘小海,所以这时插入数据库的事实是:

$$(Uncle \quad 刘洋 \quad 刘小海)$$

这就表明"刘洋是刘小海的叔父",求得了问题的解。上述求解问题的过程如图 3-37 所示。

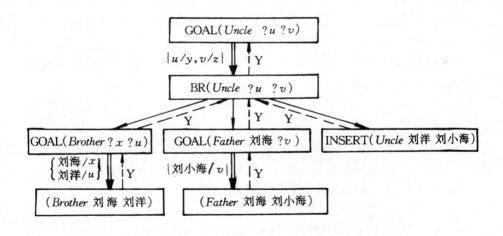

图 3-37 查找叔侄两人的名字

图 3-37 中,双线箭头表示匹配;虚线表示返回值,"Y"表示成功,"N"表示失败。

由上面的例子可以看出,过程表示法与传统的过程程序设计是不一样的,其区别主要有:

(1) 传统的过程调用一般采用参数传递,而过程规则的调用采用的是模式匹配。

(2) 传统的过程调用是确定的,即只有一个过程响应调用,而过程规则调用时与目标匹配的过程规则可有多个。

3.7.2 过程表示法的特点

过程表示法有如下优点：

1. 效率较高

过程表示法是用过程表示知识的，而过程是一段程序，由于程序能准确地表明先做什么，后做什么以及怎样做，用户可直接将一些启发式的控制性知识嵌入到过程中，因此可以避免选择及匹配那些无关的知识，也不需要跟踪那些不必要的路径，从而提高了系统的运行效率。

2. 控制系统容易设计

由于控制性知识已融入过程中，因而控制系统就比较容易设计，它仅起着解释过程规则的作用。

过程表示法的主要不足之处是不易修改及添加新的知识，而且当对某一过程进行修改时，有可能影响到其它过程，对系统的维护带来诸多不便。

目前的发展趋势是探讨说明性与过程性相结合的知识表示方法，以便在可维护性、可理解性以及运行效率方面寻求一种比较合理的解决方法。

用过程表示法实现的系统主要有：

(1) 拉菲尔(Raphael)研制的语义信息重现系统 SIR(Semantic Information Retriever)。在该系统中，知识有两种表示方式：一种是事实，表示所研究的对象，用节点的连接形式表示；另一种是推理规则，用过程表示。

(2) 伍德(Woods)研制的航班系统。在该系统中，问题首先被翻译成函数，然后通过调用过程对数据库进行查询，从而得到答案。

3.8   Petri 网表示法

Petri 网的概念是德国学者 Cah Abam Petri 在 1962 年首先提出的，用于构造系统模型及进行动态特性分析，后来逐渐被用作表示知识的方法。

3.8.1   表示知识方法

在 Petri 网表示法中，对于不同的应用，网的构成及构成元素的意义均不相同，但有三种元素是基本的，它们是：位置、转换及标记。这三种元素间的关系可用图 3-38 所示的有向图表示。

图中 p_j 与 p_k 分别代表第 j 个和第 k 个位置；y_j 与 y_k 分别是这两个位置的标记，t_i 是某个转换。

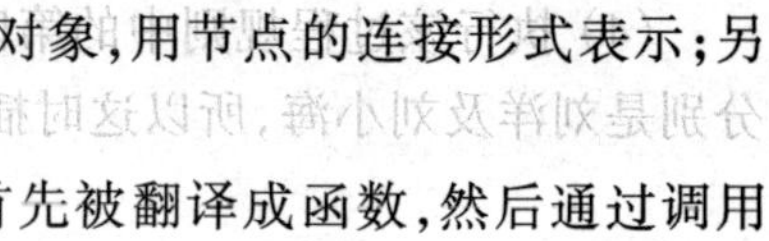

如果用 p_j 和 p_k 分别对应于产生式规则的前提 d_j 和结论 d_k，用 t_i 代表规则强度 μ_i，则图 3-38 所示的 Petri 网就与如下产生式规则有相同的含义：

图 3-38   Petri 网

$$\text{IF} \quad d_j \quad \text{THEN} \quad d_k \quad (CF = \mu_i)$$

对于比较复杂的知识，Petri 网通常用一个八元组来表示知识间的因果关系，具体形式是：

$$(P,\ T,\ D,\ I,\ O,\ f,\ \alpha,\ \beta)$$

其中：P 是位置的有限集，记为 $P = \{p_1,\ p_2,\cdots,\ p_n\}$；

T 是转换的有限集，记为 $T = \{t_1,\ t_2,\cdots,\ t_n\}$；

D 是命题的有限集,记为 $D=\{d_1,\ d_2,\cdots,\ d_n\}$;

I 为输入函数,表示从位置到转换的映射;

O 为输出函数,表示从转换到位置的映射;

f 为相关函数,表示从转换到 $0\sim1$ 间一个实数的映射,用来表示规则强度;

α 为相关函数,表示从转换到 $0\sim1$ 间一个实数的映射,用来表示位置对应命题的可信度;

β 为相关函数,表示从位置到命题的映射,用于表示位置所对应的命题。

在上述中,用到了"规则强度"及"可信度"的概念,这是用来表示不确定性知识的。关于不确定性知识的表示与处理将在第 5 章讨论,这里先作一简单说明。对知识的不确定性有多种表示方法,"可信度"是其中的一种,它用来指出对知识为真的相信程度,通常用 $[0,1]$ 上的一个实数表示,值越大表示相信为真的程度越高。对于一个产生式规则,其可信度称为规则强度。

下面用例子说明 Petri 网的表示方法。

设有如下产生式规则:

$$\text{IF} \quad d_j \quad \text{THEN} \quad d_k \quad (CF=\mu_i)$$

若 d_j 的可信为 0.8,规则强度 $\mu_i=0.9$,则 Petri 网中各元素的内容分别是:

$$P=\{p_i,\ p_k\} \qquad T=\{t_i\} \qquad D=\{d_j,\ d_k\}$$
$$I(t_i)=\{p_j\} \qquad O\{t_i\}=\{p_k\} \qquad f(t_i)=\mu_i=0.9$$
$$\alpha(p_j)=0.8 \qquad \beta(p_j)=d_j \qquad \beta(p_k)=d_k$$

再如对于如下产生式规则集:

$r_1:$ IF d_1 THEN d_2 $(CF=0.85)$
$r_2:$ IF d_2 THEN d_3 $(CF=0.8)$
$r_3:$ IF d_2 THEN d_4 $(CF=0.8)$
$r_4:$ IF d_4 THEN d_5 $(CF=0.9)$
$r_5:$ IF d_1 THEN d_6 $(CF=0.9)$
$r_6:$ IF d_6 THEN d_9 $(CF=0.93)$
$r_7:$ IF d_1 AND d_8 THEN d_7 $(CF=0.9)$
$r_8:$ IF d_7 THEN d_4 $(CF=0.9)$

则其 Petri 表示如图 3-39 所示。

3.8.2 Petri 网表示法的特点

Petri 网表示法有如下特点:

(1)便于描述系统状态的变化及对系统特性进行分析。

(2)可以在不同层次上变换描述,而不必注意细节及相应的物理表示,这样就可把注意力集中到某一个层次的研究上。

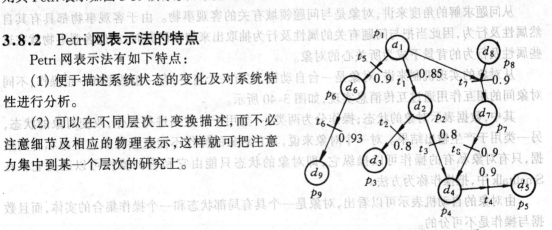

图 3-39 规则集的 Petri 网

103

3.9　面向对象表示法

自 1980 年施乐(Xerox)公司在 SMALLTALK-72, SMALLTALK-74, SMALLTALK-76 的基础上推出面向对象语言 SMALLTALK-80 及其环境以来,关于面向对象技术的研究已经取得了长足的进步,并引起了计算机界的普遍关注。目前,面向对象技术的研究已经涉足于计算机软、硬件的多个领域,如面向对象程序设计方法学、面向对象数据库、面向对象操作系统、面向对象软件开发环境、面向对象硬件支持等等,成为计算机技术不可分割的一部分,取得了丰硕的研究成果。在面向对象语言的研制开发方面,自 SMALLTALK-80 之后,各种不同风格、不同用途的面向对象语言更如雨后春笋般地相继问世,如 AT & T 公司贝尔实验室在 1985 年研制开发的 C++,荷兰阿姆斯特丹大学开发的 POOL,施乐公司开发的 LOOPS 及 Common LOOPS 等等。

近些年来,人们开始探讨把面向对象的思想、方法用于智能系统的设计与构造,并在知识表示、知识库的组成与管理、专家系统的系统设计等方面取得了一定的进展。本节我们将首先讨论面向对象的基本概念,然后再对应用面向对象技术表示知识的方法进行初步的探讨。

3.9.1　面向对象的基本概念

对象、类、封装、继承是面向对象技术中的基本概念,对于理解面向对象的思想及方法有重要作用。但是,由于目前对它的研究还缺乏坚实的理论基础,尚未形成严格的形式化定义,因此对于什么是对象? 面向对象的含义是什么? 怎样才称之为面向对象设计? 怎样的语言才是面向对象语言? 等也都未形成统一的认识,存在着各种不同的解释。这里,我们不打算对这些问题作深入的讨论,只是从不同侧面简单说明上面提出的四个基本概念,以便为后面讨论知识表示方法打下基础。

1. 对象

从广义上讲,所谓"对象"是指客观世界中的任何事物,即任何事物都可以在一定前提下成为被认识的对象,它既可以是一个具体的简单事物,也可以是由多个简单事物组合而成的复杂事物。从这个意义上讲,整个世界也可被认为是一个最复杂的对象。

从问题求解的角度来讲,对象是与问题领域有关的客观事物。由于客观事物都具有其自然属性及行为,因此当把与问题有关的属性及行为抽取出来加以研究时,相应客观事物就在这些属性及行为的背景下成为所关心的对象。

从对象的实现机制来讲,对象是一台自动机,它有一个名字,有一组数据和一组操作,不同对象间的相互作用通过互传消息实现,如图 3-40 所示。

其中,数据表示对象的状态;操作分为两类,一类用于对数据进行操作,改变对象的状态,另一类用于产生输出结果。对一个对象来说,其它对象的操作不能直接操纵该对象私有的数据,只有对象私有的操作可以操纵它,即对象的状态只能由它私有的操作可以改变它。在 Smalltalk 中,把操作称为方法。

由对象的自动机表示可以看出,对象是一个具有局部状态和一个操作集合的实体,而且数据与操作是不可分的。

2. 类

类在概念上是一种抽象机制,它是对一组相似对象的抽象。具体地说就是,在诸多对象中可能有一些具有相同的特征(如具有部分相同的数据,允许同样的操作),为了避免数据及操作的重复描述及存储,就把共同的部分抽取出来构成一个类。类也是一个对象,只是它的数据及操

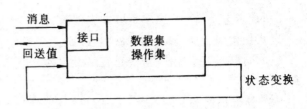

图 3-40   对象的自动机表示

作是该类中各具体对象共同的那部分。例如,办公桌、课桌、……都是具体对象,但它们有共同属性,于是可以把它们抽象为"桌子",桌子是一个类对象。各个类还可以进一步进行抽象,形成超类。例如,对桌子,椅子,……可以形成超类"家具"。这样,超类、类、具体对象就形成了一个层次结构。其实该结构还可以包含更多的层次,在此结构中,层次越高越抽象,越低越具体。

3. 封装

前已述及,一个对象的状态只能由它的私有操作来改变它,其它对象的操作不能直接改变它的状态。当一个对象需要改变另一个对象的状态时,它只能向该对象发送消息,该对象接受消息后就根据消息的模式找出相应的操作,并执行操作改变自己的状态。这里,发送消息与通常所说的过程调用的意义是不同的,发送消息只是触发自动机,同样的输入参数可因自动机的状态不同得到不同的结果,而过程调用时只要输入的参数相同必然得到相同的结果。其次,在过程调用中,过程是一个独立的实体,显式地为它的使用者所见,而在面向对象中,操作是隶属于对象的,它不是独立存在的实体,只是对象的功能体现。

像这样把一切局部于对象的信息及操作都局限于对象之内,在外面是不可见的,对象之间除了互递消息之外,不再有其它联系,这就是所谓"封装"的概念。

封装是一种信息隐藏技术,是面向对象的主要特征,面向对象的许多优点都是靠这一手段而获得的,它使得对象的用户可以不了解对象行为实现的细节,只需用消息来访问对象,这样就可把精力用于系统一级的设计与构成上。

4. 继承

在由超类、子类以及具体对象所形成的层次结构中,父类所具有的数据和操作可被子类继承,除非在子类对相应数据及操作重新进行了定义,这称为对象类之间的继承关系。面向对象的继承关系与框架表示法中框架间属性的继承关系类似,都避免了信息的冗余。

以上简单地阐述了面向对象的四个基本概念,由此可以看出面向对象的基本特征:

1. 模块性

一个对象是可以独立存在的实体,其内部状态不直接受到外界的影响,能够较为自由地为各个不同的软件系统使用。

2. 继承性

子类可继承直接超类的数据及操作,这样每个子类的数据就一般地分为两部分,一部分是从父类那里继承过来的共享数据,另一部分是本类中的私有数据。

3. 封装性

对象是封装的数据及操作。每个对象将自己的功能实现细节封装起来,使得用户不必知道其内部细节就可使用它,从而加快了软件开发的速度。

4. 多态性

所谓多态是指一个名字可以有多种语义,可作多种解释。例如,运算符"+"、"-"、"*"、"/"既可做整数四则运算,也可做实数四则运算,但它们的执行代码却全然不同。在面向对象系统中,对象封装了操作,恰恰是利用了重名操作,让各对象自己去根据实际情况执行,不会引起混乱。

5. 易维护性

对象实现了抽象和封装,这就使错误具有局部性,不会传播,便于检测和修改。

6. 便于进行增量设计

在面向对象的程序设计中,把程序看作是可互通消息的对象集合。程序设计就是定义对象并建立对象间的通信关系,类是系统的基本构件,系统的功能需求变化通常不会波及这些对象类的设计与实现,只会影响到它们的组装形式。这就不仅使得基本构件有较好的可重用性,而且便于对系统进行增量型设计。

3.9.2 表示知识方法

在面向对象方法中,类、子类、具体对象(又称为类的实例)构成了一个层次结构,而且子类可以继承父类的数据及操作。这种层次结构及继承机制直接支持了分类知识的表示,而且其表示方法与框架表示法有许多相似之处,知识可按类以一定层次形式进行组织,类之间通过链实现联系。

正如用框架表示知识时需要描述框架结构一样,用面向对象方法表示知识时也需要对类进行描述,下面给出一种描述形式:

Class 〈类名〉 [:〈超类名〉]

[〈类变量表〉]

Structure

〈对象的静态结构描述〉

Method

〈关于对象的操作定义〉

Restraint

〈限制条件〉

END

其中,Class 是类描述的开始标志;〈类名〉是该类的名字,它是系统中该类的唯一标识;〈超类名〉是任选的,当该类有父类时,用它指出父类的名字;〈类变量表〉是一组变量名构成的序列,该类中所有对象都共享这些变量,对该类对象来说它们是全局变量,当把这些变量实例化为一组具体的值时,就得到了该类中的一个具体对象,即一个实例;Structure 后面的〈对象的静态结构描述〉用于描述该类对象的构成方式;Method 后面的〈关于对象的操作定义〉用于定义对类元素可施行的各种操作,它既可以是一组规则,也可以是为实现相应操作所需执行的一段程序,在 C++ 中则为成员函数调用;Restraint 后面的〈限制条件〉指出该类元素所应满足的限制条件,可用包含类变量的谓词构成,当它不出现时表示没有限制。

在具体实现时,上述描述形式可依所用的语言不同而有不同的具体形式。例如在 C++ 语言中可用 CLASS 对类进行描述。

本章小结

1．本章讨论了知识及知识表示的概念，并给出了八种表示知识的具体方法。

2．知识是有关信息关联在一起形成的信息结构，具有相对正确性、不确定性、可表示性及可利用性等特性。对知识从不同角度进行划分，可得到多种不同的分类方法，其中与今后讨论直接相关的是"事实性知识"、"过程性知识"、"控制性知识"、以及"确定性知识"、"不确定性知识"等概念。

3．知识表示方法分为两大类，即符号表示法与连接机制表示法。本章仅仅讨论了符号表示法，在此前提下，所谓知识表示实际上就是知识的符号化过程，把知识用计算机可接受的符号并以某种结构形式描述出来，不同的结构形式形成了不同的表示方法，如产生式规则、框架、语义网络等。

4．对同一知识可选用不同的表示方法（又称知识表示模式）进行表示，问题是如何根据领域知识的特点选择一种最合适的方法将知识充分表达出来。例如对于具有因果关系的知识，尽管用框架或语义网络也可表示，但却不如用产生式规则表示更直观、自然，而且运行效率也不一样。

5．知识表示还可分为外部表示与内部表示两种形式。所谓外部形式是指本章中所讨论的各种知识表示模式，如产生式规则、框架等；所谓内部形式是指把以某种表示模式表示的知识转换成计算机语言的编码形式并结合到程序中。知识的内部编码与所选用的知识表示模式有关，亦与所采用的计算机语言及系统的开发目标有关。例如，当用产生式规则作为知识的表示模式时，分别用 PROLOG 语言、C 语言或其它语言实现所对应的内部形式都不一样，而且即使是用同一种计算机语言，也会有不同的构造形式。因此，在建造一个知识系统时，除了首先要根据领域知识的特点选择或设计相应的知识表示模式外，还要根据所选用的计算机语言的功能及系统的设计目标，确定知识的内部表示形式。由于本书不是针对某一计算机语言的，所以关于知识的内部表示不便作进一步的讨论。

6．本章共讨论了八种知识表示方法，每种方法都有各自的长处及不足，分别适用于不同的情况，这在前面的各节中已分别作了讨论与分析，这里不再重复。下面着重从总体上讨论知识表示中存在的一些问题。

7．目前已有的各种知识表示方法大都是有关学者在结合具体应用时提出来的，后来虽经多次的修正与完善，但仍偏重于实际应用，缺乏严格的知识表示理论，尚未形成规范。

8．已有的知识表示方法都是面向领域知识的，关于常识性知识的表示方法，是目前一个亟待解决的困难问题。

9．知识表示与知识利用是密切相关的两个方面，把知识表示出来是为了利用这些知识求解问题，如何在"表示"中对"利用"提供更多的支持，即如何使其表示更有利于对知识的利用是一个需要进一步探讨的问题。

10．目前的表示模式大多是某一种数据结构，但现实世界中的知识并非都可用某种数据结构表示出来的。例如全息图可用于处理信息，但却不是一种数据结构。因此需要从更广泛的意义上考虑表示问题。

11．知识表示与系统的运行效率密切相关，与知识获取及知识库的组织有紧密的关系，如

107

何表示才有利于知识的获取、知识库的更新以及提高系统的运行效率是需要进一步研究的课题。

12. 对于不确定、不完全知识的表示,我们将在第 5 章给出一些表示方法,但这些方法还远远不能满足实际需要,还需要做大量的研究工作。

习　题

3.1　什么是知识? 它有哪些特性? 有哪几种分类方法?

3.2　何谓知识表示? 符号表示法与连接机制表示法的区别是什么? 说明性表示法与过程性表示法的区别是什么?

3.3　海叶斯-罗斯(F.Heyes-Roth)曾经提出用三维空间来描述知识,如图 3-41 所示,若把每一维作为一种分类方法,请按图所示对知识进行分类。

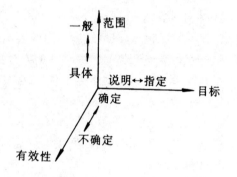

图 3-41　知识的三维空间表示

3.4　在选择知识表示模式时,应该考虑哪些主要因素?

3.5　一阶谓词逻辑表示法适合于表示哪种类型的知识? 它有哪些特点?

3.6　设有下列语句,请用相应的谓词公式把它们表示出来:

　　(1) 有的人喜欢梅花,有的人喜欢菊花,有的人既喜欢梅花又喜欢菊花。

　　(2) 他每天下午都去打篮球。

　　(3) 西安市的夏天既干燥又炎热。

　　(4) 并不是每一个人都喜欢吃臭豆腐。

　　(5) 喜欢读《三国演义》的人必读《水浒》。

　　(6) 欲穷千里目,更上一层楼。

3.7　房内有一只猴子、一个箱子,天花板上挂了一串香蕉,其位置关系如图 3-42 所示,猴子为了拿到香蕉,它必须把箱子推到香蕉下面,然后再爬到箱子上。请定义必要的谓词,写出问题的初始状态(即图 3-42 所示的状态)、目标状态(猴子拿到了香蕉,站在箱子上,箱子位于位置 b)。

3.8　产生式的基本形式是什么? 它与谓词逻辑中的蕴含式有什么共同处及不同处?

3.9　何谓产生式系统? 它由哪几部分组成?

3.10　试述产生式系统求解问题的一般步骤。

3.11　何谓可交换的产生式系统? 何谓可分解的产生式系统? 何谓可恢复的产生式系统?

3.12　产生式表示法的特点是什么? 为什么说它是一种用得最多的知识表示方法?

3.13　设有如下问题:

　　(1) 在一个 3×3 的方框内放有 8 个编号的小方块;

　　(2) 紧邻空位的小方块可以移入到空位上;

　　(3) 通过平移小方块可将某一布局(如图 3-43 所示)变换为另一布局。

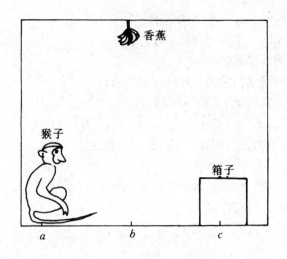

图 3-42　猴子摘香蕉问题

请用产生式规则表示移动小方块的操作。

3.14　设有如下问题:

图 3-43　习题 13 的图

　　(1)有五个相互可直达且距离已知的城市 $A,B,$
　　　　$C,D,E,$如图 3-44 所示;

　　(2) 某人从 A 地出发,去其它四城市各参观一次
　　　　后回到 A;

　　(3) 找一条最短的旅行路线。

请用产生式规则表示旅行过程。

3.15　何谓框架?框架的一般表示形式是什么?

3.16　框架系统中求解问题的一般过程是什么?

3.17　试述框架表示法的特点。

3.18　试写出"学生框架"的描述。

3.19　何谓语义网络?它与框架表示法及产生式表示
　　　法的区别是什么?

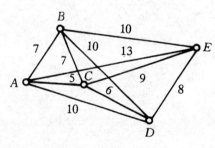

图 3-44　习题 14 的图

3.20　请对下列命题分别写出它的语义网络:

　　(1) 每个学生都有一支笔。

　　(2) 钱老师从 6 月至 8 月给会计班讲《市场经济
　　　学》课程。

　　(3) 雪地上留下一串串脚印,有的大,有的小,有的深,有的浅。

　　(4) 张三是大发电脑公司的经理,他 35 岁,住在飞天胡同 68 号。

　　(5) 甲队与乙队进行蓝球比赛,最后以 89:102 的比分结束。

3.21　请把下列命题用一个语义网络表示出来:

　　(1) 树和草都是植物;

　　(2) 树和草都是有根有叶的;

　　(3) 水草是草,且长在水中;

(4) 果树是树,且会结果;

(5) 苹果树是果树中的一种,它结苹果。

3.22 试述语义网络系统中求解问题的一般过程。

3.23 试述语义网络表示法的特点。

3.24 何谓知识的过程表示? 它与说明性表示法有什么区别?

3.25 请写出如下产生式规则集的 *Petri* 网:

r_1: IF d_1 THEN d_2 （$CF=0.8$）

r_2: IF d_1 AND d_3 THEN d_4 （$CF=0.7$）

r_3: IF d_2 AND d_4 THEN d_5 （$CF=0.9$）

3.26 何谓对象? 何谓类? 封装及继承的含义是什么?

3.27 面向对象的基本特征是什么?

3.28 如何用面向对象方法表示知识?

图 3-43 习题 13 的图

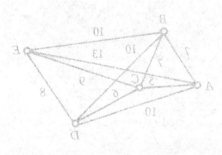

图 3-44 习题 14 的图

第4章 经典逻辑推理

前面讨论了知识及其表示的有关问题,这样就可把知识用某种模式表示出来存储到计算机中去。但是,为使计算机具有智能,仅仅使它拥有知识还是不够的,还必须使它具有思维能力,即能运用知识进行推理,求解问题。因此,关于推理及其方法的研究就成为人工智能的一个重要研究课题。

目前,人们已经对推理进行了比较多的研究,提出了多种可在计算机上实现的推理方法,其中经典逻辑推理是最先提出的一种。经典逻辑推理是根据经典逻辑(命题逻辑及一阶谓词逻辑)的逻辑规则进行的一种推理,又称为机械-自动定理证明(mechanical-automatic theorem proving),主要推理方法有自然演绎推理、归结演绎推理及与/或形演绎推理等。由于这种推理是基于经典逻辑的,其真值只有"真"和"假"两种,因此它是一种精确推理,或称为确定性推理。

本章中,在具体讨论经典逻辑推理的各种推理方法之前,将首先讨论关于推理的一般概念,其内容不仅适用于这一章,而且也适用于下一章及以后章节中有关推理的讨论。

4.1 基本概念

4.1.1 什么是推理

人们在对各种事物进行分析、综合并最后作出决策时,通常是从已知的事实出发,通过运用已掌握的知识,找出其中蕴含的事实,或归纳出新的事实,这一过程通常称为推理。严格地说,所谓推理就是按某种策略由已知判断推出另一判断的思维过程。

一般来说,推理都包括两种判断:一种是已知的判断,它包括已掌握的与求解问题有关的知识及关于问题的已知事实;另一种是由已知判断推出的新判断,即推理的结论。在人工智能系统中,推理是由程序实现的,称为推理机。

例如,在医疗诊断专家系统中,专家的经验及医学常识以某种表示形式存储于知识库中,当用它来为病人诊治疾病时,推理机就从病人的症状及化验结果等初始证据出发,按某种搜索策略在知识库中搜寻可与之匹配的知识,从而推出某些中间结论,然后再以这些中间结论为证据推出进一步的中间结论,如此反复进行,直到最终推出结论,即病人的病因与治疗方案为止。像这样从初始证据出发,不断运用知识库中的已知知识,逐步推出结论的过程就是推理。

4.1.2 推理方式及其分类

人类的智能活动有多种思维方式,人工智能作为对人类智能的模拟,相应地也有多种推理方式,下面分别从不同的角度对它们进行讨论。

1. 演绎推理、归纳推理、默认推理

推理的基本任务是从一种判断推出另一种判断,若从新判断推出的途径来划分,推理可分为演绎推理、归纳推理及默认推理。

演绎推理是从全称判断推导出特称判断或单称判断的过程,即由一般性知识推出适合于某一具体情况的结论。这是一种从一般到个别的推理。演绎推理有多种形式,经常用的是三段论式,它包括:

(1) 大前提,这是已知的一般性知识或假设;

(2) 小前提,这是关于所研究的具体情况或个别事实的判断;

(3) 结论,这是由大前提推出的适合于小前提所示情况的新判断。例如设有如下三个判断:

(1) 足球运动员的身体都是强壮的;

(2) 高波是一名足球运动员;

(3) 所以,高波的身体是强壮的。

这就是一个三段论推理。其中,(1)是大前提;(2)是小前提;(3)是经演绎推出的结论。对这个例子进行分析就会发现,结论"高波的身体是强壮的"事实上是蕴含于"足球运动员的身体都是强壮的"这一大前提之中的,它没有超出大前提所断定的范围。这个现象并不是仅这个例子才特有的,而是演绎推理的一个典型特征,即在任何情况下,由演绎推理导出的结论都是蕴含在大前提的一般性知识之中的。由此我们还可得知,只要大前提和小前提是正确的,则由它们推出的结论也必然是正确的。演绎推理是人工智能中的一种重要推理方式,在直到目前研制成功的各类智能系统中,大多是用演绎推理实现的。

归纳推理是从足够多的事例中归纳出一般性结论的推理过程,是一种从个别到一般的推理。若从归纳时所选事例的广泛性来划分,归纳推理又可分为完全归纳推理与不完全归纳推理两种。所谓完全归纳推理是指在进行归纳时考察了相应事物的全部对象,并根据这些对象是否都具有某种属性,从而推出这个事物是否具有这个属性。例如,某厂进行产品质量检查,如果对每一件产品都进行了严格检查,并且都是合格的,则推导出结论"该厂生产的产品是合格的",这就是一个完全归纳推理。所谓不完全归纳推理是指只考察了相应事物的部分对象,就得出了结论。例如,检查产品质量时,只是随机地抽查了部分产品,只要它们都合格,就得出了"该厂生产的产品是合格的"结论,这就是一个不完全归纳推理。不完全归纳推理推出的结论不具有必然性,属于非必然性推理,而完全归纳推理是必然性推理。但由于要考察事物的所有对象通常都比较困难,因而大多数归纳推理都是不完全归纳推理。归纳推理是人类思维活动中最基本、最常用的一种推理形式,人们在由个别到一般的思维过程中经常要用到它。

默认推理又称为缺省推理,它是在知识不完全的情况下假设某些条件已经具备所进行的推理。例如,在条件 A 已成立的情况下,如果没有足够的证据能证明条件 B 不成立,则就默认 B 是成立的,并在此默认的前提下进行推理,推导出某个结论。由于这种推理允许默认某些条件是成立的,这就摆脱了需要知道全部有关事实才能进行推理的要求,使得在知识不完全的情况下也能进行推理。在默认推理过程中,如果到某一时刻发现原先所作的默认不正确,则就要撤消所作的默认以及由此默认推出的所有结论,重新按新情况进行推理。

2. 确定性推理、不确定性推理

若按推理时所用知识的确定性来划分,推理可分为确定性推理与不确定性推理。

所谓确定性推理是指推理时所用的知识都是精确的,推出的结论也是确定的,其真值或者为真,或者为假,没有第三种情况出现。本章将要讨论的经典逻辑推理就属于这一类。

所谓不确定性推理是指推理时所用的知识不都是精确的,推出的结论也不完全是肯定的,其真值位于真与假之间,命题的外延模糊不清。这里,我们要特别强调的是不确定性推理。自亚里士多德建成第一个演绎公理系统以来,经典逻辑与精确数学的建立及发展为人类科学技术的发展起到了巨大的作用,取得了辉煌的成就,为电子数字计算机的诞生奠定了基础,但也使人们养成了追求严格、迷信精确的习惯。然而,现实世界中的事物和现象大都是不严格、不精确的,许多概念是模糊的,没有明确的类属界限,很难用精确的数学模型来表示与处理。正如费根鲍姆所说的那样,大量未解决的重要问题往往需要运用专家的经验,而这样的问题是难以建立精确数学模型的,也不宜用常规的传统程序来求解。在此情况下,若仍用经典逻辑做精确处理,势必要人为地在本来没有明确界限的事物间划定界限,从而舍弃了事物固有的模糊性,失去了真实性。这就是为什么近年来各种非经典逻辑迅速崛起,人工智能亦把不精确知识的表示与处理作为重要研究课题的原因。另外,从人类思维活动的特征来看,人们经常是在知识不完全、不精确的情况下进行多方位的思考及推理的。因此,要使计算机能模拟人类的思维活动,就必须使它具有不确定性推理的能力。

3. 单调推理、非单调推理

若按推理过程中推出的结论是否单调地增加,或者说推出的结论是否越来越接近最终目标来划分,推理又分为单调推理与非单调推理。

所谓单调推理是指在推理过程中随着推理的向前推进及新知识的加入,推出的结论呈单调增加的趋势,并且越来越接近最终目标,在推理过程中不会出现反复的情况,即不会由于新知识的加入否定了前面推出的结论,从而使推理又退回到前面的某一步。本章将要讨论的基于经典逻辑的演绎推理属于单调性推理。

所谓非单调推理是指在推理过程中由于新知识的加入,不仅没有加强已推出的结论,反而要否定它,使得推理退回到前面的某一步,重新开始。非单调推理多是在知识不完全的情况下发生的。由于知识不完全,为使推理进行下去,就要先做某些假设,并在此假设的基础上进行推理,当以后由于新知识的加入发现原先的假设不正确时,就需要推翻该假设以及以此假设为基础推出的一切结论,再用新知识重新进行推理。显然,前面所说的默认推理是非单调推理。在人们的日常生活及社会实践中,很多情况下进行的推理也都是非单调推理,这是人们常用的一种思维方式。

4. 启发式推理、非启发式推理

若按推理中是否运用与问题有关的启发性知识,推理可分为启发式推理与非启发式推理。

所谓启发性知识是指与问题有关且能加快推理进程、求得问题最优解的知识。这部分内容将在第 6 章进行讨论,这里先来看一个用启发性知识选择规则的简单例子。设推理的目标是要在脑膜炎、肺炎、流感这三种疾病中选择一个,又设有 r_1, r_2, r_3 这三条产生式规则可供使用,其中 r_1 推出的是脑膜炎,r_2 推出的是肺炎,r_3 推出的是流感。如果希望尽早地排除脑膜炎这一危险疾病,应该先选用 r_1,如果本地区目前正在盛行流感,则应考虑首先选择 r_3。这里,"脑膜炎危险"及"目前正在盛行流感"是与问题求解有关的启发性信息。

5. 基于知识的推理、统计推理、直觉推理

若从方法论的角度划分,推理可分为基于知识的推理、统计推理及直觉推理。

故名思义,所谓基于知识的推理就是根据已掌握的事实,通过运用知识进行的推理。例如医生诊断疾病时,他根据病人的症状及检验结果,运用自己的医学知识进行推理,最后给出诊断结论及治疗方案,这就是基于知识的推理。今后我们所讨论的推理都属于这一类。

统计推理是根据对某事物的数据统计进行的推理。例如农民根据对农作物的产量统计,得出是否增产的结论,从而可找出增产或者减产的原因,这就是运用了统计推理。

直觉推理又称为常识性推理,是根据常识进行的推理。例如,当你从某建筑物下面走过时,猛然发现有一物体从建筑物上掉落下来,这时你立即就会意识到"这有危险",并立即躲开,这就是使用了直觉推理。目前,在计算机上实现直觉推理还是一件很困难的工作,有待进行深入的研究工作。

除了上述分类方法外,推理还有一些其它分类方法。如根据推理的繁简不同,分为简单推理与复合推理;根据结论是否具有必然性,分为必然性推理与或然性推理;在不确定性推理中,推理又分为似然推理与近似推理或模糊推理,前者是基于概率论的推理,后者是基于模糊逻辑的推理。

4.1.3 推理的控制策略

推理过程是一个思维过程,即求解问题的过程。问题求解的质量与效率不仅依赖于所采用的求解方法(如匹配方法、不确定性的传递算法等),而且还依赖于求解问题的策略,即推理的控制策略。

推理的控制策略主要包括推理方向、搜索策略、冲突消解策略、求解策略及限制策略等。这里,我们首先讨论推理方向、求解策略及限制策略,然后在 4.1.5 讨论冲突消解策略。至于搜索策略(用于确定推理路线),因其内容较多将另辟一章(第 6 章)进行专门讨论。

推理方向用于确定推理的驱动方式,分为正向推理、逆向推理、混合推理及双向推理四种。无论按哪种方向进行推理,一般都要求系统具有一个存放知识的知识库,一个存放初始已知事实及问题状态的数据库和一个用于推理的推理机。

1. 正向推理

正向推理是以已知事实作为出发点的一种推理,又称为数据驱动推理、前向链推理、模式制导推理及前件推理等。

正向推理的基本思想是:从用户提供的初始已知事实出发,在知识库 KB 中找出当前可适用的知识,构成可适用知识集 KS,然后按某种冲突消解策略从 KS 中选出一条知识进行推理,并将推出的新事实加入到数据库中作为下一步推理的已知事实,在此之后再在知识库中选取可适用知识进行推理,如此重复进行这一过程,直到求得了所要求的解或者知识库中再无可适用的知识为止。其推理过程可用如下算法描述:

(1) 将用户提供的初始已知事实送入数据库 DB;

(2) 检查数据库 DB 中是否已经包含了问题的解,若有,则求解结束,并成功退出;否则执行下一步;

(3) 根据数据库 DB 中的已知事实,扫描知识库 KB,检查 KB 中是否有可适用(即可与 DB 中已知事实匹配)的知识,若有,则转(4),否则转(6);

(4) 把 KB 中所有的适用知识都选出来,构成可适用的知识集 KS;

(5) 若 KS 不空,则按某种冲突消解策略从中选出一条知识进行推理,并将推出的新事实

114

加入 DB 中,然后转(2);若 KS 空,则转(6);

(6) 询问用户是否可进一步补充新的事实,若可补充,则将补充的新事实加入 DB 中,然后转(3);否则表示求不出解,失败退出。

以上算法可用图 4-1 所示的示意图表示。

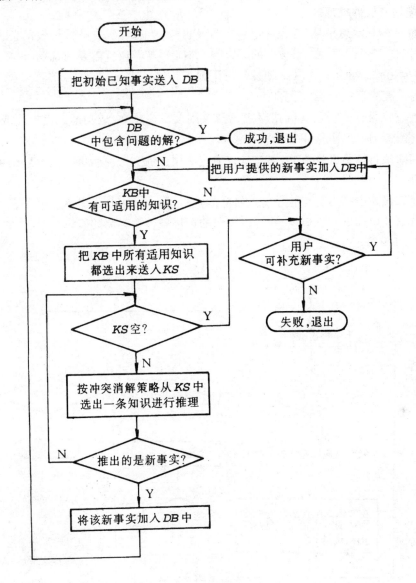

图 4-1　正向推理示意图

从表面上看,正向推理似乎并不复杂,其实在具体实现时还是有许多工作要做的。例如,在以上推理过程中要从知识库 KB 中选出可适用的知识,这就要用知识库中的知识与数据库中的已知事实进行匹配,为此就需要确定匹配的方法。另外,匹配通常都难以做到完全一致,因此还需要解决怎样才算是匹配成功的问题。其次,为了进行匹配,就要查找知识,这就牵涉到按什么路线进行查找的问题,即按什么策略搜索知识库。再如,如果适用的知识只有一条,这比较简单,系统立即就可用它进行推理,并将推出的新事实送入数据库 DB 中。但是,如果当前适用的知识有多条,应该先用哪一条? 这是推理中的一个重要问题,称为冲突消解策略。总之,为了实现正向推理,有许多具体问题需要解决,今后我们将分别对它们进行讨论。

2．逆向推理

逆向推理是以某个假设目标作为出发点的一种推理,又称为目标驱动推理、逆向链推理、目标制导推理及后件推理等。

逆向推理的基本思想是:首先选定一个假设目标,然后寻找支持该假设的证据,若所需的证据都能找到,则说明原假设是成立的;若无论如何都找不到所需要的证据,说明原假设不成立,此时需要另作新的假设。其推理过程可用如下算法描述:

(1) 提出要求证的目标(假设);

(2) 检查该目标是否已在数据库中,若在,则该目标成立,成功地退出推理或者对下一个假设目标进行验证;否则,转下一步;

(3) 判断该目标是否是证据,即它是否为应由用户证实的原始事实,若是,则询问用户;否则转下一步;

(4) 在知识库中找出所有能导出该目标的知识,形成适用知识集 KS,然后转下一步;

(5) 从 KS 中选出一条知识,并将该知识的运用条件作为新的假设目标,然后转(2)。

该算法可用图 4-2 示意。

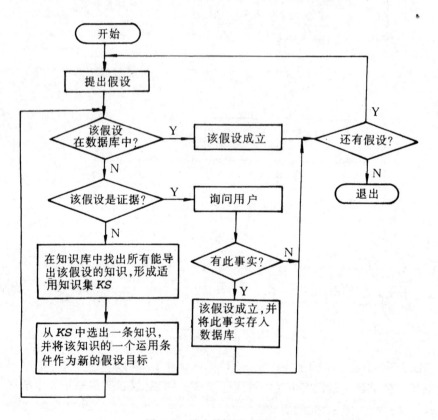

图 4-2　逆向推理示意图

与正向推理相比,逆向推理更复杂一些,上述算法只是描述了它的大致过程,许多细节没有反映出来。例如,如何判断一个假设是否是证据? 当导出假设的知识有多条时,如何确定先选哪一条? 另外,一条知识的运用条件一般都有多个,当其中的一个经验证成立后,如何自动地换为对另一个的验证? 其次,在验证一个运用条件时,需要把它当作新的假设,并查找可导出该假设的知识,这样就又会产生一组新的运用条件,如此不断地向纵深方向发展,就会产生处于不同层次上的多组运用条件,形成一个树状结构,当到达叶节点(即数据库中有相应的事实或者用户可肯定相应事实存在等)时,又需逐层向上返回,返回过程中有可能又要下到下一层,这样上上下下重复多次,才会导出原假设是否成立的结论。这是一个比较复杂的推理过程,为了对此过程有一个具体的认识,现仍以动物识别系统为例说明逆向推理的过程,其知识如例 3.4 所示。

假设某用户希望动物识别系统验证一下某动物是否是"虎",并设当前数据库为空。其逆向推理过程为:

(1) 以"虎"作为假设目标。

(2) 检查数据库中有无"虎"这个事实。因数据库初始时为空,显然不会有"虎"这个事实。

(3) 判断该目标是否是证据。为判断一个目标是否为证据,只要检查它是否为某条知识的结论就可得知。如果它不包含在任何一条知识的结论部分中,那么它就是证据。这里,"虎"显然不是证据,因为它是规则 r_{10} 的结论。

(4) 在知识库中找出所有能导出该目标的知识。该问题比较简单,只有一条知识可导出结论"虎",即 r_{10}。

(5) 将 r_{10} 的运用条件分别作为新的假设进行验证。该知识有一个运用条件是"该动物是黄褐色",当把它作为新假设进行推理时,首先要检查数据库中有无该事实,这里显然没有;接着判断它是否是证据,因在 $r_1 \sim r_{15}$ 中没有一条知识的结论部分包含它,所以它是证据。此时询问用户:你看到的动物是黄褐色吗? 若用户回答"是",则该运用条件就得到了验证,并将它存入数据库中;若用户回答"不是",则就否定了原先关于"虎"的假设,需做另外的假设,从头开始进行逆向推理。这里,我们假定用户的回答为"是",以便将推理进行下去。

对于知识的运用条件"有黑条纹"与上面处理类似,因为它也是一个证据,我们同样假定用户的回答为"是",这样,数据库中就又增加了一个事实。

对于知识的运用条件"是哺乳动物",因它没有在数据库中出现,同时又不是证据(它是 r_1 与 r_2 的结论),所以要在知识库中找出能导出它的所有知识,即 r_1 与 r_2。此时,因同时有两条知识可供使用,因而存在先使用哪一个的问题,这有多种处理方法,将在以后讨论,这里我们采用最简单的一种,即哪一个排在前面就先使用那一个,所以先用 r_1。由于 r_1 的运用条件是"有毛发",因此又要把"有毛发"作为新假设进行验证,显然它是一个证据,经询问用户,假定回答为"是",这样,"是哺乳动物"就被肯定。

对于运用条件"是食肉动物"可做类似处理,只是为证实它,要用到 r_5 或 r_6。使用 r_5 时,若用户对询问"该动物吃肉吗?"给出肯定的回答,那么 r_{10} 的四个运用条件都被证实,从而可肯定原假设"该运动是虎"的正确性。

至此,关于"虎"的逆向推理结束,若不再提出另外的假设,就终止系统的运行。

逆向推理的主要优点是不必使用与目标无关的知识,目的性强,同时它还有利于向用户提供解释。其主要缺点是初始目标的选择有盲目性,若不符合实际,就要多次提出假设,影响到系统的效率。

3．混合推理

正向推理具有盲目、效率低等缺点，推理过程中可能会推出许多与问题求解无关的子目标；逆向推理中，若提出的假设目标不符合实际，也会降低系统的效率。为解决这些问题，可把正向推理与逆向推理结合起来，使其各自发挥自己的优势，取长补短，像这样既有正向又有逆向的推理称为混合推理。另外，在下述几种情况下，通常也需要进行混合推理。

（1）已知的事实不充分。当数据库中的已知事实不够充分时，若用这些事实与知识的运用条件进行匹配进行正向推理，可能连一条适用知识都选不出来，这就使推理无法进行下去。此时，可通过正向推理先把其运用条件不能完全匹配的知识都找出来，并把这些知识可导出的结论作为假设，然后分别对这些假设进行逆向推理。由于在逆向推理中可以向用户询问有关证据，这就有可能使推理进行下去。

（2）由正向推理推出的结论可信度不高。用正向推理进行推理时，虽然推出了结论，但可信度可能不高，达不到预定的要求。此时为了得到一个可信度符合要求的结论，可用这些结论作为假设，然后进行逆向推理，通过向用户询问进一步的信息，有可能会得到可信度较高的结论。

（3）希望得到更多的结论。在逆向推理过程中，由于要与用户进行对话，有针对性地向用户提出询问，这就有可能获得一些原来不掌握的有用信息，这些信息不仅可用于证实要证明的假设，同时还可能有助于推出一些其它结论。因此，在用逆向推理证实了某个假设之后，可以再用正向推理推出另外一些结论。例如在医疗诊断系统中，先用逆向推理证实了某病人患有某种病，然后再利用逆向推理过程中获得的信息进行正向推理，就有可能推出该病人还患有别的什么病。

由以上讨论可以看出，混合推理分为两种情况：一种是先进行正向推理，帮助选择某个目标，即从已知事实演绎出部分结果，然后再用逆向推理证实该目标或提高其可信度；另一种情况是先假设一个目标进行逆向推理，然后再利用逆向推理中得到的信息进行正向推理，以推出更多的结论。

先正向后逆向的推理过程如图 4-3 所示。

先逆向后正向的推理过程如图 4-4 所示。

4．双向推理

在定理的机器证明等问题中，经常采用双向推理。所谓双向推理是指正向推理与逆向推理同时进行，且在推理过程中的某一步骤上"碰头"的一种推理。其基本思想是：一方面根据已知事实进行正向推理，但并不推到最终目标；另一方面从某假设目

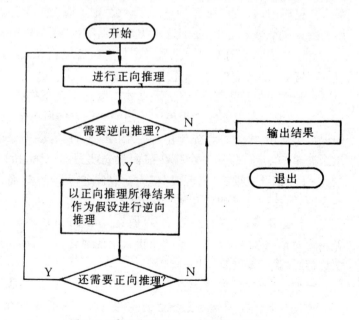

图 4-3　先正向后逆向混合推理示意图

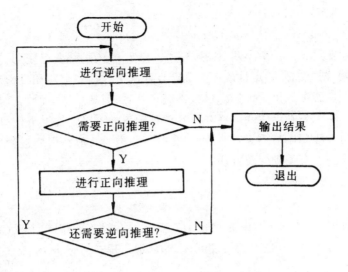

图 4-4 先逆向后正向混合推理示意图

标出发进行逆向推理,但并不推至原始事实,而是让它们在中途相遇,即由正向推理所得的中间结论恰好是逆向推理此时所要求的证据,这时推理就可结束,逆向推理时所做的假设就是推理的最终结论。

双向推理的困难在于"碰头"的判断。另外,如何权衡正向推理与逆向推理的比重,即如何确定"碰头"的时机也是一个困难问题,在 4.4 节将给出这方面的例子。

5．求解策略

所谓推理的求解策略是指,推理是只求一个解,还是求所有解以及最优解等。图 4-1 所示的正向推理只用于求一个解,只要略加修改就可用来求所有解。

6．限制策略

为了防止无穷的推理过程,以及由于推理过程太长增加时间及空间的复杂性,可在控制策略中指定推理的限制条件,以对推理的深度、宽度、时间、空间等进行限制。

4.1.4 模式匹配

所谓模式匹配是指对两个知识模式(如两个谓词公式、两个框架片断或两个语义网络片断等)的比较与耦合,即检查这两个知识模式是否完全一致或近似一致。如果两者完全一致,或者虽不完全一致但其相似程度落在指定的限度内,就称它们是可匹配的,否则为不可匹配。

模式匹配是推理中必须进行的一项重要工作,因为只有经过模式匹配才能从知识库中选出当前适用的知识,才能进行推理。例如在产生式系统中,为了由已知的初始事实推出相应的结论,首先必须从知识库中选出可与已知事实匹配的产生式规则,然后才能应用这些产生式规则进行推理,逐步推出结论。框架推理以及语义网络推理与此类似,也需要先通过匹配选出相应的框架及语义网络片断,然后再进行推理。

若按匹配时两个知识模式的相似程度划分,模式匹配可分为确定性匹配与不确定性匹配两种。

所谓确定性匹配是指两个知识模式完全一致,或者经过变量代换后变得完全一致。例如,设有如下两个知识模式:

P_1:　　*father* (李四, 李小四) *and man*(李小四)

P_2:　　*father* (x, y) *and man* (y)

若用"李四"代换变量 x,用"李小四"代换变量 y,则 P_1 与 P_2 就变得完全一致。若用这两个知识模式进行匹配,则它们是确定性匹配。确定性匹配又称为完全匹配或精确匹配。

所谓不确定性匹配是指两个知识模式不完全一致,但从总体上看,它们的相似程度又落在规定的限度内。关于不确定性匹配将在第 5 章结合各种不确定性推理进行讨论。

无论是确定性匹配还是不确定性匹配,在进行匹配时一般都需要进行变量的代换,因此下面讨论代换与合一的有关概念及方法。

定义 4.1　代换是形如

$$\{t_1/x_1,\ t_2/x_2, \cdots,\ t_n/x_n\}$$

的有限集合。其中,$t_1, t_2, \cdots, t_n$ 是项;$x_1, x_2, \cdots, x_n$ 是互不相同的变元;t_i/x_i 表示用 t_i 代换 x_i,不允许 t_i 与 x_i 相同,也不允许变元 x_i 循环地出现在另一个 t_j 中。

例如

$$\{a/x,\ f(b)/y,\ w/z\}$$

是一个代换,但是

$$\{g(y)/x,\ f(x)/y\}$$

不是一个代换,因为代换的目的是使某些变元被另外的变元、常量或函数取代,使之不再在公式中出现,而 $\{g(y)/x, f(x)/y\}$ 在 x 与 y 之间出现了循环代换的情况,它既没有消去 x,也没有消去 y。如果将它改为

$$\{g(a)/x,\ f(x)/y\}$$

就可以了,它将把公式中的 x 用 $g(a)$ 代换,y 用 $f(g(a))$ 代换,从而消去了变元 x 和 y。

定义 4.2　设

$$\theta = \{t_1/x_1, t_2/x_2, \cdots, t_n/x_n\}$$

$$\lambda = \{u_1/y_1, u_2/y_2, \cdots, u_m/y_m\}$$

是两个代换,则此两个代换的复合也是一个代换,它是从

$$\{t_1\lambda/x_1, t_2\lambda/x_2, \cdots, t_n\lambda/x_n, u_1/y_1, u_2/y_2, \cdots, u_m/y_m\}$$

中删去如下两种元素:

$$t_i\lambda/x_i \qquad\qquad 当\ t_i\lambda = x_i$$

$$u_i/y_i \qquad\qquad 当\ y_i \in \{x_1, x_2, \cdots, x_n\}$$

后剩下的元素所构成的集合,记为 $\theta \circ \lambda$。

例如,设有代换:

$$\theta = \{f(y)/x, z/y\}$$

$$\lambda = \{a/x, b/y, y/z\}$$

则

$$\theta \circ \lambda = \{f(b)/x, y/z\}$$

定义 4.3　设有公式集 $F = \{F_1, F_2, \cdots, F_n\}$,若存在一个代换 λ 使得

$$F_1\lambda = F_2\lambda = \cdots = F_n\lambda$$

则称 λ 为公式集 F 的一个合一,且称 $F_1, F_2, \cdots, F_n$ 是可合一的。

120

例如,设有公式集
$$F = \{P(x,y,f(y)),P(a,g(x),z)\}$$
则下式是它的一个合一:
$$\lambda = \{a/x,g(a)/y,f(g(a))/z\}$$
一个公式集的合一一般来说是不唯一的。

定义 4.4 设 σ 是公式集 F 的一个合一,如果对任一个合一 θ 都存在一个代换 λ,使得
$$\theta = \sigma \circ \lambda$$
则称 σ 是一个最一般的合一。

最一般合一是唯一的。若用最一般合一去代换那些可合一的谓词公式,可使它们变成完全一致的谓词公式。由此可知,为了使两个知识模式匹配,可用其最一般合一对它们进行代换。

如何求取最一般合一呢? 在给出求取算法之前,先引入差异集的概念。设有如下两个谓词公式:
$$F_1: \quad P(x,y,z)$$
$$F_2: \quad P(x,f(a),h(b))$$
分别从 F_1 与 F_2 的第一个符号开始,逐个向右比较,此时发现 F_1 中的 y 与 F_2 中的 $f(a)$ 不同,它们构成了一个差异集:
$$D_1 = \{y,f(a)\}$$
当继续向右边比较时,又发现 F_1 中的 z 与 F_2 中的 $h(b)$ 不同,则又得到一个差异集:
$$D_2 = \{z,h(b)\}$$

下面给出求取最一般合一的算法:

(1) 令 $k=0,F_k=F,\sigma_k=\varepsilon$。这里,$F$ 是欲求其最一般合一的公式集,ε 是空代换,它表示不做代换。

(2) 若 F_k 只含一个表达式,则算法停止,σ_k 就是最一般合一。

(3) 找出 F_k 的差异集 D_k。

(4) 若 D_k 中存在元素 x_k 和 t_k,其中 x_k 是变元,t_k 是项,且 x_k 不在 t_k 中出现,则置:
$$\sigma_{k+1} = \sigma_k \circ \{t_k/x_k\}$$
$$F_{k+1} = F_k\{t_k/x_k\}$$
$$k = k+1$$
然后转(2)。

(5) 算法终止,F 的最一般合一不存在。

例如,设
$$F = \{P(a,x,f(g(y))),P(z,f(z),f(u))\}$$
求其最一般合一。

(1) 令 $\sigma_0 = \varepsilon,F_0 = F$,因 F_0 中含有两个表达式,所以 σ_0 不是最一般合一。

(2) 差异集 $D_0 = \{a,z\}$。

(3) $\sigma_1 = \sigma_0 \circ \{a/z\} = \{a/z\}$,
   $F_1 = \{P(a,x,f(g(y))),P(a,f(a),f(u))\}$。

（4）$D_1 = \{x, f(a)\}$。

（5）$\sigma_2 = \sigma_1 \circ \{f(a)/x\} = \{a/z, f(a)/x\}$，

$\quad F_2 = F_1\{f(a)/x\}$

$\quad\quad = \{P(a, f(a), f(g(y))), P(a, f(a), f(u))\}$。

（6）$D_2 = \{g(y), u\}$。

（7）$\sigma_3 = \sigma_2 \circ \{g(y)/u\} = \{a/z, f(a)/x, g(y)/u\}$。

（8）$F_3 = F_2\{g(y)/u\} = \{P(a, f(a), f(g(y)))\}$。

因为 F_3 只含一个表达式，所以 σ_3 就是最一般合一，即

$$\{a/z, f(a)/x, g(y)/u\}$$

是最一般合一。

4.1.5 冲突消解策略

在推理过程中,系统要不断地用当前已知的事实与知识库中的知识进行匹配,此时可能发生如下三种情况:

（1）已知事实不能与知识库中的任何知识匹配成功。

（2）已知事实恰好只与知识库中的一个知识匹配成功。

（3）已知事实可与知识库中的多个知识匹配成功;或者有多个(组)已知事实都可与知识库中某一个知识匹配成功;或者有多个(组)已知事实可与知识库中的多个知识匹配成功。

当第一种情况发生时,由于找不到可与当前已知事实匹配成功的知识,就使得推理无法继续进行下去,这或者是由于知识库中缺少某些必要的知识,或者是由于欲求解的问题超出了系统的功能范围等,此时可根据当时的实际情况做相应的处理。对于第二种情况,由于匹配成功的知识只有一个,所以它就是可应用的知识,可直接把它用于当前的推理。第三种情况刚好与第一种情况相反,它不仅有知识匹配成功,而且有多个知识匹配成功,称这种情况为发生了冲突。此时需要按一定策略解决冲突,以便从中挑选一个知识用于当前的推理,称这一解决冲突的过程为冲突消解。解决冲突时所用的方法称为冲突消解策略。下面我们就产生式系统运行过程中的冲突及其消解策略做进一步的讨论。

在产生式系统中,若出现如下情况就认为发生了冲突:

（1）对正向推理而言,如果有多条产生式规则的前件都和已知事实匹配成功;或者有多组不同的已知事实都与同一条产生式规则的前件匹配成功;或者以上两种情况同时出现。

（2）对逆向推理而言,如果有多条产生式规则的后件都和同一个假设匹配成功;或者有多条产生式规则的后件可与多个假设匹配成功。

冲突消解的任务是解决冲突。对正向推理来说,它将决定选择哪一组已知事实来激活哪一条产生式规则,使它用于当前的推理,产生其后件指出的结论或执行相应的操作。对于逆向推理来说,它将决定用哪一个假设与哪一个产生式规则的后件进行匹配,从而推出相应的前件,作为新的假设。

目前已有多种消解冲突的策略,其基本思想都是对知识进行排序,常用的有以下几种:

1. 按针对性排序

设有如下两条产生式规则:

$\quad\quad r_1:\quad$ IF A_1 AND A_2 AND $\cdots$ AND A_n THEN H_1

$$r_2: \quad \text{IF } B_1 \text{ AND } B_2 \text{ AND } \cdots \text{ AND } B_m \text{ THEN } H_2$$

如果存在最一般合一,使得 r_1 中每一个 A_i 都可变成相应的 B_i,即 r_2 中除了包含 r_1 的全部条件 $A_1, A_2, \cdots, A_n$ 外,还包含其它条件,则称 r_2 比 r_1 有更大的针对性,r_1 比 r_2 有更大的通用性。

本策略是优先选用针对性较强的产生式规则。因为它要求的条件较多,其结论一般更接近于目标,一旦得到满足,可缩短推理过程。

2. 按已知事实的新鲜性排序

在产生式系统的推理过程中,每应用一条产生式规则就会得到一个或多个结论或者执行某个操作,数据库就会增加新的事实。另外,在推理时还会向用户询问有关的信息,也使数据库的内容发生变化。我们把数据库中后生成的事实称为新鲜的事实,即后生成的事实比先生成的事实具有较大的新鲜性。若一条规则被应用后生成了多个结论,则既可以认为这些结论有相同的新鲜性,也可认为排在前面(或后面)的结论有较大的新鲜性,根据情况决定。

设规则 r_1 可与事实组 A 匹配成功,规则 r_2 可与事实组 B 匹配成功,则 A 与 B 中哪一组新鲜,与它匹配的产生式规则就先被应用。

如何衡量 A 与 B 中哪一组事实更新鲜呢?常用的方法有以下三种:

(1) 把 A 与 B 中的事实逐个地比较其新鲜性,若 A 中包含的更新鲜的事实比 B 多,就认为 A 比 B 新鲜。例如,设 A 与 B 中各有五个事实,而 A 中有三个事实都比 B 中的事实新鲜,则认为 A 比 B 新鲜。

(2) 以 A 中最新鲜的事实与 B 中最新鲜的事实相比较,哪一个更新鲜,就认为相应的事实组更新鲜。

(3) 以 A 中最不新鲜的事实与 B 中最不新鲜的事实相比较,哪一个更不新鲜,就认为相应的事实组有较小的新鲜性。

3. 按匹配度排序

在不确定性匹配中,为了确定两个知识模式是否可以匹配,需要计算这两个模式的相似程度,当其相似度达到某个预先规定的值时,就认为它们是可匹配的。相似度又称为匹配度,它除了可用来确定两个知识模式是否可匹配外,还可用于冲突消解。若产生式规则 r_1 与 r_2 都可匹配成功,则可根据它们的匹配度来决定哪一个产生式规则可优先被应用。

4. 根据领域问题的特点排序

某些领域问题,事先可知道它的某些特点,此时可根据这些特点把知识排成固定的顺序。例如:

(1) 当领域问题有固定的解题次序时,可按该次序排列相应的知识,排在前面的知识优先被应用。

(2) 当已知某些产生式规则被应用后会明显地有利于问题的求解时,就使这些产生式规则优先被应用。

5. 按上下文限制排序

把产生式规则按它们所描述的上下文分成若干组,在不同的条件下,只能从相应的组中选取有关的产生式规则。这样,不仅可以减少冲突的发生,而且由于搜索范围小,也提高了推理的效率。例如食品装袋系统 BAGGER 就是这样做的。它把食品装袋过程分成核对订货、大件物品装袋、中件物品装袋、小件物品装袋四个阶段,每个阶段都有一组产生式规则与之对应。

在装袋的不同阶段,只能应用相应组中的产生式规则,指示机器人做相应的工作。

6. 按冗余限制排序

如果一条产生式规则被应用后将产生冗余知识,则就降低它被应用的优先级,产生的冗余知识越多,优先级愈低。

7. 按条件个数排序

如果有多条产生式规则生成的结论相同,则要求条件少的产生式规则被优先应用,因为要求条件少的规则匹配时花费的时间较少。

在具体应用时,可对上述策略进行组合,目的是尽量减少冲突的发生,使推理有较快的速度和较高的效率。

以上讨论了关于推理的若干基本概念,自下一节开始讨论基于经典逻辑的各种推理方法。

4.2 自然演绎推理

从一组已知为真的事实出发,直接运用经典逻辑的推理规则推出结论的过程称为自然演绎推理。其中,基本的推理规则是 P 规则、T 规则、假言推理、拒取式推理等。

假言推理的一般形式是

$$P, P \to Q \Rightarrow Q$$

它表示:由 $P \to Q$ 及 P 为真,可推出 Q 为真。例如,由"如果 x 是金属,则 x 能导电"及"铜是金属"可推出"铜能导电"的结论。

拒取式推理的一般形式是

$$P \to Q, \neg Q \Rightarrow \neg P$$

它表示:由 $P \to Q$ 为真及 Q 为假,可推出 P 为假。例如,由"如果下雨,则地上湿"及"地上不湿"可推出"没有下雨"的结论。

这里,应注意避免如下两类错误:一是肯定后件(Q)的错误;另一是否定前件(P)的错误。所谓肯定后件是指,当 $P \to Q$ 为真时,希望通过肯定后件 Q 为真来推出前件 P 为真,这是不允许的。例如伽利略在论证哥白尼的日心说时,曾使用了如下推理:

(1) 如果行星系统是以太阳为中心的,则金星会显示出位相变化;

(2) 金星显示出位相变化;

(3) 所以,行星系统是以太阳为中心的。

这就是使用了肯定后件的推理,违反了经典逻辑的逻辑规则,他为此曾遭到非难。所谓否定前件是指,当 $P \to Q$ 为真时,希望通过否定前件 P 来推出后件 Q 为假,这也是不允许的。例如下面的推理就是使用了否定前件的推理,违反了逻辑规则:

(1) 如果下雨,则地上是湿的;

(2) 没有下雨;

(3) 所以,地上不湿。

这显然是不正确的,因为当向地上洒了水时,地上也会是湿的。事实上,只要仔细分析第 2 章中关于 $P \to Q$ 的定义,就会发现当 $P \to Q$ 为真时,肯定后件或否定前件所得的结论既可能为真,也可能为假,不能确定。

例 4.1 设已知下述事实:

124

$$A$$
$$B$$
$$A \rightarrow C$$
$$B \wedge C \rightarrow D$$
$$D \rightarrow Q$$

求证: Q 为真。

证明:

∵ $A, A \rightarrow C \Rightarrow C$	P 规则及假言推理
$B, C \Rightarrow B \wedge C$	引入合取词
$B \wedge C, B \wedge C \rightarrow D \Rightarrow D$	T 规则及假言推理
$D, D \rightarrow Q \Rightarrow Q$	T 规则及假言推理
∴ Q 为真	

例 4.2 设已知如下事实:

(1) 凡是容易的课程小王(Wang)都喜欢。

(2) C 班的课程都是容易的。

(3) ds 是 C 班的一门课程。

求证: 小王喜欢 ds 这门课程。

证明: 首先定义谓词:

$EASY(x)$: x 是容易的。

$LIKE(x,y)$: x 喜欢 y。

$C(x)$: x 是 C 班的一门课程。

把上述已知事实及待求证的问题用谓词公式表示出来:

$EASY(x) \rightarrow LIKE(Wang, x)$	凡是容易的课程小王都喜欢。
$(\forall x)(C(x) \rightarrow EASY(x))$	C 班的课程都是容易的。
$C(ds)$	ds 是 C 班的课程。
$LIKE(Wang, ds)$	小王喜欢 ds 这门课程,这是待求证的问题。

应用推理规则进行推理:

∵ $(\forall x)(C(x) \rightarrow EASY(x))$	
∴ $C(y) \rightarrow EASY(y)$	全称固化
∴ $C(ds), C(y) \rightarrow EASY(y) \Rightarrow EASY(ds)$	P 规则及假言推理
∴ $EASY(ds), EASY(x) \rightarrow LIKE(Wang, x)$	
$\Rightarrow LIKE(Wang, ds)$	T 规则及假言推理

即小王喜欢 ds 这门课程。

一般来说,由已知事实推出的结论可能有多个,只要其中包含了待证明的结论,就认为问题得到了解决。

自然演绎推理的优点是表达定理证明过程自然,容易理解,而且它拥有丰富的推理规则,推理过程灵活,便于在它的推理规则中嵌入领域启发式知识。其缺点是容易产生组合爆炸,推理过程中得到的中间结论一般呈指数形式递增,这对于一个大的推理问题来说是十分不利的,甚至是不可能实现的。

4.3 归结演绎推理

我们知道,自动定理证明是人工智能的一个重要研究领域,这不仅是由于许多数学问题需要通过定理证明得以解决,而且很多非数学问题(如医疗诊断、机器人行动规划及难题求解等)也都可归结为一个定理证明问题。定理证明的实质是对前提 P 和结论 Q 证明 $P \rightarrow Q$ 的永真性。但是,正如我们在第 2 章的 2.1.5 所讨论的那样,要证明一个谓词公式的永真性是相当困难的,甚至在某些情况下是不可能的。在此情况下,不得不换一个角度来考虑解决这个问题的办法。通过研究发现,应用反证法的思想可把关于永真性的证明转化为不可满足性的证明,即如欲证明 $P \rightarrow Q$ 永真,只要证明 $P \wedge \rightarrow Q$ 是不可满足的就可以了。关于不可满足性的证明,海伯伦(Herbrand)及鲁宾逊(Robinson)先后进行了卓有成效的研究,提出了相应的理论和方法。海伯伦提出的海伯伦域及海伯伦定理为自动定理证明奠定了理论基础;鲁宾逊提出的归结原理使定理证明的机械化变为现实,是对机械化推理的重大突破。他们两人的研究成果在人工智能发展史上都占有重要地位。

无论是海伯伦的理论,还是鲁宾逊的归结原理,都是以子句集为背景开展研究的。因此,本节在介绍他们的理论及方法之前,先讨论关于子句及子句集的有关概念,然后再把他们的理论应用到演绎推理之中。

4.3.1 子句

在谓词逻辑中,把原子谓词公式及其否定统称为文字。

定义 4.5 任何文字的析取式称为子句。

例如,$P(x) \vee Q(x)$,$\rightarrow P(x, f(x)) \vee Q(x, g(x))$ 都是子句。

定义 4.6 不包含任何文字的子句称为空子句。

由于空子句不含有文字,它不能被任何解释满足,所以空子句是永假的,不可满足的。

由子句构成的集合称为子句集。在谓词逻辑中,任何一个谓词公式都可通过应用等价关系及推理规则化成相应的子句集。下面给出把谓词公式化成子句集的步骤。

(1) 利用下列等价关系消去谓词公式中的"$\rightarrow$"和"$\leftrightarrows$":

$$P \rightarrow Q \Leftrightarrow \rightarrow P \vee Q$$
$$P \leftrightarrows Q \Leftrightarrow (P \wedge Q) \vee (\rightarrow P \wedge \rightarrow Q)$$

例如公式

$$(\forall x)((\forall y)P(x, y) \rightarrow \rightarrow (\forall y)(Q(x, y) \rightarrow R(x, y)))$$

经等价变换后变成

$$(\forall x)(\rightarrow (\forall y)P(x, y) \vee \rightarrow (\forall y)(\rightarrow Q(x, y) \vee R(x, y)))$$

(2) 利用下列等价关系把"$\rightarrow$"移到紧靠谓词的位置上:

$$\rightarrow (\rightarrow P) \Leftrightarrow P$$
$$\rightarrow (P \wedge Q) \Leftrightarrow \rightarrow P \vee \rightarrow Q$$
$$\rightarrow (P \vee Q) \Leftrightarrow \rightarrow P \wedge \rightarrow Q$$
$$\rightarrow (\forall x)P \Leftrightarrow (\exists x) \rightarrow P$$

$$\neg(\exists\ x)P \Leftrightarrow (\forall\ x)\neg P$$

上式经此等价变换后变为

$$(\forall\ x)((\exists\ y)\neg P(x,y) \lor (\exists\ y)(Q(x,y) \land \neg R(x,y)))$$

(3) 重新命名变元名,使不同量词约束的变元有不同的名字。上式经此变换后变为

$$(\forall\ x)((\exists\ y)\neg P(x,y) \lor (\exists\ z)(Q(x,z) \land \neg R(x,z)))$$

(4) 消去存在量词。这里分两种情况:一种情况是存在量词不出现在全称量词的辖域内,此时只要用一个新的个体常量替换受该存在量词约束的变元就可消去存在量词(因为若原公式为真,则总能找到一个个体常量,替换后仍使公式为真);另一种情况是存在量词位于一个或多个全称量词的辖域内,例如

$$(\forall\ x_1)(\forall\ x_2)\cdots(\forall\ x_n)(\exists\ y)P(x_1,x_2,\cdots,x_n,y)$$

此时需要用 Skolem 函数 $f(x_1,x_2,\cdots,x_n)$ 替换受该存在量词约束的变元,然后才能消去存在量词。

在上一步得到的式子中,存在量词$(\exists\ y)$及$(\exists\ z)$都位于$(\forall\ x)$的辖域内,所以都需要用 Skolem 函数替换,设替换 y 和 z 的 Skolem 函数分别是 $f(x)$ 和 $g(x)$,则替换后得到

$$(\forall\ x)(\neg P(x,f(x)) \lor (Q(x,g(x)) \land \neg R(x,g(x))))$$

(5) 把全称量词全部移到公式的左边。在上式中由于只有一个全称量词,而且它已位于公式的最左边,所以这里不需要做任何工作。如果在公式内部有全称量词,就需要把它们都移到公式的左边。

(6) 利用等价关系

$$P \lor (Q \land R) \Leftrightarrow (P \lor Q) \land (P \lor R)$$

把公式化为 Skolem 标准形。

Skolem 标准形的一般形式是

$$(\forall\ x_1)(\forall\ x_2)\cdots(\forall\ x_n)M$$

其中,M 是子句的合取式,称为 Skolem 标准形的母式。

把第(5)步得到的公式化为 Skolem 标准形后得到

$$(\forall\ x)((\neg P(x,f(x)) \lor Q(x,g(x))) \land (\neg P(x,f(x)) \lor \neg R(x,g(x))))$$

(7) 消去全称量词。由于上式中只有一个全称量词,所以可直接把它消去,得到

$$(\neg P(x,f(x)) \lor Q(x,g(x))) \land (\neg P(x,f(x)) \lor \neg R(x,g(x)))$$

(8) 对变元更名,使不同子句中的变元不同名。上式经更名后得到

$$(\neg P(x,f(x)) \lor Q(x,g(x))) \land (\neg P(y,f(y)) \lor \neg R(y,g(y)))$$

(9) 消去合取词。消去合取词后,上式就变为下述子句集:

$$\neg P(x,f(x)) \lor Q(x,g(x))$$
$$\neg P(y,f(y)) \lor \neg R(y,g(y))$$

显然,在子句集中各子句之间是合取关系。

上面我们把谓词公式化成了相应的子句集。如果谓词公式是不可满足的,则其子句集也一定是不可满足的,反之亦然。因此,在不可满足的意义上两者是等价的,下述定理保证了它的正确性。

定理4.1 设有谓词公式 F,其标准形的子句集为 S,则 F 不可满足的充要条件是 S 不可满足。

由此定理可知,为要证明一个谓词公式是不可满足的,只要证明相应的子句集是不可满足的就可以了。但如何证明一个子句集是不可满足的呢? 下面分别就海伯伦理论及鲁宾逊的归结原理进行讨论。

4.3.2 海伯伦理论

子句集是子句的集合。为了判定子句集的不可满足性,就需要对子句集中的子句进行判定。由第 2 章的定义 2.6 可知,为判断一个子句的不可满足性,需要对个体域上的一切解释逐个地进行判定,只有当子句对任何非空个体域上的任何一个解释都是不可满足的时,才能判定该子句是不可满足的,这是一件十分麻烦甚至难以实现的困难工作。针对这一情况,海伯伦构造了一个特殊的域,并证明只要对这个特殊域上的一切解释进行判定,就可得知子句集是否不可满足,这个特殊的域称为海伯伦域。下面给出海伯伦域的定义及其构造方法。

定义 4.7 设 S 为子句集,则按下述方法构造的域 H_∞ 称为海伯伦域,简记为 H 域:

(1) 令 H_0 是 S 中所有个体常量的集合,若 S 中不包含个体常量,则令 $H_0 = \{a\}$,其中 a 为任意指定的一个个体常量。

(2) 令 $H_{i+1} = H_i \bigcup \{S$ 中所有 n 元函数 $f(x_1, \cdots, x_n) \mid x_j (j=1, \cdots, n)$ 是 H_i 中的元素 $\}$,其中,$i = 0, 1, 2, \cdots$。

下面用例子解释这个定义。

例 4.3 求子句集 $S = \{P(x) \vee Q(x), R(f(y))\}$ 的 H 域。

解:在此例中没有个体常量,根据 H 域的定义可以任意指定一个常量 a 作为个体常量,于是得到:

$$H_0 = \{a\}$$
$$H_1 = \{a, f(a)\}$$
$$H_2 = \{a, f(a), f(f(a))\}$$
$$H_3 = \{a, f(a), f(f(a)), f(f(f(a)))\}$$
$$\vdots$$
$$H_\infty = \{a, f(a), f(f(a)), f(f(f(a))), \cdots\}$$

例 4.4 求子句集 $S = \{P(a), Q(b), R(f(x))\}$ 的 H 域。

解:根据 H 域的定义得到:

$$H_0 = \{a, b\}$$
$$H_1 = \{a, b, f(a), f(b)\}$$
$$H_2 = \{a, b, f(a), f(b), f(f(a)), f(f(b))\}$$
$$\vdots$$

例 4.5 求子句集 $S = \{P(a), Q(f(x)), R(g(y))\}$ 的 H 域。

解:根据 H 域的定义得到:

$$H_0 = \{a\}$$
$$H_1 = \{a, f(a), g(a)\}$$
$$H_2 = \{a, f(a), g(a), f(g(a)), g(f(a)), f(f(a)), g(g(a))\}$$
$$\vdots$$

例 4.6 求子句集 $S = \{P(x), Q(y) \vee R(y)\}$ 的 H 域。

解: 由于该子句集中既无个体常量,又无函数,所以可任意指定一个常量 a 作为个体常量,从而得到

$$H_0 = H_1 = \cdots = H_\infty = \{a\}$$

如果用 H 域中的元素代换子句中的变元,则所得的子句称为基子句,其中的谓词称为基原子。子句集中所有基原子构成的集合称为原子集。子句集 S 在 H 域上的解释就是对 S 中出现的常量、函数及谓词取值,一次取值就是一个解释。下面给出 S 在 H 域上解释的定义。

定义 4.8 子句集 S 在 H 域上的一个解释 I 满足下列条件:

(1) 在解释 I 下,常量映射到自身;

(2) S 中的任一个 n 元函数是 $H^n \rightarrow H$ 的映射。即,设 $h_1, h_2, \cdots \in H$,则 $f(h_1, h_2, \cdots, h_n) \in H$;

(3) S 中的任一个 n 元谓词是 $H^n \rightarrow \{T, F\}$ 的映射。谓词的真值可以指派为 T,也可以指派为 F。

例如,设子句集 $S = \{P(a), Q(f(x))\}$,它的 H 域为 $\{a, f(a), f(f(a)), \cdots\}$。$S$ 的原子集为 $\{P(a), Q(f(a)), Q(f(f(a))), \cdots\}$,则 S 的解释为:

$$I_1 = \{P(a), Q(f(a)), Q(f(f(a))), \cdots\}$$
$$I_2 = \{P(a), \neg Q(f(a)), Q(f(f(a))), \cdots\}$$
$$\vdots$$

一般来说,一个子句集的基原子有无限多个,它在 H 域上的解释也有无限多个。

可以证明,对给定域 D 上的任一个解释,总能在 H 域上构造一个解释与它对应,如果 D 域上的解释能满足子句集 S,则在 H 域上的相应解释也能满足 S。由此可推出如下两个定理:

定理 4.2 子句集 S 不可满足的充要条件是 S 对 H 域上的一切解释都为假。

定理 4.3 子句集不可满足的充要条件是存在一个有限的不可满足的基子句集 S'。

该定理称为海伯伦定理。下面简要地给出对它的证明。

证明: 首先证明充分性:

设子句集 S 有一个不可满足的基子句集 S',因为它不可满足,所以一定存在一个解释 I' 使 S' 为假。根据 H 域上的解释与 D 域上解释的对应关系,可知在 D 域上一定存在一个解释使 S 不可满足,即子句集 S 是不可满足的。

必要性:

设子句集 S 不可满足,由定理 4.2 可知 S 对 H 域上的一切解释都为假,这样必然存在一个基子句集 S',且它是不可满足的。

由上面的讨论不难看出,海伯伦只是从理论上给出了证明子句集不可满足性的可行性及方法,但要在计算机上实现其证明过程却是很困难的。1965 年鲁宾逊提出了归结原理,这才使机器定理证明变为现实。

4.3.3 鲁宾逊归结原理

归结原理又称为消解原理,是鲁宾逊提出的一种证明子句集不可满足性,从而实现定理证明的一种理论及方法。

由谓词公式转化子句集的过程可以看出,在子句集中子句之间是合取关系,其中只要有一

个子句不可满足,则子句集就不可满足。另外,在 4.3.1 中已经指出空子句是不可满足的。因此,若一个子句集中包含空子句,则这个子句集一定是不可满足的。鲁宾逊归结原理就是基于这一认识提出来的。其基本思想是:检查子句集 S 中是否包含空子句,若包含,则 S 不可满足;若不包含,就在子句集中选择合适的子句进行归结,一旦通过归结能推出空子句,就说明子句集 S 是不可满足的。

什么是归结? 下面我们就命题逻辑及谓词逻辑分别给出它的定义。在此之前先说明互补文字的概念。

定义 4.9 若 P 是原子谓词公式,则称 P 与 $\neg P$ 为互补文字。

1. 命题逻辑中的归结原理

定义 4.10 设 C_1 与 C_2 是子句集中的任意两个子句,如果 C_1 中的文字 L_1 与 C_2 中的文字 L_2 互补,那么从 C_1 和 C_2 中分别消去 L_1 和 L_2,并将二个子句中余下的部分析取,构成一个新子句 C_{12},则称这一过程为归结,称 C_{12} 为 C_1 和 C_2 的归结式,称 C_1 和 C_2 为 C_{12} 的亲本子句。

例 4.7 设

$$C_1 = \neg P \vee Q \vee R, \qquad C_2 = \neg Q \vee S$$

这里,$L_1 = Q, L_2 = \neg Q$,通过归结可得

$$C_{12} = \neg P \vee R \vee S$$

例 4.8 设

$$C_1 = P, \qquad C_2 = \neg P$$

通过归结可得

$$C_{12} = NIL$$

这里 NIL 代表空子句。

例 4.9 设

$$C_1 = \neg P \vee Q, \quad C_2 = \neg Q \vee R, \quad C_3 = P$$

首先对 C_1 与 C_2 进行归结,于是得到

$$C_{12} = \neg P \vee R$$

然后再用 C_{12} 与 C_3 进行归结,得到

$$C_{123} = R$$

如果首先对 C_1 与 C_3 进行归结,然后再把其归结式与 C_2 进行归结,将得到相同的结果。归结可用一棵树直观地表示出来,如例 4.9 可用图 4-5 表示其归结过程。

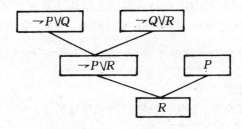

图 4-5　归结过程的树形表示

定理 4.4　归结式 C_{12} 是其亲本子句 C_1 与 C_2 的逻辑结论。

证明：设

$$C_1 = L \lor C'_1, \quad C_2 = \neg L \lor C'_2$$

通过归结可以得到

$$C_{12} = C'_1 \lor C'_2$$

C_1 和 C_2 是 C_{12} 的亲本子句。

$$\because C'_1 \lor L \Leftrightarrow \neg C'_1 \to L$$
$$\neg L \lor C'_2 \Leftrightarrow L \to C'_2$$
$$\therefore C_1 \land C_2 = (\neg C'_1 \to L) \land (L \to C'_2)$$

根据假言三段论得到：

$$(\neg C'_1 \to L) \land (L \to C'_2) \Rightarrow \neg C'_1 \to C'_2$$
$$\because \neg C'_1 \to C'_2 \Leftrightarrow C'_1 \lor C'_2 = C_{12}$$
$$\therefore C_1 \land C_2 \Rightarrow C_{12}$$

回顾第 2 章定义 2.8 关于逻辑结论的定义，可知 C_{12} 是其亲本子句 C_1 和 C_2 的逻辑结论。

这个定理是归结原理中的一个很重要的定理，由它可得到如下两个推论：

推论 1　设 C_1 与 C_2 是子句集 S 中的两个子句，C_{12} 是它们的归结式，若用 C_{12} 代替 C_1 和 C_2 后得到新子句集 S_1，则由 S_1 的不可满足性可推出原子句集 S 的不可满足性，即

$$S_1 \text{ 的不可满足性} \Rightarrow S \text{ 的不可满足性}$$

推论 2　设 C_1 与 C_2 是子句集 S 中的两个子句，C_{12} 是它们的归结式，若把 C_{12} 加入 S 中，得到新子句集 S_2，则 S 与 S_2 在不可满足的意义上是等价的，即

$$S_2 \text{ 的不可满足性} \Leftrightarrow S \text{ 的不可满足性}$$

这两个推论告诉我们：为要证明子句集 S 的不可满足性，只要对其中可进行归结的子句进行归结，并把归结式加入子句集 S，或者用归结式替换它的亲本子句，然后对新子句集（S_1 或 S_2）证明不可满足性就可以了。如果经过归结能得到空子句，根据空子句的不可满足性，立即可得到原子句集 S 是不可满足的结论。这就是用归结原理证明子句集不可满足性的基本思想。

在命题逻辑中，对不可满足的子句集 S，归结原理是完备的，即，若子句集不可满足，则必然存在一个从 S 到空子句的归结演绎；若存在一个从 S 到空子句的归结演绎，则 S 一定是不可满足的。但是对于可满足的子句集 S，用归结原理得不到任何结果。

2．谓词逻辑中的归结原理

在谓词逻辑中，由于子句中含有变元，所以不像命题逻辑那样可直接消去互补文字，而需要先用最一般合一对变元进行代换，然后才能进行归结。例如设有如下两个子句：

$$C_1 = P(x) \lor Q(x)$$
$$C_2 = \neg P(a) \lor R(y)$$

由于 $P(x)$ 与 $P(a)$ 不同，所以 C_1 与 C_2 不能直接进行归结，但若用最一般合一

$$\sigma = \{a / x\}$$

对两个子句分别进行代换：

$$C_1\sigma = P(a) \lor Q(a)$$

$$C_2\sigma = \neg P(a) \vee R(y)$$

就可对它们进行归结,消去 $P(a)$ 与 $\neg P(a)$,得到如下归结式:

$$Q(a) \vee R(y)$$

下面给出谓词逻辑中关于归结的定义。

定义 4.11 设 C_1 与 C_2 是两个没有相同变元的子句,L_1 和 L_2 分别是 C_1 和 C_2 中的文字,若 σ 是 L_1 和 $\neg L_2$ 的最一般合一,则称

$$C_{12} = (C_1\sigma - \{L_1\sigma\}) \bigcup (C_2\sigma - \{L_2\sigma\})$$

为 C_1 和 C_2 的二元归结式,L_1 和 L_2 称为归结式上的文字。

例 4.10 设

$$C_1 = P(a) \vee \neg Q(x) \vee R(x)$$
$$C_2 = \neg P(y) \vee Q(b)$$

若选 $L_1 = P(a), L_2 = \neg P(y)$,则 $\sigma = \{a/y\}$ 是 L_1 与 $\neg L_2$ 的最一般合一。

根据定义 4.11,可得:

$$\begin{aligned}
C_{12} &= (C_1\sigma - \{L_1\sigma\}) \bigcup (C_2\sigma - \{L_2\sigma\}) \\
&= (\{P(a), \neg Q(x), R(x)\} - \{P(a)\}) \\
&\quad \bigcup (\{\neg P(a), Q(b)\} - \{\neg P(a)\}) \\
&= (\{\neg Q(x), R(x)\}) \bigcup (\{Q(b)\}) \\
&= \{\neg Q(x), R(x), Q(b)\} \\
&= \neg Q(x) \vee R(x) \vee Q(b)
\end{aligned}$$

若选 $L_1 = \neg Q(x)$, $L_2 = Q(b)$, $\sigma = \{b/x\}$,则可得:

$$\begin{aligned}
C_{12} &= (\{P(a), \neg Q(b), R(b)\} - \{\neg Q(b)\}) \\
&\quad \bigcup (\{\neg P(y), Q(b)\} - \{Q(b)\}) \\
&= (\{P(a), R(b)\}) \bigcup (\{\neg P(y)\}) \\
&= \{P(a), R(b), \neg P(y)\} \\
&= P(a) \vee R(b) \vee \neg P(y)
\end{aligned}$$

例 4.11 设

$$C_1 = P(x) \vee Q(a), \qquad C_2 = \neg P(b) \vee R(x)$$

由于 C_1 与 C_2 有相同的变元,不符合定义 4.11 的要求。为了进行归结,需修改 C_2 中变元的名字,令 $C_2 = \neg P(b) \vee R(y)$。此时,

$$L_1 = P(x), \quad L_2 = \neg P(b)。$$

L_1 与 $\neg L_2$ 的最一般合一 $\sigma = \{b/x\}$。则

$$\begin{aligned}
C_{12} &= (\{P(b), Q(a)\} - \{P(b)\}) \\
&\quad \bigcup (\{\neg P(b), R(y)\} - \{\neg P(b)\}) \\
&= \{Q(a), R(y)\} \\
&= Q(a) \vee R(y)
\end{aligned}$$

如果在参加归结的子句内部含有可合一的文字,则在进行归结之前应对这些文字先进行合一。例如,设有如下两个子句:

$$C_1 = P(x) \vee P(f(a)) \vee Q(x)$$

$$C_2 = \neg P(y) \lor R(b)$$

在 C_1 中有可合一的文字 $P(x)$ 与 $P(f(a))$，若用它们的最一般合一 $\theta = \{f(a)/x\}$ 进行代换，得到

$$C_1\theta = P(f(a)) \lor Q(f(a))$$

此时可对 $C_1\theta$ 和 C_2 进行归结，从而得到 C_1 与 C_2 的二元归结式。

对 $C_1\theta$ 和 C_2 分别选 $L_1 = P(f(a))$，$L_2 = \neg P(y)$。L_1 和 $\neg L_2$ 的最一般合一是 $\sigma = \{f(a)/y\}$，则

$$C_{12} = R(b) \lor Q(f(a))$$

在上例中，把 $C_1\theta$ 称为 C_1 的因子。一般来说，若子句 C 中有两个或两个以上的文字具有最一般合一 σ，则称 $C\sigma$ 为子句 C 的因子。如果 $C\sigma$ 是一个单文字，则称它为 C 的单元因子。

应用因子的概念，可对谓词逻辑中的归结原理给出如下定义。

定义 4.12　子句 C_1 和 C_2 的归结式是下列二元归结式之一：

(1) C_1 与 C_2 的二元归结式；

(2) C_1 与 C_2 的因子 $C_2\sigma_2$ 的二元归结式；

(3) C_1 的因子 $C_1\sigma_1$ 与 C_2 的二元归结式；

(4) C_1 的因子 $C_1\sigma_1$ 与 C_2 的因子 $C_2\sigma_2$ 的二元归结式。

对于谓词逻辑，定理 4.4 仍然适用，即归结式是它的亲本子句的逻辑结论。用归结式取代它在子句集 S 中的亲本子句所得到的新子句集仍然保持着原子句集 S 的不可满足性。

另外，对于一阶谓词逻辑，从不可满足的意义上说，归结原理也是完备的。即若子句集是不可满足的，则必存在一个从该子句集到空子句的归结演绎；若从子句集存在一个到空子句的演绎，则该子句集是不可满足的。关于归结原理的完备性可用海伯伦的有关理论进行证明，这里不再一一列出了。

4.3.4　归结反演

归结原理给出了证明子句集不可满足性的方法。根据定理 2.1，如欲证明 Q 为 $P_1, P_2, \cdots, P_n$ 的逻辑结论，只需证明

$$(P_1 \land P_2 \land \cdots \land P_n) \land \neg Q$$

是不可满足的。再据定理 4.1 可知，在不可满足的意义上，公式

$$(P_1 \land P_2 \land \cdots \land P_n) \land \neg Q$$

与其子句集是等价的。因此，我们可用归结原理来进行定理的自动证明。

应用归结原理证明定理的过程称为归结反演。

设 F 为已知前提的公式集，Q 为目标公式（结论），用归结反演证明 Q 为真的步骤是：

(1) 否定 Q，得到 $\neg Q$；

(2) 把 $\neg Q$ 并入到公式集 F 中，得到 $\{F, \neg Q\}$；

(3) 把公式集 $\{F, \neg Q\}$ 化为子句集 S；

(4) 应用归结原理对子句集 S 中的子句进行归结，并把每次归结得到的归结式都并入 S 中。如此反复进行，若出现了空子句，则停止归结，此时就证明了 Q 为真。

例 4.12　已知：

$$F: \quad (\forall x)((\exists y)(A(x,y) \land B(y)) \to (\exists y)(C(y) \land D(x,y)))$$
$$G: \quad \to (\exists x)C(x) \to (\forall x)(\forall y)(A(x,y) \to \to B(y))$$

求证: G 是 F 的逻辑结论。

证明: 首先把 F 和 $\to G$ 化为子句集:

(1) $\to A(x,y) \lor \to B(y) \lor C(f(x))$ $\Bigg\}$ F

(2) $\to A(x,y) \lor \to B(y) \lor D(x,f(x))$

(3) $\to C(z)$ $\Bigg\}$ $\to G$

(4) $A(a,b)$

(5) $B(b)$

下面进行归结:

(6) $\to A(x,y) \lor \to B(y)$ 由(1)与(3)归结,$\{f(x)/z\}$

(7) $\to B(b)$ 由(4)与(6)归结,$\{a/x, b/y\}$

(8) NIL(空子句)   由(5)与(7)归结

$\therefore G$ 是 F 的逻辑结论。

上述归结过程可用图 4-6 的归结树表示。

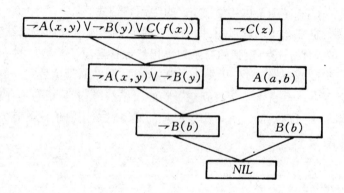

图 4-6 例 4.12 的归结树

例 4.13 在第 3 章的例 3.2 中曾经得到如下公式:

F_1: $(\forall x)(N(x) \to GZ(x) \land I(x))$ 自然数都是大于零的整数。

F_2: $(\forall x)(I(x) \to E(x) \lor O(x))$ 所有整数不是偶数就是奇数。

F_3: $(\forall x)(E(x) \to I(S(x)))$ 偶数除以 2 是整数。

求证: 所有自然数不是奇数就是其一半为整数的数。

证明: 首先把要求证的问题用谓词公式表示出来:

$$G: \quad (\forall x)(N(x) \to (O(x) \lor I(S(x))))$$

把 F_1, F_2, F_3 及 $\to G$ 化成子句集:

(1) $\to N(x) \lor GZ(x)$ $\Big\}$ F_1

(2) $\to N(u) \lor I(u)$

(3) $\to I(y) \lor E(y) \lor O(y)$ $\}$ F_2

(4) $\to E(z) \lor I(S(z))$ $\}$ F_3

134

(5) $N(t)$

(6) $\to O(t)$ $\left.\right\}$ $\to G$

(7) $\to I(S(t))$

对上述子句进行归结：

(8) $\to I(y) \lor E(y)$ (3)与(6)归结,$\{y/t\}$

(9) $\to E(z)$ (4)与(7)归结,$\{z/t\}$

(10) $\to I(y)$ (8)与(9)归结,$\{y/z\}$

(11) $\to N(u)$ (2)与(10)归结,$\{u/y\}$

(12) NIL (5)与(11)归结,$\{u/t\}$

∴ 所有自然数不是奇数就是其一半为整数的数。

上述归结过程可用图 4-7 的归结树表示。

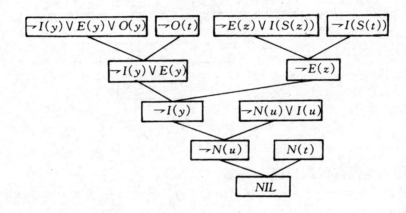

图 4-7　例 4.13 的归结树

例 4.14　某公司招聘工作人员，A,B,C 三人应试，经面试后公司表示如下想法：

(1) 三人中至少录取一人。

(2) 如果录取 A 而不录取 B，则一定录取 C。

(3) 如果录取 B，则一定录取 C。

求证:公司一定录取 C。

证明:设用 $P(x)$ 表示录取 x。

把公司的想法用谓词公式表示如下：

(1) $P(A) \lor P(B) \lor P(C)$

(2) $P(A) \land \to P(B) \to P(C)$

(3) $P(B) \to P(C)$

把要求证的问题否定，并用谓词公式表示出来：

(4) $\to P(C)$

把上述公式化成子句集：

(1) $P(A) \lor P(B) \lor P(C)$

(2) $\to P(A) \lor P(B) \lor P(C)$

(3) $\to P(B) \lor P(C)$

135

(4) $\neg P(C)$

应用归结原理进行归结：

(5) $P(B) \vee P(C)$ (1)与(2)归结

(6) $P(C)$ (3)与(5)归结

(7) NIL (4)与(6)归结

∴ 公司一定录取 C。

上述归结过程可用图 4-8 的归结树表示。

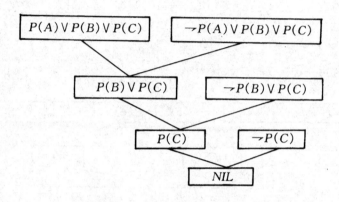

图 4-8　例 4.14 的归结树

4.3.5　应用归结原理求取问题的答案

归结原理除了可用于定理证明外,还可用来求取问题的答案,其思想与定理证明类似,下面列出求解的步骤:

（1）把已知前提用谓词公式表示出来,并且化为相应的子句集,设该子句集的名字为 S;

（2）把待求解的问题也用谓词公式表示出来,然后把它否定并与谓词 ANSWER 构成析取式,ANSWER 是一个为了求解问题而专设的谓词,其变元必须与问题公式的变元完全一致;

（3）把此析取式化为子句集,并且把该子句集并入到子句集 S 中,得到子句集 S';

（4）对 S' 应用归结原理进行归结;

（5）若得到归结式 ANSWER,则答案就在 ANSWER 中。

例 4.15　已知:

F_1: 王(Wang)先生是小李(Li)的老师。

F_2: 小李与小张(Zhang)是同班同学。

F_3: 如果 x 与 y 是同班同学,则 x 的老师也是 y 的老师。

求:小张的老师是谁?

解:首先定义谓词:

$T(x,y)$: x 是 y 的老师。

$C(x,y)$: x 与 y 是同班同学。

把已知前提及待求解的问题表示成谓词公式:

F_1: $T(Wang, Li)$

136

F_2:　$C(Li, Zhang)$

F_3:　$(\forall x)(\forall y)(\forall z)(C(x,y) \land T(z,x) \rightarrow T(z,y))$

G:　$\neg(\exists x)T(x, Zhang) \lor ANSWER(x)$

把上述公式化为子句集：

(1) $T(Wang, Li)$

(2) $C(Li, Zhang)$

(3) $\neg C(x,y) \lor \neg T(z,x) \lor T(z,y)$

(4) $\neg T(u, Zhang) \lor ANSWER(u)$

应用归结原理进行归结：

(5) $\neg C(Li,y) \lor T(Wang,y)$ 　　　　　　(1)与(3)归结

(6) $\neg C(Li, Zhang) \lor ANSWER(Wang)$ 　　(4)与(5)归结

(7) $ANSWER(Wang)$ 　　　　　　　　　　(2)与(6)归结

由 $ANSWER(Wang)$ 得知小张的老师是王老师。

上述归结过程可用图 4-9 的归结树表示。

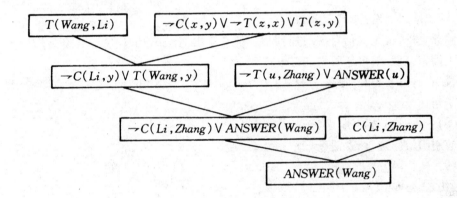

图 4-9　例 4.15 的归结树

例 4.16　设 A, B, C 三人中有人从不说真话，也有人从不说假话，某人向这三人分别提出同一个问题：谁是说谎者？ A 答："B 和 C 都是说谎者"；B 答："A 和 C 都是说谎者"；C 答："A 和 B 中至少有一个是说谎者"。求谁是老实人，谁是说谎者？

解：设用 $T(x)$ 表示 x 说真话。

如果 A 说的是真话，则有

$$T(A) \rightarrow \neg T(B) \land \neg T(C)$$

如果 A 说的是假话，则有

$$\neg T(A) \rightarrow T(B) \lor T(C)$$

对 B 和 C 说的话作相同的处理，可得：

$$T(B) \rightarrow \neg T(A) \land \neg T(C)$$

$$\neg T(B) \rightarrow T(A) \lor T(C)$$

$$T(C) \rightarrow \neg T(A) \lor \neg T(B)$$

$$\neg T(C) \rightarrow T(A) \land T(B)$$

137

把上面这些公式化成子句集,得到 S:

(1) $\neg T(A) \lor \neg T(B)$

(2) $\neg T(A) \lor \neg T(C)$

(3) $T(A) \lor T(B) \lor T(C)$

(4) $\neg T(B) \lor \neg T(C)$

(5) $\neg T(C) \lor \neg T(A) \lor \neg T(B)$

(6) $T(C) \lor T(A)$

(7) $T(C) \lor T(B)$

下面首先求谁是老实人。把 $\neg T(x) \lor ANSWER(x)$ 并入 S 得到 S_1。即 S_1 比 S 多如下一个子句:

(8) $\neg T(x) \lor ANSWER(x)$

应用归结原理对 S_1 进行归结:

(9) $\neg T(A) \lor T(C)$ (1)和(7)归结

(10) $T(C)$ (6)和(9)归结

(11) $ANSWER(C)$ (8)和(10)归结

$\therefore$ C 是老实人,即 C 从不说假话。

除此之外,无论如何对 S_1 进行归结,都推不出 $ANSWER(B)$ 与 $ANSWER(A)$。

下面来证明 A 和 B 不是老实人。

设 A 不是老实人,则有 $\neg T(A)$,把它否定并入 S 中,得到子句集 S_2,即 S_2 比 S 多如下一个子句:

(8) $\neg(\neg T(A))$ 即 $T(A)$

应用归结原理对 S_2 进行归结:

(9) $\neg T(A) \lor T(C)$ (1)和(7)归结

(10) $\neg T(A)$ (2)和(9)归结

(11) NIL (8)和(10)归结

$\therefore$ A 不是老实人。

同理,可证明 B 也不是老实人。

由上面的例子可以看出,在归结时并不要求把子句集中的全部子句都用到,只要在定理证明时能归结出空子句,在求取问题答案时能归结出 $ANSWER$ 就可以了。另外,在归结过程中,一个子句还可以多次被用来进行归结。

4.3.6 归结策略

对子句集进行归结时,关键的一步是从子句集中找出可进行归结的一对子句。由于事先不知道哪两个子句可以进行归结,更不知道通过对哪些子句对的归结可以尽快地得到空子句,因而必须对子句集中的所有子句逐对地进行比较,对任何一对可归结的子句对都进行归结,这样不仅要耗费许多时间,而且还会因为归结出了许多无用的归结式而多占用了许多存储空间,造成了时空的浪费,降低了效率。为解决这些问题,人们研究出了多种归结策略。这些归结策略大致可分为两大类:一类是删除策略,另一类是限制策略。前一类通过删除某些无用的子句来缩小归结的范围,后一类通过对参加归结的子句进行种种限制,尽可能地减小归结的盲目性,使其尽快地归结出空子句。

下面首先讨论计算机进行归结的一般过程,然后再讨论各种归结策略。

1. 归结的一般过程

设有子句集

$$S = \{C_1, \quad C_2, \quad C_3, \quad C_4\}$$

其中,C_1,C_2,C_3,C_4 是 S 中的子句。计算机对此子句集进行归结的一般过程是:

(1) 从子句 C_1 开始,逐个与 C_2,C_3,C_4 进行比较,看哪两个子句可进行归结。若能找到,就求出归结式。然后用 C_2 与 C_3,C_4 进行比较,凡可归结的都进行归结,最后用 C_3 与 C_4 比较,若能归结也对它们进行归结。经过这一轮的比较及归结后,就会得到一组归结式,称为第一级归结式。

(2) 再从 C_1 开始,用 S 中的子句分别与第一级归结式中的子句逐个地进行比较、归结,这样又会得到一组归结式,称为第二级归结式。

(3) 仍然从 C_1 开始,用 S 中的子句及第一级归结式中的子句逐个地与第二级归结式中的子句进行比较,得到第三级归结式。

如此继续,直到出现了空子句或者不能再继续归结时为止。只要子句集是不可满足的,上述归结过程一定会归结出空子句而终止。

例 4.17 设有子句集:

$$S = \{P, \neg R, \neg P \lor Q, \neg Q \lor R\}$$

归结过程为:

S: (1) P
  (2) $\neg R$
  (3) $\neg P \lor Q$
  (4) $\neg Q \lor R$

S_1: (5) Q (1)与(3)归结 ⎫
  (6) $\neg Q$ (2)与(4)归结 ⎬ 第一级归结式
  (7) $\neg P \lor R$ (3)与(4)归结 ⎭

S_2: (8) R (1)与(7)归结 ⎫
  (9) $\neg P$ (2)与(7)归结 ⎪
  (10) $\neg P$ (3)与(6)归结 ⎬ 第二级归结式
  (11) R (4)与(5)归结 ⎭

S_3: (12) NIL (1)与(9)归结 ⎰ 第三级归结式

由此例可以看出,按一般归结过程进行归结时,不仅归结出了许多无用的子句,而且有一些归结式还是重复的,既浪费时间又多占空间。

2. 删除策略

归结过程是一个不断寻找可归结子句的过程,子句越多,付出的代价就越大。如果在归结时能把子句集中的无用子句删除掉,这样就会缩小寻找范围,减少比较次数,从而提高归结的效率。删除策略正是出于这一考虑提出来的,它有以下几种删除方法:

(1) 纯文字删除法。如果某文字 L 在子句集中不存在可与之互补的文字 $\neg L$,则称该文字为纯文字。显然,在归结时纯文字不可能被消去,因而用包含它的子句进行归结时不可能得

139

到空子句,即这样的子句对归结是无意义的,所以可以把它所在的子句从子句集中删去,这样不会影响子句集的不可满足性。例如,设有子句集:

$$S = \{P \vee Q \vee R, \quad \rightarrow Q \vee R, \quad Q, \quad \rightarrow R\}$$

其中,P 是纯文字,因此可将子句 $P \vee Q \vee R$ 从 S 中删去。

(2) 重言式删除法。如果一个子句中同时包含互补文字对,则称该子句为重言式。例如 $P(x) \vee \rightarrow P(x)$,$P(x) \vee Q(x) \vee \rightarrow P(x)$ 都是重言式。重言式是真值为真的子句,就以上例来说,不管 $P(x)$ 为真还是为假,$P(x) \vee \rightarrow P(x)$ 以及 $P(x) \vee Q(x) \vee \rightarrow P(x)$ 都均为真。对于一个子句集来说,不管是增加或者删去一个真值为真的子句都不会影响它的不可满足性,因而可从子句集中删去重言式。

(3) 包孕删除法。设有子句 C_1 和 C_2,如果存在一个代换 σ,使得 $C_1\sigma \subseteq C_2$,则称 C_1 包孕于 C_2。例如:

$P(x)$ 包孕于	$P(y) \vee Q(z)$	$\sigma = \{y/x\}$
$P(x)$ 包孕于	$P(a)$	$\sigma = \{a/x\}$
$P(x)$ 包孕于	$P(a) \vee Q(z)$	$\sigma = \{a/x\}$
$P(x) \vee Q(a)$ 包孕于	$P(f(a)) \vee Q(a) \vee R(y)$	$\sigma = \{f(a)/x\}$
$P(x) \vee Q(y)$ 包孕于	$P(a) \vee Q(u) \vee R(w)$	$\sigma = \{a/x, u/y\}$

把子句集中包孕的子句删去后,不会影响子句集的不可满足性,因而可从子句集中删去。

3. 支持集策略

支持集策略是沃斯(Wos)等人在 1965 年提出的一种归结策略。它对参加归结的子句提出了如下限制:每一次归结时,亲本子句中至少应有一个是由目标公式的否定所得到的子句,或者是它们的后裔。可以证明,支持集策略是完备的,即若子句集是不可满足的,则由支持集策略一定可以归结出空子句。

例 4.18 设有子句集:

$$S = \{\rightarrow I(x) \vee R(x), I(a), \rightarrow R(y) \vee \rightarrow L(y), L(a)\}$$

其中 $\rightarrow I(x) \vee R(x)$ 是目标公式否定后得到的子句。

用支持集策略进行归结的过程是:

$S:$ (1) $\rightarrow I(x) \vee R(x)$

     (2) $I(a)$

     (3) $\rightarrow R(y) \vee \rightarrow L(y)$

     (4) $L(a)$

$S_1:$ (5) $R(a)$ (1)与(2)归结

     (6) $\rightarrow I(x) \vee \rightarrow L(x)$ (1)与(3)归结

$S_2:$ (7) $\rightarrow L(a)$ (2)与(6)归结

     (8) $\rightarrow L(a)$ (3)与(5)归结

     (9) $\rightarrow I(a)$ (4)与(6)归结

$S_3:$ (10) NIL (2)与(9)归结

上述归结过程可用图 4-10 直观地表示出来。

4. 线性输入策略

这种归结策略对参加归结的子句提出了如下限制:参加归结的两个子句中必须至少有一

个是初始子句集中的子句。所谓初始子句集是指初始时要求进行归结的那个子句集。例如在归结反演中,初始子句集就是由已知前提及结论的否定化来的子句集。

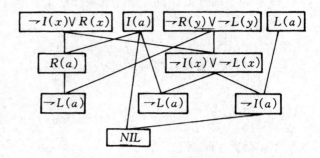

图 4-10　支持集策略

例 4.19　用线性输入策略对上例的子句集进行归结。

S：（1）$\neg I(x) \lor R(x)$

　　（2）$I(a)$

　　（3）$\neg R(y) \lor \neg L(y)$

　　（4）$L(a)$

S_1：（5）$R(a)$　　　　　　　　（1）与（2）归结

　　（6）$\neg I(x) \lor \neg L(x)$　　（1）与（3）归结

　　（7）$\neg R(a)$　　　　　　　（3）与（4）归结

S_2：（8）$\neg I(a)$　　　　　　　（1）与（7）归结

　　（9）$\neg L(a)$　　　　　　　（2）与（6）归结

　　（10）$\neg L(a)$　　　　　　（3）与（5）归结

　　（11）$\neg I(a)$　　　　　　（4）与（6）归结

S_3：（12）NIL　　　　　　　　（2）与（8）归结

上述归结过程可用图 4-11 直观地表示出来。

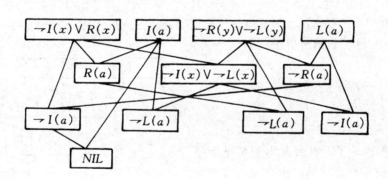

图 4-11　线性输入策略

线性输入策略可限制生成归结式的数量,具有简单、高效的优点,但它是不完备的。也就是说,即使子句集是不可满足的,用线性输入策略进行归结时也不一定能归结出空子句。例如,对于子句集

$$S = \{P(x) \lor Q(x), \neg P(y) \lor Q(y), P(u) \lor \neg Q(u), \neg P(t) \lor \neg Q(t)\}$$

可以证明它是不可满足的,但用线性输入策略却归结不出空子句。

5. 单文字子句策略

如果一个子句只包含一个文字,则称它为单文字子句。

单文字子句策略要求参加归结的两个子句中必须至少有一个是单文字子句。

141

例 4.20 对例 4.18 给出的子句集按单文字子句策略进行归结。其归结过程为：

S：(1) $\rightarrow I(x) \lor R(x)$

　　(2) $I(a)$

　　(3) $\rightarrow R(y) \lor \rightarrow L(y)$

　　(4) $L(a)$

S_1：(5) $R(a)$　　　　　　　　　　　　(1)与(2)归结

　　(6) $\rightarrow R(a)$　　　　　　　　　　(3)与(4)归结

S_2：(7) $\rightarrow I(a)$　　　　　　　　　　(1)与(6)归结

　　(8) $\rightarrow L(a)$　　　　　　　　　　(3)与(5)归结

S_3：NIL　　　　　　　　　　　　　　(2)与(7)归结

用单文字子句策略归结时，归结式将比亲本子句含有较少的文字，这有利于朝着空子句的方向前进，因此它有较高的归结效率。但是，这种归结策略是不完备的。当初始子句集中不包含单文字子句时，归结就无法进行。

6. 祖先过滤形策略

该策略与线性输入策略比较相似，但放宽了限制。当对两个子句 C_1 和 C_2 进行归结时，只要它们满足下述两个条件中的任意一个就可进行归结：

(1) C_1 与 C_2 中至少有一个是初始子句集中的子句。

(2) 如果两个子句都不是初始子句集中的子句，则一个应是另一个的祖先。所谓一个子句(例如 C_1)是另一个子句(例如 C_2)的祖先是指 C_2 是由 C_1 与别的子句归结后得到的归结式。

例 4.21 设有子句集 $S = \{\rightarrow P(x) \lor Q(x),\ \ \rightarrow P(y) \lor \rightarrow Q(y),\ \ P(u) \lor Q(u),$
$P(t) \lor \rightarrow Q(t)\}$，用祖先过滤形策略进行归结时，归结过程如图 4-12 所示。

在此例中，最后归结出空子句的两个子句是：

$$C_1 = \rightarrow P(x)\qquad C_2 = P(u)$$

其中，C_1 是 C_2 的祖先。

可以证明，祖先过滤形策略是完备的。

以上我们讨论了几种最基本的归结策略，在具体应用时可把几种策略组合在一起使用。另外，上面列出的归结过程都是按广度优先策略(见第 6 章)进行搜索的，当然也可用其它策略进行搜索，可根据实际情况决定。

以上讨论了归结演绎推理，这是在自动定理证明领域影响较大的一种推理方法，由于它

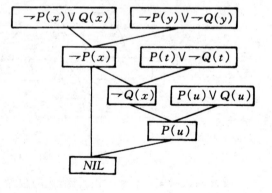

图 4-12　祖先过滤形策略

比较简单且又便于在计算机上实现，因而受到人们的普遍重视。但由于它要求把逻辑公式转化成子句集，亦带来了如下问题：

(1) 不便于阅读与理解。例如对语句"鸟能飞"，若用逻辑公式表示，即

$$(\forall x)(Bird(x) \rightarrow Canfly(x))$$

这就很自然,便于理解。但若用子句形式表示,即
$$\to Bird(x) \vee Canfly(x)$$
就不够直观、自然,不便于理解。

(2) 有可能丢失一些重要的控制信息。例如对下列逻辑公式:
$$(\to A \wedge \to B) \to C$$
$$(\to A \wedge \to C) \to B$$
$$(\to B \wedge \to C) \to A$$
$$\to A \to (B \vee C)$$
$$\to B \to (A \vee C)$$
$$\to C \to (A \vee B)$$
它们分别具有不同的逻辑控制信息,但若把它们分别化为子句,则得到的子句却是相同的,即
$$A \vee B \vee C$$
这样就把上述各逻辑公式中包含的控制性信息丢失了。

针对归结演绎推理存在的上述问题,人们提出了多种非子句定理证明方法,除上一节讨论的自然演绎推理外,尼尔逊提出的基于与/或形的演绎推理也是其中的一种,将在下一节讨论。

4.4 与/或形演绎推理

本节将在经典逻辑基础上讨论用与/或形表示知识进行定理证明的方法。它与上节讨论的归结演绎推理不同:归结演绎推理要求把有关问题的知识及目标的否定都化成子句形式,然后通过归结进行演绎推理,其推理规则只有一条,即归结规则;而本节讨论的与/或形演绎推理,不再把有关知识转化为子句集,并且把领域知识及已知事实分别用蕴含式及与/或形表示出来,然后通过运用蕴含式进行演绎推理,从而证明某个目标公式。

与/或形演绎推理分为正向演绎、逆向演绎及双向演绎这三种推理形式,下面分别进行讨论。

4.4.1 与/或形正向演绎推理

与/或形正向演绎推理对应于4.1.3讨论的正向推理,它是从已知事实出发,正向地使用蕴含式(F规则)进行演绎推理,直至得到某个目标公式的一个终止条件为止。

在这种推理中,对已知事实、F规则及目标公式的表示形式都有一定的要求,如果不是所要求的形式,就需要进行变换。

1. 事实表达式的与/或形变换及其树形表示

与/或形正向演绎推理要求已知事实用不含蕴含符号"→"的与/或形表示。把一个公式化为与/或形的步骤与化子句集类似,只是不必把公式化为子句的合取形式,也不能消去公式中的合取词。具体为:

(1) 利用 $P \to Q \Leftrightarrow \to P \vee Q$ 消去公式中的"→";

(2) 利用德·摩根律及量词转换律把"→"移到紧靠谓词的位置上;

(3) 重新命名变元名,使不同量词约束的变元有不同的名字;

(4) 引入 Skolem 函数消去存在量词；

(5) 消去全称量词，且使各主要合取式中的变元不同名。

例如对如下事实表达式：

$$(\exists x)(\forall y)\{Q(y,x) \wedge \rightarrow [(R(y) \vee P(y)) \wedge S(x,y)]\}$$

按上述步骤进行转化后得到：

$$Q(z,a) \wedge \{[\rightarrow R(y) \wedge \rightarrow P(y)] \vee \rightarrow S(a,y)\}$$

这是一个不包含"→"的表达式，称为与/或形。

事实表达式的与/或形可用一棵与/或树表示出来，如对上例可用图 4-13 所示的与/或树表示。

在图 4-13 中，每个节点表示相应事实表达式的一个子表达式，叶节点为谓词公式中的文字。对于用析取符号"∨"连接而成的表达式，例如 $E_1 \vee E_2 \vee \cdots \vee E_n$，其后继节点 $E_1, E_2, \cdots, E_n$ 用一个 n 连接符（即图中的半圆弧）把它们连接起来。对于用合取符号"∧"连接而成的表达式，无须用连接符连接。

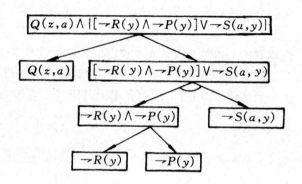

图 4-13 事实表达式的与/或树表示

如果把与/或树中用连接符连接的节点视为具有"与"关系，把不用连接符连接的节点视为具有"或"关系，那么由叶节点所组成的公式：

$$Q(z,a)$$
$$\rightarrow R(y) \vee \rightarrow S(a,y)$$
$$\rightarrow P(y) \vee \rightarrow S(a,y)$$

恰好是由原表达式化成的子句集。

2. F 规则的表示形式

在与/或形正向演绎推理中，通常要求 F 规则具有如下形式：

$$L \rightarrow W$$

其中，L 为单文字，W 为与/或形。

之所以限制 F 规则的左部为单文字，是因为在进行演绎推理时，要用 F 规则作用于表示事实的与/或树，而该与/或树的叶节点都是单文字，这样就可用 F 规则的左部与叶节点进行简单匹配（合一）。

如果领域知识的表示形式不是所要求的形式，则需通过变换将它变成规定的形式，变换步骤为：

(1) 暂时消去蕴含符号"→"。例如对公式

$$(\forall x)\{[(\exists y)(\forall z)P(x,y,z)] \rightarrow (\forall u)Q(x,u)\}$$

通过运用等价关系 $P \rightarrow Q \Leftrightarrow \rightarrow P \vee Q$ 可变为：

$$(\forall x)\{\rightarrow [(\exists y)(\forall z)P(x,y,z)] \vee (\forall u)Q(x,u)\}$$

(2) 把"→"移到紧靠谓词的位置上。通过运用德·摩根律及量词转换律可把"→"移到括

144

弧中,经移动"→",上式变为:

$$(\forall x)\{(\forall y)(\exists z)[\to P(x,y,z)] \lor (\forall u)Q(x,u)\}$$

(3) 引入 Skolem 函数消去存在量词。消去存在量词后,上式变为:

$$(\forall x)\{(\forall y)[\to P(x,y,f(x,y))] \lor (\forall u)Q(x,u)\}$$

(4) 消去全称量词。消去全称量词后,上式变为:

$$\to P(x,y,f(x,y)) \lor Q(x,u)$$

此时公式中的变元都被视为是受全称量词约束的变元。

(5) 恢复为蕴含式。利用等价关系 $\to P \lor Q \Leftrightarrow P \to Q$ 将上式变为:

$$P(x,y,f(x,y)) \to Q(x,u)$$

3. 目标公式的表示形式

在与/或形正向演绎推理中,要求目标公式用子句表示,否则就需要化成子句形式,转化方法如上节所述。

4. 推理过程

应用 F 规则进行推理的目的在于证明某个目标公式。如果从已知事实的与/或树出发,通过运用 F 规则最终推出了欲证明的目标公式,则推理就可成功结束。其推理过程为:

(1) 首先用与/或树把已知事实表示出来;

(2) 用 F 规则的左部和与/或树的叶节点进行匹配,并将匹配成功的 F 规则加入到与/或树中;

(3) 重复第(2)步,直到产生一个含有以目标节点作为终止节点的解图为止。

例 4.22 设已知事实为

$$A \lor B$$

F 规则为:

$r_1:\qquad A \to C \land D$

$r_2:\qquad B \to E \land G$

欲证明的目标公式为

$$C \lor G$$

其证明过程如图 4-14 所示。其中,为把这里所说的与/或树与一般意义下的与/或树区别开来,将它按倒置的形式存放,双箭头表示匹配。

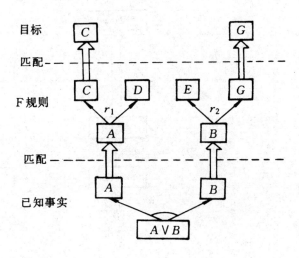

图 4-14　例 4.22 推理过程

为验证上述推理的正确性,下面再用归结演绎推理来进行证明。由已知事实、F 规则及目标的否定所构成的子句集为:

$$A \lor B$$
$$\to A \lor C, \qquad \to A \lor D$$
$$\to B \lor E, \qquad \to B \lor G$$
$$\to C, \qquad\qquad \to G$$

其归结过程如图 4-15 所示。

由图 4-15 可以看出，用归结演绎推理对已知事实、F 规则及目标的否定所构成的子句集进行归结，得到了空子句 NIL，从而使目标公式 $C \lor G$ 得到了证明，这与用正向规则演绎推理得到的结果是一致的。

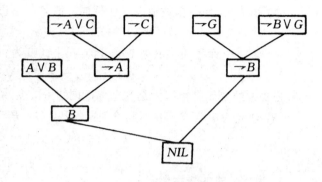

图 4-15　例 4.22 的归结树

对于用谓词公式表示已知事实及 F 规则的情形，推理中需要用最一般的合一进行变元的代换，下面用例子说明。

例 4.23　设已知事实为

$$\neg P(a) \lor \{Q(a) \land R(a)\}$$

F 规则为：

$$r_1: \qquad \neg P(x) \to \neg S(x)$$
$$r_2: \qquad Q(y) \to N(y)$$

欲证明的目标公式为

$$\neg S(z) \lor N(z)$$

其推理过程如图 4-16 所示。

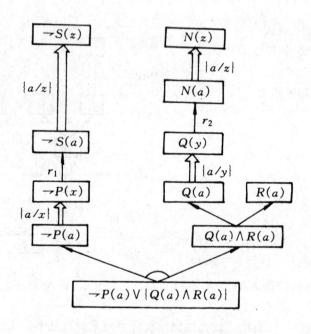

图 4-16　例 4.23 的推理过程

4.4.2　与/或形逆向演绎推理

与/或形逆向演绎推理是从待证明的问题(目标)出发，通过逆向地使用蕴含式(B 规则)进行演绎推理，直到得到包含已知事实的终止条件为止。

与/或形逆向演绎推理对目标公式、B 规则及已知事实的表示形式也有一定的要求,若不符合,就需要进行变换。

1. 目标公式的与/或形变换及其树形表示

在与/或形逆向演绎推理中,要求目标公式用与/或形表示,其变换过程与正向演绎推理中对已知事实的变换相似,只是要用存在量词约束的变元的 Skolem 函数替换由全称量词约束的相应变元,并且消去全称量词,然后再消去存在量词,这是与正向演绎推理中对已知事实进行变换的不同之处。例如对如下目标公式:

$$(\exists y)(\forall x)\{P(x) \to [Q(x,y) \wedge \neg(R(x) \wedge S(y))]\}$$

经变换后得到

$$\neg P(f(z)) \vee \{Q(f(y),y) \wedge [\neg R(f(y)) \vee \neg S(y)]\}$$

变换时应注意使各个主要的析取式具有不同的变元名。

目标公式的与/或形可用与/或树表示出来,但其表示方式与正向演绎推理中对已知事实的与/或树表示也略有不同,它的 n 连接符用来把具有合取关系的子表达式连接起来,而在正向演绎推理中是把已知事实中具有析取关系的子表达式连接起来。对于上例,可用图 4-17 所示的与/或树表示。

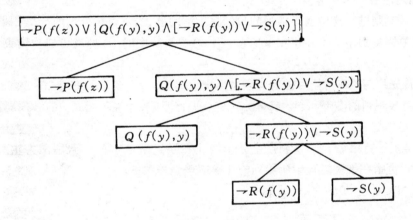

图 4-17　一个目标公式的与/或形表示

在图 4-17 中,若把叶节点用它们之间的合取及析取关系连接起来,就可得到原目标公式的三个子目标:

$$\neg P(f(z))$$
$$Q(f(y),y) \wedge \neg R(f(y))$$
$$Q(f(y),y) \wedge \neg S(y)$$

可见子目标是文字的合取式。

2. B 规则的表示形式

B 规则的表示形式为

$$W \to L$$

其中,W 为任一与/或形公式;L 为文字。

这里,之所以限制规则的右部为文字,是因为推理时要用它与目标与/或树中的叶节点进

147

行匹配(合一),而目标与/或树中的叶节点是文字。

如果已知的 B 规则不是所要求的形式,可用与转化 F 规则类似的方法把它化成规定的形式,特别是对于像

$$W \rightarrow (L_1 \wedge L_2)$$

这样的蕴含式可化为两个 B 规则:

$$W \rightarrow L_1, \qquad W \rightarrow L_2$$

3.已知事实的表示形式

在逆向演绎推理中,要求已知事实是文字的合取式,即形如

$$F_1 \wedge F_2 \wedge \cdots \wedge F_n$$

在问题求解中,由于每个 $F_i(i=1,2,\cdots,n)$ 都可单独起作用,因此可把上面公式表示为事实的集合:

$$\{F_1, F_2, \cdots, F_n\}$$

4.推理过程

应用 B 规则进行逆向演绎推理的目的是求解问题,当从目标公式的与/或树出发,通过运用 B 规则最终得到了某个终止在事实节点上的一致解图时,推理就可成功结束,其推理过程为:

(1)首先用与/或树把目标公式表示出来;

(2)用 B 规则的右部和与/或树的叶节点进行匹配,并将匹配成功的 B 规则加入到与/或树中;

(3)重复进行第(2)步,直到产生某个终止在事实节点上的一致解图为止。这里所说的"一致解图"是指在推理过程中所用到的代换应该是一致的。

例 4.24 设有如下事实及规则:

事实:

f_1:　　$DOG\ (Fido)$　　　　　　　　　　$Fido$ 是一只狗

f_2:　　$\neg BARKS\ (Fido)$　　　　　　　　$Fido$ 不吠叫

f_3:　　$WAGS\text{-}TAIL\ (Fido)$　　　　　　$Fido$ 摇尾巴

f_4:　　$MEOWS\ (Myrtle)$　　　　　　　　$Myrtle$ 咪咪叫

规则:

r_1:　　$(WAGS\text{-}TAIL(x_1) \wedge DOG(x_1)) \rightarrow FRIENDLY(x_1)$

　　　　　　　　　　　　　　　　　　　狗以摇尾巴表示友好

r_2:　　$(FRIENDLY(x_2) \wedge \neg BARKS(x_2)) \rightarrow \neg AFRAID(y_2, x_2)$

　　　　　　　　　　　　　　　　　　　友好且不吠叫的狗不可怕

r_3:　　$DOG(x_3) \rightarrow ANIMAL(x_3)$　　　　狗是动物

r_4:　　$CAT(x_4) \rightarrow ANIMAL(x_4)$　　　　猫是动物

r_5:　　$MEOWS(x_5) \rightarrow CAT(x_5)$　　　　咪咪叫者是猫

假设现在的问题是:是否有这样的一只猫和一条狗,而且这只猫不怕这条狗?

148

该问题的目标公式为

$$(\exists x)(\exists y)[CAT(x) \wedge DOG(y) \wedge \neg AFRAID(x,y)]$$

求解该问题的过程如图 4-18 所示。

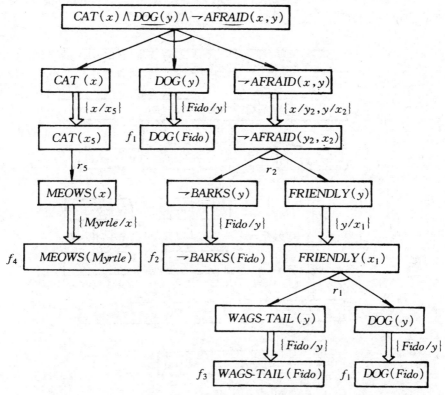

图 4-18　例 4.24 的推理过程

该推理过程得到的解图是一致解图。图中有八条匹配弧,每条弧上都有一个代换,终止在事实节点上的代换为 $\{Myrtle/x\}$ 和 $\{Fido/y\}$。把它们应用到目标公式,就得到了该问题的解:

$$CAT(Myrtle) \wedge DOG(Fido) \wedge \neg AFRAID(Myrtle,Fido)$$

它表示:有这样一只名叫 $Myrtle$ 的猫和一只名叫 $Fido$ 的狗,这只猫不怕那只狗。

4.4.3　与/或形双向演绎推理

与/或形正向演绎推理要求目标公式是文字的析取式,与/或形逆向演绎推理要求事实公式为文字的合取式,都有一定的局限性,为克服这些局限性,并充分发挥各自的长处,可进行双向演绎推理。

与/或形双向演绎推理是建立在正向演绎推理与逆向演绎推理基础上的,它由表示目标及表示已知事实的两个与/或树结构组成,这些与/或树分别由正向演绎的 F 规则及逆向演绎的 B 规则进行操作,并且仍然限制 F 规则为单文字的左部,B 规则为单文字的右部。

双向演绎推理的难点在于终止条件,因为分别从正、逆两个方向进行推理,其与/或树分别向着对方扩展,只有当它们对应的叶节点都可合一时,推理才能结束,其时机与判断都难于掌握。下面用一个例子说明它的推理过程。

例 4.25 设已知事实及目标分别为：

$$Q(x,a) \wedge [\rightarrow R(x) \vee \rightarrow S(a)]$$

$$\rightarrow P(f(y)) \vee \{Q(f(y),y) \wedge [\rightarrow R(f(y)) \vee \rightarrow S(y)]\}$$

分别从已知事实和目标出发进行的双向推理如图 4-19 所示。

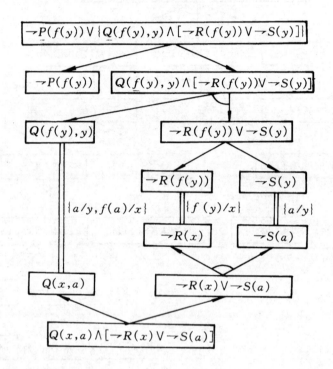

图 4-19　双向推理

在图 4-19 中，所用到的代换，即 $\{a/y, f(a)/x\}$ 是一致的。这里，既没有使用 B 规则，也没使用 F 规则，目的是说明正向及逆向推理是如何接头的。

4.4.4　代换的一致性及剪枝策略

1. 代换的一致性

无论对与／或形的正向演绎推理还是逆向演绎推理，都要求推理过程中所用的代换具有一致性，下面给出一致性的定义。

定义 4.13 设代换集合

$$\theta = \{\theta_1, \theta_2, \cdots, \theta_n\}$$

中第 i 个代换 $\theta_i(i=1,2,\cdots,n)$ 为

$$\theta_i = \{t_{i1}/x_{i1}, t_{i2}/x_{i2}, \cdots, t_{im(i)}/x_{im(i)}\}$$

其中，t_{ij} 为项，x_{ij} 为变元 $(j=1,2,\cdots,m(i))$，则代换集 θ 是一致的充要条件是如下两个元组：

$$T = \{t_{11}, t_{12}, \cdots, t_{1m(1)}, t_{21}, \cdots, t_{2m(2)}, \cdots, t_{nm(n)}\}$$

$$X = \{x_{11}, x_{12}, \cdots, x_{1m(1)}, x_{21}, \cdots, x_{2m(2)}, \cdots, x_{nm(n)}\}$$

可合一。

150

例如:

(1) 设 $\theta_1 = \{x / y\}$, $\theta_2 = \{y / z\}$,则 $\theta = \{\theta_1, \theta_2\}$ 是一致的。

(2) 设 $\theta_1 = \{f(g(x_1)) / x_3, f(x_2) / x_4\}$, $\theta_2 = \{x_4 / x_3, g(x_1) / x_2\}$,则 $\theta = \{\theta_1, \theta_2\}$ 是一致的。

(3) 设 $\theta_1 = \{a / x\}$, $\theta_2 = \{b / x\}$,则 $\theta = \{\theta_1, \theta_2\}$ 是不一致的。

(4) 设 $\theta_1 = \{g(y) / x\}$, $\theta_2 = \{f(x) / y\}$,则 $\theta = \{\theta_1, \theta_2\}$ 是不一致的。

2. 剪枝策略

在与/或形演绎推理中,要不断地用 F 规则的左部(正向演绎推理)或 B 规则的右部(逆向演绎推理)和与/或树的叶节点进行匹配(合一),在每一步上可匹配的规则都可能不止一条,为了得到一致解图,应选哪一条? 这里以逆向演绎推理为例讨论一种方法,即剪枝策略。

剪枝策略的基本思想是:每当选用一条规则时,就进行一次一致性检查,如果当前的部分解图是一致的,则继续向下扩展,否则就放弃该规则而选用其它候选规则。由于应用该方法在使用每一条规则时都进行了一致性检查,所以最终得到的解图必然是一致的。另外,由于这种方法可尽早地发现并剪除不一致的分枝,从而避免了大的返工。

例如,设当前的与/或树如图 4-22(a)所示,可用的 B 规则有:

$$r_1: \quad S(z) \rightarrow P(b)$$
$$r_2: \quad R(y) \rightarrow P(y)$$

若首先选用 r_1,则得到代换集合:

$$\{a / x, b / x\}$$

显然它是不一致的,因而必须放弃这一选择。接着选用 r_2,得到的代换集合为

$$\{a / x, x / y\}$$

这是一致的,所以可把 r_2 用于推理,并把它加入到目标与/或树中,如图 4-20(b)所示。

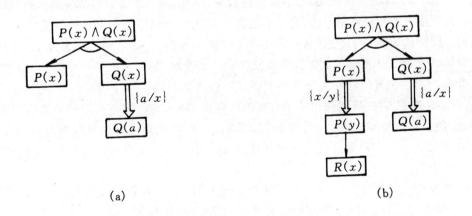

(a)   (b)

图 4-20 剪枝策略

以上讨论了与/或形的演绎推理,它们的优点是不必把公式化为子句集,保留了连接词 "→",这就可直观地表达出因果关系,比较自然。其主要问题是:对正向演绎推理而言,目标表达式被限制为文字的析取式;而对于逆向演绎推理,已知事实的表达式被限制为文字的合取式;正、逆双向演绎推理虽然可以克服以上两个问题,但其"接头"的处理却比较困难。

本 章 小 结

1. 本章讨论了两部分的内容:第一部分(4.1节)讨论了关于推理的一般概念,包括什么是推理、推理的方式及分类、推理的控制策略、模式匹配、冲突消解策略等。这些基本概念不仅适用于这一章,而且也适用于以后章节中关于推理的讨论。另一部分内容是4.2节至4.4节,讨论了基于经典逻辑的三种演绎推理方法。

2. 推理是人工智能中的一个非常重要的问题,为了让计算机具有智能,就必须使它能够进行推理。所谓推理,就是根据一定的原则,从已知的判断得出另一个新判断的思维过程。它是对人类思维的模拟。

3. 人类有多种思维方式,相应地人工智能中也有多种推理方式。其中,演绎推理与归纳推理是用得较多的两种。演绎推理是由一组前提必然地推出某个结论的过程,是由一般到个别的推理,常用的推理形式是三段论,目前在知识系统中主要用的是演绎推理。归纳推理是从足够多的事例中归纳出一般性知识的过程,是由个别到一般的推理,主要用在机器学习中。关于归纳推理的进一步内容以及它与演绎推理的区别,将在第8章(机器学习)中进行讨论。

4. 按逻辑规则进行的推理称为逻辑推理。由于逻辑有经典逻辑与非经典逻辑之分,因而逻辑推理也分为经典逻辑推理与非经典逻辑推理两大类。经典逻辑主要是指命题逻辑与一阶谓词逻辑,由于其真值只有"真"与"假"这两个,因而经典逻辑推理中的已知事实以及推出的结论都是精确的,或者为"真",或者为"假",所以又称经典逻辑推理为精确推理或确定性推理。非经典逻辑是指除经典逻辑外的那些逻辑,如多值逻辑、模糊逻辑、概率逻辑等等,基于这些逻辑的推理称为非经典逻辑推理,它是一种不确定性推理,将在下一章讨论。

5. 经典逻辑推理是通过运用经典逻辑规则,从已知事实中演绎出逻辑上蕴含的结论的。按演绎方法不同,可分为两大类:归结演绎推理与非归结演绎推理。归结演绎推理的理论基础是海伯伦理论及鲁宾逊归结原理,它是通过把公式化为子句集并运用归结规则实现对定理的证明的。归结原理的基本思想是:若欲证明子句集 S 是否可满足,则检测 S 中是否包含矛盾,或能否从 S 中导出矛盾来。如果有矛盾或者能导出矛盾,则称 S 是不可满足的。归结过程就是检查 S 中是否包含或能否从中导出矛盾的过程。非归结演绎推理可运用的推理规则比较丰富,有多种推理方法,本章仅讨论了自然演绎推理和与/或形演绎推理中的部分方法。除此之外,还有其它一些实用方法,例如1975年 Texas 大学在其研制的自然演绎定理证明系统 IMPLY 中就提出了一种通过找到一种代换 θ,使得$(P \rightarrow Q)\theta$ 为真,从而证明在代换 θ 下,P 蕴含 Q 的方法。

6. 按推理方向划分,与/或形演绎推理分为正向、逆向及双向这三种推理。尽管每一种都有一些限制条件,但由于它不需要将公式化为子句集,从而使一些重要的控制信息不致于丢失,同时又比较自然、直观,因而不失为一种有效的经典逻辑推理方法。

习　　题

4.1　何谓推理? 一般来说,在推理中都包含哪些判断?

4.2　有哪几种推理方式? 每一种推理方式有何特点?

4.3 推理的控制策略包括哪几方面的内容? 主要解决哪些问题?

4.4 何谓正向推理? 请画出正向推理的示意图。

4.5 何谓逆向推理? 请给出逆向推理的算法描述。

4.6 何谓混合推理? 在哪些情况下需要进行混合推理?

4.7 何谓双向推理? 其主要问题是什么?

4.8 什么是模式匹配? 什么是合一? 什么是最一般合一?

4.9 何谓"冲突"? 在产生式系统中有哪些冲突消解策略? 这些策略的区别是什么?

4.10 什么是自然演绎推理? 有哪几种自然演绎推理? 它们所依据的推理规则是什么?

4.11 何谓归结演绎推理? 它的推理规则是什么?

4.12 把下列谓词公式分别化为相应的子句集:

(1) $(\forall x)(\forall y)(P(x,y) \wedge Q(x,y))$

(2) $(\forall x)(\forall y)(P(x,y) \rightarrow Q(x,y))$

(3) $(\forall x)(\exists y)(P(x,y) \vee (Q(x,y) \rightarrow R(x,y)))$

(4) $(\forall x)(\forall y)(\exists z)(P(x,y) \rightarrow Q(x,y) \vee R(x,z))$

(5) $(\exists x)(\exists y)(\forall z)(\exists u)(\forall v)(\exists w)(P(x,y,z,u,v,w) \wedge (Q(x,y,z,u,v,w) \vee \neg R(x,z,w)))$

4.13 判断下列子句集中哪些是不可满足的:

(1) $S = \{\neg P \vee Q, \neg Q, P, \neg P\}$

(2) $S = \{P \vee Q, \neg P \vee Q, P \vee \neg Q, \neg P \vee \neg Q\}$

(3) $S = \{P(y) \vee Q(y), \neg P(f(x)) \vee R(a)\}$

(4) $S = \{\neg P(x) \vee Q(x), \neg P(y) \vee R(y), P(a), S(a), \neg S(z) \vee \neg R(z)\}$

(5) $S = \{\neg P(x) \vee \neg Q(y) \vee \neg L(x,y), P(a), \neg R(z) \vee L(a,z), R(b), Q(b)\}$

(6) $S = \{\neg P(x) \vee Q(f(x),a), \neg P(h(y)) \vee Q(f(h(y)),a) \vee \neg P(z)\}$

(7) $S = \{P(x) \vee Q(x) \vee R(x), \neg P(y) \vee R(y), \neg Q(a), \neg R(b)\}$

(8) $S = \{P(x) \vee Q(x), \neg Q(y) \vee R(y), \neg P(z) \vee Q(z), \neg R(u)\}$

4.14 对下列各题分别证明 G 是否为 $F_1, F_2, \cdots, F_n$ 的逻辑结论:

(1) $F_1 : (\exists x)(\exists y)P(x,y)$

   $G : (\forall y)(\exists x)P(x,y)$

(2) $F_1 : (\forall x)(P(x) \wedge (Q(a) \vee Q(b)))$

   $G : (\exists x)(P(x) \wedge Q(x))$

(3) $F_1 : (\exists x)(\exists y)(P(f(x)) \wedge Q(f(b)))$

   $G : P(f(a)) \wedge P(y) \wedge Q(y)$

(4) $F_1 : (\forall x)(P(x) \rightarrow (\forall y)(Q(y) \rightarrow \neg L(x,y)))$

   $F_2 : (\exists x)(P(x) \wedge (\forall y)(R(y) \rightarrow L(x,y)))$

   $G : (\forall x)(R(x) \rightarrow \neg Q(x))$

(5) $F_1 : (\forall x)(P(x) \rightarrow (Q(x) \wedge R(x)))$

   $F_2 : (\exists x)(P(x) \wedge S(x))$

   $G : (\exists x)(S(x) \wedge R(x))$

(6) $F_1 : (\forall x)(A(x) \wedge \neg B(x) \rightarrow (\exists y)(D(x,y) \wedge C(y)))$

$$F_2: (\exists x)(E(x) \wedge A(x) \wedge (\forall y)(D(x,y) \rightarrow E(y)))$$
$$F_3: (\forall x)(E(x) \rightarrow \neg B(x))$$
$$G: (\exists x)(E(x) \wedge C(x))$$

4.15 判断以下公式对是否可合一,若可合一,则求出最一般的合一:

(1) $P(a,b)$, $P(x,y)$

(2) $P(f(x),b)$, $P(y,z)$

(3) $P(f(x),y)$, $P(y,f(b))$

(4) $P(f(y),y,x)$, $P(x,f(a),f(b))$

(5) $P(x,y)$, $P(y,x)$

4.16 设已知:

(1) 如果 x 是 y 的父亲,y 是 z 的父亲,则 x 是 z 的祖父;

(2) 每个人都有一个父亲。

试用归结演绎推理证明:对于某人 u,一定存在一个人 v,v 是 u 的祖父。

4.17 张某被盗,公安局派出五个侦察员去调查。研究案情时,侦察员 A 说"赵与钱中至少有一人作案";侦察员 B 说"钱与孙中至少有一人作案";侦察员 C 说"孙与李中至少有一人作案";侦察员 D 说"赵与孙中至少有一人与此案无关";侦察员 E 说"钱与李中至少有一人与此案无关"。如果这五个侦察员的话都是可信的,试用归结演绎推理求出谁是盗窃犯。

4.18 什么是完备的归结策略? 有哪些归结策略是完备的?

4.19 设有子句集:

$$S = \{\neg P(x) \vee Q(x,b), P(a) \vee \neg Q(a,b), \neg Q(a,f(a)), \neg P(x) \vee Q(x,x)\}$$

分别用每一种归结策略求出 S 的归结式。

4.20 设已知:

(1) 能阅读的人是识字的;

(2) 海豚不识字;

(3) 有些海豚是很聪明的。

分别用线性输入策略、祖先过滤形策略证明:有些很聪明的人并不识字。

4.21 用线性输入策略是否可证明下列子句集的不可满足性?

$$S = \{P \vee Q, Q \vee R, R \vee W, \neg R \vee \neg P, \neg W \vee \neg Q, \neg Q \vee \neg R\}$$

4.22 对线性输入策略及单文字子句策略分别给出一个反例,以说明它们是不完备的。

4.23 分别说明正向、逆向、双向与/或形演绎推理的基本思想。

4.24 设已知事实为

$$[(P \vee Q) \wedge R] \vee [S \wedge (T \vee U)]$$

F 规则为

$$S \rightarrow (X \wedge Y) \vee Z$$

用正向演绎推理推出所有可能的目标子句。

4.25 设已知事实为:

$$f_1: \quad E > 0$$
$$f_2: \quad B > 0$$

$$f_3: \quad A > 0$$
$$f_4: \quad C > 0$$
$$f_5: \quad C > E$$

B 规则为：

r_1: $[G(x,0) \wedge G(y,0)] \rightarrow G(times(x,y),0)$

r_2: $[G(x,0) \wedge G(y,z)] \rightarrow G(plus(x,y),z)$

r_3: $[G(x,w) \wedge G(y,z)] \rightarrow G(plus(x,y),plus(w,z))$

r_4: $[G(x,0) \wedge G(y,z)] \rightarrow G(times(x,y),times(x,z))$

r_5: $[G(1,w) \wedge G(x,0)] \rightarrow G(x,times(x,w))$

r_6: $G(x,plus(times(w,z),times(y,z))) \rightarrow G(x,times(plus(w,y),z))$

r_7: $[G(x,times(w,y)) \wedge G(y,0)] \rightarrow G(divides(x,y),w)$

其中，谓词 $G(x,y)$ 表示 $x>y$；函数 $plus(x,y)$ 表示 $x+y$；函数 $times(x,y)$ 表示 $x \times y$；函数 $divides(x,y)$ 表示 x/y。

求证目标为

$$G(divides(times(B,plus(A,C)),E),B)$$

试用逆向演绎推理证明该目标公式的正确性，画出它的与/或树。

第5章 不确定与非单调推理

上一章讨论了建立在经典逻辑基础上的确定性推理,这是一种运用确定性知识进行的精确推理。同时,它又是一种单调性推理,即随着新知识的加入,推出的结论或证明了的命题将单调地增加。但是,人们通常是在信息不完善、不精确的情况下运用不确定性知识进行思维、求解问题的,推出的结论也并不总是随着知识的增加而单调地增加。因而还必须对不确定性知识的表示与处理及推理的非单调性进行研究,这就是这一章将要讨论的不确定性推理及非单调性推理。

目前,人们对不确定性推理已经进行了比较多的研究,提出了多种表示和处理不确定性的方法,本章将首先用较多的篇幅对它们进行讨论,然后再简要地介绍几种非单调性推理的方法。

5.1 基本概念

5.1.1 什么是不确定性推理

我们知道,所谓推理就是从已知事实出发,通过运用相关知识逐步推出结论或者证明某个假设成立或不成立的思维过程。其中,已知事实和知识是构成推理的两个基本要素。已知事实又称为证据,用以指出推理的出发点及推理时应该使用的知识;而知识是推理得以向前推进,并逐步达到最终目标的依据。

在上章讨论的推理中,已知事实以及推理时所依据的知识都是确定的,推出的结论或证明了假设也都是精确的,其真值或者为真,或者为假,不考虑可能为真,即以某种真度为真的情况。

但是,现实世界中的事物以及事物之间的关系是极其复杂的,由于客观上存在的随机性、模糊性以及某些事物或现象暴露的不充分性,导致人们对它们的认识往往是不精确、不完全的,具有一定程度的不确定性。这种认识上的不确定性反映到知识以及由观察所得到的证据上来,就分别形成了不确定性的知识及不确定性的证据。另外,正如费根鲍姆所说的那样,大量未解决的重要问题往往需要运用专家的经验。我们知道,经验性知识一般都带有某种程度的不确定性。在此情况下,如若仍用经典逻辑做精确处理,就势必要把客观事物原本具有的不确定性及事物之间客观存在的不确定性关系化归为确定性的,在本来不存在明确类属界限的事物间人为地划定界限,这无疑会舍弃事物的某些重要属性,从而失去了真实性。由此可以看出,人工智能中对推理的研究不能仅仅停留在确定性推理这个层次上,还必须开展对不确定性的表示及处理的研究,这将使计算机对人类思维的模拟更接近于人类的思维。

不确定性推理是建立在非经典逻辑基础上的一种推理,它是对不确定性知识的运用与处理。严格地说,所谓不确定性推理就是从不确定性的初始证据出发,通过运用不确定性的知识,最终推出具有一定程度的不确定性但却是合理或者近乎合理的结论的思维过程。

5.1.2　不确定性推理中的基本问题

在不确定性推理中,知识和证据都具有某种程度的不确定性,这就为推理机的设计与实现增加了复杂性和难度。它除了必须解决推理方向、推理方法、控制策略等基本问题外,一般还需要解决不确定性的表示与量度、不确定性匹配、不确定性的传递算法以及不确定性的合成等重要问题。

1. 不确定性的表示与量度

不确定性推理中的"不确定性"一般分为两类:一是知识的不确定性;另一是证据的不确定性。它们都要求有相应的表示方式和量度标准。

(1) 知识不确定性的表示。知识的表示与推理是密切相关的两个方面,不同的推理方法要求有相应的知识表示模式与之对应。在不确定性推理中,由于要进行不确定性的计算,因而必须用适当的方法把不确定性及不确定的程度表示出来。

在确立不确定性的表示方法时,有两个直接相关的因素需要考虑:一是要能根据领域问题的特征把其不确定性比较准确地描述出来,满足问题求解的需要;另一是要便于推理过程中对不确定性的推算。只有把这两个因素结合起来统筹考虑,相应的表示方法才是实用的。

目前,在专家系统中知识的不确定性一般是由领域专家给出的,通常是一个数值,它表示相应知识的不确定性程度,称为知识的静态强度。

静态强度可以是相应知识在应用中成功的概率,也可以是该条知识的可信程度或其它,其值的大小范围因其意义与使用方法的不同而不同。今后在讨论各种不确定性推理模型时,将具体地给出静态强度的表示方法及其含义。

(2) 证据不确定性的表示。在推理中,有两种来源不同的证据:一种是用户在求解问题时提供的初始证据,例如病人的症状、化验结果等;另一种是在推理中用前面推出的结论作为当前推理的证据。对于前一种情况,即用户提供的初始证据,由于这种证据多来源于观察,因而通常是不精确、不完全的,即具有不确定性。对于后一种情况,由于所使用的知识及证据都具有不确定性,因而推出的结论当然也具有不确定性,当把它用作后面推理的证据时,它亦是不确定性的证据。

一般来说,证据不确定性的表示方法应与知识不确定性的表示方法保持一致,以便于推理过程中对不确定性进行统一的处理。在有些系统中,为便于用户的使用,对初始证据的不确定性与知识的不确定性采用了不同的表示方法,但这只是形式上的,在系统内部亦做了相应的转换处理。

证据的不确定性通常也用一个数值表示,它代表相应证据的不确定性程度,称之为动态强度。对于初始证据,其值由用户给出;对于用前面推理所得结论作为当前推理的证据,其值由推理中不确定性的传递算法通过计算得到。

(3) 不确定性的量度。对于不同的知识及不同的证据,其不确定性的程度一般是不相同的,需要用不同的数据表示其不确定性的程度,同时还需要事先规定它的取值范围,只有这样每个数据才会有确定的意义。例如,在专家系统 MYCIN 中,用可信度表示知识及证据的不确定性,取值范围为 $[-1,1]$,当可信度取大于零的数值时,其值越大表示相应的知识或证据越接近于"真";当可信度的取值小于零时,其值越小表示相应的知识或证据越接近于"假"。

在确定一种量度方法及其范围时,应注意以下几点:

① 量度要能充分表达相应知识及证据不确定性的程度。

② 量度范围的指定应便于领域专家及用户对不确定性的估计。

③ 量度要便于对不确定性的传递进行计算,而且对结论算出的不确定性量度不能超出量度规定的范围。

④ 量度的确定应当是直观的,同时应有相应的理论依据。

2. 不确定性匹配算法及阈值的选择

推理是一个不断运用知识的过程。在这一过程中,为了找到所需的知识,需要用知识的前提条件与数据库中已知的证据进行匹配,只有匹配成功的知识才有可能被应用。

对于不确定性推理,由于知识和证据都具有不确定性,而且知识所要求的不确定性程度与证据实际具有的不确定性程度不一定相同,因而就出现了"怎样才算匹配成功?"的问题。对于这个问题,目前常用的解决方法是,设计一个算法用来计算匹配双方相似的程度,另外再指定一个相似的"限度",用来衡量匹配双方相似的程度是否落在指定的限度内。如果落在指定的限度内,就称它们是可匹配的,相应知识可被应用,否则就称它们是不可匹配的,相应知识不可应用。上述中,用来计算匹配双方相似程度的算法称为不确定性匹配算法,用来指出相似的"限度"称为阈值。

3. 组合证据不确定性的算法

在基于产生式规则的系统中,知识的前提条件既可以是简单条件,也可以是用 AND 或 OR 把多个简单条件连接起来构成的复合条件。进行匹配时,一个简单条件对应于一个单一的证据,一个复合条件对应于一组证据,称这一组证据为组合证据。在不确定性推理中,由于结论的不确定性通常是通过对证据及知识的不确定性进行某种运算得到的,因而需要有合适的算法计算组合证据的不确定性。目前,关于组合证据不确定性的计算已经提出了多种方法,如最大最小方法、Hamacher 方法、概率方法、有界方法、Einstein 方法等,其中目前用得较多的有如下三种:

(1)最大最小方法

$$T(E_1 \quad AND \quad E_2) = \min\{T(E_1), T(E_2)\}$$
$$T(E_1 \quad OR \quad E_2) = \max\{T(E_1), T(E_2)\}$$

(2)概率方法

$$T(E_1 \quad AND \quad E_2) = T(E_1) \times T(E_2)$$
$$T(E_1 \quad OR \quad E_2) = T(E_1) + T(E_2) - T(E_1) \times T(E_2)$$

(3)有界方法

$$T(E_1 \quad AND \quad E_2) = \max\{0, T(E_1) + T(E_2) - 1\}$$
$$T(E_1 \quad OR \quad E_2) = \min\{1, T(E_1) + T(E_2)\}$$

其中,$T(E)$表示证据 E 为真的程度,如可信度、概率等。另外,上述的每一组公式都有相应的适用范围和使用条件,如概率方法只能在事件之间完全独立时使用。

4. 不确定性的传递算法

不确定性推理的根本目的是根据用户提供的初始证据,通过运用不确定性知识,最终推出不确定性的结论,并推算出结论的不确定性程度。为达到这一目的,除了需要解决前面提出的问题外,还需要解决推理过程中不确定性的传递问题,它包括如下两个密切相关的子问题:

158

(1) 在每一步推理中,如何把证据及知识的不确定性传递给结论。

(2) 在多步推理中,如何把初始证据的不确定性传递给最终结论。

对于第一个子问题,在不同的不确定性推理方法中所采用的处理方法各不相同,这将在下面的几节中分别进行讨论。

对于第二个子问题,各种方法所采用的处理方法基本相同,即把当前推出的结论及其不确定性量度作为证据放入数据库中,供以后推理使用。由于最初那一步推理的结论是用初始证据推出的,其不确定性包含了初始证据的不确定性对它所产生的影响,因而当它又用作证据推出进一步的结论时,其结论的不确定性仍然会受到初始证据的影响。由此一步步地进行推理,必然就会把初始证据的不确定性传递给最终结论。

5. 结论不确定性的合成

推理中有时会出现这样一种情况:用不同知识进行推理得到了相同结论,但不确定性的程度却不相同。此时,需要用合适的算法对它们进行合成。在不同的不确定性推理方法中所采用的合成方法各不相同,这将在以下的各节中分别予以讨论。

以上简要地列出了不确定性推理中一般应该考虑的一些基本问题,但这并不是说任何一个不确定性推理都必须包括上述各项的内容。例如在专家系统 MYCIN 中就没有明确提出不确定性匹配的算法,而且不同的系统对它们的处理方法也不尽相同。

5.1.3 不确定性推理方法的分类

目前,关于不确定性推理方法的研究是沿着两条不同的路线发展的。一条路线是在推理一级上扩展确定性推理,其特点是把不确定的证据和不确定的知识分别与某种量度标准对应起来,并且给出更新结论不确定性的算法,从而构成了相应的不确定性推理的模型。一般来说,这类方法与控制策略无关,即无论使用何种控制策略,推理的结果都是唯一的,我们把这一类方法统称为模型方法。上面关于不确定性推理中基本问题的讨论都是针对这一类方法的。另一条路线是在控制策略一级处理不确定性,其特点是通过识别领域中引起不确定性的某些特征及相应的控制策略来限制或减少不确定性对系统产生的影响,这类方法没有处理不确定性的统一模型,其效果极大地依赖于控制策略,我们把这类方法统称为控制方法。目前用到的控制方法主要有相关性制导回溯、机缘控制、启发式搜索等。本章中我们只对模型方法开展讨论,至于控制方法,有兴趣的读者可查阅有关文献。

模型方法又分为数值方法及非数值方法这两类。数值方法是对不确定性的一种定量表示和处理方法,目前对它的研究及应用都比较多,形成了多种应用模型,以下几节将对它进行详细讨论。非数值方法是指除数值方法外的其它各种处理不确定性的方法,例如邦地(Bundy)于 1984 年提出的发生率计算就是这样的一种方法,它是采用集合来描述和处理不确定性的,而且满足概率推理的性质。

对于数值方法,按其所依据的理论不同又可分为两类,一类是依据概率论的有关理论发展起来的方法,称为基于概率的方法;另一类是依据模糊理论发展起来的方法,称为模糊推理。

长期以来,概率论的有关理论和方法都被用作度量不确定性的重要手段,因为它不仅有完善的理论,而且还为不确定性的合成与传递提供了现成的公式,因而它被最早用于不确定性知识的表示与处理中,像这样纯粹用概率模型来表示和处理不确定性的方法称为纯概率方法或概率方法。

纯概率方法虽然有严密的理论依据,但由于它通常要求给出事件的先验概率和条件概率,而这些数据又不易获得,因此使其应用受到了限制。为了解决这个问题,人们在概率理论的基础上发展起来了一些新的方法及理论,主要有可信度方法、证据理论、主观概率论(又称主观 Bayes 方法)等。

基于概率的方法虽然可以表示和处理现实世界中存在的某些不确定性,在人工智能的不确定性推理方面占有重要地位,但它们都没有把事物自身所具有的模糊性反映出来,也不能对其客观存在的模糊性进行有效的处理。扎德等人提出的模糊集理论及其在此基础上发展起来的模糊逻辑弥补了这一缺憾,对由模糊性引起的不确定性的表示及处理开辟了一种新途径,得到了广泛应用。

自下一节开始,我们将详细讨论各种不确定性推理的方法。

5.2 概率方法

由第二章 2.3 节的讨论可知,随机事件 A 的概率 $P(A)$ 表示 A 发生的可能性大小,因而可用它来表示事件 A 的确定性程度。另外,由条件概率的定义及 Bayes 定理可得出在一个事件发生的条件下另一个事件的概率,这可用于基于产生式规则的不确定性推理,下面讨论两种简单的不确定性推理方法。

5.2.1 经典概率方法

设有如下产生式规则:

$$\text{IF} \quad E \quad \text{THEN} \quad H$$

其中,E 为前提条件,H 为结论。如果我们在实践中经大量统计能得出在 E 发生条件下 H 的条件概率 $P(H/E)$,那么就可把它作为在证据 E 出现时结论 H 的确定性程度。

对于复合条件

$$E = E_1 \quad \text{AND} \quad E_2 \quad \text{AND} \quad \cdots \quad \text{AND} \quad E_n$$

也是这样,当已知条件概率 $P(H/E_1, E_2, \cdots E_n)$ 时,就可把它作为在证据 $E_1, E_2, \cdots, E_n$ 出现时结论 H 的确定性程度。

显然,这是一种很简单的方法,只能用于简单的不确定性推理。另外,由于它只考虑证据为"真"或"假"这两种极端情况,因而使其应用受到了限制。

5.2.2 逆概率方法

经典概率方法要求给出在证据 E 出现情况下结论 H 的条件概率 $P(H/E)$,这在实际应用中是相当困难的。例如,若以 E 代表咳嗽,以 H 代表支气管炎,如欲得到在咳嗽的人中有多少是患支气管炎的,就需要做大量的统计工作,但是如果在患支气管炎的人中统计有多少人是咳嗽的,就相对容易一些,因为患支气管炎的人毕竟比咳嗽的人少得多。因此人们希望用逆概率 $P(E/H)$ 来求原概率 $P(H/E)$,Bayes 定理给出了解决这个问题的方法。

由 Bayes 定理可知,若 $A_1, A_2, \cdots, A_n$ 是彼此独立的事件,则对任何事件 B 有如下 Bayes 公式成立:

$$P(A_i/B) = \frac{P(A_i) \times P(B/A_i)}{\sum_{j=1}^{n} P(A_j) \times P(B/A_j)} \qquad i = 1, 2, \cdots, n$$

其中,$P(A_i)$是事件 A_i 的先验概率;$P(B/A_i)$是在事件 A_i 发生条件下事件 B 的条件概率;$P(A_i/B)$是在事件 B 发生条件下事件 A_i 的条件概率。

如果用产生式规则

$$\text{IF} \quad E \quad \text{THEN} \quad H_i$$

中的前提条件 E 代替 Bayes 公式中的 B,用 H_i 代替公式中的 A_i,就可得到

$$P(H_i/E) = \frac{P(H_i) \times P(E/H_i)}{\sum_{j=1}^{n} P(H_j) \times P(E/H_j)} \qquad i = 1, 2, \cdots, n$$

这就是说,当已知结论 H_i 的先验概率 $P(H_i)$,并且已知结论 $H_i (i = 1, 2, \cdots, n)$ 成立时前提条件 E 所对应的证据出现的条件概率 $P(E/H_i)$,就可用上式求出相应证据出现时结论 H_i 的条件概率 $P(H_i/E)$。

例 5.1 设 H_1, H_2, H_3 分别是三个结论,E 是支持这些结论的证据,且已知:

$P(H_1) = 0.3,$ $P(H_2) = 0.4,$ $P(H_3) = 0.5$

$P(E/H_1) = 0.5,$ $P(E/H_2) = 0.3,$ $P(E/H_3) = 0.4$

求:$P(H_1/E)$,$P(H_2/E)$,及 $P(H_3/E)$ 的值各是多少。

解: 根据上面的公式可得

$$P(H_1/E) = \frac{P(H_1) \times P(E/H_1)}{P(H_1) \times P(E/H_1) + P(H_2) \times P(E/H_2) + P(H_3) \times P(E/H_3)}$$

$$= \frac{0.15}{0.15 + 0.12 + 0.2}$$

$$= 0.32$$

同理可得:

$$P(H_2/E) = 0.26$$

$$P(H_3/E) = 0.43$$

由此例可以看出,由于证据 E 的出现,H_1 成立的可能性略有增加,H_2,H_3 成立的可能性有不同程度的下降。

对于有多个证据 $E_1, E_2, \cdots, E_m$ 和多个结论 $H_1, H_2, \cdots, H_n$,并且每个证据都以一定程度支持结论的情况,上面的式子可进一步扩充为

$$P(H_i/E_1 E_2 \cdots E_m) = \frac{P(E_1/H_i) \times P(E_2/H_i) \times \cdots \times P(E_m/H_i) \times P(H_i)}{\sum_{j=1}^{n} P(E_1/H_j) \times P(E_2/H_j) \times \cdots \times P(E_m/H_j) \times P(H_j)}$$

$$i = 1, 2, \cdots, n$$

此时,只要已知 H_i 的先验概率 $P(H_i)$ 以及 H_i 成立时证据 $E_1, E_2, \cdots, E_m$ 出现的条件概率 $P(E_1/H_i), P(E_2/H_i), \cdots, P(E_m/H_i)$,就可利用上式计算出在 $E_1, E_2, \cdots, E_m$ 出现情况下 H_i 的条件概率 $P(H_i/E_1 E_2 \cdots E_m)$。

例 5.2 设已知:

$P(H_1) = 0.4,$ $P(H_2) = 0.3,$ $P(H_3) = 0.3$

$$P(E_1/H_1) = 0.5, \qquad P(E_1/H_2) = 0.6, \qquad P(E_1/H_3) = 0.3$$
$$P(E_2/H_1) = 0.7, \qquad P(E_2/H_2) = 0.9, \qquad P(E_2/H_3) = 0.1$$

求：$P(H_1/E_1E_2)$、$P(H_2/E_1E_2)$ 及 $P(H_3/E_1E_2)$ 的值各是多少。

解：根据上述公式可得

$$P(H_1/E_1E_2) = \frac{P(E_1/H_1) \times P(E_2/H_1) \times P(H_1)}{\begin{array}{c} P(E_1/H_1) \times P(E_2/H_1) \times P(H_1) + P(E_1/H_2) \times P(E_2/H_2) \\ \times P(H_2) + P(E_1/H_3) \times P(E_2/H_3) \times P(H_3) \end{array}}$$

$$= \frac{0.14}{0.14 + 0.162 + 0.009}$$

$$= 0.45$$

同理可得：

$$P(H_2/E_1E_2) = 0.52$$
$$P(H_3/E_1E_2) = 0.03$$

由此例可以看出，由于证据 E_1 和 E_2 的出现，H_1 和 H_2 成立的可能性有不同程度的增加，H_3 成立的可能性下降了。

在实际应用中，有时这种方法是很有用的。例如，如果把 $H_i(i=1,2,\cdots,n)$ 当作一组可能发生的疾病，把 $E_j(j=1,2,\cdots,m)$ 当作相应的症状，$P(H_i)$ 是从大量实践中经统计得到的疾病 H_i 发生的先验概率，$P(E_j/H_i)$ 是疾病 H_i 发生时观察到的症状 E_j 的条件概率，则当对某病人观察到有症状 $E_1,E_2,\cdots,E_m$ 时，应用上述 Bayes 公式就可计算出 $P(H_i/E_1,E_2,\cdots,E_m)$，从而得知病人患疾病 H_i 的可能性。

逆概率方法的优点是它有较强的理论背景和良好的数学特性，当证据及结论都彼此独立时计算的复杂度比较低。缺点是它要求给出结论 H_i 的先验概率 $P(H_i)$ 及证据 E_j 的条件概率 $P(E_j/H_i)$，尽管有些时候 $P(E_j/H_i)$ 比 $P(H_i/E_j)$ 相对容易得到，但总的来说，要想得到这些数据仍然是一件相当困难的工作。另外，Bayes 公式的应用条件是很严格的，它要求各事件互相独立等，如若证据间存在依赖关系，就不能直接使用这个方法。

5.3 主观 Bayes 方法

由上一节的讨论可以看出，直接使用 Bayes 公式求结论 H_i 在证据 E 存在情况下的概率 $P(H_i/E)$ 时，不仅需要已知 H_i 的先验概率 $P(H_i)$，而且还需要知道证据 E 出现的条件概率 $P(E/H_i)$，这在实际应用中是相当的困难的。为此，杜达（R.O.Duda）、哈特（P.E.Hart）等人 1976 年在 Bayes 公式的基础上经适当改进提出了主观 Bayes 方法，建立了相应的不确定性推理模型，并在地矿勘探专家系统 PROSPECTOR 中得到了成功的应用。

5.3.1　知识不确定性的表示

在主观 Bayes 方法中，知识是用产生式规则表示的，具体形式为：

$$\text{IF} \quad E \quad \text{THEN} \quad (LS,LN) \quad H \quad (P(H))$$

其中：

（1）E 是该条知识的前提条件,它既可以是一个简单条件,也可以是用 AND 或 OR 把多个简单条件连接起来的复合条件。

（2）H 是结论,$P(H)$ 是 H 的先验概率,它指出在没有任何专门证据的情况下结论 H 为真的概率,其值由领域专家根据以往的实践及经验给出。

（3）LS 称为充分性量度,用于指出 E 对 H 的支持程度,取值范围为 $[0,+\infty)$,其定义为

$$LS = \frac{P(E/H)}{P(E/\neg H)} \tag{5.1}$$

LS 的值由领域专家给出,给值的原则及其意义将在下面进行讨论。

（4）LN 称为必要性量度,用于指出 $\neg E$ 对 H 的支持程度,即 E 对 H 为真的必要性程度,取值范围为 $[0,+\infty)$,其定义为

$$LN = \frac{P(\neg E/H)}{P(\neg E/\neg H)}$$
$$= \frac{1 - P(E/H)}{1 - P(E/\neg H)} \tag{5.2}$$

LN 的值也由领域专家给出,给值的原则及其意义将在下面进行讨论。

LS,LN 相当于知识的静态强度。

5.3.2 证据不确定性的表示

在主观 Bayes 方法中,证据的不确定性也是用概率表示的。例如对于初始证据 E,由用户根据观察 S 给出 $P(E/S)$,它相当于动态强度。但由于 $P(E/S)$ 的给出相当困难,因而在具体的应用系统中往往采用适当的变通方法,如在 PROSPECTOR 中就引进了可信度的概念,让用户在 -5 至 5 之间的 11 个整数中根据实际情况选一个数作为初始证据的可信度,表示他对所提供的证据可以相信的程度。可信度 $C(E/S)$ 与概率 $P(E/S)$ 的对应关系如下：

$C(E/S) = -5$,表示在观察 S 下证据 E 肯定不存在,即 $P(E/S) = 0$。

$C(E/S) = 0$,表示 S 与 E 无关,即 $P(E/S) = P(E)$。

$C(E/S) = 5$,表示在观察 S 下证据 E 肯定存在,即 $P(E/S) = 1$。

$C(E/S)$ 为其它数时与 $P(E/S)$ 的对应关系,可通过对上述三点进行分段线性插值得到,如图 5-1 所示。

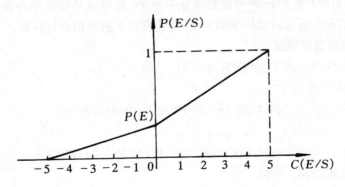

图 5-1　$C(E/S)$ 与 $P(E/S)$ 的对应关系

由图 5-1 可得到如下 $C(E/S)$ 与 $P(E/S)$ 的关系式：

$$P(E/S) = \begin{cases} \dfrac{C(E/S) + P(E) \times (5 - C(E/S))}{5} & 若\ 0 \leqslant C(E/S) \leqslant 5 \\[3mm] \dfrac{P(E) \times (C(E/S) + 5)}{5} & 若\ -5 \leqslant C(E/S) < 0 \end{cases}$$

这样，用户只要对初始证据给出相应的可信度 $C(E/S)$，就可由系统将它转换为相应的 $P(E/S)$。

5.3.3 组合证据不确定性的算法

当组合证据是多个单一证据的合取时，即

$$E = E_1 \ \ AND \ \ E_2 \ \ AND \ \ \cdots \ \ AND \ \ E_n$$

如果已知 $P(E_1/S), P(E_2/S), \cdots, P(E_n/S)$，则

$$P(E/S) = \min\{P(E_1/S), P(E_2/S), \cdots, P(E_n/S)\}$$

当组合证据是多个单一证据的析取时，即

$$E = E_1 \ \ OR \ \ E_2 \ \ OR \ \ \cdots \ \ OR \ \ E_n$$

如果已知 $P(E_1/S), P(E_2/S), \cdots, P(E_n/S)$，则

$$P(E/S) = \max\{P(E_1/S), P(E_2/S), \cdots, P(E_n/S)\}$$

对于"非"运算，用下式计算：

$$P(\neg E/S) = 1 - P(E/S)$$

5.3.4 不确定性的传递算法

在主观 Bayes 方法的知识表示中，$P(H)$ 是专家对结论 H 给出的先验概率，它是在没有考虑任何证据的情况下根据经验给出的。随着新证据的获得，对 H 的信任程度应该有所改变。主观 Bayes 方法推理的任务就是根据证据 E 的概率 $P(E)$ 及 LS, LN 的值，把 H 的先验概率 $P(H)$ 更新为后验概率 $P(H/E)$ 或 $P(H/\neg E)$。即

$$P(H) \xrightarrow[LS, LN]{P(E)} P(H/E)\text{或}\ P(H/\neg E)$$

由于一条知识所对应的证据可能是肯定存在的，也可能是肯定不存在的，或者是不确定的，而且在不同情况下确定后验概率的方法不同，所以下面分别进行讨论。

1. 证据肯定存在的情况

在证据肯定存在时，$P(E) = P(E/S) = 1$。

由 Bayes 公式可得

$$P(H/E) = P(E/H) \times P(H)/P(E) \tag{5.3}$$

同理有

$$P(\neg H/E) = P(E/\neg H) \times P(\neg H)/P(E) \tag{5.4}$$

式(5.3)除以式(5.4)，可得

$$\frac{P(H/E)}{P(\neg H/E)} = \frac{P(E/H)}{P(E/\neg H)} \times \frac{P(H)}{P(\neg H)} \tag{5.5}$$

为简洁起见，引入几率函数①，它与概率的关系为：

164

$$\Theta(x) = \frac{P(x)}{1 - P(x)}$$

$$P(x) = \frac{\Theta(x)}{1 + \Theta(x)} \tag{5.6}$$

显然，$P(x)$ 与 $\Theta(x)$ 有相同的单调性。即，若 $P(x_1) < P(x_2)$，则 $\Theta(x_1) < \Theta(x_2)$，反之亦然。只是 $P(x) \in [0,1]$，而 $\Theta(x) \in [0, \infty)$。

由 LS 的定义(式(5.1))，以及概率与几率的关系式(5.6)，可将式(5.5)改写为

$$\Theta(H/E) = LS \times \Theta(H) \tag{5.7}$$

这就是在证据肯定存在时，把先验几率 $\Theta(H)$ 更新为后验几率 $\Theta(H/E)$ 的计算公式。如果用式(5.6)把几率换成概率，就可得到

$$P(H/E) = \frac{LS \times P(H)}{(LS - 1) \times P(H) + 1} \tag{5.8}$$

这是把先验概率 $P(H)$ 更新为后验概率 $P(H/E)$ 的计算公式。

由以上讨论可以看出充分性量度 LS 的意义：

(1) 当 $LS > 1$ 时，由式(5.7)可得

$$\Theta(H/E) > \Theta(H)$$

再由 $P(x)$ 与 $\Theta(x)$ 具有相同单调性的特性，可得

$$P(H/E) > P(H)$$

这表明，当 $LS > 1$ 时，由于证据 E 的存在，将增大结论 H 为真的概率，而且 LS 越大，$P(H/E)$ 就越大，即 E 对 H 为真的支持越强。当 $LS \to \infty$ 时，$\Theta(H/E) \to \infty$，即 $P(H/E) \to 1$，表明由于证据 E 的存在，将导致 H 为真，由此可见，E 的存在对 H 为真是充分的，故称 LS 为充分性量度。

(2) 当 $LS = 1$ 时，式(5.7)可得

$$\Theta(H/E) = \Theta(H)$$

这表明 E 与 H 无关。

(3) 当 $LS < 1$ 时，由式(5.7)可得

$$\Theta(H/E) < \Theta(H)$$

这表明由于证据 E 的存在，将导致 H 为真的可能性下降。

(4) 当 $LS = 0$ 时，由式(5.7)可得

$$\Theta(H/E) = 0$$

这表明由于证据 E 的存在，将使 H 为假。

上述关于 LS 的讨论可作为领域专家为 LS 赋值的依据，当证据 E 愈是支持 H 为真时，则应使相应 LS 的值愈大。

2. 证据肯定不存在的情况

在证据肯定不存在时，$P(E) = P(E/S) = 0$，$P(\neg E) = 1$。

由于

$$P(H/\neg E) = P(\neg E/H) \times P(H)/P(\neg E)$$
$$P(\neg H/\neg E) = P(\neg E/\neg H) \times P(\neg H)/P(\neg E)$$

两式相除得到

$$\frac{P(H/\neg E)}{P(\neg H/\neg E)} = \frac{P(\neg E/H)}{P(\neg E/\neg H)} \times \frac{P(H)}{P(\neg H)}$$

由 LN 的定义(式(5.2)),以及概率与几率的关系式(5.6),可将上式改写为

$$①(H/\neg E) = LN \times ①(H) \tag{5.9}$$

这就是在证据 E 肯定不存在时,把先验几率①(H)更新为后验几率①(H/→E)的计算公式。

如果用式(5.6)把几率换成概率,就可得到

$$P(H/\neg E) = \frac{LN \times P(H)}{(LN-1) \times P(H) + 1} \tag{5.10}$$

这是把先验概率 P(H)更新为后验概率 P(H/→E)的计算公式。

由以上讨论可以看出必要性量度 LN 的意义:

(1) 当 LN>1 时,由式(5.9)可得

$$①(H/\neg E) > ①(H)$$

再由 P(x)与①(x)具有相同单调性的特性,可得

$$P(H/\neg E) > P(H)$$

这表明,当 LN>1 时,由于证据 E 不存在,将增大结论 H 为真的概率,而且 LN 越大,
P(H/→E)就越大,即→E 对 H 为真的支持越强。当 LN→∞时,①(H/→E)→∞,即 P(H/
→E)→1,表明由于证据 E 不存在,将导致 H 为真。

(2) 当 LN=1 时,由式(5.9)可得

$$①(H/\neg E) = ①(H)$$

这表明→E 与 H 无关。

(3) 当 LN<1 时,由式(5.9)可得

$$①(H/\neg E) < ①(H)$$

这表明,由于证据 E 不存在,将使 H 为真的可能性下降,或者说由于证据 E 不存在,将反对
H 为真。由此可以看出 E 对 H 为真的必要性。

(4) 当 LN=0 时,由式(5.9)可得

$$①(H/\neg E) = 0$$

这表明,由于证据 E 不存在,将导致 H 为假。由此也可看出 E 对 H 为真的必要性,故称 LN
为必要性量度。

依据上述讨论,领域专家可为 LN 赋值,若证据 E 对 H 愈是必要,则相应 LN 的值愈小。

另外,由于 E 和→E 不可能同时支持 H 或同时反对 H,所以在一条知识中的 LS 和 LN
一般不应该出现如下情况中的任何一种:

(1) LS>1, LN>1

(2) LS<1, LN<1

例5.3 设有如下知识:

r_1:	IF	E_1	THEN	$(10,1)$	H_1	(0.03)
r_2:	IF	E_2	THEN	$(20,1)$	H_2	(0.05)
r_3:	IF	E_3	THEN	$(1,0.002)$	H_3	(0.3)

求: 当证据 E_1, E_2, E_3 存在及不存在时,$P(H_i/E_i)$ 及 $P(H_i/\neg E_i)$ 的值各是多少?

解: 由于 r_1 和 r_2 中的 LN=1,所以 E_1 与 E_2 不存在时对 H_1 和 H_2 不产生影响,即不需

166

要计算 $P(H_1/\rightarrow E_1)$ 和 $P(H_2/\rightarrow E_2)$，但因它们的 $LS > 1$，所以在 E_1 与 E_2 存在时需要计算 $P(H_1/E_1)$ 和 $P(H_2/E_2)$。

由公式(5.8)可计算 $P(H_1/E_1)$ 和 $P(H_2/E_2)$ 如下：

$$P(H_1/E_1) = \frac{LS \times P(H)}{(LS - 1) \times P(H) + 1}$$
$$= \frac{10 \times 0.03}{(10 - 1) \times 0.03 + 1}$$
$$= \frac{0.3}{1.27} = 0.24$$

$$P(H_2/E_2) = \frac{LS \times P(H)}{(LS - 1) \times P(H) + 1}$$
$$= \frac{20 \times 0.05}{(20 - 1) \times 0.05 + 1}$$
$$= \frac{1}{1.95} = 0.51$$

由此可以看出，由于 E_1 的存在使 H_1 为真的可能性增加了 8 倍；由于 E_2 的存在使 H_2 为真的可能性增加了 10 多倍。

对于 r_3，由于 $LS = 1$，所以 E_3 的存在对 H_3 无影响，不需要计算 $P(H_3/E_3)$，但因它的 $LN < 1$，所以当 E_3 不存在时需计算 $P(H_3/\rightarrow E_3)$。

由公式(5.10)可计算 $P(H_3/\rightarrow E_3)$ 如下：

$$P(H_3/\rightarrow E_3) = \frac{LN \times P(H)}{(LN - 1) \times P(H) + 1}$$
$$= \frac{0.002 \times 0.3}{(0.002 - 1) \times 0.3 + 1}$$
$$= \frac{0.000\ 6}{0.700\ 6}$$
$$= 0.000\ 86$$

由此可以看出，由于 E_3 不存在使 H_3 为真的可能性削弱了近 350 倍。

3. 证据不确定的情况

上面讨论了在证据肯定存在和肯定不存在情况下把 H 的先验概率更新为后验概率的方法。在现实中，这种证据肯定存在和肯定不存在的极端情况是不多的，更多的是介于两者之间的不确定情况。因为对初始证据来说，由于用户对客观事物或现象的观察是不精确的，因而所提供的证据是不确定的；另外，一条知识的证据往往来源于由另一条知识推出的结论，一般也具有某种程度的不确定性。例如用户告知只有 60% 的把握说明证据 E 是真的，这就表示初始证据 E 为真的程度为 0.6，即 $P(E/S) = 0.6$，这里 S 是对 E 的有关观察。现在要在

$$0 < P(E/S) < 1$$

的情况下确定 H 的后验概率 $P(H/S)$。

在证据不确定的情况下，不能再用上面的公式计算后验概率，而要用杜达等人 1976 年证明了的如下公式：

$$P(H/S) = P(H/E) \times P(E/S) + P(H/\rightarrow E) \times P(\rightarrow E/S) \tag{5.11}$$

下面分四种情况讨论这个公式。

(1) $P(E/S) = 1$

当 $P(E/S) = 1$ 时,$P(\neg E/S) = 0$。此时公式(5.11)变成

$$P(H/S) = P(H/E)$$
$$= \frac{LS \times P(H)}{(LS - 1) \times P(H) + 1}$$

这就是证据肯定存在的情况。

(2) $P(E/S) = 0$

当 $P(E/S) = 0$ 时,$P(\neg E/S) = 1$。此时公式(5.11)变成

$$P(H/S) = P(H/\neg E)$$
$$= \frac{LN \times P(H)}{(LN - 1) \times P(H) + 1}$$

这就是证据肯定不存在的情况。

(3) $P(E/S) = P(E)$

当 $P(E/S) = P(E)$ 时,表示 E 与 S 无关。利用全概率公式就将公式(5.11)变为

$$P(H/S) = P(H/E) \times P(E) + P(H/\neg E) \times P(\neg E) = P(H)$$

(4) 当 $P(E/S)$ 为其它值时,通过分段线性插值就可得到计算 $P(H/S)$ 的公式,如图 5-2 所示。

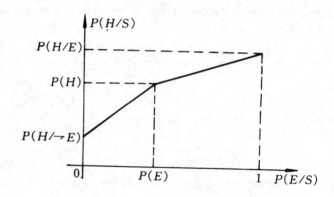

图 5-2 EH 公式的分段线性插值

$$P(H/S) = \begin{cases} P(H/\neg E) + \dfrac{P(H) - P(H/\neg E)}{P(E)} \times P(E/S), & \text{若 } 0 \leqslant P(E/S) < P(E) \\[4mm] P(H) + \dfrac{P(H/E) - P(H)}{1 - P(E)} \times [P(E/S) - P(E)], & \text{若 } P(E) \leqslant P(E/S) \leqslant 1 \end{cases}$$

该公式称为 EH 公式或 UED 公式。

对于初始证据,由于其不确定性是用可信度 $C(E/S)$ 给出的,此时只要把 $P(E/S)$ 与 $C(E/S)$ 的对应关系转换公式代入 EH 公式,就可得到用可信度 $C(E/S)$ 计算 $P(H/S)$ 的公式:

$$P(H/S) = \begin{cases} P(H/\neg E) + [P(H) - P(H/\neg E)] \times [\dfrac{1}{5}C(E/S) + 1], & \text{若 } C(E/S) \leqslant 0 \\[4mm] P(H) + [P(H/E) - P(H)] \times \dfrac{1}{5}C(E/S), & \text{若 } C(E/S) > 0 \end{cases}$$

该公式称为 CP 公式。

这样,当用初始证据进行推理时,根据用户告知的 $C(E/S)$,通过运用 CP 公式就可求出 $P(H/S)$;当用推理过程中得到的中间结论作为证据进行推理时,通过运用 EH 公式就可求出 $P(H/S)$。

5.3.5 结论不确定性的合成算法

若有 n 条知识都支持相同的结论,而且每条知识的前提条件所对应的证据 $E_i(i=1,2,\cdots,n)$ 都有相应的观察 S_i 与之对应,此时只要先对每条知识分别求出 $O(H/S_i)$,然后就可运用下述公式求出 $O(H/S_1,S_2,\cdots,S_n)$:

$$O(H/S_1,S_2,\cdots,S_n)=\frac{O(H/S_1)}{O(H)}\times\frac{O(H/S_2)}{O(H)}\times\cdots\times\frac{O(H/S_n)}{O(H)}\times O(H) \quad (5.12)$$

为了熟悉主观 Bayes 方法的推理过程,下面给出一个例子。

例 5.4 设有如下知识:

r_1: IF E_1 THEN $(2,0.001)$ H_1

r_2: IF E_2 THEN $(100,0.001)$ H_1

r_3: IF H_1 THEN $(200,0.01)$ H_2

已知: $O(H_1)=0.1,\qquad O(H_2)=0.01$

$\qquad\quad C(E_1/S_1)=2,\qquad C(E_2/S_2)=1$

求: $O(H_2/S_1,S_2)=?$

解: 由已知知识得到的推理网络如图 5-3 所示。

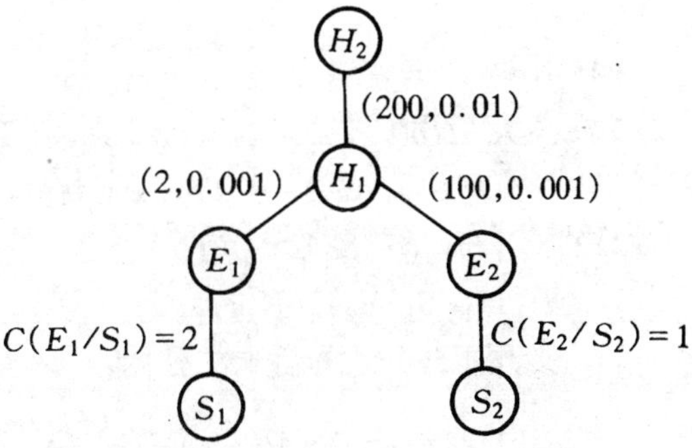

(1) 计算 $O(H_1/S_1)$

$$P(H_1)=\frac{O(H_1)}{1+O(H_1)}$$
$$=\frac{0.1}{1+0.1}$$
$$=0.09$$

$$P(H_1/E_1)=\frac{O(H_1/E_1)}{1+O(H_1/E_1)}$$
$$=\frac{LS_1\times O(H_1)}{1+LS_1\times O(H_1)}$$
$$=\frac{2\times0.1}{1+2\times0.1}$$
$$=0.17$$

$\because\quad C(E_1/S_1)=2>0$

$\therefore$ 使用 CP 公式的后半部计算 $P(H_1/S_1)$。

$$P(H_1/S_1)=P(H_1)+[P(H_1/E_1)-P(H_1)]\times\frac{1}{5}C(E_1/S_1)$$
$$=0.09+[0.17-0.09]\times\frac{2}{5}$$
$$=0.122$$

$$O(H_1/S_1)=\frac{P(H_1/S_1)}{1-P(H_1/S_1)}=\frac{0.122}{0.878}=0.14$$

图 5-3 例 5.4 的推理网络

169

(2) 计算 $①(H_1/S_2)$

由上面的计算得知 $P(H_1) = 0.09$

$$P(H_1/E_2) = \frac{①(H_1/E_2)}{1 + ①(H_1/E_2)}$$

$$= \frac{LS_2 \times ①(H_1)}{1 + LS_2 \times ①(H_1)}$$

$$= \frac{100 \times 0.01}{1 + 100 \times 0.01}$$

$$= 0.91$$

$\because \quad C(E_2/S_2) = 1 > 0$

$\therefore \quad$ 用 CP 公式的后半部计算 $P(H_1/S_2)$。

$$P(H_1/S_2) = P(H_1) + [P(H_1/E_2) - P(H_1)] \times \frac{1}{5} C(E_2/S_2)$$

$$= 0.09 + [0.91 - 0.09] \times \frac{1}{5}$$

$$= 0.254$$

$$①(H_1/S_2) = \frac{P(H_1/S_2)}{1 - P(H_1/S_2)} = \frac{0.254}{1 - 0.254} = 0.34$$

(3) 计算 $①(H_1/S_1, S_2)$

$$①(H_1/S_1, S_2) = \frac{①(H_1/S_1)}{①(H_1)} \times \frac{①(H_1/S_2)}{①(H_1)} \times ①(H_1)$$

$$= \frac{0.14}{0.1} \times \frac{0.34}{0.1} \times 0.1$$

$$= 0.476$$

(4) 计算 $P(H_2/S_1, S_2)$ 及 $①(H_2/S_1, S_2)$

为了确定应用 EH 公式的哪一部分,需要判断 $P(H_1)$ 与 $P(H_1/S_1, S_2)$ 的大小关系。

$\because \quad ①(H_1/S_1, S_2) = 0.476, \quad ①(H_1) = 0.1$

显然 $①(H_1/S_1, S_2) > ①(H_1)$

$\therefore \quad P(H_1/S_1, S_2) > P(H_1)$

$\therefore \quad$ 选用 EH 公式的后半部分,即

$$P(H_2/S_1, S_2) = P(H_2) + \frac{P(H_1/S_1, S_2) - P(H_1)}{1 - P(H_1)} \times [P(H_2/H_1) - P(H_2)]$$

$\because \quad P(H_2) = \dfrac{①(H_2)}{1 + ①(H_2)} = \dfrac{0.01}{1 + 0.01} = 0.01$

$$P(H_1/S_1, S_2) = \frac{①(H_1/S_1, S_2)}{1 + ①(H_1/S_1, S_2)}$$

$$= \frac{0.476}{1.476}$$

$$= 0.32$$

$$P(H_2/H_1) = \frac{①(H_2/H_1)}{1 + ①(H_2/H_1)}$$

$$= \frac{LS_3 \times ①(H_2)}{1 + LS_3 \times ①(H_2)}$$

170

$$= \frac{200 \times 0.01}{1 + 200 \times 0.01}$$
$$= 0.67$$

$$\therefore \quad P(H_2/S_1, S_2) = 0.01 + \frac{0.32 - 0.09}{1 - 0.09} \times (0.67 - 0.01)$$
$$= 0.01 + 0.165$$
$$= 0.175$$

$$\therefore \quad ①(H_2/S_1, S_2) = \frac{P(H_2/S_1, S_2)}{1 - P(H_2/S_1, S_2)}$$
$$= \frac{0.175}{1 - 0.175}$$
$$= 0.212$$

H_2 原先的几率是 0.01，通过运用知识 r_1, r_2, r_3 及初始证据的可信度 $C(E/S_1)$，$C(E/S_2)$进行推理，最后算出 H_2 的后验几率是 0.212，相当于几率增加了 20 多倍。

主观 Bayes 方法的主要优点是：

(1) 主观 Bayes 方法中的计算公式大多是在概率论的基础上推导出来的，具有较坚实的理论基础。

(2) 知识的静态强度 LS 及 LN 是由领域专家根据实践经验给出的，这就避免了大量的数据统计工作。另外，它既用 LS 指出了证据 E 对结论 H 的支持程度，又用 LN 指出了 E 对 H 的必要性程度，这就比较全面地反映了证据与结论间的因果关系，符合现实世界中某些领域的实际情况，使推出的结论有较准确的确定性。

(3) 主观 Bayes 方法不仅给出了在证据肯定存在或肯定不存在情况下由 H 的先验概率更新为后验概率的方法，而且还给出了在证据不确定情况下更新先验概率为后验概率的方法。另外，由其推理过程可以看出，它确实实现了不确定性的逐级传递。因此，可以说主观 Bayes 方法是一种比较实用且较灵活的不确定性推理方法。

它的主要缺点是：

(1) 它要求领域专家在给出知识时，同时给出 H 的先验概率 $P(H)$，这是比较困难的。

(2) Bayes 定理中关于事件间独立性的要求使主观 Bayes 方法的应用受到了限制。

5.4 可信度方法

可信度方法是肖特里菲(E.H.Shortliffe)等人在确定性理论(Theory of Comfirmation)的基础上，结合概率论等提出的一种不确定性推理方法，首先在专家系统 MYCIN 中得到了成功的应用。由于该方法比较直观、简单，而且效果也比较好，因而受到人们的重视。目前，许多专家系统都是基于这一方法建造起来的。

本节首先讨论可信度的概念以及基于可信度表示的不确定性推理的基本方法(简称为C-F模型)，然后再在此基础上讨论三种一般性的推理方法。

5.4.1 可信度的概念

人们在长期的实践活动中，对客观世界的认识积累了大量的经验，当面临一个新事物或新情况时,往往可用这些经验对问题的真、假或为真的程度作出判断。例如,小李今日上班迟到了,其理由是"路上自行车出了毛病"。就此理由而言,只有两种情况:一是小李的自行车确实出了毛病,从而耽误了上班时间,即其理由为真;另一种情况是小李的自行车没有出问题,只是想以此理由作为搪塞,即其理由为假。但是,对于听话的人来说,对小李所说的理由既可以是绝对相信,也可以是完全不相信,或者只有某种程度的相信,其依据是对小李以往表现情况所积累起来的认识。像这样根据经验对一个事物或现象为真的相信程度称为可信度。

显然,可信度带有较大的主观性和经验性,其准确性难以把握。但由于人工智能所面向的多是结构不良的复杂问题,难以给出精确的数学模型,先验概率及条件概率的确定又比较困难,因而用可信度来表示知识及证据的不确定性仍不失为一种可行的方法。另外,由于领域专家都是所在领域的行家里手,有丰富的专业知识及实践经验,也不难对领域内的知识给出其可信度。

5.4.2 C-F 模型

C-F 模型是基于可信度表示的不确定性推理的基本方法,其它可信度方法都是在此基础上发展起来。下面首先讨论它的知识表示方法,然后再讨论其推理机制。

1. 知识不确定性的表示

在该模型中,知识是用产生式规则表示的,其一般形式为

$$IF \quad E \quad THEN \quad H \quad (CF(H,E))$$

其中:

(1) E 是知识的前提条件,它既可以是一个简单条件,也可以是用 AND 及 OR 把多个简单条件连接起来所构成的复合条件。例如

$$E = E_1 \quad AND \quad E_2 \quad AND \quad (E_3 \quad OR \quad E_4)$$

(2) H 是结论,它可以是一个单一的结论,也可以是多个结论。

(3) $CF(H,E)$是该条知识的可信度,称为可信度因子(Certainty Factor)或规则强度,即前面所说的静态强度。$CF(H,E)$在$[-1,1]$上取值,它指出当前提条件 E 所对应的证据为真时,它对结论 H 为真的支持程度,$CF(H,E)$的值越大,就越支持结论 H 为真。例如

$$IF \quad 头痛 \quad AND \quad 流涕 \quad THEN \quad 感冒 \quad (0.7)$$

表示当病人确实有"头痛"及"流涕"的症状时,则有七成的把握认为他是患了感冒。由此可以看出,$CF(H,E)$实际上反映了前提条件与结论的联系强度,是相应知识的知识强度。

在 C-F 模型中,把 $CF(H,E)$定义为

$$CF(H,E) = MB(H,E) - MD(H,E)$$

其中,MB(Measure Belief)称为信任增长度,它表示因与前提条件 E 匹配的证据的出现,使结论 H 为真的信任增长度。MB 定义为

$$MB(H,E) = \begin{cases} 1, & 若 P(H) - 1 \\ \dfrac{\max\{P(H/E), P(H)\} - P(H)}{1 - P(H)}, & 否则 \end{cases}$$

MD(Measure Disbelief)称为不信任增长度,它表示因与前提条件 E 匹配的证据的出现,对结论 H 的不信任增长度。MD 定义为

$$MD(H,E) = \begin{cases} 1, & \text{若 } P(H) = 0 \\ \dfrac{\min\{P(H/E),\ P(H)\} - P(H)}{-P(H)}, & \text{否则} \end{cases}$$

上式中,$P(H)$表示 H 的先验概率;$P(H/E)$表示在前提条件 E 所对应的证据出现的情况下,结论 H 的条件概率。

由 MB 与 MD 的定义可以看出,当 $MB(H,E)>0$ 时,有 $P(H/E)>P(H)$,这说明由于 E 所对应的证据出现增加了对 H 的信任程度。另外,当 $MD(H,E)>0$ 时,有 $P(H/E)<P(H)$,这说明由于 E 所对应的证据出现增加了对 H 的不信任程度。显然,一个证据不可能既增加对 H 的信任程度,又同时增加对 H 的不信任程度,因此 $MB(H,E)$ 与 $MD(H,E)$ 是互斥的。即

$$当 MB(H,E) > 0 时,MD(H,E) = 0$$
$$当 MD(H,E) > 0 时,MB(H,E) = 0$$

根据 $CF(H,E)$ 的定义及 $MB(H,E)$ 与 $MD(H,E)$ 的互斥性,可得到 $CF(H,E)$ 的计算公式:

$$CF(H,E) = \begin{cases} MB(H,E) - 0 = \dfrac{P(H/E) - P(H)}{1 - P(H)}, & \text{若 } P(H/E) > P(H) \\ 0, & \text{若 } P(H/E) = P(H) \\ 0 - MD(H,E) = -\dfrac{P(H) - P(H/E)}{P(H)}, & \text{若 } P(H/E) < P(H) \end{cases}$$

其中,$P(H/E) = P(H)$ 表示 E 所对应的证据与 H 无关。

由 $CF(H,E)$ 的计算公式可直观地看出它的意义:

(1) 若 $CF(H,E)>0$,则 $P(H/E)>P(H)$。这说明由于前提条件 E 所对应的证据出现增加了 H 为真的概率,即增加了 H 为真的可信度,$CF(H,E)$ 的值越大,增加 H 为真的可信度就越大。若 $CF(H,E)=1$,可推出 $P(H/E)=1$,即由于 E 所对应的证据出现使 H 为真。

(2) 若 $CF(H,E)<0$,则 $P(H/E)<P(H)$。这说明由于 E 所对应的证据出现减少了 H 为真的概率,即增加了 H 为假的可信度,$CF(H,E)$ 的值越小,增加 H 为假的可信度就越大。若 $CF(H,E)=-1$,可推出 $P(H/E)=0$,即 E 所对应的证据出现使 H 为假。

(3) 若 $CF(H,E)=0$,则 $P(H/E)=P(H)$,表示 H 与 E 独立,即 E 所对应的证据出现对 H 没有影响。

当已知 $P(H)$ 和 $P(H/E)$ 时,通过运用上述计算公式就可求出 $CF(H,E)$。但是,正如我们在前面多次说过的那样,在实际应用中 $P(H)$ 和 $P(H/E)$ 的值是难以获得的,因此 $CF(H,E)$ 的值要求领域专家直接给出。其原则是:若由于相应证据的出现增加结论 H 为真的可信度,则使 $CF(H,E)>0$,证据的出现越是支持 H 为真,就使 $CF(H,E)$ 的值越大;反之,使 $CF(H,E)<0$,证据的出现越是支持 H 为假,就使 $CF(H,E)$ 的值越小;若证据的出现与否与 H 无关,则使 $CF(H,E)=0$。

2. 证据不确定性的表示

在该模型中,证据的不确定性也是用可信度因子表示的,例如 $CF(E)=0.6$ 表示证据 E 的可信度为 0.6。

证据可信度值的来源分两种情况:对于初始证据,其可信度的值由提供证据的用户给出;对于用先前推出的结论作为当前推理的证据,其可信度的值在推出该结论时通过不确定性传

递算法计算得到。

证据 E 的可信度 $CF(E)$ 也是在 $[-1,1]$ 上取值。对于初始证据,若对它的所有观察 S 能肯定它为真,则使 $CF(E)=1$;若肯定它为假,则使 $CF(E)=-1$;它以某种程度为真,则使 $CF(E)$ 为 $(0,1)$ 中的某一个值,即 $0<CF(E)<1$;若它以某种程度为假,则使 $CF(E)$ 为 $(-1,0)$ 中的某一个值,即 $-1<CF(E)<0$;若对它还未获得任何相关的观察,此时可看作观察 S 与它无关,则使 $CF(E)=0$。

在该模型中,尽管知识的静态强度与证据的动态强度都是用可信因子 CF 表示的,但它们所表示的意义却不相同。静态强度 $CF(H,E)$ 表示的是知识的强度,即当 E 所对应的证据为真时对 H 的影响程度,而动态强度 $CF(E)$ 表示的是证据 E 当前的不确定性程度。

3．组合证据不确定性的算法

当组合证据是多个单一证据的合取时,即

$$E = E_1 \quad \text{AND} \quad E_2 \quad \text{AND} \quad \cdots \quad \text{AND} \quad E_n$$

若已知 $CF(E_1)$, $CF(E_2)$,$\cdots$,$CF(E_n)$,则

$$CF(E) = \min\{CF(E_1), CF(E_2), \cdots, CF(E_n)\}$$

当组合证据是多个单一证据的析取时,即

$$E = E_1 \quad \text{OR} \quad E_2 \quad \text{OR} \quad \cdots \quad \text{OR} \quad E_n$$

若已知 $CF(E_1)$, $CF(E_2)$,$\cdots$,$CF(E_n)$,则

$$CF(E) = \max\{CF(E_1), CF(E_2), \cdots, CF(E_n)\}$$

4．不确定性的传递算法

C-F 模型中的不确定性推理是从不确定的初始证据出发,通过运用相关的不确定性知识,最终推出结论并求出结论的可信度值。其中,结论 H 的可信度由下式计算:

$$CF(H) = CF(H,E) \times \max\{0, CF(E)\}$$

由上式可以看出,若 $CF(E)<0$,即相应证据以某种程度为假,则

$$CF(H) = 0$$

这说明在该模型中没有考虑证据为假时对结论 H 所产生的影响。另外,当证据为真(即 $CF(E)=1$)时,由上式可推出:

$$CF(H) = CF(H,E)$$

这说明知识中的规则强度 $CF(H,E)$ 实际上就是在前提条件对应的证据为真时结论 H 的可信度。或者说,当知识的前提条件所对应的证据存在且为真时,结论 H 有 $CF(H,E)$ 大小的可信度。

5．结论不确定性的合成算法

若由多条不同知识推出了相同的结论,但可信度不同,则可用合成算法求出综合可信度。由于对多条知识的综合可通过两两的合成实现,所以下面只考虑两条知识的情况。

设有如下知识:

$$\text{IF} \quad E_1 \quad \text{THEN} \quad H \quad (CF(H,E_1))$$
$$\text{IF} \quad E_2 \quad \text{THEN} \quad H \quad (CF(H,E_2))$$

则结论 H 的综合可信度可分如下两步算出:

(1)首先分别对每一条知识求出 $CF(H)$:

$$CF_1(H) = CF(H, E_1) \times \max\{0,\ CF(E_1)\}$$
$$CF_2(H) = CF(H, E_2) \times \max\{0,\ CF(E_2)\}$$

(2) 然后用下述公式求出 E_1 与 E_2 对 H 的综合影响所形成的可信度 $CF_{1,2}(H)$：

$$CF_{1,2}(H) = \begin{cases} CF_1(H) + CF_2(H) - CF_1(H) \times CF_2(H) & \text{若 } CF_1(H) \geqslant 0, \\ & \qquad CF_2(H) \geqslant 0 \\ CF_1(H) + CF_2(H) + CF_1(H) \times CF_2(H) & \text{若 } CF_1(H) < 0, \\ & \qquad CF_2(H) < 0 \\ \dfrac{CF_1(H) + CF_2(H)}{1 - \min\{\mid CF_1(H) \mid,\ \mid CF_2(H) \mid\}} & \text{若 } CF_1(H) \text{ 与} \\ & \qquad CF_2(H) \text{ 异号} \end{cases}$$

例 5.5 设有如下一组知识：

r_1:　IF　E_1　　THEN　　H　(0.8)
r_2:　IF　E_2　　THEN　　H　(0.6)
r_3:　IF　E_3　　THEN　　H　(-0.5)
r_4:　IF　E_4　　AND　　$(E_5$ OR $E_6)$ THEN E_1　(0.7)
r_5:　IF　E_7　　AND　　E_8 THEN E_3　(0.9)

已知：　$CF(E_2) = 0.8$,　$CF(E_4) = 0.5$,　$CF(E_5) = 0.6$
　　　　$CF(E_6) = 0.7$,　$CF(E_7) = 0.6$,　$CF(E_8) = 0.9$

求：　$CF(H) = ?$

解：由已知知识得到的推理网络如图 5-4 所示。

由 r_4 得到：

$$\begin{aligned} CF(E_1) &= 0.7 \times \max\{0, CF[E_4 \text{ AND } (E_5 \text{ OR } E_6)]\} \\ &= 0.7 \times \max\{0,\ \min\{CF(E_4),\ CF(E_5 \text{ OR } E_6)\}\} \\ &= 0.7 \times \max\{0,\ \min\{CF(E_4),\ \max\{CF(E_5),\ CF(E_6)\}\}\} \\ &= 0.7 \times \max\{0,\ \min\{0.5,\ \max\{0.6, 0.7\}\}\} \\ &= 0.7 \times \max\{0,\ 0.5\} \\ &= 0.35 \end{aligned}$$

由 r_5 得到：

$$\begin{aligned} CF(E_3) &= 0.9 \times \max\{0, CF(E_7 \text{ AND } E_8)\} \\ &= 0.9 \times \max\{0,\ \min\{CF(E_7),\ CF(E_8)\}\} \\ &= 0.9 \times \max\{0,\ \min\{0.6, 0.9\}\} \\ &= 0.9 \times \max\{0,\ 0.6\} \\ &= 0.54 \end{aligned}$$

由 r_1 得到：

$$\begin{aligned} CF_1(H) &= 0.8 \times \max\{0,\ CF(E_1)\} \\ &= 0.8 \times \max\{0, 0.35\} \\ &= 0.28 \end{aligned}$$

由 r_2 得到：

$$CF_2(H) = 0.6 \times \max\{0,\ CF(E_2)\}$$
$$= 0.6 \times \max\{0,\ 0.8\}$$
$$= 0.48$$

由 r_3 得到：

$$CF_3(H) = -0.5 \times \max\{0,\ CF(E_3)\}$$
$$= -0.5 \times \max\{0,\ 0.54\}$$
$$= -0.27$$

根据结论不确定性的合成算法得到：

$$CF_{1,2}(H) = CF_1(H) + CF_2(H) - CF_1(H) \times CF_2(H)$$
$$= 0.28 + 0.48 - 0.28 \times 0.48$$
$$= 0.76 - 0.13$$
$$= 0.63$$

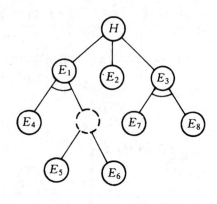

图 5-4　例 5.5 的推理网络

$$CF_{1,2,3}(H) = \frac{CF_{1,2}(H) + CF_3(H)}{1 - \min\{|CF_{1,2}(H)|,\ |CF_3(H)|\}}$$
$$= \frac{0.63 - 0.27}{1 - \min\{0.63,\ 0.27\}}$$
$$= \frac{0.36}{0.73}$$
$$= 0.49$$

这就是最终求出的综合可信度，即 $CF(H)=0.49$。

5.4.3　带有阈值限度的不确定性推理

上一段讨论了 C-F 模型，它给出了用可信度表示不确定性时进行推理的基本方法，为基于可信度表示的不确定性推理奠定了基础，在人工智能的发展史中占有重要地位，专家系统 MYCIN 就是依据这一模型建立起来的。但是，现实世界中的问题是复杂、多样的，而任何一种方法都有它的局限性，只适用于特定的情况和范围。为了用可信度方法求解更多的问题，人们在 C-F 模型的基础上又提出了一些更具有一般性的处理方法，这一段以及下面的两段将对这些方法进行讨论。

1. 知识不确定性的表示

在带有阈值限度的不确定性推理中，知识用下述形式表示：

$$\text{IF} \quad E \quad \text{THEN} \quad H \quad (CF(H,E),\ \lambda)$$

其中：

（1）E 为知识的前提条件，H 为结论。与 C-F 模型一样，E 既可以是一个简单条件，也可以是用 AND 或 OR 把多个简单条件连接起来构成的复合条件。例如

$$E = (E_1 \text{ OR } E_2) \text{ AND } (E_3 \text{ OR } E_4 \text{ OR } E_5) \text{ AND } E_6$$

（2）$CF(H,E)$ 为知识的可信度因子，即规则强度，它指出相应知识为真的可信程度，取值范围为 $(0,1]$，即

$$0 < CF(H,E) \leqslant 1$$

$CF(H,E)$ 的值越大，表示相应知识的可信度越高。

176

(3) λ 是阈值,它对相应知识的可应用性规定了一个限度,只有当前提条件 E 的可信度 $CF(E)$ 达到或超过这个限度,即 $CF(E) \geqslant \lambda$ 时,相应的知识才有可能被应用。λ 的取值范围为

$$0 < \lambda \leqslant 1$$

2. 证据不确定性的表示

证据的不确定性仍然用可信度因子表示,即证据 E 的不确定性表示为 $CF(E)$,其取值范围为

$$0 \leqslant CF(E) \leqslant 1$$

$CF(E)$ 的值越大,表示它的可信度越高。对于初始证据,其值由用户给出;对于用前面推理所得结论作为当前推理的证据,其值由推理得到。

3. 组合证据不确定性的算法

与 C-F 模型一样,对于由 AND 或 OR 构成的复合条件可分别通过求极大或求极小得到。即

$$CF(E_1 \text{ AND } E_2 \text{ AND} \cdots \text{ AND } E_n) = \min\{CF(E_1), CF(E_2), \cdots, CF(E_n)\}$$
$$CF(E_1 \text{ OR } E_2 \text{ OR} \cdots \text{OR } E_n) = \max\{CF(E_1), CF(E_2), \cdots, CF(E_n)\}$$

4. 不确定性的传递算法

当 $CF(E) \geqslant \lambda$ 时,结论 H 的可信度 $CF(H)$ 可由下式计算得到:

$$CF(H) = CF(H,E) \times CF(E)$$

其中,"$\times$"既可为"相乘"运算,也可为"取极小"或其它运算,根据实际情况确定。

5. 结论不确定性的合成算法

设有多条规则有相同的结论,即

$$
\begin{array}{llll}
\text{IF} & E_1 & \text{THEN} & H \quad (CF(H,E_1), \lambda_1) \\
\text{IF} & E_2 & \text{THEN} & H \quad (CF(H,E_2), \lambda_2) \\
& & \vdots & \\
\text{IF} & E_n & \text{THEN} & H \quad (CF(H,E_n), \lambda_n)
\end{array}
$$

如果这 n 条规则都满足

$$CF(E_i) \geqslant \lambda_i \qquad i = 1,2,\cdots,n$$

且都被启用,则首先分别对每条知识求出它的 $CF_i(H)$, $(i = 1,2,\cdots,n)$,即

$$CF_i(H) = CF(H,E_i) \times CF(E_i)$$

然后选用有下述方法中的任一种求出结论 H 的综合可信度 $CF(H)$。

(1) 求极大值法。选用 $CF_i(H)$ 中的极大值作为 $CF(H)$,即

$$CF(H) = \max\{CF_1(H), CF_2(H), \cdots, CF_n(H)\}$$

(2) 加权求和法。用下式计算 $CF(H)$:

$$CF(H) = \frac{1}{\displaystyle\sum_{i=1}^{n} CF(H,E_i)} \sum_{i=1}^{n} CF(H,E_i) \times CF(E_i)$$

(3) 有限和法。用下式计算 $CF(H)$:

$$CF(H) = \min\{\sum_{i=1}^{n} CF_i(H), 1\}$$

(4) 递推计算法。这种方法的基本思想是,从 $CF_1(H)$ 开始,按知识被启用的顺序逐步进行递推,每当增加一条结论为 H 的知识时,H 的可信度总是增加一点,直至最终求出 H 的综合可信度为止。

令
$$C_1 = CF(H, E_1) \times CF(E_1)$$
对任意的 $k > 1$,按下式进行递推:
$$C_k = C_{k-1} + (1 - C_{k-1}) \times CF(H, E_k) \times CF(E_k)$$
当 $k = n$ 时,求出的 C_k 就是综合可信度 $CF(H)$。

在实际应用中,究竟选用哪种方法,需根据实际情况决定。另外,由于现实世界中问题的复杂性及多样性,很难设计一个算法使它能适应所有的情况,这就要求对具体问题进行具体的分析,设计出适合本领域问题特点的算法。

5.4.4　加权的不确定性推理

当知识的前提条件 E 是复合条件时,即
$$E = E_1 \quad \text{AND} \quad E_2 \quad \text{AND} \quad \cdots \quad \text{AND} \quad E_n$$
前面讨论的不确定性推理方法都要求 $E_1, E_2 \cdots, E_n$ 是彼此独立的,相互间不存在依赖关系。但是,现实情况并非都是这样,例如:

IF	天气预报说有寒流来到本地
AND	气温急剧下降
AND	你感到有些冷
THEN	你应多穿衣报

显然,在这条知识的前提条件中,各个子条件间存在着依赖关系,它们不是相互独立的。

另外,在前面讨论的不确定性推理方法中,各个子条件都是平等的,事实上也并非都是这样。由于各个子条件所包含的信息量不同,它们对相应结论的支持程度也不相同,也就是说它们分别具有不同的"重要度"。例如,对于如下知识:

IF	该论文有创见
AND	立论正确
AND	文字通顺流畅
AND	书写清楚规范
THEN	该论文可以发表

显然,在这条知识的前提条件中,"该论文有创见"及"立论正确"要比"文字通顺流畅"及"书写清楚规范"重要得多。

为了解决上述问题,可在知识的前提条件中引入加权因子,使不同的子条件具有不同的"权"。

下面讨论带有加权因子的不确定性推理方法。其中凡是与前面讨论相同的内容,不再作专门的说明。

1. 知识不确定性的表示

在这种不确定性推理方法中,知识的表示形式是
$$\text{IF} \quad E_1(\omega_1) \quad \text{AND} \quad E_2(\omega_2) \quad \text{AND} \quad \cdots \quad \text{AND} \quad E_n(\omega_n)$$

$$\text{THEN} \quad H \quad (CF(H,E),\lambda)$$

其中，$\omega_i(i=1,2,\cdots,n)$是加权因子，λ是阈值，其值均由领域专家给出。

在确定加权因子 ω_i 时，一般应考虑如下两个因素：

(1) 相应子条件对结论成立的重要性。如果一个子条件对结论成立的重要性较高，则应使它具有较大的权值。例如在上面关于"发表论文"的例子中，应使"该论文有创见"及"立论正确"有较大的权值。

(2) 相应子条件的独立性。如果一个子条件具有较大的独立性，而其它子条件对它有依赖关系，则应使它具有较大的权值。在上面关于"多穿衣服"的例子中，应使"天气预报说有寒流来到本地"具有较大的权值。

实际应用中，有时重要性与独立性同时存在，此时就要作综合考虑，以便为每个子条件给出一个合适的权值。

权值的取值范围一般规定为$[0,1]$，且应使其满足归一条件，即

$$0 \leqslant \omega_i \leqslant 1 \qquad i = 1,2,\cdots,n$$

$$\sum_{i=1}^{n} \omega_i = 1$$

2. 组合证据不确定性的算法

在此不确定性推理方法中，证据的不确定性仍然用可信度因子表示。

对于前提条件

$$E = E_1(\omega_1) \quad \text{AND} \quad E_2(\omega_2) \quad \text{AND} \quad \cdots \quad \text{AND} \quad E_n(\omega_n)$$

所对应的组合证据，其可信度用下式计算：

$$CF(E) = \sum_{i=1}^{n} \omega_i \times CF(E_i)$$

如果 $\omega_i(i=1,2,\cdots,n)$不满足归一条件，即

$$\sum_{i=1}^{n} \omega_i \neq 1$$

则 $CF(E)$用下式计算：

$$CF(E) = \frac{1}{\sum\limits_{i=1}^{n} \omega_i} \sum_{i=1}^{n} (\omega_i \times CF(E_i))$$

3. 不确定性的传递算法

当一条知识的 $CF(E)$满足如下条件时，即

$$CF(E) \geqslant \lambda$$

该知识就可被应用，从而推出相应的结论 H。上式中的 λ 是相应知识中给出的阈值。结论 H 的可信度可用下式计算得到

$$CF(H) = CF(H,E) \times CF(E)$$

其中"×"既可为"相乘"运算，也可为"取极小"或其它合适的运算。

由复合证据不确定性的算法及不确定性的传递算法可以看出，加权因子的引入不仅解决了证据的重要性、独立性问题，而且还解决了证据不完全的推理问题，并为冲突消解提供了一种解决途径。为说明后两个问题，下面来看一个例子。

设有如下知识：

IF 　该动物有蹄(0.3)

　　AND 　该动物有长腿(0.2)

　　AND 　该动物有长颈(0.2)

　　AND 　该动物是黄褐色(0.13)

　　AND 　该动物身上有暗黑色斑点(0.13)

　　AND 　该动物的体重在 200kg 以上(0.04)

　THEN 　该动物是长颈鹿(0.95,0.8)

如果某小朋友在动物园看到一个动物后提供了如下证据：

该动物有蹄，其可信度 $CF(E_1)=1$；

该动物有长腿，其可信度 $CF(E_2)=1$；

该动物有长颈，其可信度 $CF(E_3)=1$；

该动物是黄褐色，其可信度 $CF(E_4)=0.8$；

该动物身上有暗黑色斑点，其可信度 $CF(E_5)=0.6$。

问该动物是什么动物？

显然，小朋友提供的证据比知识前提条件中所要求的证据少了一个，即"该动物的体重在200kg 以上"。此时，如果使用前面讨论的不带加权因子的不确定性推理，上面的知识就不能被应用，但对于加权不确定性推理来说，它就有可能被应用，是否可被应用取决于 $CF(E)$ 是否大于或等于阈值 λ。在此例中，$CF(E)$ 的值为：

$$CF(E) = \sum_{i=1}^{n} \omega_i \times CF(E_i)$$
$$= 0.3 \times 1 + 0.2 \times 1 + 0.2 \times 1 + 0.13 \times 0.8 + 0.13 \times 0.6$$
$$= 0.882$$

由于阈值 $\lambda=0.8$，显然 $CF(E)>\lambda$，所以上述知识能够被应用，并推出结论"该动物是长颈鹿"，其可信度为：

$$CF(H) = CF(H,E) \times CF(E)$$
$$= 0.95 \times 0.882$$
$$= 0.84$$

在实际应用中，经常会出现某些不重要的证据没有被提供的情况，如果在此情况下就不能进行推理，从而推不出本来应该推出的结论，那将是不合情理的，由此亦可看出引入加权因子的重要性。

关于冲突消解，我们在上一章已经进行过讨论，下面用例子说明引入加权因子后解决冲突的方法。

设有如下两条知识：

r_1：IF 　$E_1(\omega_1)$ 　AND 　$E_2(\omega_2)$ 　THEN 　$H_1(CF_1,\lambda_1)$

r_2：IF 　$E_3(\omega_3)$ 　AND 　$E_4(\omega_4)$ 　AND 　$E_5(\omega_5)$ 　THEN 　$H_2(CF_2,\lambda_2)$

如果根据当前已有的证据经计算得到：

$$CF(E_1(\omega_1) \quad AND \quad E_2(\omega_2)) > \lambda_1$$
$$CF(E_3(\omega_3) \quad AND \quad E_4(\omega_4) \quad AND \quad E_5(\omega_5)) > \lambda_2$$

即两条知识都具备了可应用的条件,则说它们发生了冲突,此时应该首先启用哪条知识进行推理呢? 这只要对这两条知识的组合证据的可信度值进行比较,取其大者就可以了。例如,设

$$CF(E_3(\omega_3) \quad AND \quad E_4(\omega_4) \quad AND \quad E_5(\omega_5)) > CF(E_1(\omega_1) \quad AND \quad E_2(\omega_2))$$

则当前应该应用 r_2 进行推理。

例 5.6 设有如下知识:

r_1: IF $E_1(0.6)$ AND $E_2(0.4)$ THEN $E_6(0.8,0.75)$

r_2: IF $E_3(0.5)$ AND $E_4(0.3)$ AND $E_5(0.2)$ THEN $E_7(0.7, 0.6)$

r_3: IF $E_6(0.7)$ AND $E_7(0.3)$ THEN $H(0.75,0,6)$

已知:$CF(E_1)=0.9$, $CF(E_2)=0.8$, $CF(E_3)=0.7$ $CF(E_4)=0.6$,

$CF(E_5)=0.5$

求: $CF(H)=?$

解:由 r_1 得到:

$$\begin{aligned} CF(E_1(0.6) \quad AND \quad E_2(0.4)) &= \omega_1 \times CF(E_1) + \omega_2 \times CF(E_2) \\ &= 0.6 \times 0.9 + 0.4 \times 0.8 \\ &= 0.86 \end{aligned}$$

$\because \lambda_1 = 0.75$

$\therefore CF(E_1(0.6) \quad AND \quad E_2(0.4)) > \lambda_1$

$\therefore r_1$ 具备了可被应用的条件。

由 r_2 得到

$$\begin{aligned} CF(E_3(0.5) \quad &AND \quad E_4(0.3) \quad AND \quad E_5(0.2)) \\ &= \omega_3 \times CF(E_3) + \omega_4 \times CF(E_4) + \omega_5 \times CF(E_5) \\ &= 0.5 \times 0.7 + 0.3 \times 0.6 + 0.2 \times 0.5 \\ &= 0.63 \end{aligned}$$

$\because \lambda_2 = 0.6$

$\therefore CF(E_3(0.5) \quad AND \quad E_4(0.3) \quad AND \quad E_5(0.2)) > \lambda_2$

$\therefore r_2$ 也具备了可被应用的条件。

$\because CF(E_1(0.6) \quad AND \quad E_2(0.4)) > CF(E_3(0.5) \quad AND \quad E_4(0.3)$
$\qquad\qquad\qquad\qquad\qquad\qquad\qquad\qquad AND \quad E_5(0.2))$

$\therefore r_1$ 先被启用,然后才能启用 r_2。

由 r_1 得到

$$CF(E_6) = 0.8 \times 0.86 = 0.69$$

由 r_2 得到

$$CF(E_7) = 0.7 \times 0.63 = 0.44$$

由 r_3 得到

$$\begin{aligned} CF[E_6(0.7) \quad AND \quad E_7(0.3)] &= \omega_6 \times CF(E_6) + \omega_7 \times CF(E_7) \\ &= 0.7 \times 0.69 + 0.3 \times 0.44 \\ &= 0.483 + 0.132 \\ &= 0.615 \end{aligned}$$

$$\because \quad CF(E_6(0.7) \quad \text{AND} \quad E_7(0.3)) > \lambda_3$$

$\therefore \quad r_3$ 可被启用,得到

$$CF(H) = 0.75 \times 0.615 = 0.46$$

这就是最终求出的结论 H 的可信度值。

5.4.5 前提条件中带有可信度因子的不确定性推理

回顾前面讨论的几种不确定性推理方法,其知识的一般形式可表示为

$$\text{IF} \quad E \quad \text{THEN} \quad H \quad (CF(H,E),\lambda)$$

其中,E 是知识的前提条件,它既可以是一个简单条件,也可以是多个简单条件的逻辑组合,即复合条件;$CF(H,E)$ 是知识的静态强度;λ 是阈值。如果在此表示中,既不考虑 E 中各子条件的加权因子 ω_i,也不考虑阈值 λ,则它就是 C-F 模型的知识表示方法;如果仅考虑阈值 λ,而不考虑各子条件的加权因子,则它就是 5.4.3 所讨论的方法;如果两者都考虑,它就是 5.4.4 所讨论的方法。这些方法的一个共同特点是它们都没有为前提条件 E 或其子条件指出所需的可信度值,它们都是在前提条件 E 为真的前提下为 $CF(H,E)$ 取值的。实际应用中,有时这样做不能准确地反映领域专家的知识。为此,在有些专家系统中提出了在前提条件中设置可信度的方法。

1. 知识不确定性的表示

在这种方法中,知识的表示形式是

$$\text{IF} \quad E_1(cf_1) \quad \text{AND} \quad E_2(cf_2) \quad \text{AND} \quad \cdots \quad \text{AND} \quad E_n(cf_n)$$
$$\text{THEN} \quad H \quad (CF(H,E),\lambda)$$

或者

$$\text{IF} \quad E_1(cf_1,\omega_1) \quad \text{AND} \quad E_2(cf_2,\omega_2) \quad \text{AND} \quad \cdots \quad \text{AND} \quad E_n(cf_n,\omega_n)$$
$$\text{THEN} \quad H \quad (CF(H,E),\lambda)$$

其中:

(1) 前一种表示形式是不带加权因子的表示形式,后一种是带加权因子的表示形式。

(2) cf_i 是对子条件 $E_i(i=1,2,\cdots,n)$ 指出的可信度,它表示当子条件 E_i 所对应的证据存在且具有 $cf_i(i=1,2,\cdots,n)$ 大小的可信度时,结论 H 具有可信度 $CF(H,E)$。cf_i 在 $[0,1]$ 上取值,其值由领域专家给出。

(3) ω_i 是子条件 $E_i(i=1,2,\cdots,n)$ 的权值,在 $[0,1]$ 上取值,且应满足如下条件:

$$\sum_{i=1}^{n} \omega_i = 1$$

ω_i 的值由领域专家给出。

(4) $CF(H,E)$ 及 λ 分别为知识的静态强度及阈值,其值由领域专家给出。

2. 证据不确定性的表示

证据的不确定性仍用可信度因子表示,证据 E_i 的可信度记为 cf'_i,其值由用户给出或在推理中得到,取值范围为 $[0,1]$。

3. 不确定性匹配算法

在前面讨论的不确定性推理方法中,都没有明确提出不确定性匹配问题,这是因为这些方法在推理时都是以证据的可信度直接作为相应条件的可信度的,一条知识是否可用于当前的

推理,关键的因素是其前提条件所要求的证据是否已经出现。5.4.3 及 5.4.4 所讨论的方法虽然要对复合证据的可信度进行判断,看其是否满足阈值条件,从而决定相应的知识可否被应用,但由于非常简单,所以也没有把它作为不确定性匹配进行专门的讨论。

关于不确定性匹配,在本章的 5.1 节就已指出,当知识的前提条件与相应的证据不完全一致时,需要用相应的不确定性匹配算法检查两者相似的程度是否落在阈值指定的限度内。如果落在阈值指定的限度内,就认为它们是可匹配的,相应的知识可被应用;如果不落在阈值指定的限度内,就认为它们是不可匹配的,相应知识不可用于当前的推理中。在目前正在讨论的方法中,由于知识中为各子条件指出的可信度 cf_i 与相应证据实际具有的可信度 cf'_i 不一定完全一致,因此需要用不确定性匹配算法确定它们是否可以匹配。

针对两种知识表示形式,相应有两种不确定性匹配算法:

(1) 不带加权因子的不确定性匹配算法。设对知识

$$\text{IF} \quad E_1(cf_1) \quad \text{AND} \quad E_2(cf_2) \quad \text{AND}\cdots\text{AND} \quad E_n(cf_n)$$
$$\text{THEN} \quad H(CF(H,E),\lambda)$$

有如下证据存在:

$$E_1(cf'_1), \quad E_2(cf'_2),\cdots, \quad E_n(cf'_n)$$

其中 cf'_i 是证据的 E_i 的可信度($i=1,2,\cdots,n$),则不确定性匹配算法为

$$\max\{0, cf_1 - cf'_1\} + \max\{0, cf_2 - cf'_2\} + \cdots + \max\{0, cf_n - cf'_n\} \leqslant \lambda$$

这里的相加运算"+"可改为取极大运算"$\vee$",应用时可根据实际情况确定。

(2) 带加权因子的不确定性匹配算法。设对知识

$$\text{IF} \quad E_1(cf_1,\omega_1) \quad \text{AND} \quad E_2(cf_2,\omega_2) \quad \text{AND}\cdots\text{AND} \quad E_n(cf_n,\omega_n)$$
$$\text{THEN} \quad H \quad (CF(H,E),\lambda)$$

有如下证据存在:

$$E_1(cf'_1), \quad E_2(cf'_2),\cdots, \quad E_n(cf'_n)$$

则不确定性匹配算法为

$$(\omega_1 \times \max\{0, cf_1 - cf'_1\}) + (\omega_2 \times \max\{0, cf_2 - cf'_2\}) +$$
$$\cdots + (\omega_n \times \max\{0, cf_n - cf'_n\}) \leqslant \lambda$$

这里的相加运算"+"可根据实际需要改为取极大"$\vee$"运算。

由上面列出的匹配算法可以看出:当证据 E_i 的可信度 cf'_i 大于或等于相应子条件的可信度 cf_i,即

$$cf'_i \geqslant cf_i \qquad i=1,2,\cdots,n$$

有下式成立:

$$\max\{0, cf_1 - cf'_1\} + \max\{0, cf_2 - cf'_2\} + \cdots + \max\{0, cf_n - cf'_n\} = 0$$
$$(\omega_1 \times \max\{0, cf_1 - cf'_1\}) + (\omega_2 \times \max\{0, cf_2 - cf'_2\}) + \cdots$$
$$+ (\omega_n \times \max\{0, cf_n - cf'_n\}) = 0$$

它们都满足"小于或等于 λ"的条件,所以知识的前提条件可与相应的证据匹配,这是理所当然的。至于 cf'_i 小于 $cf_i(i=1,2,\cdots,n)$ 或部分小于的情况,究竟能否匹配,这取决于对 λ 的取值,同时还要对上述两种算法进行计算才能决定。

4. 不确定性的传递算法

针对两种知识表示形式,下面分别讨论它们的不确定性传递算法。

(1) 不带加权因子的情况。如果知识的前提条件可与相应的证据匹配,则结论的可信度可用下式计算:

$$CF(H) = [(1 - \max\{0,\ cf_1 - cf'_1\}) \times (1 - \max\{0,\ cf_2 - cf'_2\}) \times \cdots$$
$$\times (1 - \max\{0,\ cf_n - cf'_n\})] \times CF(H,E)$$

这里的相乘运算"×"可根据实际需要改为取极小"∧"运算。

由此算法可以看出:当 $cf'_i \geqslant cf_i (i = 1, 2, \cdots, n)$ 时,有

$$CF(H) = CF(H,E)$$

这说明当证据 E_i 的可信度 cf'_i 都大于或等于相应子条件的可信度 $cf_i(i = 1, 2, \cdots, n)$ 时,结论的可信度就是知识的静态强度。由此可进一步理解知识中关于子条件可信度 cf_i 的含义。至于 cf'_i 不都大于等于相应子条件可信度 cf_i 的情况,只要它们满足不确定性匹配条件,则结论 H 的可信度 $CF(H)$ 可用上面给出的公式计算得到。例如,设有如下知识:

$$\text{IF} \quad E_1(0.6) \quad \text{AND} \quad E_2(0.5) \quad \text{THEN} \quad H(0.7,\ 0.2)$$

已知证据 E_1 和 E_2 的可信度分别是 0.8 和 0.4,由不确定性匹配算法得到:

$$\max\{0,\ cf_1 - cf'_i\} + \max\{0,\ cf_2 - cf'_2\}$$
$$= \max\{0, 0.6 - 0.8\} + \max\{0,\ 0.5 - 0.4\}$$
$$= 0 + 0.1$$
$$= 0.1$$

显然它小于 λ(λ 的值为 0.2),所以可以匹配。下面计算结论 H 的可信度:

$$CF(H) = [(1 - \max\{0,\ cf_1 - cf'_1\}) \times (1 - \max\{0,\ cf_2 - cf'_2\})] \times CF(H,E)$$
$$= [(1 - \max\{0,\ 0.6 - 0.8\}) \times (1 - \max\{0,\ 0.5 - 0.4\})] \times 0.7$$
$$= [1 \times (1 - 0.1)] \times 0.7$$
$$= 0.63$$

(2) 带加权因子的情况。如果知识的前提条件可与相应的证据匹配,则结论的可信度可用下式计算:

$$CF(H) = [(\omega_1 \times (1 - \max\{0,\ cf_1 - cf'_1\})) \times (\omega_2 \times (1 - \max\{0,\ cf_2 - cf'_2\})) \times \cdots$$
$$\times (\omega_n \times (1 - \max\{0,\ cf_n - cf'_n\}))] \times CF(H,E)$$

例如,设有如下知识:

$$\text{IF} \quad E_1(0.6,\ 0.7) \quad \text{AND} \quad E_2(0.5,\ 0.3) \quad \text{THEN} \quad H(0.7,\ 0.1)$$

已知证据 E_1 和 E_2 的可信度分别是 0.8 和 0.4,由不确定性匹配算法得到:

$$(\omega_1 \times \max\{0,\ cf_1 - cf'_1\}) + (\omega_2 \times \max\{0, cf_2 - cf'_2\})$$
$$= (0.7 \times \max\{0,\ 0.6 - 0.8\}) + (0.3 \times \max\{0,\ 0.5 - 0.4\})$$
$$= 0 + 0.03$$
$$= 0.03$$

显然它小于 λ(λ 的值为 0.1),所以可以匹配。结论 H 的可信度为:

$$CF(H) = [(\omega_1 \times (1 - \max\{0, cf_1 - cf'_1\}))$$
$$\times (\omega_2 \times (1 - \max\{0, cf_2 - cf'_2\}))] \times CF(H,E)$$
$$= [(0.7 \times (1 - \max\{0, 0.6 - 0.8\})) \times (0.3 \times (1 - \max\{0, 0.5 - 0.4\}))] \times 0.7$$
$$= [(0.7 \times 1) \times (0.3 \times 0.9)] \times 0.7$$

$$= 0.13$$

上面讨论了基于可信度的四种不确定性推理方法,这些方法的优点是比较简单、直观。其缺点是推理结果的准确性依赖于领域专家对可信度因子的指定,但如何合理且准确地把知识的可信度因子估计为一个数字却是相当困难的,而且一个数字在语义上究竟表示一个什么样的确信度也难有一个统一的标准尺度,特别当知识由多个专家给出时,更难有统一的度量标准,具有较浓厚的个人主观判断色彩,容易产生片面性。另外,推理中随着推理链的延伸,可信度的传递将会越来越不可靠,误差越来越大,当推理深度达到一定深度时,有可能出现推出的结论不再可信的情况。

5.5 证据理论

证据理论是由德普斯特(A. P. Dempster)首先提出,并由沙佛(G. Shafer)进一步发展起来的一种处理不确定性的理论,因此又称为 D-S 理论。1981 年巴纳特(J. A. Barnett)把该理论引入专家系统中,同年卡威(J. Garvey)等人用它实现了不确定性推理。由于该理论满足比概率论弱的公理,能够区分"不确定"与"不知道"的差异,并能处理由"不知道"引起的不确定性,具有较大的灵活性,因而受到了人们的重视。

目前,在证据理论的基础上已经发展了多种不确定性推理模型。本节首先讨论它的基本理论,然后再具体地给出一个应用该理论进行不确定性推理的模型。

5.5.1 D-S 理论

证据理论是用集合表示命题的。

设 D 是变量 x 所有可能取值的集合,且 D 中的元素是互斥的,在任一时刻 x 都取且只能取 D 中的某一个元素为值,则称 D 为 x 的样本空间。在证据理论中,D 的任何一个子集 A 都对应于一个关于 x 的命题,称该命题为"x 的值在 A 中"。例如,用 x 代表打靶时所击中的环数,$D = \{1, 2, \cdots, 10\}$,则 $A = \{5\}$ 表示"x 的值是 5"或者"击中的环数为 5";$A = \{5, 6, 7, 8\}$ 表示"击中的环数是 5,6,7,8 中的某一个"。又如,用 x 代表所看到的颜色,$D = \{红, 黄, 蓝\}$,则 $A = \{红\}$ 表示"x 是红色";若 $A = \{红, 蓝\}$,则它表示"x 或者是红色,或者是蓝色"。

证据理论中,为了描述和处理不确定性,引入了概率分配函数,信任函数及似然函数等概念。

1. 概率分配函数

设 D 为样本空间,领域内的命题都用 D 的子集表示,则概率分配函数定义如下:

定义 5.1 设函数 $M: 2^D \rightarrow [0, 1]$,且满足

$$M(\Phi) = 0$$
$$\sum_{A \subseteq D} M(A) = 1$$

则称 M 是 2^D 上的概率分配函数,$M(A)$ 称为 A 的基本概率数。

关于这个定义有以下几点说明:

(1)设样本空间 D 中有 n 个元素,则 D 中子集的个数为 2^n 个,定义中的 2^D 就是表示这些子集的。例如,设

$$D = \{红,黄,蓝\}$$

则它的子集有:

$$A_1 = \{红\}, \qquad A_2 = \{黄\}, \qquad A_3 = \{蓝\}, \qquad A_4 = \{红,黄\},$$

$$A_5 = \{红,蓝\}, \quad A_6 = \{黄,蓝\}, \quad A_7 = \{红,黄,蓝\}, \quad A_8 = \{\Phi\}$$

其中,Φ 表示空集,子集的个数刚好是 $2^3 = 8$ 个。

(2) 概率分配函数的作用是把 D 的任意一个子集 A 都映射为 $[0,1]$ 上的一个数 $M(A)$。当 $A \subset D$ 时,$M(A)$ 表示对相应命题的精确信任度。例如,设

$$A = \{红\}, \quad M(A) = 0.3$$

它表示对命题"x 是红色"的精确信任度是 0.3。又如,设

$$B = \{红,黄\}, \quad M(B) = 0.2$$

它表示对命题"x 或者是红色,或者是黄色"的精确信任度是 0.2。由此可见,概率分配函数实际上是对 D 的各个子集进行信任分配,$M(A)$ 表示分配给 A 的那一部分。当 A 由多个元素组成时,$M(A)$ 不包括对 A 的子集的精确信任度,而且也不知道该对它如何进行分配。例如,在

$$M(\{红,黄\}) = 0.2$$

中不包括对 $A = \{红\}$ 的精确信任度 0.3,而且也不知道该把这个 0.2 分配给 $\{红\}$ 还是分配给 $\{黄\}$。当 $A = D$ 时,$M(A)$ 是对 D 的各子集进行信任分配后剩下的部分,它表示不知道该对这部分如何进行分配。例如,当

$$M(D) = M(\{红,黄,蓝\}) = 0.1$$

时,它表示不知道该对这个 0.1 如何分配,但它不是属于 $\{红\}$,就一定是属于 $\{黄\}$ 或 $\{蓝\}$,只是由于存在某些未知信息,不知道应该如何分配。

(3) 概率分配函数不是概率。例如,设

$$D = \{红,黄,蓝\}$$

且设:

$M(\{红\}) = 0.3, \quad M(\{黄\}) = 0, \quad M(\{蓝\}) = 0.1, \quad M(\{红,黄\}) = 0.2,$

$M(\{红,蓝\}) = 0.2, \quad M(\{黄,蓝\}) = 0.1, \quad M(\{红,黄,蓝\}) = 0.1, \quad M(\Phi) = 0$

显然,M 符合概率分配函数的定义,但是

$$M(\{红\}) + M(\{黄\}) + M(\{蓝\}) = 0.4$$

若按概率的要求,这三者的和应等于 1。

2. 信任函数

定义 5.2 命题的信任函数 $Bel: 2^D \rightarrow [0,1]$,且

$$Bel(A) = \sum_{B \subseteq A} M(B) \qquad 对所有的 A \subseteq D$$

其中 2^D 表示 D 的所有子集。

Bel 函数又称为下限函数,$Bel(A)$ 表示对命题 A 为真的信任程度。

由信任函数及概率分配函数的定义容易推出:

$$Bel(\Phi) = M(\Phi) = 0$$

$$Bel(D) = \sum_{B \subseteq D} M(B) = 1$$

根据上面例中给出的数据,可以求得:

186

$$Bel(\{红\}) = M(\{红\}) = 0.3$$
$$Bel(\{红,黄\}) = M(\{红\}) + M(\{黄\}) + M(\{红,黄\})$$
$$= 0.3 + 0 + 0.2$$
$$= 0.5$$
$$Bel(\{红,黄,蓝\}) = M(\{红\}) + M(\{黄\}) + M(\{蓝\})$$
$$+ M(\{红,黄\}) + M(\{红,蓝\}) + M(\{黄,蓝\})$$
$$+ M(\{红,黄,蓝\})$$
$$= 0.3 + 0 + 0.1 + 0.2 + 0.2 + 0.1 + 0.1$$
$$= 1$$

3. 似然函数

似然函数又称为不可驳斥函数或上限函数,下面给出它的定义。

定义 5.3 似然函数 $Pl:2^D \to [0,1]$,且
$$Pl(A) = 1 - Bel(\neg A) \quad \text{对所有的 } A \subseteq D$$

现在我们来讨论似然函数的含义。由于 $Bel(A)$ 表示对 A 为真的信任程度,所以 $Bel(\neg A)$ 就表示对 $\neg A$ 为真,即 A 为假的信任程度,由此可推出 $Pl(A)$ 表示对 A 为非假的信任程度。下面来看两个例子,其中用到的基本概率数仍为上面给出的数据。

$$Pl(\{红\}) = 1 - Bel(\neg\{红\})$$
$$= 1 - Bel(\{黄,蓝\})$$
$$= 1 - [(M\{黄\}) + M(\{蓝\}) + M(\{黄,蓝\})]$$
$$= 1 - [0 + 0.1 + 0.1]$$
$$= 0.8$$
$$Pl(\{黄,蓝\}) = 1 - Bel(\neg\{黄,蓝\})$$
$$= 1 - Bel(\{红\})$$
$$= 1 - 0.3$$
$$= 0.7$$

另外,由于
$$\sum_{\{红\} \cap B \neq \Phi} M(B) = M(\{红\}) + M(\{红,黄\}) + M(\{红,蓝\}) + M(\{红,黄,蓝\})$$
$$= 0.3 + 0.2 + 0.2 + 0.1$$
$$= 0.8$$
$$\sum_{\{黄,蓝\} \cap B \neq \Phi} M(B) = M(\{黄\}) + M(\{蓝\}) + M(\{黄,蓝\}) + M(\{红,蓝\})$$
$$+ M(\{红,黄\}) + M(\{红,黄,蓝\})$$
$$= 0 + 0.1 + 0.1 + 0.2 + 0.2 + 0.1$$
$$= 0.7$$

可见 $Pl(\{红\}), Pl(\{黄,蓝\})$ 亦可分别用下面的式子计算:
$$Pl(\{红\}) = \sum_{\{红\} \cap B \neq \Phi} M(B)$$
$$Pl(\{黄,蓝\}) = \sum_{\{黄,蓝\} \cap B \neq \Phi} M(B)$$

推广到一般情况可得出

$$Pl(A) = \sum_{A \cap B \neq \Phi} M(B)$$

这可证明如下：

$$\begin{aligned}
\because \quad Pl(A) - \sum_{A \cap B \neq \Phi} M(B) &= 1 - Bel(\neg A) - \sum_{A \cap B \neq \Phi} M(B) \\
&= 1 - (Bel(\neg A) + \sum_{A \cap B \neq \Phi} M(B)) \\
&= 1 - (\sum_{C \subseteq \neg A} M(C) + \sum_{A \cap B \neq \Phi} M(B)) \\
&= 1 - \sum_{E \subseteq D} M(E) \\
&= 0
\end{aligned}$$

$$\therefore \quad Pl(A) = \sum_{A \cap B \neq \Phi} M(B)$$

4. 信任函数与似然函数的关系

$$\begin{aligned}
\because \quad Bel(A) + Bel(\neg A) &= \sum_{B \subseteq A} M(B) + \sum_{C \subseteq \neg A} M(C) \\
&\leqslant \sum_{E \subseteq D} M(E) = 1 \\
\therefore \quad Pl(A) - Bel(A) &= 1 - Bel(\neg A) - Bel(A) \\
&= 1 - (Bel(\neg A) + Bel(A)) \\
&\geqslant 0 \\
\therefore \quad Pl(A) &\geqslant Bel(A)
\end{aligned}$$

由于 $Bel(A)$ 表示对 A 为真的信任程度，$Pl(A)$ 表示对 A 为非假的信任程度，因此可分别称 $Bel(A)$ 和 $Pl(A)$ 为对 A 信任程度的下限与上限，记为

$$A(Bel(A), \quad Pl(A))$$

下面用例子进一步说明下限与上限的意义：

$A(0,0)$：由于 $Bel(A) = 0$，说明对 A 为真不信任；另外，由于 $Bel(\neg A) = 1 - Pl(A) = 1 - 0 = 1$，说明对 $\neg A$ 信任。所以 $A(0,0)$ 表示 A 为假。

$A(0,1)$：由于 $Bel(A) = 0$，说明对 A 为真不信任；另外，由于 $Bel(\neg A) = 1 - Pl(A) = 1 - 1 = 0$，说明对 $\neg A$ 也不信任。所以 $A(0,1)$ 表示对 A 一无所知。

$A(1,1)$：由于 $Bel(A) = 1$，说明对 A 为真信任；另外，由于 $Bel(\neg A) = 1 - Pl(A) = 1 - 1 = 0$，说明对 $\neg A$ 不信任。所以 $A(1,1)$ 表示 A 为真。

$A(0.25,1)$：由于 $Bel(A) = 0.25$，说明对 A 为真有一定程度的信任，信任度为 0.25；另外，由于 $Bel(\neg A) = 1 - Pl(A) = 0$，说明对 $\neg A$ 不信任。所以 $A(0.25,1)$ 表示对 A 为真有 0.25 的信任度。

$A(0,0.85)$：由于 $Bel(A) = 0$，而 $Bel(\neg A) = 1 - Pl(A) = 1 - 0.85 = 0.15$，所以 $A(0,0.85)$ 表示对 A 为假有一定程度的信任，信任度为 0.15。

$A(0.25,0.85)$：由于 $Bel(A) = 0.25$，说明对 A 为真有 0.25 的信任度；由于 $Bel(\neg A) = 1 - 0.85 = 0.15$，说明对 A 为假有 0.15 的信任度。所以 $A(0.25,0.85)$ 表示对 A 为真的信任度比对 A 为假的信任度稍高一些。

在上面的讨论中已经指出，$Bel(A)$ 表示对 A 为真的信任程度；$Bel(\neg A)$ 表示对 $\neg A$，即 A 为假的信任程度；$Pl(A)$ 表示对 A 为非假的信任程度。那么，$Pl(A) - Bel(A)$ 是什么含义

呢？它表示对 A 不知道的程度，即既非对 A 信任又非不信任的那部分。在上例的 $A(0.25,0.85)$ 中，$0.85-0.25=0.60$ 就表示了对 A 不知道的程度。

5. 概率分配函数的正交和

有时对同样的证据会得到两个不同的概率分配函数，例如，对样本空间：
$$D = \{a, b\}$$
从不同的来源分别得到如下两个概率分配函数：
$$M_1(\{a\})=0.3, \quad M_1(\{b\})=0.6, \quad M_1(\{a,b\})=0.1, \quad M_1(\Phi)=0$$
$$M_2(\{a\})=0.4, \quad M_2(\{b\})=0.4, \quad M_2(\{a,b\})=0.2, \quad M_2(\Phi)=0$$
此时需要对它们进行组合，德普斯特提出的组合方法是对这两个概率分配函数进行正交和运算。

定义 5.4 设 M_1 和 M_2 是两个概率分配函数，则其正交和 $M = M_1 \oplus M_2$ 为
$$M(\Phi) = 0$$
$$M(A) = K^{-1} \times \sum_{x \cap y = A} M_1(x) \times M_2(y)$$
其中：
$$K = 1 - \sum_{x \cap y = \Phi} M_1(x) \times M_2(y) = \sum_{x \cap y \neq \Phi} M_1(x) \times M_2(y)$$

如果 $K \neq 0$，则正交和 M 也是一个概率分配函数；如果 $K=0$，则不存在正交和 M，称 M_1 与 M_2 矛盾。

对于多个概率分配函数 $M_1, M_2, \cdots, M_n$，如果它们可以组合，也可通过正交和运算将它们组合为一个概率分配函数，其定义如下。

定义 5.5 设 $M_1, M_2, \cdots, M_n$ 是 n 个概率分配函数，则其正交和 $M = M_1 \oplus M_2 \oplus \cdots \oplus M_n$ 为
$$M(\Phi) = 0$$
$$M(A) = K^{-1} \times \sum_{\cap A_i = A} \prod_{1 \leqslant i \leqslant n} M_i(A_i)$$
其中，K 由下式计算：
$$K = \sum_{\cap A_i \neq \Phi} \prod_{1 < i < n} M_i(A_i)$$

下面用例子说明求正交和的方法。

设 $D = \{黑, 白\}$，且设
$$M_1(\{黑\}, \{白\}, \{黑, 白\}, \Phi) = (0.3, 0.5, 0.2, 0)$$
$$M_2(\{黑\}, \{白\}, \{黑, 白\}, \Phi) = (0.6, 0.3, 0.1, 0)$$
则由定义 5.4 得到：
$$K = 1 - \sum_{x \cap y = \Phi} M_1(x) \times M_2(y)$$
$$= 1 - [M_1(\{黑\}) \times M_2(\{白\}) + M_1(\{白\}) \times M_2(\{黑\})]$$
$$= 1 - [0.3 \times 0.3 + 0.5 \times 0.6]$$
$$= 0.61$$
$$M(\{黑\}) = K^{-1} \times \sum_{x \cap y = \{黑\}} M_1(x) \times M_2(y)$$

$$= \frac{1}{0.61} \times [M_1(\{黑\}) \times M_2(\{黑\}) + M_1(\{黑\})$$
$$\times M_2(\{黑, 白\}) + M_1(\{黑, 白\}) \times M_2(\{黑\})]$$
$$= \frac{1}{0.61} \times [0.3 \times 0.6 + 0.3 \times 0.1 + 0.2 \times 0.6]$$
$$= 0.54$$

同理可得

$$M(\{白\}) = 0.43$$
$$M((\{黑, 白\}) = 0.03$$

所以,经对 M_1 与 M_2 进行组合后得到的概率分配函数为

$$M(\{黑\}), \{白\}, \{黑, 白\}, \Phi) = (0.54, 0.43, 0.03, 0)$$

5.5.2 一个具体的不确定性推理模型

在证据理论中,信任函数 $Bel(A)$ 和似然函数 $Pl(A)$ 分别表示对命题 A 信任程度的下限与上限,因而可用两元组

$$(Bel(A), Pl(A))$$

表示证据的不确定性。同理,对于不确定性知识也可用 Bel 和 Pl 分别表示规则强度的下限与上限。这样,就可在此表示的基础上建立相应的不确定性推理模型。当然,我们也可以依据证据理论的基本理论用其它方法表示知识及证据的不确定性,从而建立起一个适合领域问题特点的推理模型。另外,由于信任函数与似然函数都是在概率分配函数的基础上定义的,因而随着概率分配函数的定义不同,将会产生不同的应用模型。这里,我们将针对一个特殊的概率分配函数讨论一种具体的不确定性推理模型。

1. 概率分配函数与类概率函数

在该模型中,样本空间 $D = \{s_1, s_2, \cdots, s_n\}$ 上的概率分配函数按如下要求定义:

(1) $M(\{s_i\}) \geqslant 0$ 对任何 $s_i \in D$

(2) $\sum_{i=1}^{n} M(\{s_i\}) \leqslant 1$

(3) $M(D) = 1 - \sum_{i=1}^{n} M(\{s_i\})$

(4) 当 $A \subset D$ 且 $|A| > 1$ 或 $|A| = 0$ 时, $M(A) = 0$

其中, $|A|$ 表示命题 A 对应集合中元素的个数。

在此概率分配函数中,只有单个元素构成的子集及样本空间 D 的概率分配数才有可能大于 0,其它子集的概率分配数均为 0,这是它与定义 5.1 的主要区别。

对此概率分配函数 M,可得:

$$Bel(A) = \sum_{s_i \in A} M(\{s_i\})$$

$$Bel(D) = \sum_{i=1}^{n} M(\{s_i\}) + M(D) = 1$$

$$Pl(A) = 1 - Bel(\neg A)$$
$$= 1 - \sum_{s_i \in \neg A} M(\{s_i\})$$

190

$$= 1 - \left[\sum_{i=1}^{n} M(\{s_i\}) - \sum_{s_i \in A} M(\{s_i\})\right]$$

$$= 1 - [1 - M(D) - Bel(A)]$$

$$= M(D) + Bel(A)$$

$$Pl(D) = 1 - Bel(\neg D)$$

$$= 1 - Bel(\Phi)$$

$$= 1$$

显然,对任何 $A \subset D$ 及 $B \subset D$ 均有:

$$Pl(A) - Bel(A) = Pl(B) - Bel(B) = M(D)$$

它表示对 A(或 B)不知道的程度。

现在来看一个例子。设 $M = \{左,中,右\}$,且设

$$M(\{左\}) = 0.3, \ M(\{中\}) = 0.5, \ M(\{右\}) = 0.1$$

则由上述定义可得:

$$M(D) = 1 - \sum_{i=1}^{n} M(\{s_i\})$$

$$= 1 - [M(\{左\}) + M(\{中\}) + M(\{右\})]$$

$$= 1 - 0.9$$

$$= 0.1$$

$$Bel(\{左,中\}) = M(\{左\}) + M(\{中\}) = 0.3 + 0.5 = 0.8$$

$$Pl(\{左,中\}) = 1 - Bel(\neg\{左,中\})$$

$$= 1 - Bel(\{右\})$$

$$= 1 - 0.1$$

$$= 0.9$$

另外,由该概率分配函数的定义,可把概率分配函数 M_1 与 M_2 的正交和简化为

$$M(\{s_i\}) = K^{-1} \times [M_1(\{s_i\}) \times M_2(\{s_i\}) + M_1(\{s_i\}) \times M_2(D)$$
$$+ M_1(D) \times M_2(\{s_i\})]$$

其中,K 由下式计算:

$$K = M_1(D) \times M_2(D) + \sum_{i=1}^{n} [M_1(\{s_i\}) \times M_2(\{s_i\})$$
$$+ M_1(\{s_i\}) \times M_2(D) + M_1(D) \times M_2(\{s_i\})]$$

例如,设 $D = \{左,中,右\}$,且设:

$$M_1(\{左\},\{中\},\{右\}, \{左,中,右\},\Phi) = (0.3, 0.5, 0.1, 0.1, 0)$$
$$M_2(\{左\},\{中\},\{右\}, \{左,中,右\},\Phi) = (0.4, 0.3, 0.2, 0.1, 0)$$

则

$$K = 0.1 \times 0.1 + (0.3 \times 0.4 + 0.3 \times 0.1 + 0.1 \times 0.4)$$
$$+ (0.5 \times 0.3 + 0.5 \times 0.1 + 0.1 \times 0.3)$$
$$+ (0.1 \times 0.2 + 0.1 \times 0.1 + 0.1 \times 0.2)$$

$$= 0.01 + 0.19 + 0.23 + 0.05$$

$$= 0.48$$

$$M(\{左\}) = \frac{1}{0.48} \times [0.3 \times 0.4 + 0.3 \times 0.1 + 0.1 \times 0.4]$$
$$= \frac{0.19}{0.48}$$
$$= 0.4$$

同理可得：

$$M(\{中\}) = 0.48$$
$$M(\{右\}) = 0.1$$
$$M(\{左，中，右\}) = 0.02$$

在该模型中，还利用 $Bel(A)$ 和 $Pl(A)$ 定义了 A 的类概率函数。

定义 5.6 命题 A 的类概率函数为

$$f(A) = Bel(A) + \frac{|A|}{|D|} \times [Pl(A) - Bel(A)]$$

其中，$|A|$ 和 $|D|$ 分别是 A 及 D 中元素的个数。

$f(A)$ 具有如下性质：

(1) $\sum_{i=1}^{n} f(\{s_i\}) = 1$

证明：

$$\because f(\{s_i\}) = Bel(\{s_i\}) + \frac{|\{s_i\}|}{|D|} \times [Pl(\{s_i\}) - Bel(\{s_i\})]$$
$$= M(\{s_i\}) + \frac{1}{n} \times M(D)$$
$$i = 1,2,\cdots,n$$
$$\therefore \sum_{i=1}^{n} f(\{s_i\}) = \sum_{i=1}^{n} \left[M(\{s_i\}) + \frac{1}{n} \times M(D) \right]$$
$$= \sum_{i=1}^{n} M(\{s_i\}) + M(D)$$
$$= 1$$

(2) 对任何 $A \subseteq D$，有

$$Bel(A) \leqslant f(A) \leqslant Pl(A)$$
$$f(\neg A) = 1 - f(A)$$

证明： 前一个性质可由 $f(A)$ 的定义直接得到，下面来证明 $f(\neg A) = 1 - f(A)$。

$$\because \quad f(\neg A) = Bel(\neg A) + \frac{|\neg A|}{|D|} \times [Pl(\neg A) - Bel(\neg A)]$$
$$Bel(\neg A) = \sum_{s_i \in \neg A} M(\{s_i\})$$
$$= 1 - \sum_{s_i \in A} M(\{s_i\}) - M(D)$$
$$= 1 - Bel(A) - M(D)$$
$$|\neg A| = |D| - |A|$$
$$Pl(\neg A) - Bel(\neg A) = M(D)$$
$$\therefore \quad f(\neg A) = 1 - Bel(A) - M(D) + \frac{|D| - |A|}{|D|} \times M(D)$$

192

$$= 1 - Bel(A) - M(D) + M(D) - \frac{|A|}{|D|} \times M(D)$$

$$= 1 - \left[Bel(A) + \frac{|A|}{|D|} \times M(D) \right]$$

$$= 1 - f(A)$$

由以上性质很容易得到如下推论:

(1) $f(\Phi) = 0$

(2) $f(D) = 1$

(3) 对任何 $A \subseteq D$,有 $0 \leqslant f(A) \leqslant 1$

下面来看例子。

设 $D = \{左,中,右\}$,其概率分配函数 M 为

$$M(\{左\},\{中\},\{右\},\{左,中,右\},\Phi) = (0.3,\ 0.5,\ 0.1,\ 0.1,\ 0)$$

且设 $A = \{左,中\}$,则

$$f(A) = Bel(A) + \frac{|A|}{|D|} \times [Pl(A) - Bel(A)]$$

$$= M(\{左\}) + M(\{中\}) + \frac{2}{3} \times M(\{左,中,右\})$$

$$= 0.3 + 0.5 + \frac{2}{3} \times 0.1$$

$$= 0.87$$

2. 知识不确定性的表示

在该模型中,不确定性知识用如下形式的产生式规则表示:

$$\text{IF} \quad E \quad \text{THEN} \quad H = \{h_1, h_2, \cdots, h_n\} \quad CF = \{c_1, c_2, \cdots, c_n\}$$

其中:

(1) E 为前提条件,它既可以是简单条件,也可以是用 AND 或 OR 连接起来的复合条件。

(2) H 是结论,它用样本空间中的子集表示,$h_1, h_2, \cdots, h_n$ 是该子集中的元素。

(3) CF 是可信度因子,用集合形式表示,其中 c_i 用来指出 $h_i (i = 1, 2, \cdots, n)$ 的可信度,c_i 与 h_i 一一对应。c_i 应满足如下条件:

$$c_i \geqslant 0 \qquad i = 1, 2, \cdots, n$$

$$\sum_{i=1}^{n} c_i \leqslant 1$$

3. 证据不确定性的表示

不确定性证据 E 的确定性用 $CER(E)$ 表示。对于初始证据,其确定性由用户给出;对于用前面推理所得结论作为当前推理的证据,其确定性由推理得到。$CER(E)$ 的取值范围为 $[0,1]$,即

$$0 \leqslant CER(E) \leqslant 1$$

4. 组合证据不确定性的算法

当组合证据是多个证据的合取时,即

$$E = E_1 \quad \text{AND} \quad E_2 \quad \text{AND} \quad \cdots \quad \text{AND} \quad E_n$$

则 E 的确定性 $CER(E)$ 为

$$CER(E) = \min\{CER(E_1),\ CER(E_2),\ \cdots,\ CER(E_n)\}$$

当组合证据是多个证据的析取时,即

$$E = E_1 \quad OR \quad E_2 \quad OR \quad \cdots \quad OR \quad E_n$$

则 E 的确定性 $CER(E)$ 为

$$CER(E) = \max\{CER(E_1),\ CER(E_2),\ \cdots,\ CER(E_n)\}$$

5. 不确定性的传递算法

对于知识:

$$IF \quad E \quad THEN \quad H = \{h_1, h_2, \cdots, h_n\} \quad CF = \{c_1, c_2, \cdots, c_n\}$$

结论 H 的确定性通过下述步骤求出:

(1) 求出 H 的概率分配函数。对上述知识,H 的概率分配函数为:

$$M(\{h_1\}, \{h_2\}, \cdots, \{h_n\}) = \{CER(E) \times c_1,\ CER(E) \times c_2,\ \cdots, CER(E) \times c_n\}$$

$$M(D) = 1 - \sum_{i=1}^{n} CER(E) \times c_i$$

如果有两条知识支持同一结论 H,即

$$IF \quad E_1 \quad THEN \quad H = \{h_1, h_2, \cdots, h_n\} \quad CF = \{c_1, c_2, \cdots, c_n\}$$

$$IF \quad E_2 \quad THEN \quad H = \{h_1, h_2, \cdots, h_n\} \quad CF = \{c'_1, c'_2, \cdots, c'_n\}$$

则首先分别对每一条知识求出概率分配函数:

$$M_1(\{h_1\}, \{h_i\}, \cdots, \{h_n\})$$

$$M_2(\{h_1\}, \{h_2\}, \cdots, \{h_n\})$$

然后再用公式

$$M = M_1 \oplus M_2$$

对 M_1 与 M_2 求正交和,从而得到 H 的概率分配函数 M。

如果有 n 条知识都支持同一结论 H,则用公式

$$M = M_1 \oplus M_2 \oplus \cdots \oplus M_n$$

对 $M_1, M_2, \cdots, M_n$ 求其正交和,从而得到 H 的概率分配函数 M。

(2) 求出 $Bel(H)$,$Pl(H)$ 及 $f(H)$

$$Bel(H) = \sum_{i=1}^{n} M(\{h_i\})$$

$$Pl(H) = 1 - Bel(\rightarrow H)$$

$$f(H) = Bel(H) + \frac{|H|}{|D|} \times [Pl(H) - Bel(H)]$$

$$= Bel(H) + \frac{|H|}{|D|} \times M(D)$$

(3) 按如下公式求出 H 的确定性 $CER(H)$

$$CER(H) = MD(H/E) \times f(H)$$

其中,$MD(H/E)$ 是知识的前提条件与相应证据 E 的匹配度,定义为:

$$MD(H/E) = \begin{cases} 1 & \text{如果 } H \text{ 所要求的证据都已出现} \\ 0 & \text{否则} \end{cases}$$

这样,就对一条知识或者多条有相同结论的知识求出了结论的确定性。如果该结论不是

最终结论,即它又要作为另一条知识的证据继续进行推理,则重复上述过程就可得到新的结论及其确定性。如此反复运用该过程,就可推出最终结论及它的确定性。

最后需要说明的是,当 D 中的元素很多时,对信任函数 Bel 及正交和等的运算将是相当复杂的,工作量很大,这是由于需要穷举 D 的所有子集,而子集的数量是 2^D。另外,证据理论要求 D 中的元素是互斥的,这一点在许多应用领域也难以做到。为解决这些问题,巴尼特提出了一种方法,通过运用这种方法可以降低计算的复杂性并解决互斥的问题。该方法的基本思想是把 D 划分为若干组,每组只包含相互排斥的元素,称为一个辨别框,求解问题时,只需在各自的辨别框上考虑概率分配的影响。

例 5.7 设有如下知识:

r_1:　　IF　　E_1　　AND　　E_2　　　　THEN　　$G=\{g_1,g_2\}$　　$CF=\{0.2,0.6\}$

r_2:　　IF　　G　　AND　　E_3　　　　THEN　　$A=\{a_1,a_2\}$　　$CF=\{0.3,0.5\}$

r_3:　　IF　　E_4　　AND　　$(E_5$ OR $E_6)$　　THEN　$B=\{b_1\}$　$CF=\{0.7\}$

r_4:　　IF　　A　　THEN　　$H=\{h_1,h_2,h_3\}$　　　$CF=\{0.2,0.6,0.1\}$

r_5:　　IF　　B　　THEN　　$H=\{h_1,h_2,h_3\}$　　　$CF=\{0.4,0.2,0.1\}$

已知用户对初始证据给出的确定性是:

$$CER(E_1)=0.7,\quad CER(E_2)=0.8,\quad CER(E_3)=0.6$$
$$CER(E_4)=0.9,\quad CER(E_5)=0.5,\quad CER(E_6)=0.7$$

假设辨别框中元素的个数为 10。

求: $CER(H)=?$

解: 由给出的知识可形成如图 5-5 所示的推理网络。

(1) 求 $CER(G)$

$\because\quad CER(E_1$ AND $E_2)$

$\qquad=\min\{CER(E_1),CER(E_2)\}$

$\qquad=\min\{0.7,0.8\}$

$\qquad=0.7$

$M(\{g_1\},\{g_2\})$

$\qquad=(0.7\times0.2,0.7\times0.6)$

$\qquad=(0.14,0.42)$

$Bel(G)=\sum_{i=1}^{2}M(\{g_i\})$

$\qquad=M(\{g_1\})+M(\{g_2\})$

$\qquad=0.14+0.42$

$\qquad=0.56$

$Pl(G)=1-Bel(\neg G)=1-0=1$

$f(G)=Bel(G)+\dfrac{|G|}{|D|}\times[Pl(G)-Bel(G)]$

$\qquad=0.56+\dfrac{2}{10}\times[1-0.56]$

$\qquad=0.56+0.09$

$\qquad=0.65$

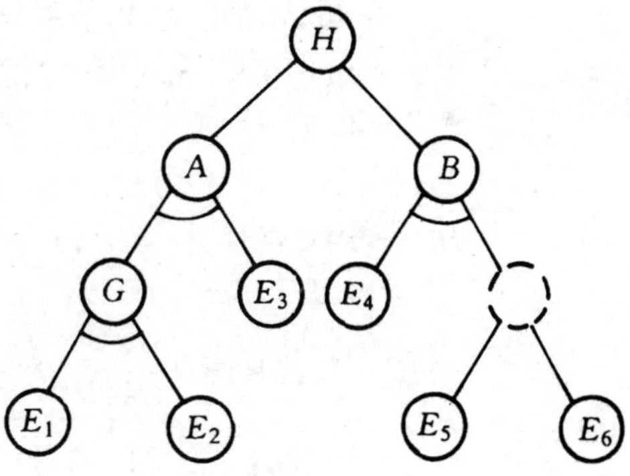

图 5-5　例 5.7 的推理网络

$$\therefore \quad CER(G)=MD(G/E)\times f(G)=1\times0.65=0.65$$

（2）求 $CER(A)$

$$\because \quad CER(G \ \ AND \ \ E_3)=\min\{CER(G),\ CER(E_3)\}$$
$$=\min\{0.65,\ 0.6\}$$
$$=0.6$$

$$M(\{a_1\},\{a_2\})=(0.6\times0.3,\ 0.6\times0.5)=(0.18,\ 0.3)$$

$$Bel(A)=\sum_{i=1}^{2}M(\{a_i\})$$
$$=M(\{a_1\})+M(\{a_2\})$$
$$=0.18+0.3$$
$$=0.48$$

$$Pl(A)=1-Bel(\neg A)=1-0=1$$

$$f(A)=Bel(A)+\frac{|A|}{|D|}\times[Pl(A)-Bel(A)]$$
$$=0.48+\frac{2}{10}\times[1-0.48]$$
$$=0.58$$

$$\therefore \quad CER(A)=MD(A/E)\times f(A)$$
$$=1\times0.58$$
$$=0.58$$

（3）求 $CER(B)$

$$\because \quad CER(E_4 \ \ AND \ \ (E_5 \ \ OR \ \ E_6))$$
$$=\min\{CER(E_4),\ \max\{CER(E_5),CER(E_6)\}\}$$
$$=\min\{0.9,\ \max\{0.5,\ 0.7\}\}$$
$$=0.7$$

$$M(\{b_1\})=(0.7\times0.7)=(0.49)$$
$$Bel(B)=M(\{b_1\})=0.49$$
$$Pl(B)=1-Bel(\neg B)=1-0=1$$

$$f(B)=Bel(B)+\frac{|B|}{|D|}\times[Pl(B)-Bel(B)]$$
$$=0.49+\frac{1}{10}\times[1-0.49]$$
$$=0.54$$

$$\therefore \quad CER(B)=MD(B/E)\times f(B)=1\times0.54=0.54$$

（4）求正交和

由于 r_4 与 r_5 有相同的结论 H,所以需要先对 r_4 和 r_5 分别求出概率分配函数,然后通过求它们的正交和得到 H 的概率分配函数。

对于 r_4,其概率分配函数为:

$$M_1(\{h_1\},\{h_2\},\{h_3\})=(CER(A)\times0.2,\ CER(A)\times0.6,CER(A)\times0.1)$$
$$=(0.58\times0.2,\ 0.58\times0.6,\ 0.58\times0.1)$$
$$=(0.116,\ 0.348,\ 0.058)$$

$$M_1(D) = 1 - [M_1(\{h_1\}) + M_1(\{h_2\}) + M_1(\{h_3\})]$$
$$= 1 - [0.116 + 0.348 + 0.058]$$
$$= 1 - 0.522$$
$$= 0.478$$

对于 r_5,其概率分配函数为:

$$M_2(\{h_1\}, \{h_2\}, \{h_3\}) = (CER(B) \times 0.4, \ CER(B) \times 0.2, CER(B) \times 0.1)$$
$$= (0.54 \times 0.4, \ 0.54 \times 0.2, \ 0.54 \times 0.1)$$
$$= (0.216, \ 0.108, \ 0.054)$$
$$M_2(D) = 1 - [M_2(\{h_1\}) + M_2(\{h_2\}) + M_2(\{h_3\})]$$
$$= 1 - [0.216 + 0.108 + 0.054]$$
$$= 1 - 0.378$$
$$= 0.622$$

下面求 M_1 与 M_2 的正交和 M。

$$K = M_1(D) \times M_2(D) + \sum_{i=1}^{3} [M_1(\{h_i\}) \times M_2(\{h_i\})$$
$$+ M_1(\{h_i\}) \times M_2(D) + M_1(D) \times M_2(\{h_i\})]$$
$$= 0.478 \times 0.622 + (0.116 \times 0.216 + 0.116 \times 0.622 + 0.478 \times 0.216)$$
$$+ (0.348 \times 0.108 + 0.348 \times 0.622 + 0.478 \times 0.108)$$
$$+ (0.058 \times 0.054 + 0.058 \times 0.622 + 0.478 \times 0.054)$$
$$= 0.297 + (0.025 + 0.072 + 0.103) + (0.038 + 0.216 + 0.052)$$
$$+ (0.003 + 0.036 + 0.026)$$
$$= 0.868$$

$$M(\{h_1\}) = \frac{1}{K} \times [M_1(\{h_1\}) \times M_2(\{h_1\}) + M_1(\{h_1\}) \times M_2(D)$$
$$+ M_1(D) \times M_2(\{h_1\})]$$
$$= \frac{1}{0.868} \times [0.116 \times 0.216 + 0.116 \times 0.622 + 0.478 \times 0.216]$$
$$= 0.23$$

同理可得:

$$M(\{h_2\}) = 0.35$$
$$M(\{h_3\}) = 0.075$$

(5) 求 $CER(H)$

$$\because \quad Bel(H) = \sum_{i=1}^{3} M\{h_i\}$$
$$= 0.23 + 0.35 + 0.075$$
$$= 0.655$$
$$Pl(H) = 1 - Bel(\rightharpoondown H) = 1 - 0 = 1$$
$$f(H) = Bel(H) + \frac{|H|}{|D|} \times [Pl(H) - Bel(H)]$$

$$= 0.655 + \frac{3}{10} \times (1 - 0.655)$$

$$= 0.759$$

$$\therefore CER(H) = MD(H/E) \times f(H) = 1 \times 0.759 = 0.759$$

这就求出了结论 H 的确定性 $CER(H)$。

证据理论的优点是它只需满足比概率论更弱的公理系统,而且它能处理由"不知道"所引起的不确定性,由于 D 的子集可以是多个元素的集合,因而知识的结论部分可以是更一般的假设,这就便于领域专家从不同的语义层次上表达他们的知识,不必被限制在由单元素所表示的最明确的层次上。在应用证据理论时需要注意的是合理地划分辨别框及有效地控制计算的复杂性等。

5.6 模糊推理

模糊推理是利用模糊性知识进行的一种不确定性推理。

模糊推理与前面几节讨论的不确定性推理有着实质性的区别。前面那几种不确定性推理的理论基础是概率论,它所研究的事件本身有明确而确定的含义,只是由于发生的条件不充分,使得在条件与事件之间不能出现确定的因果关系,从而在事件的出现与否上表现出不确定性,那些推理模型是对这种不确定性,即随机性的表示与处理。模糊推理的理论基础是模糊集理论以及在此基础上发展起来的模糊逻辑,它所处理的事物自身是模糊的,概念本身没有明确的外延,一个对象是否符合这个概念难以明确地确定,模糊推理是对这种不确定性,即模糊性的表示与处理。

在人工智能的应用领域中,知识及信息的不确定性大多是由模糊性引起的,这就使得对模糊推理的研究显得格外重要。但由于自 1965 年扎德等人发表第一篇关于模糊集的论文至今才 30 多年的时间,许多理论及技术方面的问题还处于研究探索之中,因此本节所讨论的各种推理方法尚需在实践中不断地充实与完善。

5.6.1 模糊命题

在人们的日常生活及科学试验中经常会用到一些模糊概念或模糊数据,例如:

常欣是个年轻人。

李斌的身高约在 1.75m 左右。

这里,"年轻"是一个模糊概念,"1.75m 左右"是一个模糊数据。除此之外,人们在表述一个事件时,通常还会对相应事件发生的可能性或确信程度作出判断,例如:

他考上大学的可能性约在 60% 左右。

明天八成是个好天气。

今年冬季不会太冷的可能性很大。

这里,第一个语句用模糊数"60% 左右"描述了确定性事件"考上大学"发生的可能性程度;第二个语句用数"0.8"表示模糊概念"好天气"的确信程度;第三个语句用模糊语言值"很大"描述了模糊事件"不会太冷"出现的可能性。

像这样含有模糊概念、模糊数据或带有确信程度的语句称为模糊命题。它的一般表示形

式为

$$x \quad is \quad A$$

或者

$$x \quad is \quad A \quad (CF)$$

其中,x 是论域上的变量,用以代表所论对象的属性;A 是模糊概念或模糊数,用相应的模糊集及隶属函数刻画;CF 是该模糊命题的确信度或相应事件发生的可能性程度,它既可以是一个确定的数,也可以是一个模糊数或者模糊语言值。

所谓模糊语言值是指表示大小、长短、高矮、轻重、快慢、多少等程度的一些词汇。应用时可根据实际情况来约定自己所需要的语言值集合,例如可用下述词汇表示程度的大小:

$$V = \{ 最大,极大,很大,相当大,比较大,有点大,有点小,比较小,$$
$$相当小,很小,极小,最小 \}$$

在这些词汇之间,虽然有时很难划清它们的界线,但其含义一般都是可以正确理解的,不会引起误会。在模糊理论中,之所以提出用模糊语言值来表示程度的不同,主要原因有两个:一是这样做更符合人们表述问题的习惯,例如人们常说某件事发生的"可能性比较小",某件事可以相信的程度"很大"等等,而不习惯于用一个数或者模糊数来具体指出程度的大小;另一个原因是在多数情况下人们也很难给出一个表示程度大小的数,例如对于某件事为真的可信度"比较大",此时究竟是用 0.75 还是用 0.73 来描述它呢? 这是很碓确定的,而且谁也说不清楚 0.75 与 0.73 实际上究竟有多大差别。出于相同的原因,目前已有人提出对模糊集中的隶属度也用模糊语言值来表示的问题,但其进一步的刻画还没完全解决。扎德等人主张对这些模糊语言值用定义在[0,1]上的表示大小的一些模糊集来表示,并建议:若用 $\mu_{大}(u)$ 表示"大"的隶属函数,则"很大"、"相当大"……的隶属函数可通过对 $\mu_{大}(u)$ 的计算得到,具体为:

$$\mu_{很大}(u) = \mu_{大}^{2}(u)$$
$$\mu_{相当大}(u) = \mu_{大}^{1.5}(u)$$
$$\mu_{有点大}(u) = \mu_{大}^{0.5}(u)$$
$$\vdots$$

显然这具有较浓厚的主观意识色彩,但由于用模糊语言值来表示不确定性时,对不熟悉模糊理论的人(如专家系统的用户、领域专家等)来说容易理解,而其模糊集形式只是内部表示,因此它仍不失为一种较好的表示方法。

5.6.2 模糊知识的表示

由于因果关系是现实世界中事物间最常见且用得最多的一种关系,因此这里与前几节一样仅在产生式的基础上讨论模糊知识的表示问题,并且把表示模糊知识的产生式规则简称为模糊产生式规则。

模糊产生式规则的一般形式是

$$IF \quad E \quad THEN \quad H \quad (CF, \lambda)$$

其中,E 是用模糊命题表示的模糊条件,它既可以是由单个模糊命题表示的简单条件,也可以是用多个模糊命题构成的复合条件;H 是用模糊命题表示的模糊结论;CF 是该产生式规则所表示的知识的可信度因子,它既可以是一个确定的实数,也可以是一个模糊数或模糊语言值,

CF 的值由领域专家在给出知识时同时给出;λ 是阈值,用于指出相应知识在什么情况下可被应用。例如:

(1) IF x is A THEN y is B (λ)
(2) IF x is A THEN y is B (CF,λ)
(3) IF x_1 is A_1 AND x_2 is A_2 THEN y is B (λ)
(4) IF x_1 is A_1 AND x_2 is A_2 AND x_3 is A_3
    THEN y is B (CF,λ)

其中:A,A_1,A_2,A_3 分别是论域 U,U_1,U_2,U_3 上的模糊集,B 是论域 V 上的模糊集。

推理中所用的证据也是用模糊命题表示的,一般形式为

$$x \quad \text{is} \quad A'$$

或者

$$x \quad \text{is} \quad A' \qquad (CF)$$

其中,A' 是论域 U 上的模糊集,CF 是可信度因子。

5.6.3 模糊匹配与冲突消解

在前面几节讨论的不确定性推理中,除 5.4.5 所讨论的那种情况外,我们都默认了产生式规则中的前提条件 E 与用户提供的证据是完全相同的。但在模糊推理中,由于知识的前提条件中的 A 与证据中的 A' 不一定完全相同,因此在决定选用哪条知识进行推理时必须首先考虑哪条知识的 A 可与 A' 近似匹配的问题,即它们的相似程度是否大于某个预先设定的阈值,或者它们的语义距离是否小于阈值。例如,设有如下知识及证据:

$$\text{IF } x \text{ is 小 THEN } y \text{ is 大 } (0.6)$$
$$x \text{ is 较小}$$

此时,为了确定知识的条件部分"x is 小"是否可与证据"x is 较小"模糊匹配,就要计算"小"与"较小"的相似程度是否落在阈值 0.6 所指定的范围内。由于"小"与"较小"都是用相应的模糊集及其隶属函数刻画的,因此对其相似程度的计算就转化为对其相应模糊集的计算。

两个模糊集所表示的模糊概念的相似程度又称为匹配度。目前常用的计算匹配度的方法主要有贴近度、语义距离及相似度等。

1. 贴近度

贴近度是指两个模糊概念互相贴近的程度,它可用来作为匹配度。

设 A 与 B 分别是论域

$$U = \{u_1, u_2, \cdots, u_n\}$$

上的两个表示相应模糊概念的模糊集,则它们的贴近度定义为

$$(A,B) = \frac{1}{2}[A \cdot B + (1 - A \odot B)]$$

其中:

$$A \cdot B = \bigvee_U (\mu_A(u_i) \wedge \mu_B(u_i))$$
$$A \odot B = \bigwedge_U (\mu_A(u_i) \vee \mu_B(u_i))$$

这里"$\wedge$"表示取极小,"$\vee$"表示取极大,$A \cdot B$ 称为 A 与 B 的内积,$A \odot B$ 称为 A 与 B 的外积。

例如,设 $U = \{a, b, c, d, e, f\}$

$$A = 0.6/a + 0.8/b + 1/c + 0.8/d + 0.6/e + 0.4/f$$
$$B = 0.4/a + 0.6/b + 0.8/c + 1/d + 0.8/e + 0.6/f$$

则

$$A \cdot B = 0.4 \bigvee 0.6 \bigvee 0.8 \bigvee 0.8 \bigvee 0.6 \bigvee 0.4$$
$$= 0.8$$
$$A \odot B = 0.6 \bigwedge 0.8 \bigwedge 1 \bigwedge 1 \bigwedge 0.8 \bigwedge 0.6$$
$$= 0.6$$
$$(A, B) = \frac{1}{2}[0.8 + (1 - 0.6)]$$
$$= 0.6$$

当用贴近度作为匹配度时,贴近度越大表示越匹配,当贴近度大于某个预先指定的阈值(如上面例子中的 0.6)时,就认为相应的模糊条件可与证据匹配。

2. 语义距离

为了确定一个模糊条件是否可与相应的证据匹配,海明等人分别提出了通过计算语义距离来得到匹配度的方法。

(1) 海明距离。设 A 与 B 分别是论域

$$U = \{u_1, u_2, \cdots, u_n\}$$

上表示相应模糊概念的模糊集,则它们之间的海明距离定义为

$$d(A, B) = \frac{1}{n} \times \sum_{i=1}^{n} | \mu_A(u_i) - \mu_B(u_i) |$$

它适用于论域是有限集的情形。如果论域是实数域上的某个闭区间 $[a, b]$,则海明距离为

$$d(A, B) = \frac{1}{b-a} \int_a^b | \mu_A(u) - \mu_B(u) | \, du$$

例如,设 $U = \{u_1, u_2, u_3\}$

$$A = 0.3/u_1 + 0.5/u_2 + 0.2/u_3$$
$$B = 0.5/u_1 + 0.8/u_2 + 0.4/u_3$$

则

$$d(A, B) = \frac{1}{3} \times (| 0.3 - 0.5 | + | 0.5 - 0.8 | + | 0.2 - 0.4 |)$$
$$= \frac{1}{3} \times 0.7$$
$$= 0.233$$

(2) 欧几里德距离。设 A, B 的含义与上面的说明相同,则欧几里德距离定义为

$$d(A, B) = \frac{1}{\sqrt{n}} \times \sqrt{\sum_{i=1}^{n} (\mu_A(u_i) - \mu_B(u_i))^2}$$

对于上例所假设的 U, A, B,可得欧几里德距离为

$$d(A, B) = \frac{1}{\sqrt{3}} \times \sqrt{(0.3 - 0.5)^2 + (0.5 - 0.8)^2 + (0.2 - 0.4)^2}$$
$$= 0.237$$

（3）明可夫斯基距离。明可夫斯基给出了更一般的计算语义距离的公式,其定义为

$$d(A,B) = [\frac{1}{n} \times \sum_{i=1}^{n} \mid \mu_A(u_i) - \mu_B(u_i) \mid^q]^{1/q} \qquad q \geqslant 1$$

显然,当 $q = 1$ 时,就得到了海明距离;当 $q = 2$ 时,就得到了欧几里德距离。

（4）切比雪夫距离。切比雪夫距离定义为

$$d(A,B) = \max_{1 \leqslant i \leqslant n} \mid \mu_A(u_i) - \mu_B(u_i) \mid$$

其中 A, B 的含义与上面的说明相同。

仍以上面对 U, A, B 的假设为例,则切比雪夫距离为

$$d(A,B) = \max\{\mid 0.3 - 0.5 \mid, \mid 0.5 - 0.8 \mid, \mid 0.2 - 0.4 \mid\}$$
$$= 0.3$$

无论用哪种方法算出的语义距离,都可以通过下式:

$$1 - d(A,B)$$

将其转换为相应的匹配度。如果模糊条件与相应证据的匹配度大于某个预先指出的阈值,就认为它们是可以匹配的。当然,在具体应用时,也可以直接使用语义距离来确定两者是否可以匹配,只是此时要检查语义距离是否小于给定的阈值,因为距离越小说明两者越相似。

3．相似度

除了贴近度及语义距离可用来确定模糊条件与相应证据是否可匹配外,人们在实践过程中还提出了许多其它方法,分别适用于不同的场合。

设 A, B 分别是论域 U 上的模糊集,且

$$A = \mu_A(u_1)/u_1 + \mu_A(u_2)/u_2 + \cdots + \mu_A(u_n)/u_n$$
$$B = \mu_B(u_1)/u_1 + \mu_B(u_2)/u_2 + \cdots + \mu_B(u_n)/u_n$$

则 A 与 B 间的相似度 $r(A,B)$ 可用下列公式计算:

（1）最大最小法

$$r(A,B) = \frac{\sum_{i=1}^{n} \min\{\mu_A(u_i), \mu_B(u_i)\}}{\sum_{i=1}^{n} \max\{\mu_A(u_i), \mu_B(u_i)\}}$$

例如,设 $U = \{a, b, c, d\}$

$$A = 0.3/a + 0.4/b + 0.6/c + 0.8/d$$
$$B = 0.2/a + 0.5/b + 0.6/c + 0.7/d$$

则

$$r(A,B) = \frac{0.3 \wedge 0.2 + 0.4 \wedge 0.5 + 0.6 \wedge 0.6 + 0.8 \wedge 0.7}{0.3 \vee 0.2 + 0.4 \vee 0.5 + 0.6 \vee 0.6 + 0.8 \vee 0.7}$$
$$= 0.86$$

（2）算术平均最小法

$$r(A,B) = \frac{\sum_{i=1}^{n} \min\{\mu_A(u_i), \mu_B(u_i)\}}{\frac{1}{2} \times \sum_{i=1}^{n} (\mu_A(u_i) + \mu_B(u_i))}$$

仍以上面给出 U, A, B 为例,则

202

$$r(A,B) = \frac{0.3 \wedge 0.2 + 0.4 \wedge 0.5 + 0.6 \wedge 0.6 + 0.8 \wedge 0.7}{\frac{1}{2} \times (0.3 + 0.2 + 0.4 + 0.5 + 0.6 + 0.6 + 0.8 + 0.7)}$$
$$= 0.93$$

(3) 几何平均最小法

$$r(A,B) = \frac{\sum_{i=1}^{n} \min\{\mu_A(u_i), \mu_B(u_i)\}}{\sum_{i=1}^{n} \sqrt{\mu_A(u_i) \times \mu_B(u_i)}}$$

仍以上面给出的 U, A, B 为例,则

$$r(A,B) = \frac{0.3 \wedge 0.2 + 0.4 \wedge 0.5 + 0.6 \wedge 0.6 + 0.8 \wedge 0.7}{\sqrt{0.3 \times 0.2} + \sqrt{0.4 \times 0.5} + \sqrt{0.6 \times 0.6} + \sqrt{0.8 \times 0.7}}$$
$$= 0.93$$

(4) 相关系数法

$$r(A,B) = \frac{\sum_{i=1}^{n} (\mu_A(u_i) - \overline{\mu_A}) \times (\mu_B(u_i) - \overline{\mu_B})}{\sqrt{[\sum_{i=1}^{n} (\mu_A(u_i) - \overline{\mu_A})^2] \times [\sum_{i=1}^{n} (\mu_B(u_i) - \overline{\mu_B})^2]}}$$

其中

$$\overline{\mu_A} = \frac{1}{n} \sum_{i=1}^{n} \mu_A(u_i)$$

$$\overline{\mu_B} = \frac{1}{n} \sum_{i=1}^{n} \mu_B(u_i)$$

仍以上面给出的 U, A, B 为例,则

$$\overline{\mu_A} = \frac{1}{4}(0.3 + 0.4 + 0.6 + 0.8)$$
$$= 0.525$$
$$\overline{\mu_B} = \frac{1}{4}(0.2 + 0.5 + 0.6 + 0.7)$$
$$= 0.5$$
$$r(A,B) = \frac{0.0675 + 0 + 0.0075 + 0.055}{\sqrt{0.15 \times 0.14}}$$
$$= 0.9$$

(5) 指数法

$$r(A,B) = e^{-\sum_{i=1}^{n} |\mu_A(u_i) - \mu_B(u_i)|}$$

仍以上面给出的 U, A, B 为例,则

$$r(A,B) = e^{-(0.1 + 0.1 + 0 + 0.1)}$$
$$= 0.91$$

除上述给出的方法外,还有一些处理模糊匹配的方法,我们将结合冲突消解在下面一起进行讨论。另外,上面讨论的方法都只考虑了简单条件与单一证据的模糊匹配问题,对于复合条

件如何进行模糊匹配呢？一般来说，可按下列步骤进行：

（1）选择或自行设计一种计算简单条件与单一证据匹配度的方法，分别对复合条件中的每一个子条件算出与其证据的匹配度。例如对复合条件：

$$E = x_1 \text{ is } A_1 \text{ AND } x_2 \text{ is } A_2 \text{ AND } x_3 \text{ is } A_3$$

及相应证据 E'：

$$x_1 \quad \text{is} \quad A'_1$$
$$x_2 \quad \text{is} \quad A'_2$$
$$x_3 \quad \text{is} \quad A'_3$$

分别算出 A_i 与 A'_i 的匹配度 $\delta_{match}(A_i, A'_i)$，$i = 1,2,3$。

（2）选择或设计一种能综合各匹配度 $\delta_{match}(A_i, A'_i)$ 的方法，以求出整个前提条件与证据的总匹配度。目前常用的综合方法有"取极小"及"相乘"等，即

$$\delta_{\text{match}}(E, E') = \min\{\delta_{\text{match}}(A_1, A'_1), \delta_{\text{match}}(A_2, A'_2), \delta_{\text{match}}(A_3, A'_3)\}$$

或

$$\delta_{\text{match}}(E, E') = \delta_{\text{match}}(A_1, A'_1) \times \delta_{\text{match}}(A_2, A'_2) \times \delta_{\text{match}}(A_3, A'_3)$$

（3）检查总匹配度是否满足阈值条件，如果满足就可匹配，否则为不可匹配。

这里需要进一步说明的是，由于选用不同匹配方法算出的匹配度一般不相同，这就要求指定阈值时要充分考虑所选用的匹配方法，使两者能够协调一致。

关于冲突消解，在上一章已对其概念及一般的冲突消解策略进行了讨论，下面讨论的方法是针对模糊推理的。

1. 按匹配度大小排序

无论采用贴近度方法还是语义距离或相似度方法，都可以算出模糊条件与相应证据的匹配度，当同时有多条知识匹配成功，即发生了冲突时，可按它们的匹配度决定哪条知识应该先被应用。下面来看一个例子，这个例子是用一个精确数去与模糊概念进行匹配的。

设 $U = \{1, 2, 3, 4, 5, 6, 7, 8, 9, 10\}$

小 $= 1/1 + 0.8/2 + 0.6/3 + 0.4/4 + 0.2/5$

略小 $= 1/1 + 0.89/2 + 0.77/3 + 0.63/4 + 0.45/5$

大 $= 0.2/4 + 0.4/5 + 0.6/6 + 0.8/7 + 1/8 + 1/9 + 1/10$

并假设有如下模糊知识：

$$r_1: \quad \text{IF } x \text{ is 小 THEN } y \text{ is } B_1 \quad (0.15)$$
$$r_2: \quad \text{IF } x \text{ is 略小 THEN } y \text{ is } B_2 \quad (0.25)$$
$$r_3: \quad \text{IF } x \text{ is 大 THEN } y \text{ is } B_3 \quad (0.3)$$

用户提供的初始证据为：

$$E': \quad x \quad \text{is} \quad 5 \quad (0.6)$$

其中"0.6"是用户对该证据给出的可信度因子。

系统运行时，将用证据 E' 分别与 r_1, r_2, r_3 进行匹配并算出各自的匹配度：

$$\delta_{\text{match}}(\text{小}, 5) = 0.2$$
$$\delta_{\text{match}}(\text{略小}, 5) = 0.45$$
$$\delta_{\text{match}}(\text{大}, 5) = 0.4$$

204

显然每一个匹配度都满足相应的阈值条件(它们分别是 0.15, 0.25, 0.3),因此这三条知识发生了冲突,需要按一定策略选出一条作为当前应用的知识。若按匹配度大优先策略,则应选 r_2,因为它与 E' 的匹配度最大。

这里对匹配度的计算没有采用上面讨论的各种方法,而是根据隶属度的含义确定的。我们知道,对任意 $u \in U, \mu_A(u)$ 表示 u 对模糊概念 A 的隶属度,即它隶属于该模糊概念的程度,或者说它与模糊概念 A 的相容程度,因此也可理解为它与 A 的匹配程度。这就是为什么 $\delta_{\text{match}}(小,5) = 0.2$,$\delta_{\text{match}}(略小,5) = 0.45$,$\delta_{\text{match}}(大,5) = 0.4$ 的道理。

2. 按加权平均值排序

下面用例子说明这种冲突消解方法。

设 $U = \{u_1, u_2, u_3, u_4, u_5\}$

$A = 0.9/u_1 + 0.6/u_2 + 0.4/u_3$

$B = 0.6/u_2 + 0.8/u_3 + 0.5/u_4$

$C = 0.5/u_3 + 0.8/u_4 + 1/u_5$

$D = 0.8/u_1 + 0.5/u_2 + 0.1/u_3$

并假设有如下模糊知识:

r_1: IF x is A THEN y is H_1

r_2: IF x is B THEN y is H_2

r_3: IF x is C THEN y is H_3

用户提供的初始证据为

$$E': \quad x \quad \text{is} \quad D$$

首先考虑模糊知识与证据的匹配问题。由于知识中模糊条件的 A, B, C 及证据中的 D 都是用模糊集表示的,所以我们可以采用前面讨论的计算匹配度的任何一种方法。但在这里拟采用另外一种方法,以便读者在具体应用时有更多的选择余地。该方法的基本思想是,把求两个模糊概念的匹配度问题转化为一个对另一个隶属程度的计算。例如对于 A 与 D,其匹配度按下式计算:

$$\delta_{\text{match}}(A, D) = \mu_D(u_1)/\mu_A(u_1) + \mu_D(u_2)/\mu_A(u_2) + \mu_D(u_3)/\mu_A(u_3)$$
$$= 0.8/0.9 + 0.5/0.6 + 0.1/0.4$$

同理可得:

$$\delta_{\text{match}}(B, D) = 0.8/0 + 0.5/0.6 + 0.1/0.8$$
$$\delta_{\text{match}}(C, D) = 0.8/0 + 0.5/0 + 0.1/0.5$$

这样就得到了 D 分别与 A, B, C 的匹配度,只是它们不是用一个数而是用模糊集形式表示的。

现在的问题是如何比较这些匹配度的大小,从而确定相应知识被应用的顺序。解决这个问题的一种方法是对每个匹配度分别求出加权平均值 AV,例如对 $\delta_{\text{match}}(A, D)$ 可按下式求取加权平均值:

$$AV(\delta_{\text{match}}(A, D)) = \frac{0.8 \times 0.9 + 0.5 \times 0.6 + 0.1 \times 0.4}{0.9 + 0.6 + 0.4}$$
$$= 0.56$$

同理可得:

$$AV(\delta_{\text{match}}(B,D)) = 0.27$$
$$AV(\delta_{\text{match}}(C,D)) = 0.1$$

于是得到

$$\delta_{\text{match}}(A,D) > \delta_{\text{match}}(B,D) > \delta_{\text{match}}(C,D)$$

所以 r_1 是当前首先被选用的知识。

3. 按广义顺序关系排序

在上一小段中,我们已经分别得到了模糊条件 A,B,C 与证据中 D 的匹配度,其表示分别为:

$$\begin{aligned}
\delta_{\text{match}}(A,D) &= \mu_D(u_1)/\mu_A(u_1) + \mu_D(u_2)/\mu_A(u_2) + \mu_D(u_3)/\mu_A(u_3) \\
&= 0.8/0.9 + 0.5/0.6 + 0.1/0.4 \\
\delta_{\text{match}}(B,D) &= \mu_D(u_1)/\mu_B(u_1) + \mu_D(u_2)/\mu_B(u_2) + \mu_D(u_3)/\mu_B(u_3) \\
&= 0.8/0 + 0.5/0.6 + 0.1/0.8 \\
\delta_{\text{match}}(C,D) &= \mu_D(u_1)/\mu_C(u_1) + \mu_D(u_2)/\mu_C(u_2) + \mu_D(u_3)/\mu_C(u_3) \\
&= 0.8/0 + 0.5/0 + 0.1/0.5
\end{aligned}$$

现在要对它们按广义顺序关系进行排序,下面以 $\delta_{\text{match}}(A,D)$ 与 $\delta_{\text{match}}(B,D)$ 为例说明按广义顺序关系进行排序的方法及步骤。

首先用 $\delta_{\text{match}}(B,D)$ 的每一项分别与 $\delta_{\text{match}}(A,D)$ 的每一项进行比较,比较时 $\mu_D(u_i)$ 与 $\mu_D(u_j)$ 中取其小者,$\mu_A(u_i)$ 与 $\mu_B(u_j)$ 按如下规定取值:若 $\mu_A(u_i) \geqslant \mu_B(u_j)$,则取"1";若 $\mu_A(u_i) < \mu_B(u_j)$ 则取"0"。例如,用 $\mu_D(u_1)/\mu_B(u_1)$ 与 $\delta_{\text{match}}(A,D)$ 的各项进行比较时得到:

$$0.8/1 + 0.5/1 + 0.1/1$$

然后对得到的各项进行归并,把"分母"相同的项归并为一项,"分子"取其最大者,这样就可得到如下形式的比较结果:

$$\mu_1/1 + \mu_0/0$$

此时,若 $\mu_1 > \mu_0$,则就认为 $\delta_{\text{match}}(A,D)$ 优于 $\delta_{\text{match}}(B,D)$,记为 $\delta_{\text{match}}(A,D) \geqslant \delta_{\text{match}}(B,D)$。

按这种方法,对 $\delta_{\text{match}}(A,D)$ 与 $\delta_{\text{match}}(B,D)$ 可以得到:

$$\begin{aligned}
&0.8/1 + 0.5/1 + 0.1/1 + 0.5/1 + 0.5/1 + 0.1/0 + 0.1/1 + 0.1/0 + 0.1/0 \\
&= 0.8/1 + 0.1/0
\end{aligned}$$

由于 $\mu_1 = 0.8$,$\mu_0 = 0.1$,所以 $\mu_1 > \mu_0$。由此得到

$$\delta_{\text{match}}(A,D) \geqslant \delta_{\text{match}}(B,D)$$

同理对 $\delta_{\text{match}}(A,D)$ 与 $\delta_{\text{match}}(C,D)$ 可得

$$\begin{aligned}
&0.8/1 + 0.5/1 + 0.1/1 + 0.5/1 + 0.5/1 + 0.1/1 + 0.1/1 + 0.1/1 + 0.1/0 \\
&= 0.8/1 + 0.1/0
\end{aligned}$$

由于 $\mu_1 = 0.8$,$\mu_0 = 0.1$,所以

$$\delta_{\text{match}}(A,D) \geqslant \delta_{\text{match}}(C,D)$$

对于 $\delta_{\text{match}}(B,D)$ 与 $\delta_{\text{match}}(C,D)$ 可得

$$\begin{aligned}
&0.8/1 + 0.5/1 + 0.1/1 + 0.5/1 + 0.5/1 + 0.1/0 + 0.1/1 + 0.1/1 \\
&= 0.8/1 + 0.1/0
\end{aligned}$$

由于 $\mu_1 = 0.8$,$\mu_0 = 0.1$,所以

206

$$\delta_{\mathrm{match}}(B,D) \geqslant \delta_{\mathrm{match}}(C,D)$$

最后得到

$$\delta_{\mathrm{match}}(A,D) \geqslant \delta_{\mathrm{match}}(B,D) \geqslant \delta_{\mathrm{match}}(C,D)$$

由此可知 r_1 应是当前首先被选用的知识,这一结论与上一小段得到的结论是一致的。

5.6.4 模糊推理的基本模式

在上一章的自然演绎推理中,我们曾经给出了演绎推理的三种基本模式:假言推理、拒取式推理及假言三段论推理。对于模糊推理,相应地也有这三种基本模糊式,即模糊假言推理、模糊拒取式推理及模糊三段论推理。

1. 模糊假言推理

设 $A \in \mathscr{F}(U)$,$B \in \mathscr{F}(V)$,且它们具有如下关系:

$$\mathrm{IF} \quad x \quad \mathrm{is} \quad A \quad \mathrm{THEN} \quad y \quad \mathrm{is} \quad B$$

若有 $A' \in \mathscr{F}(U)$,而且 A 与 A' 可以模糊匹配,则可推出 y is B',$B' \in \mathscr{F}(V)$。称这种推理为模糊假言推理。它可用如下图式直观地表示出来:

知识:IF $\quad x \quad$ is $\quad A \quad$ THEN $\quad y \quad$ is $\quad B$

证据: $\qquad x \quad$ is $\quad A'$

___

结论: $\qquad\qquad\qquad\qquad\qquad\qquad\qquad y \quad$ is $\quad B'$

对于复合条件,可用下列图式表示:

知识:IF $\ x_1\ $ is $\ A_1\ $ AND $\ x_2\ $ is $\ A_2\ $ AND $\cdots$ AND $\ x_n\ $ is $\ A_n\ $ THEN $\ y$ is B

证据: $\quad x_1\ $ is $\ A_1'\qquad\quad x_2\ $ is $\ A_2'\qquad\cdots\qquad\quad x_n\ $ is $\ A_n'$

___

结论: $\qquad\qquad\qquad\qquad\qquad\qquad\qquad\qquad\qquad\qquad\qquad y$ is B'

如果在知识及(或)证据中带有可信度因子,则还需要对结论的可信度因子按某种算法进行计算。

2. 模糊拒取式推理

设 $A \in \mathscr{F}(U)$,$B \in \mathscr{F}(V)$,且它们有如下关系:

$$\mathrm{IF} \quad x \quad \mathrm{is} \quad A \quad \mathrm{THEN} \quad y \quad \mathrm{is} \quad B$$

若有 $B' \in \mathscr{F}(V)$,且 B 与 B' 可以模糊匹配,则可推出 x is A',其中,$A' \in \mathscr{F}(U)$ 这称为模糊拒取式推理,可用如下图式直观地表示出来:

知识:IF $\quad x \quad$ is $\quad A \quad$ THEN $\quad y \quad$ is $\quad B$

证据: $\qquad\qquad\qquad\qquad\qquad\qquad y \quad$ is $\quad B'$

___

结论: $\quad x \quad$ is $\quad A'$

3. 模糊三段论推理

设 $A \in \mathscr{F}(U)$,$B \in \mathscr{F}(V)$,$C \in \mathscr{F}(W)$,若由:

$$\mathrm{IF} \quad x \quad \mathrm{is} \quad A \quad \mathrm{THEN} \quad y \quad \mathrm{is} \quad B$$
$$\mathrm{IF} \quad y \quad \mathrm{is} \quad B \quad \mathrm{THEN} \quad z \quad \mathrm{is} \quad C$$

可以推出

$$\text{IF} \quad x \quad \text{is} \quad A \quad \text{THEN} \quad z \quad \text{is} \quad C$$

则称它为模糊三段论推理,可用如下图式表示:

$$\text{IF} \quad x \quad \text{is} \quad A \quad \text{THEN} \quad y \quad \text{is} \quad B$$
$$\text{IF} \quad y \quad \text{is} \quad B \quad \text{THEN} \quad z \quad \text{is} \quad C$$

$$\overline{\qquad\qquad\qquad\qquad\qquad\qquad\qquad\qquad\qquad\qquad}$$

$$\text{IF} \quad x \quad \text{is} \quad A \quad \text{THEN} \quad z \quad \text{is} \quad C$$

关于推理方法,即如何由已知的模糊知识和证据具体地推出模糊结论,目前已经提出了多种方法,如扎德等人提出的合成推理规则,迈杰瑞斯(P.Magrez)和斯迈特(P.Smets)提出的计算模型等。今后我们主要讨论扎德等人提出的方法。这种方法的基本思想是:首先由知识

$$\text{IF} \quad x \quad \text{is} \quad A \quad \text{THEN} \quad y \quad \text{is} \quad B$$

求出 A 与 B 之间的模糊关系 R,然后再通过 R 与相应证据的合成求出模糊结论。由于该方法是通过模糊关系 R 与证据合成求出结论的,因此又称之为基于模糊关系的合成推理。

5.6.5 简单模糊推理

这一段及下面几段具体讨论模糊推理方法。首先讨论知识中只含简单条件且不带可信度因子的情况,称为简单模糊推理。

按照扎德等人提出的合成推理规则,对于知识:

$$\text{IF} \quad x \quad \text{is} \quad A \quad \text{THEN} \quad y \quad \text{is} \quad B$$

首先要构造出 A 与 B 之间的模糊关系 R,然后通过 R 与证据的合成求出结论。如果已知证据是

$$x \quad \text{is} \quad A'$$

且 A 与 A' 可以模糊匹配,则通过下述合成运算求出 B':

$$B' = A' \circ R$$

如果已知证据是

$$y \quad \text{is} \quad B'$$

且 B 与 B' 可以模糊匹配,则通过下述合成运算求出 A':

$$A' = R \circ B'$$

显然,在这种推理方法中,关键的工作是如何构造模糊关系 R。对此,扎德等人分别提出了多种构造 R 的方法。

1. 扎德方法

为了构造模糊关系 R,扎德提出了两种方法:一种称为条件命题的极大极小规则;另一种称为条件命题的算术规则,由它们获得的模糊关系分别记为 R_m 和 R_a。

设 $A \in \mathscr{F}(U)$,$B \in \mathscr{F}(V)$,其表示分别为:

$$A = \int_U \mu_A(u) / u$$

$$B = \int_V \mu_B(v) / v$$

且用 $\times$、$\cup$、$\cap$、$\neg$、$\oplus$ 分别表示模糊集的笛卡尔乘积、并、交、补及有界和运算,则扎德把 R_m 和 R_a 分别定义为:

$$R_m = (A \times B) \bigcup (\neg A \times V)$$
$$= \int_{U \times V} (\mu_A(u) \wedge \mu_B(v)) \vee (1 - \mu_A(u)) / (u, v)$$

$$R_a = (\neg A \times V) \bigoplus (U \times B)$$
$$= \int_{U \times V} 1 \wedge (1 - \mu_A(u) + \mu_B(v)) / (u, v)$$

对于模糊假言推理,若已知证据为

$$x \quad \text{is} \quad A'$$

则由 R_m 及 R_a 求得的 B'_m 及 B'_a 分别为:

$$B'_m = A' \circ R_m$$
$$= A' \circ [(A \times B) \bigcup (\neg A \times V)]$$
$$B'_a = A' \circ R_a$$
$$= A' \circ [(\neg A \times V) \bigoplus (U \times B)]$$

它们的隶属函数分别为:

$$\mu_{B'_m}(v) = \bigvee_{u \in U} \{\mu_{A'}(u) \wedge [(\mu_A(u) \wedge \mu_B(v)) \vee (1 - \mu_A(u))]\}$$
$$\mu_{B'_a}(v) = \bigvee_{u \in U} \{\mu_{A'}(u) \wedge [1 \wedge (1 - \mu_A(u) + \mu_B(v))]\}$$

对于模糊拒取式推理,若已知证据为

$$y \quad \text{is} \quad B'$$

则由 R_m 及 R_a 求得的 A'_m 及 A'_a 分别为:

$$A'_m = R_m \circ B'$$
$$= [(A \times B) \bigcup (\neg A \times V)] \circ B'$$
$$A'_a = R_a \circ B'$$
$$= [(\neg A \times V) \bigoplus (U \times B)] \circ B'$$

它们的隶属函数分别为:

$$\mu_{A'_m}(u) = \bigvee_{v \in V} \{[(\mu_A(u) \wedge \mu_B(v)) \vee (1 - \mu_A(u))] \wedge \mu_{B'}(v)\}$$
$$\mu_{A'_a}(u) = \bigvee_{v \in V} \{[1 \wedge (1 - \mu_A(u) + \mu_B(v))] \wedge \mu_{B'}(v)\}$$

例 5.8 设 $U = V = \{1, 2, 3, 4, 5\}$

$$A = 1/1 + 0.5/2$$
$$B = 0.4/3 + 0.6/4 + 1/5$$

并设模糊知识及模糊证据分别为:

$$\text{IF} \quad x \quad \text{is} \quad A \quad \text{THEN} \quad y \quad \text{is} \quad B$$
$$x \quad \text{is} \quad A'$$

其中,A' 的模糊集为

$$A' = 1/1 + 0.4/2 + 0.2/3$$

则由模糊知识可分别得到 R_m 与 R_a:

$$R_m = \begin{bmatrix} 0 & 0 & 0.4 & 0.6 & 1 \\ 0.5 & 0.5 & 0.5 & 0.5 & 0.5 \\ 1 & 1 & 1 & 1 & 1 \\ 1 & 1 & 1 & 1 & 1 \\ 1 & 1 & 1 & 1 & 1 \end{bmatrix}$$

$$R_a = \begin{bmatrix} 0 & 0 & 0.4 & 0.6 & 1 \\ 0.5 & 0.5 & 0.9 & 1 & 1 \\ 1 & 1 & 1 & 1 & 1 \\ 1 & 1 & 1 & 1 & 1 \\ 1 & 1 & 1 & 1 & 1 \end{bmatrix}$$

为了说明 R_m 及 R_a 是如何得到的,来看两个例子:

$$\begin{aligned} R_m(1,3) &= (\mu_A(u_1) \wedge \mu_B(v_3)) \vee (1 - \mu_A(u_1)) \\ &= (1 \wedge 0.4) \vee (1 - 1) \\ &= 0.4 \\ R_a(2,3) &= 1 \wedge (1 - \mu_A(u_2) + \mu_B(v_3)) \\ &= 1 \wedge (1 - 0.5 + 0.4) \\ &= 0.9 \end{aligned}$$

一般来说,$R_m(i,j)$ 与 $R_a(i,j)$ 分别为:

$$R_m(i,j) = (\mu_A(u_i) \wedge \mu_B(v_j)) \vee (1 - \mu_A(u_i))$$
$$R_a(i,j) = 1 \wedge (1 - \mu_A(u_i) + \mu_B(v_j))$$

其中 $R_m(i,j)$ 及 $R_a(i,j)$ 分别表示 R_m 及 R_a 的第 i 行第 j 列的元素。

由 R_m, R_a 及证据 "x is A'" 可分别得到 B'_m 与 B'_a:

$$B'_m = A' \circ R_m$$

$$= \{1, 0.4, 0.2, 0, 0\} \circ \begin{bmatrix} 0 & 0 & 0.4 & 0.6 & 1 \\ 0.5 & 0.5 & 0.5 & 0.5 & 0.5 \\ 1 & 1 & 1 & 1 & 1 \\ 1 & 1 & 1 & 1 & 1 \\ 1 & 1 & 1 & 1 & 1 \end{bmatrix}$$

$$= \{0.4, 0.4, 0.4, 0.6, 1\}$$

$$B'_a = A' \circ R_a$$

$$= \{1, 0.4, 0.2, 0, 0\} \circ \begin{bmatrix} 0 & 0 & 0.4 & 0.6 & 1 \\ 0.5 & 0.5 & 0.9 & 1 & 1 \\ 1 & 1 & 1 & 1 & 1 \\ 1 & 1 & 1 & 1 & 1 \\ 1 & 1 & 1 & 1 & 1 \end{bmatrix}$$

$$= \{0.4, 0.4, 0.4, 0.6, 1\}$$

即

$$B'_m = B'_a = 0.4/1 + 0.4/2 + 0.4/3 + 0.6/4 + 1/5$$

这里，B'_m 与 B'_a 相同只是一个巧合，一般来说它们不一定相同。

如果已知的证据是

$$y \quad \text{is} \quad B'$$

其中，B' 的模糊集为

$$B' = 0.2/1 + 0.4/2 + 0.6/3 + 0.5/4 + 0.3/5$$

则由 R_m, R_a 及 B' 可分别得到 A'_m 与 A'_a：

$$A'_m = R_m \circ B'$$

$$= \begin{bmatrix} 0 & 0 & 0.4 & 0.6 & 1 \\ 0.5 & 0.5 & 0.5 & 0.5 & 0.5 \\ 1 & 1 & 1 & 1 & 1 \\ 1 & 1 & 1 & 1 & 1 \\ 1 & 1 & 1 & 1 & 1 \end{bmatrix} \circ \begin{bmatrix} 0.2 \\ 0.4 \\ 0.6 \\ 0.5 \\ 0.3 \end{bmatrix}$$

$$= \{0.5, 0.5, 0.6, 0.6, 0.6\}$$

$$A'_a = R_a \circ B'$$

$$= \begin{bmatrix} 0 & 0 & 0.4 & 0.6 & 1 \\ 0.5 & 0.5 & 0.9 & 1 & 1 \\ 1 & 1 & 1 & 1 & 1 \\ 1 & 1 & 1 & 1 & 1 \\ 1 & 1 & 1 & 1 & 1 \end{bmatrix} \circ \begin{bmatrix} 0.2 \\ 0.4 \\ 0.6 \\ 0.5 \\ 0.3 \end{bmatrix}$$

$$= \{0.5, 0.6, 0.6, 0.6, 0.6\}$$

2. 麦姆德尼(Mamdani)方法

麦姆德尼提出了一个称为条件命题的最小运算规则来构造模糊关系，记为 R_c，它被定义为

$$R_c = A \times B$$

$$= \int_{U \times V} \mu_A(u) \wedge \mu_B(v)/(u, v)$$

对于模糊假言推理，若已知证据是

$$x \quad \text{is} \quad A'$$

则结论"$y \quad \text{is} \quad B'$"中的 B' 可由下式求得

$$B'_c = A' \circ R_c$$

$$= A' \circ (A \times B)$$

它的隶属函数为

$$\mu_{B'_c}(v) = \bigvee_{u \in U} [\mu_{A'}(u) \wedge (\mu_A(u) \wedge \mu_B(v))]$$

对于模糊拒取式推理,若已知证据是

$$y \quad \text{is} \quad B'$$

则结论"$x \quad \text{is} \quad A'$"中的 A' 可由下式求得

$$A'_c = R_c \circ B'$$
$$= (A \times B) \circ B'$$

它的隶属函数为

$$\mu_{A'_c}(u) = \bigvee_{v \in V} [(\mu_A(u) \wedge \mu_B(v)) \wedge \mu_{B'}(v)]$$

如果仍用例5.8给出的数据,则

$$R_c = \begin{bmatrix} 0 & 0 & 0.4 & 0.6 & 1 \\ 0 & 0 & 0.4 & 0.5 & 0.5 \\ 0 & 0 & 0 & 0 & 0 \\ 0 & 0 & 0 & 0 & 0 \\ 0 & 0 & 0 & 0 & 0 \end{bmatrix}$$

$$B'_c = A' \circ R_c$$

$$= \{1, 0.4, 0.2, 0, 0\} \circ \begin{bmatrix} 0 & 0 & 0.4 & 0.6 & 1 \\ 0 & 0 & 0.4 & 0.5 & 0.5 \\ 0 & 0 & 0 & 0 & 0 \\ 0 & 0 & 0 & 0 & 0 \\ 0 & 0 & 0 & 0 & 0 \end{bmatrix}$$

$$= \{0, 0, 0.4, 0.6, 1\}$$

$$A'_c = R_c \circ B'$$

$$= \begin{bmatrix} 0 & 0 & 0.4 & 0.6 & 1 \\ 0 & 0 & 0.4 & 0.5 & 0.5 \\ 0 & 0 & 0 & 0 & 0 \\ 0 & 0 & 0 & 0 & 0 \\ 0 & 0 & 0 & 0 & 0 \end{bmatrix} \circ \begin{bmatrix} 0.2 \\ 0.4 \\ 0.6 \\ 0.5 \\ 0.3 \end{bmatrix}$$

$$= \{0.5, 0.5, 0, 0, 0\}$$

3.米祖莫托(Mizumoto)方法

米祖莫托等人根据多值逻辑中计算 $T(A \to B)$ 的定义,提出了一组构造模糊关系的方法,由此构造出的模糊关系分别记为 $R_s, R_g, R_{sg}, R_{gg}, R_{gs}, R_{ss}, R_b, R_\triangle, R_\blacktriangle, R_*, R_\sharp, R_\square$,其定义分别为

$$R_s = A \times V \underset{s}{\Rightarrow} U \times B = \int_{U \times V} [\mu_A(u) \underset{s}{\rightarrow} \mu_B(v)]/(u, v)$$

其中:

212

$$\mu_A(u) \xrightarrow[s]{} \mu_B(v) = \begin{cases} 1, & \mu_A(u) \leqslant \mu_B(v) \\ 0, & \mu_A(u) > \mu_B(v) \end{cases}$$

$$R_g = A \times V \underset{g}{\Rightarrow} U \times B = \int_{U \times V} [\mu_A(u) \xrightarrow[g]{} \mu_B(v)]/(u,v)$$

其中：

$$\mu_A(u) \xrightarrow[g]{} \mu_B(v) = \begin{cases} 1, & \mu_A(u) \leqslant \mu_B(v) \\ \mu_B(v), & \mu_A(u) > \mu_B(v) \end{cases}$$

$$R_{sg} = (A \times V \underset{s}{\Rightarrow} U \times B) \cap (\neg A \times V \underset{g}{\Rightarrow} U \times \neg B)$$

$$= \int_{U \times V} \{ [\mu_A(u) \xrightarrow[s]{} \mu_B(v)] \wedge [(1 - \mu_A(u)) \xrightarrow[g]{} (1 - \mu_B(v))] \}/(u,v)$$

$$R_{gg} = (A \times V \underset{g}{\Rightarrow} U \times B) \cap (\neg A \times V \underset{g}{\Rightarrow} U \times \neg B)$$

$$= \int_{U \times V} \{ [\mu_A(u) \xrightarrow[g]{} \mu_B(v)] \wedge [(1 - \mu_A(u)) \xrightarrow[g]{} (1 - \mu_B(v))] \}/(u,v)$$

$$R_{gs} = (A \times V \underset{g}{\Rightarrow} U \times B) \cap (\neg A \times V \underset{s}{\Rightarrow} U \times \neg B)$$

$$= \int_{U \times V} \{ [\mu_A(u) \xrightarrow[g]{} \mu_B(v)] \wedge [(1 - \mu_A(u)) \xrightarrow[s]{} (1 - \mu_B(v))] \}/(u,v)$$

$$R_{ss} = (A \times V \underset{s}{\Rightarrow} U \times B) \cap (\neg A \times V \underset{s}{\Rightarrow} U \times \neg B)$$

$$= \int_{U \times V} \{ [\mu_A(u) \xrightarrow[s]{} \mu_B(v)] \wedge [(1 - \mu_A(u)) \rightarrow (1 - \mu_B(v))] \}/(u,v)$$

$$R_b = (\neg A \times V) \cup (U \times B)$$

$$= \int_{U \times V} [(1 - \mu_A(u)) \vee \mu_B(v)]/(u,v)$$

$$R_\triangle = A \times V \underset{\triangle}{\Rightarrow} U \times B$$

$$= \int_{U \times V} [\mu_A(u) \xrightarrow[\triangle]{} \mu_B(v)]/(u,v)$$

其中：

$$\mu_A(u) \xrightarrow[\triangle]{} \mu_B(v) = \begin{cases} 1, & \mu_A(u) \leqslant \mu_B(v) \\ \dfrac{\mu_B(v)}{\mu_A(u)}, & \mu_A(u) > \mu_B(v) \end{cases}$$

$$R_\blacktriangle = A \times V \underset{\blacktriangle}{\Rightarrow} U \times B = \int_{U \times V} [\mu_A(u) \xrightarrow[\blacktriangle]{} \mu_B(v)]/(u,v)$$

其中：

213

$$\mu_A(u)\underset{\blacktriangle}{\to}\mu_B(v)=\begin{cases}1\wedge\dfrac{\mu_B(v)}{\mu_A(u)}\wedge\dfrac{1-\mu_A(u)}{1-\mu_B(v)}, & \begin{aligned}&\mu_A(u)>0,\\&1-\mu_B(v)>0\end{aligned}\\[4mm]1, & \begin{aligned}&\mu_A(u)=0\ 或\\&1-\mu_B(v)=0\end{aligned}\end{cases}$$

$$R_*=A\times V\underset{*}{\Rightarrow}U\times B=\int_{U\times V}[\mu_A(u)\underset{*}{\to}\mu_B(v)]/(u,v)$$

其中：

$$\mu_A(u)\underset{*}{\to}\mu_B(v)=1-\mu_A(u)+\mu_A(u)\times\mu_B(v)$$

$$R_\#=A\times V\underset{\#}{\Rightarrow}U\times B=\int_{U\times V}[\mu_A(u)\underset{\#}{\to}\mu_B(v)]/(u,v)$$

其中：

$$\begin{aligned}\mu_A(u)\underset{\#}{\to}\mu_B(v)&=[\mu_A(u)\wedge\mu_B(v)]\vee[(1-\mu_A(u))\wedge(1-\mu_B(v))]\\&\quad\vee[\mu_B(v)\wedge(1-\mu_A(u))]\\&=[(1-\mu_A(u))\vee\mu_B(v)]\wedge[\mu_A(u)\vee(1-\mu_A(u))]\\&\quad\wedge[\mu_B(v)\vee(1-\mu_B(v))]\end{aligned}$$

$$R_\square=A\times V\underset{\square}{\Rightarrow}U\times B=\int_{U\times V}[\mu_A(u)\underset{\square}{\to}\mu_B(v)]/(u,v)$$

其中：

$$\mu_A(u)\underset{\square}{\to}\mu_B(v)=\begin{cases}1, & \mu_A(u)<1\ 或\ \mu_B(v)=1\\0, & \mu_A(u)=1,\ \mu_B(v)<1\end{cases}$$

下面以例 5.8 给出的数据为例，说明 R_s，R_g 的求法。

对于 R_s，由其定义可知

$$R_s(i,j)=\mu_A(u_i)\underset{s}{\to}\mu_B(v_j)$$

其中，$R_s(i,j)$ 表示 R_s 的第 i 行、第 j 列的元素。由此可得

$$R_s=\begin{bmatrix}0&0&0&0&1\\0&0&0&1&1\\1&1&1&1&1\\1&1&1&1&1\\1&1&1&1&1\end{bmatrix}$$

对于例 5.8 给出的 A'，可得 B' 为

$$\begin{aligned}B'&=A'\circ R_s\\&=\{0.2,\ 0.2,\ 0.2,\ 0.4,\ 1\}\end{aligned}$$

对于 R_g，由其定义可知

$$R_g(i,j)=\mu_A(u_i)\underset{g}{\to}\mu_B(v_j)$$

由此可得

214

$$R_g = \begin{bmatrix} 0 & 0 & 0.4 & 0.6 & 1 \\ 0 & 0 & 0.4 & 1 & 1 \\ 1 & 1 & 1 & 1 & 1 \\ 1 & 1 & 1 & 1 & 1 \\ 1 & 1 & 1 & 1 & 1 \end{bmatrix}$$

对于例 5.8 给出的 A',可得 B' 为

$$B' = A' \circ R_g$$
$$= \{0.2, 0.2, 0.4, 0.6, 1\}$$

4.各种模糊关系的性能分析

上面 给出了 15 种用不同方法构造的模糊关系,由例子可以看出,对相同的知识及证据使用不同的模糊关系进行推理时,得到的结论一般是不同的,这说明这些模糊关系在性能上存在着一定的差异。这里,我们将通过一个例子对其性能进行比较分析。在具体分析之前,先建立起分析时所依据的基本原则。

原则 Ⅰ:

知识:	IF	x	is	A	THEN y is B	
证据:		x	is	A		

结论:	y is B

这个原则指出,当已知证据中的 A' 与条件中的 A 相同时,推出的结论就应该是知识所指示的结论 B。

原则 Ⅱ:

知识:	IF	x	is	A	THEN y is B
证据:		x	is	very	A

结论:		y is very B
	或	y is B

这个原则指出,当

$$A' = \text{very} \quad A$$

时,则推出的结论 B' 应是"very B",即

$$B' = \text{very} \quad B$$

但是,如果在知识中,"x is A"与"y is B"之间没有较强的因果关系,则 B' 也可以是 B。

原则 Ⅲ:

知识:	IF	x	is	A	THEN y is B
证据:		x	is	more or less	A

结论:		y is more or less B
	或	y is B

这个原则指出,当

$$A' = \text{more or less} \quad A$$

时,则结论 B' 应是"more or less $\quad B$",即

$$B' = \text{more or less} \quad B$$

但是,如果"x is A"与"y is B"之间没有较强的因果关系,则 B' 也可以是 B。

原则 IV:

知识: IF x is A THEN y is B

证据: x is not A

结论: y is unknown

或 y is not B

这个原则指出,当

$$A' = \text{not} \quad A$$

时,一般来说推不出任何结论,但如果把

IF x is A THEN y is B

理解为

IF x is A THEN y is B ELSE y is not B

则可推出

y is not B

以上 4 条原则是针对模糊假言推理的,以下 4 条用于模糊拒取式推理。

原则 V:

知识: IF x is A THEN y is B

证据: y is not B

结论: x is not A

这一原则相当于经典逻辑中否定后件的拒取式推理。

原则 VI:

知识: IF x is A THEN y is B

证据: y is not very B

结论: x is not very A

这一原则指出,当

$$B' = \text{not very } B$$

时,则可推出

$$A' = \text{not very } A$$

原则 VII:

知识: IF x is A THEN y is B

证据: y is not more or less B

结论： x is not more or less A

这一原则指出，当

$$B' = \text{not more or less } B$$

时，则可推出

$$A' = \text{not more or less } A$$

原则Ⅷ：

知识：   IF x is A THEN y is B
证据： y is B

___

结论： x is unknown
        或 x is A

这一原则指出，当 $B' = B$ 时，无论是推出

$$x \quad \text{is} \quad A$$

还是推不出结论都是允许的。

下面依据上述原则分别对 $R_m, R_a, R_c, R_s, R_g, R_{sg}, R_{gg}, R_{gs}, R_{ss}$ 进行分析，余下的 R_b, $R_\triangle, R_\blacktriangle, R_*, R_\sharp$ 及 $R_\square$ 留给读者作为课后练习。

设 $U = V = \{1,2,3,4,5,6,7,8,9,10\}$

$$A = \int_U \mu_A(u)/u$$
$$= 1/1 + 0.8/2 + 0.6/3 + 0.4/4 + 0.2/5$$
$$= \{1, 0.8, 0.6, 0.4, 0.2, 0, 0, 0, 0, 0\}$$
$$B = \int_V \mu_B(v)/v$$
$$= 0.2/4 + 0.4/5 + 0.6/6 + 0.8/7 + 1/8 + 1/9 + 1/10$$
$$= \{0, 0, 0, 0.2, 0.4, 0.6, 0.8, 1, 1, 1\}$$

根据 R_m, R_a 等的定义，由 A 与 B 的模糊集可以得到各种模糊关系的模糊矩阵。例如，R_m, R_c, R_{sg}, R_{ss} 的模糊矩阵分别为：

$$R_m = \begin{bmatrix}
0 & 0 & 0 & 0.2 & 0.4 & 0.6 & 0.8 & 1 & 1 & 1 \\
0.2 & 0.2 & 0.2 & 0.2 & 0.4 & 0.6 & 0.8 & 0.8 & 0.8 & 0.8 \\
0.4 & 0.4 & 0.4 & 0.4 & 0.4 & 0.6 & 0.6 & 0.6 & 0.6 & 0.6 \\
0.6 & 0.6 & 0.6 & 0.6 & 0.6 & 0.6 & 0.6 & 0.6 & 0.6 & 0.6 \\
0.8 & 0.8 & 0.8 & 0.8 & 0.8 & 0.8 & 0.8 & 0.8 & 0.8 & 0.8 \\
1 & 1 & 1 & 1 & 1 & 1 & 1 & 1 & 1 & 1 \\
1 & 1 & 1 & 1 & 1 & 1 & 1 & 1 & 1 & 1 \\
1 & 1 & 1 & 1 & 1 & 1 & 1 & 1 & 1 & 1 \\
1 & 1 & 1 & 1 & 1 & 1 & 1 & 1 & 1 & 1 \\
1 & 1 & 1 & 1 & 1 & 1 & 1 & 1 & 1 & 1
\end{bmatrix}$$

$$R_c = \begin{bmatrix} 0 & 0 & 0 & 0.2 & 0.4 & 0.6 & 0.8 & 1 & 1 & 1 \\ 0 & 0 & 0 & 0.2 & 0.4 & 0.6 & 0.8 & 0.8 & 0.8 & 0.8 \\ 0 & 0 & 0 & 0.2 & 0.4 & 0.6 & 0.6 & 0.6 & 0.6 & 0.6 \\ 0 & 0 & 0 & 0.2 & 0.4 & 0.4 & 0.4 & 0.4 & 0.4 & 0.4 \\ 0 & 0 & 0 & 0.2 & 0.2 & 0.2 & 0.2 & 0.2 & 0.2 & 0.2 \\ 0 & 0 & 0 & 0 & 0 & 0 & 0 & 0 & 0 & 0 \\ 0 & 0 & 0 & 0 & 0 & 0 & 0 & 0 & 0 & 0 \\ 0 & 0 & 0 & 0 & 0 & 0 & 0 & 0 & 0 & 0 \\ 0 & 0 & 0 & 0 & 0 & 0 & 0 & 0 & 0 & 0 \\ 0 & 0 & 0 & 0 & 0 & 0 & 0 & 0 & 0 & 0 \end{bmatrix}$$

$$R_{sg} = \begin{bmatrix} 0 & 0 & 0 & 0 & 0 & 0 & 0 & 1 & 1 & 1 \\ 0 & 0 & 0 & 0 & 0 & 0 & 1 & 0 & 0 & 0 \\ 0 & 0 & 0 & 0 & 0 & 1 & 0.2 & 0 & 0 & 0 \\ 0 & 0 & 0 & 0 & 1 & 0.4 & 0.2 & 0 & 0 & 0 \\ 0 & 0 & 0 & 1 & 0.6 & 0.4 & 0.2 & 0 & 0 & 0 \\ 1 & 1 & 1 & 0.8 & 0.6 & 0.4 & 0.2 & 0 & 0 & 0 \\ 1 & 1 & 1 & 0.8 & 0.6 & 0.4 & 0.2 & 0 & 0 & 0 \\ 1 & 1 & 1 & 0.8 & 0.6 & 0.4 & 0.2 & 0 & 0 & 0 \\ 1 & 1 & 1 & 0.8 & 0.6 & 0.4 & 0.2 & 0 & 0 & 0 \\ 1 & 1 & 1 & 0.8 & 0.6 & 0.4 & 0.2 & 0 & 0 & 0 \end{bmatrix}$$

$$R_{ss} = \begin{bmatrix} 0 & 0 & 0 & 0 & 0 & 0 & 0 & 1 & 1 & 1 \\ 0 & 0 & 0 & 0 & 0 & 0 & 1 & 0 & 0 & 0 \\ 0 & 0 & 0 & 0 & 0 & 1 & 0 & 0 & 0 & 0 \\ 0 & 0 & 0 & 0 & 1 & 0 & 0 & 0 & 0 & 0 \\ 0 & 0 & 0 & 1 & 0 & 0 & 0 & 0 & 0 & 0 \\ 1 & 1 & 1 & 0 & 0 & 0 & 0 & 0 & 0 & 0 \\ 1 & 1 & 1 & 0 & 0 & 0 & 0 & 0 & 0 & 0 \\ 1 & 1 & 1 & 0 & 0 & 0 & 0 & 0 & 0 & 0 \\ 1 & 1 & 1 & 0 & 0 & 0 & 0 & 0 & 0 & 0 \\ 1 & 1 & 1 & 0 & 0 & 0 & 0 & 0 & 0 & 0 \end{bmatrix}$$

另外,根据第 2 章 2.4.12 所讨论的基本概念扩充法,由 A 可得:

$$\text{very} \quad A = \int_U \mu_A^2(u) / u$$
$$= \{1, 0.64, 0.36, 0.16, 0.04, 0, 0, 0, 0, 0\}$$

$$\text{more or less} \quad A = \int_U \mu_A^{0.5}(u) / u$$
$$= \{1, 0.89, 0.77, 0.63, 0.45, 0, 0, 0, 0, 0\}$$

$$\text{not} \quad A = \neg A = \int_U 1 - \mu_A(u)/u$$
$$= \{0, 0.2, 0.4, 0.6, 0.8, 1, 1, 1, 1, 1\}$$

$$\text{not} \quad \text{very} \quad A = \int_U 1 - \mu_A^2(u)/u$$
$$= \{0, 0.36, 0.64, 0.84, 0.96, 1, 1, 1, 1, 1\}$$

$$\text{not} \quad \text{more} \quad \text{or} \quad \text{less} \quad A = \int_U 1 - \mu_A^{0.5}(u)/u$$
$$= \{0, 0.11, 0.23, 0.37, 0.55, 1, 1, 1, 1, 1\}$$

由 B 可得:

$$\text{very} \quad B = \int_V \mu_B^2(v)/v$$
$$= \{0, 0, 0, 0.04, 0.16, 0.36, 0.64, 1, 1, 1\}$$

$$\text{more} \quad \text{or} \quad \text{less} \quad B = \int_V \mu_B^{0.5}(v)/v$$
$$= \{0, 0, 0, 0.45, 0.63, 0.77, 0.89, 1, 1, 1\}$$

$$\text{not} \quad B = \int_V 1 - \mu_B(v)/v$$
$$= \{1, 1, 1, 0.8, 0.6, 0.4, 0.2, 0, 0, 0\}$$

$$\text{not} \quad \text{very} \quad B = \int_V 1 - \mu_B^2(v)/v$$
$$= \{1, 1, 1, 0.96, 0.84, 0.64, 0.36, 0, 0, 0\}$$

$$\text{not} \quad \text{more} \quad \text{or} \quad \text{less} \quad B = \int_V 1 - \mu_B^{0.5}(v)/v$$
$$= \{1, 1, 1, 0.55, 0.37, 0.23, 0.11, 0, 0, 0\}$$

(1)模糊假言推理。当 $A' = A$ 时:

$$A' \circ R_m = \{0.4, 0.4, 0.4, 0.4, 0.4, 0.6, 0.8, 1, 1, 1\}$$
$$A' \circ R_a = \{0.4, 0.4, 0.4, 0.6, 0.6, 0.8, 0.8, 1, 1, 1\}$$
$$A' \circ R_c = A' \circ R_s = A' \circ R_g = A' \circ R_{sg} = A' \circ R_{gg} = A' \circ R_{gs} = A' \circ R_{ss}$$
$$= \{0, 0, 0, 0.2, 0.4, 0.6, 0.8, 1, 1, 1\}$$
$$= B$$

根据原则 Ⅰ 及 B 可知: $R_c, R_s, R_g, R_{sg}, R_{gg}, R_{gs}, R_{ss}$ 的性能比较好,而 R_m, R_a 相差较大。

当 $A' = \text{very} \quad A$ 时:

$$A' \circ R_m = \{0.36, 0.36, 0.36, 0.36, 0.4, 0.6, 0.8, 1, 1, 1\}$$
$$A' \circ R_a = \{0.36, 0.36, 0.36, 0.4, 0.6, 0.64, 0.8, 1, 1, 1\}$$
$$A' \circ R_c = A' \circ R_g = A' \circ R_{gg} = A' \circ R_{gs}$$
$$= \{0, 0, 0, 0.2, 0.4, 0.6, 0.8, 1, 1, 1\}$$
$$= B$$
$$A' \circ R_s = A' \circ R_{sg} = A' \circ R_{ss}$$
$$= \{0, 0, 0, 0.04, 0.16, 0.36, 0.64, 1, 1, 1\}$$
$$= \text{very} \quad B$$

根据原则 Ⅱ 及 B 与 very B 可知: $R_c, R_s, R_g, R_{sg}, R_{gg}, R_{gs}, R_{ss}$ 的性能比较好, R_m 与 R_a 较

差。

当 $A' = \text{more or less} \quad A$ 时：

$$A' \circ R_m = \{0.6, 0.6, 0.6, 0.6, 0.6, 0.6, 0.8, 1, 1, 1\}$$

$$A' \circ R_a = \{0.6, 0.6, 0.6, 0.63, 0.77, 0.8, 0.89, 1, 1, 1\}$$

$$A' \circ R_c = \{0, 0, 0, 0.2, 0.4, 0.6, 0.8, 1, 1, 1\}$$

$$= B$$

$$A' \circ R_s = A' \circ R_g = A' \circ R_{sg} = A' \circ R_{gg} = A' \circ R_{gs} = A' \circ R_{ss}$$

$$= \{0, 0, 0, 0.45, 0.63, 0.77, 0.89, 1, 1, 1\}$$

$$= \text{more or less } B$$

根据原则Ⅲ及 B 与 more or less $\quad B$ 可知：$R_c, R_s, R_g, R_{sg}, R_{gg}, R_{gs}, R_{ss}$ 的性能比较好，R_m 与 R_a 较差。

当 $A' = \text{not} \quad A$ 时：

$$A' \circ R_m = A' \circ R_a = A' \circ R_g = A' \circ R_s$$

$$= \{1, 1, 1, 1, 1, 1, 1, 1, 1, 1\}$$

$$= \text{unkown}$$

$$A' \circ R_c = \{0, 0, 0, 0.2, 0.4, 0.4, 0.4, 0.4, 0.4, 0.4\}$$

$$A' \circ R_{sg} = A' \circ R_{gg} = A' \circ R_{gs} = A' \circ R_{ss}$$

$$= \{1, 1, 1, 0.8, 0.6, 0.4, 0.2, 0, 0, 0\}$$

$$= \text{not} \quad B$$

根据原则Ⅳ及 not $\quad B$ 与 unkown 可知：$R_m, R_a, R_g, R_s, R_{sg}, R_{gg}, R_{gs}, R_{ss}$ 的性能较好，而 R_c 较差。

综合以上四种情况，对模糊假言推理来说，$R_s, R_g, R_{sg}, R_{gg}, R_{gs}, R_{ss}$ 的性能较好，R_c 次之，R_m 与 R_a 较差。

(2) 模糊拒取式推理。当 $B' = \text{not} \quad B$ 时：

$$R_m \circ B' = \{0.4, 0.4, 0.4, 0.6, 0.8, 1, 1, 1, 1, 1\}$$

$$R_a \circ B' = \{0.4, 0.6, 0.6, 0.8, 0.8, 1, 1, 1, 1, 1\}$$

$$R_c \circ B' = \{0.4, 0.4, 0.4, 0.4, 0.2, 0, 0, 0, 0, 0\}$$

$$R_g \circ B' = R_{gg} \circ B' = R_{gs} \circ B'$$

$$= \{0.4, 0.4, 0.4, 0.6, 0.8, 1, 1, 1, 1, 1\}$$

$$R_s \circ B' = R_{sg} \circ B' = R_{ss} \circ B'$$

$$= \{0, 0.2, 0.4, 0.6, 0.8, 1, 1, 1, 1, 1\}$$

$$= \text{not } A$$

根据原则Ⅴ及 not A 可知：R_s, R_{sg}, R_{ss} 的性能比较好。

当 $B' = \text{not very} \quad B$ 时：

$$R_m \circ B' = \{0.6, 0.6, 0.6, 0.6, 0.8, 1, 1, 1, 1, 1\}$$
$$R_a \circ B' = \{0.6, 0.64, 0.8, 0.84, 0.96, 1, 1, 1, 1, 1\}$$
$$R_c \circ B' = \{0.6, 0.6, 0.6, 0.4, 0.2, 0, 0, 0, 0, 0\}$$
$$R_g \circ B' = R_{gg} \circ B' = R_{gs} \circ B'$$
$$= \{0.6, 0.6, 0.64, 0.84, 0.96, 1, 1, 1, 1, 1\}$$
$$R_s \circ B' = R_{sg} \circ B' = R_{ss} \circ B'$$
$$= \{0, 0.36, 0.64, 0.84, 0.96, 1, 1, 1, 1, 1\}$$
$$= \text{not very } A$$

根据原则Ⅵ及 not very A 可知：R_s, R_{sg}, R_{ss} 的性能比较好。

当 $B' = $ not more or less B 时：
$$R_m \circ B' = \{0.37, 0.37, 0.4, 0.6, 0.8, 1, 1, 1, 1, 1\}$$
$$R_a \circ B' = \{0.37, 0.4, 0.55, 0.6, 0.8, 1, 1, 1, 1, 1\}$$
$$R_c \circ B' = \{0.37, 0.37, 0.37, 0.37, 0.2, 0, 0, 0, 0, 0\}$$
$$R_g \circ B' = R_{gg} \circ B' = R_{gs} \circ B'$$
$$= \{0.37, 0.37, 0.37, 0.37, 0.55, 1, 1, 1, 1, 1\}$$
$$R_s \circ B' = R_{sg} \circ B' = R_{ss} \circ B'$$
$$= \{0, 0.11, 0.23, 0.37, 0.55, 1, 1, 1, 1, 1\}$$
$$= \text{not more or less } A$$

根据原则Ⅶ及 not more or less A 可知：R_s, R_{sg}, R_{ss} 的性能比较好。

当 $B' = B$ 时：
$$R_m \circ B' = \{1, 0.8, 0.6, 0.6, 0.8, 1, 1, 1, 1, 1\}$$
$$R_a \circ B' = R_s \circ B' = R_g \circ B'$$
$$= \{1, 1, 1, 1, 1, 1, 1, 1, 1, 1\}$$
$$= \text{unknown}$$
$$R_{sg} \circ B' = R_{gg} \circ B'$$
$$= \{1, 0.8, 0.6, 0.4, 0.4, 0.4, 0.4, 0.4, 0.4, 0.4\}$$
$$R_c \circ B' = R_{gs} \circ B' = R_{ss} \circ B'$$
$$= \{1, 0.8, 0.6, 0.4, 0.2, 0, 0, 0, 0, 0\}$$
$$= A$$

根据原则Ⅷ及 A 与 unkown 可知：$R_a, R_s, R_g, R_c, R_{gs}, R_{ss}$ 的性能比较好。

综合以上四种情况，对模糊拒取式推理来说，R_s, R_{ss} 的性能比较好，R_{sg} 次之，R_m 与 R_{gg} 最差。

为便于查阅，现将各种模糊关系符合推理原则的情况列于表5-1中。

表 5-1　各种模糊关系符合推理原则情况一览表

原则	A'	B'	R_m	R_a	R_c	R_s	R_g	R_{sg}	R_{gg}	R_{gs}	R_{ss}	R_b	$R_\triangle$	$R_\blacktriangle$	R_*	$R_\#$	$R_\square$
I	A	B	×	×	√	√	√	√	√	×	√	×	×	×	×	×	×
II	very A	very B	×	×	×	√	×	×	×	×	√	×	×	×	×	×	×
	very A	B	×	×	√	×	×	×	×	×	√	×	×	×	×	×	×
III	more or less A	more or less B	×	×	√	√	×	×	×	×	√	×	×	×	×	×	×
	more or less A	B	×	×	√	×	×	×	×	×	√	×	×	×	×	×	×
IV	not A	unknown	√	√	√	√	√	√	√	√	√	√	√	√	√	√	√
	not A	not B	×	×	×	×	×	√	×	√	√	√	×	√	×	×	√
V	not A	not B	×	×	×	×	×	×	×	×	√	×	×	×	×	×	×
VI	not very A	not very B	×	×	×	×	×	×	×	×	√	×	×	×	×	×	×
VII	not more or less A	not more or less B	×	×	×	×	×	×	×	×	√	×	×	×	×	×	×
VIII	unknown	B	×	×	×	×	×	×	×	×	√	√	√	√	×	√	√
	A	B	×	×	×	×	×	×	×	√	×	√	×	×	×	×	√

表中,"√"表示符合相应的推理原则,"×"表示不符合。

由表 5-1 可以看出,无论是对于模糊假言推理还是对于模糊拒取式推理,R_s,R_{sg},R_{ss} 都是性能比较好的模糊关系,R_g,R_{gg},R_{gs},R_c 次之,R_m,R_a,R_b,$R_\triangle$,$R_\blacktriangle$,R_*,$R_\#$ 及 $R_\square$ 的性能较差。

5.6.6　模糊三段论推理

由 5.6.4 关于模糊三段论的讨论可知,对于如下模糊知识:

$$r_1: \quad \text{IF} \quad x \quad \text{is} \quad A \quad \text{THEN} \quad y \quad \text{is} \quad B$$
$$r_2: \quad \text{IF} \quad y \quad \text{is} \quad B \quad \text{THEN} \quad z \quad \text{is} \quad C$$
$$r_3: \quad \text{IF} \quad x \quad \text{is} \quad A \quad \text{THEN} \quad z \quad \text{is} \quad C$$

如果 r_3 能够从 r_1 和 r_2 推导出来,则称该模糊三段论成立。其中 A,B,C 分别是论域 U,V,W 上的模糊集。设 $R(A,B)$、$R(B,C)$ 与 $R(A,C)$ 分别是从上述模糊知识中得到的模糊关系,它们分别定义在 $U \times V$,$V \times W$ 及 $U \times W$ 上,则当模糊三段论成立时,应有

$$R(A,B) \cdot R(B,C) = R(A,C)$$

成立,反之亦然。

在前面讨论的 15 种模糊关系中,有一些能满足模糊三段论,有一些不能,下面仅以 R_m 及 R_g 为例进行验证。

设

$$U = V = W = \{1,2,3,4,5\}$$

$$A = 1/1 + 0.6/2 + 0.2/3 + 0/4 + 0/5$$
$$= \{1, 0.6, 0.2, 0, 0\}$$
$$B = 0/1 + 0/2 + 0.3/3 + 0.7/4 + 1/5$$
$$= \{0, 0, 0.3, 0.7, 1\}$$
$$C = 0/1 + 0/2 + 0.09/3 + 0.49/4 + 1/5$$
$$= \{0, 0, 0.09, 0.49, 1\}$$

对 R_m, 由 r_1, r_2, r_3 分别得到:

$$R_m(A,B) = \begin{bmatrix} 0 & 0 & 0.3 & 0.7 & 1 \\ 0.4 & 0.4 & 0.4 & 0.6 & 0.6 \\ 0.8 & 0.8 & 0.8 & 0.8 & 0.8 \\ 1 & 1 & 1 & 1 & 1 \\ 1 & 1 & 1 & 1 & 1 \end{bmatrix}$$

$$R_m(B,C) = \begin{bmatrix} 1 & 1 & 1 & 1 & 1 \\ 1 & 1 & 1 & 1 & 1 \\ 0.7 & 0.7 & 0.7 & 0.7 & 0.7 \\ 0.3 & 0.3 & 0.3 & 0.49 & 0.7 \\ 0 & 0 & 0.09 & 0.49 & 1 \end{bmatrix}$$

$$R_m(A,C) = \begin{bmatrix} 0 & 0 & 0.09 & 0.49 & 1 \\ 0.4 & 0.4 & 0.4 & 0.49 & 0.6 \\ 0.8 & 0.8 & 0.8 & 0.8 & 0.8 \\ 1 & 1 & 1 & 1 & 1 \\ 1 & 1 & 1 & 1 & 1 \end{bmatrix}$$

将 $R_m(A,B)$ 与 $R_m(B,C)$ 合成, 得到:

$$R_m(A,B) \circ R_m(B,C) = \begin{bmatrix} 0.3 & 0.3 & 0.3 & 0.49 & 1 \\ 0.4 & 0.4 & 0.4 & 0.49 & 0.6 \\ 0.8 & 0.8 & 0.8 & 0.8 & 0.8 \\ 1 & 1 & 1 & 1 & 1 \\ 1 & 1 & 1 & 1 & 1 \end{bmatrix}$$

显然, $R_m(A,B) \circ R_m(B,C) \neq R_m(A,C)$。这说明 R_m 不满足模糊三段论。

再来看 R_g, 由 r_1, r_2, r_3 分别得到:

$$R_g(A,B) = \begin{bmatrix} 0 & 0 & 0.3 & 0.7 & 1 \\ 0 & 0 & 0.3 & 1 & 1 \\ 0 & 0 & 1 & 1 & 1 \\ 1 & 1 & 1 & 1 & 1 \\ 1 & 1 & 1 & 1 & 1 \end{bmatrix}$$

$$R_g(B,C) = \begin{bmatrix} 1 & 1 & 1 & 1 & 1 \\ 1 & 1 & 1 & 1 & 1 \\ 0 & 0 & 0.09 & 1 & 1 \\ 0 & 0 & 0.09 & 0.49 & 1 \\ 0 & 0 & 0.09 & 0.49 & 1 \end{bmatrix}$$

$$R_g(A,C) = \begin{bmatrix} 0 & 0 & 0.09 & 0.49 & 1 \\ 0 & 0 & 0.09 & 0.49 & 1 \\ 0 & 0 & 0.09 & 1 & 1 \\ 1 & 1 & 1 & 1 & 1 \\ 1 & 1 & 1 & 1 & 1 \end{bmatrix}$$

将 $R_g(A,B)$ 与 $R_g(B,C)$ 合成,得到

$$R_g(A,B) \circ R_g(B,C) = \begin{bmatrix} 0 & 0 & 0.09 & 0.49 & 1 \\ 0 & 0 & 0.09 & 0.49 & 1 \\ 0 & 0 & 0.09 & 1 & 1 \\ 1 & 1 & 1 & 1 & 1 \\ 1 & 1 & 1 & 1 & 1 \end{bmatrix}$$

显然

$$R_g(A,B) \circ R_g(B,C) = R_g(A,C)$$

这说明 R_g 满足模糊三段论。

表 5-2 给出了各种模糊关系满足模糊三段论的情况。

表 5-2 各种模糊关系满足模糊三段论情况

模糊关系	R_m	R_a	R_c	R_s	R_g	R_{sg}	R_{gg}	R_{gs}	R_{ss}	R_b	$R_\triangle$	$R_\blacktriangle$	R_*	$R_\#$	$R_\square$
模糊三段论	✕	✕	✓	✓	✓	✓	✓	✓	✓	✕	✕	✕	✕	✕	✓

表中,"✓"表示满足,"✕"表示不满足。

5.6.7 多维模糊推理

所谓多维模糊推理是指知识的前提条件是复合条件的一类推理,其一般模式为:

知识:IF x_1 is A_1 AND x_2 is A_2 AND$\cdots$AND x_n is A_n THEN y is B

证据: x_1 is A'_1 x_2 is A'_2 $\cdots$ x_n is A'_n

结论: y is B'

其中,$A_i,A'_i \in \mathscr{F}(U_i)$;$B,B' \in \mathscr{F}(V)$;$U_i$ 及 V 是论域,$i = 1,2,\cdots,n$。

对多维模糊推理,目前主要有三种处理方法。

1. 扎德方法

该方法的基本思想是:

(1) 求出 $A_1,A_2,\cdots,A_n$ 的交集,并记为 A,即

$$A = A_1 \bigcap A_2 \bigcap \cdots \bigcap A_n$$
$$= \int_{U_1 \times U_2 \times \cdots \times U_n} \mu_{A_1}(u_1) \wedge \mu_{A_2}(u_2) \wedge \cdots \wedge \mu_{A_n}(u_n) / (u_1, u_2, \cdots, u_n)$$

其中，$\mu_{A_i}(u_i)$ 是 $A_i(i = 1, 2, \cdots, n)$ 的隶属函数。

(2) 用前面讨论的任何一种构造模糊关系的方法构造出 A 与 B 之间的模糊关系 $R(A, B)$，记为 $R(A_1, A_2, \cdots, A_n, B)$。

(3) 求出证据中 $A'_1, A'_2, \cdots, A'_n$ 的交集，记为 A'。即

$$A' = A'_1 \bigcap A'_2 \bigcap \cdots \bigcap A'_n$$
$$= \int_{U_1 \times U_2 \times \cdots \times U_n} \mu_{A'_1}(u_1) \wedge \mu_{A'_2}(u_2) \wedge \cdots \wedge \mu_{A'_n}(u_n) / (u_1, u_2, \cdots, u_n)$$

其中，$\mu_{A'_i}(u_i)$ 是 A'_i 的隶属函数，$i = 1, 2, \cdots, n$。

(4) 由 A' 与 $R(A, B)$ 的合成求出 B'，即

$$B' = A' \circ R(A, B)$$
$$= (A'_1 \bigcap A'_2 \bigcap \cdots \bigcap A'_n) \circ R(A_1, A_2, \cdots, A_n, B)$$

下面以二维（即 $n = 2$）为例，做具体说明。

设 $A_1 \in \mathcal{F}(U_1), A_2 \in \mathcal{F}(U_2), B \in \mathcal{F}(V)$，它们分别为：

$$A_1 = \int_{U_1} \mu_{A_1}(u_1) / u_1$$

$$A_2 = \int_{U_2} \mu_{A_2}(u_2) / u_2$$

$$B = \int_V \mu_B(v) / v$$

若采用 R_m 来构造 $R(A_1, A_2, B)$，则

$$R_m(A_1, A_2, B) = [(A_1 \bigcap A_2) \times B] \bigcup [\neg(A_1 \bigcap A_2) \times V]$$
$$= \int_{U_1 \times U_2 \times V} [\mu_{A_1}(u_1) \wedge \mu_{A_2}(u_2) \wedge \mu_B(v)]$$
$$\vee [1 - (\mu_{A_1}(u_1) \wedge \mu_{A_2}(u_2))] / (u_1, u_2, v)$$

此时，B'_m 为：

$$B'_m = (A'_1 \bigcap A'_2) \circ R_m(A_1, A_2, B)$$

其隶属函数为

$$\mu_{B'_m}(v) = \bigvee_{(u_1, u_2) \in U_1 \times U_2} \{[\mu_{A'_1}(u_1) \wedge \mu_{A'_2}(u_2)] \wedge [(\mu_{A_1}(u_1) \wedge \mu_{A_2}(u_2) \wedge \mu_B(v))$$
$$\vee (1 - (\mu_{A_1}(u_1) \wedge \mu_{A_2}(u_2)))]\}$$

若采用 R_a 来构造 $R(A_1, A_2, B)$，则

$$R_a(A_1, A_2, B) = [\neg(A_1 \bigcap A_2) \times V] \oplus [(U_1 \times U_2) \times B]$$
$$= \int_{U_1 \times U_2 \times V} 1 \wedge [1 - (\mu_{A_1}(u_1) \wedge \mu_{A_2}(u_2)) + \mu_B(v)] / (u_1, u_2, v)$$

此时，B'_a 为

$$B'_a = (A'_1 \bigcap A'_2) \circ R_a(A_1, A_2, B)$$

其隶属函数为

$$\mu_{B'_a}(v) = \bigvee_{(u_1, u_2) \in U_1 \times U_2} \{[\mu_{A'_1}(u_1) \wedge \mu_{A'_2}(u_2)]$$

$$\wedge [1 \wedge (1 - (\mu_{A_1}(u_1) \wedge \mu_{A_2}(u_2)) + \mu_B(v))]\}$$

若采用 R_s 来构造 $R(A_1, A_2, B)$，则

$$R_s(A_1, A_2, B) = (A_1 \cap A_2) \times V \underset{s}{\Rightarrow} U \times B$$

$$= \int_{U_1 \times U_2 \times V} [(\mu_{A_1}(u_1) \wedge \mu_{A_2}(u_2)) \underset{s}{\rightarrow} \mu_B(v)] / (u_1, u_2, v)$$

此时，B'_s 为

$$B'_s = (A'_1 \cap A'_2) \circ R_s(A_1, A_2, B)$$

其隶属函数为

$$\mu_{B'_s}(v) = \bigvee_{(u_1, u_2) \in U_1 \times U_2} \{[\mu_{A'_1}(u_1) \wedge \mu_{A'_2}(u_2)] \wedge [(\mu_A(u_1) \wedge \mu_{A_2}(u_2)) \rightarrow \mu_B(v)]\}$$

采用其它方法(如 R_g, R_{ss} 等)构造模糊关系 $R(A, B)$ 时，可类似地得到相应的隶属函数及 B'。

例 5.9 设 $U = V = W = \{1, 2, 3, 4, 5\}$

$$A_1 = \{1, 0.6, 0, 0, 0\}$$
$$A_2 = \{0, 1, 0.5, 0, 0\}$$
$$B = \{0, 0, 1, 0.8, 0\}$$
$$A'_1 = \{0.8, 0.5, 0, 0, 0\}$$
$$A'_2 = \{0, 0.9, 0.5, 0, 0\}$$

由此可得：

$$A_1 \cap A_2 = \{0, 0.6, 0, 0, 0\}$$
$$A'_1 \cap A'_2 = \{0, 0.5, 0, 0, 0\}$$

用 R_a 构造模糊关系时，得到

$$R_a(A_1, A_2, B) = \begin{bmatrix} 1 & 1 & 1 & 1 & 1 \\ 0.4 & 0.4 & 1 & 1 & 0.4 \\ 1 & 1 & 1 & 1 & 1 \\ 1 & 1 & 1 & 1 & 1 \\ 1 & 1 & 1 & 1 & 1 \end{bmatrix}$$

$$B'_a = (A'_1 \cap A'_2) \circ R_a(A_1, A_2, B)$$

$$= \{0, 0.5, 0, 0, 0\} \circ \begin{bmatrix} 1 & 1 & 1 & 1 & 1 \\ 0.4 & 0.4 & 1 & 1 & 0.4 \\ 1 & 1 & 1 & 1 & 1 \\ 1 & 1 & 1 & 1 & 1 \\ 1 & 1 & 1 & 1 & 1 \end{bmatrix}$$

$$= \{0.4, 0.4, 0.5, 0.5, 0.4\}$$

用 R_m 构造模糊关系时，得到：

$$R_m(A_1, A_2, B) = \begin{bmatrix} 1 & 1 & 1 & 1 & 1 \\ 0.4 & 0.4 & 0.6 & 0.6 & 0.4 \\ 1 & 1 & 1 & 1 & 1 \\ 1 & 1 & 1 & 1 & 1 \\ 1 & 1 & 1 & 1 & 1 \end{bmatrix}$$

$$B'_m = (A'_1 \bigcap A'_2) \circ R_m(A_1, A_2, B)$$

$$= \{0, 0.5, 0, 0, 0\} \circ \begin{bmatrix} 1 & 1 & 1 & 1 & 1 \\ 0.4 & 0.4 & 0.6 & 0.6 & 0.4 \\ 1 & 1 & 1 & 1 & 1 \\ 1 & 1 & 1 & 1 & 1 \\ 1 & 1 & 1 & 1 & 1 \end{bmatrix}$$

$$= \{0.4, 0.4, 0.5, 0.5, 0.4\}$$

用 R_s 构造模糊关系时,得到:

$$R_s(A_1, A_2, B) = \begin{bmatrix} 1 & 1 & 1 & 1 & 1 \\ 0 & 0 & 1 & 1 & 0 \\ 1 & 1 & 1 & 1 & 1 \\ 1 & 1 & 1 & 1 & 1 \\ 1 & 1 & 1 & 1 & 1 \end{bmatrix}$$

$$B'_s = (A'_1 \bigcap A'_2) \circ R_s(A_1, A_2, B)$$

$$= \{0, 0.5, 0, 0, 0\} \circ \begin{bmatrix} 1 & 1 & 1 & 1 & 1 \\ 0 & 0 & 1 & 1 & 0 \\ 1 & 1 & 1 & 1 & 1 \\ 1 & 1 & 1 & 1 & 1 \\ 1 & 1 & 1 & 1 & 1 \end{bmatrix}$$

$$= \{0, 0, 0.5, 0.5, 0\}$$

2. 祖卡莫托(Tsukamoto)方法

该方法的基本思想是:首先对复合条件中的每一个简单条件按简单模糊推理求出相应的 B'_i。即

$$B'_i = A'_i \circ R(A_i, B) \qquad i = 1, 2, \cdots, n$$

然后再对各 B'_i 取交,从而得到 B',即

$$B' = B'_1 \bigcap B'_2 \bigcap \cdots \bigcap B'_n$$

例 5.10 使用上例给出的数据,并用 R_s 构造模糊关系,得到:

$$R_s(A_1, B) = \begin{bmatrix} 0 & 0 & 1 & 0 & 0 \\ 0 & 0 & 1 & 1 & 0 \\ 1 & 1 & 1 & 1 & 1 \\ 1 & 1 & 1 & 1 & 1 \\ 1 & 1 & 1 & 1 & 1 \end{bmatrix}$$

$$B'_{s1} = A'_1 \circ R_s(A_1, B)$$

$$= \{0,0,0.8,0.5,0\}$$

$$R_s(A_2,B) = \begin{bmatrix} 1 & 1 & 1 & 1 & 1 \\ 0 & 0 & 1 & 0 & 0 \\ 0 & 0 & 1 & 1 & 0 \\ 1 & 1 & 1 & 1 & 1 \\ 1 & 1 & 1 & 1 & 1 \end{bmatrix}$$

$$B'_{s2} = A'_2 \circ R_s(A_2,B)$$
$$= \{0,0,0.9,0.5,0\}$$

最后可得

$$B'_s = B'_{s1} \bigcap B'_{s2}$$
$$= \{0,0,0.8,0.5,0\}$$

3. 苏更诺(Sugeno)方法

该方法通过递推计算求出 B'，具体为：

$$B'_1 = A'_1 \circ R(A_1,B)$$
$$B'_2 = A'_2 \circ R(A_2,B'_1)$$
$$\cdots$$
$$B' = B'_n = A'_n \circ R(A_n,B'_{n-1})$$

例如，对例 5.9 给出的数据用 R_s 构造模糊关系，可得：

$$R_s(A_1,B) = \begin{bmatrix} 0 & 0 & 1 & 0 & 0 \\ 0 & 0 & 1 & 1 & 0 \\ 1 & 1 & 1 & 1 & 1 \\ 1 & 1 & 1 & 1 & 1 \\ 1 & 1 & 1 & 1 & 1 \end{bmatrix}$$

$$B'_{s1} = A'_1 \circ R_s(A_1,B)$$
$$= \{0,0,0.8,0.5,0\}$$

$$R_s(A_2,B'_{s1}) = \begin{bmatrix} 1 & 1 & 1 & 1 & 1 \\ 0 & 0 & 0 & 0 & 0 \\ 0 & 0 & 1 & 1 & 0 \\ 1 & 1 & 1 & 1 & 1 \\ 1 & 1 & 1 & 1 & 1 \end{bmatrix}$$

$$B'_s = B'_{s2} = A'_2 \circ R_s(A_2,B'_{s1})$$
$$= \{0,0,0.5,0.5,0\}$$

5.6.8 多重模糊推理

所谓多重模糊推理，一般是指其知识具有如下表示形式的一种推理：

$$\text{IF} \quad x \quad \text{is} \quad A_1 \quad \text{THEN} \quad y \quad \text{is} \quad B_1 \quad \text{ELSE}$$
$$\text{IF} \quad x \quad \text{is} \quad A_2 \quad \text{THEN} \quad y \quad \text{is} \quad B_2 \quad \text{ELSE}$$

$$\cdots$$
$$\text{IF} \quad x \quad \text{is} \quad A_n \quad \text{THEN} \quad y \quad \text{is} \quad B_n$$

其中，$A_i \in \mathcal{F}(U)$，$B_i \in \mathcal{F}(V)$，$i = 1, 2, \cdots, n$。

由于这种形式的知识在现实中应用的较少，因而这里只讨论它的一种简单情形，其知识具有如下表示形式：

$$\text{IF} \quad x \quad \text{is} \quad A \quad \text{THEN} \quad y \quad \text{is} \quad B \quad \text{ELSE} \quad y \quad \text{is} \quad C$$

其中，$A \in \mathcal{F}(U)$，$B, C \in \mathcal{F}(V)$。其推理模式为：

知识：IF x is A THEN y is B ELSE y is C

证据： x is A'

结论： y is D

其中 $A, A' \in \mathcal{F}(U)$；$\quad B, C, D \in \mathcal{F}(V)$。

设 R 为 $U \times V$ 上 A 与 B 及 C 之间的模糊关系，则 D 可通过 A' 与 R 的合成得到，即

$$D = A' \circ R$$

关于 R 的具体形式，扎德等人给出了多种构造方法，如 R'_m，R'_a，R'_b 及 R'_{gg} 等，下面分别讨论。

1. R'_m

R'_m 的定义为：

$$R'_m = (A \times B) \bigcup (\neg A \times C)$$
$$= \int_{U \times V} [\mu_A(u) \wedge \mu_B(v)] \vee [(1 - \mu_A(u)) \wedge \mu_C(v)] / (u, v)$$

对于证据：

$$x \quad \text{is} \quad A'$$

推出的结论为

$$D_m = A' \circ R'_m = A' \circ [(A \times B) \bigcup (\neg A \times C)]$$

其隶属函数为

$$\mu_{D_m}(v) = \bigvee_{u \in U} \{\mu_{A'}(u) \wedge [(\mu_A(u) \wedge \mu_B(v)) \vee ((1 - \mu_A(u)) \wedge \mu_C(v))]\}$$

例 5.11 设 $U = V = \{1, 2, 3, 4, 5, 6\}$

$$A = \{1, 0.8, 0.5, 0.3, 0.1, 0\}$$
$$B = \{0, 0.1, 0.2, 0.4, 0.6, 0.8\}$$
$$C = \{1, 0.9, 0.8, 0.6, 0.4, 0.2\}$$

由 R'_m 的定义可得

$$R'_m = \begin{bmatrix} 0 & 0.1 & 0.2 & 0.4 & 0.6 & 0.8 \\ 0.2 & 0.2 & 0.2 & 0.4 & 0.6 & 0.8 \\ 0.5 & 0.5 & 0.5 & 0.5 & 0.5 & 0.5 \\ 0.7 & 0.7 & 0.7 & 0.6 & 0.4 & 0.3 \\ 0.9 & 0.9 & 0.8 & 0.6 & 0.4 & 0.2 \\ 1 & 0.9 & 0.8 & 0.6 & 0.4 & 0.2 \end{bmatrix}$$

当 $A' = A = \{1, 0.8, 0.5, 0.3, 0.1, 0\}$ 时,得到

$$D_m = A' \circ R'_m$$
$$= \{0.5, 0.5, 0.5, 0.5, 0.6, 0.8\}$$

当 $A' = \text{very } A = \{1, 0.64, 0.25, 0.09, 0.01, 0\}$ 时,得到

$$D_m = A' \circ R'_m$$
$$= \{0.25, 0.25, 0.25, 0.4, 0.6, 0.8\}$$

当 $A' = \text{not } A = \{0, 0.2, 0.5, 0.7, 0.9, 1\}$ 时,得到

$$D_m = A' \circ R'_m$$
$$= \{1, 0.9, 0.8, 0.6, 0.5, 0.5\}$$

2. R'_a

R'_a 的定义为:

$$R'_a = (\neg A \times V \oplus U \times B) \bigcap (A \times V \oplus U \times C)$$
$$= \int_{U \times V} 1 \wedge [1 - \mu_A(u) + \mu_B(v)] \wedge [\mu_A(u) + \mu_C(v)] / (u, v)$$

对于已知的 A',由 R'_a 得到的 D 为

$$D_a = A' \circ R'_a$$
$$= A' \circ [(\neg A \times V \oplus U \times B) \bigcap (A \times V \oplus U \times C)]$$

其隶属函数为

$$\mu_{D_a}(v) = \bigvee_{u \in U} \{\mu_{A'}(u) \wedge [1 \wedge (1 - \mu_A(u) + \mu_B(v)) \wedge (\mu_A(u) + \mu_C(v))]\}$$

利用例 5.11 给出的数据,由 R'_a 的定义可得

$$R'_a = \begin{bmatrix} 0 & 0.1 & 0.2 & 0.4 & 0.6 & 0.8 \\ 0.2 & 0.3 & 0.4 & 0.6 & 0.8 & 1 \\ 0.5 & 0.6 & 0.7 & 0.9 & 0.9 & 0.7 \\ 0.7 & 0.8 & 0.9 & 0.9 & 0.7 & 0.5 \\ 0.9 & 1 & 0.9 & 0.7 & 0.5 & 0.3 \\ 1 & 0.9 & 0.8 & 0.6 & 0.4 & 0.2 \end{bmatrix}$$

当 $A' = A = \{1, 0.8, 0.5, 0.3, 0.1, 0\}$ 时,得到

$$D_a = A' \circ R'_a$$
$$= \{0.5, 0.5, 0.5, 0.6, 0.8, 0.8\}$$

当 $A' = \text{very } A = \{1, 0.64, 0.25, 0.09, 0.01, 0\}$ 时,得到

$$D_a = A' \circ R'_a$$
$$= \{0.25, 0.3, 0.4, 0.6, 0.64, 0.8\}$$

当 $A' = \text{not } A = \{0, 0.2, 0.5, 0.7, 0.9, 1\}$ 时,得到

$$D_a = A' \circ R'_a$$
$$= \{1, 0.9, 0.9, 0.7, 0.7, 0.5\}$$

3. R'_b

R'_b 的定义为:

$$R'_b = [(\neg A \times V) \bigcup (U \times B)] \bigcap [(A \times V) \bigcup (U \times C)]$$

$$= \int_{U \times V} [(1 - \mu_A(u)) \vee \mu_B(v)] \wedge [\mu_A(u) \vee \mu_C(v)] / (u,v)$$

由已知的 A' 及 R'_b 得到

$$D_b = A' \circ R'_b$$
$$= A' \circ \{[(\neg A \times V) \cup (U \times B)] \cap [(A \times V) \cup (U \times C)]\}$$

其隶属函数为

$$\mu_{D_b}(v) = \bigvee_{u \in U} \{\mu_{A'}(u) \wedge [((1 - \mu_A(u)) \vee \mu_B(v)) \wedge (\mu_A(u) \vee \mu_C(v))]\}$$

由例 5.11 的数据及 R'_b 的定义可得

$$R'_b = \begin{bmatrix} 0 & 0.1 & 0.2 & 0.4 & 0.6 & 0.8 \\ 0.2 & 0.2 & 0.2 & 0.4 & 0.6 & 0.8 \\ 0.5 & 0.5 & 0.5 & 0.5 & 0.5 & 0.5 \\ 0.7 & 0.7 & 0.7 & 0.6 & 0.4 & 0.3 \\ 0.9 & 0.9 & 0.8 & 0.6 & 0.4 & 0.2 \\ 1 & 0.9 & 0.8 & 0.6 & 0.4 & 0.2 \end{bmatrix}$$

当 $A' = A = \{1, 0.8, 0.5, 0.3, 0.1, 0\}$ 时,得到

$$D_b = A' \circ R'_b$$
$$= \{0.5, 0.5, 0.5, 0.5, 0.6, 0.8\}$$

当 $A' = \text{very } A = \{1, 0.64, 0.25, 0.09, 0.01, 0\}$ 时,得到

$$D_b = A' \circ R'_b$$
$$= \{0.25, 0.25, 0.25, 0.4, 0.6, 0.8\}$$

当 $A' = \text{not } A = \{0, 0.2, 0.5, 0.7, 0.9, 1\}$ 时,得到

$$D_b = A' \circ R'_b$$
$$= \{1, 0.9, 0.8, 0.6, 0.5, 0.5\}$$

4. R'_{gg}

R'_{gg} 的定义为:

$$R'_{gg} = [A \times V \underset{g}{\Rightarrow} U \times B] \cap [\neg A \times V \underset{g}{\Rightarrow} U \times C]$$
$$= \int_{U \times V} [\mu_A(u) \underset{g}{\rightarrow} \mu_B(v)] \wedge [(1 - \mu_A(u)) \underset{g}{\rightarrow} \mu_C(v)] / (u,v)$$

其中

$$\mu_A(u) \underset{g}{\rightarrow} \mu_B(v) = \begin{cases} 1 & \mu_A(u) \leqslant \mu_B(v) \\ \mu_B(v) & \mu_A(u) > \mu_B(v) \end{cases}$$

由已知的 A' 及 R'_{gg} 得到

$$D_{gg} = A' \circ R'_{gg}$$
$$= A' \circ [(A \times V \underset{g}{\Rightarrow} U \times B) \cap (\neg A \times V \underset{g}{\Rightarrow} U \times C)]$$

其隶属函数为

$$\mu_{D_{gg}}(v) = \bigvee_{u \in U} \{\mu_{A'}(u) \wedge [(\mu_A(u) \underset{g}{\rightarrow} \mu_B(v)) \wedge ((1 - \mu_A(u)) \underset{g}{\rightarrow} \mu_C(v))]\}$$

由例 5.11 的数据及 R'_{gg} 的定义可得

$$R'_{gg} = \begin{bmatrix} 0 & 0.1 & 0.2 & 0.4 & 0.6 & 0.8 \\ 0 & 0.1 & 0.2 & 0.4 & 0.6 & 1 \\ 0 & 0.1 & 0.2 & 0.4 & 0.4 & 0.2 \\ 0 & 0.1 & 0.2 & 0.6 & 0.4 & 0.2 \\ 0 & 1 & 0.8 & 0.6 & 0.4 & 0.2 \\ 1 & 0.9 & 0.8 & 0.6 & 0.4 & 0.2 \end{bmatrix}$$

当 $A' = A = \{1, 0.8, 0.5, 0.3, 0.1, 0\}$ 时,得到

$$D_{gg} = A' \circ R'_{gg}$$
$$= \{0, 0.1, 0.2, 0.4, 0.6, 0.8\}$$

当 $A' = \text{very } A = \{1, 0.64, 0.25, 0.09, 0.01, 0\}$ 时,得到

$$D_{gg} = \{0, 0.1, 0.2, 0.4, 0.6, 0.8\}$$

当 $A' = \text{not } A = \{0, 0.2, 0.5, 0.7, 0.9, 1\}$ 时,得到

$$D_{gg} = \{1, 0.9, 0.8, 0.6, 0.4, 0.2\}$$

下面我们依据 5.6.5 给出的原则来分析 R'_m,R'_a,R'_b 及 R'_{gg} 的性能。

当 $A' = A$ 时,依据原则 I,应有 $D = B$,但 D_m,D_a 及 D_b 都不等于 B,唯有 $D_{gg} = B$。这说明在 $A' = A$ 时,R'_{gg} 的性能较好。

当 $A' = \text{very } A$ 时,依据原则 II,应有 $D = B$ 或 very B,但 D_m,D_a,D_b 都不满足这一条件,唯有 $D_{gg} = B$。这说明在 $A' = \text{very } A$ 时,R'_{gg} 的性能较好。

当 $A' = \text{not } A$ 时,依据原则 IV,应有 $D = \text{not } B$ 或 unknown,显然也只有 R'_{gg} 符合这一条件。

综合上述,在"IF … THEN … ELSE …"形式的模糊推理中,用 R'_{gg} 构造的模糊关系性能较好。

5.6.9　带有可信度因子的模糊推理

模糊性与随机性是现实世界中的两种主要的不确定性,它们分别表示着客观事物的两种不同特性,前面分别讨论了对它们的表示及处理方法。但客观事物往往是极其复杂的,许多事物不仅具有模糊性,而且还同时具有随机性,这就要求把两种处理方法结合起来,使之既能表示和处理模糊性,又能表示和处理随机性。这里讨论的带有可信度因子的模糊推理就是用来解决此类问题的一种方法。

在这种模糊推理中,由随机性引起的不确定性用可信度因子 CF 表示,由模糊性引起的不确定性仍用模糊集的方法进行表示和处理,下面用图式给出它们的推理模式。

对于带有可信度因子的简单模糊推理,即知识的前提条件是简单条件的情况,推理模式为:

知识:	IF	x	is	A	THEN	y is B	CF_1
证据:		x	is	A'			CF_2

结论:		y is B'	CF

对于带有可信度因子的多维模糊推理,即知识的前提条件是复合条件的情况,推理模式

232

为：

知识： IF x_1 is A_1 AND x_2 is A_2 AND $\cdots$ AND x_n is A_n THEN y is B $\quad CF_1$

证据： $\quad x_1$ is A'_1 $\qquad\qquad\qquad\qquad\qquad\qquad\qquad\qquad CF_2$

$\qquad\quad x_2$ is A'_2 $\qquad\qquad\qquad\qquad\qquad\qquad\qquad\qquad CF_3$

$\qquad\qquad\qquad \vdots$ $\qquad\qquad\qquad\qquad\qquad\qquad\qquad\qquad\quad \vdots$

$\qquad\quad x_n$ is A'_n $\qquad\qquad\qquad\qquad\qquad\qquad\qquad\qquad CF_{n+1}$

结论： $\qquad\qquad\qquad\qquad\qquad\qquad\qquad\qquad\qquad\qquad y$ is B' CF

其中，$A,A' \in \mathscr{F}(U)$；$A_i,A'_i \in \mathscr{F}(U_i)$，$i=1,2,\cdots,n$；$B,B' \in \mathscr{F}(V)$；$U,U_i,V$ 是论域；CF 及 $CF_i(i=1,2,\cdots,n+1)$ 是可信度因子，它们既可以是$[0,1]$上的确定数，也可以是用模糊集表示的模糊数或模糊语言值。

由上述推理模式可以看出，对于带有可信度因子的模糊推理需要解决两个问题：一是如何通过运用相关的知识和证据推出结论"y is B'"；另一是如何对 CF_1 及 CF_2，CF_3，$\cdots$，CF_{n+1}进行合适的运算求出结论的可信度因子 CF。关于第一个问题，我们可以直接使用前面几段讨论的方法。对于第二个问题，由于知识和证据的可信度因子都可以是模糊数或模糊语言值，因此它与前面几节讨论的处理方法又有一些不同。

首先讨论知识的前提条件是简单条件的情况。此时，又可分为 $A=A'$ 与 $A\neq A'$ 两种情况。

当 $A=A'$ 时，结论的可信度因子 CF 可用如下三种方法计算得到：

(1) $CF=CF_1\times CF_2$

(2) $CF=\min\{CF_1,CF_2\}$

(3) $CF=\max\{0,CF_1+CF_2-1\}$

如果 CF_1 与 CF_2 都是确定的数，上述运算很容易实现，但若它们是用模糊集表示的模糊数或模糊语言值时，对它们的计算就需要按模糊集的运算规则来进行。在第 2 章我们曾经给出了模糊数四则运算的定义，它们可以被用来计算结论的 CF。对于用模糊语言值表示可信度因子的情况，其计算可用与模糊数相同的方法进行。设 $\mu_{CF_1}(x)$ 与 $\mu_{CF_2}(y)$ 分别是 CF_1 与 CF_2 的模糊语言值的隶属函数，则它们的四则运算为：

CF_1+CF_2： $\quad \mu_{CF_1+CF_2}(z) = \bigvee\limits_{z=x+y}(\mu_{CF_1}(x)\wedge\mu_{CF_2}(y))$

CF_1-CF_2： $\quad \mu_{CF_1-CF_2}(z) = \bigvee\limits_{z=x-y}(\mu_{CF_1}(x)\wedge\mu_{CF_2}(y))$

$CF_1\times CF_2$： $\quad \mu_{CF_1\times CF_2}(z) = \bigvee\limits_{z=x\times y}(\mu_{CF_1}(x)\wedge\mu_{CF_2}(y))$

$CF_1\div CF_2$： $\quad \mu_{CF_1\div CF_2}(z) = \bigvee\limits_{z=x\div y}(\mu_{CF_1}(x)\wedge\mu_{CF_2}(y))$

其中，"$\vee$"与"$\wedge$"分别表示取极大与取极小运算。

关于对两个模糊集取极小及取极大的运算，可用与上述四则运算类似的方法实现，下面用一个例子说明取极小"min"的方法。设

$$CF_1 = \{0.6/0.5, 0.7/0.3, 0.8/0.2\}$$

$$CF_2 = \{0.8/1, 0.6/0.8, 0.5/0.6\}$$

则

$$CF = \min\{CF_1, CF_2\}$$
$$= \{0.6/0.5, 0.7/0.3, 0.8/0.2\} \land \{0.8/1, 0.6/0.8, 0.5/0.6\}$$
$$= \{(0.6 \land 0.8)/(0.5 \land 1), (0.7 \land 0.8)/(0.3 \land 1), (0.8 \land 0.8)/(0.2 \land 1),$$
$$(0.6 \land 0.6)/(0.5 \land 0.8), (0.7 \land 0.6)/(0.3 \land 0.8), (0.8 \land 0.6)/(0.2 \land 0.8),$$
$$(0.6 \land 0.5)/(0.5 \land 0.6), (0.7 \land 0.5)/(0.3 \land 0.6), (0.8 \land 0.5)/(0.2 \land 0.6)\}$$
$$= \{0.6/0.5, 0.7/0.3, 0.8/0.2, 0.6/0.5, 0.6/0.3, 0.6/0.2, 0.5/0.5, 0.5/0.3, 0.5/0.2\}$$
$$= \{0.6/0.5, 0.7/0.3, 0.8/0.2\}$$

在上述运算中,如果出现一个确定数与一个模糊数进行运算的情况,此时需要把该确定数化为论域上的模糊数,用相应的模糊集把它表示出来。例如在上述的第(3)种方法中,要做 $CF_1 + CF_2 - 1$ 的运算,此时需将"1"用模糊集表示出来。假设论域为 $[0,1]$,此时"1"的模糊集为 $\{1/1\}$。

当 $A \neq A'$,但可模糊匹配,即满足阈值条件时,此时不仅需要考虑知识的可信度因子 CF_1 及证据的可信度因子 CF_2,而且还要考虑模糊条件与模糊证据的匹配度。设用 $\delta_{match}(A, A')$ 表示 A 与 A' 的匹配度,则结论的可信度因子 CF 可用如下四种方法计算得到:

(1) $CF = \delta_{match}(A, A') \times CF_1 \times CF_2$

(2) $CF = \delta_{match}(A, A') \times \min\{CF_1, CF_2\}$

(3) $CF = \delta_{match}(A, A') \times \max\{0, CF_1 + CF_2 - 1\}$

(4) $CF = \min\{\delta_{match}(A, A'), CF_1, CF_2\}$

对于复合条件,由于有多个证据与之对应,而且每个证据都有一个与相应子条件的匹配度,同时还有一个可信度因子,因此在计算结论的可信度因子 CF 之前,需先把这些证据的总匹配度和总可信度计算出来。关于总匹配度的计算在 5.6.3 已经做过讨论。对总可信度的计算,目前常用的方法有取极小或相乘等。例如,设 $CF_1, CF_2, \cdots, CF_n$ 分别是证据"x_1 is A'_1","x_2 is A'_2",$\cdots$,"x_n is A'_n"的可信度因子,则总可信度为

$$CF_1 \land CF_2 \land \cdots \land CF_n$$

或

$$CF_1 \times CF_2 \times \cdots \times CF_n$$

总匹配度和总可信度求出后,复合条件就可被当作简单条件来处理,用上述方法求出结论的可信度因子 CF。

最后,我们讨论结论不确定性的合成问题。有时可能同时存在多个模糊证据,它们都可与知识的模糊条件匹配,但推出的结论却不相同,或者求出的可信度因子不相同,此时就需要对它们进行合成,以便得到它们共同支持的结论及其支持程度。设有两组证据分别推出了如下两个结论:

$$y \quad is \quad B'_1 \quad CF_1$$
$$y \quad is \quad B'_2 \quad CF_2$$

则可用如下方法得到它们合成后的结论及可信度因子:

$$B' = B'_1 \bigcap B'_2$$
$$CF = CF_1 + CF_2 - CF_1 \times CF_2$$

使用这种方法时,要求两个推理序列是相互独立的。

234

上面我们用较多的篇幅讨论了模糊推理各个方面的有关问题,给出了多种处理方法。之所以对它如此重视,是由于它所处理的对象是模糊的,而这又是现实世界中广泛存在的一种不确定性,在人工智能的诸多领域(如专家系统、模式识别等)中都有着广阔的应用前景,其重要性是不言而喻的。目前,在模糊推理中存在的主要问题是建立隶属函数仍然是一件比较困难的工作。但可相信,随着模糊理论的发展,问题会逐渐得到解决,其应用会越来越多,越来越深入。

5.7 基于框架表示的不确定性推理

前面几节讨论的不确定性推理都是建立在产生式表示的基础上,本节将以框架作为知识的表示模式讨论不确定性知识的表示及处理。

5.7.1 不确定性知识的框架表示

由第3章3.4节的讨论可以看出,框架表示法主要是通过槽及其侧面来描述所论对象,从而表示出相应知识的。当槽及侧面的值是数、字符串等一般意义下的值时,它描述了相应属性的具体特征;当其值是另一个框架的名字时,它反映了不同框架间的各种关系;当值是一个在某个条件满足时将会自动触发执行的一个动作或一个过程时,它表示出了相应的过程性知识。这说明为了用框架表示不确定性的知识,需要从这几个方面着手进行不确定化的处理,以下分别讨论。

1.一般性槽值的不确定化

当槽值是数、布尔值等一般意义下的值时,可用相应的模糊数、模糊语言值等进行表示。例如对一个学生框架的描述为:

框架名: ＜学生-1＞

    姓名: 郝爱学

    性别: 男

    年龄: 青年

    身高: 1.75m 左右

    学习成绩: 优

    外语水平:

        阅读能力: 较强

        会话能力: 一般

    身体状况: 健康

这里,"1.75m 左右"是一个模糊数;"青年"、"健康"等是模糊概念;"较强"、"一般"是模糊语言值。

2.动作、过程的不确定化

当槽值是一个或多个动作或过程时,可通过前面几节讨论的产生式的不确定性表示将其不确定化,或者应用模糊程序设计语言编写相应的程序和过程,或者使用随机变量使其具有不确定性。

3.框架间关联的不确定化

框架表示法通过用框架名作为槽值实现了框架间的关联,但这种关联是确定性的。现实应用中,事物之间的关联并非都是这样"非有即无"这么简单,往往在不同框架间存在着不同程度的关联。为此,可在框架间设置关联强度,并用某种算法(如取极小或相乘)计算出两个不相邻框架间的关联强度。另外,还可预先设定一个阈值,用来指出两个框架在什么情况下可以关联,什么情况下不可以关联。例如:对于继承关系,当关联强度满足阈值条件时,下层框架可以继承上层框架的属性值,否则就不可继承,这样就把不同情况区分开来。

关联强度可用[0,1]间的数表示,亦可用模糊数、模糊语言值表示。

4.框架中条件的不确定化

框架中的条件(如填槽的约束条件,槽值中用于控制相应过程是否可被激活的条件等)可用各种模糊逻辑公式来表示前提条件,并用一个阈值来控制是否得到满足。例如,只有当前提条件得到满足时,才把相应过程激活执行,否则就不执行。

5.框架结构的不确定化

一个框架由若干槽组成,一个槽可划分为若干个侧面,每个槽或侧面可以有若干个值,它们构成了一个嵌套的层次结构。在此结构中,各有关成份可能有相同的重要性及可信性,也可能不相同。此时,可为每个槽、侧面、值分别赋予相应的值,来指出它们的重要性或可信性,例如对于槽的重要性可用如下形式描述:

$$框架名(w_1/槽名1,w_2/槽名2,\cdots,w_n/槽名\ n)$$

其中,w_i 是槽 $i(i=1,2,\cdots,n)$ 的重要程度,它可以是确定的数,也可以是模糊数、模糊语言值等。对于侧面及侧面值也可用同样的方法来分别指出它们的重要性。

5.7.2 框架的不确定性匹配

对已知框架 F,在知识库中寻找一个其槽值可与 F 中相应槽值一致的框架的过程称为匹配。如果能找到这样一个框架,使得两个框架的对应槽值完全一致,则称这两个框架是完全匹配,或确定性匹配;如果找到的框架虽然不能使对应槽值完全一致,但却满足预先指定的条件,就称它们可近似匹配,或称它们为不完全匹配、不确定性匹配。

一般来说,一个框架所描述的通常是一类事物中典型或理想的情况,它不可能与每一个具体事物都完全一致。另外,一个框架一旦放入知识库中,其结构就相对地固定下来,而现实世界中的事物却是千变万化的,这也造成了两者难以完全一致的情况。例如,设有一个关于"教室"的框架,它是抽取了各种教室的共同属性形成的一个完整描述,但是它不一定与每一个具体的教室都完全一致。事实上,即使是一个学校内的教室,也不一定都是完全一样的。此时,不能因为一个教室不与"教室"框架完全一致就不承认它是教室。再如,一把椅子一般有四条腿,但对一个具体的椅子来说,它可能在使用过程中断了一条而变成了三条腿,此时不能因为它与"椅子"框架不完全一致就认为它们不可匹配,从而不承认它是椅子。如果真是这样,那将是十分荒唐的,而且框架表示法的实用价值也就值得怀疑了。

由此可见不确定性匹配在框架推理中的重要性,为解决这个问题,现已提出了多种方法,主要有:

1. 匹配度方法

所谓框架的匹配度是指当前框架所描述的属性与已知框架(如问题框架)相比,对确定该框架可匹配的贡献程度。匹配度方法的要点是,首先求出两个框架的匹配度,然后再用该匹配度与预先设定的阈值进行比较,若能满足阈值条件(如大于阈值)就认为两个框架可匹配,否则为不可匹配。这里,关键的问题是如何求匹配度。在不同的应用中,求匹配度的方法各不相同,这与框架的具体表示形式及推理方法有关。假设框架中对于各个属性值都是用模糊集表示的模糊概念、模糊数或模糊语言值描述的,则可通过下述步骤求其匹配度:

(1)分别求出两个框架中对应属性的匹配度。设 $A_1, A_2, \cdots, A_n$ 是当前框架中各属性值的模糊集,$A'_1, A'_2, \cdots, A'_n$ 是已知框架中各属性值的模糊集。此时可运用 5.6 节讨论的求贴近度或相似度的方法分别求出各对应属性值间的贴近度或相似度,并以此作为匹配度,记为

$$m_i = MD(A_i, A'_i) \qquad\qquad i = 1, 2, \cdots, n$$

(2)求总匹配度。当各对应属性的匹配度求出后,通过某种运算(如取极大或取极小,求平均值或加权平均值等)求出总匹配度。

在有的系统中,采用如下方法求匹配度:

(1)对每个框架都专设一个槽,称为属性槽,用以指出该框架所描述的全部属性及其重要性。这样,对两个框架的匹配问题就简化为对这两个槽的槽值进行匹配的问题。

(2)如果框架中各个属性的重要性都相同,则匹配度就是匹配成功的属性在总属性中所占的比例。

(3)如果框架中各个属性有不同的重要性,则需确定一个评分规则,并按此评分规则对每一对匹配上的属性进行打分,然后再算出总匹配分作为匹配度。

2. 充分条件与必要条件方法

为了确定当前框架是否可与已知框架匹配,可在框架中分别设置"充分条件"槽与"必要条件"槽,分别指出两框架可匹配成功的充分条件及必要条件。如果充分条件可以得到满足,就认为相应的两个框架可以匹配;如果充分条件得不到满足,但满足必要条件,则需要进一步地收集信息;如果必要条件不满足,就认为这两个框架不可匹配。在有些系统中,除了设置"充分条件"槽及"必要条件"槽外,还设置了"触发条件"槽及"否决条件"槽,并把框架分为沉睡、半激活、激活及确认四种状态,使框架在满足不同条件时分别处于不同状态,这样不仅较好地解决了框架的匹配问题,还通过对其状态优先级的划分解决了冲突问题。

3. 功能描述方法

考虑到实际问题的复杂性,为实现不确定性匹配,对某些事物除了给出有关外形的属性描述外,还应给出其功能的属性描述,这样可以弥补纯外形描述的不足。例如上面提到的椅子问题,若能将其功能作为属性在框架中进行描述,并且赋予较高的重要度,那么即使对仅有一条腿的椅子,只要它具有椅子的功能,仍可把它作为椅子来看待。

4. 规定属性值变化范围方法

对某些事物的某些属性,可通过对其值规定一个变化范围来实现不确定性匹配。例如,可规定教室的门数为大于等于 1;规定椅子的腿数为 1 至 4 条,等等。这样,只要一个具体事物的属性值落在规定的范围内,就是可以匹配的。

以上讨论了四种实现不确性匹配的具体方法,应用时可根据实际情况将它们组合起来用于同一个系统中,以起到互补的作用。

5.7.3 框架推理

在用框架表示知识的系统中,由 AKO 槽或 Instance 槽等把框架连接起来所构成的框架网络是一个层次结构。框架推理正是以此层次结构为基础,按一定的搜索策略(关于搜索策略将在下一章讨论),不断寻找可匹配的框架并进行填槽的过程。在此过程中,有可能找到了合适的框架,得到了问题的解而成功结束;也可能因找不到合适框架而被迫终止。另外,搜索既可以自顶而下进行,亦可自底而上进行。这里,我们重点讨论按深度优先策略自顶而下进行搜索的推理过程。其过程如下:

(1)根据用户提出的问题形成一个初始问题框架,并将已知的知识(一般为一些已知的事实或数据)填入到相应槽中。在此框架中,有些槽是空的,它反映了需要解决的问题,有待推理中将合适的值填进去。槽的排列顺序可以与知识库中相应框架的槽不相同,但一般要求问题框架中的槽名(特别是关键性的槽名)应包含在知识库的相应框架中,或者对应槽名的相似度满足规定的要求。

(2)把框架网络的根框架(即框架网络的最上层框架)作为当前框架,并以此框架作为搜索的起点。

(3)用问题框架与当前框架进行匹配,即对两个框架的相应槽逐个地进行比较。如果问题框架的槽名都包含在当前框架中,或者问题框架的槽名与当前框架中相应槽名相似,且其相似性满足预先规定的条件,则再对其槽值按前面所述的不确定性匹配方法检查它们是否一致,或者近似一致(空槽除外)。如果两个框架能够满足不确定性匹配的条件,则转第(4)步进行填槽;如果两个框架不能满足不确定性匹配的条件,则转第(5)步对下一个框架进行检查。在上述匹配过程中,允许当前框架的某些槽值是从其上层框架那里继承过来的。

(4)把当前框架中相应槽的槽值填入到问题框架的对应空槽中,亦可把当前框架从其上层框架继承的槽值或者通过与用户交互得到的槽值填入问题框架的相应空槽中。填槽的过程类似于程序设计语言中对变量进行赋值的过程。

在填槽后,应检查问题框架是否已经包含了问题的解。若已包含,则应根据已经得到的信息或通过进一步收集信息来确定该解是否是最终解。若是,则转第(7)步求解的置信度,并给出答案。若不是最终解或者问题框架中尚未包含问题的解,则转第(5)步。

(5)按当前框架的 Instance 槽的槽值找一个尚未进行过匹配操作的子框架。若有这样的子框架,则把该子框架作为当前框架,然后转第(3)步进行匹配及填槽操作,其间原已填入到问题框架中的槽值有可能被当前新的填槽操作修改。如果不存在这样的子框架,则转第(6)步进行回溯。

(6)由当前框架找到它的父框架(实现时可用一个栈来记录父框架的地址),并检查该父框架是否为根框架,若不是根框架或者虽是根框架但它仍有未曾做过匹配操作的子框架,则转第(5)步,对当前框架的兄弟框架及其框架网络进行匹配及填槽操作,此时要撤消原先已填入到问题框架中的槽值。如果当前框架的父框架是根框架,且该根框架的所有子框架都已进行过匹配操作,这表示由该框架网络已不可能求得问题的解,需设法再选一个根框架重复进行上述处理,如果选不出合适的根框架,表示问题无解,结束推理过程。

(7)在求出最终解后,就可结束推理过程,并给出问题的答案。此时,还可以由推理中所经历的有关 Instance 联系求出关联强度,并以它作为所得解的置信度。关于求关联强度的方法,在不同系统中由于表示和处理不确定性的方法不同,分别采用了不同方法。例如,设 $\mu_1, \mu_2, \cdots, \mu_{n-1}$ 分别是从框架 F_1 到 F_n 各层 Instance 联系的关联强度,则可用下述方法求出解的置信度:

$$\mu = \min\{\mu_1, \mu_2, \cdots, \mu_{n-1}\}$$

或者

$$\mu = \mu_1 \times \mu_2 \times \cdots \times \mu_{n-1}$$

(8)上述推理过程用的是"深度优先"搜索策略,这是一种盲目搜索方法,效率较低。为提高推理效率,可对其进行某些改进。例如,在推理过程中可适当增加与用户的交互,以获得进一步的知识,或让用户认可或否定已获得的知识,这样就可用来指导搜索过程,使之少走"弯路"。再如,有人建议在记忆系统中建立一种框架的相似网络,如图 5-6 所示。在此相似网络中,各框架之间以它们的不同点作为标志,用指针相互连接。这样当某一框架匹配失败后,就可根据它们的差异沿着指针的指向找到下一个框架,如此继续下去直到找到一个合适的框架。

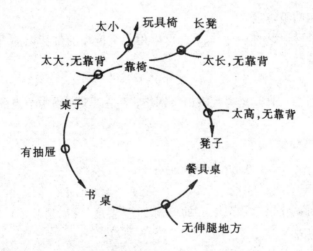

图 5-6　框架的相似网络

(9)由于槽值可以是在某条件满足时可触发执行的一个动作或过程,因此在推理过程中必要时可执行该动作或过程,有时它可能会增加或修改初始已知的知识。

以上讨论了沿 Instance 联系按深度优先搜索进行的框架推理。其实这只是框架推理的方法之一,在实际应用中,可根据应用领域的实际情况,灵活地确定知识的组织方式,并由此进行相应的推理,特别可把相关领域的启发性知识用来指导搜索过程,以提高推理的效率。

5.8　基于语义网络表示的不确定性推理

基于语义网络表示的不确定性推理与上节讨论的基于框架的不确定性推理有许多相似之处,有些处理方法(如关于不确定匹配等)可以移植过来,这里仅简要讨论直接与语义网络有关的内容。

5.8.1 不确定性知识的语义网络表示

语义网络是通过节点、语义联系以及由它们所构成的结构表示知识的。因此,为要用它表示不确定性的知识,需从这三个方面着手进行处理。

1.节点的不确定化

语义网络中的节点用于表示各种事物、概念、情况、状态及动作等,一般用框架或元组表示。为了让它表示不精确的、模糊的概念、事物等,可以应用前面讨论的各种表示不确定性知识的方法。特别当用框架表示节点时,上一节关于框架的不确定性表示方法就可用到这里来,包括属性或槽值可以用各种模糊数、模糊语言值、模糊动作等表示。

2.语义联系的不确定化

语义网络中的语义联系用于表示节点间的语义关系,为了表示不确定性的知识,可用前面讨论的模糊关系将其不确定化。另外,还可以为其语义联系增加一个联系强度,然后通过求极小或相乘等方法求出间接联系强度。联系强度既可以用$[0,1]$上的数表示,亦可用各种模糊数或模糊语言值表示。

3.语义网络结构的不确定化

语义网络是一个带标识的有向图,因此可以用一个模糊的带标识的有向图表示。所谓模糊的带标识有向图是指

$$G = \{V, F, E\}$$

其中,G 是模糊带标识有向图,这里代表语义网络;V 是语义网络中节点的集合,设为

$$V = \{v_1, v_2, \cdots, v_n\}$$

F 是以 V 为论域的模糊集,设为

$$V = \{\mu_1/v_1, \mu_2/v_2, \cdots, \mu_n/v_n\}$$
$$0 \leqslant \mu_i \leqslant 1, \quad i = 1, 2, \cdots, n$$

μ_i 是节点 v_i 的隶属度,用于表示节点 v_i 的模糊度、重要度等;E 是 $V \times V$ 上的一个模糊关系,可用如下一个模糊矩阵表示:

$$E = \begin{bmatrix} \mu_{11}, & \mu_{12}, & \cdots, & \mu_{1n} \\ \mu_{21}, & \mu_{22}, & \cdots, & \mu_{2n} \\ & \cdots & & \\ \mu_{n1}, & \mu_{n2}, & \cdots, & \mu_{nn} \end{bmatrix}$$

其中,μ_{ij} 是从节点 i 到节点 j 的语义联系的联系强度,$i = 1, 2, \cdots, n$;$j = 1, 2, \cdots, n$。

例如,设有如图 5-7 所示的语义网络 G。

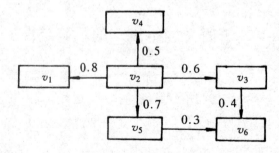

图 5-7 语义网络 G

其中,$V = \{v_1, v_2, v_3, v_4, v_5, v_6\}$,设各节点的隶属度为
$$F = \{0.7/v_1, 0.6/v_2, 0.8/v_3, 0.5/v_4, 0.3/v_5, 0.6/v_6\}$$
模糊关系 E 为

$$E = \begin{bmatrix} 0 & 0 & 0 & 0 & 0 & 0 \\ 0.8 & 0 & 0.6 & 0.5 & 0.7 & 0 \\ 0 & 0 & 0 & 0 & 0 & 0.4 \\ 0 & 0 & 0 & 0 & 0 & 0 \\ 0 & 0 & 0 & 0 & 0 & 0.3 \\ 0 & 0 & 0 & 0 & 0 & 0 \end{bmatrix}$$

如果某些语义联系有继承性,则可用某种运算(如极小、相乘等)来计算继承强度,以指明下层概念节点能以何种程度来继承上层概念节点的各个属性。

5.8.2　语义网络推理

在第 3 章我们已经讨论了用语义网络表示知识时求解问题的一般过程。这里,将结合上一段关于不确定性知识的表示,讨论一种实现不确定性推理的具体方法。

在此方法中,节点用如下一个四元组表示:
$$V_j = \{N_j, A_j, \mu_j, f_j(I_j, A_j, x_j)\}$$
其中,N_j 是节点 V_j 的名字;A_j 是 V_j 的特性表,即由其属性—值对构成的集合;μ_j 是 V_j 的隶属度,用于表示 V_j 的可信度、模糊度等;$f_j(I_j, A_j, x_j)$ 是一个用于计算节点 V_j 激活度的函数;I_j 为 V_j 的输入,x_j 是 I_j 的输入激活度,$0 \leqslant x_j \leqslant 1$。

每条连接节点 V_i 与 V_j 的弧用如下一个三元组表示:
$$E_{ij} = \{e_{ij}, \mu_{ij}, \tau_{ij}\}$$
其中,e_{ij} 是弧 E_{ij} 的名字或语义描述;μ_{ij} 是弧 E_{ij} 的隶属度,用于表示相应语义联系的联系强度;τ_{ij} 是弧 E_{ij} 的阈值,它指出只有当该弧的起始节点 V_i 的激活度大于或等于该阈值时,这条弧才能被激活,即只有在这时才能把激活信息从起始节点 V_i 传递给终止节点 V_j。

由上述节点及弧可构成如图 5-8 所示的语义网络。

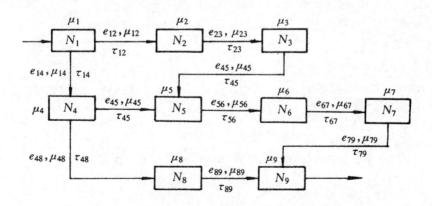

图 5-8　模糊语义网络

这种方法的推理过程如下:

(1)根据问题及已知事实所形成的语义网络与知识库中的语义网络进行匹配,找到几个有关的节点,然后对这些节点分别计算其激活度。即根据节点的属性值和当时的输入及其输入激活度 x_j 按函数 $f_j(I_j, A_j, x_j)$ 计算其激活度,记为

$$x'_j = f(I_j, A_j, x_j)$$

如果没有输入,则认为 $x'_j = 0$。

(2)如果某个从 V_j 出发的弧终止于另一个节点,即一个节点的输出是另一个节点的输入,则检查其激活度 x'_j 是否大于或等于弧上的阈值 τ,若 $x'_j \geqslant \tau$,则计算该弧终止节点的激活度。

(3)检查激活度超过某阈值(系统预定义或用户临时决定的)的节点所构成的语义网络片断是否已包含问题的解,若已包含则给出解及相应的激活度,并以该激活度作为解的真度。若不包含问题的解,则询问用户是否有新知识需要补充,然后根据用户的要求转第(1)步继续推理或结束推理过程。

在实际应用中,计算激活度的函数可根据实际情况设计,例如可用计算贴近度或语义距离的公式等。下面来看一个具体的例子。

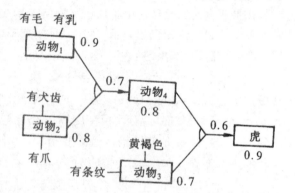

图 5-9 动物识别语义网络

设有如下知识:

若某动物身上有毛,且有乳,则该动物为动物$_1$, 0.9

若某动物有犬齿,且有爪,则该动物为动物$_2$, 0.8

若某动物为黄褐色,且身上有条纹,则该动物为动物$_3$, 0.7

若某动物既是动物$_1$,又是动物$_2$,则该动物为动物$_4$, 0.8,0.7

若某动物既是动物$_3$,又是动物$_4$,则该动物为虎, 0.9,0.6

这些知识可用如图 5-9 所示的语义网络表示出来。

设已知的事实是:某动物有毛、有乳、有犬齿、有爪、黄褐色及身上有条纹。

用已知事实与图 5-9 的语义网络匹配,得知已知知识与"动物$_1$"、"动物$_2$"及"动物$_3$"这三个节点有关,其激活度分别是 0.9、0.8 及 0.7。

由于"动物$_1$"与"动物$_2$"这两个节点是"与"关系,因此可用取极小求出"动物$_4$"的输入激活度:

$$x_{\text{动物}_4} = \min\{0.9, 0.8\} = 0.8$$

由于以"动物$_4$"为终止节点的弧的阈值为 0.7,而"动物$_4$"的输入激活度为 0.8,它大于 0.7,所以"动物$_4$"节点可被激活,其激活度可用下式计算:

$$x'_{\text{动物}_4} = x_{\text{动物}_4} \times \mu_{\text{动物}_4} = 0.8 \times 0.8 = 0.64$$

又由于"动物$_3$"与"动物$_4$"是"与"关系,所以"虎"节点的输入激活度为

$$x_{\text{虎}} = \min\{0.64, 0.7\} = 0.64$$

242

它大于阈值 0.6,所以"虎"节点可被激活,其激活度为

$$x'_{虎} = 0.64 \times 0.9 = 0.576$$

这说明根据已知事实,经推理后得到的结论是"虎",其真度为 0.576。

5.9 非单调推理

人们对现实世界的认识与思维具有多方面的特性,除了我们在前面已经讨论了的"不确定性"外,其思维推理过程还往往呈现出"非单调"的特征。本节将对非单调推理的有关概念进行讨论,并给出两种主要的非单调推理方法及一个非单调推理系统。

5.9.1 非单调推理的概念

为了说明什么是非单调推理,首先让我们来回顾一下前面已经讨论过的基于经典逻辑的演绎推理。在这种推理中,通过严密的逻辑论证和推理获得的新命题总是随着推理的向前推进而严格增加的,当有新知识加入时,将会有新的命题被证明或者推出新的结论,而且此时证明出的命题及推出的结论不会与前面已证明为真的命题及推出的结论相矛盾。设用 S_1,S_2 分别表示原有的知识集及加入新知识后的知识集,H_1,H_2 表示分别由 S_1,S_2 推出的所有结论及证明了命题,即

$$S_1 \Rightarrow H_1$$
$$S_2 \Rightarrow H_2$$

则对于基于经典逻辑的演绎推理有下式成立:

$$H_1 \subseteq H_2$$
$$S_2 \Rightarrow H_1$$

显然,在这种推理中,推出的结论及证明为真的命题数量是随着知识的增加而单调地增多的,称这样的推理为单调性推理,简称单调推理。

单调性推理虽然具有不会产生矛盾,不会使已证明为真的命题变为假或者使先前推出的结论变得无效,从而在加入新知识时无须检查它与原有知识是否不相容等优点,但遗憾的是,它却并不完全符合人类认识世界的思维特征,对人们思维推理中经常出现的如下情况无法进行处理:设 S_1 为现有的知识集,H 为由 S_1 推出的结论,即

$$S_1 \Rightarrow H$$

当知识由 S_1 增加至 S_2 时,尽管有 $S_1 \subseteq S_2$,则不一定有

$$S_2 \Rightarrow H$$

甚至会出现

$$S_2 \Rightarrow \neg H$$

的情况。人们的思维推理之所以会出现这样的情况,是因为现实世界中的一切事物都是在不断发展变化的,人们对它的认识总是处于不断的调整之中,通常要反复经历"认识—再认识"的过程。在这一过程中,当有新知识被发现、获得时,原先已证明为真的命题及推出的结论就有可能会被否定,此时需要对它们进行修正,甚至抛弃。另外,人们通常是在知识不完全的情况下进行思维推理的,推出的结论一般带有假设、猜测的成分,缺乏充分的理论基础,具有经验

性,因而它通常只是一种信念,而信念是允许有错并且可以改正的。

由以上关于人类思维推理特征的讨论可以看出,人们的思维推理一般不是单调的,即随着知识的增加,推出的结论或证明为真的命题并不单调地增多,像这样的推理称为非单调推理。

在日常生活中,关于非单调推理的例子是很多的,我们经常都在自觉或不自觉地运用着非单调推理。例如,当一个人打开电灯的开关而发现灯未亮时,就直观地会想到"停电了",但当他打开另外一只灯的开关发现灯亮时,就否定了先前得出的"停电了"的结论。这事实上是他进行了一个非单调推理。因为开关和灯具一般是不会经常出问题的,而停电则可能是常有的事,因此当他打开开关而发现灯不亮时,根据以往的经验,就在默认开关和灯具没出问题的情况下得出了"停电了"的结论,而后随着新事实(打开另外一只灯的开关后灯亮了)的出现,又否定了先前得出的结论。这就是说,随着知识的增加,不但没有增多与先前所得结论不矛盾的结论,反而否定了先前推出的结论,因此说上述思维过程是一个非单调推理。

现在再来看一个因例外情况的出现而引起非单调推理的例子。设某人患了某种疾病,经医生诊断、推理,得出了需"注射青霉素"的结论。但当他去注射时,却发现皮试结果为阳性,或者虽然他可以注射青霉素,但当时医院里没有这种药物。这样就不得不取消"注射青霉素"的结论,而改用其它药物。当然,我们可以把医生用于诊断疾病的知识搞得复杂一点,例如考虑到上述两种意外情况把推理知识写为:

    如果患某疾病,且皮试结果为阴性,且医院里有青霉素,则注射青霉素

但是仍然会有别的意外情况没有考虑到,如当时有无可用的针头及针管?打针的护士在不在?等等,很难把所有的意外情况都一一列出来。由此可见,非单调推理是难以避免的。

关于非单调推理的研究,有代表性的理论主要有:

(1)赖特(R.Reiter)等人提出的缺省理论(Default Theories)。

(2)麦卡锡(J.McCarthy)等人提出的界限理论(Circumscription Theories)。

(3)麦克德莫特(D.McDermott)与多伊尔(J.Doyle)提出的非单调逻辑(Non-monotonic Logic)。

此外,还建立了一些非单调推理系统及基于非单调逻辑的知识表示语言,如多伊尔设计的正确性维持系统 TMS(Truth Maintenance System),罗伯特(Roberts)等建立的知识表示语言 FRL 等。

下面,着重对缺省理论及界限理论进行讨论,并对 TMS 作一简单介绍。

5.9.2 缺省理论

缺省理论又称为缺省逻辑,它是在知识不完全的情况下使推理得以继续进行下去的一种非单调推理理论。它的提出是基于如下事实:在科学研究及日常生活中,人们通常是在知识及相关信息不完全的情况下进行推理的,这时为了使推理能够进行下去,就根据当时的情况,默认或假设某些命题成立,并在此基础上进行推理,推出各种蕴含着成立的结论。这里,作出"默认"及"假设"的原则是,如果没有足够的证据能证明某命题是不成立的,则就承认它是成立的,这样就可使推理进行下去。

缺省理论的核心是在默认或假设某些命题成立的前提下进行推理,因此又称其推理为默认推理。另外,由于推理中所作的"假设"及"默认"并不一定都是正确的,因而由此推出的结论也不是绝对的,往往只是一种信念,随着时间的推移,新知识及新事实的出现,有可能发现这些

244

新知识及新事实与原先所作的假设及默认有矛盾,这就需要回过头来撤消原先引入的假设与默认以及由于这些假设与默认的引入所推出的全部结论,然后再按新情况进行推理。由此可以看出,由于新知识及新事实的加入,不但没有扩充推出的结论,反而需要抛弃一些原先推出的结论,呈现出了"非单调"的特征,因此说应用缺省理论所进行的推理是一种非单调推理。

前面我们已经给出了默认推理的例子,下面再来看一个日常生活中经常使用的例子,由这个例子可以看出,人们不仅在不具备有关知识时需要进行默认推理,即使在具备有关知识的情况下也经常需要进行默认推理。我们知道,要使一辆自行车能骑所需要的条件是很多的:车胎要有气,各个螺丝都不松动,车闸、脚蹬、车梁、链条、飞轮等都没问题。但是,人们在骑车外出时,一般都只检查一下车胎是否有气就决定车能否骑,这实际上就是作了一个默认推理。因为一般来说除车胎容易没气外,自行车的其它各个部件通常都是没多大问题的,因此骑车人在这里作了一些默认假设:车闸灵敏、脚蹬灵活、螺丝都不松动等等。此时若车胎有气,他就会得出"该自行车可骑"的结论。这种在知识不完全的情况下所进行的默认推理在人们的日常生活中是完全合乎情理的,如果不是这样,一切都按照经典逻辑的演绎推理那样去进行处理,倒会显得不正常。如在上例中,为了得出自行车能否骑的结论,就要把"车能骑"所需条件的全部证据都找出来,为此就需要对自行车进行全面、彻底的检查,甚至要把自行车拆开来。如果在每次骑车外出之前都要把这些事情做一遍,岂非有些不正常吗? 我们都没有而且也不会这样做的。

在赖特提出的缺省理论中,其缺省规则是如下形式的表达式:

$$\frac{A(x):MB_1(x),\cdots,MB_n(x)}{C(x)}$$

其中,$A(x)$,$B_i(x)$,$C(x)$分别称为缺省规则的先决条件、默认条件及结论($i=1,2,\cdots,n$),它们都是自由变元 x 的合式公式;M 称为模态算子,表示"假定…是相容的",即其否定不可证明。

上述缺省规则表示:如果先决条件 $A(x)$成立,而且假定默认条件 $B_i(x)$($i=1,2,\cdots,n$)相容(即没有证据证明 $B_i(x)$不成立),则可推出结论 $C(x)$成立。例如

$$\frac{BIRD(x):MFLY(x)}{FLY(x)}$$

它表示"如果 x 是一只鸟,那么在缺乏任何相反证据的情况下,就可得出 x 会飞的结论"。或者说"如果 x 是一只鸟,并且假定它会飞是相容的,则可推出 x 会飞的结论。"

缺省规则可用来表示推理知识,特别是对于像"大多数 P 是 Q"、"大多数 P 具有性质Q"这一类知识。这是一阶谓词逻辑难以做到的。例如对如下知识:

一般来说,鸟都会飞

可用上面列出的缺省规则表示,但若用一阶谓词逻辑就难以表达了。当然我们可以把所有不会飞的鸟(如企鹅、鸵鸟等)都列出来,写成如下形式:

$$(\forall x)[BIRD(x) \wedge \neg PENGUIN(x) \wedge \neg OSTRICH(x) \wedge \cdots \rightarrow FLY(x)]$$

但它仍然不能表示出"一般"的鸟都会飞这一事实,对于一种具体的鸟也难以推出"它会飞"的结论。

另外需要说明的是,缺省规则虽然可以表示模糊量词"几乎"、"大多数"等,但它却不涉及模糊逻辑。

缺省规则按其表示形式可分为规范缺省、半规范缺省及非规范缺省三类。

1. 规范缺省

如果默认条件为 $B(x)$，且有

$$B(x) = C(x)$$

则称这样的缺省规则为规范的缺省规则。

对规范的缺省规则，可表示为

$$\frac{A(x):MB(x)}{B(x)}$$

其含义是：由先决条件 $A(x)$ 的成立一般可推出结论 $B(x)$ 成立。例如对如下知识：

一般来说，大学生都掌握英语

可用缺省规则表示为

$$\frac{STUDENT(x):MMASTER\text{-}ENG(x)}{MASTER\text{-}ENG(x)}$$

再如，对如下知识：

大学生中很少有掌握西班牙语的

可用缺省规则表示为

$$\frac{STUDENT(x):M\rightarrow MASTER\text{-}SPAN(x)}{\rightarrow MASTER\text{-}SPAN(x)}$$

2. 半规范缺省

如果默认条件为 $B(x)$，且有

$$B(x) = C(x) \wedge \rightarrow D(x)$$

则称这样的缺省规则为半规范的缺省规则。

对于半规范的缺省规则，可表示为

$$\frac{A(x):M(C(x) \wedge \rightarrow D(x))}{C(x)}$$

其含义是：除 $D(x)$ 外，由先决条件 $A(x)$ 的成立一般可推出结论 $C(x)$ 成立。例如对如下知识：

除企鹅外，大多数鸟都会飞

可用缺省规则表示为

$$\frac{BIRD(x):M(FLY(x) \wedge \rightarrow PENGUIN(x))}{FLY(x)}$$

再如，对如下知识：

除鹦鹉外，一般动物都不会学人说话

可用缺省规则表示为

$$\frac{ANIMAL(x):M(\rightarrow SPEAK(x) \wedge \rightarrow PARROT(x))}{\rightarrow SPEAK(x)}$$

3. 不规范缺省

所有不属于前两类的缺省规则都称为不规范缺省规则。

另外，如果在缺省规则中不含自由变元，则称该缺省为封闭的；如果先决条件为空，则为重

246

言式;如果默认条件为空,则退化为演绎规则。

缺省理论在很多智能问题中都起着重要的作用,尤其是对于解决人们日常生活中经常遇到的常识性推理更显得特别重要。另外,由于应用缺省理论进行推理所得到的往往只是一种信念,而人们对世界的认识可以持几种不同的信念且可以改变,因此它允许对同一事物分别得到不同信念的缺省规则同时存在。

但是,缺省理论也存在着一些困难问题。例如,当增加一条新的缺省规则时,有时会因为缺省规则间的相互作用而出现一些不应有的结果,尽管赖特曾经提出建立一个完整性维持系统作为辅助系统,用来检测缺省规则间潜在的相互作用,并对有关缺省规则进行重新表示,但是这个工作是很复杂的,这就对缺省理论的实际应用带来了困难。

5.9.3 界限理论

日常生活中,人们做任何一件事都会有许多限制条件。例如某人欲乘飞机从甲地到乙地,这就有许多限制条件,如甲地到乙地当日是否有航班,甲地的气候条件是否允许飞机起飞,能否购到飞机票,飞机有无故障或其它意外事件等等。要把所有的限制条件都一一罗列出来是不可能的,因为即使再列出一些,也总还有一些没有考虑到。而且人们在处理这类问题时,并不需要考虑所有这些条件,也总能得出相应的结论。如对上例,当没有发现任何不可以乘飞机的理由时,总是假设可以乘飞机的,并由此得出相应的结论。

界限理论就是根据人们这种常识性推理的特点提出来的,其基本思想是:在有限的条件下进行推理得出有关结论或作出相应决策,而不去考虑大量没有明确说明的条件,因为这些条件都是常识性的,都应该是不言而喻的。

显然,应用界限理论所进行的推理是非单调的。如在上面所说的乘飞机的例子中,如果限制条件变了,比如加上了乙地机场有大雾这一条件,那么乘机问题就需要另外考虑了。由此可以看出,从小事实集中推出的结论,不一定能从大事实集中推出来。

界限的概念最早是由麦卡锡提出的,当时的界限概念是领域界限,又称为极小推理。领域界限的含义是:只有那些存在的事物才是已知的,未知的事物都是不存在的。

谓词界限是领域界限的拓广,是麦卡锡提出的界限推理的一种形式化方法。

设 A 是包含谓词 $P(x_1, x_2, \cdots, x_n)$ 的一阶逻辑的句子,其中 $P(x_1, x_2, \cdots, x_n)$ 简记为 $P(\overline{x})$,并设用 $A(\phi)$ 表示以谓词表达式 ϕ 代替 P 在 A 中的所有出现后所得的结果,则定义谓词 P 在 $A(P)$ 中的限制是如下句子模式:

$$A(\phi) \wedge (\forall \overline{x})\{\phi(\overline{x}) \rightarrow P(\overline{x})\} \rightarrow (\forall \overline{x})\{P(\overline{x}) \rightarrow \phi(\overline{x})\} \tag{5.13}$$

其中,$A(\phi)$ 表示谓词表达式 ϕ 满足 P 所满足的条件;$(\forall \overline{x})\{\phi(\overline{x}) \rightarrow P(\overline{x})\}$ 表示所有满足 ϕ 的事物是满足 P 的事物的子集;结论部分 $(\forall \overline{x})\{P(x) \rightarrow \phi(\overline{x})\}$ 表明 ϕ 和 P 必须一致。

例如,在积木世界中,句子 A 可写为

$$is\text{-}block(a) \wedge is\text{-}block(b) \wedge is\text{-}block(c) \tag{5.14}$$

其含义是 a, b 和 c 都是积木,即把谓词 $is\text{-}block$ 都限制在 a, b, c 这三个积木的范围内。

由(5.13)式可得

$$\phi(a) \wedge \phi(b) \wedge \phi(c) \wedge (\forall x)\{\phi(x) \rightarrow is\text{-}block(x)\}$$
$$\rightarrow (\forall x)\{is\text{-}block(x) \rightarrow \phi(x)\} \tag{5.15}$$

若令

$$\phi(x) = (x = a \lor x = b \lor x = c) \tag{5.16}$$

则将(5.16)式代入(5.15)式,再利用(5.14)式可知(5.15)式左端为真,从而得出

$$(\forall x)\{is\text{-}block(x) \rightarrow (x = a \lor x = b \lor x = c)\}$$

该式表明,如果把谓词 $is\text{-}block$ 限制在句子 A 所限制的范围内,那么 a,b,c 就是所有的积木。

上述的谓词限制亦可扩充到多个谓词。例如对两个谓词 P 和 Q,则有

$$A(\phi,\psi) \land (\forall \bar{x})\{\phi(\bar{x}) \rightarrow P(\bar{x})\} \land (\forall \bar{y})\{\psi(\bar{y}) \rightarrow Q(\bar{y})\}$$
$$\rightarrow (\forall \bar{x})\{P(\bar{x}) \rightarrow \phi(\bar{x})\} \land (\forall \bar{y})\{Q(\bar{y}) \rightarrow \psi(\bar{y})\}$$

对于存在多个限制的情况,由于这些限制条件间可能存在制约关系,因而必须解决先限制哪个谓词及后限制哪个谓词的问题,这称为优先限制。

有了上述推理的形式化,就可用来进行有关的常识推理。仍以积木世界为例,除了明确说明积木 x 在积木 y 上即 $on(x,y)$ 外,从界限推理就可得出 x 不在 y 上。而且对任何一块积木 x,如果没有明确指出,都可断定它不在积木 A 上,还可得出 A 上没有任何积木,因为界限推理表明,如果从已知事实上不能推出 A 上有积木,就假定 A 上没有积木,即把讨论的问题限定在所给定的条件里。

界限理论存在着两个主要的问题:一是麦卡锡等是用最小模型概念来描述谓词界限及领域界限的,但是最小模型并不总是存在;另一是界限谓词的选择,界限理论没有指出应当对哪一个谓词进行限制,而对谓词的不同限制往往会得到不同的结果。

5.9.4　正确性维持系统 TMS

在非单调推理中,一旦有新的知识出现,就有可能要对原先得到的信念进行修正,甚至抛弃。但前面讨论的两种非单调推理理论都没有给出修正信念的方法。为此,多伊尔在 1979 年建立了正确性维持系统 TMS,试图解决信念修正的问题,并给出了一种具体的方法。

该系统的作用是在其它程序所产生的命题间保持相容性,一旦发现某个不相容,它就调用自己的推理机制,进行面向从属关系的回溯,找出产生不相容的根源,并且修正由于这一根源所得出的曾认为是可信的所有命题,从而消除不相容,维持系统的正确性。

在 TMS 中,把每一个命题或规则都称为一个节点,而且在任一时刻每个节点都具有下述两种状态中的一个:

   IN 状态:　表示相信它为真。

   OUT 状态:　表示不相信它为真,或无理由相信它为真,或当前没有相信它为真的理由。

每个节点附有一个证实表,表中可以有几个证实,每个证实表示一种确定相应节点有效性的方法。对一个节点来说,如果当前至少存在一个有效证实,则称它的状态为 IN;如果当前无任何有效证实存在,则称它的状态为 OUT。

在该系统中,一个节点的有效性依赖于其它有关节点的有效性,有两种方式来进行证实,一种是支持表,另一种是条件证明,其形式分别为:

   支持表　　(SL(IN 节点表)(OUT 节点表))

   条件证明　(CP(结论)

      (IN 假设)(OUT 假设))

支持表表示:只有当"IN 节点表"中所列节点的当前状态都为 IN,且"OUT 节点表"中所列节

点的当前状态都为 OUT 时,它所证实的节点才是有效的。例如对下述节点:

(1)现在是冬天,其支持表为(SL()());

(2)天气是寒冷的,其支持表为(SL(1)(3));

(3)天气是温暖的。

其中,节点(1)的支持表中的"IN 节点表"和"OUT 节点表"都是空的,这表明该节点不依赖于任何别的节点或者是当前缺少信念,这类节点称为前提,相应的证实称为前提证实,前提证实总是有效的,它所证实的节点也总是处于 IN 状态;节点(2)的"IN 节点表"中含有节点(1),"OUT 节点表"中含有节点(3),这表明节点(2)是否可信取决于节点(1)与节点(3)当前所处的状态。如果节点(1)当前的状态是 IN,而节点(3)当前的状态为 OUT,则节点(2)的当前状态为 IN,这时它才是有效的,表示:

　　　　如果现在是冬天,且没有天气是温暖的证据,则可得出"天气是寒冷的"的结论。

如果在将来某一时刻出现了"天气是温暖"的证据,那么 TMS 将使节点(2)由 IN 变为 OUT,而且凡是与节点(3)有依赖关系的节点都要考虑 IN 或 OUT 状态的变化。

在上例中,像节点(2)那样的节点称为假设。一般来说,作为假设的节点其支持证实都有一个非空的 OUT 表,而具有非空 IN 表和空 OUT 表的证实表达了一般的推理。节点(3)没有给出其支持表,这表示目前还没有可相信"天气是温暖"的证实。

条件证明证实 CP 表示:只要在"*IN* 假设"中的节点为 IN 状态,"OUT 假设"中的节点为 OUT 状态,则结论节点一般为 IN 状态,这时条件证明证实有效。对 CP 的处理比较困难,在 TMS 中是通过把它转换为 *SL* 证实来进行处理的。

这里要特别说明的是,TMS 只是用来维持有关信念的相容性,它并不产生证实。在上例中,节点(2)的证实来自"冬季一般来说天气都是寒冷的"这样一个领域知识,它由使用 TMS 的系统提供。

下面用一个例子来说明 TMS 的工作过程。

设某学校欲请某教师为几个班的学生开设一个讲座,实现的办法是首先假设一个讲座的日期,如三月十五日,然后再从教师及学生的时间安排中找出不一致性(如教师或某班学生在三月十五日有其它安排等),当发现不一致时,就撤消原先所做的假设,用另一个有可能不发生冲突的日期代替。这可表示为:

(1)讲座日期 = 三月十五日(SL()(2))

(2)讲座日期 ≠ 三月十五日

(3)时间 = 上午 8:00 (SL(××,×××)())

其中,节点(1)和(3)为 IN 状态;节点(2)为 OUT 状态,因为目前还没有相信"讲座不应是三月十五日"的证实;节点(3)是根据节点××及节点×××得到的结论。

但是,当要确定讲座的教室时,却发现三月十五日上午 8:00 没有空教室可供使用。于是通过产生一个如下节点来告诉 TMS:

(4)矛盾(SL(1,3)())

这时,通过调用面向从属关系的回溯过程来查找这样一个假设,使得只要撤消它就可使矛盾消除。在此例中,节点(1)就是这样的一个假设。于是,回溯机制产生一个"不相容"节点来记录它,并且通过使节点(1)的"OUT 节点表"中的一个节点由 OUT 变为 IN 来使节点(1)由 IN 变为 OUT。在本例中,为使节点(1)由状态 IN 变为状态 OUT,只要使节点(2)的状态为

IN 就可以了,为此只需为节点(2)提供一个以"不相容"节点为根据的证实,这就得到如下节点集:

(1)讲座日期＝三月十五日(SL( ) (2))

(2)讲座日期≠三月十五日(SL(5) ( ))

(3)时间＝上午 8:00(SL(××,×××) ( ))

(4)矛盾 (SL(1,3) ( ))

(5)不相容 $N-1$ (CP 4 (1,3) ( ))

其中,节点(2)与节点(5)的状态为 IN,节点(1)的状态为 OUT,节点(4)的状态也因节点(1)变为 OUT 而变为 OUT,因为节点(1)位于节点(4)的"IN 节点表"中。

这样一来,矛盾就消除了,可再选择一个新的讲座日期。由于矛盾中不涉及"时间",所以仍可保持上午 8:00 不变。

TMS 是一个解决信念修正问题的最早提出的程序系统。虽然它已经实现了对信念的修正,但也还存在一些问题,例如它只允许在一个时刻考虑一个解,这样就无法比较两个或两个以上类似的解;其次,若问题求解系统希望临时改变一个假设,TMS 总是通过产生一个矛盾并进行从属关系的回溯来完成,一旦状态发生改变,就很难退回到原来的状态;另外,TMS 还存在重复计算、效率较低、没有处理不精确知识的能力等问题,有待在实践中不断完善。

本 章 小 结

1.本章从两个不同的角度出发,分别讨论了推理中的两个重要问题,即不确定性推理与非单调性推理。这里所说的"不确定性"是针对已知事实及推理中所用的知识而言的。由于现实世界客观上存在的随机性、模糊性以及某些事物或现象暴露的不充分性,导致人们对它的认识往往是不精确、不完全的,具有一定程度的不确定性,这种不确定性反映到知识上来就形成了不确定性知识,应用这种不确定性知识进行的推理称为不确定性推理。这里所说的"非单调性"是针对推理过程中所呈现出来的特性而言的,如果在推理过程中随着新知识的加入,推出的结论或证明了的命题也随之单调地增加,并且后来推出的结论或证明的命题不与前面得出的结论相矛盾,称之为单调性推理,否则称为非单调性推理。由于非单调推理大都是由于知识不完全引起的,而且在其推理过程中前面推出的结论或证明了的命题有可能会被后面推出的结论否定,因此从广义上说,非单调推理也具有"不确定"的特性,在国内外一些文献资料中,也多有将它归入不确定性推理的论述。

2.关于不确定性处理方法的研究,目前主要是沿着两条路线发展的:一条是在推理一级扩展确定性推理,建立各种不确定性推理的模型,称为模型方法;另一条是在控制策略一级处理不确定性,称为控制方法。模型方法又分为数值方法与非数值方法两类。数值方法包括概率方法、主观 Bayes 方法、可信度方法、证据理论及模糊推理等;非数值方法有发生率计算等。本章中主要讨论了数值方法。

3.对于不确定性推理,除了需要解决推理方向、推理方法、控制策略等基本问题外,还需要解决不确定性知识及证据的表示、量度、不确定性匹配、不确定性的传递与合成、结论可靠性的评价等问题。尽管我们在这一章中已经讨论了多种方法,但在实际应用时,还需根据领域问题的特点作出符合实际情况的设计,并在实践中不断修正、完善自己的设计。

4.在本章讨论的不确定性推理方法中,概率方法是一个以概率论中有关理论为基础建立起来的纯概率方法,虽然它有坚实的理论背景及良好的数学特性,但由于它要求给出事件的先验概率及条件概率,而这又需要通过大量的试验才能统计得到,因此使其应用受到了限制。

主观 Bayes 方法通过使用专家的主观概率,避免了所需的大量数据统计工作。另外,在主观 Bayes 方法中,不仅给出了证据 E 对结论 H 的支持程度,而且还给出了 E 对 H 的必要性程度,这就从两个侧面反映了证据与结论的因果关系,使得推出的结论更符合实际情况。再则,使用这种方法进行推理时,一旦前提条件 E 的条件概率从 $P(E/S)$ 变为 $P(E/S')$,其概率变化即刻就会传递给结论 H,使它的后验概率从 $P(H/S)$ 变为 $P(H/S')$,从而可以灵活地根据用户的输入信息调整推理网络中各节点的概率值。但是,当推理网络中某个证据 E 可以通过多种途径与某一个 H 相关时,例如有如下知识:

$$\text{IF} \quad E \quad \text{THEN} \quad (LS, LN) \quad H$$
$$\text{IF} \quad E \quad \text{AND} \quad E' \quad (LS', LN') \quad H$$

则由于 Bayes 定理中关于独立性的要求,将会引起计算的误差。

可信度方法是目前用得较多的一种处理不确定性的方法,因为它比较直观,易于理解,领域专家凭经验就可给出其量度值,所以在 MYCIN 中获得成功应用后,很快就引起了人们的广泛重视,提出了多种补充方案,如增加了"权"、阈值限度、不确定性匹配等,扩展了应用范围。本章中我们分为四种情况分别进行了较为详尽的讨论。

证据理论是用集合表示命题的一种处理不确定性的理论,它只需满足比概率论更弱的公理系统,能处理由不知道所引起的不确定性,能充分反映证据与假设的联系,并可在不同水平上聚集证据,是一种很有吸引力的不确定性推理模型。

模糊推理是在扎德等人提出的模糊集理论的基础上发展起来的一种不确定性推理方法,用于处理由于事物自身所具有的模糊性引起的不确定性。本章中,我们不仅讨论了模糊知识的表示、模糊推理的基本模式和方法,而且还具体地给出了模糊匹配、冲突消解等的多种算法,最后又对各种模糊关系的性能进行了比较分析,并简要地讨论了多重、多维及带可信度的模糊推理方法。

5.前面讨论的五种不确定性推理方法都是基于产生式表示的。对于以框架及语义网络表示的知识,我们在 5.7 节及 5.8 节分别讨论了它们的不确定性推理方法。对于框架表示,可通过槽值、框架间的关联、框架中的约束条件及框架结构等的不确定化来表示不确定性知识;通过计算框架间的匹配度、设置充分条件及必要条件、功能描述及规定属性的变化范围等方法实现框架的不确定性匹配。框架的推理过程实际上是一个不断进行匹配及填槽的过程,一旦问题框架与知识库中某个框架匹配成功,只要把相应槽值填入到问题框架中,就有可能得到问题的解。为了找到可匹配的框架,需要按一定的策略进行搜索,书中介绍了沿 Instance 槽的槽值进行深度优先搜索的方法。对于用语义网络表示的知识,在 5.8 节给出了通过节点的不确定化、语义联系的不确定化及结构的不确定化来表示不确定性知识的方法,并具体地给出了一种实现不确定性推理的方法。

6.非单调性是人类思维中的另一个重要特征,为了实现在机器上的模拟,人们对非单调的理论及处理方法进行了研究。本章中,我们讨论了缺省理论及界限理论,并给出了一个已经实现了的正确性维持系统 TMS。缺省理论是一种在知识不完全的情况下使推理得以进行下去的非单调推理理论,其基本思想是:在没有足够的证据表明某事物不存在时就默认或假设它是存在的,这样就可以弥补由于知识不完全对推理所产生的影响。但由于假设及默认并不总是正确的,因而当有新的事实被发现时,就有可能要推翻原先所做的假设以及由此推出的结论,使推理呈现出非单调的特征。界限理论也是在知识不完全的情况下研究如何使推理得以进行下去的一种非单调推理理论,其基本思想是:在当前已知的有限条件下进行推理并得出有关结论,不去考虑那些当前尚未明确的限制条件,一旦限制条件变化了,再重作另外的考虑。显然,由原先小事实集推出的结论不一定能从扩充后的事实集中推出来,所以其推理过程也是非单调的。最后需要说明的是,非单调推理属于常识性推理的范畴,而常识性推理是人工智能中急待解决但尚未完全解决的困难问题之一,或者说是一个尚待开垦的领域。尽管国内外的许多学者对此开展了大量研究,也提出了一些理论及方法,但离真正的解决还相差甚远,还需要做更多、更艰苦的研究工作。

习 题

5.1 什么是不确定性推理? 不确定性推理中需要解决的基本问题有哪些?

5.2 用树形结构表示出不确定性推理方法的分类。

5.3 设有三个独立的结论 H_1, H_2, H_3 及两个独立的证据 E_1 与 E_2,它们的先验概率和条件概率分别为:

$$P(H_1) = 0.4, \qquad P(H_2) = 0.3, \qquad P(H_3) = 0.3$$
$$P(E_1/H_1) = 0.5, \qquad P(E_1/H_2) = 0.6, \qquad P(E_1/H_3) = 0.3$$
$$P(E_2/H_1) = 0.7, \qquad P(E_2/H_2) = 0.9, \qquad P(E_2/H_3) = 0.1$$

利用逆概率方法分别求出:

(1)当只有证据 E_1 出现时,$P(H_1/E_1), P(H_2/E_1), P(H_3/E_1)$的值各为多少? 这说明了什么?

(2)当 E_1 和 E_2 同时出现时,$P(H_1/E_1E_2), P(H_2/E_1E_2), P(H_3/E_1E_2)$的值各为多少? 这说明了什么?

5.4 在主观 Bayes 方法中,请说明 LS 与 LN 的意义。

5.5 设有如下推理规则:

$$
\begin{array}{lllll}
r_1: & \text{IF} & E_1 & \text{THEN} & (2, 0.000\ 1) & H_1 \\
r_2: & \text{IF} & E_2 & \text{THEN} & (100, 0.000\ 1) & H_1 \\
r_3: & \text{IF} & E_3 & \text{THEN} & (200, 0.001) & H_2 \\
r_4: & \text{IF} & H_1 & \text{THEN} & (50, 0.01) & H_2 \\
\end{array}
$$

且已知①$(H_1) = 0.1$, ①$(H_2) = 0.01$,又由用户告知:

$$C(E_1/S_1) = 3, \qquad C(E_2/S_2) = 1, \qquad C(E_3/S_3) = -2$$

请用主观 Bayes 方法求①$(H_2/S_1, S_2, S_3) = ?$

5.6 设有如下推理规则:

$$
\begin{array}{lllll}
r_1: & \text{IF} & E_1 & \text{THEN} & (100, 0.1) & H_1 \\
r_2: & \text{IF} & E_2 & \text{THEN} & (15, 1) & H_2 \\
r_3: & \text{IF} & E_3 & \text{THEN} & (1, 0.05) & H_3 \\
\end{array}
$$

且已知 $P(H_1) = 0.02$, $P(H_2) = 0.4$, $P(H_3) = 0.06$,当证据 E_1, E_2, E_3 存在或不存

252

在时,$P(H_i/E_i)$ 或 $P(H_i/\rightarrow E_i)$ 的值各是什么($i=1,2,3$)?

5.7 何谓可信度?由规则强度 $CF(H,E)$ 的定义说明它的含义。

5.8 设有如下一组推理规则:

    r_1: IF E_1 THEN E_2 (0.6)

    r_2: IF E_2 AND E_3 THEN E_4 (0.8)

    r_3: IF E_4 THEN H (0.7)

    r_4: IF E_5 THEN H (0.9)

且已知 $CF(E_1)=0.5$, $CF(E_3)=0.6$, $CF(E_5)=0.4$。

求 $CF(H)=?$

5.9 设有如下一组带有阈值限度的推理规则:

    r_1: IF E_3 AND E_4 AND E_5 THEN E_1 $(0.6,0.5)$

    r_2: IF E_1 THEN H $(0.7,0.3)$

    r_3: IF E_2 THEN H $(0.8,0.6)$

且已知 $CF(E_2)=0.9$, $CF(E_3)=0.8$, $CF(E_4)=0.6$, $CF(E_5)=0.7$。

试分别用求极大值法、加权求和法、有限和法、递推计算法求出 $CF(H)$ 的值。

5.10 设有如下一组带有加权因子的推理规则:

    r_1: IF $E_1(0.7)$ AND $E_2(0.3)$ THEN H_1 $(0.9,0.6)$

    r_2: IF $E_3(0.4)$ AND $E_4(0.3)$ AND $E_5(0.3)$ THEN H_2 $(0.8,0.5)$

    r_3: IF $E_6(0.3)$ AND $H_1(0.5)$ AND $H_2(0.2)$ THEN H $(0.6,0.2)$

且已知 $CF(E_1)=0.9$, $CF(E_2)=0.85$, $CF(E_3)=0.85$, $CF(E_4)=0.7$,

$CF(E_5)=0.75$, $CF(E_6)=0.9$。请用加权的不确定性推理方法求出 $CF(H)$ 的值。

5.11 设有如下一组前提条件中既带有可信度因子,又带有加权因子的推理规则:

    r_1: IF $E_1(0.5,0.6)$ AND $E_2(0.7,0.4)$ THEN H_1 $(0.7,0.1)$

    r_2: IF $E_3(0.7,0.5)$ AND $E_4(0.8,0.5)$ THEN H_2 $(0.8,0.2)$

    r_3: IF $H_1(0.2,0.7)$ AND $H_2(0.5,0.3)$ THEN H $(0.7,0.2)$

且已知 $CF(E_1)=0.9$, $CF(E_2)=0.8$, $CF(E_3)=0.7$, $CF(E_4)=0.6$。请你首先检查已知证据是否可与相应知识的前提条件匹配,如果匹配,则求出 $CF(H)$ 的值。

5.12 请说明概率分配函数、信任函数、似然函数及类概率函数的含义。

5.13 设有如下推理规则:

r_1: IF E_1 AND E_2 THEN $A=\{a\}$ $(CF=\{0.8\})$

r_2: IF E_2 AND $(E_3$ OR $E_4)$ THEN $B=\{b_1,b_2\}$ $(CF=\{0.4,0.5\})$

r_3: IF A THEN $H=\{h_1,h_2,h_3\}$ $(CF=\{0.2,0.3,0.4\})$

r_4: IF B THEN $H=\{h_1,h_2,h_3\}$ $(CF=\{0.3,0.2,0.1\})$

且已知初始证据的确定性分别为:

    $CER(E_1)=0.5, CER(E_2)=0.6, CER(E_3)=0.7, CER(E_4)=0.8$。

假设 $|D|=10$,求 $CER(H)=?$

5.14 何谓模糊匹配?有哪些计算匹配度的方法?

5.15 对于模糊推理,有哪些消解冲突的方法?

5.16 设

$$U = V = \{1, 2, 3, 4, 5\}$$

且设有如下模糊规则：

$$\text{IF} \quad x \quad \text{is} \quad 低 \quad \text{THEN} \quad y \quad \text{is} \quad 高$$

其中"低"与"高"分别是 U 与 V 上的模糊集，设为：

$$低 = 0.9/1 + 0.7/2$$
$$高 = 0.3/3 + 0.7/4 + 0.9/5$$

已知事实为

$$x \quad \text{is} \quad 较低$$

"较低"的模糊集为

$$较低 = 0.8/1 + 0.5/2 + 0.3/3$$

请用扎德方法（即 R_m 与 R_a）求出模糊结论。

5.17 设

$$U = V = \{1, 2, 3, 4, 5, 6\}$$

且设有如下模糊规则：

$$\text{IF} \quad x \quad \text{is} \quad A \quad \text{THEN} \quad y \quad \text{is} \quad B$$

已知事实为

$$x \quad \text{is} \quad A'$$

其中：A, B, A' 的模糊集分别为：

$$A = 1/1 + 0.8/2 + 0.6/3 + 0.3/4$$
$$B = 0.5/3 + 0.7/4 + 0.9/5 + 1/6$$
$$A' = 0.9/1 + 0.8/2 + 0.5/3 + 0.2/4$$

请用麦姆德尼（R_c）方法及米祖莫托方法（$R_s, R_g, R_{sg}, R_{gg}, R_{gs}, R_{ss}, R_b, R_\blacktriangle, R_\triangle, R_*$, $R_\#, R_\square$）分别求出模糊结论，并对这些方法进行性能分析。

5.18 设

$$U = V = W = \{1, 2, 3, 4, 5, 6\}$$

且设有如下模糊规则：

$$\text{IF} \quad x \quad \text{is} \quad A \quad \text{THEN} \quad y \quad \text{is} \quad B$$
$$\text{IF} \quad y \quad \text{is} \quad B \quad \text{THEN} \quad z \quad \text{is} \quad C$$
$$\text{IF} \quad x \quad \text{is} \quad A \quad \text{THEN} \quad z \quad \text{is} \quad C$$

其中：A, B, C 的模糊集分别为：

$$A = 1/1 + 0.8/2 + 0.5/3 + 0.4/4 + 0.1/5$$
$$B = 0.1/2 + 0.2/3 + 0.4/4 + 0.6/5 + 0.8/6$$
$$C = 0.2/3 + 0.5/4 + 0.8/5 + 1/6$$

请分别对各种模糊关系验证满足模糊三段论的情况。

5.19 设

$$U = V = W = \{1, 2, 3, 4, 5\}$$

且设有如下模糊规则：

$$\text{IF} \quad x_1 \quad \text{is} \quad A_1 \quad \text{AND} \quad x_2 \quad \text{is} \quad A_2 \quad \text{THEN} \quad y \quad \text{is} \quad B$$

已知事实为

$$x_1 \quad \text{is} \quad A'_1 \quad \text{及} \quad x_2 \quad \text{is} \quad A'_2$$

其中：A_1, A_2, B, A'_1 及 A'_2 的模糊集分别为：

$$A_1 = 1/1 + 0.8/2 + 0.6/3 + 0.4/4$$
$$A_2 = 0.2/1 + 0.4/2 + 0.6/3 + 0.8/4 + 1/5$$
$$B = 0.5/3 + 0.7/4$$
$$A'_1 = 0.8/1 + 0.7/2 + 0.5/3 + 0.3/4$$
$$A'_2 = 0.2/1 + 0.3/2 + 0.5/3 + 0.7/4 + 0.9/5$$

请分别用 R_a 与 R_s 构造模糊关系，并用扎德方法求出 B'_a 和 B'_s。

5.20 对上题给出的数据用祖卡莫托方法求出 B'_s。

5.21 对 5.19 题给出的数据用苏更诺方法求出 B'_s。

5.22 设

$$U = V = \{1, 2, 3, 4, 5\}$$

且设有如下模糊规则：

$$\text{IF} \quad x \quad \text{is} \quad A \quad \text{THEN} \quad y \quad \text{is} \quad B \quad \text{ELSE} \quad y \quad \text{is} \quad C$$

已知事实为

$$x \quad \text{is} \quad A'$$

其中： A, B, C 及 A' 的模糊集分别为：

$$A = 1/1 + 0.8/2 + 0.6/3 + 0.4/4 + 0.2/5$$
$$B = 0.1/1 + 0.3/2 + 0.5/3 + 0.7/4 + 0.9/5$$
$$C = 1/1 + 0.9/2 + 0.7/3 + 0.5/4 + 0.1/5$$
$$A' = 1/1 + 0.7/2 + 0.5/3 + 0.3/4 + 0.1/5$$

请分别用模糊关系 R'_m 和 R'_{gg} 求出模糊结论 D 的模糊集。

5.23 设

$$U = V = \{1, 2, 3, 4, 5\}$$

且设有如下带可信度因子的模糊规则：

$$\text{IF} \quad x \quad \text{is} \quad A \quad \text{THEN} \quad y \quad \text{is} \quad B \quad CF_1$$

已知事实为

$$x \quad \text{is} \quad A' \quad CF_2$$

其中： A, B 及 A' 的模糊集分别为：

$$A = A' = 0.8/1 + 0.6/2 + 0.2/3$$
$$B = 0.4/3 + 0.7/4 + 0.9/5$$

可信度因子 CF_1 及 CF_2 的模糊集分别为：

$$CF_1 = 0.4/0.6 + 0.5/0.7 + 0.6/0.8 + 0.7/0.9$$
$$CF_2 = 0.3/0.5 + 0.4/0.6 + 0.5/0.7 + 0.7/0.8 + 0.8/0.9$$

请分别按：

$$CF = CF_1 \times CF_2$$
$$CF = \min\{CF_1, CF_2\}$$
$$CF = \max\{0, CF_1 + CF_2 - 1\}$$

求出结论的可信度。

5.24 对于基于框架表示的不确定性推理,为了表示不确定性知识,可从哪几个方面进行不确定化的处理?有哪些实现不确性匹配的方法?

5.25 试述框架推理的过程。

5.26 对于基于语义网络表示的不确定性推理,为了表示不确定性知识,需从哪几个方面进行不确定化的处理?试述语义网络推理的过程。

5.27 何谓非单调推理?有哪些处理非单调性的理论?

5.28 缺省理论中,缺省规则是如何表示的?有哪几种表示形式?

5.29 界限理论的基本思想是什么?

5.30 正确性维持系 TMS 要解决的问题是什么?举例说明其工作过程。

第6章 搜索策略

搜索是人工智能中的一个基本问题,是推理不可分割的一部分,它直接关系到智能系统的性能与运行效率,因而尼尔逊把它列为人工智能研究中的四个核心问题之一。在过去 40 多年中,人工智能界已对搜索技术开展了大量研究,取得了丰硕的成果,目前正在为提高搜索效率以及搜索复杂性理论的研究开展进一步的工作。

本章首先讨论搜索的有关概念,然后分别针对状态空间及与/或树的搜索策略进行讨论。

6.1 基本概念

6.1.1 什么是搜索

人工智能所要解决的问题大部分是结构不良或非结构化的问题,对这样的问题一般不存在成熟的求解算法可供利用,而只能是利用已有的知识一步步地摸索着前进。在此过程中,存在着如何寻找可用知识的问题,即如何确定推理路线,使其付出的代价尽可能的少,而问题又能得到较好的解决。如在正向演绎推理中,对已知的初始事实,需要在知识库中寻找可使用的知识,这就存在按何种路线进行寻找的问题。另外,可能存在多条路线都可实现对问题的求解,这就又存在按哪一条路线进行求解以获得较高的运行效率的问题。像这样根据问题的实际情况不断寻找可利用的知识,从而构造一条代价较少的推理路线,使问题得到圆满解决的过程称为搜索。

在人工智能中,即使对于结构性能较好,理论上有算法可依的问题,由于问题本身的复杂性以及计算机在时间、空间上的局限性,有时也需要通过搜索来求解。例如在博弈问题中,计算机为了取得胜利,需要在每走一步棋之前,考虑所有的可能性,然后选择最佳走步。找到这样的算法并不困难,但计算机却要付出惊人的时、空代价。

搜索分为盲目搜索和启发式搜索。盲目搜索是按预定的控制策略进行搜索,在搜索过程中获得的中间信息不用来改进控制策略。由于搜索总是按预先规定的路线进行,没有考虑到问题本身的特性,所以这种搜索具有盲目性,效率不高,不便于复杂问题的求解。启发式搜索是在搜索中加入了与问题有关的启发性信息,用以指导搜索朝着最有希望的方向前进,加速问题的求解过程并找到最优解。

显然,启发式搜索优于盲目搜索。但由于启发式搜索需要具有与问题本身特性有关的信息,而这并非对每一类问题都可方便地抽取出来,因此盲目搜索仍不失为一种应用较多的搜索策略。

6.1.2 状态空间表示法

人工智能虽有多个研究领域,而且每个研究领域又各有自己的规律和特点,但从它们求解现实问题的过程来看,都可抽象为一个"问题求解"的过程。问题求解过程实际上是一个搜索过程。为了进行搜索,首先必须用某种形式把问题表示出来,其表示是否适当,将直接影响到搜索效率。状态空间表示法就是用来表示问题及其搜索过程的一种方法。它是人工智能中最基本的形式化方法,也是讨论问题求解技术的基础。

状态空间表示法是用"状态"和"算符"来表示问题的一种方法。其中,"状态"用以描述问题求解过程中不同时刻的状况;"算符"表示对状态的操作,算符的每一次使用就使问题由一种状态变换为另一种状态。当到达目标状态时,由初始状态到目标状态所用算符的序列就是问题的一个解。

1. 状态

状态是描述问题求解过程中任一时刻状况的数据结构,一般用一组变量的有序组合表示:

$$S_K = (S_{K0}, S_{K1}, \cdots)$$

当给每一个分量以确定的值时,就得到了一个具体的状态。

2. 算符

引起状态中某些分量发生变化,从而使问题由一个状态变为另一个状态的操作称为算符。在产生式系统中,每一条产生式规则就是一个算符。

3. 状态空间

由问题的全部状态及一切可用算符所构成的集合称为问题的状态空间,一般用一个三元组表示:

$$(S, F, G)$$

其中 S 是问题的所有初始状态构成的集合;F 是算符的集合;G 是目标状态的集合。

状态空间的图示形式称为状态空间图。其中,节点表示状态;有向边(弧)表示算符。

例 6.1 二阶梵塔问题。设有三根钢针,在 1 号钢针上穿有 A,B 两个金片,A 小于 B,A 位于 B 的上面。要求把这两个金片全部移到另一根钢针上,而且规定每次只能移动一片,任何时刻都不能使 B 位于 A 的上面。

设用 $S_K = (S_{K0}, S_{K1})$ 表示问题的状态,S_{K0} 表示金片 A 所在的钢针号,S_{K1} 表示金片 B 所在的钢针号,全部可能的状态有九种:

$$S_0 = (1, 1), \quad S_1 = (1, 2), \quad S_2 = (1,3)$$
$$S_3 = (2, 1), \quad S_4 = (2, 2), \quad S_5 = (2,3)$$
$$S_6 = (3, 1), \quad S_7 = (3, 2), \quad S_8 = (3,3)$$

如图 6-1 所示。

问题的初始状态集合为 $S = \{S_0\}$,目标状态集合为 $G = \{S_4, S_8\}$。算符分别用 $A(i, j)$ 及 $B(i, j)$ 表示。$A(i, j)$ 表示把金片 A 从第 i 号针移到第 j 号针上;$B(i, j)$ 表示把金片 B 从第 i 号针移到第 j 号针上。共有 12 个算符,它们分别是:

$$A(1, 2), \quad A(1, 3), \quad A(2, 1), \quad A(2, 3), \quad A(3, 1), \quad A(3, 2)$$
$$B(1, 2), \quad B(1, 3), \quad B(2, 1), \quad B(2, 3), \quad B(3, 1), \quad B(3, 2)$$

根据 9 种可能的状态和 12 种算符,可构成二阶梵塔问题的状态空间图,如图 6-2 所示。

在图 6-2 所示的状态空间图中,从初始节点(1,1)到目标节点(2,2)及(3,3)的任何一条通路都是问题的一个解,其中最短的路径长度是 3,它由 3 个算符组成,例如 $A(1,3)$,$B(1,2)$,

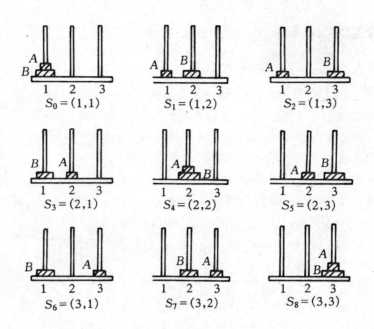

图 6-1 二阶梵塔问题的状态

$A(3,2)$。由此例可以看出:

(1) 用状态空间方法表示问题时,首先必须定义状态的描述形式,通过使用这种描述形式可把问题的一切状态都表示出来。其次,还要定义一组算符,通过使用算符可把问题由一种状态转变为另一种状态。

(2) 问题的求解过程是一个不断把算符作用于状态的过程。如果在使用某个算符后得到的新状态是目标状态,就得到了问题的一个解。这个解是从初始状态到目标状态所用算符构成的序列。

(3) 算符的一次使用,就使问题由一种状态转变

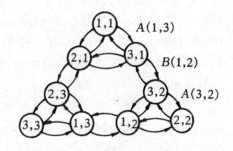

图 6-2　二阶梵塔的状态空间图

为另一种状态。可能有多个算符序列都可使问题从初始状态变到目标状态,这就得到了多个解。其中有的使用算符较少,有的较多,我们把使用算符最少的解称为最优解。例如在上例中,使用 3 个算符的解是最优解。这只是从解中算符的个数来评价解的优劣,今后将会看到评价解的优劣不仅要看使用算符的数量,还要看使用算符时所付出的代价,只有总代价最小的解才是最优解。

(4) 对任何一个状态,可使用的算符可能不止一个,这样由一个状态所生成的后继状态就可能有多个。当对这些后继状态使用算符生成更进一步的状态时,首先应对哪一个状态进行操作呢? 这取决于搜索策略,不同搜索策略的操作顺序是不相同的,这正是本章要讨论的问题。

6.1.3　与/或树表示法

与/或树是用于表示问题及其求解过程的又一种形式化方法,通常用于表示比较复杂问题

259

的求解。

对于一个复杂问题,直接求解往往比较困难。此时,可通过下述方法进行简化:

1. 分解

把一个复杂问题分解为若干个较为简单的子问题,每个子问题又可继续分解为若干个更为简单的子问题,重复此过程,直到不需要再分解或者不能再分解为止。然后对每个子问题分别进行求解,最后把各子问题的解复合起来就得到了原问题的解。问题的这一分解过程可用一个图表示出来。例如,把问题 P 分解为三个子问题 P_1, P_2, P_3,可用图 6-3 表示。

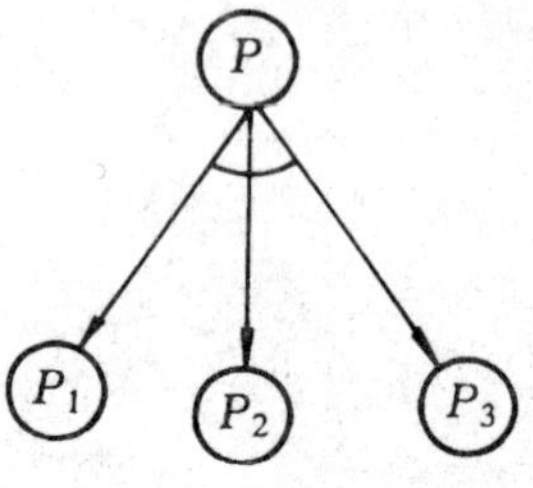

在图 6-3 中,P_1, P_2, P_3 是问题 P 的三个子问题,只有当这三个子问题都可解时,问题 P 才可解,称 P_1, P_2, P_3 之间存在"与"关系;称节点 P 为"与"节点;由 P, P_1, P_2, P_3 所构成的图称为"与"树。在图中,为了标明某个节点是"与"节点,通常用一条弧把各条边连接起来,如图 6-3 所示。

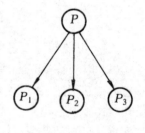

图 6-3 与树

2. 等价变换

对于一个复杂问题,除了可用"分解"方法进行求解外,还可利用同构或同态的等价变换,把它变换为若干个较容易求解的新问题。若新问题中有一个可求解,则就得到了原问题的解。

问题的等价变换过程,也可用一个图表示出来,称为"或"树。例如,问题 P 被等价变换为新问题 P_1, P_2, P_3,可用图 6-4 表示。其中,新问题 P_1, P_2, P_3 中只要有一个可解,则原问题就可解,称 P_1, P_2, P_3 之间存在"或"关系;节点 P 称为"或"节点;由 P, P_1, P_2, P_3 所构成的图是一个"或"树。

上述两种方法也可结合起来使用,此时的图称为"与/或"树。其中既有"与"节点,也有"或"节点,如图 6-5 所示。

图 6-4 或树

为了叙述方便起见,今后我们把一个问题经"分解"得到的子问题以及经"变换"得到的新问题统称为子问题;把"与"树及"或"树统称为"与/或"树;把子问题所对应的节点称为子节点。除此之外还定义如下一些基本概念:

1. 本原问题

不能再分解或变换,而且直接可解的子问题称为本原问题。

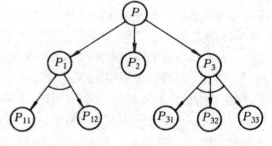

图 6-5 与/或树

2. 端节点与终止节点

在与/或树中,没有子节点的节点称为端节点;本原问题所对应的节点称为终止节点。显然,终止节点一定是端节点,但端节点不一定是终止节点。

3. 可解节点

在与/或树中,满足下列条件之一者,称为可解节点:

(1) 它是一个终止节点。

260

(2) 它是一个"或"节点,且其子节点中至少有一个是可解节点。

(3) 它是一个"与"节点,且其子节点全部是可解节点。

4. 不可解节点

关于可解节点的三个条件全部不满足的节点称为不可解节点。

5. 解树

由可解节点所构成,并且由这些可解节点可推出初始节点(它对应于原始问题)为可解节点的子树称为解树。在解树中一定包含初始节点。例如,图 6-6(a)的解树如图 6-6(b)所示。

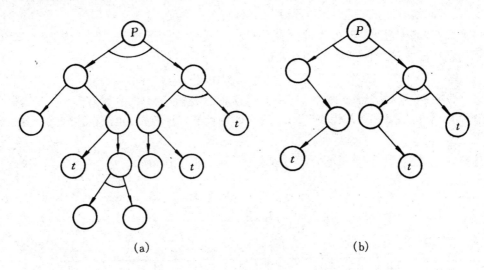

(a)   (b)

图 6-6　解树

在图 6-6 中,节点 P 为原始问题节点,用 t 标出的节点是终止节点。根据可解节点的定义,很容易推出原始问题 P 是可解的。

例 6.2　三阶梵塔问题。设有 A,B,C 三个金片以及三根钢针,三个金片按自上而下从小到大的顺序穿在 1 号钢针上,要求把它们全部移到 3 号钢针上,而且每次只能移动一个金片,任何时刻都不能把大的金片压在小的金片上面,如图 6-7 所示。

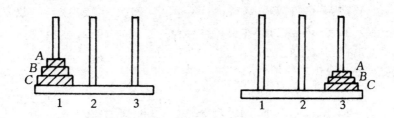

图 6-7　三阶梵塔问题

这个问题并不十分复杂,用状态空间法亦可表示。但是,我们希望用它来说明如何把一个问题分解为若干个子问题,并用与/或树把它表示出来。

首先进行问题分析,可得:

(1) 为了把三个金片全部移到 3 号针上,必须先把金片 C 移到 3 号针上。

(2) 为了移金片 C,必须先把金片 A 及 B 移到 2 号针上。

(3) 当把金片 C 移到 3 号针上后,就可把 A,B 从 2 号移到 3 号针上,这样就可完成问题的求解。

由此分析,得到了原问题的三个子问题:

(1) 把金片 A 及 B 移到 2 号针的双金片问题。

(2) 把金片 C 移到 3 号针的单金片问题。

(3) 把金片 Λ 及 B 移到 3 号针的双金片问题。

其中,子问题(1)与子问题(3)又分别可分解为三个子问题。

为了用与/或树把问题的分解过程表示出来,先要定义问题的形式化表示方法。设仍用状态表示问题在任一时刻的状况,并用三元组:

$$(i, j, k)$$

表示状态,用"⇒"表示状态的变换。在表示状态的三元组中,i 代表金片 C 所在的钢针号;j 代表金片 B 所在的钢针号;k 代表金片 A 所在的钢针号。这样原始问题就可表示为:

$$(1, 1, 1) \Rightarrow (3, 3, 3)$$

有了这些约定,就可用与/或树把分解过程表示出来,如图 6-8 所示。

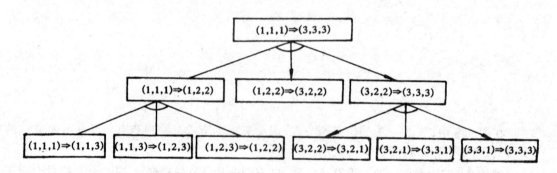

图 6-8　三阶梵塔问题的与/或树

在图 6-8 所示的与/或树中,共有七个终止节点,对应于七个本原问题,它们是通过"分解"得到的。若把这些本原问题的解按从左至右的顺序排列,就得到了原始问题的解:

$$(1,1,1) \Rightarrow (1,1,3), \quad (1,1,3) \Rightarrow (1,2,3), \quad (1,2,3) \Rightarrow (1,2,2),$$
$$(1,2,2) \Rightarrow (3,2,2), \quad (3,2,2) \Rightarrow (3,2,1), \quad (3,2,1) \Rightarrow (3,3,1),$$
$$(3,3,1) \Rightarrow (3,3,3)$$

它指出了移动金片的次序。

6.2　状态空间的搜索策略

本节讨论状态空间的各种搜索策略。首先给出搜索的一般过程,以了解其总体思想,然后再具体地讨论各种搜索策略。

状态空间的搜索策略分为盲目搜索及启发式搜索两大类。下面讨论的广度优先搜索、深度优先搜索、有界深度优先搜索、代价树的广度优先搜索以及代价树的深度优先搜索都属于盲目搜索策略。其特点是:

（1）搜索按规定的路线进行，不使用与问题有关的启发性信息。

（2）适用于其状态空间图是树状结构的一类问题。

局部择优搜索及全局择优搜索属于启发式搜索策略，搜索中要使用与问题有关的启发性信息，并以这些启发性信息指导搜索过程，可以高效地求解结构复杂的问题。

6.2.1 状态空间的一般搜索过程

一个复杂问题的状态空间一般都是十分庞大的。例如 64 阶梵塔问题（金片的数目称为梵塔问题的阶）共有 $3^{64} = 0.94 \times 10^{30}$ 个不同的状态。若把它们都存储到计算机中去，需占用巨大的存储空间，这是难以实现的。另一方面，把问题的全部状态空间都存储到计算机中也是不必要的，因为对一个确定的具体问题来说，与解题有关的状态空间往往只是整个状态空间的一部分，因此只要能生成并存储这部分状态空间就可求得问题的解。这样，不仅可以避免生成无用的状态而提高问题的求解效率，而且可以节省存储空间。但是，对一个具体问题，如何生成它所需要的部分状态空间从而实现对问题的求解呢？在人工智能中是通过运用搜索技术来解决这一问题的。其基本思想是：首先把问题的初始状态（即初始节点）作为当前状态，选择适用的算符对其进行操作，生成一组子状态（或称后继状态、后继节点、子节点），然后检查目标状态是否在其中出现。若出现，则搜索成功，找到了问题的解；若不出现，则按某种搜索策略从已生成的状态中再选一个状态作为当前状态。重复上述过程，直到目标状态出现或者不再有可供操作的状态及算符时为止。

下面列出状态空间的一般搜索过程。在此之前先对搜索过程中要用到的两个数据结构（OPEN 表与 CLOSED 表）作些简单说明。

OPEN 表用于存放刚生成的节点，其形式如表 6-1 所示。对于不同的搜索策略，节点在 OPEN 表中的排列顺序是不同的。例如对广度优先搜索，节点按生成的顺序排列，先生成的节点排在前面，后生成的排在后面。

表 6-1 OPEN 表

状 态 节 点	父 节 点

表 6-2 CLOSED 表

编 号	状 态 节 点	父 节 点

CLOSED 表用于存放将要扩展或者已扩展的节点，其形式如表 6-2 所示。所谓对一个节点进行"扩展"是指：用合适的算符对该节点进行操作，生成一组子节点。

搜索的一般过程如下：

（1）把初始节点 S_0 放入 OPEN 表，并建立目前只包含 S_0 的图，记为 G。

（2）检查 OPEN 表是否为空，若为空则问题无解，退出。

（3）把 OPEN 表的第一个节点取出放入 CLOSED 表，并记该节点为节点 n。

（4）考察节点 n 是否为目标节点。若是，则求得了问题的解，退出。

（5）扩展节点 n，生成一组子节点。把其中不是节点 n 先辈的那些子节点记作集合 M，并把这些子节点作为节点 n 的子节点加入 G 中。

(6) 针对 M 中子节点的不同情况,分别进行如下处理:

① 对于那些未曾在 G 中出现过的 M 成员设置一个指向父节点(即节点 n)的指针,并把它们放入 OPEN 表。

② 对于那些先前已在 G 中出现过的 M 成员,确定是否需要修改它指向父节点的指针。

③ 对于那些先前已在 G 中出现并且已经扩展了的 M 成员,确定是否需要修改其后继节点指向父节点的指针。

(7) 按某种搜索策略对 OPEN 表中的节点进行排序。

(8) 转第(2)步。

下面对上述过程作一些说明:

(1) 上述过程是状态空间的一般搜索过程,具有通用性,在此之后讨论的各种搜索策略都可看作是它的一个特例。各种搜索策略的主要区别是对 OPEN 表中节点排序的准则不同。例如广度优先搜索把先生成的子节点排在前面,而深度优先搜索则把后生成的子节点排在前面。

(2) 一个节点经一个算符操作后一般只生成一个子节点,但适用于一个节点的算符可能有多个,此时就会生成一组子节点。在这些子节点中可能有些是当前扩展节点(即节点 n)的父节点,祖父节点等,此时不能把这些先辈节点作为当前扩展节点的子节点。余下的子节点记作集合 M,并加入图 G 中。这就是第(5)步要说明的意思。

(3) 一个新生成的节点,它可能是第一次被生成的节点,也可能是先前已作为其它节点的后继节点被生成过,当前又作为另一个节点的后继节点被再次生成。此时,它究竟应作为哪个节点的后继节点呢? 一般由原始节点到该节点路径上所付出的代价来决定,哪条路径付出的代价小,相应的节点就作为它的父节点。现举例说明,设图 6-9 为搜索过程所形成的图,其中实心黑点代表已扩展了节点,它们位于 CLOSED 表上;空心圆圈代表未扩展的节点,它们位于 OPEN 表上;有向边旁的箭头是指向父节点的指针,它们是在第(6)步形成的。例如节点 3 是节点 2 的父节点。假设现在要扩展节点 1,并且只生成单一的后继节点 2。但是目前节点 2 已有父节点 3,即节点 2 在先前扩节点 3 时已被生成了,现在又作为节点 1 的后继节点被再次生成。此时,为确定哪一个节点作为节点 2 的父节点,需要计算路径代价。假设每条边的代价为 1,则从 S_0 经节点 1 到节点 2 的代价为 2,而从 S_0 经节点 3 到节点 2 的代价为 4,显然经节点 1 到节点 2 的代价较小,因此应修改节点 2 指向父节点的指针,让它指向节点 1,即把节点 1 作为节点 2 的父节点,不再以节点 3 作为它的父节点。另外,节点 4 既是节点 2 的后继

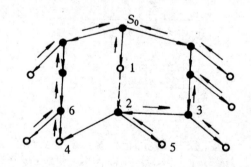

图 6-9 扩展节点 1 之前的搜索图

节点又是节点 6 的后继节点,当节点 2 以节点 3 为父节点时,由于从 S_0 经节点 2 到节点 4 的代价大于从 S_0 经节点 6 到节点 4 的代价,所以节点 4 以节点 6 为父节点。但是,经扩展节点 1 之后,从 S_0 经节点 2 到节点 4 的代价为 3,而从 S_0 经节点 6 到节点 4 的代价为 4,所以节点 4 不能再以节点 6 为父节点,而需要改为以节点 2 为父节点。此时搜索图如图 6-10 所示。这就是搜索过程第(6)步所阐述的内容。

264

(4) 通过搜索所得到的图称为搜索图,由搜索图中的所有节点及反向指针(在第(6)步形成的指向父节点的指针)所构成的集合是一棵树,称为搜索树。

(5) 在搜索过程中,一旦某个被考察的节点是目标节点(第(4)步)就得到了一个解。该解是由从初始节点到该目标节点路径上的算符构成的,而路径由第(6)步形成的反向指针指定。

(6) 如果在搜索中一直找不到目标节点,而且OPEN 表中不再有可供扩展的节点,则搜索失败,在第(2)步退出。

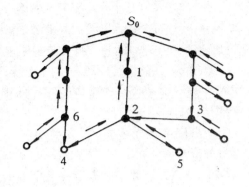

图 6-10　扩展节点 1 后的搜索图

(7) 由于盲目搜索仅适用于其状态空间是树状结构的问题,因此对盲目搜索而言,不会出现一般搜索过程第(6)步中②,③两点的问题,每个节点经扩展后生成的子节点都是第一次出现的节点,不必检查并修改指针方向。

由上述搜索过程可以看出,问题的求解过程实际上就是搜索过程,问题求解的状态空间图是通过搜索逐步形成的,边搜索边形成,而且搜索每前进一步,就要检查一下是否到达了目标状态,这样就可尽量少生成与问题求解无关的状态,既节省了存储空间,又提高了求解效率。

下面我们将具体地讨论各种搜索策略,通过这些讨论可加深对上述搜索过程的理解。

6.2.2　广度优先搜索

广度优先搜索又称为宽度优先搜索。

广度优先搜索的基本思想是:从初始节点 S_0 开始,逐层地对节点进行扩展并考察它是否为目标节点,在第 n 层的节点没有全部扩展并考察之前,不对第 $n+1$ 层的节点进行扩展。OPEN 表中的节点总是按进入的先后顺序排列,先进入的节点排在前面,后进入的排在后面。其搜索过程如下:

(1) 把初始节点 S_0 放入 OPEN 表。

(2) 如果 OPEN 表为空,则问题无解,退出。

(3) 把 OPEN 表的第一个节点(记为节点 n)取出放入 CLOSED 表。

(4) 考察节点 n 是否为目标节点。若是,则求得了问题的解,退出。

(5) 若节点 n 不可扩展,则转第(2)步。

(6) 扩展节点 n,将其子节点放入 OPEN 表的尾部,并为每一个子节点都配置指向父节点的指针,然后转第(2)步。

该搜索过程可用图 6-11 表示其工作流程。

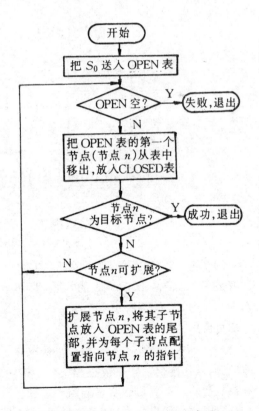

图 6-11　广度优先搜索流程示意图

265

例 6.3 设有三个大小不等的圆盘 A，B，C 套在一根轴上，每个圆盘上都标有数字 1，2，3，4，并且每个圆盘都可独立地绕轴做逆时针转动，每次转动 90°，其初始状态 S_0 和目标状态 S_g 如图 6-12 所示，用广度优先搜索求出从 S_0 到 S_g 的路径。

设用 q_A，q_B，q_C，分别表示把 A 盘，B 盘及 C 盘转动 90°，这些操作(算符)的排列顺序是 q_A，q_B，q_C。

应用广度优先搜索，可得到如图 6-13 所示的搜索树。其中，对重复出现的状态不再画出，节点旁的数字为该节点被考察的顺序号。

由图 6-13 可以看出，从初始状态 S_0 到目标状态 S_g 的路径是

$$S_0 \rightarrow 2 \rightarrow 5 \rightarrow 13\ (S_g)$$

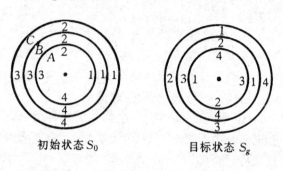

初始状态 S_0 目标状态 S_g

图 6-12 圆盘问题

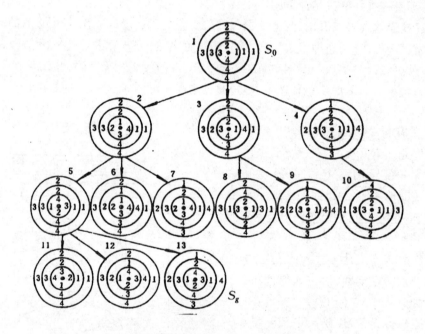

图 6-13 圆盘问题的广度优先搜索

例 6.4 重排九宫问题。在 3×3 的方格棋盘上放置分别标有数字 1,2,3,4,5,6,7,8 的八张牌，初始状态为 S_0，目标状态为 S_g，如图 6-14 所示。

可使用的算符有：

空格左移，空格上移，空格右移，空格下移

即，它们只允许把位于空格左，上，右，下边的牌移入空格。要求寻找从初始状态到目标状态的路径。

应用广度优先搜索，可得到如图 6-15 所示的搜索树。

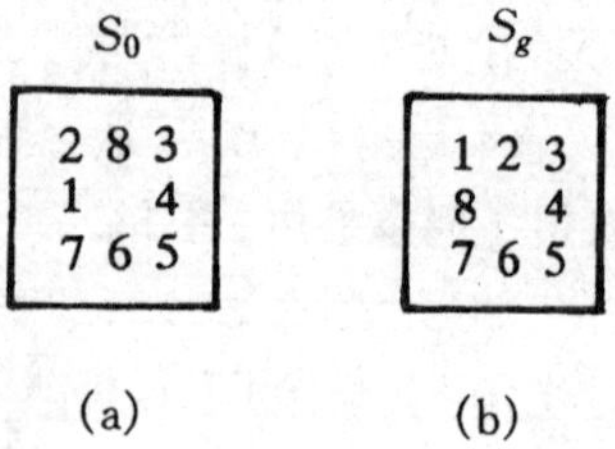

$$
\begin{array}{ccc}
S_0 & & S_g \\
\begin{array}{ccc} 2 & 8 & 3 \\ 1 & & 4 \\ 7 & 6 & 5 \end{array} & &
\begin{array}{ccc} 1 & 2 & 3 \\ 8 & & 4 \\ 7 & 6 & 5 \end{array} \\
(a) & & (b)
\end{array}
$$

图 6-14 重排九宫问题
(a) 初始状态；(b) 目标状态

266

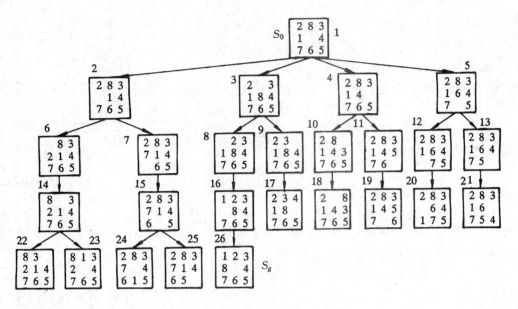

图 6-15　重排九宫的广度优先搜索

由图 6-15 可以看出,解的路径是

$$S_0 \rightarrow 3 \rightarrow 8 \rightarrow 16 \rightarrow 26$$

广度优先搜索的盲目性较大,当目标节点距离初始节点较远时将会产生许多无用节点,搜索效率低,这是它的缺点。但是,只要问题有解,用广度优先搜索总可以得到解,而且得到的是路径最短的解,这是它的优点。

6.2.3　深度优先搜索

深度优先搜索的基本思想是:从初始节点 S_0 开始,在其子节点中选择一个节点进行考察,若不是目标节点,则再在该子节点的子节点中选择一个节点进行考察,一直如此向下搜索。当到达某个子节点,且该子节点既不是目标节点又不能继续扩展时,才选择其兄弟节点进行考察。其搜索过程如下:

(1) 把初始节点 S_0 放入 OPEN 表。

(2) 如果 OPEN 表为空,则问题无解,退出。

(3) 把 OPEN 表的第一个节点(记为节点 n)取出放入 CLOSED 表。

(4) 考察节点 n 是否为目标节点。若是,则求得了问题的解,退出。

(5) 若节点 n 不可扩展,则转第(2)步。

(6) 扩展节点 n,将其子节点放入到 OPEN 表的首部,并为其配置指向父节点的指针,然后转第(2)步。

该过程与广度优先搜索的唯一区别是:广度优先搜索是将节点 n 的子节点放入到 OPEN 表的尾部,而深度优先搜索是把节点 n 的子节点放入到 OPEN 表的首部。仅此一点不同,就使得搜索的路线完全不一样。

例 6.5　对图 6-14 所示的重排九宫问题进行深度优先搜索,可得到图 6-16 所示的搜索树。这只是搜索树的一部分,尚未到达目标节点,仍可继续往下搜索。

在深度优先搜索中,搜索一旦进入某个分支,就将沿着该分支一直向下搜索。如果目标节点恰好在此分支上,则可较快地得到解。但是,如果目标节点不在此分支上,而该分支又是一个无穷分支,则就不可能得到解。所以深度优先搜索是不完备的,即使问题有解,它也不一定能求得解。

另外,用深度优先搜索求得的解,不一定是路径最短的解,其道理是显然的。

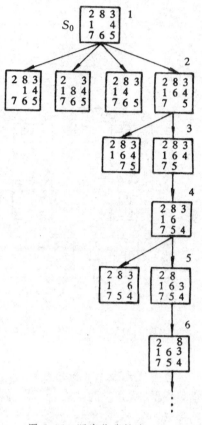

图 6-16　深度优先搜索

6.2.4　有界深度优先搜索

为了解决深度优先搜索不完备的问题,避免搜索过程陷入无穷分支的死循环,提出了有界深度优先搜索方法。有界深度优先搜索的基本思想是:对深度优先搜索引入搜索深度的界限(设为 d_m),当搜索深度达到了深度界限,而尚未出现目标节点时,就换一个分支进行搜索。

有界深度优先搜索的搜索过程为:

(1) 把初始节点 S_0 放入 OPEN 表中,置 S_0 的深度 $d(S_0)=0$。

(2) 如果 OPEN 表为空,则问题无解,退出。

(3) 把 OPEN 表中的第一个节点(记为节点 n)取出放入 CLOSED 表。

(4) 考察节点 n 是否为目标节点。若是,则求得了问题的解,退出。

(5) 如果节点 n 的深度 $d($节点 $n)=d_m$,则转第(2)步。

(6) 若节点 n 不可扩展,则转第(2)步。

(7) 扩展节点 n,将其子节点放入 OPEN 表的首部,并为其配置指向父节点的指针。然后转第(2)步。

如果问题有解,且其路径长度≤d_m,则上述搜索过程一定能求得解。但是,若解的路径长度>d_m,则上述搜索过程就得不到解。这说明在有界深度优先搜索中,深度界限的选择是很重要的。但这并不是说深度界限越大越好,因为当 d_m 太大时,搜索时将产生许多无用的子节点,既浪费了计算机的存储空间与时间,又降低了搜索效率。

由于解的路径长度事先难以预料,所以要恰当地给出 d_m 的值是比较困难的。另外,即使能求出解,它也不一定是最优解。为此,可采用下述办法进行改进:先任意给定一个较小的数作为 d_m,然后进行上述的有界深度优先搜索,当搜索达到了指定的深度界限 d_m 仍未发现目标节点,并且 CLOSED 表中仍有待扩展节点时,就将这些节点送回 OPEN 表,同时增大深度界限 d_m,继续向下搜索。如此不断地增大 d_m,只要问题有解,就一定可以找到它。但此时找到的解不一定是最优解。为找到最优解,可增设一个表(R),每找到一个目标节点 S_g 后,就把它放入到 R 的前面,并令 d_m 等于该目标节点所对应的路径长度,然后继续搜索。由于后求得的解的路径长度不会超过先求得的解的路径长度,所以最后求得的解一定是最优解。

268

求最优解的有界深度优先搜索过程如图 6-17 所示。其中 S_g 是目标节点，S_g^* 是距离 S_0 最近的目标节点。

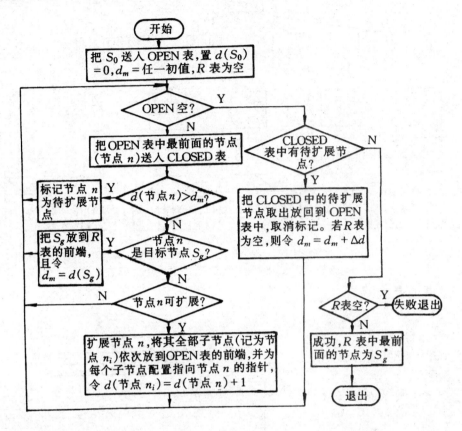

图 6-17　求最优解的有界深度优先搜索流程示意图

例 6.6　设深度界度 $d_m = 4$，用有界深度优先搜索方法求解图 6-14 所示的重排九宫问题。其搜索树如图 6-18 所示，解的路径是

$$S_0 \rightarrow 20 \rightarrow 25 \rightarrow 26 \rightarrow 28\,(S_g)$$

6.2.5　代价树的广度优先搜索

在上面的讨论中，都没有考虑搜索的代价问题，当时假设图中各边的代价都相同，且都为一个单位量。因此只是用路径长度来代表路径的代价。事实上，图中各边的代价是不可能完全一样的。这一段和下一段(即 6.2.6)将把边的代价考虑进去，研究其搜索方法。

边上标有代价(或费用)的树称为代价树。

在代价树中，若用 $g(x)$ 表示从初始节点 S_0 到节点 x 的代价，用 $c(x_1, x_2)$ 表示从父节点 x_1 到子节点 x_2 的代价，则有：

$$g(x_2) = g(x_1) + c(x_1, x_2)$$

代价树广度优先搜索的基本思想是：每次从 OPEN 表中选择节点往 CLOSED 表传送时，总是选择其代价为最小的节点。也就是说，OPEN 表中的节点在任一时刻都是按其代价从小至大排序的，代价小的节点排在前面，代价大的节点排在后面，而不管节点在代价树中处于什

269

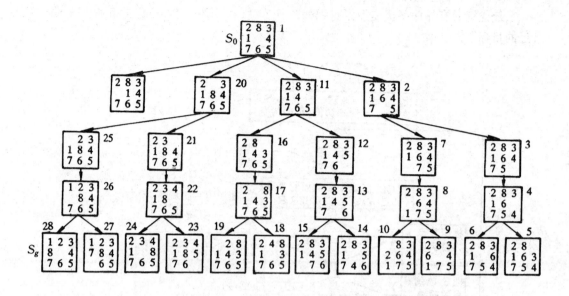

图 6-18 有界深度优先搜索

么位置上。其搜索过程如下：

（1）把初始节点 S_0 放入 OPEN 表，令 $g(S_0)=0$。

（2）如果 OPEN 表为空，则问题无解，退出。

（3）把 OPEN 表的第一个节点（记为节点 n）取出放入 CLOSED 表。

（4）考察节点 n 是否为目标节点。若是，则求得了问题的解，退出。

（5）若节点 n 不可扩展，则转第（2）步。

（6）扩展节点 n，将其子节点放入 OPEN 表中，且为其配置指向父节点的指针；计算各子节点的代价，并按各节点的代价对 OPEN 表中的全部节点进行排序（按从小到大的顺序），然后转第（2）步。

该搜索过程可用图 6-19 表示其工作流程。

如果问题有解，该搜索过程一定可以求得它，并且求出的是最优

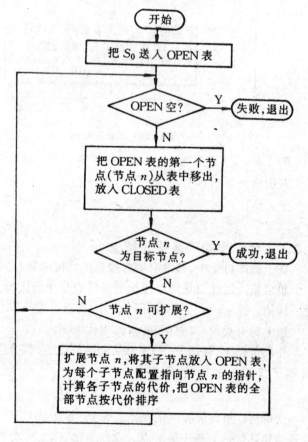

图 6-19 代价树广度优先搜索流程示意图

270

解。

例 6.7　图 6-20 是五城市间的交通路线图，A 城市是出发地，E 城市是目的地，两城市间的交通费用(代价)如图中数字所示。求从 A 到 E 的最小费用交通路线。

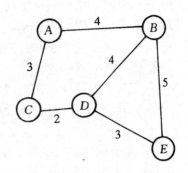

图 6-20　交通图

为了应用代价树的广度优先搜索方法求解此问题，需先将交通图转换为代价树，如图 6-21 所示。转换的方法是：从起始节点 A 开始，把与它直接相邻的节点作为它的子节点。对其它节点也做相同的处理。但若一个节点已作为某节点的直系先辈节点时，就不能再作为这个节点的子节点。例如，与节点 C 相邻的节点有 A 与 D，但因 A 已作为 C 的父节点在代价树中出现了，所以它不能再作为 C 的子节点。另外，图中的节点除起始节点 A 外，其它节点都可能要在代价树中出现多次，为区分它的多次出现，分别用下标 $1,2,\cdots$ 标出，其实它们都是图中的同一节点。例如 E_1，E_2，E_3，E_4 都是图中的节点 E。

对此代价树进行代价树的广度优先搜索，可得到最优解为

$$A \rightarrow C_1 \rightarrow D_1 \rightarrow E_2$$

代价为 8。由此可知从 A 城市到 E 城市的最小费用路线为

$$A \rightarrow C \rightarrow D \rightarrow E$$

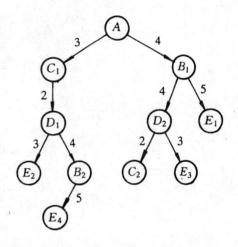

6.2.6　代价树的深度优先搜索

图 6-21　交通图的代价树

在代价树的广度优先搜索中，每次都是从 OPEN 表的全体节点中选择一个代价最小的节点送入 CLOSED 表进行考察，而代价树的深度优先搜索是从刚扩展出的子节点中选一个代价最小的节点送入 CLOSED 表进行考察。例如，在图 6-21 所示的代价树中，首先对 A 进行扩展，得到 C_1 及 B_1，由于 C_1 的代价小于 B_1 的代价，所以首先把 C_1 送入 CLOSED 表进行考察。此时代价树的广度优先搜索与代价树的深度优先搜索是一致的。但往下继续进行时，两者就不一样了。对 C_1 进行扩展得到 D_1，D_1 的代价为 5。此时 OPEN 表中有 B_1 与 D_1，B_1 的代价为 4。若按代价树的广度优先搜索方法进行搜索，应选 B_1 送入 CLOSED 表，但按代价树的深度优先搜索方法，则应选 D_1 送入 CLOSED 表。D_1 扩展后，再选 E_2，到达了目标节点。所以，按代价树的深度优先搜索方法，得到的解是

$$A \rightarrow C_1 \rightarrow D_1 \rightarrow E_2$$

代价为 8。这与例 6.7 得到的结果相同，但这只是巧合，一般情况下这两种方法得到的结果不一定相同。另外，由于代价树的深度优先搜索有可能进入无穷分支路径，因此它是不完备的。

下面列出代价树深度优先搜索的过程。

(1) 把初始节点 S_0 放入 OPEN 表中。

(2) 如果 OPEN 表为空,则问题无解,退出。

(3) 把 OPEN 表的第一个节点(记为节点 n)取出放入 CLOSED 表。

(4) 考察节点 n 是否为目标节点。若是,则求得了问题的解,退出。

(5) 若节点 n 不可扩展,则转第(2)步。

(6) 扩展节点 n,将其子节点按边代价从小到大的顺序放到 OPEN 表的首部,并为各子节点配置指向父节点的指针,然后转第(2)步。

在第(6)步中提到按"边代价"对子节点排序,这是因为子节点 x_2 的代价 $g(x_2)$ 为

$$g(x_2) = g(x_1) + c(x_1, x_2)$$

其中,x_1 为 x_2 的父节点。由于在代价树的深度优先搜索中,只是从子节点中选取代价最小者,因此对各子节点代价的比较实质上是对边代价 c 的比较,它们的父节点都是 x_1,有相同的 $g(x_1)$。

该搜索过程可用图 6-22 表示其工作流程。

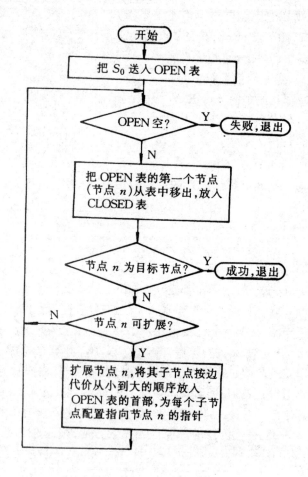

图 6-22 代价树深度优先搜索流程示意图

6.2.7 启发式搜索

前面讨论的各种搜索方法都是非启发式搜索,它们或者是按事先规定的路线进行搜索,或

272

者是按已经付出的代价决定下一步要搜索的节点。例如广度优先搜索是按"层"进行搜索的，先进入 OPEN 表的节点先被考察；深度优先搜索是沿着纵深方向进行搜索的，后进入 OPEN 表的节点先被考察；代价树的广度优先搜索是根据 OPEN 表中全体节点已付出的代价（即从初始节点到该节点路径上的代价）来决定哪一个节点先被考察；而代价树的深度优先搜索是在当前节点的子节点中挑选代价最小的节点作为下一个被考察的节点。它们的一个共同特点是都没有利用问题本身的特性信息，在决定要被扩展的节点时，都没有考虑该节点在解的路径上的可能性有多大，它是否有利于问题求解以及求出的解是否为最优解等。因此这些搜索方法都具有较大的盲目性，产生的无用节点较多，搜索空间较大，效率不高。为克服这些局限性可用启发式搜索。

启发式搜索要用到问题自身的某些特性信息，以指导搜索朝着最有希望的方向前进。由于这种搜索针对性较强，因而原则上只需要搜索问题的部分状态空间，效率较高。

1. 启发性信息与估价函数

在搜索过程中，关键的一步是如何确定下一个要考察的节点，确定的方法不同就形成了不同的搜索策略。如果在确定节点时能充分利用与问题求解有关的特性信息，估计出节点的重要性，就能在搜索时选择重要性较高的节点，以利于求得最优解。像这样可用于指导搜索过程，且与具体问题求解有关的控制性信息称为启发性信息。

用于估价节点重要性的函数称为估价函数。其一般形式为：

$$f(x) = g(x) + h(x)$$

其中 $g(x)$ 为从初始节点 S_0 到节点 x 已经实际付出的代价；$h(x)$ 是从节点 x 到目标节点 S_g 的最优路径的估计代价，它体现了问题的启发性信息，其形式要根据问题的特性确定。例如，它可以是节点 x 到目标节点的距离，也可以是节点 x 处于最优路径上的概率等等。$h(x)$ 称为启发函数。

估价函数 $f(x)$ 表示从初始节点经过节点 x 到达目标节点的最优路径的代价估计值，它的作用是估价 OPEN 表中各节点的重要程度，决定它们在 OPEN 表中的次序。其中 $g(x)$ 指出了搜索的横向趋势，它有利于搜索的完备性，但影响搜索的效率。如果我们只关心到达目标节点的路径，并且希望有较高的搜索效率，则 $g(x)$ 可以忽略，但此时会影响搜索的完备性。因此，在确定 $f(x)$ 时，要权衡各种利弊得失，使 $g(x)$ 与 $h(x)$ 各占适当的比重。

例 6.8 设有如下结构的移动将牌游戏：

B	B	B	W	W	W	E

其中，B 代表黑色将牌；W 代表白色将牌；E 代表该位置为空。该游戏的玩法是：

（1）当一个将牌移入相邻的空位置时，费用为一个单位。

（2）一个将牌至多可跳过两个将牌进入空位置，其费用等于跳过的将牌数加 1。

要求把所有的 B 都移至所有 W 的右边，请设计估价函数中的 $h(x)$。

根据要求可知，W 左边的 B 越少越接近目标，因此可用 W 左边 B 的个数作为 $h(x)$，即

$$h(x) = 3 \times (每个 \ W \ 左边 \ B \ 个数的总和)$$

这里乘以系数 3 是为了扩大 $h(x)$ 在 $f(x)$ 中的比重。例如，对于

B	E	B	W	W	B	W

则有

$$h(x) = 3 \times (2 + 2 + 3) = 21$$

2. 局部择优搜索

局部择优搜索是一种启发式搜索方法,是对深度优先搜索方法的一种改进。其基本思想是:当一个节点被扩展以后,按 $f(x)$ 对每一个子节点计算估价值,并选择最小者作为下一个要考察的节点,由于它每次都只是在子节点的范围内选择下一下要考察的节点,范围比较狭窄,所以称为局部择优搜索,下面给出它的搜索过程。

(1) 把初始节点 S_0 放入 OPEN 表,计算 $f(S_0)$。

(2) 如果 OPEN 表为空,则问题无解,退出。

(3) 把 OPEN 表的第一个节点(记为节点 n)取出放入 CLOSED 表。

(4) 考察节点 n 是否为目标节点。若是,则求得了问题的解,退出。

(5) 若节点 n 不可扩展,则转第(2)步。

(6) 扩展节点 n,用估价函数 $f(x)$ 计算每个子节点的估价值,并按估价值从小到大的顺序依次放到 OPEN 表的首部,为每个子节点配置指向父节点的指针。然后转第(2)步。

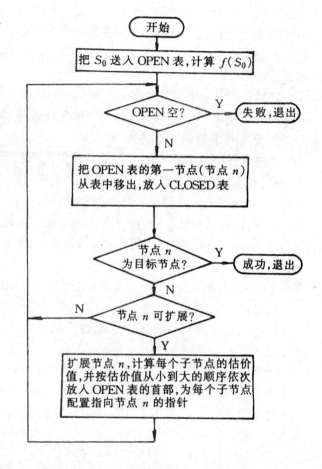

图 6-23 局部择优搜索流程示意图

上述搜索过程可用图 6-23 表示其工作流程。

深度优先搜索、代价树的深度优先搜索以及局部择优搜索都是以子节点作为考察范围的,这是它们的共同处。不同的是它们选择节点的标准不一样:深度优先搜索以子节点的深度作为选择标准,后生成的子节点先被考察;代价树深度优先搜索以各子节点到父节点的代价作为选择标准,代价小者优先被选择;局部择优搜索以估价函数的值作为选择标准,哪一个子节点的 f 值最小就优先被选择。另外,在局部择优搜索中,若令 $f(x) = g(x)$,则局部择优搜索就成为代价树的深度优先搜索;若令 $f(x) = d(x)$,这里 $d(x)$ 表示节点 x 的深度,则局部择优搜索就成为深度优先搜索。所以深度优先搜索和代价树的深度优先搜索可看作局部择优搜索的两个特例。

3. 全局择优搜索

每当要选择一个节点进行考察时,局部择优搜索只是从刚生成的子点节中进行选择,选择的范围比较狭窄,因而又提出了全局择优搜索方法。按这种方法搜索时,每次总是从 OPEN 表的全体节点中选择一个估价值最小的节点。其搜索过程如下:

(1) 把初始节点 S_0 放入 OPEN 表,计算 $f(S_0)$。

(2) 如果 OPEN 表为空,则搜索失败,退出。

(3) 把 OPEN 表中的第一个节点(记为节点 n)从表中移出放入 CLOSED 表。

(4) 考察节点 n 是否为目标节点。若是,则求得了问题的解,退出。

(5) 若节点 n 不可扩展,则转第(2)步。

(6) 扩展节点 n,用估价函数 $f(x)$ 计算每个子节点的估价值,并为每个子节点配置指向父节点的指针,把这些子节点都送入 OPEN 表中,然后对 OPEN 表中的全部节点按估价值从小至大的顺序进行排序。

(7) 转第(2)步。

比较全局择优搜索与局部择优搜索的搜索过程可以看出,它们的区别仅在于第(6)步,因此只要把全局择优搜索的第(6)步填入局部择优搜索流程图的最后一框,就可得到全局择优搜索的流程图,这里不再给出。

在全局择优搜索中,如果 $f(x) = g(x)$,则它就成为代价树的广度优先搜索;如果 $f(x) = d(x)$(这里 $d(x)$ 表示节点 x 的深度),则它就成为广度优先搜索。所以广度优先搜索与代价树的广度优先搜索是全局择优搜索的两个特例。

例 6.9 用全局择优搜索求解重排九宫问题,其初始状态和目标状态仍如图 6-14 所示。

设估价函数为
$$f(x) = d(x) + h(x)$$
其中,$d(x)$ 表示节点 x 的深度,$h(x)$ 表示节点 x 的格局与目标节点格局不相同的牌数。搜索树如图 6-24 所示。

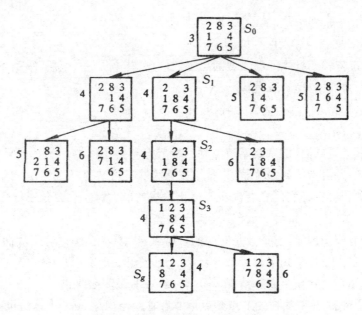

图 6-24　重排九宫问题的全局择优搜索树

图 6-24 中节点旁的数字为该节点的估价值。

该问题的解为：

$$S_0 \rightarrow S_1 \rightarrow S_2 \rightarrow S_3 \rightarrow S_g$$

在启发式搜索中,估价函数的定义是十分重要的,如定义不当,则上述搜索算法不一定能找到问题的解,即使找到解,也不一定是最优的。为此,需要对估价函数进行某些限制。下面我们以 A^* 算法为例,说明对估价函数进行限制的方法。

6.2.8 A^* 算法

如果使 6.2.1 中给出的一般搜索过程满足如下限制,则它就成为 A^* 算法:

(1) 把 OPEN 表中的节点按估价函数

$$f(x) = g(x) + h(x)$$

的值从小至大进行排序(一般搜索过程的第(7)步)。

(2) $g(x)$ 是对 $g^*(x)$ 的估计,$g(x) > 0$。

(3) $h(x)$ 是 $h^*(x)$ 的下界,即对所有的 x 均有:

$$h(x) \leqslant h^*(x)$$

其中 $g^*(x)$ 是从初始节点 S_0 到节点 x 的最小代价;$h^*(x)$ 是从节点 x 到目标节点的最小代价,若有多个目标节点,则为其中最小的一个。

在 A^* 算法中,$g(x)$ 比较容易得到,它实际上就是从初始节点 S_0 到节点 x 的路径代价,恒有 $g(x) \geqslant g^*(x)$,而且在算法执行过程中随着更多搜索信息的获得,$g(x)$ 的值呈下降的趋势。例如在图 6-25 中,从节点 S_0 开始,经扩展得到 x_1 与 x_2,且

$$g(x_1) = 3, \qquad g(x_2) = 7$$

对 x_1 扩展后得到 x_2 与 x_3,此时

$$g(x_2) = 6, \qquad g(x_3) = 5$$

显然,后来算出的 $g(x_2)$ 比先前算出的小。

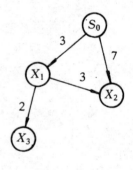

图 6-25 $g(x)$ 的计算

$h(x)$ 的确定依赖于具体问题领域的启发性信息,其中 $h(x) \leqslant h^*(x)$ 的限制是十分重要的,它可保证 A^* 算法能找到最优解。

下面我们来讨论 A^* 算法的有关特性。

1. A^* 算法可纳性

对于可解状态空间图(即从初始节点到目标节点有路径存在)来说,如果一个搜索算法能在有限步内终止,并且能找到最优解,则称该搜索算法是可纳的。

A^* 算法是可纳的,即它能在有限步内终止并找到最优解。下面分三步证明这一结论。

(1) 对于有限图,A^* 算法一定会在有限步内终止。

证明:对于有限图,其节点个数是有限的。所以 A^* 算法在经过若干次循环之后只可能出现两种情况:或者由于搜索到了目标节点在第(4)步终止;或者由于 OPEN 表中的节点被取完而在第(2)步终止。不管发生哪种情况,A^* 算法都在有限步内终止了。

(2) 对于无限图,只要从初始节点到目标节点有路径存在,则 A^* 算法也必然会终止。

276

证明：该证明分两步进行。第一步先证明在 A^* 算法结束之前，OPEN 表中总存在节点 x'，它是最优路径上的一个节点，且满足

$$f(x') \leqslant f^*(S_0)$$

设最优路径是

$$S_0, x_1, x_2, \cdots, x_m, S_g^*$$

由于 A^* 算法中的 $h(x)$ 满足

$$h(x) \leqslant h^*(x)$$

所以 $f(S_0), f(x_1), f(x_2), \cdots, f(x_m)$ 均不大于 $f(S_g^*)$，$f(S_g^*) = f^*(S_0)$。

又因为 A^* 算法是全局择优的，所以在它结束之前，OPEN 表中一定含有 $S_0, x_1, x_2, \cdots, x_m, S_g^*$ 中的一些节点，设 x' 是其中最前面的一个，则它必然满足

$$f(x') \leqslant f^*(S_0)$$

至此，第一步证明结束。

现在来进行第二步的证明。这一步用反证法，即假设 A^* 算法不终止，则会得出与上一步矛盾的结论，从而说明 A^* 算法一定会终止。

假设 A^* 算法不终止，并设 e 是图中各条边的最小代价，$d^*(x_n)$ 是从 S_0 到节点 x_n 的最短路径长度，则显然有

$$g^*(x_n) \geqslant d^*(x_n) \times e$$

又因为 $g(x_n) \geqslant g^*(x_n)$，所以有

$$g(x_n) \geqslant d^*(x_n) \times e$$

因为 $h(x_n) \geqslant 0$，$f(x_n) \geqslant g(x_n)$，故得到

$$f(x_n) \geqslant d^*(x_n) \times e$$

由于 A^* 算法不终止，随着搜索的进行，$d^*(x_n)$ 会无限增大，从而使 $f(x_n)$ 也无限增大。这就与上一步证明得出的结论矛盾，因为对可解状态空间来说，$f^*(S_0)$ 一定是有限值。

所以，只要从初始节点到目标节点有路径存在，即使对于无限图，A^* 算法也一定会终止。

(3) A^* 算法一定终止在最优路径上

证明：假设 A^* 算法不是在最优路径上终止，而是在某个目标节点 t 处终止，即 A^* 算法未能找到一条最优路径，则

$$f(t) = g(t) > f^*(S_0)$$

但由(2)的证明可知，在 A^* 算法结束之前，OPEN 表中存在节点 x'，它在最优路径上，且满足

$$f(x') \leqslant f^*(S_0)$$

此时，A^* 算法一定会选择 x' 来扩展而不会选择 t，这就与假设矛盾。所以，A^* 算法一定终止在最优路径上。

根据可纳性的定义及以上证明可知 A^* 算法是可纳的。同时由上面的证明还可得知：A^* 算法选择扩展的任何一个节点 x 都满足如下性质：

$$f(x) \leqslant f^*(S_0)$$

2. A^* 算法的最优性

A^* 算法的搜索效率在很大程度上取决于 $h(x)$，在满足 $h(x) \leqslant h^*(x)$ 的前提下，$h(x)$ 的值越大越好。$h(x)$ 的值越大，表明它携带的启发性信息越多，搜索时扩展的节点数越少，搜

索的效率越高。

设 $f_1(x)$ 与 $f_2(x)$ 是对同一问题的两个估价函数：

$$f_1(x) = g_1(x) + h_1(x)$$
$$f_2(x) = g_2(x) + h_2(x)$$

A_1^* 与 A_2^* 分别是以 $f_1(x)$ 及 $f_2(x)$ 为估价函数的 A^* 算法，且设对所有非目标节点 x 均有

$$h_1(x) < h_2(x)$$

在此情况下，我们将证明 A_1^* 扩展的节点数不会比 A_2^* 扩展的节点数少。即 A_2^* 扩展的节点集是 A_1^* 扩展的节点集的子集。用归纳法证明如下。

设 K 表示搜索树的深度。当 $K=0$ 时，结论显然成立。因为若初始状态就是目标状态，则 A_1^* 与 A_2^* 都无须扩展任何节点；若初始状态不是目标状态，它们都要对初始节点进行扩展，此时 A_1^* 与 A_2^* 扩展的节点数是相同的。

设当搜索树的深度为 $K-1$ 时结论成立，即凡 A_2^* 扩展了的前 $K-1$ 代节点，A_1^* 也都扩展了。此时，只要证明 A_2^* 扩展的第 K 代的任一节点 x_k 也被 A_1^* 扩展就可以了。

由假设可知，A_2^* 扩展的前 $K-1$ 代节点 A_1^* 也都扩展了，因此在 A_1^* 搜索树中有一条从初始节点 S_0 到 x_k 的路径，其费用不会比 A_2^* 搜索树中从 S_0 到 x_k 的费用更大，即

$$g_1(x_k) \leqslant g_2(x_k)$$

假设 A_1^* 不扩展节点 x_k，这表示 A_1^* 能找到另一个具有更小估价值的节点进行扩展并找到最优解，此时有

$$f_1(x_k) \geqslant f^*(S_0)$$

即

$$g_1(x_k) + h_1(x_k) \geqslant f^*(S_0)$$

应用关系式 $g_1(x_k) \leqslant g_2(x_k)$ 到上列不等式中，得到

$$h_1(x_k) \geqslant f^*(S_0) - g_2(x_k)$$

由于 $h_2(x_k) = f^*(S_0) - g_2(x_k)$，所以得到

$$h_1(x_k) \geqslant h_2(x_k)$$

这与我们最初的假设 $h_1(x) < h_2(x)$ 是矛盾的。

由此可得出"A_1^* 所扩展的节点数不会比 A_2^* 扩展的节点数少"这一结论是正确的。即，启发函数所携带的启发性信息越多，搜索时扩展的节点数越少，搜索效率越高。

3. $h(x)$ 的单调性限制

在 A^* 算法中，每当要扩展一个节点时都要先检查其子节点是否已在 OPEN 表或 COLSED 表中，有时还需要调整指向父节点的指针，这就增加了搜索的代价。如果对启发函数 $h(x)$ 加上单调性限制，就可减少检查及调整的工作量，从而减少搜索代价。

所谓单调性限制是指 $h(x)$ 满足如下两个条件：

(1) $h(S_g) = 0$；

(2) 设 x_j 是节点 x_i 的任意子节点，则有

$$h(x_i) - h(x_j) \leqslant c(x_i, x_j)$$

其中，S_g 是目标节点；$c(x_i, x_j)$ 是节点 x_i 到其子节点 x_j 的边代价。

若把上述不等式改写为如下形式：

$$h(x_i) \leqslant h(x_j) + c(x_i, x_j)$$

就可看出节点 x_i 到目标节点最优费用的估价不会超过从 x_i 到其子节点 x_j 的边代价加上从 x_j 到目标节点最优费用的估价。

可以证明，当 A^* 算法的启发函数 $h(x)$ 满足单调限制时，可得到如下两个结论：

(1) 若 A^* 算法选择节点 x_n 进行扩展，则

$$g(x_n) = g^*(x_n)$$

(2) 由 A^* 算法所扩展的节点序列其 f 值是非递减的。

这两个结论都是在 $h(x)$ 满足单调限制时才成立的。否则，它们不一定成立。例如对于第(2)个结论，当 $h(x)$ 不满足单调限制时，有可能某个要扩展的节点比以前扩展的节点具有较小的 f 值。

6.3　与/或树的搜索策略

与状态空间法类似，与/或树表示法也是通过搜索实现问题求解的。其搜索策略也分为盲目搜索与启发式搜索两大类。下面讨论的广度优先搜索及深度优先搜索都属于盲目搜索策略，而有序搜索及搏奕树搜索属于启发式搜索策略。

本节首先给出与/或树的一般搜索过程，然后再讨论各种搜索策略。

6.3.1　与/或树的一般搜索过程

用与/或树方法求解问题时，首先要定义问题的描述方法及分解或变换问题的算符，然后就可用它们通过搜索生成与/或树，从而求得原始问题的解。

在 6.1.3 曾讨论了可解节点及不可解节点的概念。由此可以看出一个节点是否为可解节点是由它的子节点确定的。对于一个"与"节点，只有当其子节点全部为可解节点时，它才为可解节点，只要子节点中有一个为不可解节点，它就是不可解节点；对与一个"或"节点，只要子节点中有一个是可解节点，它就是可解节点，只有当全部子节点都是不可解节点时，它才是不可解节点。像这样由可解子节点来确定父节点、祖父节点等为可解节点的过程称为可解标示过程；由不可解子节点来确定其父节点、祖父节点等为不可解节点的过程称为不可解标示过程。在与/或树的搜索过程中将反复使用这两个过程，直到初始节点(即原始问题)被标示为可解或不可解节点为止。

下面给出与/或树的一般搜索过程：

(1) 把原始问题作为初始节点 S_0，并把它作为当前节点。

(2) 应用分解或等价变换算符对当前节点进行扩展。

(3) 为每个子节点设置指向父节点的指针。

(4) 选择合适的子节点作为当前节点，反复执行第(2)步和第(3)步，在此期间要多次调用可解标示过程和不可解标示过程，直到初始节点被标示为可解节点或不可解节点为止。

由这个搜索过程所形成的节点和指针结构称为搜索树。

与/或树搜索的目标是寻找解树，从而求得原始问题的解。如果在搜索的某一时刻，通过可解标示过程可确定初始节点是可解的，则由此初始节点及其下属的可解节点就构成了解树。

如果在某时刻被选为扩展的节点不可扩展,并且它不是终止节点,则此节点就是不可解节点。此时可应用不可解标示过程确定初始节点是否为不可解节点,如果可以肯定初始节点是不可解的,则搜索失败;否则继续扩展节点。

可解与不可解标示过程都是自下而上进行的,即由子节点的可解性确定父节点的可解性。由于与/或树搜索的目标是寻找解树,因此,如果已确定某个节点为可解节点,则其不可解的后裔节点就不再有用,可从搜索树中删去;同样,如果已确定某个节点是不可解节点,则其全部后裔节点都不再有用,可从搜索树中删去,但当前这个不可解节点还不能删去,因为在判断其先辈节点的可解性时还要用到它。这是与/或树搜索的两个特有的性质,可用来提高搜索效率。

6.3.2 与/或树的广度优先搜索

与/或树的广度优先搜索与状态空间的广度优先搜索类似,也是按照"先产生的节点先扩展"的原则进行搜索,只是在搜索过程中要多次调用可解标示过程和不可解标示过程。其搜索过程如下:

(1) 把初始节点 S_0 放入 OPEN 表。

(2) 把 OPEN 表中的第一个节点(记为节点 n)取出放入 CLOSED 表。

(3) 如果节点 n 可扩展,则做下列工作。

① 扩展节点 n,将其子节点放入 OPEN 表的尾部,并为每个子节点配置指向父节点的指针,以备标示过程使用。

② 考察这些子节点中有否终止节点。若有,则标示这些终止节点为可解节点,并应用可解标示过程对其父节点、祖父节点等先辈节点中的可解节点进行标示。如果初始节点 S_0 也被标示为可解节点,就得到了解树,搜索成功,退出搜索过程;如果不能确定 S_0 为可解节点,则从 OPEN 表中删去具有可解先辈的节点。

③ 转第(2)步。

(4) 如果节点 n 不可扩展,则做下列工作:

① 标示节点 n 为不可解节点。

② 应用不可解标示过程对节点 n 的先辈节点中不可解的节点进行标示。如果初始节点 S_0 也被标示为不可解节点,则搜索失败,表明原始问题无解,退出搜索过程;如果不能确定 S_0 为不可解节点,则从 OPEN 表中删去具有不可解先辈的节点。

③ 转第(2)步。

上述过程可用图 6-26 表示其工作流程。

例 6.10 设有如图 6-27 所示的与/或树,节点按图中所标注的顺序号进行扩展。其中标有 t_1, t_2, t_3, t_4 的节点均为终止节点,A 和 B 为不可解的端节点。

搜索过程为:

(1) 首先扩展 1 号节点,得到 2 号节点和 3 号节点,由于这两个子节点均不是终止节点,所以接着扩展 2 号节点。此时 OPEN 表中只剩下 3 号节点。

(2) 扩展 2 号节点后,得到 4 号节点和 t_1 节点。此时 OPEN 表中的节点有:3 号节点、4 号节点及 t_1 节点。由于 t_1 是终止节点,则标示它为可解节点,并应用可解标示过程,对其先辈节点中的可解节点进行标示。在此例中,t_1 的父节点是一个"与"节点,因此仅由 t_1 可解尚不能确定 2 号节点是否为可解节点。所以继续搜索,下一步扩展的是 3 号节点。

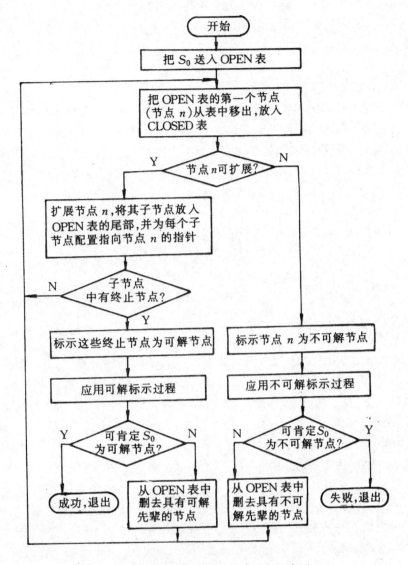

图 6-26 与/或树的广度优先搜索流程示意图

（3）扩展 3 号节点得到 5 号节点与 B 节点，两者均不是终止节点，所以接着扩展 4 号节点。

（4）扩展 4 号节点后得到节点 A 和 t_2。由于 t_2 是终止节点，所以标示它为可解节点，并应用可解标示过程标示出 4 号节点、2 号节点均为可解节点，但 1 号节点目前还不能确定它是否为可解节点。此时 5 号节点是 OPEN 表中的第一个待考察的节点，所以下一步扩展 5 号节点。

（5）扩展 5 号节点，得到 t_3 和 t_4。由于 t_3 和 t_4 均为终止节点，所以被标示为可解节点，通过应

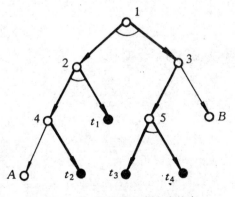

图 6-27 与/或树的广度优先搜索

281

用可解标示过程可得到 5 号、3 号及 1 号节点均为可解节点。

（6）搜索成功,得到了由 $1,2,3,4,5$ 号节点及 t_1,t_2,t_3,t_4 节点构成的解树。如图 6-27 中粗线所示。

6.3.3 与/或树的深度优先搜索

与/或树的深度优先搜索过程和与/或树的广度优先搜索过程基本相同,只是要把第(3)步的第①点改为"扩展节点 n,将其子节点放入 OPEN 表的首部,并为每个子节点配置指向父节点的指针,以备标示过程使用",这样就可使后产生的节点先被扩展。

也可以像状态空间的有界深度优先搜索那样为与/或树的深度优先搜索规定一个深度界限,使搜索在规定的范围内进行。其搜索过程如下:

（1）把初始节点 S_0 放入 OPEN 表。

（2）把 OPEN 表中的第一个节点(记为节点 n)取出放入 CLOSED 表。

（3）如果节点 n 的深度大于等于深度界限,则转第(5)步的第①点。

（4）如果节点 n 可扩展,则做下列工作:

① 扩展节点 n,将其子节点放入 OPEN 表的首部,并为每个子节点配置指向父节点的指针,以备标示过程使用。

② 考察这些子节点中有否终止节点。若有,则标示这些终止节点为可解节点,并应用可解标示过程对其先辈节点中的可解节点进行标示。如果初始节点 S_0 也被标示为可解节点,则搜索成功,退出搜索过程;如果不能确定 S_0 为可解节点,则从 OPEN 表中删去具有可解先辈的节点。

③ 转第(2)步。

（5）如果节点 n 不可扩展,则做下列工作:

① 标示节点 n 为不可解节点。

② 应用不可解标示过程对节点 n 的先辈节点中不可解的节点进行标示。如果初始节点 S_0 也被标示为不可解节点,则搜索失败,表明原始问题无解,退出搜索过程;如果不能确定 S_0 为不可解节点,则从 OPEN 表中删去具有不可解先辈的节点。

③ 转第(2)步。

上述过程可用图 6-28 表示其工作流程。

若对图 6-27 所示的与/或树进行有界深度优先搜索,并规定深度界限为 4,则扩展节点的顺序是

$$1,3,B,5,2,4$$

其解树仍为粗线部分。

6.3.4 与/或树的有序搜索

上面讨论的广度优先搜索及深度优先搜索都是盲目搜索,其共同点是:

（1）搜索从初始节点开始,先自上而下地进行搜索,寻找终止节点及端点节,然后再自下而上地进行标示,一旦初始节点被标示为可解节点或不可解节点,搜索就不再继续进行。

（2）搜索都是按确定路线进行的,当要选择一个节点进行扩展时,只是根据节点在与/或树中所处的位置,而没有考虑要付出的代价,因而求得的解树不一定是代价最小的解树,即不

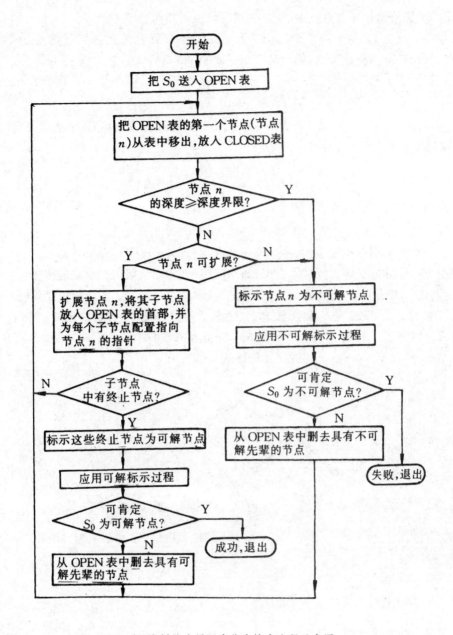

图 6-28　与 /或树的有界深度优先搜索流程示意图

一定是最优解树。

　　与/或树的有序搜索是用来求取代价最小的解树的一种搜索方法,为了求得代价最小的解树,就要在每次确定欲扩展的节点时,先往前多看几步,计算一下扩展这个节点可能要付出的代价,并选择代价最小的节点进行扩展。像这样根据代价决定搜索路线的方法称为与/或树的有序搜索,它是一种启发式搜索策略。

　　下面分别讨论与/或树有序搜索的概念及其搜索过程。

1. 解树的代价

　　为进行有序搜索,需要计算解树的代价,而解树的代价可通过计算解树中节点的代价得到,下面首先给出计算节点代价的方法,然后再说明如何求解树的代价。

设用 $c(x, y)$ 表示节点 x 到其子节点 y 的代价,则计算节点 x 的代价的方法如下:

(1) 如果 x 是终止节点,则定义节点 x 的代价 $h(x) = 0$;

(2) 如果 x 是"或"节点,$y_1, y_2, \cdots, y_n$ 是它的子节点,则节点 x 的代价由下式计算得到

$$h(x) = \min_{1 \leqslant i \leqslant n} \{c(x, y_i) + h(y_i)\}$$

(3) 如果 x 是"与"节点,则节点 x 的代价有两种计算方法:和代价法与最大代价法。

若按和代价法计算,则有

$$h(x) = \sum_{i=1}^{n} (c(x, y_i) + h(y_i))$$

若按最大代价法计算,则有

$$h(x) = \max_{1 \leqslant i \leqslant n} \{c(x, y_i) + h(y_i)\}$$

(4) 如果 x 不可扩展,且又不是终止节点,则定义 $h(x) = \infty$。

由上述计算节点的代价可以看出,如果问题是可解的,则由子节点的代价就可推算出父节点代价,这样逐层上推,最终就可求出初始节点 S_0 的代价。S_0 的代价就是解树的代价。

例 6.11 图 6-29 是一棵与/或树,其中包括两棵解树,一棵解树由 S_0, A, t_1 和 t_2 组成;另一棵解树由 S_0, B, D, G, t_4 和 t_5 组成。在此与/或树中,t_1, t_2, t_3, t_4, t_5 为终止节点;E, F 是端节点,其代价为 ∞;边上的数字是该边的代价。

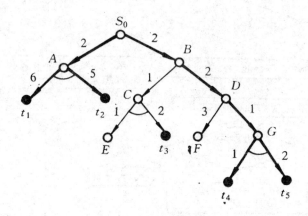

图 6-29　与/或树的代价

由左边的解树可得:

　　按和代价:　$h(A) = 11$,　$h(S_0) = 13$

　　按最大代价:　$h(A) = 6$,　$h(S_0) = 8$

由右边的解树可得:

　　按和代价:　$h(G) = 3$,　$h(D) = 4$,　$h(B) = 6$,　$h(S_0) = 8$

　　按最大代价:　$h(G) = 2$,　$h(D) = 3$,　$h(B) = 5$,　$h(S_0) = 7$

显然,若按和代价计算,右边的解树是最优解树,其代价为 8;若按最大代价计算,右边的解树仍然是最优解树,其代价是 7。有时用不同的计算代价方法得到的最优解树不相同。

2. 希望树

无论是用和代价方法还是最大代价方法,当要计算任一节点 x 的代价 $h(x)$ 时,都要求已

284

知其子节点 y_i 的代价 $h(y_i)$。但是,搜索是自上而下进行的,即先有父节点,后有子节点,除非节点 x 的全部子节点都是不可扩展节点,否则子节点的代价是不知道的。此时节点 x 的代价 $h(x)$ 如何计算呢? 解决的办法是根据问题本身提供的启发性信息定义一个启发函数,由此启发函数估算出子节点 y_i 的代价 $h(y_i)$,然后再按和代价或最大代价算出节点 x 的代价值 $h(x)$。有了 $h(x)$,节点 x 的父节点,祖父节点以及直到初始节点 S_0 的各先辈节点的代价 h 都可自下而上的逐层推算出来。

当节点 y_i 被扩展后,也是先用启发函数估算出其子节点的代价,然后再算出 $h(y_i)$。此时算出的 $h(y_i)$ 可能与原先估算出的 $h(y_i)$ 不相同,这时应该用后算出的 $h(y_i)$ 取代原先估算出的 $h(y_i)$,并且按此 $h(y_i)$ 自下而上地重新计算各先辈节点的 h 值。当节点 y_i 的子节点又被扩展时,上述过程又要重复进行一遍。总之,每当有一代新的节点生成时,都要自下而上地重新计算其先辈节点的代价 h,这是一个自上而下地生成新节点,又自下而上地计算代价 h 的反复进行的过程。

有序搜索的目的是求出最优解树,即代价最小的解树。这就要求搜索过程中任一时刻求出的部分解树其代价都应是最小的。为此,每次选择欲扩展的节点时都应挑选有希望成为最优解树一部分的节点进行扩展。由于这些节点及其先辈节点(包括初始节点 S_0)所构成的与/或树有可能成为最优解树的一部分,因此称它为"希望树"。

在搜索过程中,随着新节点的不断生成,节点的代价值是在不断变化的,因此希望树也是在不断变化的。在某一时刻,这一部分节点构成希望树,但到另一时刻,可能是另一些节点构成希望树,随当时的情况而定。但不管如何变化,任一时刻的希望树都必须包含初始节点 S_0,而且它是对最优解树近根部分的某种估计。

下面给出希望树的定义:

(1) 初始节点 S_0 在希望树 T 中。

(2) 如果节点 x 在希望树 T 中,则一定有:

① 如果 x 是具有子节点 $y_1, y_2, \cdots, y_n$ 的"或"节点,则具有

$$\min_{1 \leqslant i \leqslant n} \{c(x, y_i) + h(y_i)\}$$

值的那个子节点 y_i 也应在 T 中。

② 如果 x 是"与"节点,则它的全部子节点都应在 T 中。

3. 与/树的有序搜索过程

与/或树的有序搜索是一个不断选择、修正希望树的过程。如果问题有解,则经过有序搜索将找到最优解树。

搜索过程如下:

(1) 把初始节点 S_0 放入 OPEN 表中。

(2) 求出希望树 T,即根据当前搜索树中节点的代价 h 求出以 S_0 为根的希望树 T。

(3) 依次把 OPEN 表中 T 的端节点 N 选出放入 CLOSED 表中。

(4) 如果节点 N 是终止节点,则做下列工作:

① 标示 N 为可解节点。

② 对 T 应用可解标示过程,把 N 的先辈节点中的可解节点都标示为可解节点。

③ 若初始节点 S_0 能被标示为可解节点,则 T 就是最优解树,成功退出。

④ 否则,从 OPEN 表中删去具有可解先辈的所有节点。

(5) 如果节点 N 不是终止节点,且它不可扩展,则做下列工作:

① 标示 N 为不可解节点。

② 对 T 应用不可解标示过程,把 N 的先辈节点中的不可解节点都标示为不可解节点。

③ 若初始节点 S_0 也被标示为不可解节点,则失败退出。

④ 否则,从 OPEN 表中删去具有不可解先辈的所有节点。

(6) 如果节点 N 不是终止节点,但它可扩展,则做下列工作:

① 扩展节点 N,产生 N 的所有子节点。

② 把这些子节点都放入 OPEN 表中,并为每个子节点配置指向父节点(节点 N)的指针。

③ 计算这些子节点的 h 值及其先辈节点的 h 值。

(7) 转第(2)步。

上述搜索过程可用图 6-30 大致描述其工作流程。

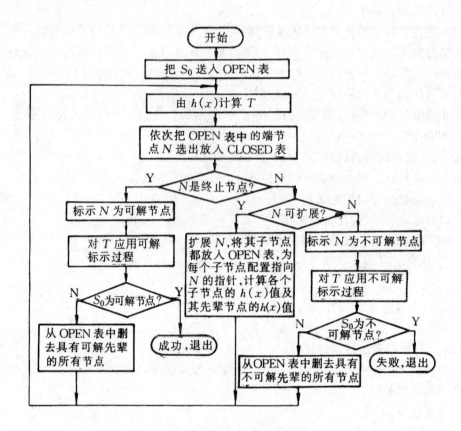

图 6-30   与 /或树的有序搜索流程示意图

下面用例子说明上述搜索过程。

设初始节点为 S_0,每次扩展两层,且一层是"与"节点,一层是"或"节点。并设 S_0 经扩展后得到如图 6-31 所示的与/或树。

在图 6-31 中,子节点 B,C,E,F 用启发函数估算出的 h 值分别是:

$$h(B) = 3, \ h(C) = 3, \ h(E) = 3, \ h(F) = 2$$

若按和代价法计算,则得到:

286

$$h(A) = 8, \ h(D) = 7, \ h(S_0) = 8$$

此时，S_0 的右子树是希望树，下面将对此希望树的端节点进行扩展。

设对节点 E 扩展两层后得到如图 6-32 所示的与/或树，节点旁的数为用启发函数估算出的 h 值。

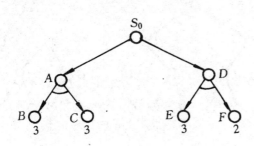

图 6-31 扩展两层后的与/或树

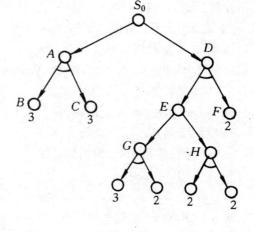

按和代价法计算，得到：

$$h(G) = 7, \quad h(H) = 6$$
$$h(E) = 7, \quad h(D) = 11$$

此时，由 S_0 的右子树算出的 $h(S_0) = 12$。但是，由左子树算出的 $h(S_0) = 9$。显然，左子树的代价小，所以现在改为取左子树作为当前的希望树。

图 6-32 扩展 E 后的与/或树

假设对节点 B 扩展两层后得到如图 6-33 所示的与/或树，节点旁的数字是对相应节点的估算值，节点 L 的两个子节点是终止节点。

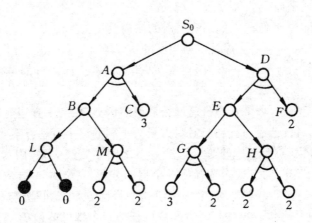

图 6-33 扩展 B 后的与/或树

按和代价法计算，得到：

$$h(L) = 2, \ h(M) = 6$$
$$h(B) = 3, \ h(A) = 8$$

由此可推算出 $h(S_0) = 9$。另外，由于 L 的两个子节点都是终止节点，所以 L, B 都是可解节点。因节点 C 目前还不能肯定是可解节点，故 A 和 S_0 也还不能确定为可解节点。下面对节点 C 进行扩展。

287

假设节点 C 扩展两层后得到如图 6-34 所示的与/或树,节点旁的数字是对相应节点的估算值,节点 N 的两个子节点是终止节点。

按和代价法计算,得到:
$$h(N) = 2, \quad h(P) = 7$$
$$h(C) = 3, \quad h(A) = 8$$

由此可推算出 $h(S_0) = 9$。另外,由于 N 的两个子节点都是终止节点,所以 N 和 C 都是可解节点。再由前面推出的 B 是可解节点,就可推出 A 和 S_0 都是可解节点。这样就求出了代价最小的解树,即最优解树,如图 6-34 中粗线部分所示。该最优解树是用和代价法求出来的,解树的代价为 9。

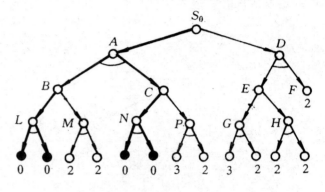

图 6-34 扩展 C 后的与/或树

6.3.5 博弈树的启发式搜索

1. 博弈树的概念

诸如下棋、打牌、战争等一类竞争性智能活动称为博弈。其中最简单的一种称为"二人零和、全信息、非偶然"博弈。

所谓"二人零和、全信息、非偶然"博弈是指:

(1) 双垒的 A,B 双方轮流采取行动,博弈的结果只有三种情况:A 方胜,B 方败;B 方胜,A 方败;双方战成平局。

(2) 在对垒过程中,任何一方都了解当前的格局及过去的历史。

(3) 任何一方在采取行动前都要根据当前的实际情况,进行得失分析,选取对自己最为有利而对对方最为不利的对策,不存在"碰运气"的偶然因素。即双方都是很理智地决定自己的行动。

在博弈过程中,任何一方都希望自己取得胜利。因此,在某一方当前有多个行动方案可供选择时,他总是挑选对自己最为有利而对对方最为不利的那个行动方案。此时,如果我们站在 A 方的立场上,则可供 A 方选择的若干行动方案之间是"或"关系,因为主动权操在 A 方手里,他或者选择这个行动方案,或者选择另一个行动方案,完全由 A 方决定。但是,若 B 方也有若干个可供选择的行动方案,则对 A 方来说这些行动方案之间是"与"关系,因为这时主动权操在 B 方手里,这些可供选择的行动方案中的任何一个都可能被 B 方选中,A 方必须考虑到对自己最不利的情况的发生。

若把上述博弈过程用图表示出来,得到的是一棵"与/或"树。这里要特别指出,该"与/或"树是始终站在某一方(例如 A 方)的立场上得出的,决不可一会儿站在这一方的立场上,一会儿又站在另一方的立场上。

称描述博弈过程的与/或树为博弈树,它有如下特点:

(1) 博弈的初始格局是初始节点。

(2) 在博弈树中,"或"节点和"与"节点是逐层交替出现的。自己一方扩展的节点之间是

"或"关系,对方扩展的节点之间是"与"关系。双方轮流地扩展节点。

(3) 所有能使自己一方获胜的终局都是本原问题,相应的节点是可解节点;所有使对方获胜的终局都是不可解节点。

2. 极大极小分析法

在二人博弈问题中,为了从众多可供选择的行动方案中选出一个对自己有利的行动方案,就需要对当前情况以及将要发生的情况进行分析,从中选出最优者。最常使用的分析方法是极大极小分析法。其基本思想是:

(1) 设博弈的双方中一方为 A,另一方为 B。极大极小分析法是为其中的一方(例如 A)寻找一个最优行动方案的方法。

(2) 为了找到当前的最优行动方案,需要对各个方案可能产生的后果进行比较。具体地说,就是要考虑每一方案实施后对方可能采取的所有行动,并计算可能的得分。

(3) 为计算得分,需要根据问题的特性信息定义一个估价函数,用来估算当前博弈树端节点的得分。此时估算出来的得分称为静态估值。

(4) 当端节点的估值计算出来后,再推算出父节点的得分。推算的方法是:对"或"节点,选其子节点中一个最大的得分作为父节点的得分,这是为了使自己在可供选择的方案中选一个对自己最有利的方案;对"与"节点,选其子节点中一个最小的得分作为父节点的得分,这是为了立足于最坏的情况。这样计算出的父节点的得分称为倒推值。

(5) 如果一个行动方案能获得较大的倒推值,则它就是当前最好的行动方案。

图 6-35 给出了计算倒推值的示例。

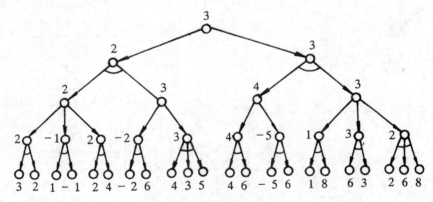

图 6-35　倒推值的计算

在博弈问题中,每一个格局可供选择的行动方案都有很多,因此会生成十分庞大的博弈树。据统计,西洋跳棋完整的博弈树约有 10^{40} 个节点。试图利用完整的博弈树来进行极大极小分析是困难的。可行的办法是只生成一定深度的博弈树,然后进行极大极小分析,找出当前最好的行动方案。在此之后,再在已经选定的分支上扩展一定深度,再选最好的行动方案。如此进行下去,直到取得胜败的结果为止。至于每次生成博弈树的深度,当然是越大越好,但由于受到计算机存储空间的限制,只好根据实际情况而定。

例 6.12　一字棋游戏。设有如图 6-36 所示的九个空格,由 A,B 二人对弈,轮到谁走棋谁就往空格上放自己的一只棋子,谁先使自己的棋子构成三子成一线,谁就取得了胜利。

设 A 的棋子用"a"表示,B 的棋子用"b"表示。为了不致于生成太大的博弈树,假设每次

仅扩展两层。估价函数定义如下:

设棋局为 P,估价函数为 $e(P)$。

(1) 若 P 是 A 必胜的棋局,则 $e(P) = +\infty$。

(2) 若 P 是 B 必胜的棋局,则 $e(P) = -\infty$。

(3) 若 P 是胜负未定的棋局,则

$$e(P) = e(+P) - e(-P)$$

其中,$e(+P)$ 表示棋局 P 上有可能使 a 成为三子成一线的数目。$e(-P)$ 表示棋局 P 上有可能使 b 成为三子成一线的数目。例如对于图 6-37 所示的棋局,则

$$e(P) = 6 - 4 = 2$$

另外,我们假定具有对称性的两个棋局算作一个棋局。还假定 A 先走棋,我们站在 A 的立场上。

图 6-38 给出了 A 的第一着走棋生成的博弈树。图中节点旁的数字分别表示相应节点的静态估值或倒推值。由图 6-38 可以看出,对于 A 来说最好的一着棋是 S_3,因为 S_3 比 S_1 和 S_2 有较大的倒推值。

在 A 走 S_3 这一着棋后,B 的最优选择是 S_4,因为这一着棋的静态

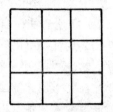

图 6-36　一字棋(1)

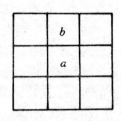

图 6-37　一字棋(2)

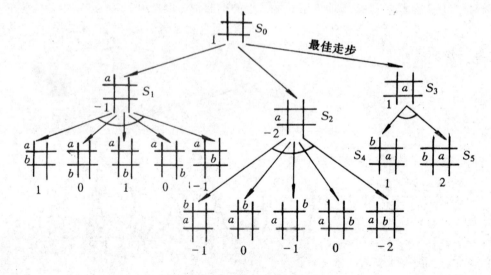

图 6-38　一字棋的极大极小搜索

估值较小,对 A 不利。不管 B 选择 S_4 或 S_5,A 都要再次运用极大极小分析法产生深度为 2 的博弈树,以决定下一步应该如何走棋,其过程与上面类似,不再重复。

6.3.6　α-β 剪枝技术

在极大极小分析法中,总是先生成一定深度的博弈树,然后对端节点进行估值,再计算出上层节点的倒推值,这样做效率较低。鉴于博弈树具有"与"节点和"或"节点逐层交替出现的特点,如能边生成节点边计算估值及倒推值,就有可能删去一些不必要的节点,从而减少搜索及计算的工作量。例如,设按每次生成两层的原则得到如图 6-39 所示的博弈树。各端节点的估值如图中所示,其中 S_6 尚未计算其估值。由 S_3 与 S_4 的估值得到 S_1 的倒推值为 3,这表示

290

S_0 的倒推值最小为 3。另外,由 S_5 的估值得知 S_2 的倒推值最大为 2,因此 S_0 的倒推值为 3。这里,虽然没有计算 S_6 的估值,仍然不影响对上层节点倒推值的推算,这表示这个分枝可以从博弈树中剪去。

像这样通过边生成边计算,从而剪去某些分枝的技术称为 α-β 剪枝技术。

对于一个"与"节点来说,它取当前子节点中的最小倒推值作为它倒推值的上界,称此值为 β 值。对于一个"或"节点来说,它取当前子节点中的最大倒推值作为它倒推值的下界,称此值为 α 值。

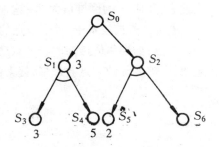

图 6-39 α-β 剪枝示例(1)

下面再看一个稍为复杂一点的例子,如图 6-40 所示。其中最下面一层端节点旁边的数字是假设的估值。

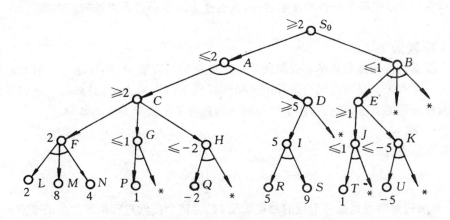

图 6-40 α-β 剪枝示例(2)

由节点 L, M, N 的估值推出节点 F 的倒推值为 2,即 F 的 β 值为 2,由此可推出节点 C 的倒推值 ≥ 2。即 C 的倒推值的下界为 2,不可能再比 2 小,故 C 的 α 值为 2。由节点 P 的估值推知节点 G 的倒推值 ≤ 1,无论 G 的其它子节点的估值是多少,G 的倒推值都不可能比 1 大,事实上随着子节点的增多,G 的倒推值只可能是越来越小,因此 1 是 G 的倒推值的上界,所以 G 的 β 值为 1。另外,由于已经知道 C 的倒推值 ≥ 2,G 的其它子节点又不可能使 C 的倒推值增大,因此对 G 的其它分枝不必进行搜索,这相当于把这些分枝剪去。同理可知节点 H 的 β 值为 -2,H 的除 Q 外的其它分枝也被剪去。由于 F, G, H 的倒推值可推出节点 C 的倒推值为 2,再由 C 可推出节点 A 的倒推值 ≤ 2,即 A 的 β 值为 2。另外,由节点 R, S 推出节点 I 的倒推值为 5,此时可推出 D 的倒推值 ≥ 5,即 D 的 α 值为 5。此时 D 的其它子节点的倒推值无论是多少都不能使 D 及 A 的倒推值减小或增大,所以 D 的其它分枝被剪去,并可确定 A 的倒推值为 2。用同样的方法可推出其它分枝的剪枝情况,最终推出 S_0 的倒推值为 2。

由上面的例子可归纳出 α-β 剪枝技术的一般规律:

(1)任何"或"节点 x 的 α 值如果不能降低其父节点的 β 值,则对节点 x 以下的分枝可停止搜索,并使 x 的倒推值为 α。这种剪枝称为 β 剪枝。

(2)任何"与"节点 x 的 β 值如果不能升高其父节点的 α 值,则对节点 x 以下的分枝可停止搜索,并使 x 的倒推值为 β。这种剪枝称为 α 剪枝。

在 α-β 剪枝技术中,一个节点的第一个子节点的倒推值(或估值)是很重要的。对于一个"或"节点,如果估值最高的子节点最先生成,或者对于一个"与"节点,估值最低的子节点最先生成,则被剪除的节点数最多,搜索的效率最高。这称为最优 α-β 剪枝法。

6.4 搜索的完备性与效率

6.4.1 完备性

对于一类可解的问题和一个搜索过程,如果运用该搜索过程一定能求得该类问题的解,则称该搜索过程为完备的,否则为不完备的。

完备的搜索过程称为"搜索算法",简称为"算法"。不完备的搜索过程不是算法,称为"过程"。在前面讨论的搜索过程中,广度优先搜索、代价树的广度优先搜索、改进后的有界深度优先搜索以及 A^* 算法都是完备的搜索过程,其它搜索过程都是不完备的。

6.4.2 搜索效率

一个搜索过程的搜索效率不仅取决于过程自身的启发能力,而且还与被解问题的有关属性等多种因素有关。目前虽已有多种定义和计算搜索效率的方法,但都有一定的局限性。下面讨论两种常用的方法,它们适用于比较同一问题的不同搜索方法的效率。

1. 外显率

外显率定义为

$$P = \frac{L}{T}$$

其中,L 为从初始节点到目标节点的路径长度;T 为整个搜索过程中所生成的节点总数。

外显率反映了搜索过程中从初始节点向目标节点前进时搜索区域的宽度。当 $L = T$ 时,$P = 1$,表示搜索过程中每次只生成一个节点,它恰好是解路径上的节点,搜索效率最高。P 愈小表示搜索时产生的无用节点愈多,搜索效率愈低。

2. 有效分枝因数

有效分枝因数 B 定义为

$$B + B^2 + \cdots + B^L = T$$

其中,B 是有效分枝因数,它表示在整个搜索过程中每个有效节点平均生成的子节点数目;L 为路径长度;T 为节点总数。

当 $B = 1$ 时,有

$$1 + 1^2 + \cdots + 1^L = L = T$$

此时所生成的节点数最少,搜索效率最高。

不难证明,有效分枝因数与外显率之间有如下关系:

$$P = \frac{L \times (B - 1)}{B \times (B^L - 1)}$$

$$T = \frac{B \times (B^L - 1)}{B - 1}$$

由此可以看出,当 B 一定时,L 愈大则 P 愈小;当 L 一定时,B 愈大则 P 愈小。另外,对同一

个 L 而言,B 愈大则 T 愈大,即对一定的解路径来说,分枝愈多,搜索空间产生的节点也愈多。

本 章 小 结

1. 搜索策略是推理中控制策略的一部分,它用于构造一条代价较小的推理路线,等同于可用规则的选择策略。搜索策略的性能直接影响到系统求解问题的性能及效率,对于需要快速处理的问题及面临组合爆炸的问题(如博弈问题)来说,搜索策略的性能甚至会关系到系统的成败。

2. 为了对各种搜索策略开展讨论,本章首先给出了两种描述问题的方法,即状态空间表示法和与/或树表示法。前者用一个状态空间图来表示问题的求解过程,后者用一棵与/或树来描述问题的求解过程。

3. 对于状态空间表示法,本章讨论了两类搜索方法,即盲目搜索与启发式搜索。盲目搜索是按预定路线进行搜索的一类搜索方法,搜索中不使用任何与特定问题有关的信息及控制性知识,因此又称这类搜索方法为无知识搜索。由于这类搜索方法不依赖于任何应用领域,因而具有较大的通用性。启发式搜索又称为有知识搜索,它是在搜索中利用与应用领域有关的启发性知识来控制搜索路线的一类搜索方法。由于这类方法在搜索中利用了与问题求解有关的知识,不必穷尽地试验每一种可能性,在任何时刻对将要搜索的节点都进行估价,从中选择一个最有希望到达目标节点的节点优先搜索,这就避免了无效搜索,提高了搜索速度。

概括本章讨论的状态空间搜索策略,可归纳如下:

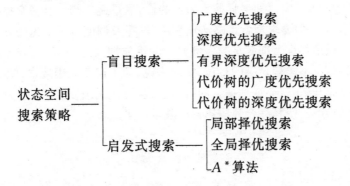

其中,广度优先搜索是按照"先扩展出的节点先被考察"的原则进行搜索的;深度优先搜索是按照"后扩展出的节点先被考察"的原则进行搜索的;有界深度优先搜索的搜索原则与深度优先搜索相同,只是它规定了深度界限,使搜索不得无限制地向纵深方向发展;代价树的广度优先搜索是按照"哪个节点到根节点的代价小就先考察那个节点"的原则进行搜索的;代价树的深度优先搜索是按照"当前节点的哪个子节点到其父节点的边代价小就先考察那个子节点"的原则进行搜索的;局部择优搜索是按照"当前节点的哪个子节点到目标节点的估计代价小就先考察那个子节点"的原则进行搜索的;而全局择优搜索是按照"哪个节点到目标节点的估计代价小就先考察那个节点"的原则进行搜索的。

广度优先搜索、代价树的广度优先搜索以及全局择优搜索可以划归为一类,前面两种可看作是后者的特例。因为当 $f(x)=g(x)$ 时,全局择优搜索就变成了代价树的广度优先搜索;而当 $f(x)=d(x)$($d(x)$ 表示节点 x 的深度)时,全局择优搜索就变成了广度优先搜索。

深度优先搜索、代价树的深度优先搜索以及局部择优搜索可以划归为一类,它们都是以当前节点的子节点作为考察范围的,下一个要扩展的节点只能在此范围内选择。由于当 $f(x)$ 分别为 $g(x)$ 及 $d(x)$ 时,就使局部择优搜索分别变成代价树的深度优先搜索及深度优先搜索,所以深度优先搜索及代价树的深度优先搜索也可看作是局部择优搜索的两个特例。

4. 对于与/或树表示法,本章也讨论了两类搜索方法,即盲目搜索与有序搜索,后者是一种启发式搜索。两者的区别在于:前者是按确定的路线进行搜索的,而后者需要考虑将要付出的代价;前者求得的解树不一定是最优解树,而后者求得的一定是代价最小的最优解树。

概括本章讨论的与/或树搜索策略,可归纳为:

与/或树
搜索策略 ——— 盲目搜索 ——— 广度优先搜索
                           深度及有界深度优先搜索
              有序搜索

其中,广度优先搜索仍然是按照"先扩展出的节点先被考察"的原则进行搜索的,而深度及有界深度优先搜索也依然是按照"后扩展出的子节点先被考察"的原则进行搜索,而且两者在搜索过程中都要进行可解或不可解的标示过程。对于有序搜索,本章除给出了一般性的处理方法外,还对它的一种特殊情况(即博弈问题)进行了讨论,并且针对博弈树搜索的特点给出了一种提高搜索效率的方法,即 $\alpha\text{-}\beta$ 剪枝技术。

5. 通常用来衡量一个搜索策略性能的准则是:

(1) 完备性。即只要问题有解,在搜索策略的控制下就一定能找到这个(些)解。

(2) 尽量避免无用搜索。即增强搜索的目的性,尽量避免产生及考察那些无用的节点。

(3) 控制开销小。即要求搜索策略实现简单,选择及调度可用知识的开销尽可能小。

显然,以上准则是很难全部满足的。例如广度优先搜索是完备的,其控制开销也较小,但要产生许多无用节点,不能满足第(2)点。一般来说,为了避免无用搜索,就需要增加控制的复杂性;为减小控制的开销,就会增加搜索的盲目性,从而使无用搜索增加。所以,在这些准则之间只能采取折衷的方法,使其综合效应比较好就可以了。

习　题

6.1　什么是搜索?有哪两大类不同的搜索方法?两者的区别是什么?

6.2　何谓状态空间?用状态空间法表示问题时,什么是问题的解?什么是最优解?最优解唯一吗?

6.3　什么是"与"树?什么是"或"树?什么是"与/或"树?什么是可解节点?什么是解树?

6.4　设有三只琴键开关一字排开,初始状态为"关、开、关",问连按三次后是否会出现"开、开、开"或"关、关、关"的状态?要求每次必须按下一只开关,而且只能按一只开关。请画出状态空间图。

注:琴键开关有这样的特点:若当第一次按下时它为"开",则第二次按下时,它就变成了"关"。

6.5　有一农夫带一条狼、一只羊和一筐菜欲从河的左岸乘船到右岸,但受下列条件限制:

(1) 船太小,农夫每次只能带一样东西过河;

(2) 如果没有农夫看管,则狼要吃羊,羊要吃菜。

请设计一个过河方案,使得农夫、狼、羊、菜都能不受损失地过河。画出相应的状态空间图。

提示:(1)用四元组(农夫、狼、羊、菜)表示状态,其中每个元素都可为 0 或 1,用 0 表示在左岸,用 1 表示在右岸。

(2)把每次过河的一种安排作为一个算符,每次过河都必须有农夫,因为只有他可以划船。

6.6 请阐述状态空间的一般搜索过程。OPEN 表与 CLOSED 表的作用与区别是什么?

6.7 广度优先搜索与深度优先搜索有何区别? 在何种情况下广度优先搜索优于深度优先搜索? 在何种情况下深度优先搜索优于广度优先搜索?

6.8 若对例 6.3 的圆盘问题(初始状态和目标状态如图 6-12 所示)进行深度优先搜索,情况如何? 若把目标状态改为如图 6-41 所示的形式,请分别画出广度优先搜索及深度优先搜索的搜索树,并指出解是什么。

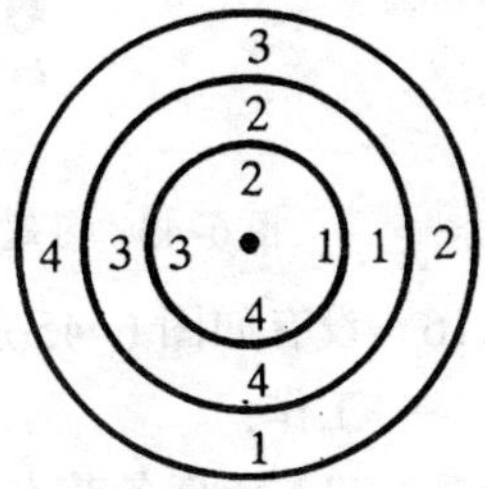

图 6-41　圆盘问题目标状态

6.9 图 6-42 是五城市间的交通费用图,若从西安出发,要求把每个城市都访问一遍,最后到达广州,请找一条最优路线。边上的数字是两城市间的交通费用。

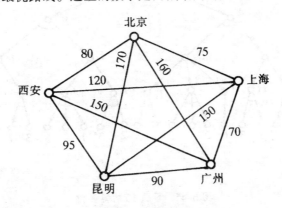

图 6-42　交通费用图

6.10 为什么说深度优先搜索和代价树的深度优先搜索可看作是局部择优搜索的两个特例?

6.11 何谓估价函数? 在估价函数中,$g(x)$ 和 $h(x)$ 各起什么作用?

6.12 局部择优搜索与全局择优搜索的相同处与区别各是什么?

6.13 若对例 6.9 的重排九宫问题按下式定义估价函数:

$$f(x) = d(x) + h(x)$$

其中,$d(x)$ 为节点 x 的深度;$h(x)$ 是所有棋子偏离目标位置的距离总和,试用局部择优搜索及全局择优搜索分别画出搜索树。

6.14 设有如图 6-43 所示的一棵与/或树,请分别用与/或树的广度优先搜索及与/或树的深度优先搜索求出解树。

6.15 设有如图 6-44 所示的与/或树,请分别按和代价法及最大代价法求解树代价。

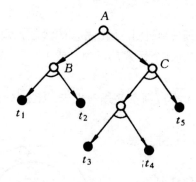

图 6-43 习题 14 的 与/或树 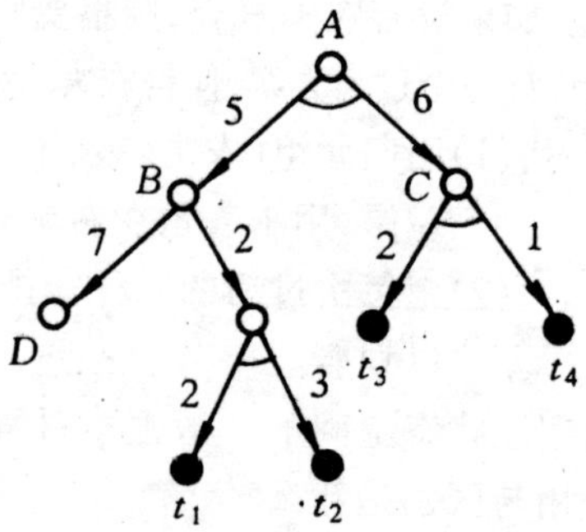   图 6-44 习题 15 的解树

6.16 设有如图 6-45 所示的博弈树,其中末一行的数字是假设的估值,请对该博弈树做如下工作:

(1) 计算各节点的倒推值。

(2) 利用 $\alpha\text{-}\beta$ 剪枝技术剪去不必要的分枝。

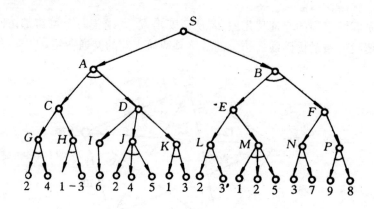

图 6-45 习题 16 的博弈树

6.17 图 6-46 是一个五子游戏棋盘,A,B 两人轮流投子,谁先布成五子成一线(横线、竖线、对角线均可)谁就获胜,请定义估价函数,并站在 A 的立场上,找出当前的最佳走步。

6.18 衡量一个搜索策略性能的标准是什么?

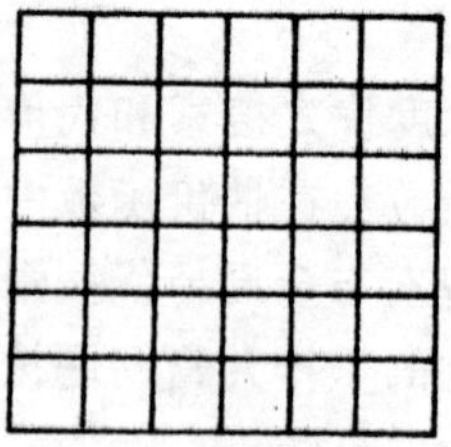

图 6-46 习题 17 的五子游戏棋盘

第7章 专家系统

专家系统是人工智能的一个重要分支。自1968年费根鲍姆等人研制成功第一个专家系统DENDRAL以来,专家系统技术已经获得了迅速发展,广泛地应用于医疗诊断、图象处理、石油化工、地质勘探、金融决策、实时监控、分子遗传工程、教学、军事等多种领域中,产生了巨大的社会效益及经济效益,同时也促进了人工智能基本理论和基本技术的研究与发展。目前,它已成为人工智能中一个最活跃且最有成效的研究领域。

本章将对专家系统的有关概念及建造技术进行讨论,并给出相应的实例。

7.1 基本概念

7.1.1 什么是专家系统

迄今为止,关于专家系统还没有一个公认的严格定义,一般认为:

(1) 它是一个智能程序系统;

(2) 它具有相关领域内大量的专家知识;

(3) 它能应用人工智能技术模拟人类专家求解问题的思维过程进行推理,解决相关领域内的困难问题,并且达到领域专家的水平。

把以上几点概括起来可以说,所谓专家系统就是一种在相关领域中具有专家水平解题能力的智能程序系统,它能运用领域专家多年积累的经验与专门知识,模拟人类专家的思维过程,求解需要专家才能解决的困难问题。

例如,在医学界有许多医术高明的医生,他们在各自的工作领域中都具有丰富的实践经验和高人一筹的"绝招",如果把某一具体领域(如肝病的诊断与治疗)的医疗经验集中起来,并以某种表示模式存储到计算机中形成知识库,然后再把专家们运用这些知识诊治疾病的思维过程编成程序构成推理机,使得计算机能像人类专家那样诊治疾病,那么这样的程序系统就是一个专家系统。

专家系统一般具有如下一些基本特征:

1. 具有专家水平的专门知识

人类专家之所以能称为"专家",是由于他掌握了某一领域的专门知识,使得他在处理问题时能比别人技高一筹。一个专家系统为了能像人类专家那样地工作,就必须具有专家级的知识,知识越丰富,质量越高,解决问题的能力就越强。

一般来说,专家系统中的知识可分为三个层次,即数据级、知识库级和控制级。数据级知识是指具体问题所提供的初始事实以及问题求解过程中所产生的中间结论、最终结论等。例如病人的症状、化验结果以及由专家系统推出的病因、治疗方案等,这一类知识通常存放于数据库中。知识库级知识是指专家的知识,例如医学常识、医生诊治疾病的经验等。这一类知识是构成专家系统的基础,一个系统性能的高低取决于这种知识的质量和数量。控制级知识是关于如何运用前两种知识的知识,如上一章讨论的搜索策略等就属于这一种。由于控制级知识是用于控制系统的运行过程及推理的,因而其性能的优劣直接关系到系统的"智能"程度。

任何一个专家系统都是面向一个具体领域的,求解的问题仅仅局限于一个较窄的范围内。例如肝病诊断专家系统只适用于肝病的诊断与治疗,对其它疾病就无能为力。因此,专家系统的知识都具有专门性,它可能很精,但只局限于所面向的领域,针对性强。事实上,人类专家也都只是某一方面的专家,在某一方面有独到之处,否则他就不成其为"专家"了。另外,正是由于专家系统是面向具体领域的,才使得它能抓住领域内问题的共性与本质,使系统有较高的可信性与效率。

2. 能进行有效的推理

专家系统的根本任务是求解领域内的现实问题。问题的求解过程是一个思维过程,即推理过程。这就要求专家系统必须具有相应的推理机构,能根据用户提供的已知事实,通过运用掌握的知识,进行有效的推理,以实现对问题的求解。不同专家系统所面向的领域不同,要求解的问题有着不同的特性,因而不同专家系统的推理机制也不尽相同,有的只要求进行精确推理,有的则要求进行不确定性推理、不完全推理以及试探性推理等,需要根据问题领域的特点分别进行设计,以保证问题求解的有效性。我们在前面几章讨论的知识表示、推理及搜索策略都可在专家系统中得到应用。

3. 具有获取知识的能力

专家系统的基础是知识。为了得到知识就必须具有获取知识的能力。遗憾的是目前专家系统在这方面的能力还比较弱,当前应用较多的是建立知识编辑器,知识工程师或领域专家通过知识编辑器把领域知识"传授"给专家系统,以便建立起知识库。一些高级专家系统目前正在建立一些自动获取工具,使得系统自身具有学习能力,能从系统运行的实践中不断总结出新的知识,使知识库中的知识越来越丰富、完善。

4. 具有灵活性

在大多数专家系统中,其体系结构都采用了知识库与推理机相分离的构造原则,彼此既有联系,又相互独立。这样做的好处是,既可在系统运行时能根据具体问题的不同要求分别选取合适的知识构成不同的求解序列,实现对问题的求解,又能在一方进行修改时不致影响到另外一方。特别是对于知识库,随着系统的不断完善,可能要经常对它进行增、删、改操作,由于它与推理机分离,这就不会因知识库的变化而要求修改推理机的程序。

另外,由于知识库与推理机分离,就使人们有可能把一个技术上成熟的专家系统变为一个专家系统工具,这只要抽去知识库中的知识就可使它变为一个专家系统外壳。当要建立另外一个其功能与之类似的专家系统时,只要把相应的知识装入到该外壳的知识库中就可以了,这就节省了耗时费工的开发工作。事实上,目前有一些专家系统开发工具就是这样得来的。例如,由专家系统 MYCIN 得到的构造工具 EMYCIN,由 PROSPECTOR 得到的专家系统外壳 KAS 等。

5. 具有透明性

所谓一个计算机程序系统的透明性是指,系统自身及其行为能被用户所理解。专家系统具有较好的透明性,这是因为它具有解释功能。人们在应用专家系统求解问题时,不仅希望得到正确的答案,而且还希望知道得出该答案的依据,即希望系统说明"为什么是这样?""是怎么得出来的?"等。为此,专家系统一般都设置了解释机构,用于向用户解释它的行为动机及得出某些答案的推理过程。这就可使用户能比较清楚地了解系统处理问题的过程及使用的知识和方法,从而提高用户对系统的可信程度,增加系统的透明度。另外,由于专家系统具有解释功能,系统设计者及领域专家就可方便地找出系统隐含的错误,便于对系统进行维护。

6. 具有交互性

专家系统一般都是交互式系统。一方面它需要与领域专家或知识工程师进行对话以获取知识,另一方面它也需要通过与用户对话以索取求解问题时所需的已知事实以及回答用户的询问。专家系统的这一特征为用户提供了方便,亦是它得以广泛应用的原因之一。

7. 具有实用性

专家系统是根据领域问题的实际需求开发的,这一特点就决定了它具有坚实的应用背景。另外,专家系统拥有大量高质量的专家知识,可使问题求解达到较高的水平,再加上它所具有的透明性、交互性等特征,就使得它容易被人们接受、应用。事实证明,专家系统已经被用于多种领域中,取得了巨大的经济效益及社会效益,并且正在更广泛地应用于更多的领域中,这是人工智能的其它研究领域所不能相比的。

8. 具有一定的复杂性及难度

专家系统拥有知识,并能运用知识进行推理,以模拟人类求解问题的思维过程。但是,人类的知识是丰富多彩的,人们的思维方式也是多种多样的,因此要真正实现对人类思维的模拟还是一件十分困难的工作,有赖于其它多种学科的共同发展。在建造一个专家系统时,会遇到多种需要解决的困难问题,如不确定性知识的表示、不确定性的传递算法、匹配算法等等。虽然前面几章讨论了有关的处理方法,但对一个具体的系统来说,还需要根据实际情况进行调整,其复杂性和难度都是比较大的。

以上讨论了专家系统的主要特征,从中可加深对什么是专家系统这一问题的理解。另外,虽然专家系统也是一个程序系统,但它与常规的计算机程序又有不同,其主要区别是:

(1)常规的计算机程序是对数据结构以及作用于数据结构的确定型算法的表述,即

$$常规程序 = 数据结构 + 算法$$

而专家系统是通过运用知识进行推理,力求在问题领域内推导出满意的解答,即

$$专家系统 = 知识 + 推理$$

(2)常规程序把关于问题求解的知识隐含于程序中,而专家系统则把应用领域中关于问题求解的知识单独地组成一个知识库。也就是说,常规程序将其知识组织为两级,即数据级和程序级,而专家系统则将其知识组织成三级,即数据级、知识库级和控制级。

(3)常规程序一般是通过查找或计算来求取问题的答案,基本上是面向数值计算和数据处理的,而且在问题求解过程中先做什么及后做什么都是由程序规定的;而专家系统是通过推理来求取问题的答案或证明某个假设,本质上是面向符号处理的,其推理过程随着情况的变化而变化,具有不确定性及灵活性。

(4)常规程序处理的数据多是精确的,对数据的检索是基于模式的布尔匹配;而专家系统处理的数据及知识大多是不精确的、模糊的,知识的模式匹配也多是不精确的,需要为其设定阈值。

(5)常规程序一般不具有解释功能,而专家系统一般具有解释机构,可对自己的行为作出解释。

（6）常规程序与专家系统具有不同的体系结构，这可由下一节的讨论看到。

7.1.2 专家系统的产生与发展

由第 1 章的讨论可以看出，专家系统是在关于人工智能的研究处于低潮时提出来的。由于它的出现及其所显示出来的巨大潜能，不仅使人工智能摆脱了困境，而且使之走上了一个新的发展时期。

20 世纪 60 年代中期，化学家勒德贝格(J.Lederberg)提出了一种可以根据输入的质谱仪数据列出所有可能的分子结构的算法。在此之后，他与费根鲍姆等人一起探讨了用规则表示知识建立系统，以便在更短时间内获得同样结果的可能性，经过近 3 年的研究，终于在 1968 年建成了这样的系统，这就是著名的 DENDRAL 专家系统。产生于斯坦福大学的这一系统是专家系统发展史上成功的首例，它的出现标志着人工智能的一个新的研究领域，即专家系统诞生了。

在此之后，各种不同功能、不同类型的专家系统相继地建立了起来。例如，20 世纪 60 年代末麻省理工学院(MIT)开始研制专家系统 MACSYMA，这是一个专为帮助数学家、工程师们解决复杂微积分运算和数学推导而开发的大型专家系统，经过 10 多年的工作，研制出了具有 30 多万 LISP 语句行的软件系统。同期，卡内基-梅隆大学开发了一个用于语音识别的专家系统 HEARSAY，之后又相继推出了 HEARSAY-Ⅱ，HEARSAY-Ⅲ 等。20 世纪 70 年代初，匹兹堡大学的鲍波尔(H.E.Pople)和内科医生合作研制了内科病诊断咨询系统 INTERNIST，该系统用 Inter LISP 语言写成，于 1974 年演示成功，此后进一步发展完善，成为后来的 CADUCEUS 专家系统。

20 世纪 70 年代中期，专家系统进入了成熟期，其观点逐渐被人们接受，并先后出现了一批卓有成效的专家系统，其中较具代表性的有 MYCIN, PROSPECTOR, CASNET 等。关于 MYCIN，我们在前面的讨论中曾经多次提到，之所以对它如此重视，不仅是由于它能对细菌感染性疾病作出专家水平的诊断和治疗，是一个成功的专家系统，而且还由于它第一次使用了目前专家系统中常用的知识库的概念，并对不确定性的表示与处理提出了可信度方法。PROSPECTOR 是一个探矿专家系统，我们在前面的讨论中也曾多次提到它。它是由国际斯坦福研究所(SRI)的一个研究小组研制开发的，由于它首次实地分析华盛顿州某山区一带的地质资料，发现了一个钼矿床，使之名声大震，成为第一个取得明显经济效益的专家系统。CASNET 是一个几乎与 MYCIN 同时开发的专家系统，用于青光眼病的诊断与治疗。除这些以外，在这一时期另外两个影响较大的专家系统是斯坦福大学研制的 AM 系统及 PUFF 系统。AM 是一个用机器模拟人类归纳推理、抽象概念的专家系统，而 PUFF 是一个肺功能测试专家系统，经对多个实例进行验证，成功率达 93%。

20 世纪 80 年代以来，专家系统的研制开发明显地趋于商品化，直接服务于生产企业，产生了明显的经济效益。例如 DEC 公司与卡内基-梅隆大学合作开发了专家系统 XCON(R1)，用于为 VAX 计算机系统制订硬件配置方案，节约资金近 1 亿美元；IBM 公司为 3380 磁盘驱动器建立了相应的专家系统，创利 1 200 万美元；著名的 American Express 信用卡通过使用信用卡认可专家系统，避免损失达 2 700 万美元。

我国在专家系统的研制开发方面虽然起步较晚，但也取得了很好的成绩。例如，中国科学院合肥智能机械研究所开发的施肥专家系统、南京大学开发的新构造找水专家系统、吉林大学开发的勘探专家系统及油气资源评价专家系统、浙江大学开发的服装剪裁专家系统及花布图案设计专家系统、北京中医学院开发的关幼波肝病诊断专家系统等都取得了明显的经济效益及社会效益,对推动专家系统与人工智能理论及技术的研究起到了重要作用。近几年我们与中国科学院西北水土保持研究所联合开发的旱地小麦综合管理专家系统,对提高旱地小麦的优质高产及降低成本等也起到了积极的作用,收到了较好的经济效益。

就专家系统的开发技术而言,随着人工智能研究的深入发展,30年来也取得了长足的进步。20世纪70年代中期以前的专家系统多属于解释型和故障、疾病诊断型,它们所处理的问题基本上是可分解的问题。20世纪70年代后期相继出现了其它类型的专家系统,如设计型、规划型、控制型等。这期间,专家系统的体系结构也发生了深刻的变化,由最初的单一知识库及单一推理机发展为多知识库及多推理机,由集中式专家系统发展为分布式专家系统,近几年随着人工神经网络研究的再度兴起,人们开始研制神经网络专家系统以及把符号处理与神经网络相结合的专家系统。另外,知识获取一直是专家系统建造中的一个瓶颈问题,软件工作者为了开发一个专家系统,几乎要从头学习一门新的专业知识,大大延长了开发周期,而且还不能完全保证知识的质量,对知识库的维护亦带来诸多不便。近些年随着机器学习研究的进展,人们已逐渐用半自动方式取代原来的手工方式,提高了知识获取的速度与质量。在知识表示及推理方面,也已由原先的精确表示及推理或较简单的不精确推理模型发展为多种不确定性处理理论,建立了分别适用于不同情况的不确定性推理模型,对非单调推理、归纳推理等也都开展了研究,取得了一定的进展。此外,人们还开展了对专家系统开发工具的研究,建立了多种不同功能、不同类型的开发工具,为缩短专家系统的研制周期,提高系统的质量起到了重要作用。

当然,专家系统在其发展过程中也还存在不少有待解决的问题。例如,知识的完备性问题、知识的自动获取问题、深层知识的表示与利用问题、分布式知识的处理问题、多专家的合作与综合问题、常识性知识的推理问题等等。这些问题还有待做进一步的研究,同时也有赖于人工智能其它研究领域的共同发展。我们将在本章"新一代专家系统"一节中作进一步的讨论。

7.1.3 专家系统的分类

正如前述,目前国内外已经研制成功了多种专家系统,分别应用于工业、农业、医疗卫生、军事、教育等各种领域中。显然,针对不同应用建立的专家系统在功能、设计方法及实现技术等方面都是不同的,为了明确各类专家系统的特点及其所需的技术和系统组织方法,以便在构造一个新的专家系统时有一个明确的方向,有必要对它们进行分类。

但是,分类的标准不是唯一的,按照不同的分类标准,将会得到不同的分类结果,下面讨论目前常用的两种分类方法。

若按专家系统的特性及处理问题的类型分类,海叶斯-罗斯(F.Heyes-Roth)等人将专家系统分为如下10类:

1. 解释型

这是根据所得到的有关数据,经过分析、推理,从而给出相应解释的一类专家系统。例如DENDRAL系统、语音识别系统HEARSAY以及根据声纳信号识别舰船的HASP/SIAP系统等都属于这一类。这类系统必须能处理不完全、甚至受到干扰的信息,并能对所得到的数据给出一致且正确的解释。

2．诊断型

这是根据输入信息推出相应对象存在的故障、找出产生故障的原因并给出排除故障方案的一类专家系统。这是目前开发、应用得最多的一类专家系统，凡是用于医疗诊断、机器故障诊断、产品质量鉴定等的专家系统都属这一类。例如病菌感染性疾病诊断治疗系统 MYCIN，血液凝结病诊断系统 CLOT,计算机硬件故障诊断系统 DART 等。这类系统一般要求掌握处理对象内部各部件的功能及其相互关系。由于现象与故障之间不一定存在严格的对应关系，因此在建造这类系统时,需要掌握有关对象较全面的知识，并能处理多种故障同时并存以及间歇性故障等情况。

3．预测型

这是根据相关对象的过去及当前状况来推测未来情况的一类专家系统。凡是用于天气预报、地震预报、市场预测、人口预测、农作物收成预测等的专家系统都属于这一类。例如,大豆病虫害预测系统 PLANT/ds,军事冲突预测系统 I&W,台风路径预测系统 TYT 等。这类系统通常需要有相应模型的支持,如天气预报需要构造各地区、各季节和各气象条件下的模型。另外,这类系统通常需要处理随时间变化的数据及按时间顺序发生的事件,因而时间推理是这类系统中常用的技术。

4．设计型

这是按给定要求进行相应设计的一类专家系统。凡是用于工程设计、电路设计、建筑及装修设计、服装设计、机械设计及图案设计的专家系统都属于这一类。例如,计算机硬件配置设计系统 XCON,自动程序设计系统 PSI,超大规模集成电路辅助设计系统 KBVLSI 等。对这类系统一般要求在给定的限制条件下能给出最佳或较佳设计方案。为此它必须能够协调各项设计要求,以形成某种全局标准,同时它还要能进行空间、结构或形状等方面的推理,以形成精确、完整的设计方案。

5．规划型

这是按给定目标拟定总体规划、行动计划、运筹优化等的一类专家系统。主要适用于机器人动作控制、工程计划以及通信、航行、实验、军事行动等的规划。例如,安排宇航员在空间站中活动的 KNEECAP 系统、制订最佳行车路线的 CARG 系统、可辅助分子遗传学家规划其实验并分析实验结果的 MOLGEN 系统等。对这类系统的一般要求是,在一定的约束条件下能以较小的代价达到给定的目标。为此它必须能预测并检验某些操作的效果,并能根据当时的实际情况随时调整操作的序列,当整个规划由多个执行者完成时,它应能保证它们并行地工作并协调它们的活动。

6．控制型

这是用于对各种大型设备及系统实现控制的一类专家系统。例如维持钻机最佳钻探流特征的 MUD 系统就是这样的一个专家系统。控制型一般兼有数字和非数字两种模式。为了实现对被控对象的实时控制,该类系统必须具有能直接接收来自被控对象的信息、并能迅速地进行处理、及时地作出判断和采取相应行动的能力。

7．监测型

这是用于完成实时监测任务的一类专家系统。例如,高危病人监护系统 VM,航空母舰空中交通管理系统 REACTOR 等都是这样的专家系统。为了实现规定的监测,这类系统必须能随时收集任何有意义的信息,并能快速地对得到的信息进行鉴别、分析、处理,一旦发现异常,能尽快地作出反应,如发出警报信号等。

8．维修型

这是用于制订排除某类故障的规划并实施排除的一类专家系统。例如电话电缆维护系统ACE,排除内燃机故障的DELTA系统等都是这样的专家系统。对这类系统的要求是能根据故障的特点制订纠错方案,并能实施这个方案排除故障,当制订的方案失效或部分失效时,能及时采取相应的补救措施。

9．教育型

这是用于辅助教学的一类专家系统。如制订教学计划、设计习题、水平测试等,并能根据学生学习中所产生的问题进行分析、评价,找出错误原因,有针对性地确定教学内容或采取其它有效的教学手段。例如可进行逻辑学、集合论教学的EXCHECK就是这样的一个专家系统。在这类系统中,其关键技术是要有以深层知识为基础的解释功能,并且需要建立各种相应的模型。

10．调试型

这是用于对系统实施调试的一类专家系统。例如计算机系统的辅助调试系统TIMM/TUNER就是这样的一个专家系统。对这类系统的要求是能根据相应的标准检测被调试对象存在的错误,并能从多种纠错方案中选出适用于当前情况的最佳方案,排除错误。

除了海叶斯-罗斯等人提出的上述10种类型外,近些年还研制开发出了决策型及管理型的专家系统。决策型专家系统是对各种可能的决策方案进行综合评判和选优的一类系统,它集解释、诊断、预测、规划等功能于一身,能对相应领域中的问题作出辅助决策,并给出所作决策的依据。目前比较成功的系统有Expertax,Capital Expert System等。管理型专家系统是在管理信息系统及办公自动化系统的基础上发展起来的,它把人工智能技术用于信息管理,以达到优质、高效的管理目标,提高管理水平,在人力、物资、时间、费用等方面获取更大的效益。

若按系统的体系结构进行分类,专家系统可分为如下四类:

1．集中式专家系统

这是指对知识及推理进行集中管理的一类专家系统,目前一些成功的专家系统都属这一类。在这一类中,按知识及推理机构的组织方式不同又可细分为层次式结构、深-浅双层结构、多层聚焦结构及黑板结构等。层次式结构是指具有多层推理机制,例如前面提到的青光眼诊治系统CASNET就是一个三层推理结构的例子,其推理模型分为症状层、病变层及诊断层,由症状层的症状可得知相应的病变,由病变可推出是何种青光眼。深-浅双层结构是指系统分别具有深层知识(问题领域内的原理性知识)及浅层知识(领域专家的经验知识)这两个知识库,并相应地有两个推理机,分别应用两个知识库中的知识进行推理,为了协调两个推理机的工作,在它们之上建立了一个控制机构进行统一的管理。所谓多层聚焦结构是指知识库中的知识是动态组织的,把当前对推理最有用、最有希望推出结论的知识称为"焦点",并把它置于聚焦结构的最上层,把有希望入选的知识放在第二层,如此类推,每个知识元所在层是不固定的,随着推理的进行而不断调整,这类结构多用于以框架、对象表示知识的系统中。黑板结构通常用于求解问题比较复杂的系统中,在这类系统中一般有多个知识库及多个推理机,它们通过一个结构化的公共数据区,即黑板来交换信息,语音识别专家系统HEARSAY-Ⅱ首先使用了这一结构。

2. 分布式专家系统

这是指把知识库或推理机制分布在一个计算机网上,或者两者同时进行分布的一类专家系统。这类专家系统除了要用到集中式专家系统的各种技术外,还需要运用一些重要的特殊技术。例如,需要把待求解的问题分解为若干个子问题,然后把它们分别交给不同的系统进行处理,当各系统分别求出子问题的解时,还需要把它们综合为整体解,如果各系统求出的解有矛盾,就需要根据某种原则进行选择或折衷。另外,在各系统求解子问题的过程中需要相互通信,密切配合,进行合作推理等。

3. 神经网络专家系统

这是运用人工神经网络技术建造的一种专家系统,目前尚处于研究阶段。这种专家系统的体系结构与我们前面讨论的专家系统完全不同,前面讨论的专家系统都是基于符号表示的,而神经网络专家系统是基于神经元的,它用多层神经元所构成的网络来表示知识并实现推理。关于这部分内容我们将在第 11 章进行讨论。

4. 符号系统与神经网络相结合的专家系统

符号系统与神经网络各有自己的长处与不足,如何把它们结合起来建立相应的专家系统是人们十分关心的课题。结合的途径有多种,例如充分发挥神经网络学习能力强的优势,把它用于知识的自动获取,而推理仍用符号机制。再如把神经网络作为推理机构中的一个模块,然后再用符号机制加以连接,形成统一的专家系统等。

以上讨论了专家系统的两种分类方法,其实还可以从另外的角度进行分类。例如,若从推理方向的角度划分,可分为正向推理专家系统、逆向推理专家系统及混合推理专家系统;若从知识表示技术的角度划分,可分为基于逻辑的专家系统、基于产生式规则的专家系统、基于语义网络的专家系统等;若从应用领域的角度划分,可分为医疗诊断专家系统、化学专家系统、地质勘探专家系统、气象专家系统等等;若从求解问题所采用的基本方法来划分,可分为诊断/分析型的专家系统及构造/综合型的专家系统等。

7.2 专家系统的一般结构

不同的专家系统,其功能与结构都不尽相同,但一般都包括人机接口、推理机、知识库及其管理系统、数据库及其管理系统、知识获取机构、解释机构这六个部分,如图 7-1 所示。

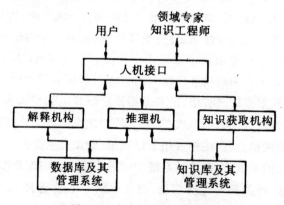

图 7-1 专家系统的一般结构

7.2.1　人机接口

人机接口是专家系统与领域专家或知识工程师及一般用户间的界面,由一组程序及相应的硬件组成,用于完成输入输出工作。领域专家或知识工程师通过它输入知识,更新、完善知识库;一般用户通过它输入欲求解的问题、已知事实以及向系统提出的询问;系统通过它输出运行结果、回答用户的询问或者向用户索取进一步的事实。

在输入或输出过程中,人机接口需要进行内部表示形式与外部表示形式的转换。如在输入时,它将把领域专家、知识工程师或一般用户输入的信息转换成系统的内部表示形式,然后分别交给相应的机构去处理;输出时,它将把系统要输出的信息由内部形式转换为人们易理解的外部形式显示给相应的用户。

在不同的系统中,由于硬件、软件环境不同,接口的形式与功能有较大的差别。如有的系统可用简单的自然语言与系统交互,而有的系统只能用最基本的方式(如编辑软件)实现与系统的信息交流。在硬件、软件配置不高的情况下,可用如下两种接口方式:

1. 菜单方式

系统把有关功能以菜单形式列出来供用户选择,一旦某个条目被选中,系统或者直接执行相应的功能,或者显示下一级菜单供用户作进一步的选择。

2. 命令语言方式

系统按功能定义一组命令,当用户需要系统实现某一功能时就输入相应的命令,系统通过对命令的解释指示相应机构完成指定的任务。接口命令一般有如下几种:

(1) 获取知识命令。这是供领域专家或知识工程师向知识库输入知识的命令。

(2) 提交问题命令。这是供用户向专家系统提交待求解问题的命令。

(3) 请求解释命令。当用户对专家系统给出的结论不理解或者希望给出依据时,可用这种命令向系统发出询问,请求系统给予解释。

(4) 知识检索及维护命令。知识工程师可用这种命令对知识进行检索,查阅知识库中的知识,以便进行增、删、改。

7.2.2　知识获取机构

这是专家系统中获取知识的机构,由一组程序组成。其基本任务是把知识输入到知识库中,并负责维持知识的一致性及完整性,建立起性能良好的知识库。在不同的系统中,知识获取的功能及实现方法差别较大,有的系统首先由知识工程师向领域专家获取知识,然后再通过相应的知识编辑软件把知识送入到知识库中;有的系统自身具有部分学习功能,由系统直接与领域专家对话获取知识,或者通过系统的运行实践归纳、总结出新的知识。关于这部分内容将在下一节做进一步的讨论。

7.2.3　知识库及其管理系统

知识库是知识的存储机构,用于存储领域内的原理性知识、专家的经验性知识以及有关的事实等。知识库中的知识来源于知识获取机构,同时它又为推理机提供求解问题所需的知识,与两者都有密切关系。

知识库管理系统负责对知识库中的知识进行组织、检索、维护等。专家系统中其它任何部分如要与知识库发生联系,都必须通过该管理系统来完成,这样就可实现对知识库的统一管理和使用。

7.2.4 推理机

推理机是专家系统的"思维"机构,是构成专家系统的核心部分。其任务是模拟领域专家的思维过程,控制并执行对问题的求解。它能根据当前已知的事实,利用知识库中的知识,按一定的推理方法和控制策略进行推理,求得问题的答案或证明某个假设的正确性。

推理机的性能与构造一般与知识的表示方式及组织方式有关,但与知识的内容无关,这有利于保证推理机与知识库的相对独立性,当知识库中的知识有变化时,无须修改推理机。但是,由上一章的讨论可以看出,如果推理机的搜索策略完全与领域问题无关,那么它将是低效的,当问题规模较大时,这个问题就更加突出。为了解决这个问题,目前专家系统一方面为了提高系统的运行效率而使用了一些与领域有关的启发性知识,另一方面又为了保证推理机与知识库的相对独立性而采取了用元知识来表示启发性知识的方法。

7.2.5 数据库及其管理系统

数据库又称为"黑板"、"综合数据库"等。它是用于存放用户提供的初始事实、问题描述以及系统运行过程中得到的中间结果、最终结果、运行信息(如推出结果的知识链)等的工作存储器。

数据库的内容是在不断变化的。在求解问题的开始时,它存放的是用户提供的初始事实;在推理过程中它存放每一步推理所得到的结果。推理机根据数据库的内容从知识库选择合适的知识进行推理,然后又把推出的结果存入数据库中。由此可以看出,数据库是推理机不可缺少的一个工作场地,同时由于它可记录推理过程中的各有关信息,又为解释机构提供了回答用户咨询的依据。

数据库是由数据库管理系统进行管理的,这与一般程序设计中的数据库管理没有什么区别,只是应使数据的表示方法与知识的表示方法保持一致。

7.2.6 解释机构

能够对自己的行为作出解释,回答用户提出的"为什么?"、"结论是如何得出的?"等问题,是专家系统区别于一般程序的重要特征之一,亦是它取信于用户的一个重要措施。另外,通过对自身行为的解释还可帮助系统建造者发现知识库及推理机中的错误,有助于对系统的调试及维护。因此,无论是对用户还是对系统自身,解释机构都是不可缺少的。

解释机构由一组程序组成,它能跟踪并记录推理过程,当用户提出询问需要给出解释时,它将根据问题的要求分别做相应的处理,最后把解答用约定的形式通过人机接口输出给用户。

上面我们讨论了专家系统的一般结构,这只是指出一般专家系统应该具有的几个基本部分。在具体建造一个专家系统时,除了应该具有这几部分外,还应根据相应领域问题的特点及要求适当增加某些部分。例如在建造决策型专家系统时,需要增加决策模型库;在建造计算工作较多的专家系统时,需要增加算法库等等。

7.3 知识获取

拥有知识是专家系统有别于其它计算机软件系统的重要标志,而知识的质量与数量又是决定专家系统性能的关键因素,但如何使专家系统获得高质量的知识呢? 这正是知识获取要解决的问题。

知识获取是一个与领域专家、专家系统建造者以及专家系统自身都密切相关的复杂问题,由于各方面的原因,至今仍然是一件相当困难的工作,被公认是专家系统建造中的一个"瓶颈"问题。虽然已有许多人工智能学者在开展这方面的研究工作,希望实现知识的自动获取,即由计算机自动完成对知识的获取,并且也取得了一些成果,但离知识的完全自动获取这一目标还相距甚远,还需要走一段漫长的道路,解决许多理论及技术上的困难问题。目前,知识获取通常是由知识工程师与专家系统中的知识获取机构共同完成的。知识工程师负责从领域专家那里抽取知识,并用适当的模式把知识表示出来,而专家系统中的知识获取机构负责把知识转换为计算机可存储的内部形式,然后把它们存入知识库。在存储的过程中,要对知识进行一致性、完整性的检测。

7.3.1 知识获取的任务

知识获取的基本任务是为专家系统获取知识,建立起健全、完善、有效的知识库,以满足求解领域问题的需要。为此,它需要做以下几项工作:

1. 抽取知识

所谓抽取知识是指把蕴含于知识源(领域专家、书本、相关论文及系统的运行实践等)中的知识经识别、理解、筛选、归纳等抽取出来,以便用于建立知识库。

知识的主要来源是领域专家及相关的专业技术文献,但知识并不都是以某种现成的形式存在于这些知识源中可供挑选的,为了从中得到所需的知识需要做大量的工作。就以领域专家来说,虽然他们可以自如地处理领域内的各种困难问题,但往往缺少总结,不一定能有条理地说出处理问题的道理和原则,他们可以列举出大量处理过的实例,但不一定能建立起相互间的联系,有的甚至只可意会而不能言传。另外,领域专家一般都不熟悉专家系统的有关技术,不知道应该提供些什么以及用什么样的形式进行表达,不能强求他们按专家系统的要求提供知识。这一切都为知识的抽取带来了困难。为了从领域专家那里得到有用的知识,需要反复多次地与领域专家交谈,并且有目的地引导交谈的内容,然后通过分析、综合、去粗存精、去伪存真,归纳出可供建立知识库的知识。

知识的另一来源是系统自身的运行实践,这就需要从实践中学习、总结出新的知识。一般来说,一个系统初步建成后是很难做到完美无缺的,通过运行才会发现知识不够健全,需要补充新的知识。此时除了请领域专家提供进一步的知识外,还可由系统根据运行经验从已有的知识或实例中演绎、归纳出新知识,补充到知识库中去。对于这种情况,要求系统自身具有一定的"学习"能力,但这将为知识获取机构的建造提出了更高的要求。

2. 知识的转换

所谓知识转换是指把知识由一种表示形式变换为另一种表示形式。

人类专家或科技文献中的知识通常是用自然语言、图形、表格等形式表示的,而知识库中的知识是用计算机能够识别、运用的形式表示的,两者有较大的差别。为了把从专家及有关文献中抽取出来的知识送入知识库供求解问题使用,需要进行知识表示形式的转换工作。知识转换一般分两步进行:第一步是把从专家及文献资料那里抽取的知识转换为某种知识表示模式,如产生式规则、框架等;第二步是把该模式表示的知识转换为系统可直接利用的内部形式。前一步工作通常由知识工程师完成,后一步工作一般通过输入及编译实现。

3. 知识的输入

把用适当模式表示的知识经编辑、编译送入知识库的过程称为知识的输入。

目前,知识的输入一般是通过两种途径实现的:一种是利用计算机系统提供的编辑软件;另一种是用专门编制的知识编辑系统,称为知识编辑器。前一种的优点是简单、方便、可直接拿来使用,减少了编制专门程序的工作;后一种的优点是可根据实际需要实现相应的功能,使其具有更强的针对性和适用性,更加符合知识输入的需要。

4. 知识的检测

知识库的建立是通过对知识进行抽取、转换、输入等环节实现的,在这一过程中任何环节上的失误都会造成知识的错误,直接影响到专家系统的性能。因此必须对知识进行检测,以便尽早发现并纠正可能出现的错误。特别是在知识输入时,若能及时地进行检测,发现知识中可能存在的不一致、不完整等问题,并采取相应的修正措施,就可把错误拒之门外,收到防患于未然的效果。关于各种错误的检测将在 7.4 节进行讨论。

7.3.2 知识获取方式

按知识获取的自动化程度划分,可分为非自动知识获取和自动知识获取两种方式。

1. 非自动知识获取

在这种方式中,知识获取分两步进行,首先由知识工程师从领域专家或有关的技术文献那里获取知识,然后再由知识工程师用某种知识编辑软件输入到知识库中。其工作方式可用图 7-2 示意。

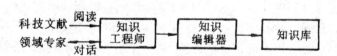

图 7-2 非自动知识获取

(1) 知识工程师。正如前述,领域专家一般都不熟悉知识处理,不能强求他们把自己的知识按专家系统的要求抽取并表示出来。另外,专家系统的设计及建造者虽然熟悉专家系统的建造技术,但却不掌握专家知识。因此需要在这两者之间有一个中介专家,他既懂得如何与领域专家打交道,能从领域专家那里及有关文献中获得专家系统所需要的知识,又熟悉知识处理,能把获得的知识用合适的知识表示模式或语言表示出来,这样的中介专家称为知识工程师。实际上,知识工程师的工作大多都是由专家系统的设计及建造者担任的。知识工程师的主要任务是:

① 与领域专家进行交谈,阅读有关文献,获取专家系统所需要的原始知识。这是一件非常花费时间的工作,相当于让知识工程师从头学习一门新的专业知识。

② 对获得的原始知识进行分析、归纳、整理,形成用自然语言表述的知识条款,然后交领

域专家审查。这期间可能要多次进行交流,直到最后完全确定下来。

③ 把最后确定的知识条款用知识表示语言表示出来,交知识编辑器进行编辑输入。

(2) 知识编辑器。知识编辑器是一种用于知识输入的软件,通常是在建造专家系统时根据实际需要编制的。目前亦有一些工具软件,可根据情况选用。一般来说,知识编辑器应具有如下主要功能:

① 把用某种模式或语言表示的知识转换成计算机可表示的内部形式,并输入到知识库中。

② 检测输入知识中的语法错误,并报告错误性质与部位,以便进行修正。

③ 检测知识的一致性等,报告产生错误的原因及部位,以便知识工程师征询领域专家意见进行改正。

知识编辑器一般采用交互工作方式,常用的接口方式有命令语言和菜单形式。

非自动方式是专家系统建造中用得较普遍的一种知识获取方式。专家系统 MYCIN 就是其中最具代表性的一个,它对非自动知识获取方法的研究和发展起到了重要作用。MYCIN 用产生式作为表示知识的模式,并用 LISP 语言表示每条规则。其知识获取通过以下几步完成:

(1) 知识工程师通过交互方式向系统输入规则的前提条件、结论以及规则强度。

(2) 系统把它翻译为 LISP 语言的表示形式,然后再用英语的描述形式显示出来,供知识工程师或领域专家检查它是否正确。

(3) 如有错误,则由知识工程师与领域专家协商修改,然后重复(1)和(2)的工作,直到被确认正确为止。

(4) 对于新规则,则用它与知识库中的已有规则进行一致性检查。如发现不一致,就及时报告,请知识工程师及专家进行修改。

(5) 将正确的规则送入知识库中。

至此,一条规则的输入已经完成。如若还有其它规则,则重复上述过程。

2. 自动知识获取

所谓自动知识获取是指系统自身具有获取知识的能力,它不仅可以直接与领域专家对话,从专家提供的原始信息中"学习"到专家系统所需要知识,而且还能从系统自身的运行实践中总结、归纳出新的知识,发现知识中可能存在的错误,不断自我完善,建立起性能优良、知识完善的知识库。为达到这一目的,它至少应具备如下能力:

(1) 具有识别语音、文字、图象的能力。专家系统中的知识主要来源于领域专家以及有关的科技文献资料、图象等。为了实现知识的自动获取,就必须使系统能与领域专家直接对话,能阅读相关的科技资料。这就要求系统应具有识别语音、文字及图象的能力。只有这样,它才能直接获得专家系统所需要的原始知识,为知识库的建立奠定基础。

(2) 具有理解、分析、归纳的能力。领域专家提供的知识通常是处理具体问题的实例,不能直接用于知识库。为了把它变为知识库中的知识,必须在理解的基础上进行分析、归纳、提炼、综合,从中抽取出专家系统所需要的知识送入知识库。在非自动知识获取中,这一工作是由知识工程师完成的,而在自动知识获取中,由系统取代了知识工程师完成相应的工作。

(3) 具有从运行实践中学习的能力。在知识库初步建成投入使用后,随着应用向纵深的发展,知识库的不完备性就会逐渐暴露出来。此时知识的自动获取系统应能不断地总结经验教训,从运行实践中学习,产生新的知识,纠正可能存在的错误,不断进行知识库的自我完善。

总之,在自动知识获取系统中,原来需要知识工程师做的工作都由系统取代了,并且还要做更多的工作。其获取知识的过程可用图7-3示意。

自动知识获取是一种理想的知识获取方式,但它却涉及到人工智能的多个研究领域。例如模式识别、自然语言理解、机器学习等,对硬件亦有较高的要求。而这一切目前尚处于研究阶段,有许多理论及技术上的

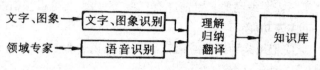

图7-3 自动知识获取

问题需要做进一步的研究,就目前已经取得的研究成果而言,尚不足于真正实现自动知识获取。因此,知识的完全自动获取目前还只能作为人们为之奋斗的目标。

但是,人工智能的研究毕竟已经取得了很大的进步,自然语言理解、机器学习等的研究也已取得了较大的进展,特别是近年来关于人工神经网络的研究提出了多种学习算法,这都为知识获取提供了有利条件。因此,在建造知识获取系统时,应充分利用这些成果,逐渐向知识的自动获取过渡,提高其智能程度。事实上,在近些年建造的专家系统中,也都不同程度地做了这方面的尝试及探讨,在非自动知识获取的基础上增加了部分学习功能,使系统能从大量事例中归纳出某些知识。由于这样的系统不同于纯粹的非自动知识获取,但又没有达到完全自动知识获取的程度,因而可称之为半自动知识获取。在不同的系统中,知识获取的"半自动"程度是有很大区别的。

7.4 知识的检测与求精

知识的一致性、完整性是影响专家系统性能的重要因素,本节将对其概念、检测及处理方法进行讨论。

7.4.1 知识的一致性与完整性

知识库的建立过程是知识经过一系列变换进入计算机系统的过程,在这个过程中存在着各种各样导致知识不健全的因素。例如:

(1)领域专家提供的知识中存在某些不一致、不完整、甚至错误的知识。由于专家系统是以专家知识为基础的,因而专家知识中的任何不一致、不完整必然影响到知识库的一致性与完整性。

(2)知识工程师未能准确、全面地理解领域专家的意图,使得所形成的知识条款隐含着种种错误,影响到知识的一致性及完整性。

(3)采用的知识表示模式不适当,不能把领域知识准确地表示出来。

(4)对知识库进行增、删、改时没有充分考虑到可能产生的影响,以致在进行了这些操作之后使得知识库出现了不完备的情况。特别是在知识库建成之后,由于知识间存在着千丝万缕的复杂联系,因而对它的任何改动都可能产生意想不到的后果。

由于这些原因,知识库中经常会出现这样或者那样的问题,主要表现在知识冗余、矛盾、从属、环路、不完整等方面,下面以产生式表示法为例说明各种问题的表现形式及处理方法。

1. 知识冗余

所谓知识冗余是指知识库中存在多余的知识或者存在多余的约束条件,分以下三种情况:

(1) 等价规则。当两条产生式规则在相同条件下有相同的结论时,称它们为等价规则。例如,设有如下产生式规则:

$$r_1: \text{IF} \quad P \quad \text{AND} \quad Q \quad \text{THEN} \quad R$$

$$r_2: \text{IF} \quad Q \quad \text{AND} \quad P \quad \text{THEN} \quad R$$

则它们是等价的。此时 r_1 与 r_2 中有一条是多余的,可从知识库中删去。

(2) 冗余规则链。如果两条规则链中第一条规则的条件相同,且最后一条规则的结论等价,则称此两条规则链中存在冗余。例如,设有如下产生式规则:

$$r_1: \quad \text{IF} \quad P \quad \text{THEN} \quad Q$$

$$r_2: \quad \text{IF} \quad Q \quad \text{THEN} \quad R$$

$$r_3: \quad \text{IF} \quad P \quad \text{THEN} \quad S$$

$$r_4: \quad \text{IF} \quad S \quad \text{THEN} \quad R$$

其中,如果 Q 只是在 r_2 的条件部分出现,且不再在其它规则的前提条件中出现,则 r_1 与 r_2 都是冗余规则,可从知识库中删去;同理,如果 S 只是在 r_4 的条件部分出现,而不再在其它规则的前提条件部分出现,则 r_3 与 r_4 都是冗余规则,可从知识库中删去;如果除 r_2 与 r_4 外, Q 与 S 同时都不再在别的规则的前提条件中出现,则 r_1 至 r_4 都是冗余规则,均可从知识库中删去,但此时需为知识库补充如下一条规则:

$$\text{IF} \quad P \quad \text{THEN} \quad R$$

否则将破坏知识库的完整性。

(3) 冗余条件。如果两条规则有相同的结论,但一条规则中的某个子条件在另一条规则的前提条件中被否定,而其它子条件保持一致,则称这两条规则具有多余的条件。例如,设有如下两条产生式规则:

$$r_1: \text{IF} \quad P \quad \text{AND} \quad Q \quad \text{THEN} \quad R$$

$$r_2: \text{IF} \quad P \quad \text{AND} \quad \neg Q \quad \text{THEN} \quad R$$

则子条件 Q 与 $\neg Q$ 都是多余的,此时需要从知识库中删去这两条规则,并增加如下一条规则:

$$\text{IF} \quad P \quad \text{THEN} \quad R$$

2. 矛盾

如果两条产生式规则或规则链在相同条件下得到的结论是互斥的,或者它们虽有相同的结论,但规则强度不同,则称它们是矛盾的。例如对如下两条产生式规则:

$$r_1: \text{IF} \quad P \quad \text{THEN} \quad Q_1$$

$$r_2: \text{IF} \quad P \quad \text{THEN} \quad Q_2$$

如果 $Q_1 = \neg Q_2$,则 r_1 与 r_2 是矛盾的。

再如,设有如下产生式规则:

$$r_1: \quad \text{IF} \quad P \quad \text{THEN} \quad Q$$

$$r_2: \quad \text{IF} \quad Q \quad \text{THEN} \quad R$$

$$r_3: \quad \text{IF} \quad R \quad \text{THEN} \quad S_1$$

$$r_4: \quad \text{IF} \quad P \quad \text{THEN} \quad T$$
$$r_5: \quad \text{IF} \quad T \quad \text{THEN} \quad S_2$$

其中,r_1,r_2,r_3 是一条规则链;r_4,r_5 是另一条规则链。它们有相同的初始条件,即 P。此时,若 $S_1 = \neg S_2$,则这两条规则链是矛盾的。

对于矛盾规则或矛盾规则链,不能让它们共处于同一知识库中,必须从中舍弃一个。至于舍弃哪一个,需征求领域专家的意见。

又如,设有如下两条产生式规则:

$$r_1: \quad \text{IF} \quad P \quad \text{THEN} \quad Q \quad (CF_1)$$
$$r_2: \quad \text{IF} \quad P \quad \text{THEN} \quad Q \quad (CF_2)$$

其中,r_1 与 r_2 的前提条件及结论都分别相同,但却有不同的规则强度($CF_1 \neq CF_2$),则称它们是矛盾的。此时它们不能共处于同一个知识库中,需根据领域专家的意见舍弃其中的一个。但是,有时会出现这样一种情况,即这两个产生式规则分别是由两位领域专家提供的,而且他们各持已见,不能统一,此时只好把这两条规则都放入知识库中,但分别作出标记。求解问题时,预先需指明要用哪个专家的知识,以免引起混乱。当然,这样做必然要增加系统的复杂性。

3. 从属

如果规则 r_1 与 r_2 有相同的结论,但 r_1 比 r_2 要求更多的约束条件,则称 r_1 是 r_2 的从属规则。例如,设有如下两条产生式规则:

$$r_1: \quad \text{IF} \quad P \quad \text{AND} \quad Q \quad \text{THEN} \quad R$$
$$r_2: \quad \text{IF} \quad Q \quad \text{THEN} \quad R$$

则 r_1 是 r_2 的从属规则。

当出现此种情况时,需征求领域专家的意见,分别做以下几种处理:

(1) 若领域专家认为 r_1 比 r_2 能更准确地描述实际情况,则舍弃 r_2,保留 r_1。

(2) 若领域专家认为 r_1 中的 Q 是可有可无的,则舍弃 r_1,保留 r_2。

(3) 若领域专家认为这两条规则都是需要的,它们分别适用于不同的情况,则把它们都保留在知识库中。

4. 环路

当一组规则形成一条循环链时,称它们构成了一个环路。例如,设有如下一组产生式规则:

$$r_1: \quad \text{IF} \quad P \quad \text{THEN} \quad Q$$
$$r_2: \quad \text{IF} \quad Q \quad \text{THEN} \quad R$$
$$r_3: \quad \text{IF} \quad R \quad \text{THEN} \quad S$$
$$r_4: \quad \text{IF} \quad S \quad \text{THEN} \quad P$$

对这四条规则无论先执行哪一条,最终都又回到了出发点,即它们之间出现了环路。环路有可能使推理陷入死循环,应引起足够的重视。

当知识库中出现环路时,应征求领域专家的意见,修改或舍弃其中的一条规则,破坏形成环路的条件。

除了上述讨论的几种情况外,在知识库中还可能存在一种称为"不可达"的知识,这是指其约束条件永远得不到满足的知识,这种知识在推理过程中不会被激活,应被舍弃。

5. 不完整

所谓不完整是指知识库中的知识不完全,不能满足预先定义的约束条件,即当存在应该推出某一结论的条件时,却推不出这一结论,不能形成产生这一结论的推理链;或者虽能推出结论,但却是错误的。

当知识库的知识不完整时,需要通过知识求精不断改进、完善,使其能满足问题求解的需要。

7.4.2　基于经典逻辑的检测方法

为了保证知识库的正确性,需要做好对知识的检测,检测分为静态检测和动态检测两种。静态检测是指在知识输入之前由领域专家及知识工程师所做的检查工作;动态检测是指在输入过程中以及对知识库进行增、删、改时由系统所进行的检查。在系统运行过程中出现错误时也需要对知识库进行动态检测。这里,我们仅讨论动态测检方法。

目前常用的动态检测方法有两种,即基于经典逻辑的检测方法和基于 Petri 网的检测方法。本段讨论前一种方法,下一段再讨论后一种方法。

对知识冗余、矛盾等的检测实际上是通过对知识的相应部分进行比较实现的。例如对两条产生式规则的条件部分进行比较,看其是否等价,再对它们的结论部分进行比较,看它们是否一致等。因此,检测中的基本环节是检查两个逻辑表达式的等价性。下面首先讨论检测两个逻辑表达式等价性的方法,然后再在此基础上讨论冗余、矛盾等的检测。

1. 逻辑表达式等价性的检测

产生式规则的条件部分是由原子命题经 AND, OR, NOT 连接而成的逻辑表达式,但由于不同的表示形式可能会有相同的逻辑结果,这就使两个逻辑表达式等价性的检测增加了复杂性。例如对如下两个逻辑表达式:

$$\neg(P \vee Q), \qquad \neg P \wedge \neg Q$$

它们虽然有不同的表示形式,但却是等价的。为解决这个问题,可在对它们进行检测之前做一些变换,使它们都统一地变换为合取式,然后再进行比较。例如对如下逻辑表达式:

$$P \vee (Q \wedge R)$$

把它变换为合取式后成为

$$(P \vee Q) \wedge (P \vee R)$$

这样就可用它与另一个逻辑表达式的合取式进行比较。

设有如下两个合取式:

$$(P_1 \vee Q_1) \wedge (R_1 \vee S_1)$$
$$(P_2 \vee Q_2) \wedge (R_2 \vee S_2)$$

进行比较时,先用 $P_1 \vee Q_1$ 与 $P_2 \vee Q_2$ 进行比较,若两者等价,接着就用 $R_1 \vee S_1$ 与 $R_2 \vee S_2$ 进行比较,如果也等价,则上述两个合取式等价;如果 $P_1 \vee Q_1$ 与 $P_2 \vee Q_2$ 不等价,则还需要用 $P_1 \vee Q_1$ 与 $R_2 \vee S_2$ 进行比较,用 $R_1 \vee S_1$ 与 $P_2 \vee Q_2$ 进行比较。如果 $P_1 \vee Q_1$ 或者 $R_1 \vee S_1$ 在第二个合取式中找不到可与它等价的合取项,则上述两个合取式就不等价。这一检测过程可用图 7-4 描述。图中,A 和 B 分别代表两个逻辑表达式,转换为合取式后仍然分别称为 A 和 B;$L(A)$ 与 $L(B)$ 分别表示 A 与 B 的长度,即 A 与 B 分别包含的合取项的个数,例如 $A = (P \vee Q) \wedge (R \vee S)$,则 $L(A) = 2$;A_i 表示 A 的第 i 个合取项,B_j 表示 B 的第 j 个合取项,例如对于上述的 A,则 $A_1 = P \vee Q$,$A_2 = R \vee S$;在检测过程中,每当 B 的某一个合取项 B_j 与 A 的某个合取项 A_i 等价时,就为 B_j 做一标记,以避免它再与 A 的其它合取项进行比较。

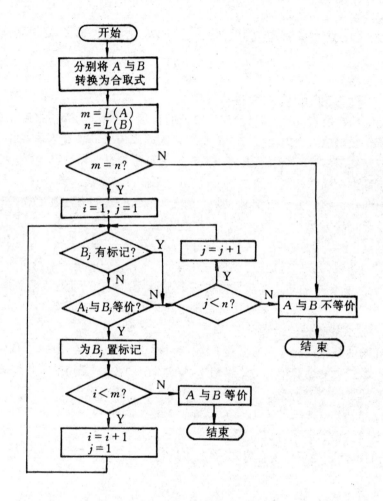

图 7-4　逻辑表达式等价性检测

2. 冗余的检测

运用逻辑表达式等价性的检测方法,就可方便地进行冗余的检测。

(1) 等价规则的检测。产生式规则的条件部分和结论部分都是逻辑表达式,只要对两条规则的条件部分及结论部分分别检查其等价性就可得知这两条规则是否等价。

(2) 冗余规则链的检测。为了发现冗余规则链,首先应该检查两条规则链的第一条规则是否有等价的条件。若有,则再检查这两条规则链是否有相同的结论。为此,需要建立两张二维表:一张称为 IF-IF 表,用以存放不同规则条件部分的比较结果;另一张称为 THEN-THEN 表,用于存放不同规则结论部分的比较结果。然后,根据 IF-IF 表取出两条其条件部分等价的规则,并分别为它们各建立一个推理图,图中的每一个节点表示一条规则,图中的弧表示一条规则的结论将作为另一条规则的条件。例如,对如下产生式规则:

314

$$r_1: \quad \text{IF} \quad P \quad \text{THEN} \quad Q$$
$$r_2: \quad \text{IF} \quad Q \quad \text{THEN} \quad R$$
$$r_3: \quad \text{IF} \quad R \quad \text{THEN} \quad S$$
$$r_4: \quad \text{IF} \quad P \quad \text{THEN} \quad T$$
$$r_5: \quad \text{IF} \quad T \quad \text{THEN} \quad S$$

由于 r_1 与 r_4 具有等价的条件,所以分别为它们建立推理图,如图 7-5(a)及图 7-5(b)所示。

系统遍历这两张推理图,将一张图中的所有节点与另一张图中的节点进行比较,如果发现有一对节点的结论部分是等价的(其等价性可通过 THEN-THEN 表得到),则分别从这一对节点到其根节点所形成的两个推理链有可能是冗余规则链。此时只要再检查一下推理链中得到的中间结论(如上例中的 Q, R, T)是否还在其它规则的条件部分出现就可确定,这也可从推理图中得到。对于图 7-5 所示的推理图,r_1,r_2,r_3 及 r_4,r_5 都是冗余规则链,若把它们都从知识库中删去,则需补充如下一条规则:

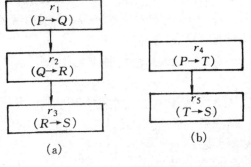

图 7-5　推理图

$$\text{IF} \quad P \quad \text{THEN} \quad S$$

(3) 冗余条件的检测。为了发现冗余条件,首先应检查两条规则的结论是否等价,这可从 THEN-THEN 表得到。当两条规则的结论等价而条件部分不等价时,可把其中一条规则条件部分的各个合取项分别变为否定,并逐次检测这两条规则条件部分的等价性。若等价,则刚才被否定的子条件及其在另一条规则条件部分中与之对应的那个子条件都是冗余条件。例如,对如下两条产生式规则:

$$r_1: \quad \text{IF} \quad P \quad \text{AND} \quad Q \quad \text{THEN} \quad R$$
$$r_2: \quad \text{IF} \quad P \quad \text{AND} \quad \neg Q \quad \text{THEN} \quad R$$

这两条规则的结论是等价的,但条件部分不等价,此时若把 r_1 中的 Q 变为否定形式,即 $\neg Q$,则 r_1 与 r_2 的条件部分就等价了。这表明 r_1 中的 Q 及 r_2 中的 $\neg Q$ 是冗余条件。

3. 矛盾规则及矛盾规则链的检测

矛盾规则链的检测与冗余规则链的检测方法类似。首先根据 IF-IF 表找出两条其条件部分等价的规则,并分别为它们各建立一个推理图,然后遍历这两个推理图,如果发现有一对节点的结论部分是矛盾的,则从这一对节点分别到其根节点所形成的两个推理链是矛盾的。至于矛盾规则,它只是矛盾规则链的一种简单情况,即每条规则链中只有一条规则。

对于由规则强度不同所引起的矛盾,需要先检查两条规则是否等价,如果等价,再检查它们的规则强度是否相同,若不同,表明这两条规则是矛盾的。

4. 从属规则的检测

为发现从属规则,首先要检查两条规则的结论是否等价,这可从 THEN-THEN 表得到。若两条规则的结论等价,再检查一条规则的条件部分是否为另一条规则条件部分的一部分,若是,表明存在一条从属规则,并且找到了它。至于如何检查一条规则的条件是否为另一条规则

315

条件的一部分,这只要把图7-4所示的流程图稍加修改就可以得到其算法。

5. 环路的检测

为了检测知识间是否存在环路,需要找到这样的规则,即其结论可与其它规则的条件等价。为此,可建立一张名为 IF-THEN 的二维表,表中存放每一条规则的条件与其它规则的结论相比较的结果。检测时搜索这张表,找出其结论可与其它规则的条件部分等价的规则,它有可能就是环路中的一条规则。然后从这条规则开始,根据 IF-THEN 表沿着规则链进行查找,直到出现如下两种情况之一时为止:

(1)在链中找到了一条规则,其结论与前面某条规则的条件等价,这说明找到了环路。

(2)沿规则链找不到其结论与前面某规则的条件等价的规则,且规则链结束,这说明该规则链没有形成环路。

若对每条规则链都进行上述检测,就可把知识库中的环路都找出来,并做相应的处理。

7.4.3 基于 Petri 网的检测方法

在第3章我们曾经讨论了用 Petri 网表示知识的方法,这里将用它来检测知识的冗余及矛盾等问题。

1. 冗余的检测

等价规则及冗余条件在 Petri 网的生成过程中就可被发现,因此下面来看冗余规则链的检测。设有如下产生式规则:

$$
\begin{array}{llllll}
r_1: & \text{IF} & A_1 & \text{THEN} & A_2 & \\
r_2: & \text{IF} & A_2 & \text{THEN} & A_3 & \\
r_3: & \text{IF} & A_1 & \text{THEN} & A_3 & \\
r_4: & \text{IF} & A_2 & \text{AND} & A_4 & \text{THEN} \quad A_5 \\
r_5: & \text{IF} & A_5 & \text{THEN} & A_6 & \\
\end{array}
$$

其 Petri 网如图7-6所示。

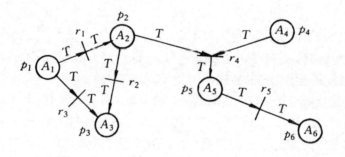

图 7-6 Petri 网(1)

图7-6中各符号的含义仍与第3章相同,边线上的"T"是状态标志,它表示由位置 p_i 所代表的命题 A_i 的真值为真,若为"F",则表示相应命题的真值为假。

由图7-6可以看出,当 A_1 所要求的事实存在时,则从 p_1 出发经 p_2 可以到达 p_3,同时还可以经另一条路线(即由 r_3 所表示的路线)直接到达 p_3,因此出现了冗余规则链。但因 A_2 还在 r_4 的条件部分出现,即从 p_2 还可到达 p_5,所以 r_3 是冗余规则。

316

另外,由 p_5 可以到达 p_6,而 p_6 是一个终点,如果 p_6 所代表的命题 A_6 不是最终结论,则 r_5 将成为一条死规则,它亦是多余的。

2. 矛盾、从属及环路的检测

设有如下产生式规则:

$$
\begin{array}{llllll}
r_1: & \text{IF} & A_1 & \text{THEN} & A_2 \\
r_2: & \text{IF} & A_2 & \text{THEN} & A_3 \\
r_3: & \text{IF} & A_3 & \text{THEN} & A_4 \\
r_4: & \text{IF} & A_1 & \text{THEN} & A_5 \\
r_5: & \text{IF} & A_5 & \text{THEN} & \neg A_4 \\
r_6: & \text{IF} & A_3 & \text{AND} & A_6 & \text{THEN} & A_7 \\
r_7: & \text{IF} & A_6 & \text{THEN} & A_7 \\
r_8: & \text{IF} & A_5 & \text{THEN} & A_8 \\
r_9: & \text{IF} & A_8 & \text{THEN} & A_9 \\
r_{10}: & \text{IF} & A_9 & \text{THEN} & A_5 \\
\end{array}
$$

其 Petri 网如图 7-7 所示。

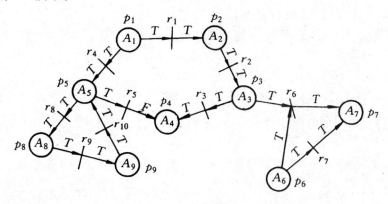

图 7-7 Petri 网(2)

由图 7-7 可以看出:

(1) 由 p_1 出发,经 p_2,p_3 到达 p_4 时,推出 p_4 所代表的命题 A_4 为真,但由 p_1 出发经 p_5 到达 p_4 时,得到 A_4 为假,这就产生了矛盾。由此可知由 r_1,r_2,r_3 所构成的规则链与由 r_4,r_5 所构成的规则链是矛盾的。

(2) 由 p_3 及 p_6 可到达 p_7,另外仅由 p_6 也可到达 p_7,这表示 r_6 比 r_7 要求更多的条件,即 r_6 是 r_7 的从属规则。

(3) 由 p_5 出发经 p_8,p_9 又回到了 p_5,构成了环路,这表明 r_8,r_9 及 r_{10} 形成环路。

7.4.4 知识求精

知识库中除了可能存在上述的冗余、矛盾等问题外,还可能存在知识不完整的问题,以致在系统运行时产生错判或漏判的错误。

所谓错判是指对给定的不应产生某一结论的条件,经系统运行却得出了这一结论。例如,

317

对一个肝病诊断专家系统来说,把不是肝炎的诊断为肝炎,这就是错判。

所谓漏判是指,在给定条件下把本来应该推出的结论没有推出来。例如把是肝炎的人诊断为不是肝炎。

为了找出导致错误的原因,就需要找出产生这些错误的知识,予以改进,以提高知识库的可靠性,这称为知识求精。

实现知识求精的一般方法是,用一批有已知结论的实例考核知识库,看有多少实例被知识库错判及漏判,然后对知识做适当的修正,以提高知识的精度。

知识求精方法与知识的表示方法有密切关系,下面讨论知识库管理系统 KBRS 中的求精方法。

1. KBRS 的知识表示

KBRS 用产生式规则表示知识,其 BNF 描述为:

〈规则〉::= * R〈规则号〉:IF〈前提〉THEN CONCLUSION 〈可信度〉IS〈结论〉

〈前提〉::=(〈条件号〉)〈条件〉{;(〈条件号〉)〈条件〉}

〈条件号〉::=〈正整数〉

〈条件〉::=〈主要条件〉|〈次要条件〉|〈附加条件〉

〈主要条件〉::= MAJORS (〈正整数〉,〈类名〉)

〈次要条件〉::= MINORS (〈正整数〉,〈类名〉)

〈附加条件〉::=〈简单命题〉{,〈简单命题〉}

〈结论〉::=〈类名〉

〈可信度〉::=〈百分数〉

〈规则号〉::=〈正整数〉

〈简单命题〉::=〈谓词名〉(〈参数〉{,〈参数〉})

〈参数〉::=〈变量〉|〈常量〉

〈变量〉::=〈以 x,y,z 开头后跟数字的串〉

〈常量〉::=〈以大写字母开头的字母串〉

〈谓词名〉::=〈以大写字母开头的字母串〉

〈事实〉::= * F〈事实号〉:〈简单命题〉[:〈可信度〉]

〈特征表〉::= * C〈表格号〉:

　　CLASS:〈类名〉

　　　　MAJORS:〈主要特征数〉

　　　　　　(〈条件号〉)〈简单命题〉{;(〈条件号〉)〈简单命题〉};

　　　　MINORS:〈次要特征数〉

　　　　　　(〈条件号〉)〈简单命题〉{;(〈条件号〉)〈简单命题〉};

〈类名〉::=〈以大写字母开头的字母串〉

〈事实号〉::=〈正整数〉

〈主要特征数〉::=〈正整数〉

〈次要特征数〉::=〈正整数〉

〈表格号〉::=〈正整数〉

由以上 BNF 描述可以看出,在 KBRS 的知识表示中,并没有把前提条件显式地列于规则的前提条件部分中,而是单独描述导致每个结论的各种可能前提,并且把前提条件分为主要条件、次要条件及附加条件。在每条规则的前提条件部分只需指明至少必须满足几个主要条件和几个次要条件以及显式表示的附加条件。规则的这种结构便于实现不完全匹配,因为它只是指出要求几个主要条件及次要条件,并无具体指出要求哪几个。

下面给出一个用 KBRS 表示知识的例子。

  * C1
    CLASS:肠热症
    MAJORS: 5
      (1) 体温增高,持续不退
      (2) 肚腹胀满
      (3) 腹泻
      (4) 昏睡
      (5) 呕吐
    MINORS: 3
      (1) 流鼻血
      (2) 头痛
      (3) 便秘
  * R1:
    IF (1) MAJORS (3,肠热症)
      (2) MINORS (2,肠热症)
      (3) 胸部出现少量的玫瑰红色疹子
    THEN   CONCLUSION   85%   IS   肠热症

它表示如果满足主要条件中的三个、次要条件中的两个,并且满足附加条件"胸部出现少量的玫瑰红色疹子",则有 85% 的可能性是患了肠热症。

2. KBRS 知识求精的策略

KBRS 的知识求精是通过用已知结论的实例来检测知识库的,且只考虑如下两类知识缺陷:

(1) 错判:对于不应该是结论 C 的实例,在给定条件下却推出了 C。

(2) 漏判:对于应该是结论 C 的实例,在给定条件下却推不出 C。

KBRS 的求精策略为:

(1) 首先用一批已知结论的实例测出知识库的总体质量,即对每个类分别得到下列数据:

    实例数:已知属于类 C 的实例个数。

    正判数:已知属于类 C,判断也是类 C 的实例个数。

    错判数:本来不属于类 C,但被判断为类 C 的实例个数。

    漏判数:已知属于类 C,但判断为不是类 C 的实例个数。

显然,实例数、正判数及漏判数之间有下列关系:

$$实例数 = 正判数 + 漏判数$$

有了这些数据后,就可算出如下两个比率:

$$错判率 = \frac{错判数}{实例数}$$

$$漏判率 = \frac{漏判数}{实例数}$$

(2) 如果类 C 的漏判率大于错判率,而且漏判率大于 20%,则对以 C 为结论的规则作泛化处理。

(3) 如果类 C 的错判率大于漏判率,而且错判率大于 20%,则对以 C 为结论的规则作特化处理。

(4) 如果类 C 的错判率等于漏判率,且大于 20%,则对以 C 为结论的规则作泛化处理。

所谓泛化处理指的是减弱规则作判断时的条件,包括:

(1) 减少规则前提中主要条件或次要条件的数目。如将上例中的 MAJORS (3,肠热症)改为 MAJORS (2,肠热症)。

(2) 删去前提中某一个或某几个附加条件。

(3) 增大规则的可信度。

所谓特化处理是指增强规则作判断时的条件,包括:

(1) 增加规则前提中主要条件或次要条件的数目。如将上例中的 MAJORS (3,肠热症)改为 MAJORS (4,肠热症)。

(2) 在规则前提中增加附加条件。

(3) 降低规则的可信度。

在具体进行泛化处理时,还应仔细分析造成漏判的主要原因,即分别统计由于实例的主要条件数不够,或次要条件数不够,或附加条件不满足,或可信度达不到规定的阈值而被漏判的实例数。这里,需要注意的是,所谓一条规则 R 判断一个实例 E 属于类 C,它必须满足如下三个条件:

(1) R 的结论是 C;

(2) E 满足 R 的所有条件(主要条件、次要条件及附加条件);

(3) R 的可信度超过规定的阈值。

例如,设对上面例子的 R_1 有 8 个实例因不满足主要条件而被漏判,有 1 个实例因不满足附加条件而被漏判,有 1 个实例因可信度达不到规定的阈值而被漏判,可将这些数据登记到漏判登记表中,如表 7-1 所示。

表 7-1 漏判登记表

规则号	主要条件	次要条件	附加条件	可信度
R_1	8	0	1	1

另外,还需要对漏判情况作进一步的定量分析,即统计有多少实例因不满足多少条件而被漏判,如对 R_1,设其具体情况如表 7-2 表示。

表 7-2　R₁ 的遗缺表

规则号	主要条件					次要条件			附加条件
	1	2	3	4	5	1	2	3	
	7	1							1

由表 7-2 看出,在因主要条件不满足而被漏判的八个实例中,有七个是因不满足一个主要条件而被漏判的,只有一个是因为不满足两个主要条件而被漏判的,因此只要把 R₁ 中的主要条件数减去一个就可以了。

在具体进行特化处理时,KBRS 不直接分析那些被错判的实例是由于什么原因被错判的,而是采用了间接方法,查看那些被正确判断的实例还有多少条件没用上,并分析这些没用上的条件属于何种条件,然后再统计对每一种条件没用上的实例个数,并以此作为特化处理的依据。例如,设实例 E 除了具有 R₁ 所规定的主要条件、次要条件及附加条件外,还具有另外两个主要条件,这表示 R₁ 所规定的主要条件数可能有点少。当对多个正确判断的实例进行统计,得知多数实例都有这一情况(即都多出来两个主要条件)时,那么就将 R₁ 中关于主要条件的个数增加两个。

7.5　知识的组织与管理

专家系统的性能一方面取决于知识的质量和数量、推理方法及控制策略,另一方面也取决于知识的组织与管理。本节将讨论与知识的组织及管理有关的各种问题。

7.5.1　知识的组织

当把获取的知识送入知识库时,立即面临的问题就是如何物理地安排这些知识,并建立起逻辑上的联系,称这一工作为知识的组织。

知识的组织方式一方面依赖于知识的表示模式,另一方面也与计算机系统提供的软件环境有关,在系统软件比较丰富的计算机系统中,可有较大的选择余地。原则上可用于数据组织的方法都可用于对知识的组织,例如顺序文件、索引文件、散列文件等。究竟选用哪种组织方式,要视知识的逻辑表示形式以及对知识的使用方式而定。一般来说,在确定知识的组织方式时应遵守如下基本原则:

1. 选用的组织方式应使知识具有相对的独立性

知识库与推理机构相分离是专家系统的特征之一。因此在进行知识组织时,应能保证这一要求的实现,这就不会因为知识的变化而对推理机产生影响。

2. 便于对知识的搜索

在推理过程中,对知识库进行搜索是一种经常要进行的工作,而组织方式又与搜索直接相关,它直接影响到系统的效率。因此,在确定知识的组织方式时要充分考虑到将要采用的搜索策略,使两者能够密切配合,以提高搜索的速度。

3. 便于对知识进行维护及管理

知识库建成后,对它的维护与管理是一项经常性的工作。知识的组织方式应便于检测知识中可能存在的冗余、不一致、不完整之类的错误;便于向知识库增加新知识、删除错误知识以及对知识的修改。在删除或增加知识时,应尽量避免对知识太多的移动,以节约计算机的时间。

4. 便于内存与外存的交换

知识通常都是以文件形式存储于外部存储介质上的,只有当用到时才输入到内存中来。因而知识在使用过程中要频繁地进行内、外存的交换,知识的组织方式应便于进行这种交换,以提高系统的运行效率。

5. 便于在知识库中同时存储用多种模式表示的知识

把多种表示模式有机地结合起来是知识表示中常用的方法。例如把语义网络、框架及产生式结合起来表示领域知识,既可表示知识的结构性,又可表示过程性知识。知识的组织方式应能对这种多模式表示的知识实现存储,而且便于对知识的利用。

6. 尽量节省存储空间

知识库一般需要占用较大的存储空间,其规模一方面取决于知识的数量,另一方面也与知识的组织方式有关。因此,在确定知识的组织方式时,关于存储空间的利用问题也应作为考虑的一个因素,特别是在存储空间比较紧张的情况下更应如此。

以上列出了知识组织的基本原则,在具体应用时,有时很难做到面面俱到,可能会出现顾此失彼的情况,此时只能根据实际情况抓主要矛盾,在其它方面适当地作些让步。

7.5.2　知识的管理

严格地说,知识的维护与知识的组织都属于知识管理的范畴,这里所说的知识管理是指除了上述内容外的管理工作,它包括:

1. 知识库的重组

为了提高系统的运行效率,建立知识库时总是采用适合领域问题求解的组织形式。但当系统经过一段时间运行后,由于对知识库进行了多次的增、删、改,知识库的物理结构必然会发生一些变化,使得某些使用频率较高的知识不能处于容易被搜索的位置上,直接影响到系统的运行效率。此时需要对知识库中的知识重新进行组织,以便使那些用得较多的知识容易被搜索,逻辑上关系比较密切的知识尽量放在一起,等等。

2. 记录系统运行的实例

问题实例的运行过程是求解问题的过程,也是系统积累经验、发现自身缺陷及错误的过程,因此应对运行的实例做适当的记录。记录的内容没有严格的规定,可根据实际情况确定。在某些专家系统中设置了如下一些项目:实例编号、提交人、提交时间、实例运行过程中出现的问题、运行后得到的结论是否正确、运行时间等。为了对系统运行的实例进行记录,需要建立专用的问题实例库。

3. 记录系统的运行史

专家系统是在使用过程中不断完善的,为了对系统的进一步完善提供依据,除了记录系统的运行实例外,还需要记录系统的运行史,记录的内容与知识的检测及求精方法有关,没有统一标准。一般来说应当记录:系统运行过程中激活的知识、产生的结论以及产生这些结论的条件、推理步长、专家对结论的评价等。这些记录不仅可用来评价系统的性能,而且对知识的维护以及系统向用户的解释都有重要作用。为了记录系统的运行史,需要建立运行史库以存储上述各种信息。

4.记录知识库的发展史

对知识库的增、删、改将使知识库的内容发生变化,如果将其变化情况及知识的使用情况记录下来,将有利于评价知识的性能、改善知识库的组织结构,达到提高系统效率的目的。为了记录知识库的发展变化情况,需要建立知识库发展史库,记录内容一般包括:

(1)知识库设计者及建造者的姓名、初始建成的时间。

(2)每条知识的编号以及它进入知识库的时间。如果知识是由不同专家提供的,还需标明提供知识的专家姓名或代号以及知识的"权"系数。

(3)如有知识被删除,则记录删除者的姓名、被删除的知识以及删除的时间。有时为了缩小发展史库的空间,提高查找速度,也可把这些信息记录在后备库中,只在发展史库中登记相应信息在后备库中的地址。这样做既可用来恢复被错删的知识,也可用来追查错删的原因及责任等。

(4)如有知识被修改,则记录修改者的姓名、修改前的知识及修改时间等。也可把这些信息记录在后备库中,而把它在后备库中的地址登记在发展史库中。

(5)统计并记录各类知识的使用次数,如有可能还可对各条知识的性能进行分析。这样做一方面可对功能较弱的知识进行完善,另一方面可把使用频率较高的知识放置在容易搜索的位置上,提高系统的运行效率。

5.知识库的安全保护与保密

所谓安全保护是指不要使知识库受到破坏。知识库的建立是领域专家与知识工程师辛勤工作的成果,也是专家系统赖以生存的基础,因而必须建立严格的安全保护措施,以防止由于操作失误等主观或客观原因使知识库遭到破坏,造成严重后果。至于安全保护措施,既可以像数据库系统那样通过设置口令验证操作者的身份、对不同操作者设置不同的操作权限、预留备份等,也可以针对知识库的特点采取特殊的措施。

所谓保密是指防止知识的泄漏。知识是领域专家多年实践及研究的结晶,是极其宝贵的财富,在未取得专家同意的情况下是不能外传的。因此,专家系统要对其知识采取严格的保密措施,严防未经许可就查阅、复制等。至于保密的措施,通常用于软件加密的各种手段都可用到知识库的保密上。

7.6 专家系统的建造与评价

专家系统是人工智能中一个正在发展着的研究领域,虽然目前已有许多专家系统问世,在各种不同的领域中发挥着重要作用,取得了巨大的经济效益及社会效益,但无论是在理论上还是在建造技术上都还存在许多有待解决的问题,需要人们去探索,去实践,并在实践的过程中不断总结经验,提出新的思想和方法,使专家系统的理论与建造技术日臻完善。

目前,关于专家系统的设计与建造方法尚未形成规范,尽管费根鲍姆在 1977 年的第五届国际人工智能大会上就提出了"知识工程"的概念,但至今尚未系统化、理论化,专家系统的建造方法及建造过程也还没有实现工程化、规范化。尽管如此,经过 30 年来的研究与实践,人们毕竟已经积累了较为丰富的经验,对专家系统的建造原则、建造过程、建造方法及评价标准有了一定的认识,本节希望通过对这些问题的讨论,能有助于对专家系统的设计与建造。

7.6.1 专家系统的建造原则

为了设计、建造高效、实用的专家系统,应当注意如下建造原则:

1. 恰当地划定求解问题的领域

专家系统总是面向某一问题领域的,因此在建造专家系统之前首先要确定所面向的问题领域。问题领域不能太狭窄,否则系统求解问题的能力较弱;但也不能太宽,否则涉及到的知识太多,知识库过于庞大,不仅不能保证知识的质量,而且由于知识库太大将会影响系统的运行效率,难以维护和管理。如何恰当地确定问题领域呢?可从以下两个方面进行考虑:

(1)系统的设计目标。系统的设计目标是确定问题求解领域的基本出发点,应使所建立的系统能求解设计目标所规定的各种问题。

(2)领域专家的知识面及水平。专家系统的知识主要来源于领域专家,因此专家系统知识的质量与数量客观上受到领域专家知识面及水平的制约。如果专家的知识面比较狭窄,达不到系统设计目标的要求,除了需要另外开拓知识源外,就只能缩小问题求解的领域,降低设计目标的要求。

2. 获取完备的知识

知识是专家系统的基础。为了建立高效、实用的专家系统,就必须使它具有完备的知识。所谓完备的知识是指其数量能满足问题求解的需要,质量上要保证知识的一致性及完整性等。为此,除了知识工程师与领域专家通力合作,建立起初始知识库外,还应使系统在运行过程中具有获取知识的能力以及对知识进行动态检测和及时修正错误的能力。

3. 知识库与推理机分离

知识库与推理机分离是专家系统有别于一般程序的重要特征,这不仅便于对知识库进行维护、管理,而且可把推理机设计的更灵活,既可做正向推理,也可做逆向推理,乃至正向、逆向混合推理,便于控制,当对推理机的程序做某些修改时不致影响到知识库。

4. 选择、设计合适的知识表示模式

不同领域的问题一般都有不同的特点,要求用相应的表示模式表示其领域知识。因此,在选择或设计知识表示模式时应充分考虑领域问题的特点,使之能将领域知识充分地表达出来。另外,还应把知识表示模式与推理模型结合起来作统筹考虑,使两者能密切配合,高效地对领域问题进行求解。

5. 推理应能模拟领域专家求解问题的思维过程

领域专家除了具有丰富的领域知识外,通常还有一套独特的思维方法,能解决别人不能解决的问题。为了要使专家系统能像专家那样地工作,除充分吸取专家的知识外,还应能模拟专家求解问题的思维方式,像专家那样利用知识、思维判断,一步步求得问题的解。

6. 建立友好的交互环境

专家系统建成后是要交给用户使用的,而一般的用户大多不熟悉计算机,因而若建造的专家系统不能提供方便易学的使用手段,就难以被用户接受,不能充分发挥它的作用、产生效益。因此,在设计及建造专家系统时,要充分了解未来用户的实际情况、知识水平、建立起适于用户方便使用的友好接口。交互方式是目前比较流行、颇受人们喜爱的一种人机接口方式,一般用户可通过它与系统对话,求解需要解决的问题,领域专家亦可用它来充实、完善知识库。因此在建造专家系统时,应该设计、建立友好的交互环境。

7. 渐增式的开发策略

专家系统是一个比较复杂的程序系统,一般需要经过几个人年的开发才能使它成为真正实用的系统。对这样的系统希望一蹴而就是不现实的。这一方面是因为系统本身比较复杂,需要设计并建立知识库、数据库,编写知识获取、推理机、解释等模块的程序,工作量较大;另一方面,也是最重要的原因是所设计的知识表示模式及推理机模型不一定完全符合领域问题的实际情况,需要边建立、边验证、边修正,因此专家系统的开发与评价总是并行的,开发过程中每前进一步,都要对这一步的工作进行评价,以便及时发现问题,及时修正;第三方面的原因是参加开发专家系统的人员既有领域专家,又有知识工程师、程序设计人员以及部分用户,人员结构比较复杂,这就存在如何协调关系、密切合作等问题。特别是在领域专家与知识工程师之间,由于他们所从事的专业不同,业务上的沟通需要时间,知识工程师很难在短时间内准确把握领域专家经多年实践积累起来的经验性知识。鉴于这些原因,专家系统的开发过程通常采用渐增式的开发策略,先建立一个专家系统原型,对系统采用的各种技术进行试验,在取得经验的基础上再实现实用的专家系统。

7.6.2 专家系统的开发过程

专家系统是一个计算机软件系统,因而对它的开发也存在一个生命周期的问题,称之为知识工程的生命周期。知识工程与软件工程在许多方面都有较大的差别。例如,软件工程的设计目标是建立一个用于某种社会事物处理的信息处理系统,处理的对象是数据,主要功能是查找、统计、排序等,其运行机制是确定的;而知识工程的设计目标是建立一个辅助人类专家的知识处理系统,处理的对象是知识和数据,主要功能是推理、评估、预测、规划、解释等,其运行机制难以确定。另外,从系统的实现过程来看,知识工程比软件工程更强调渐进性。因此,关于软件工程的设计思想及过程虽可以借鉴,但却不能完全照搬过来。

关于知识工程的生命周期,目前国内外已进行了一些研究,例如西欧尤里卡计划中的GEMINI项目,提出的生命周期模型包括六个阶段:系统分析、需求说明、技术选定、数据设计、进程设计及物理设计。但是,这些研究迄今为止尚未形成被公认的规范,有待在进一步的研究及实践中不断完善。为了使读者对专家系统的建造过程有一个初步认识,我们结合国内外的有关研究及建造专家系统的实践把其建造过程分为八个阶段,即需求分析、系统设计、知识获取、编程调试、原型测试、修正与扩充、系统包装及总调、系统维护。如图7-8所示。

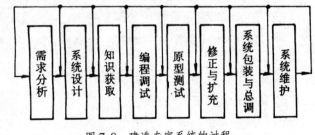

图 7-8　建造专家系统的过程

1. 需求分析

需求分析阶段的主要任务是对用户及领域专家进行调查研究,确定专家系统的目标和任务,进行可行性分析,形成相应的书面报告。调查的内容主要包括:

(1) 专家系统的目标与任务。开发专家系统时首先需要解决的问题是明确建立该专家系统要达到的目标及要解决的主要问题,它不仅是进行可行性分析的基础,而且是确定该专家系统的体系结构及采用何种技术的重要依据。例如,对于肝炎诊治专家系统,其主要解决的问题可以归结为:根据病人的主诉症状以及物理、化学检测数据,确定病人患病的肝炎类型;根据某种医理给出治疗方案。

(2) 对系统功能、性能的要求。不同专家系统对其功能及性能都有不同的需求。例如实时性要求,接口界面的形式(自然语言、菜单、窗口、命令语言等)、问题解答的表示形式等。

(3) 领域专家的情况及其求解问题的模式。领域专家是专家系统中知识的主要来源,他们求解问题的方法及思路亦是决定推理方法及策略的基本依据。因此,领域专家可否提供实现系统目标的知识及求解问题的模式,可否有足够的时间参加系统的开发工作,就成为系统成败的关键因素,需要在需求分析阶段搞清楚,以免开发工作半途而废。

(4) 专家系统将要面向的用户情况。专家系统最终是要交给用户使用的,为了使系统能被用户接受,就需要对他们的情况(如知识水平、对计算机的熟悉程度、对系统的要求)等有所了解。当用户比较多时,还需要分为若干不同的类型,以便针对用户的特点进行设计。

(5) 硬件、软件环境。专家系统的开发以及开发完成后的运行都需要一定的硬、软件环境,而且不同的环境将直接影响到系统的规模及性能。因此,在需求分析阶段需要搞清楚专家系统将要在其上运行的硬、软件环境,以便确定系统的目标,规模及性能。

(6) 系统的开发时间及进度要求。系统的开发时间及进度要求直接关系到开发计划、人员组织等,同时也与系统的开发目标、功能有关。考虑到软件开发的复杂性,在时间安排上应留有足够的余地。

在以上调查、研究的基础上就可进行系统开发的可行性分析工作。原则上讲,任何由领域专家使用认知方面的技能解决的问题都可以运用专家系统技术予以解决,但事实上当有些条件不具备时,是很难成功地开发出实用的专家系统的。威特曼(Waterman)曾从三个方面给出了适合专家系统开发的问题特征,可供进行可行性分析时参考。

(1) 具有适合采用专家系统技术开发的基本条件

① 主要依靠经验性知识,而不需要大量运用常识性知识就可解决的任务;

② 存在真正合适的领域专家,他们能够表述领域知识及求解问题的方法,不同领域专家的意见基本一致;

③ 有明确的开发目标,且不是太难实现。

(2) 存在运用专家系统技术开发的理由。对于一个具体问题来讲,可以采用专家系统技术开发,也可以采用其它技术开发。一般来说,专家系统开发可能是基于如下理由中的某一个:

① 对问题的求解具有较高的效益;

② 某些专门知识有可能失传;

③ 问题的求解需要专门知识。

(3) 具有适合专家系统开发的任务特性。任务的特性是确定专家系统开发可行性的一个重要因素,适合专家系统开发的任务主要有:

① 需要符号处理的任务;

② 需要试探性求解的任务;

③ 具有实际价值(应用价值及研究价值)的任务;

④ 不是太容易但也不是太困难,且易于管理的任务。

除了威特曼提出的上述问题特征外,参加开发的技术人员的条件、硬件及软件环境条件、开发的时间及进度要求等也是进行可行性分析的重要依据。

在可行性分析之后,就可根据调查分析的结果形成相应的书面文件,主要有系统开发任务书以及在此基础上形成的系统规格说明书,用以详细指出系统的设计目标及任务、系统的功能及性能等。说明书写出后要交给用户进行评审,在磋商的基础上形成一致意见,然后制订系统的开发计划,详细列出进度安排,并以此来检查工作的进展情况。

2. 系统设计

系统设计分为总体设计与详细设计两个阶段,其间可穿插进行知识获取工作。

总体设计的主要任务是:

(1) 确定专家系统的类型。在7.1节曾讨论了海叶斯-罗斯的分类方法,对不同类型的专家系统虽然存在着某些共性,但在知识表示模式及问题求解模型方面也都有各自的特点。因此在进行设计时应首先明确专家系统所属的类型,并按所属类型的特征进行设计。

(2) 确定系统的体系结构。所谓系统的体系结构是指系统中功能模块的划分及其相互联系。在7.2节我们曾给出了专家系统的一般结构,这只是一般专家系统应该具有的基本功能模块。在具体设计专家系统时还需要根据当时的实际情况确定模块的划分方法及各模块的功能。例如,有时可能需要有多个知识库,有时可能需要增加模型库、方法库等。

(3) 确定知识的表示模式及知识库的结构。知识的表示模式及其组织形式也需在总体设计时确定下来。采用什么样的表示模式及组织形式与领域问题的知识结构及利用方式有关,因此在进行这项工作时需与知识获取同时进行。例如,若领域知识都是具有因果关系的,则可采用产生式表示方法;若领域知识具有较强的结构关系,则采用框架表示法或语义网络表示方法等。

(4) 确定问题的求解策略。问题的求解策略与领域问题的特点及规模、领域专家求解问题的方法及知识表示方法都有关系,因此在总体设计时首先需要将这些问题搞清楚,然后再确定子问题划分的原则与方法、搜索策略、推理方向、推理方法、不确定性的表示及传递算法等。

(5) 确定与用户的接口方式。与用户的接口方式主要取决于用户的需求以及需求分析时所掌握的用户情况。除前面提到的那些方式外,还可采用一种更简单的接口方式,即"是否问答"式,这一般用于简单问题的问答。在设计接口方式时,应使对话尽量简单,操作量比较小,使用户感到方便。

(6) 硬、软件配置及工具的选择。根据系统的任务与规模,要配置与之适应的硬件,包括主机及相应的外围设备。软件方面要确定相应的系统软件、计算机语言或者合适的专家系统建造工具。

总体设计完成后,要写出总体设计报告,作为下一步工作的依据,同时还要交给领域专家及用户进一步征求意见。

详细设计是对总体设计的细化,是对各功能模块的具体设计。由于各专家系统的体系结构不尽相同,所以下面只是列出详细设计时应该注意的问题:

(1) 详细设计应在总体设计规定的原则下进行,完成总体设计规定的各项任务。

(2) 进行模块化设计。若在一个功能模块内又包括若干子功能,则对这些子功能也应采用模块化的设计方法。

(3) 模块间的界面要清晰,便于通信。

(4) 便于实现。

3. 知识获取

这一阶段的主要任务是:

(1) 与领域专家进行反复多次的交谈,抽取系统所需要的知识,掌握专家处理问题的方法及思路,在交谈中要有针对性地引导谈话内容,启发专家谈出实质性的经验知识。

(2) 查阅有关文献及资料,获得有关概念的描述及参数等。

(3) 对从专家及文献中获得的知识进行分析、比较、归纳、整理,找出知识间的内在联系及规律。

(4) 把整理出来的知识列成知识条款,进行静态知识检测,然后交领域专家审查,经修正后确定下来。

(5) 把确定下来的知识用总体设计时确定的知识表示模式表示出来。

这一阶段的知识获取实际上只是知识获取的前期工作,因为目前还没有编制知识获取系统的程序,还不能将其输入到知识库中。另外,这一阶段的工作通常与系统设计穿插进行,甚至把它放在系统设计的前面进行,因为系统设计中有许多问题也需要通过与领域专家进行交流才能确定。

4. 编程、调试

这一阶段的任务是:

(1) 按详细设计所确定的功能模块进行程序设计。

(2) 进行分调及联调。

程序调试分为分调和联调两种形式。分调是分别对各功能模块的调试,在一个功能模块程序设计完成后进行。联调是对各功能模块的联合调试,在各功能模块分调完成后进行。无论是分调还是联调都是为了验证程序的正确性,发现程序设计中的错误。

5. 原型测试

经联调后的程序构成了系统的原型,此时把获取的知识输入到知识库中就可开始原型的测试工作。测试时需要使用一定数量的典型实例,这些实例不仅应该事先知道它的结论,而且应该有较宽的复盖面,使系统的各主要部分都能被测试到。测试的内容主要有:

(1) 可靠性。通过对实例的求解,检查系统所得出的结论是否与已知结论一致;对于不确定推理,推算出的可信度、后验概率、模糊性等是否在已知的范围内。

(2) 知识的一致性。当向知识库输入一些不一致、冗余等有缺陷的知识时,检查系统是否可把它们检测出来;当要求系统求解一个不应给出答案的问题时,检查它是否会给出答案等。如果系统具有某些自动获取知识的功能,则检测获取知识的正确性。

(3) 运行效率。检测系统在知识查询及推理方面的运行效率,找出薄弱环节及求解方法与策略方面的问题。

(4) 解释能力。对解释能力的检测主要从两个方面进行:一是检测它能回答哪些问题,是否达到了要求;另一是检测回答问题的质量,即是否具有说服力,可否增加用户对系统的可信性。

6. 修正与扩充

这个阶段的主要任务是:

328

（1）找出检测中所发现问题的原因并进行修正。产生问题的原因一般是多方面的,例如对领域知识的认识与理解不正确,致使送入知识库中的知识有错误、不一致;求解问题的方法与策略不合适;不确定性的表示方法及传递算法不能反映领域问题的实际情况等。有些问题可能是由于详细设计或程序设计没有达到总体设计的要求,有些问题可能还要追溯到总体设计及需求分析阶段。无论哪个阶段发生问题,都要回过头来进行修改,直到问题被完全解决为止。显然,追溯的历程越远,修改的工作量越大。由此可见,在系统建造的每一阶段都应做扎实、细致的工作,尽量多听取各方面的意见,否则就会造成欲速则不达、十分被动的局面。

（2）系统扩充。在这个阶段除了修正已发现的问题外,还要进行系统的扩充工作,即扩充系统的功能及知识,使之成为一个完备的系统。

7. 系统包装及总调

这个阶段的主要任务是:

（1）根据用户对人机界面的需求及已确定的知识编辑方式,设计并生成各类人机界面。

（2）增设和调整人机界面与系统内部模块及知识库的接口。

（3）对系统进行总调,运行大量已有定论的实例,发现问题时予以改进。

（4）生成各类文档,如使用说明书等。

8. 系统维护

经过包装及总调的系统就可交给用户试运行,在运行过程中可能又会发现一些新的问题,或者用户又提出了一些新的要求,这就需要对系统进行维护工作。例如专家系统 MYCIN 最初只有 200 条规则,在使用过程中逐步扩展到 450 条,字典中的词汇数也由原来的 800 条增加到 1 400 条。可见系统维护对于建立一个实用系统是相当重要的。

7.6.3 专家系统的评价

系统评价是贯穿于专家系统整个建造过程的一项重要工作,从需求分析开始直到完成都要反复多次地进行评价,以便及时地发现问题,及时修正,不致走太多的弯路。

关于如何评价一个专家系统,目前尚无统一的标准。不过,从建造专家系统的设计目标、结构、性能等方面来看,一般可从以下几方面进行:

1. 知识的完备性

关于知识的完备性,可从以下三个方面进行考察:

（1）是否具有完善的知识。即它是否具有求解领域问题的全部知识,包括领域知识及求解问题时运用知识的知识,即元知识。

（2）其知识是否与领域专家的知识保持一致。即是否正确理解了领域专家的知识。

（3）知识是否一致、完整,即是否存在冗余、矛盾、环路等问题。

2. 表示方法及组织方法的适当性

这可从以下四个方面进行考察:

（1）能否充分表达领域知识,尤其是对不确定性知识的表示是否准确、合理。

（2）是否有利于对知识的利用,有利于提高搜索及推理的效率。

（3）如果问题领域要求用多种模式表示知识,则其表示方法与组织方法是否便于对这种知识的表示与组织。

（4）是否便于对知识的维护与管理。

3. 求解问题的质量

关于求解问题的质量,一般有两种衡量标准:一种是推出的结论与客观实际的符合程度,称为准确率;另一种是与领域专家所得结论的符合程度,称为符合率。一般来说,这两者应该是一致的,事实上多数情况下也是如此。但是也会有不完全一致的情况,此时应以什么标准来衡量、评价专家系统呢?比较一致的看法是以专家的结论作为衡量的标准。因为专家系统的知识主要来源于领域专家,它求解问题的方法和策略也是模拟领域专家的。另一方面,由于技术上的种种原因,目前专家系统的智能水平还不是很高,因此要求专家系统具有超越人类专家水平的能力还不现实。

当然,这并不是说专家系统就不需要进行修正、完善。当问题发生时,知识工程师应与领域专家一起分析产生错误的原因,找出改进的方法,以便使系统真正能够实用,只有实用的系统才是有生命力的。

4. 系统的效率

系统的效率是指系统运行时对系统资源的利用率及时、空开销。一个效率不高的系统是用户难以接受的。

5. 人机交互的便利性

一个专家系统建成后,最终是要交给用户使用的,如果人机接口的质量不高,使用起来不方便,就不能被用户接受。另外,在系统运行过程中总要进行一些维护工作,简易、方便的人机接口也将为领域专家及知识工程师带来方便。

为了设计出方便的人机接口,在系统设计之前就要对用户的情况进行了解,听取他们的意见,根据他们对计算机的认识程度,设计并实现他们认为方便的接口方式。

6. 系统的可维护性

可维护性是指系统是否便于检测、修改与扩充,特别是对于知识库更是这样。

7. 解释能力

解释是让用户了解系统、增强对系统信任程度的有力手段,也是帮助系统进行调试的辅助工具。因此系统的解释能力也被作为评价系统性能的一个方面。

8. 系统的研制时间与效益

一个专家系统的研制时间应与系统的规模、复杂性相适应,一般来说一个专家系统都要经过几个人年的研制和若干年的试用才能成为一个实用的系统。所谓"效益"是指社会效益及经济效益两个方面,有些系统虽然没有明显的经济效益,但有较大的社会效益或者对人工智能的研究有新的贡献,这同样是值得赞许的。

关于参加系统评价的人员,在评价的不同阶段可由不同的人员组成。在最后评价时,应有各方面的人员参加,以便从不同角度评价系统的性能。例如领域专家主要评价知识的正确性及利用的准确性;用户主要评价系统的求解结果是否符合实际情况以及接口方式的便利性、运行效率等;计算机专业人员主要从系统设计、程序设计等方面进行评价,等等。

7.7 专家系统的开发工具

专家系统的开发是一件复杂且比较困难的工作,人们从大量的开发实践中深深体会到工具的重要性,并且设计和研制了一批复杂程度不等、支撑环境不同、使用方法不一的开发工具,为专家系统的建造提供了许多便利。

从目前已有的开发工具来看,可分为四种主要的类型:人工智能语言、专家系统外壳、通用型专家系统工具及专家系统开发环境。

7.7.1 人工智能语言

人工智能语言是计算机程序设计语言的一个子类,由于其表示形式、功能及机理适合于描述人工智能范畴的问题,因而常被用来编写专家系统及其它以知识为基础的系统。常用的人工智能语言有 LISP 语言、PROLOG 语言及 SMALLTALK 语言。另外,目前 C 及 C++ 语言也常用于专家系统的开发。

1. 表处理语言 LISP

LISP(LISt Processing Language)语言是麦卡锡和他的研究小组在 1960 年研制实现的一种人工智能语言。它的问世对推动人工智能的研究起到了极大的作用,并且相继出现了一批各式各样的 LISP 版本,例如麻省理工学院开发的 MAC LISP,斯坦福大学开发的 Inter LISP 以及由麻省理工学院、斯坦福等著名大学与 DEC,Xerox 等公司在 1983 年共同完成的 Common LISP 等,后者现已事实上成为 LISP 的标准。迄今为止,LISP 是在人工智能中应用最广泛的一种程序设计语言,早期的许多著名专家系统都是用它开发的,例如 MYCIN 与 PROSPECTOR 等。LISP 语言有以下主要特征:

(1) LISP 是一种适合于符号处理的语言,它处理的唯一对象是符号表达式(S-表达式),即由符号构成的表,因此又称它为表处理语言。

S-表达式的 BNF 表示为:

$$\langle S\text{-表达式}\rangle::=\langle 原子\rangle|(\langle S\text{-表达式}\rangle\cdot\langle S\text{-表达式}\rangle)$$

其中,原子是构成 S-表达式的基本元素,它自身就是一种最简单的 S-表达式。原子分为数值原子与符号原子两种,数值原子是通常的数,例如 126;符号原子是以字母开头的字母数字串,可用来表示变量、常量和函数的名字等,例如 NAME,AGE 等。LISP 中有两个特殊的原子,即 NIL 和 T。NIL 表示逻辑假,也表示空表();T 表示逻辑真。

S-表达式通常用表的形式表示,例如对如下 S-表达式;

$$(A\cdot(B\cdot(C\cdot NIL)))$$

用表来表示,则为:

$$(A\quad B\quad C)$$

(2) LISP 中没有语句的概念,语言中的一切成分都是以函数形式给出的。因此,LISP 语言又称为是一种典型的函数型语言。

LISP 中定义了若干基本函数,用户还可以根据需要利用这些基本函数定义自己所需要的函数。函数的一般形式是

$$(函数名\quad 参数 1\quad 参数 2\cdots 参数 n)$$

主要的基本函数有:

函数 CAR 及 CDR 分别用于取表头及表尾,例如

$$(CAR\quad ''(A\quad B\quad C))=A$$
$$(CAR\quad ''((A\quad B\quad C)\quad D\quad E))=(A\quad B\quad C)$$
$$(CDR\quad ''(A\quad B\quad C))=(B\quad C)$$

$$(CDR\ ''((A\ B\ C)\ D\ E)) = (D\ E)$$

其中,符号"表示对位于它后面的 S-表达式只是引用,不进行计算。因为 LISP 对函数的调用形式为(函数名 参数表),如果在 $(A\ B\ C)$ 的前面不加",就会把 A 当作函数名,把 B,C 当作参数,因而 $(A\ B\ C)$ 将被当作函数调用而求值。另外,求表尾函数得到的一定是一张表。

函数 CONS 用于把两个简单的 S-表达式构成一个 S-表达式,它用第一个参数作表头,用第二个参数作表尾,构成一个新表。例如

$$(CONS\ ''(A)\ ''(A\ B)) = ((A)\ A\ B)$$
$$(CONS\ (CAR\ L)\ (CDR\ L)) = L$$

其中,L 表示某个表。

函数 APPEND 用于把两个表连接成一个表。例如

$$(APPEND\ ''(A\ B)\ ''(C\ D)) = (A\ B\ C\ D)$$

函数 LIST 用于把多个 S-表达式构成一个新表。例如。

$$(LIST\ ''(A\ B)\ ''(C\ D)) = ((A\ B)(C\ D))$$

函数 SETQ 用于把一个 S-表达式的值赋给一个变量。例如

$$(SETQ\quad X\quad 8)\qquad\qquad 把\ 8\ 赋给\ X$$
$$(SETQ\quad L\quad ''(A\ B))\quad 把(A\ B)赋给\ L$$

函数 NULL 用于判断相应的 S-表达式是否为空表,当为空表时其值为 T,否则为 NIL。例如

$$(NULL\ ''(\ ))\qquad\qquad 值为\ T$$
$$(NULL\ ''((\ )))\qquad\qquad 值为\ NIL$$

函数 EQ 及 EQUAL 分别用于判断两个原子或两个 S-表达式是否相同,若相同其值为 T,否则为 NIL。例如

$$(EQ\quad ''A\quad ''A)\qquad\qquad\qquad 值为\ T$$
$$(EQUAL\quad ''(A\ B)\quad ''(B\ A))\qquad 值为\ NIL$$

函数 MEMBER 用于判断一个 S-表达式是否为另一个 S-表达式中的元素。若是,则值为 T,否则为 NIL。例如

$$(MEMBER\ ''A\ ''(A\ B\ C))\qquad 值为\ T$$
$$(MEMBER\ ''A\ ''(B\ C))\qquad\qquad 值为\ NIL$$

函数 LAST 用于取表中的最后一个元素,且将它构成一张表。例如

$$(LAST\ ''(A\ B\ C)) = (C)$$
$$(LAST\ ''(A\ (B\ C))) = ((B\ C))$$

函数 SUBST 用于把一个 S-表达式的某一部分用另一个 S-表达式代替。其形式为:

$$(SUBST\quad S_1\quad S_2\quad S_3)$$

它表示把 S_3 中的 S_2 用 S_1 代替。例如

$$(SUBST\ ''(A\ B)\ ''E\ ''(G\ E\ F)) = (G\quad (A\ B)\quad F)$$

函数 PLUS, DIFF, TIMES, DIVIDE 分别用于数的加、减、乘、除运算。例如

$$(PLUS \quad 3 \quad 6 \quad 9) = 18$$
$$(DIFF \quad 9 \quad 6) = 3$$
$$(TIMES \quad 2 \quad 3 \quad 6) = 36$$
$$(DIVIDE \quad 6 \quad 2) = 3$$

函数 EVAL 用于对 S-表达式求值。例如

$$(SETQ \quad X \quad ''(CAR \quad ''(PEN \quad INK \quad RUBBER)))$$
$$(EVAL \quad X)$$

的求值结果为 PEN。

除以上主要的基本函数外,LISP 还有条件函数和定义函数,分别用于实现条件分支及定义用户自己所需要的函数。

条件函数 COND 的形式为

$$(COND \quad (c_1 \quad e_1) \cdots (c_n \quad e_n))$$

它表示依次对条件 $c_1, c_2, \cdots, c_n$ 求值,直到遇到其值为 T 的 c_i 时为止,此时 e_i 的值就是 COND 的返回值。例如

$$(COND \quad (X \quad T) \quad (T \quad Y))$$

表示当 X 的值为 T 时,则返回值为 T;如果 X 的值为 NIL,则返回值取决于 Y 的值。

定义函数的形式为

$$(DEFUN \quad 函数名(参数 1 \quad 参数 2 \cdots 参数 n) \quad 过程描述)$$

例如用 DEFUN 定义 LAST 函数为:

$$(DEFUN \quad LAST(L)$$
$$(COND \quad ((NULL \quad L) \quad NIL)$$
$$((NULL \quad (CDR \quad L)) \quad L)$$
$$(T \quad (LAST \quad (CDR \quad L)))))$$

(3) LISP 程序的通常形式是一串函数定义,其后跟着一串带有参数的函数调用,而且它的主要控制结构是递归,不像一般程序设计语言那样用循环作为控制结构。程序的一般形式为:

$$(DEFUN \quad (函数名 \quad (形式参数表) \quad 过程描述)$$
$$(函数名 \quad (形式参数表) \quad 过程描述)$$
$$\vdots \qquad\qquad \vdots \qquad\qquad \vdots$$
$$(函数名 \quad (形式参数表) \quad 过程描述))$$

$$(函数名 \quad 实在参数表)$$
$$(函数名 \quad 实在参数表)$$
$$\vdots$$
$$(函数名 \quad 实在参数表)$$

2. 逻辑程序设计语言 PROLOG

PROLOG (PRO gramming in LOG ic)是由科瓦尔斯基(R. Kowalski)首先提出,并于 1972 年由科麦瑞尔(A. Comerauer)及其研究小组研制成功的一种逻辑程序设计语言。由于它具有简洁的文法以及一阶逻辑的推理能力,因而被应用于人工智能的多个研究领域中。

PROLOG 语言有以下主要特征:

(1) 在 PROLOG 程序中,仅含有事实、规则及询问,它强调的是对象之间的逻辑关系,不要求给出求解问题的步骤,也不存在一般程序设计语言所具有的条件、循环、转向等控制结构成分,因而 PROLOG 被看作是一种描述性的语言。例如对如下事实、规则及询问:

事实:张三喜欢游泳。

李四喜欢踢足球。

李四还喜欢游泳。

王五喜欢踢足球。

规则:如果 x 既喜欢游泳又喜欢踢足球,则他就是王五的朋友。

询问:谁是王五的朋友?

用 PROLOG 语言表示,则分别为:

f_1: $likes$ (张三,游泳)

f_2: $likes$ (李四,踢足球)

f_3: $likes$ (李四,游泳)

f_4: $likes$ (王五,踢足球)

r: $friend$(王五,x):—$likes$ (x,游泳), $likes$(x, 踢足球)

询问:? —$friend$ (王五,x)

(2) PROLOG 语言具有自动实现搜索、模式匹配及回溯的功能,从而实现了自动逻辑推理。例如对上面的例,当提出问题

$$?—friend (王五,x)$$

时,PROLOG 系统将自动完成以下工作:

首先用 friend(王五,x)对已知事实及规则进行自顶向下的搜索,找出可与之匹配的知识。显然,规则 r 可与之匹配。但由于 r 是一条规则,由此得到位于右边的两个子目标。

根据自左至右的原则,PROLOG 先去检查第一个子目标 $likes(x,$游泳)是否有可匹配的事实,经自顶向下搜索,得知它可与 f_1 匹配,这样就得到

$$x = 张三$$

然后再检查第二个子目标 $likes(x,$踢足球)有否可匹配的事实,由于此时的 x 已被“张三”例化,而在已知事实中不存在 $likes$(张三,踢足球)这一事实,所以第二个子目标不被满足。

此时,PROLOG 进行回溯,即回到当前子目标的左邻 $likes(x,$游泳)进行搜索,但此时将从 f_2 开始搜索,因为前面已对 f_1 进行过匹配。显然,f_3 可与子目标 $likes(x,$游泳)匹配,得到

$$x = 李四$$

然后再用第二个子目标 $likes$(李四,踢足球)与已知事实进行匹配,f_2 可以满足它。这样,r 中的两个子目标都被满足,由此可得出询问中的 x 为李四,即王五和李四是朋友。

(3) PROLOG 的数据和程序结构统一,所有数据和程序都是由项构造而成的。项的 BNF 表示为:

⟨项⟩::=⟨常量⟩|⟨变量⟩|⟨结构⟩|(⟨项⟩)

⟨常量⟩::=⟨原子⟩|⟨整数⟩

⟨结构⟩::=⟨函数符⟩(⟨项⟩{,⟨项⟩})

⟨函数符⟩::=⟨原子⟩

例如上面用到的张三、*likes*(张三,游泳)都是项。

(4) 与 LISP 一样,递归也是 PROLOG 的一个重要特征,它反映在程序及数据结构中。由于这一特征,使得 PROLOG 可把一个大的数据结构作为一个小的程序来处理。

PROLOG 的主要弱点是其运行效率不高,只有一个全局知识库,不能模块化,知识表示单一等。

3. 面向对象的程序设计语言 SMALLTALK

SMALLTALK 是施乐(Xerox)公司 1972 年为其生产的个人计算机 Dynabook 开发的一种语言,在以后几年中 SMALLTALK-74,SMALLTALK-76,SMALLTALK-78 及 SMALLTALK-80 相继问世。该语言吸收了 LISP 的基于一种统一的概念机制来设计语言的思想,并从 SIMU-LA 中吸收了对象、类等一组相关概念作为其基石,建立了良好、丰富的窗口交互功能及图形功能。

SMALLTALK 语言有以下主要特征:

(1) 它是一种面向对象的程序设计语言。SMALLTALK 的基本且唯一的语言构成成分是"对象",它既可以是数据,也可以是程序,这就是 SMALLTALK 之所以能把知识表示与知识处理结合在一起的原因。对象的载体是名字,可通过定义把名字约束为一个对象。

具有某些共性的对象组成"类",类中的每个具体对象称为该类的一个实例。例如,类"*integer*"包括对象 $0,1,2,\cdots$,其中 $0,1,2,\cdots$ 均为"*integer*"的实例。另外,可把某些类归为更广泛的"父类",亦可把某个类细分为若干"子类"。父类与子类之间存在继承关系。

(2) 通过传递消息实现过程调用。在 SMALLTALK 中,消息是行为的驱动者,消息被传送给对象,对象响应消息,从而完成某些工作,例如修改自身或其它对象等,其功能等价于一般程序设计语言中的过程调用。

(3) 具有较大的灵活性和可扩充性。SMALLTALK 借助于"对象"这个概念可以模拟现实世界中的各种事物,通过消息传递这种统一机制能对信息做生成、处置、存储、检索等各种处理,而且这一处理都是围绕窗口及其指示设施这个划一的集成人机界面完成的。这就使得它有较大的灵活性和可扩充性,正是由于它具有这一特性,现已使它由一种语言工具发展成为能为用户提供多种信息处理手段的程序开发环境。

以上简要地讨论了三种适于建造专家系统的人工智能语言,它们在专家系统的开发中发挥了重要作用。目前,随着各种版本的 $C++$ 的问世以及它所具有的强大功能和面向对象的特性,人们已开始把它用作开发专家系统及其它复杂系统的工具。

用程序设计语言开发专家系统的优点是比较灵活,开发者可根据领域问题的特点设计所需要的知识表示模式及推理机制,程序质量比较高,针对性强。缺点是一切工作都需要从头做起,工作量大,开发周期较长,对不同的系统需要做重复性的工作,增大了系统的开发成本。

7.7.2 专家系统外壳

专家系统外壳又称为骨架系统,它是由一些已经开发成功,并且在实际使用中被证明为行之有效的专家系统演变而来的,即抽去这些专家系统中具体的知识,保留它的体系结构和功能,再把领域专用的界面改为通用界面,就得到了相应的专家系统外壳。显然,在专家系统外壳中,知识表示模式、推理机制等都是确定的。当用这种外壳建造专家系统时,只需把相应领域的知识用外壳规定的模式表示出来装入到知识库中就可以了。

在专家系统的建造中发挥了重要作用的专家系统外壳主要有 EMYCIN,KAS 以及 EX-PERT 等。

1. EMYCIN

EMYCIN 是由斯坦福大学的迈尔(van Melle)于 1980 年开发的一个专家系统外壳,它的前身是专家系统 MYCIN。该外壳适合于建立咨询性诊断、分析型专家系统,而且仅限于采用产生式规则表示知识和目标制导控制机制。

EMYCIN 具有 MYCIN 的全部功能,而且对 MYCIN 中某些不完善的地方进行了改进。例如我们在第五章的 5.4 节给出的结论不确定性的合成算法就是迈尔改进后的算法,它避免了一个证据对多个相反证据的不适当的抵消作用。另外,EMYCIN 还提供了一个开发知识库的环境,使得开发者可以使用比 LISP (MYCIN 是用 Inter LISP 开发的)更接近自然语言的规则语言来表示知识,而且在进行知识编辑及输入时可进行语法、一致性、包含等检查。

EMYCIN 已经被用来开发了多个不同的专家系统。例如,用于分析并确定病人血液凝固机制中有无问题的专家系统 CLOT;用于帮助工程师使用大型有限元结构分析程序包 MARC 的专家系统 SACON;用于钻井数据分析的专家系统 LITHO;用于帮助软件项目经理分析项目进行中存在问题的专家系统 PROJCON;用于抑郁病人治疗咨询的专家系统 BLUEBOX 等。

2. KAS

KAS(Knowledge Acquisition System)原来是 PROSPECTOR 的知识获取系统,后来发展为把 PROSPECTOR 的具体知识抽出去后的专家系统外壳。当把某个领域的知识用 KAS 所要求的形式表示出来并输入到知识库中后,它就成为一个可用 PROSPECTOR 的推理机构求解问题的专家系统。

KAS 的知识表示主要采用三种形式,即产生式规则、语义网络和概念层次。关于产生式规则的表示形式,我们在前面已经给出。其中,规则的前提条件和结论都是命题,包括用逻辑运算连接起来的复合命题,命题用语义网络表示,语义网络中出现的概念被纳入一个概念层次之中,以便于进行推理。

KAS 采用的是正逆混合推理,在推理过程中推理方向是不断改变的。其推理过程大致为:在 KAS 提示下,用户以类自然语言的形式输入信息,KAS 对其进行语法检查并将正确的信息转换为语义网络,然后与表示成语义网络形式的规则的前提条件进行匹配,从而形成一组候选目标,并根据用户的输入信息使各候选目标得到不同的评分。接着 KAS 从这些候选目标中选出一个评分最高的候选目标进行逆向推理,只要一条规则的前提条件不能被直接证实或被否定,则逆向推理就一直进行下去。当有证据表明某个规则的前提条件不可能有超过一定阈值的评分时,则就放弃沿这条路线进行的推理,而选择其它路线。

KAS 具有一个功能很强的网络编辑程序 RENE 和网络匹配程序 MATCHER。RENE 可用来把用户输入的信息转化为相应的语义网络,并可用来检测语法错误及一致性等。MATCHER 用于分析任意两个语义网络之间的关系,看其是否具有等价、包含、相交等关系,从而决定这两个语义网络是否匹配,同时它还可以用来检测知识库中的知识是否存在矛盾、冗余等。

KAS 也已被用来开发了一些专家系统。例如,用于帮助化学工程师选择化工生产过程中的物理参数的专家系统 CONPHYDE;用于根据飞行物的特征和当时的环境条件来识别飞机型号的专家系统 AIRID 等。

3. EXPERT

EXPERT 是由美国 Rutgers 大学的威斯(Weiss)和库里科斯基(Kulikowski)等人在已开发成功的专家系统及其工具(如 IRIS,CASNET 等)的基础上于 1981 年设计完成的一个专家系统外壳,适合于建造分类型的专家系统。

EXPERT 的知识由三部分组成:假设、事实和推理规则。其中,"假设"是结论性的概念,即可由系统推出来的结论,通常每个假设都有一个不确定性的度量值,例如在医疗诊断系统中,一个诊断就是一个假设;"事实"是有待观察和确认的证据,例如一个人的"体重"、"血压高"等都是事实,其中体重取正实数值,"血压高"取"真"或"假"值,这说明"事实"的值可为逻辑型或数值型,另外还有一个特殊值是"不知道"。推理规则有三种类型:事实到事实的规则(FF型),事实到假设的规则(FH型)以及假设到假设的规则(HH型)。

FF 规则用于从已知的事实推知另一些事实的真值,从而可省去对后者的提问,被 FF 规则推导出来的事实只取逻辑值和"不知道"值。例如

$$F(A,T) \rightarrow F(B,F)$$

表示如果已知事实 A 为真,则事实 B 一定为假。

FH 规则用于指出事实与假设之间的逻辑关系,并用一个可信度指出肯定或否定一个假设有多大把握。例如

$$F(A,0:50) \ \& \ [2:F(B,T),F(C,T),F(D,F)] \rightarrow H(E,0.8)$$

它表示,若第一个事实(A 取值在 0 到 50 之间)成立,而且后面三个事实(B 为真,C 为真,D 为假)中有两个成立,则假设 E 成立的可能性为 0.8。

HH 规则用于指出假设与假设之间的推理关系,EXPERT 规定出现在规则左部的假设的确定性程度需用一个数值区间来指出。例如

$$H(A,0.2:1) \ \& \ H(B,0.1:1) \rightarrow H(C,1)$$

它表示如果对假设 A 有 0.2 到 1 的把握,并且对假设 B 有 0.1 到 1 的把握程度,则可得出结论 C,其把握程度为 100%。另外,在 EXPERT 中,为了提高推理效率,还把若干条 HH 规则组成一个模块,在模块前另加条件,称为该规则组的上下文,只有在上下文为真时,该规则组内的规则才能被启用。

EXPERT 的推理过程可大致描述为:

(1) 利用已有的事实对所有 FF 规则进行推理,以取得尽可能多的事实。

(2) 从已有事实出发,检查所有 FH 规则,对其左部为真者,就把它的右部假设存入集合 PH 中。

(3) 置集合 DH 为空。

(4) 从已有事实出发,检查所有 HH 规则的上下文,且对上下文条件成立的规则做以下处理:若某规则的左部有假设出现在 PH 或 DH 中,则令 H 的当前可信度为 PH 和 DH 中同一 H 的各可信度中绝对值最大者,按 H 的这个可信度对此规则进行推理,并把结论存入 DH 中,若 DH 中已有这个假设 H,则仅保留其可信度绝对值最大的那一个。

(5) 按假设所形成的推理网络进行推理,以最终得到假设的可信度值。

(6) 对假设的选择除可按上述办法选择可信度最大的外,EXPERT 还设置了评分函数,例如可对一个得到较多事实支持的假设给予较高的评分等。

EXPERT 已被用来开发了多个专家系统。例如,用于辅助分析测井记录的专家系统

ELAS;用于诊断关节风湿性疾病的专家系统 AI/RHEUM;用于血清蛋白电泳分析的专家系统 SPE 等。

以上讨论了三种专家系统外壳。用外壳建造专家系统的优点是可以大大减小开发的工作量,所要做的工作主要是获取领域知识,并把知识用外壳所要求的模式表示出来装入到知识库中。其主要问题是外壳只适用于建造与之类似的专家系统,因其推理机制和控制策略都是固定的,因而局限性较大,灵活性差。因此,用外壳建造专家系统时,需要根据领域问题的特点选择合适的外壳,最好先用一定数量的实例做些试验,以决定是否选用。

7.7.3 通用型专家系统工具

这是不依赖于任何已有的专家系统,完全重新设计且提供更多灵活性的一类专家系统开发工具。目前这类工具已有很多,这里仅从中选出两个进行讨论,一个是规则型,一个是规则—框架型。

1. OPS5

OPS5 是由美国卡内基-梅隆(CMU)大学的麦可达莫特(J.McDermott)、纽厄尔(A.Newell)等研制开发的一种基于规则的通用型工具。自 1975 年问世以来,已有多种版本,如 OPS1,OPS2,OPS3,OPS4,OPS5 以及 OPS 83。

OPS5 由三大部分组成:产生式规则库、推理机及数据库。

产生式规则库是无序规则的集合。每一条产生式规则分为三部分,即规则名、规则左部 LHS,规则右部 RHS。规则左部是条件元的序列,每个条件元指出一类工作元素应满足的条件。条件元分为两种,一种是非 not 条件元,另一种是 not 条件元,一个 LHS 由一个非 not 条件元后跟零个或多个非 not 条件元或 not 条件元构成。所谓 LHS 得到满足是指对于所有非 not 条件元,在数据库中都有相应元素与它匹配,并且对于任何 not 条件元,数据库中都没有元素和它匹配。规则右部是由基本动作构成的序列。OPS5 有 12 个基本动作,分为七类,其中,make,remove 和 modify 用于修改数据库的内容;openfile, closefile 及 default 用于对文件进行操作;write 用于输出信息;bind 和 cbind 用于为变量赋值;call 用于调用用户书写的子程序;halt 用于停止激活规则;build 用于在规则库中增加规则。此外,OPS5 还提供了函数的引用机制,规则右部可以包含函数。

数据库用于存储当前求解问题的已知事实以及求解过程中所得到的中间结果等。其中,每个元素都带有一个时标,用于指出相应元素被创建或最后一次修改的时间,推理中用它作为冲突消解的依据。

推理机用产生式规则库中的领域知识及数据库中的事实进行推理,完成对问题的求解。其推理过程为:

(1)通过匹配得到一组其左部可被满足的规则,然后用冲突消解选出一条规则并激活它。进行冲突消解时,根据时标对数据库中的元素进行排序,与最新鲜的事实匹配成功的规则优先被选用。

(2)执行被选中规则右部所指出的动作。

(3)重复执行(1)和(2),直到求得了问题的解,或者因没有规则的左部被满足而中止。

推理中,OPS5 采用数据驱动方式,其运行过程由当前数据库的内容决定,程序控制由推理机进行间接管理。另外,在 OPS 83中还增加了过程式程序设计的概念和内容,如过程调用

338

及 if-then-else 和 while 等控制结构。

OPS5 已被用来开发了许多专家系统。例如,用于 VAX 计算机系统配置的专家系统 XCON;用于帮助计算机操作员监控 MVS(多道虚拟存储)操作系统的专家系统 YES/MVS;用于帮助空军指挥员在航空母舰上指挥飞机起落的专家系统 AIRPLAN 等。

2. ART

ART 是由美国的克莱顿(B.D.Clayton)和威廉姆斯(C.Williams)等人研制开发的一种基于规则、基于框架、面向过程的通用型工具。

ART 由知识语言、编译程序、推理机和开发环境四部分组成。知识语言允许开发者使用产生式规则、框架和过程表示领域知识。事实性知识既可以用"对象—属性—值"三元组表示,也可以用命题公式表达。编译程序用于把用知识语言表示的领域知识转换成内部表示。推理机使用确定性因子方法做不确定性推理,既可进行正向推理,又可进行逆向推理以及正逆混合推理,推理方向由规则控制,在推出多个满足条件的解之后,能从中选出最优解。

ART 是用 LISP 语言和 C 语言实现的,具有灵活多变的窗口显示及交互功能。1984 年美国国家航空局用 ART 开发了用于监控航天飞机飞行速度和瞬时位置的专家系统 NAVEX。

7.7.4 专家系统开发环境

随着专家系统应用范围的不断扩大,人们对专家系统建造工具的要求也越来越高,所涉及的内容越来越广泛。人们不仅要求建造工具能够提供高效的推理机,而且还希望它能够提供多种形式的知识表示模式、多种不确定性推理模型、多种获取知识的手段、多种辅助工具(如数据库访问、电子表格、作图等)以及多种友好的用户界面(如调试功能、解释功能、图形及自然语言接口)等等。这样,单一功能的建造工具就愈来愈不能适应人们日益提高的要求,在这一背景下,专家系统开发环境就应运而生了。

专家系统开发环境又称为专家系统开发工具包,它为专家系统的开发提供多种方便的构件,例如获取知识的辅助工具、适应各种不同知识结构的知识表示模式、各种不同的不确定性推理机制、知识库管理系统以及各种不同的辅助工具,调试工具等等。

目前在国外已有的专家系统开发工具中,比较靠近环境的主要有 GURU,AGE, KEE, ProKappa 等。在国内,中国科学院教学所与浙江大学、武汉大学等七个单位联合开发了专家系统开发环境《天马》,这是国家"七五"的一个攻关项目,该项目于 1990 年 10 月完成,并通过了专家鉴定。

《天马》有四部推理机,即常规推理机、规划推理机、演绎推理机和近似推理机;有三个知识获取工具,即知识库管理系统、机器学习、知识求精;有四套人机接口生成工具,即窗口、图形、菜单、自然语言;知识表示模式主要是框架、规则和过程。它共有 11 个子系统组成,可以对规则库、框架库、数据库、过程库、实例库及接口库实施操作和管理。此外,它还有和 DOS, dBASEⅢ 和 AUTOCAD 的接口功能。

应用《天马》环境已经开发了一些实用的专家系统。例如台风预报专家系统、长沙旅游咨询专家系统、石油测井数据分析专家系统、神经内科疾病定位专家系统、赤峰地区秋季寒潮预报专家系统等。

AGE(Attemp to GEneralize)是斯坦福大学研制的一个专家系统开发环境。它是在对 DENDRAL, MYCIN, AM, NOLGEN 等系统进行解剖分析并抽取其中关键技术而形成的一个建造工具。它把从各系统抽取出来的各有关技术分别用 Inter LISP 编程为单独的建造模块,以供专家系统建造者进行选择。建造专家系统时,建造者只需在 AGE 的指导下选用合适的模块进行拼接,并把相关的领域知识装入知识库中就可形成一个专家系统。

应用 AGE 已经开发了一些专家系统,主要用于医疗诊断、密码翻译、军事科学等方面。

7.8 新一代专家系统的研究

自第一个专家系统问世以来,专家系统技术已经取得了很大进步,但随着应用领域的不断扩大以及人们对它的期望日益提高,许多薄弱环节也逐渐暴露出来。例如,目前的专家系统着重强调利用领域专家的经验性知识求解问题,而忽视了理论与深层知识在问题求解中的作用,这就使系统的求解能力受到了限制,一旦遇到原先没有考虑到的情况,就显得无能为力;在体系结构方面,大部分还是单一、独立的专家系统,缺少多个系统的协作及综合型的专家系统;在知识获取方面还缺少自动获取知识的能力;在知识表示上缺少多种表示模式的集成,知识面比较狭窄;在推理方面不支持多种推理策略,缺少时态推理、非单调推理等,而这些正是人类思维中最常用的推理形式。

针对上述问题,国内外有关学者已开始了新一代专家系统的研究、主要研究课题有:

1. 分布协同式的体系结构

麦可达莫特在第十届计算机大会上曾撰文指出"当代专家系统的主要弱点是使用一种单一的问题求解方法","最好的解决方法是建立起在需要时会产生新的方法或修改已有方法的专家系统","这种途径的背后是一组松耦合的专家系统,每一个专家系统都具有自己的问题求解方法"。麦可达莫特虽然没有进一步对如何建立这样的系统进行阐述,但却为专家系统体系结构的改进指出了一个方向。分布协同式的体系结构就是在这一方向上所做的一种研究。

所谓分布协同式体系结构是指把知识库分布于一个计算机网络的不同节点上,或者把推理机制分布于计算机网络的不同节点上,或者两者同时分布,但在求解问题时,它们能互通信息,密切合作,共同完成问题求解任务。

在分布协同式体系结构的研究中,主要应解决的问题是:

(1) 任务分布。所谓任务分布是指把待求解的问题分解为若干子问题,分别交给系统中不同的成员去完成。在进行任务分布时,既要考虑到问题自身的特点,又要考虑到各成员所具备的能力以及各成员当前的忙闲状态。这需要有合适的方法来进行问题分解,并且把分解后的任务分别交给各个成员。合适的任务分布将使各部分并行地工作,大大提高系统的效率。

(2) 合作策略。由于系统中的各成员都只具有部分知识,而问题的各子问题间存在着种种内在联系,这就要求各成员必须互相通信,合作地进行问题求解。为实现合作,需要解决合作的方式与策略以及通信的手段。对于前者,人们已经提出了"协会"、"委员会"以及多级管理的层次结构等。对于后者,比较成功的例子有施密斯提出的合同网协议以及首先在语音理解 Hearsay-Ⅱ 中实现、并且在许多系统中得到应用、改进的黑板通信机制。

2. 知识的自动获取

知识获取一直是困扰专家系统得以更广泛应用的瓶颈问题,因而如何增强系统的学习能力,使之能够自动地获取知识,就成为新一代专家系统要解决的重要课题之一。由前面关于知识获取的讨论可以看出,知识获取可以划分为两个阶段:一个是在知识库尚未建立起来时,从领域专家及有关文献资料那里获取知识;另一个是在系统运行过程中,通过运行实践不断总结、归纳出新的知识。对于前一种情况,为了实现自动知识获取,需要解决自然语言的识别与理解以及从大量事例中归纳知识等问题。对于后一种情况,除了需要解决对自然语言的识别与理解外,还需要解决如何从系统的运行实践中发现问题以及通过总结经验教训,归纳出新知识、修改旧知识等问题。显然,这是一些比较困难的问题,需要在其它各学科的配合下,经过不懈的努力,才能逐步解决的。

3．深层知识的利用

所谓深层知识是指相关领域中的理论性知识、原理性知识,而专家的经验通常被称为表层知识或浅层知识。当然,深与浅是相对而言的,并无一个绝对的衡量标准。在迄今为止建造的多数专家系统中,都只强调专家经验性知识的作用,而忽视了深层知识,这就限制了专家系统求解问题的能力。事实上,在许多情况下是需要深层知识与浅层知识密切配合才能更好地求解问题的。例如,当用表层知识推出的结论可靠性不高或互相矛盾时可利用深层知识进行裁决;当表层知识库太大时,可通过使用深层知识来指导推理,缩小搜索空间;对表层推理得出的结论通过利用深层知识进行解释,从原理上说明得出相应结论的理由,这不仅可以更取信于用户,而且使得专家系统具有教学的作用。

对于深层知识的利用存在的问题是,如何确定深层知识的容量与边缘。另外,非单调性亦是深层知识利用中的一个困难问题。

4．知识表示及推理方法

前面我们已经讨论了一些知识表示方法和推理方法,但这大多是针对经验性知识的,而且局限于逻辑思维的范畴内。我们知道,人类的知识有多种表现形式,人们的思维方式除逻辑思维外还有形象思维等。要使专家系统能像人类专家那样求解领域问题,就必须对知识的表示与处理作进一步的研究,使其能真正模拟人类求解问题的思维过程。就近期而言,如何建立一致的知识表示框架,使之能包含多范例的多种表示模式;如何在时态推理、定性推理、非单调推理等方面有所突破,在不确定性的表示与处理方面取得新的进展等,是新一代专家系统应首先解决的问题。

7.9　专家系统举例

为了使读者对专家系统有一具体认识,本节给出两个例子。一个例子是在第 3 章已经提到的动物识别系统,另一个例子是被称为专家系统经典之作的 MYCIN 系统。对前一个例子,除给出系统设计外,还给出用 Visual C++ 编写的程序;对于后一个例子,仅给出它的系统设计。

7.9.1　动物识别系统

这是一个用以识别虎、金钱豹等七种动物的小型专家系统,其知识在第 3 章的例 3.4 中已经给出,下面讨论该系统的模块结构、知识表示、推理机制等。

1．系统结构

该系统由主控模块、创建知识库模块、建立数据库模块、推理机及解释机构等五个功能模块组成,如图 7-9 所示。

其中,创建知识库模块用于知识获取,建立知识库,并且把各条知识用链连接起来,形成"知识库规则链表"。此外,它还对包含最终结论的规则进行检测,做上标志。建立数据库模块用于把用户提供的已知事实以及推理中推出的新事实放入数据库中,并分别形成"已知事实链表"和"结论事实链表"。推理机用于实现推理,推理中凡是被选中参加推理的规则形成"已使用规则链表"。解释机构用于回答用户的问题,它将根据"已使用规则链表"进行解释。

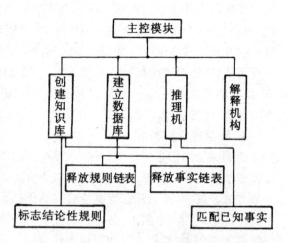

图 7-9 动物识别系统结构

2. 知识表示

知识用产生式规则表示,相应的数据结构为:

```
struct    RULE-TYPE{
    char*      result;              ～规则结论的字符串描述
    int        lastflag;            ～结论性规则标志
    struct     CAUSE-TYPE*  cause-chain;   ～前提链表
    struct     RULE-TYPE*   next           ～指向下一条规则
    };
```

已知事实用字符串描述,并且连成链表,相应的数据结构为:

```
struct    CAUSE-TYPE  {
char       cause;               ～事实的字符串描述
struct    CAUSE-TYPE*  next     ～指向下一个事实
};
```

3. 适用知识的选取

为了进行推理,就需要根据数据库中的已知事实从知识库中选用合适的知识,本系统采用精确匹配的方法做这一工作。即,若知识的前提条件所要求的事实在数据库中都存在,就认为它是一条适用知识。

4. 推理的结束条件

如何控制推理的终止,是推理中必须解决的问题。一般来说,当有如下两种情况中的某一种出现时可终止推理:

(1) 知识库中再无可适用的知识。

(2) 经推理求得了问题的解。

对于前一种情况,很容易进行检测,只要检查一下当前知识库中是否还有其前提条件可被数据库的已知事实满足,且为未使用过的知识就可得知。对于后一种情况,其关键在于如何让系统知道怎样才算是求得了问题的解。在第 3 章我们曾就这一问题给出了两个解决方法,这里就是利用那里给出的第二种方法解决这个问题的。即,扫描知识库的每一条规则,若一条规则的结论在其它规则的前提条件中都不出现,则这条规则的结论部分就是最终结论,含有最终

342

结论的规则称为结论性规则。对于结论性规则,为它作一标志,每当推理机用到带标志的规则进行推理时,推出的结论必然是最终结论,此时就可终止推理过程。

5. 推理过程

本系统采用正向推理,条件匹配采用字符串的精确比较方式。其推理过程如图 7-10 所示。

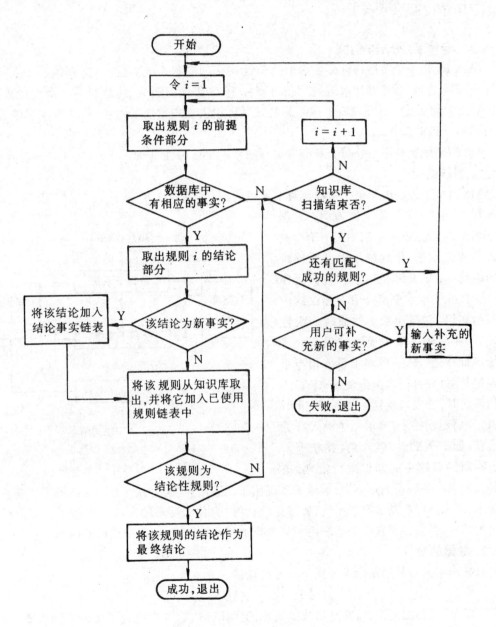

图 7-10 动物识别系统推理过程

6. 程序

该系统的程序用 Visual C++ 编写,其中用到如下一些数据结构:

(1) 知识库规则链表(Knowledge Base):每一个结构单元为一条规则,所有规则构成知识库。

（2）已知事实链表（Data Base）：每一个结构单元为一个已知事实，所有事实构成数据库。

（3）结论事实链表（Conclusion）：每个结构单元里的事实都为已匹配成功的规则的结论，且与已知事实不相同。

（4）已使用规则链表（Used）：每一个结构单元为一条规则，且已匹配成功。

程序附于书后的附录中。

7.9.2 专家系统 MYCIN

MYCIN 是一个帮助内科医生诊治感染性疾病的专家系统，它的建造开始于 1972 年，于 1974 年基本完成，后经多次改进、扩充，终于在 1978 年最终完成，使之成为一个性能较高、功能完善的实用系统。该系统在专家系统的发展史中占有很重要的地位，许多专家系统都是在它的基础上建立起来的。

MYCIN 系统是用 Inter LISP 语言编写的，在 PDP-10 上实现。

1．系统结构

MYCIN 系统是由三个子系统和两个库组成的，如图 7-11 所示。

图 7-11 中，数据库又称为动态数据库（Dynamic Data Base：DDB），用于存放病人的有关数据、化验结果以及系统推出的结论等；知识库又称为静态数据库（Static Data Base：SDB），用于存放诊治疾病的知识，它是在系统建成时一次性装入的，在应用过程中通过知识获取子系统进行补充、修正；咨询子系统相当于推理机及用户接口，当医生使用 MYCIN 诊治疾病时，首先启动这一子系统，此时 MYCIN 将给出提示，要求医生输入有关的信息（如病人的姓名、年龄、症状等），然后利用知识库中的知识进行推理，得

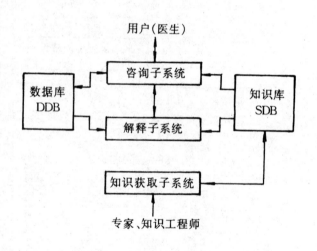

图 7-11　MYCIN 系统结构

出病人所患的疾病及治疗方案；解释子系统用于回答用户（医生）的询问，在咨询子系统的运行过程中，可以随时启动解释子系统，要求系统回答"为什么要求输入这一参数？"，"结论是怎样得出的？"等问题；知识获取子系统用于从专家那里获取知识，丰富知识库的内容。

2．数据的表示

数据库中的数据都用如下形式的三元组描述：

（对象　　　属性　　　值）

其中，"对象"又称为上下文，它是系统要处理的实体，MYCIN 中规定了多种不同类型的对象，例如 PERSON（病人），CURCULS（当前从病人身上提取的培养物），CURORGS（从当前培养物中分离出来的病原体），PRIORCULS（先前从病人身上提取的培养物），PRIORORGS（从先前培养物中分离出来的病原体），OPERS（已对病人实施的手术），OPDRGS（手术期间为病人服用的药物），CURDRUGS（当前对病人使用的药物），PRIORDRUGS（先前病人用过的药物），

REGIMEN(治疗方案)。"属性"又称临床参数,用于描述相应对象的特征,例如"病人"的姓名、年龄、性别,"培养物"的提取部位,"病原体"的形态等。MYCIN 中有 65 种属性,这些属性按其所描述的对象不同分为六类,例如,用于描述"病人"情况的作为一类,用于描述"培养物"情况的作为一类,等等。对每一类属性都有专门的名字,例如用 PRO—PT 作为描述"病人"的属性集的名字。另外,属性又按其取值的性质不同分为七种类别。例如,单值的(指只能有一个取值或者可从一组值中选取其一的属性),多值的(可以有多个取值的属性),可问的(指可向用户询问其值的属性),可导出的(指那些可以运用知识推导求值的属性)等。三元组中的"值"是指相应属性的值,根据属性的不同类别,其值可以是一个或多个。

在 MYCIN 中,每个属性的值可以带有一个可信度因子 CF,用以指出对相应属性值的信任程序。CF 在[-1,1]上取值:当 CF>0 时,表示相信该属性取相应值的程度;当 CF<0 时,表示不相信该属性取相应值的程度;当 CF 为 1,-1 或 0 时,分别表示完全相信、完全不相信、既非相信又非不相信(即不能确定)该属性取相应的值。下面给出三个用三元组描述数据的例子:

对象 (Object)	属性 (Attribute)	值 (Value)
病人-1	性别	((男　1.0))
病人-1	药物过敏	((青霉素 1.0)　(氨苄青霉素 1.0))
病原体-1	鉴别名	((链球菌　0.6)　(葡萄球菌 0.4))

上例中,位于"青霉素"后面的 1.0 及"链球菌"后面的 0.6 是属性"药物过敏"及"鉴别名"分别取值"青霉素"及"链球菌"的可信度。

MYCIN 采用上下文树(Context tree)来表示问题,一棵上下文树构成了对一个病人的完整描述。每当一次诊治咨询开始时,系统就首先询问病人的姓名、性别、年龄、症状等有关情况,并为该病人建立一棵上下文树。设为病人-1 建立的上下文树如图 7-12 所示。

图 7-12 表示从病人-1 身上当前提取了两种培养物(培养物-1 与培养物-2),先前曾提取过一种培养物(培养物-3),从这些培养物中分别分离出了病原体-1 至病原体-4,其中对病原体-1、病原体-3、病原体-4 分别使用药物-1,药物-2 及药物-3,药物-4 及药物-5 进行治疗,对病人-1 进行手术时使用过药物-6。通过该上下文树,很明确地把病人-1 的有关培养物及其使用药物的情况描述了出来,并且指出了哪种病原体来自哪一种培养

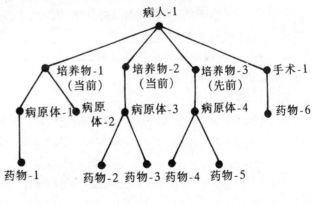

图 7-12　一个上下文树

物,对哪种病原体使用了哪种药物。

在上下文树中,有些对象的属性值是由医生或病人提供的,有些是在推理时推导出来的,例如对于"建议治疗方案",就是通过推理得到的。

3．知识的表示

MYCIN 的知识库主要用于存储诊断和治疗感染性疾病的领域知识,同时还存放了一些为便于进行推理所需的静态知识,如临床参数的特性表、清单、词典等。

领域知识用规则表示,其一般形式为:

$$\text{RULE} \ast\ast\ast \quad \text{IF} \quad \langle\text{前提}\rangle \quad \text{THEN} \quad \langle\text{行为}\rangle$$

其中,"$\ast\ast\ast$"是规则的编号。该知识表示,当〈前提〉成立时,则执行〈行为〉所描述的动作。

规则前提的一般形式是:

$$(\text{\$ AND} \quad \langle\text{条件-1}\rangle \ \langle\text{条件-2}\rangle\cdots\langle\text{条件-}n\rangle)$$

它表示条件-1,条件-2,$\cdots$,条件$-n$之间是合取关系。其中每个条件既可以是一个简单条件,也可以是具有 OR 关系的复合条件。例如对于条件-i 可为:

$$(\text{\$ OR} \quad \langle\text{条件-}i1\rangle \ \langle\text{条件-}i2\rangle\cdots\langle\text{条件-}im\rangle)$$

在上述表示中,\$ AND 和 \$ OR 都是 LISP 函数,每个条件也是一个 LISP 函数,它们的返回值是 T,NIL 或 -1 与 1 之间的某个数值。

规则的行为部分由专门表示动作的行为函数表示,MYCIN 中有三个专门用于表示动作的行为函数:CONCLUDE, CONCLIST 和 TRANLIST。其中以 CONCLUDE 用得最多,其形式为

$$(\text{CONCLUDE} \quad C \quad P \quad V \quad TALLY \quad CF)$$

其中,C, P, V 分别代表上下文、临床参数和值;$TALLY$ 是一个变量,用于存放规则前提部分的信任程度;CF 是规则强度,由领域专家在给出知识时给出。

例如对如下规则:

RULE 047

   如果:(1) 病原体的鉴别名不确定,且

   (2) 病原体来自血液,且

   (3) 病原体的染色是革兰氏阴性,且

   (4) 病原体的形态是杆状的,且

   (5) 病原体呈赭色

   那么:该病原体的鉴别名是假单胞细菌,可信度为 0.4。

它在 MYCIN 中的表示形式是:

RULE 047

   PREMISE (\$ AND (NOTDEFINITE CNTXT IDENT)

                    (SAME CNTXT SITE BLOOD)

                    (SAME CNTXT STAIN GRAMNEG)

                    (SAME CNTXT MORPH ROD)

                    (SAME CNTXT BURNT))

   ACTION (CONCLUD CNTXT IDENT PSEUDOMONAS TALLY.4)

其中,NOTDEFINITE,SAME 是 MYCIN 中专门用于表示条件的函数。

346

在前面已经指出,MYCIN 中的临床参数(属性)可按描述对象的不同以及取值情况的不同分别分成若干类,若从临床参数的角度来看,亦可认为每个临床参数都具有多种特性。MYCIN 把临床参数的特性都用三元组的形式表示出来存于知识库中,以便推理时应用。临床参数的主要特性有:

(1) MEMBEROF:按所描述的对象不同进行分类时,临床参数所属的类型名,例如 PRO-PT。

(2) VALUTYPE:临床参数是单值、二值还是多值。

(3) EXPECT:可问参数的许可值。用(Y/N)表示要求回答 yes/no;(NUMB)表示所期望的值是一个数值;(ONEOF⟨List⟩)表示参数值必须是⟨List⟩中的某一项;(ANY)表示对参数取值无限制。

(4) PROMPT:用于向用户提问一个单值或二值参数的值。

(5) PROMPT1:用于向用户提问一个多值参数的值。

(6) LABDATA:用于指出相应参数的值是否可从用户那里获得。

(7) LOOKAHEAD:指出其前提部分需引用该参数的规则代号。

(8) CONTAINED-IN:指出其 ACTION(行为)部分需引用这一参数的规则代号。

(9) UPDATED-BY:指出在其 ACTION 中可推出该参数值的规则代号。

(10) TRANS:指出该参数翻译为英语时的表达方式。

(11) DEFAULT:指出相应参数取值时的单位,如公斤、克;时、分、秒。

(12) CONDITION:指出用相应参数求值时的先决条件,它存储着一个 LISP 函数,只有当函数值为 T 时方可求参数的值。

例如,对临床参数 BURN,在 MYCIN 知识库中存储的三元组为:

对象 (Object)	属性 (Attribute)	值 (Value)
BURN	MEMBEROF	PRO-PT
BURN	VALUTYPE	BINARY
BURN	EXPECT	(Y/N)
BURN	PROMPT	(Is * a burn patient?)
BURN	LABDATA	1
BURN	LOOKAHEAD	(RULE 047)
BURN	TRANS	(* HAS BEEN SERIOUSLY BURNED)

其中,各种特性存放的顺序是任意的,并且只有 TRANS 是每个临床参数必须有的,其它特性可根据需要选用。

与临床参数类似,MYCIN 对上下文也规定了若干特性,且对每个上下文类型都有一个与上例类似的特性表,这里不再列出。

为了避免在推理时向用户过多的询问,同时也为了优化存储,MYCIN 还把有关的数据(如细菌的名称等)列于清单中存于知识库中,当推理启用相应规则时,就直接从清单中找到所需的数据。另外,MYCIN 还有一个包含 1 400 个单词的词典,主要用于理解用户输入的自然语言。

4. 推理的控制策略

MYCIN 采用逆向推理及深度优先的搜索策略。

当 MYCIN 被启动后,系统首先在数据库中建立一棵上下文树的根节点,并为该根节点指定一个名字 PATIENT-1(病人-1),其类型为 PERSON。PERSON 的属性为(NAME AGE SEX REGIMEN),其中前三项都具有 LABDATA 特性,即可通过向用户询问得到其值。于是系统向用户提出询问,要求用户输入病人的姓名、年龄及性别,并以三元组形式存入数据库中。REGIMEN 不是 LABDATA 属性,必须由系统推出,事实上它正是系统进行推理的最终目标,也是人们使用 MYCIN 进行咨询的根本目的。

为了得到 REGIMEN,系统将开始推理过程。推理时首先运用的一条规则是 RULE 092,其内容为:

RULE 092

    如果:(1) 有一种需要治疗的病原体,且

          (2) 可能还有其它需要治疗的病原体,尽管它们还没有从当前的培养物中被分离出来

    那么:(1) 给出能有效抑制需治疗的病原体的治疗方案

          (2) 选择出最佳治疗方案

    否则:指出病人不需要治疗

这条规则被称为"目标规则",它反映了医生诊治疾病时的决策过程,即首先确定病人有无需要治疗的细菌性感染,再进一步确定引起感染的病原体,然后确定可抑制病原体的药物,最后给出最佳治疗方案。

规则 092 的前提部分涉及到临床参数 TREATFOR,它是一个 NON-LABDATA,因而系统调用 TREATFOR 的 UPDATED-BY 特性所指出的第一条规则,检查它的前提是否为真,此时如果该前提所涉及到的值是可向用户询问的,就直接询问用户,否则再找出可推出该值的规则,对其前提判断是否为真。如此反复进行,直到最后推出 PATIENT-1 的主要临床参数 REGIMEN 为止。在此过程中,每当得到一个值时,都要加入到上下文树中,并且在此逆向推理过程中,有些规则是以正向推理方式调用的。

在推理中,规则前提条件是否成立取决于数据库中是否已有相应的证据(来自于用户或者是由系统推出的)以及它是否满足阈值条件。MYCIN 规定的阈值为 0.2,当规则前提的 $CF>0.2$ 时,则调用该规则结论中的函数,并把推出的结果放入数据库中;如果前提的 $CF \leqslant 0.2$,则放弃该规则。另外,关于规则结论部分可信度的计算以及合成算法在第 5 章已经作了讨论,这里不再重复。

5. 解释

MYCIN 具有较强的解释功能,能回答咨询过程中用户提出的各种问题。

例如,当系统向用户询问病人的性别时,用户可询问系统"为什么要问病人的性别?",此时

系统将回答说:"性别是关于任何病人的四个标准参数之一,在以后的推理过程中有用,例如,性别与确定能否在某一部位找到病原体有关,还与确定病人最近的肌酸酐廓清率有关。"

　　MYCIN 为了能回答用户提出的问题,除了要运用数据库在推理过程中得到的信息以及知识库的有关知识外,还建立了一棵用于记录咨询过程中系统的各种行为的历史树。同时,还建立了分别对不同类型问题提供解释的专用程序以及理解用户问题、对问题进行分类、构造解释的程序。

本 章 小 结

　　1. 本章首先讨论了专家系统的基本概念,即什么是专家系统、专家系统的基本特征、它与常规的计算机程序的区别以及专家系统的分类等,这就从不同角度阐述了专家系统的概念,以加深对它的理解。

　　2. 接着讨论了专家系统的一般结构,指出一个专家系统应该具有的六个基本部分。在具体实现时,其结构可根据实际情况确定,但这六个部分一般都是应该具有的。

　　3. 知识获取是专家系统建造中的一个瓶颈问题。之所以说它是瓶颈问题,是由于目前获取知识的手段还没完全实现自动化,许多工作还要用手工方式完成,例如与领域专家的交谈,文字资料的阅读与理解等。随着模式识别、自然语言理解、机器学习研究的进展,这些问题最终会得到解决。但目前仍然用的是非自动获取方式或者半自动获取方式。

　　4. 知识冗余性、一致性的检测及知识求精是保证专家系统求解问题质量的重要问题,本章我们用了较多的篇幅对这一问题进行了讨论,给出了检测方法。读者可从这些方法中得到启发,设计出适合于具体应用的检测方法和知识求精方法。

　　5. 专家系统的建造是一项比较复杂的知识工程,目前尚未形成规范,但一般来说应遵循恰当划分问题领域、获取完备知识、知识库与推理机分离、选择并设计合适的知识表示模式、模拟领域专家的思维过程、建立友好的交互环境、渐增式开发策略等建造原则。在开发过程中要把开发与评价结合起来,边开发边评价,尽早发现潜在的问题,及时修正。

　　6. 在专家系统的开发过程中,对知识表示、推理方法及控制策略一般都会给予足够的重视,但对系统的解释功能却往往会忽略。其实,一个专家系统能否取得用户的信赖,解释功能起着十分重要的作用。在 MYCIN 中,解释功能是很强的,它不仅能回答病人的问题,增强病人对系统的信任程度,而且还可以像一个"教师"那样回答医生的各种问题,把专家考虑、处理问题的方法及思路告诉医生,从而提高年轻医生的医疗水平。

　　关于实现解释功能的方法,常见的有以下几种:

　　(1) 专家系统在进行推理时,随时把所用的知识,推出的结果记录下来,每当用户提出"结论是如何推出的?"一类问题时,就把推理过程显示出来,说明根据什么得到什么,然后又根据什么得到了什么,直至最后得出结论为止。

　　(2) 在建造专家系统时,就对用户将来可能会提出的问题进行调查研究,并针对这些可能会提出的问题,编写出解释性的答案。一旦用户提出这些问题时,就把事先准备好的答案显示给用户。

　　(3) 利用深层推理技术来解释作出某种推论的理由,给出原理性的解释。

　　(4) 为了对年轻专家(如年轻医生)传授资深专家经验性的知识,在开发专家系统时可把领域专家求解问题时每一步的指导思想记录下来,包括增加或修改每一条规则的理由等。这样,当提出此类问题时,就可作出比较深入的解释。

7. 对专家系统求解问题质量的评价,通常采用的是符合率,即它所得结论与专家所得结论的符合情况。一般来说,符合率与准确率应该是一致的。

8. 在专家系统开发工具一节中,简单地讨论了人工智能语言(LISP 语言、PROLOG 语言、SMALLTALK 语言)、专家系统外壳(EMYCIN, KAS, EXPERT)、通用型专家系统工具(OPS5, ART)及专家系统开发环境。就目前专家系统开发工具的发展情况来看,约有这么几种趋势:向大、中型机和工作站发展;由 LISP, PROLOG 等语言向 C 及 C++ 过渡,美国早期的专家系统大多是用 LISP 编写的,现在已逐渐被 C 及 C++ 取代;面向对象的技术被逐渐采用;标准化问题开始受到人们的重视,等等。

9. 关于专家系统的"分代"问题,一直尚未形成统一的看法。有的人说现在仍然处于第一代,有的人说现在是第二代并且开始向第三代过渡。对于分代的标准,各人的观点也不尽相同,有的按系统的体系结构来划分,有的按知识获取的自动化程度来划分,等等。由于目前还不存在一个公认的标准及统一的看法,因而我们在讨论中避开了这一问题,只是指出在当前专家系统的研究中存在的问题及新一代专家系统要解决的问题。

10. 在本章的最后一节,给出了两个专家系统的例子,目的是使读者对专家系统有一个感性的认识。在进行教学时,学生在学习这部分内容后经常会有"不实在"的感觉,希望看一个具体的例子。但一个实用的专家系统一般规模都比较大,牵涉的面比较宽,而且与领域知识密切相关,限于篇幅,不可能对一个实用系统做完整的讨论,因此这里选用了动物识别系统,并对MYCIN 作了简单介绍,希望能对读者加深对专家系统的理解有所帮助。

习　　题

7.1　何谓专家系统?它有哪些基本特征?

7.2　专家系统的主要类型有哪些?

7.3　专家系统包括哪些基本部分?每一部分的主要功能是什么?

7.4　知识获取的主要任务是什么?为什么说它是专家系统建造中的一个"瓶颈"问题?

7.5　何谓知识的冗余性、一致性及完整性?有哪些检测方法?如何进行检测?

7.6　什么是知识的组织?在进行知识组织时应遵循哪些基本原则?

7.7　知识管理包括哪些方面的内容?

7.8　专家系统建造的原则是什么?建造一个专家系统时要经历哪几个阶段?

7.9　如何对专家系统进行评价?

7.10　有哪几类专家系统开发工具?各有什么特点?

7.11　新一代专家系统要解决哪些主要问题?

第8章 机器学习

机器学习是人工智能中一个重要的研究领域,一直受到人工智能及认知心理学家们的普遍关注。特别是近些年来,由于专家系统对其需求的增加,使之获得了较快的发展,研制出了多种学习系统,发表了多篇具有较大影响的论文及专著,许多著名大学和研究机构都成立了机器学习研究中心或研究小组,开展了专门的研究。自 1980 年在卡内基-梅隆大学召开了第一届机器学习国际研讨会以来,每两年召开一次会议,探讨机器学习研究中各方面的问题。1986年创刊了第一个机器学习杂志"Machine Learning",每年出刊四期,对机器学习的研究与交流发挥了重要作用。该杂志的主编蓝利(P·Langley)在其发刊词中宣称,机器学习过去几年的发展已引起了人工智能及认知心理学界的极大兴趣,现在它已进入了一个令人鼓舞的发展时期。

机器学习与计算机科学、心理学等多种学科都有密切的关系,牵涉的面比较宽,而且许多理论及技术上的问题尚处于研究之中,因此本章只是对它的一些基本概念和方法作一简要讨论,以便对它有一个初步的认识。

8.1 基本概念

8.1.1 什么是机器学习

1. 学习

机器学习的核心是"学习",为了说明什么是机器学习,首先应对"学习"有一个基本的认识。

关于学习,至今还没有一个精确的、能被公认的定义。这一方面是由于进行这一研究的人们分别来自不同的学科,例如神经学、认知心理学、计算机科学等,他们分别从不同的角度出发给出了不同的解释;另一方面,也是最重要的原因是学习是一种多侧面、综合性的心理活动,它与记忆、思维、知觉、感觉等多种心理行为都有着密切联系,使得人们难以把握学习的机理与实质,无法给出确切的定义。

目前,对"学习"这一概念的研究有较大影响的观点主要有以下几种:

(1)学习是系统改进其性能的过程。这是西蒙关于"学习"的观点。1980 年他在卡内基-梅隆大学召开的机器学习研讨会上做了"为什么机器应该学习"的发言,在此发言中他把学习定义为:学习是系统中的任何改进,这种改进使得系统在重复同样的工作或进行类似的工作时,能完成得更好。这一观点在机器学习研究领域中有较大的影响,学习的基本模型就是基于这一观点建立起来的。

(2)学习是获取知识的过程。这是从事专家系统研究的人们提出的观点。由于知识获取一直是专家系统建造中的困难问题,因此他们把机器学习与知识获取联系起来,希望通过对机器学习的研究,实现知识的自动获取。

（3）学习是技能的获取。这是心理学家关于如何通过学习获得熟练技能的观点。人们通过大量实践和反复训练可以改进机制和技能,如像骑自行车、弹钢琴等都是这样。但是,学习并不仅仅只是获得技能,它只是反映了学习的一个方面。

（4）学习是事物规律的发现过程。在20世纪80年代,由于对智能机器人的研究取得了一定的进展,同时又出现了一些发现系统,于是人们开始把学习看作是从感性知识到理性知识的认识过程,从表层知识到深层知识的特化过程,即发现事物规律、形成理论的过程。

上述各种观点分别是从不同角度理解"学习"这一概念的,若把它们综合起来可以认为:学习是一个有特定目的的知识获取过程,其内在行为是获取知识、积累经验、发现规律;外部表现是改进性能、适应环境、实现系统的自我完善。

2. 机器学习

所谓机器学习,就是要使计算机能模似人的学习行为,自动地通过学习获取知识和技能,不断改善性能,实现自我完善。

作为人工智能的一个研究领域,机器学习的研究工作主要是围绕着以下三个基本方面进行的:

（1）学习机理的研究。这是对人类学习机制的研究,即人类获取知识、技能和抽象概念的天赋能力。通过这一研究,将从根本上解决机器学习中存在的种种问题。

（2）学习方法的研究。研究人类的学习过程,探索各种可能的学习方法,建立起独立于具体应用领域的学习算法。

（3）面向任务的研究。根据特定任务的要求,建立相应的学习系统。

8.1.2 学习系统

为了使计算机系统具有某种程度的学习能力,使它能通过学习增长知识、改善性能、提高智能水平,需要为它建立相应的学习系统。

所谓学习系统,是指能够在一定程度上实现机器学习的系统。1973年萨利斯(Saris)曾对学习系统给出如下定义:如果一个系统能够从某个过程或环境的未知特征中学到有关信息,并且能把学到的信息用于未来的估计、分类、决策或控制,以便改进系统的性能,那么它就是学习系统。1977年施密斯等人又给出了一个类似的定义:如果一个系统在与环境相互作用时,能利用过去与环境作用时得到的信息,并提高其性能,那么这样的系统就是学习系统。

由上述定义可以看出,一个学习系统应具有如下条件和能力:

1. 具有适当的学习环境

无论是在萨利斯的定义中还是在施密斯等人的定义中,都使用了"环境"这一术语。这里所说的环境是指学习系统进行学习时的信息来源。如果我们把学习系统比作学生,那么"环境"就是为学生提供学习信息的教师、书本及各种应用、实践的过程。没有这样的环境,学生就无从学习新知识,也无法应用。同样,如果学习系统不具有适当的环境,它就失去了学习和应用的基础,不能实现机器学习。

对于不同的学习系统及不同的应用,环境一般都是不相同的。例如,当把学习系统用于专家系统的知识获取时,环境就是领域专家以及有关的文字资料、图象等;当把它用于博弈时,环境就是博弈的对手以及千变万化的棋局。

2．具有一定的学习能力

环境只是为学习系统提供了学习及应用的条件,为要从中学到有关信息,它还必须有合适的学习方法及一定的学习能力。否则它仍然学不到知识,或者学得不好。这正如一个学生即使他有好的教师和教材,如果他没有掌握适当的学习方法或者学习能力不强,他仍然不能取得理想的学习效果一样。

学习过程是系统与环境相互作用的过程,是边学习、边实践,然后再学习、再实践的过程。就以学生的学习来说,学生首先从教师及书本那里取得有关概念和技术的基本知识,经过思考、记忆等过程把它变成自己的知识,然后在实践(如做作业、实验、课程设计等)中检验学习的正确性,如果发现问题,就再次向教师或书本请教,修正原来理解上的错误或者补充新的内容。学习系统的学习过程与此类似,它也是通过与环境多次相互作用逐步学到有关知识的,而且在学习过程中要通过实践验证、评价所学知识的正确性。一个完善的学习系统应同时具备这两种能力,才能学到有效的知识。

3．能应用学到的知识求解问题

学习的目的在于应用,对人是这样,对学习系统也是这样。在萨利斯的定义中,就明确指出了学习系统应"能把学到的信息用于未来的估计、分类、决策或控制",强调学习系统应该做到学以致用。事实上,如果一个人或者一个系统不能应用学到的知识求解遇到的现实问题,那他(它)也就失去了学习的作用及意义。

4．能提高系统的性能

这是学习系统应该达到的目标。通过学习,系统应能增长知识,提高技能,改善系统的性能,使它能完成原来不能完成的任务,或者比原来做得更好。例如对于博弈系统,如果它第一次失败了,那么它应能从失败中吸取经验教训,通过与环境的相互作用学到新的知识,做到"吃一堑,长一智",使得以后不重蹈覆辙。

由以上分析可以看出,一个学习系统一般应该有环境、学习、知识库、执行与评价等四个基本部分组成,各部分之间的关系如图 8-1 所示。

在图 8-1 中,箭头表示信息的流向;"环境"指外部信息的来源,它将为系统的学习提供有关信息;"学习"是系统的学习机构,它通过对环境的搜索取得外部信息,然后经分析、综合、类比、归纳等思维过程获得知识,并将这些知识存入知识库中;"知识库"

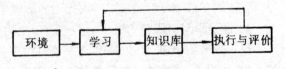

图 8-1　学习系统的基本结构

用于存储由学习得到的知识,在存储时要进行适当的组织,使它既便于应用又便于维护;"执行与评价"实际上是由"执行"与"评价"这两个环节组成的,执行环节用于处理系统面临的现实问题,即应用学到的知识求解问题,如定理证明、智能控制、自然语言处理、机器人行动规划等;评价环节用于验证、评价执行环节执行的效果,如结论的正确性等。目前对评价环节的处理有两种方式:一种是把评价时所需的性能指标直接建立在系统中,由系统对执行环节得到的结果进行评价;另一种是由人来协助完成评价工作。如果采用后一种方式,则图 8-1 中可略去评价环节,但环境、学习、知识库、执行等是不可缺少的。

另外,从"执行"到"学习"必须有反馈信息,"学习"部分将根据反馈信息决定是否要从环境中索取进一步的信息进行学习,以修改、完善知识库中的知识,这是学习系统的一个重要特征。

8.1.3　机器学习的发展

关于机器学习的研究,可以追溯到 20 世纪 50 年代中期,当时人们就从仿生学的角度开展了研究,希望搞清楚人类大脑及神经系统的学习机理。但由于受到客观条件的限制,未能如愿。以后几经波折,直到 20 世纪 80 年代才获得了蓬勃发展。若以它的研究目标及研究方法来划分,其发展过程可分为如下三个阶段:

1. 神经元模型的研究

这一阶段始于 20 世纪 50 年代的中期,主要研究工作是应用决策理论的方法研制可适应环境的通用学习系统(General Purpose Learning System)。它所基于的基本思想是:如果给系统一组刺激、一个反馈源和修改自身组织的自由度,那么系统就可以自适应地趋向最优组织。这实际上是希望构造一个神经网络和自组织系统。

在此期间有代表性的工作是 1957 年罗森勃拉特(F. Rosenblatt)提出的感知器模型,它由阈值性神经元组成,试图模拟动物和人脑的感知及学习能力。此外,这阶段最有影响的研究成果是塞缪尔研制的具有自学习、自组织、自适应能力的跳棋程序。该程序在分析了约 175 000 幅不同棋局后,归纳出了棋类书上推荐的走法,能根据下棋时的实际情况决定走步的策略,准确率达到 48%,是机器学习发展史上一次卓有成效的探索。

1969 年明斯基和佩珀特(Papert)发表了颇有影响的论著"Perceptron",对神经元模型的研究作出了悲观的论断。鉴于明斯基在人工智能界的地位及影响以及神经元模型自身的局限性,致使对它的研究开始走向低潮。

2. 符号学习的研究

这一阶段始于 20 世纪 70 年代中期。当时对专家系统的研究已经取得了很大成功,迫切要求解决获取知识难的问题,这一需求刺激了机器学习的发展,研究者们力图在高层知识符号表示的基础上建立人类的学习模型,用逻辑的演绎及归纳推理代替数值的或统计的方法。莫斯托夫(D. J. Mostow)的指导式学习、温斯顿(Winston)和卡缪尼尔(J. G. Carbonell)的类比学习以及米切尔(T. M. Mitchell)等人提出的解释学习都是在这阶段提出来的。

3. 连接学习的研究

这一阶段始于 20 世纪 80 年代。当时由于人工智能的发展与需求以及 VLSI 技术、超导技术、生物技术、光学技术的发展与支持,使机器学习的研究进入了更高层次的发展时期。当年从事神经元模型研究的学者们经过 10 多年的潜心研究,克服了神经元模型的局限性,提出了多层网络的学习算法,从而使机器学习进入了连接学习的研究阶段。连接学习是一种以非线性大规模并行处理为主流的神经网络的研究,该研究目前仍在继续进行之中。

在这一阶段中,符号学习的研究也取得了很大进展,它与连接学习各有所长,具有较大的互补性。就目前的研究情况来看,连接学习适用于连续发音的语音识别及连续模式的识别;而符号学习在离散模式识别及专家系统的规则获取方面有较多的应用。现在人们已开始把符号学习与连接学习结合起来进行研究,里奇(E. Rich)开发的集成系统就是其中的一个例子。

8.1.4　机器学习的分类

机器学习可从不同的角度,根据不同的方式进行分类。例如,若按系统的学习能力分类,则机器学习可分为有监督的学习与无监督的学习,两者的主要区别是前者在学习时需要教师的示教或训练,而后者是用评价标准来代替人的监督工作;若按学习事物的性质分类,机器学习可分为概念学习与过程学习,前者是通过学习掌握有关的概念,例如质谱分析等,而后者是通过学习获得过程性知识,如机器人行动规划等;若按所学知识的表示方式分类,则机器学习可分为逻辑表示法学习、产生式表示法学习、框架表示法学习等等;若按机器学习的应用领域分类,则机器学习可分为专家系统、机器人学、自然语言处理、图象识别、搏弈、数学、音乐等;若按学习方法是否为符号表示来分类,则机器学习可分为符号学习与非符号学习。我们自下一节开始讨论的学习方法都属于符号学习,关于非符号学习,即连接学习,将在神经网络一章中进行讨论。

上述这些分类方法有的不够严格、准确,有的不能适应机器学习发展的需要,因此目前用得不多。下面讨论三种当前常用的分类方法。

1. 按学习方法分类

正如人们有各种各样的学习方法一样,机器学习也有多种学习方法。若按学习时所用的方法进行分类,则机器学习可分为机械式学习、指导式学习、示例学习、类比学习、解释学习等。这是温斯顿在 1977 年提出的一种分类方法。

2. 按推理方式分类

若按学习时所采用的推理方式进行分类,则机器学习可分为基于演绎的学习及基于归纳的学习。

所谓基于演绎的学习是指以演绎推理为基础的学习。演绎推理是从已知前提逻辑地推出结论的一种推理,它具有"保真性",即若已知 $E \rightarrow H$ 及 E 为真,则就可得出 H 必然为真的结论。解释学习在其推理过程中主要用的演绎方法,因而可将它划入基于演绎的学习这一类。

所谓基于归纳的学习是指以归纳推理为基础的学习。归纳推理是从特殊事物或大量实例概括出一般规则或结论的一种推理,它是一种"主观不充分置信"的推理,即由归纳推理得到的结论是否确实是前提的逻辑结论是不能断定的,通常只能以一定的置信度予以接受。示例学习、发现学习等在其学习过程中主要使用了归纳推理,因而可将它们划入基于归纳的学习这一类。

早期的机器学习系统一般都使用单一的推理方式,现在则趋于集成多种推理技术来支持学习。例如类比学习就既用到演绎推理又用到归纳推理,解释学习也是这样,只是因它演绎部分所占的比例较大,所以把它归入基于演绎的学习。

3. 按综合属性分类

随着机器学习的发展以及人们对它认识的提高,要求对机器学习进行更科学、更全面的分类,因而近年来有人提出了按学习的综合属性进行分类,它综合考虑了学习的知识表示、推理方法,应用领域等多种因素,能比较全面地反映机器学习的实际情况。用这种方法进行分类,不仅可以把过去已有的学习方法都包括在内,而且反映了机器学习的最近发展,例如连接学习、遗传算法等。

按照这种分类方法,机器学习可分为归纳学习、分析学习、连接学习以及遗传算法与分类器系统等。

关于归纳学习与连接学习,将在下面的章节中做详细讨论。分析学习是基于演绎和分析的学习,学习时它从一个或几个实例出发,运用过去求解问题的经验,通过演绎对当前面临的问题进行求解,或者产生能更有效应用领域知识的控制性规则。分析学习的目标不是扩充概念描述的范围,而是提高系统的效率。分类器系统是一种高度并行的规则库系统,它通过遗传算法进行学习。在该算法中,把每一个物种对应于一个概念描述的变形,通过一个目标函数来确定哪些概念及其变化可保留在基因库中。这种算法适用于很复杂的环境,目前正处于研究之中。

以上讨论了机器学习的基本概念及其分类,自下一节开始将分别讨论各种学习方法。

8.2　机械式学习

机械式学习(Rote Learning)又称为死记式学习,这是一种最简单、最原始的学习方法,它通过记忆和评价外部环境所提供的信息达到学习的目的,学习系统要做的工作是把经过评价所取得的知识存储到知识库中,求解问题时就从知识库中检索出相应的知识直接用来求解问题。例如,设某个计算的输入是$(x_1, x_2, \cdots, x_n)$,计算后的输出是$(y_1, y_2, \cdots, y_m)$,如果经评价得知该计算是正确的,则就把联想对:

$$[(x_1, x_2, \cdots, x_n), (y_1, y_2, \cdots, y_m)]$$

存入知识库中。当以后又要对$(x_1, x_2, \cdots, x_n)$做同样的计算时,只要直接从知识库中检索出$(y_1, y_2, \cdots, y_m)$就可以了,不需要再重复进行计算。

应用机械式学习的一个典型例子是塞缪尔的跳棋程序 CHECKERS。该程序采用极大极小方法搜索博弈树,在给定的搜索深度下用估价函数对格局进行评分,然后通过倒推计算求出上层节点的倒推值,以决定当前的最佳走步。CHECKERS 的学习环节把每个格局的倒推值都记录下来,当下次遇到相同的情况时,就直接利用"记住"的倒推值决定最佳走步,而不必重新计算。例如,设在某一格局 A 时轮到 CHECKERS 走步,它向前搜索三层,得到如图 8-2 所示的搜索树。

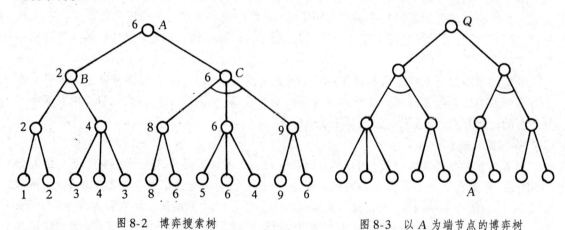

图 8-2　博弈搜索树　　　　　　　　　　图 8-3　以 A 为端节点的博弈树

在图 8-2 中,根据对端节点的静态估值,可求得 A 的倒推值为 6,最佳走步是走向 C。这时 CHECKERS 就记住 A 及其倒推值 6。假若在以后的对弈中又出现了格局 A 且轮到它走步,则它就可以通过检索直接得到 A 的倒推值,而不必再做倒推计算,这就提高了效率。如果博弈时出现了图 8-3 所示的情况,格局 A 是搜索树的端点,此时使用 A 的倒推值比使用它的静态估值将更准确,同时由于对 A 使用了所记忆的倒推值,因而对格局 Q 来说,相当于搜索深度扩大到六层。

机械式学习实质上是用存储空间来换取处理时间。虽然节省了计算时间,但却多占用了存储空间,当因学习而积累的知识逐渐增多时,占用的空间就会越来越大,检索的效率也将随着下降。所以,在机械式学习中要全面权衡时间与空间的关系,这样才能取得较好的效果。

8.3 指导式学习

指导式学习(Learning by being told)又称嘱咐式学习或教授式学习。在这种学习方式下,由外部环境向系统提供一般性的指示或建议,系统把它们具体地转化为细节知识并送入知识库中。在学习过程中要反复对形成的知识进行评价,使其不断完善。

一般地说,指导式学习的学习过程由下列四个步骤组成:

1. 征询指导者的指示或建议

指导式学习的第一步工作是征询指导者的指示或建议,其征询方式可以是简单的,也可以是复杂的;既可以是主动的,也可以是被动的。所谓简单征询是指由指导者给出一般性的意见,系统将其具体化;所谓复杂征询是指系统不仅要求指导者给出一般性的建议,而且还要具体地鉴别知识库中可能存在的问题,并给出修改意见;所谓被动征询是指系统只是被动地等待指导者提供意见;所谓主动征询是指系统不只是被动地接受指示,而且还能主动地提出询问,把指导者的注意力集中在特定的问题上。

理论上讲,为了实现征询,系统应具有识别、理解自然语言的能力,这样才能使系统直接与指导者进行对话。但由于目前还不能完全实现这一要求,因而目前征询通常使用某种约定的语言进行。

2. 把征询意见转换为可执行的内部形式

征询意见的目的是为了获得知识,以便用这些知识求解问题。为此,学习系统应具有把用约定形式表示的征询意见转化为计算机内部可执行形式的能力,并且能在转化过程中进行语法检查及适当的语义分析。

3. 并入知识库

经转化后的知识就可并入知识库,在并入过程中要对知识进行一致性检查,以防止出现矛盾、冗余、环路等问题。

4. 评价

为了检验新并入知识的正确性,需要对它进行评价。最简单也是最常用的评价方法是对新知识进行经验测试,即执行一些标准例子,然后检查执行情况是否与已知情况一致。如果出现了不一致,表示新知识中存在某些问题,此时可把有关信息反馈给指导者,请他给出另外的指导意见。

指导式学习是一种比较实用的学习方法,可用于专家系统的知识获取。它既可以避免由系统自己进行分析、归纳从而产生新知识所带来的困难,又无需领域专家了解系统内部知识表示和组织的细节,因此目前应用得较多。

8.4 归纳学习

归纳学习是应用归纳推理进行学习的一类学习方法,按其有无教师指导可分为示例学习及观察与发现学习。

8.4.1 归纳推理

归纳是指从个别到一般,从部分到整体的一类推论行为。归纳推理是应用归纳方法所进行的推理,即从足够多的事例中归纳出一般性的知识,它是一种从个别到一般的推理。

由于在进行归纳时,多数情况下不可能考察全部有关的事例,因而归纳出的结论不能绝对保证它的正确性,只能以某种程度相信它为真,这是归纳推理的一个重要特征。例如,由"麻雀会飞"、"鸽子会飞"、"燕子会飞"……这样一些已知事实,有可能归纳出"有翅膀的动物会飞"、"长羽毛的动物会飞"等结论。这些结论一般情况下都是正确的,但当发现驼鸟有羽毛、有翅膀,但却不会飞时,就动摇了上面归纳出的结论。这说明上面归纳出的结论不是绝对为真的,只能以某种程度相信它为真,它是一种主观不充分置信的推理。

归纳推理是人们经常使用的一种推理方法,人们通过大量的实践总结出了多种归纳方法,以下列出其中常用的几种:

1. 枚举归纳

设 $a_1, a_2, \cdots$ 是某类事物 A 中的具体事物,若已知 $a_1, a_2, \cdots, a_n$ 都有属性 P,并且没有发现反例,当 n 足够大时,就可得出"A 中所有事物都有属性 P"的结论。这是一种从个别事例归纳出一般性知识的方法,"A 中所有事物都有属性 P"是通过归纳得到的新知识。

例如,设有如下已知事例:

张三是足球运动员,他的体格健壮。

李四是足球运动员,他的体格健壮。

……　　　　……

刘六是足球运动员,他的体格健壮。

当事例足够多时,就可归纳出如下一个一般性知识:

凡是足球运动员,他的体格一定健壮。

考虑到可能会出现反例的情况,可给这条知识增加一个可信度,如可信度为 0.9。

另外,如果每个事例都带有可信度,例如:

张三是足球运动员,他的体格健壮(0.95)

则可用各个事例可信度的平均值作为一般性知识的可信度。在以下讨论的方法中,除非特别说明外,一般都可用求平均值的方法得到经归纳所得知识的可信度,不再一一说明。另外,为了提高归纳结论的可靠性,应该尽量增加被考察对象的数量,扩大考察范围,并且注意收集反例。

2. 联想归纳

若已知两个事物 a 与 b 有 n 个属性相似或相同,即:

a 具有属性 P_1,b 也具有属性 P_1

a 具有属性 P_2,b 也具有属性 P_2

……　　　　……

a 具有属性 P_n,b 也具有属性 P_n

并且还发现 a 具有属性 P_{n+1},则当 n 足够大时,可归纳出

b 也具有属性 P_{n+1}

358

这一新知识。

例如,通过观察发现两个孪生兄弟都有相同的身高、体重、面貌,都喜欢唱歌、跳舞且喜欢吃相同的食品等,而且还发现其中一人喜欢画山水画,虽然我们没有发现另一个也喜欢画山水画,但很容易就会联想到另一个"也喜欢画山水画",这就是联想归纳。当然,由于归纳推理是一种主观不充分置信推理,因而经归纳得出的结论可能会有错误。在上例中,如果经考察发现另一个不喜欢画山水画,那么这一归纳就出现了错误,此时应撤消得出的归纳结论以及由该归纳结论推出的所有其它结论。由此可见,归纳推理是非单调的。

3. 类比归纳

设 A,B 分别是两类事物的集合:

$$A = \{a_1, a_2, \cdots\}$$
$$B = \{b_1, b_2, \cdots\}$$

并设 a_i 与 b_i 总是成对地出现,且当 a_i 有属性 P 时,b_i 就有属性 Q 与之对应,即

$$P(a_i) \rightarrow Q(b_i) \qquad i = 1, 2, \cdots$$

则当 A 与 B 中有一对新元素出现时(设为 A 中的 a' 及 B 中的 b'),若已知 a' 有属性 P,就可得出 b' 有属性 Q,即

$$P(a') \rightarrow Q(b')$$

4. 逆推理归纳

这是一种由结论成立而推出前提以某种置信度成立的归纳方法。在日常生活及科学研究中人们经常使用这种方法进行归纳推理。这种方法的一般模式是:

(1) 若 H 为真时,则 $H \rightarrow E$ 必为真或以置信度 cf_1 成立。

(2) 观察到 E 成立或以置信度 cf_2 成立。

(3) 则 H 以某种置信度(cf)成立。

这可用公式表示为:

$$\frac{\begin{array}{ll} H \rightarrow E & cf_1 \\ E & cf_2 \end{array}}{H \qquad\qquad cf}$$

例如,花农们都知道"若月季花得了黑斑病,就会在植株下部的叶片上出现圆形不整齐的黑斑",现在经观察确实发现月季花植株下部的叶片上有黑斑,花农就会以某种置信度断定该月季花得了黑斑病,并采取相应措施进行根治。

cf 的计算方法可根据问题的实际情况确定。例如,可把 $P(E/H)$ 当作 $H \rightarrow E$ 的置信度 cf_1,则 $E \rightarrow H$ 的置信度 cf'_1 可按 Bayes 公式算出:

$$cf'_1 = P(H/E) = \frac{P(E/H) \times P(H)}{P(E)} = cf_1 \times \frac{P(H)}{P(E)}$$

这样,由 cf'_1 及 cf_2 就可求出 H 的置信度:

$$cf = cf'_1 \times cf_2$$

5. 消除归纳

在日常生活及科学研究中,当我们对某个事物发生的原因还没有搞清楚时,通常都会作出若干假设,这些假设间是析取关系。以后,随着对事物认识的不断深化,原先作出的某些假设

有可能被否定,经过若干次否定后,最后剩下来未被否定的假设就可作为事物发生的原因。这样一个思维过程称为消除归纳,它是通过不断否定原先的假设来得出结论的,这可形式地描述为:

$$
\begin{aligned}
&\text{已知:} \quad A_1 \quad \vee \quad A_2 \quad \vee \quad \cdots \vee A_i \quad \vee \quad \cdots \vee A_n \\
&\qquad\quad \neg A_1 \\
&\qquad\quad \vdots \\
&\qquad\quad \neg A_{i-1} \\
&\qquad\quad \neg A_{i+1} \\
&\qquad\quad \vdots \\
&\qquad\quad \neg A_n
\end{aligned}
$$

结论: A_i

例如,当一个发高烧的病人到医院急诊时,在未做化验等进一步的诊断之前,医生可怀疑他是患了肠炎、肺炎等与发烧有关的疾病,但经化验等进一步诊断后,原先的怀疑(假设)就会被逐个排除,最后剩下未被排除的那个假设就可作为病人所患疾病的结论。

以上讨论了归纳推理中常用的一些归纳方法,下面对演绎推理与归纳推理进行比较,分析其主要差别:

(1)演绎推理是从一般到个别的推理,它从当前已知或假设的事实出发,通过运用普遍适用的公理、规则及领域知识,逻辑地推出适合于当前情况的结论;而归纳推理是从个别到一般的推理,它是由个别事例通过归纳推出一般性结论的。从认识发展的过程来看,两者的方向是相反的。

(2)演绎推理是一种必然性推理,具有"保真性",即只要 $E \rightarrow H$ 为真且 E 为真,则由肯定前件的假言推理规则,必然地推出 H 为真。因此,在演绎推理中,结论的正确性取决于前提是否正确以及推理形式是否符合逻辑规则。但归纳推理不具有保真性,它是一种或然性推理,或称它是一种"主观不充分置信"的推理。这是因为归纳推理通常是在事例不完全的情况下进行的,这就难免会漏掉某些与所得结论相悖的事例,从而使得归纳出来的一般性结论难以完全可信,只能以某种置信度为真,而且一旦出现了与所得结论相反的事例,就会否定原先归纳出的结论,使它变为假。

(3)演绎推理的常用形式是三段论,由大前提和小前提经演绎推出的结论决不会超出前提所断定的范围,即由演绎推理所得到的结论是本来就蕴含在大前提的一般性知识之中的,这与数理逻辑中由公理推导定理类似。归纳推理是由个别事例推导一般性知识的,结论将适用于更大的范围。若从获取新知识的角度来看,演绎推理不能真正地获取新知识,而归纳推理可以获取新知识。

这里顺便提一下,既然演绎推理推出的结论没有超出前提的范围,结论中所表述的知识已经蕴含于前提之中,这是否意味着演绎推理没有什么实用的价值呢?事实并非如此,就以数学为例来说,数学的全部理论体系几乎都是以少数公理为依据,经过一系列的演绎推理建立起来的,而且某些由归纳得到的猜想,也必须经过演绎的证明才得以成立。人工智能的研究实践也说明了这一点,目前研制成功的实用智能系统大都用的是演绎推理。

8.4.2 示例学习

示例学习(Learning from examples)又称为实例学习或从例子中学习,它是通过从环境中取得若干与某概念有关的例子,经归纳得出一般性概念的一种学习方法。在这种学习方法中,外部环境(教师)提供的是一组例子(正例和反例),这些例子实际上是一组特殊的知识,每一个例子表达了仅适用于该例子的知识,示例学习就是要从这些特殊知识中归纳出适用于更大范围的一般性知识,它将覆盖所有的正例并排除所有反例。例如,如果我们用一批动物作为示例,并且告诉学习系统哪一个动物是"马",哪一个动物不是,当示例足够多时,学习系统就能概括出关于"马"的概念模型,使自己能识别马,并且能把马与其它动物区别开来,这一学习过程就是示例学习。

1. 示例学习的学习模型

示例学习的学习模型如图 8-4 所示。其学习过程是:首先从示例空间(环境)中选择合适的训练示例,然后经解释归纳出一般性的知识,最后再从示例空间中选择更多的示例对它进行验证,直到得到可实用的知识为止。

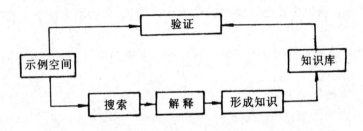

图 8-4　示例学习的学习模型

在图 8-4 中,"示例空间"是所有可对系统进行训练的示例集合。与示例空间有关的主要问题是示例的质量、数量以及它们在示例空间中的组织,其质量和数量将直接影响到学习的质量,而示例的组织方式将影响到学习的效率。"搜索"的作用是从示例空间中查找所需的示例。为了提高搜索的效率,需要设计合适的搜索算法,并把它与示例空间的组织进行统筹考虑。"解释"是从搜索到的示例中抽象出所需的有关信息供形成知识使用。当示例空间中的示例与知识的表示形式有较大差别时,需要将其转换为某种适合于形成知识的过渡形式。"形成知识"是指把经解释得到的有关信息通过综合、归纳等形成一般性的知识,关于形成知识的方法,将在下面讨论。"验证"的作用是检验所形成的知识的正确性,为此需从示例空间中选择大量的示例。如果通过验证发现形成的知识不正确,则需进一步获得示例,对刚才形成的知识进行修正。重复这一过程,直到形成正确的知识为止。

2. 形成知识的方法

利用归纳方法有多种形成知识的技术,下面列出常用的几种:

(1) 变量代换常量。这是枚举归纳常用的方法。例如,假设示例空间中有如下两个关于扑克牌中"同花"概念的示例:

示例 1:花色$(c_1,$梅花$)\wedge$花色$(c_2,$梅花$)\wedge$花色$(c_3,$梅花$)\wedge$花色$(c_4,$梅花$)$

　　　　$\rightarrow$同花(c_1,c_2,c_3,c_4)

361

示例 2:花色$(c_1,$红桃$)\wedge$花色$(c_2,$红桃$)\wedge$花色$(c_3,$红桃$)\wedge$花色$(c_4,$红桃$)$
$\rightarrow$同花(c_1,c_2,c_3,c_4)

其中,花色$(c_1,$梅花$)$表示 c_1 这张牌的花色是梅花,余者类推。

对这两个示例,只要把"梅花"及"红桃"这些常量都用变量 x 替换,就可得到一条一般性的知识:

规则 1:花色$(c_1,x)\wedge$花色$(c_2,x)\wedge$花色$(c_3,x)\wedge$花色(c_4,x)
$\rightarrow$同花(c_1,c_2,c_3,c_4)

(2) 舍弃条件。舍弃条件是指把示例中的某些无关的子条件舍去。例如对如下示例:

花色$(c_1,$红桃$)\wedge$点数$(c_1,2)\wedge$
花色$(c_2,$红桃$)\wedge$点数$(c_2,4)\wedge$
花色$(c_3,$红桃$)\wedge$点数$(c_3,6)\wedge$
花色$(c_4,$红桃$)\wedge$点数$(c_4,8)\wedge$
$\rightarrow$同花(c_1,c_2,c_3,c_4)

由于"点数"对形成"同花"概念不存在直接的影响,这样就可把示例中的"点数"子条件舍去,如若再把"红桃"用变量 x 代换,就可得到上述的规则 1。

(3) 增加操作。有时需要通过增加操作来形成知识,常用的方法有前件析取法和内部析取法。

前件析取法是通过对示例的前件进行析取操作形成知识的。例如设有如下关于"脸牌"的示例:

示例 1:　　　点数$(c_1,J)\rightarrow$脸(c_1)
示例 2:　　　点数$(c_1,Q)\rightarrow$脸(c_1)
示例 3:　　　点数$(c_1,K)\rightarrow$脸(c_1)

若将各示例的前件进行析取,就可得到如下知识:

规则 2:点数$(c_1,J)\vee$点数$(c_2,Q)\vee$点数(c_3,K)
$\rightarrow$脸(c_1)

内部析取法是在示例的表示中使用集合与集合间的成员关系来形成知识。例如,设有如下示例:

示例 1:　　　点数$(c_1)\in\{J\}\rightarrow$脸(c_1)
示例 2:　　　点数$(c_1)\in\{Q\}\rightarrow$脸(c_1)
示例 3:　　　点数$(c_1)\in\{K\}\rightarrow$脸(c_1)

用内部析取法可得到如下知识:

点数$(c_1)\in\{J,Q,K\}\rightarrow$脸$(c_1)$

(4) 合取变析取。这是通过把示例中条件的合取关系变为析取关系来形成一般性知识的。例如,由"男同学与女同学可以组成一个班"可以归纳出"男同学或女同学可以组成一个班"。

(5) 归结归纳。利用归结原理,可得到如下形成知识的方法。即,由

$$P \wedge E_1 \rightarrow H$$
$$\rightarrow P \wedge E_2 \rightarrow H$$

可得到

362

$$E_1 \lor E_2 \rightarrow H$$

例如,设有如下两个示例:

示例1:某天下雨,且自行车在路上出了毛病需修理,所以他上班迟到。

示例2:某天没下雨,但交通堵塞,所以他上班迟到。

由这两个示例,通过归结归纳,可得到如下知识:

如果自行车在路上出了毛病需修理,或者交通堵塞,则他有可能上班迟到。

(6) 曲线拟合。设在示例空间提供了一批如下形式的示例:

$$(x, y, z)$$

其中,x 和 y 为输入,z 为输出。现在希望通过示例学习形成能反映这些示例的一般性知识。此时可用曲线拟合法,例如最小二乘法等达到这一目的。现将上述形式的示例具体化为:

示例1:$(1, 0, 10)$

示例2:$(2, 1, 18)$

示例3:$(-1, -2, -6)$

应用曲线拟合法可得到如下式子:

$$z = 2x + 6y + 8$$

对于 x 和 y 的任何输入值,都可用这个式子求出 z 的值。

8.4.3 观察与发现学习

观察与发现学习(Learning from observation and discovery)分为观察学习与机器发现两种。前者用于对事例进行概念聚类,形成概念描述;后者用于发现规律,产生定律或规则。

1. 概念聚类

概念聚类是观察学习研究中的一个重要技术,是由米卡尔斯基(R. S. Michalski)在 1980 年首先提出来的,其基本思想是把事例按一定的方式和准则进行分组,如划分为不同的类,不同的层次等,使不同的组代表不同的概念,并且对每一个组进行特征概括,得到一个概念的语义符号描述。例如对如下事例:

喜雀、麻雀、布谷鸟、乌鸦、鸡、鸭、鹅,…

可根据它们是否家养分为如下两类:

鸟 = {喜雀,麻雀,布谷鸟,乌鸦,…}

家禽 = {鸡,鸭,鹅,…}

这里,"鸟"和"家禽"就是由分类得到的新概念,并且根据相应动物的特征还可得知:

"鸟有羽毛、有翅膀、会飞、会叫、野生"

"家禽有羽毛、有翅膀、会飞、会叫、家养"

如果把它们的共同特性抽取出来,就可进一步形成"鸟类"的概念。

2. 机器发现

机器发现是指从观察的事例或经验数据中归纳出规律或规则,这是最困难且最富创造性的一种学习。它可分为经验发现与知识发现两种,前者指从经验数据中发现规律和定律,后者是指从已观察的事例中发现新的知识。

8.5　类比学习

类比是人类认识世界的一种重要方法,亦是诱导人们学习新事物、进行创造性思维的重要手段。类比学习就是通过类比,即通过对相似事物进行比较所进行的一种学习。例如,当人们遇到一个新问题需要进行处理,但又不具备处理这个问题的知识时,通常采用的办法是回忆一下过去处理过的类似问题,找出一个与目前情况最接近的处理方法来处理当前的问题。再如,当教师要向学生讲授一个较难理解的新概念时,总是用一些学生已经掌握且与新概念有许多相似之处的例子作为比喻,使学生通过类比加深对新概念的理解。像这样通过对相似事物进行比较所进行的学习就是类比学习(Learning by Analogy)。

类比学习的基础是类比推理,近些年来由于对机器学习需求的增加,类比推理越来越受到人工智能、认知科学等的重视,希望通过对它的研究有助于探讨人类求解问题及学习新知识的机制。本节首先简要地讨论类比推理,然后再具体地讨论两种类比学习方法。

8.5.1　类比推理

所谓类比推理是指,由新情况与记忆中的已知情况在某些方面相似,从而推出它们在其它相关方面也相似。显然,类比推理是在两个相似域之间进行的:一个是已经认识的域,它包括过去曾经解决过且与当前问题类似的问题以及相关知识,称为源域,记为 S;另一个是当前尚未完全认识的域,它是遇到的新问题,称为目标域,记为 T。类比推理的目的是从 S 中选出与当前问题最近似的问题及其求解方法来求解当前的问题,或者建立起目标域中已有命题间的联系,形成新知识。

设用 S_1 与 T_1 分别表示 S 与 T 中的某一情况,且 S_1 与 T_1 相似,再假设 S_2 与 S_1 相关,则由类比推理可推出 T 中的 T_2,且 T_2 与 S_2 相似。其推理过程分为如下四步:

1. 回忆与联想

在遇到新情况或新问题时,首先通过回忆与联想在 S 中找出与当前情况相似的情况,这些情况是过去已经处理过的,有现成的解决方法及相关的知识。找出的相似情况可能不止一个,可依其相似度从高至低进行排序。

2. 选择

从上一步找出的相似情况中选出与当前情况最相似的情况及其有关知识。在选择时,相似度越高越好,这有利于提高推理的可靠性。

3. 建立对应关系

这一步的任务是在 S 与 T 的相似情况之间建立相似元素的对应关系,并建立起相应的映射。

4. 转换

这一步的任务是在上一步建立的映射下,把 S 中的有关知识引到 T 中来,从而建立起求解当前问题的方法或者学习到关于 T 的新知识。

在以上每一步中都有一些具体的问题需要解决,下面我们将结合两种具体的类比学习方法进行讨论。

364

8.5.2　属性类比学习

属性类比学习是根据两个相似事物的属性实现类比学习的。1979 年温斯顿研究开发了一个属性类比学习系统,通过对这个系统的讨论可具体地了解属性类比学习的过程。在该系统中,源域和目标域都是用框架表示的,分别称为源框架和目标框架,框架的槽用于表示事物的属性,其学习过程是把源框架中的某些槽值传递到目标框架的相应槽中去。传递分两步进行:

1.从源框架中选择若干槽作为候选槽

所谓候选槽是指其槽值有可能要传递给目标框架的那些槽,选择的方法是相继使用如下启发式规则:

(1) 选择那些具有极端槽值的槽作为候选槽。如果在源框架中有某些槽是用极端值作为槽值的,例如"很大","很小","非常高"等,则首先选择这些槽作为候选槽。

(2) 选择那些已经被确认为"重要槽"的槽作为候选槽。如果某些槽所描述的属性对事物的特性描述占有重要地位,则这些槽可被确认为重要的槽,从而被作为候选槽。

(3) 选择那些与源框架相似的框架中不具有的槽作为候选槽。设 S 为源框架,S' 是任一与 S 相似的框架,如果在 S 中有某些槽,但 S' 不具有这些槽,则就选这些槽作为候选槽。

(4) 选择那些相似框架中不具有这种槽值的槽作为候选槽。设 S 为源框架,S' 是任一与 S 相似的框架,如果 S 有某槽,其槽值为 a,而 S' 虽有这个槽但其槽值不是 a,则这个槽可被选为候选槽。

(5) 把源框架中的所有槽都作为候选槽。当用上述启发式规则都无法确定候选槽,或者所确定的候选槽不够用时,可把源框架中的所有槽都作为候选槽,供下一步进行筛选。

2.根据目标框架对候选槽进行筛选

筛选按以下启发式规则进行:

(1) 选择那些在目标框架中还未填值的槽。

(2) 选择那些在目标框架中为典型事例的槽。

(3) 选择那些与目标框架有紧密关系的槽,或者与目标框架的槽类似的槽。

通过上述筛选,一般都可得到一组槽值,分别把它们填入到目标框架的相应槽中,就实现了源框架中某些槽值向目标框架的传递。

8.5.3　转换类比学习

前面我们曾经讨论过状态空间表示法,它是用"状态"和"算符"表示问题的一种方法。其中,"状态"用于描述问题在不同时刻的状况;"算符"用于描述改变问题状态的操作。当问题由初始状态变换到目标状态时,所用算符的序列就构成了问题的一个解。但是,如何使问题由初始状态变换到目标状态呢? 除了可用前面讨论的各种搜索策略外,还可用"手段—目标分析"法(Means-End Analysis,简记为 MEA)。该方法又称为"中间—结局分析"法,是纽厄尔、肖和西蒙在其完成的通用问题求解程序 GPS(General Problem Solver)中提出的一种问题求解模型,它求解问题的基本过程是:

(1) 把问题的当前状态与目标状态进行比较,找出它们之间的差异。

(2) 根据差异找出一个可减小差异的算符。

(3) 如果该算符可作用于当前状态,则用该算符把当前状态改变为另一个更接近于目标状态的状态;如果该算符不能作用于当前状态,即当前状态所具备的条件与算符所要求的条件不一致,则保留当前状态,并生成一个子问题,然后对此子问题再应用 MEA。

(4) 当子问题被求解后,恢复保留的状态,继续处理原问题。

转换类比学习是在 MEA 基础上发展起来的一种学习方法,它由外部环境获得与类比有关的信息,学习系统找出与新问题相似的旧问题的有关知识,把这些知识进行转换使之适用于新问题,从而获得新的知识。

转换类比学习主要由两个过程组成:回忆过程与转换过程。

回忆过程用于找出新、旧问题间的差别,包括:

(1) 新、旧问题初始状态的差别。

(2) 新、旧问题目标状态的差别。

(3) 新、旧问题路径约束的差别。

(4) 新、旧问题求解方法可应用度的差别。

由这些差别就可求出新、旧问题的差别度,其差别越小,表示两者越相似。

转换过程是把旧问题的求解方法经适当变换使之成为求解新问题的方法。变换时,其初始状态是与新问题类似的旧问题的解,即一个算符序列,目标状态是新问题的解。变换中要用 *MEA* 来减小目标状态与初始状态间的差异,使初始状态逐步渡到目标状态,即求出新问题的解。

8.6　基于解释的学习

基于解释的学习(Explanation-Based Learning)是近些年来在机器学习领域中兴起的一种学习方法,它是通过运用相关的领域知识,对当前提供的实例进行分析,从而构造解释并产生相应知识的。目前,已经建立了一些基于解释的学习系统,如米切尔等人研制的 LEX 和 LEAP 系统以及明顿(S. Minton)等人研制的 PRODIGY 系统等。

8.6.1　基于解释学习的概念

基于解释的学习与前面讨论的归纳学习及类比学习不同,它不是通过归纳或类比进行学习的,而是通过运用相关的领域知识及一个训练实例来对某一目标概念进行学习,并最终生成这个目标概念的一般描述的,该一般描述是一个可形式化表示的一般性知识。

之所以提出这种学习方法,主要是基于如下考虑:

(1) 人们经常能从观察或执行的单个实例中得到一个一般性的概念及规则,这就为基于解释学习的提出提供了可能性。

(2) 归纳学习虽然是人们常用的一种学习方法,但由于它在学习中不使用领域知识分析、判断实例的属性,而仅仅通过实例间的比较来提取共性,这就无法保证推理的正确性,而基于解释的学习因在其学习过程中运用领域知识对提供给系统的实例进行分析,这就避免了类似问题的发生。

(3) 应用基于解释学习的方法进行学习,有望提高学习的效率。

关于基于解释的学习,米切尔用如下框架给出了它的一般性描述:

给定： 领域知识 DT，

目标概念 TC，

训练实例 TE，

操作性准则 OC。

找出： 满足 OC 的关于 TC 的充分条件。

其中,领域知识 DT 是相关领域的事实和规则,在学习系统中作为背景知识,用于证明训练实例 TE 为什么可作为目标概念的一个实例,从而形成相应的解释;目标概念 TC 是要学习的概念;训练实例 TE 是为学习系统提供的一个例子,在学习过程中起着重要的作用,它应能充分地说明目标概念 TC;操作性准则 OC 用于指导学习系统对用来描述目标的概念进行取舍,使得通过学习产生的关于目标概念 TC 的一般性描述成为可用的一般性知识。

由米切尔的描述可以看出,在基于解释的学习中,为了对某一目标概念进行学习,从而得到相应的知识,必须为学习系统提供完善的领域知识以及能说明目标概念的一个训练实例。系统进行学习时,首先运用领域知识 DT 找出训练实例 TE 为什么是目标概念 TC 之实例的证明(即解释),然后根据操作性准则 OC 对证明进行推广,从而得到关于目标概念 TC 的一个一般性描述,即一个可供以后使用的形式化表示的一般性知识。

若仅从需要提供实例这一点来看,基于解释的学习似乎与示例学习类似,其实它们是两种完全不同的学习方法,主要区别有：

(1) 在示例学习中,系统要求输入一组实例;而基于解释的学习只要求输入一个实例。

(2) 在示例学习中,其学习方法是归纳,它不要求提供领域知识;而基于解释的学习要求提供领域知识,而且要求提供完善的领域知识,其学习方法主要是演绎,它是通过应用领域知识进行演绎构造解释的。

(3) 示例学习侧重于概念的获取,即知识增加的一面;而基于解释的学习侧重于技能提高的一面,通过学习将把非操作性的知识转换为可操作的形式化知识。

8.6.2 基于解释学习的学习过程

对于基于解释的学习,米切尔等人提出了分两步进行学习的步骤,具体为：

1. 构造解释

这一步的任务是证明提供给系统的训练实例为什么是满足目标概念的一个实例。其证明过程是通过运用领域知识进行演绎实现的,证明的结果是得到一个解释结构。

例如,设要学习的目标概念是“一个物体(Obj_1)可以安全地放置在另一个物体(Obj_2)上”,即

$$Safe - To - Stack(Obj_1, Obj_2)$$

训练实例为描述物体 Obj_1 与 Obj_2 的下述事实：

$$On(Obj_1, Obj_2)$$

$$Isa(Obj_1, book - AI)$$

$$Isa(Obj_2, table - book)$$

$$Volume(Obj_1, 1)$$

$$Density(Obj_1, 0.1)$$

领域知识是把一个物体放置在另一个物体上面的安全性准则：

$$\neg Fragile(y) \rightarrow Safe\text{-}To\text{-}Stack(x,y)$$

$$Lighter(x,y) \rightarrow Safe\text{-}To\text{-}Stack(x,y)$$

$$Volume(p,v) \wedge Density(p,d) \wedge *(v,d,w) \rightarrow Weight(p,w)$$

$$Isa(p,table\text{-}book) \rightarrow Weight(p,15)$$

$$Weight(p_1,w_1) \wedge Weight(p_2,w_2) \wedge Smaller(w_1,w_2) \rightarrow Ligter(p_1,p_2)$$

证明过程如图 8-5 所示。这是一个由目标概念引导的逆向推理，最终获得了一个解释结构。

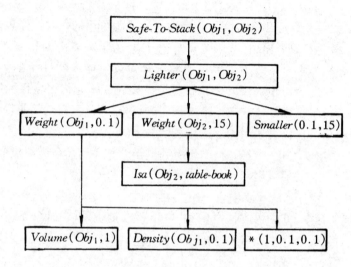

图 8-5 Safe－To－Stack(Ob$_{j1}$,Ob$_{j2}$)的解释结构

2. 获取一般性的知识

这一步的任务是对上一步得到的解释结构进行一般化处理，从而得到关于目标概念的一般性知识。处理的方法通常是把常量变换为变量，并把某些不重要的信息去掉，只保留那些对以后求解问题所必须的关键性信息。当对图 8-5 所示的解释结构进行一般化处理后可得到图 8-6 所示的解释结构，由此得到如下一般性知识：

$$Volume(O_1,v_1) \wedge Density(O_1,d_1) \wedge *(v_1,d_1,w_1)$$

$$\wedge Isa(O_2,table\text{-}book) \wedge Smaller(w_1,15)$$

$$\rightarrow Safe\text{-}To\text{-}Stack(O_1,O_2)$$

当以后求解类似问题时，可直接利用这个知识进行求解，这就提高了系统求解问题的效率。

8.6.3 领域知识的完善性

正如前述，在基于解释的学习系统中，系统是通过应用领域知识逐步地进行演绎，最终构造出训练实例满足目标概念的证明（即解释）的。其中，领域知识对证明的形成起着重要的作用，这就要求领域知识是完善的，只有完善的领域知识才能产生正确的学习描述。但是，不完善是难以避免的，此时有可能出现如下两种极端情况：

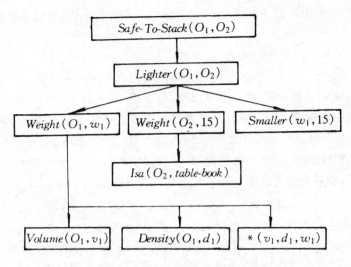

图 8-6　Safe-To-Stack(O_1,O_2)一般化解释结构

1.构造不出解释

这是由于系统中缺少某些相关的领域知识,或者是领域知识中包含了矛盾等错误引起的。由于存在这些问题,当演绎推理用到这些知识时,就不得不中断,使系统不能达到构造出解释的目标。

2.构造出了多种解释

在本来应该构造出一个解释的情况下,如果构造出了多个解释,这也是错误的。其原因也是由于领域知识不健全,已有的知识不足以把不同的解释区分开来所造成的。

为了解决以上问题,最根本的办法是提供完善的领域知识。另外,学习系统也应具有测试和修正不完善知识的能力,使问题能尽早地被发现,尽快地被修正。

8.7　学习方法的比较与展望

以上讨论了各种符号学习方法,本节将从推理能力、适用范围等方面对它们进行比较,说明它们彼此间的联系与区别,以加深理解,然后再简要地探讨一下机器学习今后的发展方向。

8.7.1　各种学习方法的比较

若以推理能力来排列各种符号学习方法,则从低至高的顺序是:

机械式学习,指导式学习,解释学习,类比学习,示例学习,观察与发现学习

其中,机械式学习最简单,不具有推理能力,它是通过直接记忆问题的有关信息来增加知识的,然后通过检索利用这些知识求解当前的问题。它与单纯记忆不同的是,它是在反复学习、评价后才把知识存入知识库的。指导式学习等都在不同程度上具有一定的推理能力,其中以示例学习及观察与发现学习的推理(归纳推理)能力最强,它们要从大量实例中归纳出新概念的描述,无论在强度还是难度上都比其它方法有更高的要求。

若从学习方法对领域理论的要求来看,示例学习及观察与发现学习虽要求环境提供多个

实例,但对领域理论要求较少,而解释学习恰好与它相反,它在学习时只要求一个实例,但却要求提供完善的领域知识,由于实际领域一般都缺少完善的理论,因此难以把它用于比较复杂的问题领域。

若从学习方法的适用领域来看,连接学习对模拟人类较低级的神经活动(如连续发音的语音识别等)比较有效,而符号学习对模拟人类的高级思维活动更见长。

若从知识获取角度来看,示例学习、观察与发现学习通过学习可以产生新概念描述,可用于专家系统的知识获取。解释学习的学习目标主要是改善系统的效率,而不扩充概念描述的范围。指导式学习通过与指导者(如领域专家)的交互学习新知识,其推理不像示例学习那样困难,同时又可帮助指导者追踪推理过程,发现其中的错误,找出产生错误的原因,然后由指导者进行修正,因此目前多用它作为专家系统的知识获取工具。

8.7.2　机器学习的展望

机器学习是一个活跃的、充满生命力的研究领域,同时也是一个困难的、争议较多的研究领域。在这个领域中,新的思想、方法不断涌现,取得了令人瞩目的成就,但还存在大量未解决的问题,有广阔的研究前景。另外,由于机器学习与其它多种学科都有密切的联系,因此机器学习的研究还有待这些有关学科的研究取得进展。

从目前的研究趋势来看,估计机器学习今后将在以下几个方面做更多的研究工作:

(1) 人类学习机制的研究。

(2) 发展和完善现有的学习方法,并开展新的学习方法的研究。

(3) 建立实用的学习系统,特别是多种学习方法协同工作的集成化系统的研究。

(4) 机器学习有关理论及应用的研究。

本　章　小　结

1. 学习是一种综合性的心理活动,它与记忆、思维、知觉等心理行为有着密切的联系,其内在表现为:(1)获得新的知识;(2)从感性认识发展到理性认识,发现规律;(3)通过实践,获得技能或使技能更精。其外在表现为适应环境,改进性能,实现自我完善。

2. 机器学习是研究如何使计算机具有学习能力的一个研究领域。它的最终目标是要使计算机能像人那样进行学习,并且能通过学习获取知识和技能,不断改善性能,实现自我完善。为此,机器学习主要开展了三个方面的研究:(1)学习机理的研究;(2)学习方法的研究;(3)面向任务的研究,即建立相应的学习系统。

3. 学习系统是根据特定任务的要求,为计算机配置的实现机器学习的系统。学习系统一般具有四个基本部分,即环境、学习机构、知识库、执行与评价机构。其中,"环境"是学习时信息的来源,或者说是系统的工作对象,如在医疗系统中它就是病人的症状、检验数据等,在模式识别系统中它就是待识别的图形或景物等,为了使系统能够学习到高质量的知识,"环境"应能向系统提供正确的、经过选择和适当组织的信息;"学习机构"是学习系统的核心部分,它通过使用某种学习方法进行学习,获得知识;"知识库"用于存储经学习得到的知识,为了使学到的知识便于应用,应对知识用适当的模式进行表示,并对知识进行有效的组织;"执行与评价机构"是应用所学知识求解问题并通过对问题的求解来检验所学知识正确性的机构,在评价过程中将随时把有关信息反馈给学习机构,以便对不完善或不正确的知识进行再学习,使之不断完善和改正。

4. 在本章讨论的学习方法中,除个别方法外大部分学习方法都或多或少地要用到归纳推理。所谓归纳推理,就是从特殊事物或实例概括或假设出一般性知识的思维过程。由于归纳通常是在事例不完全的情况下进行的,因此归纳推理是一种主观不充分置信的推理。

5. 示例学习、观察与发现学习主要是通过归纳推理进行的学习,因而把它们统称为归纳学习。示例学习的主要任务是概念获取,建立概念的一般描述,这个描述应能解释所有给定的正例并排除所有给定的反例。进行学习时,示例学习要求环境给出足够的正例和反例,然后从这些例子中归纳出一般性的知识。目前对示例学习的研究主要集中在两个方面,一个是例子——类型的一般化,另一个是部分——整体的一般化。对于例子——类型一般化,环境提供给系统的是关于某一类对象的实例,学习系统的目标是归纳出这个类的一般描述。对于部分——整体一般化,环境仅提供研究对象的局部情况,学习系统的目标是给出整个对象的描述。本章中仅仅讨论了前一种情况,当前示例学习的多数研究也都集中在这一方面。观察与发现学习是在没有示教者帮助的情况下,通过观察及归纳所进行的学习,它可细分为观察学习与发现学习两种。观察学习的主要任务是通过观察及属性对比把被观察的对象进行分类,并给出每一类的定义。发现学习是由系统的初始知识及观察到的数据,经归纳推理所进行的学习。例如,AM 是一个数学发现系统,它具有 115 个有限集合论的基本概念,在其运行中,通过收集有关概念的例子,可以通过学习产生新概念,并对概念间的联系进行推测。在一次试验中,AM 经过一段时间的运行,发现了约 200 个新概念,例如自然数的概念等,其中有一半的概念是有意义的。

6. 类比学习是通过类比进行学习的一种学习方法。从宏观上进行划分,类比学习的学习过程可以分为两大步:第一步是从记忆中找出与新情况相同或类似的概念及其有关知识,建立新情况与老情况之间的对应关系;第二步是把它们转换为新形式以便用于新情况。这正如学生通过教师或书本讲解的例题做习题一样,首先找出例题与习题间的对应关系,并经过归纳推出一般性的原理,然后再用演绎的方法利用这些原理求解习题。

7. 解释学习是通过运用领域知识对例子构造一个解释,然后通过回归将解释推广为目标概念的一个满足操作性准则的充分条件的,这种学习系统通常用于知识求精和改善系统的性能。

习　　题

8.1　什么是学习? 有哪几种主要观点?

8.2　机器学习主要是围绕着哪几个方面进行研究的?

8.3　什么是学习系统? 它包括哪几个基本的部分?

8.4　机器学习经历了哪几个发展阶段?

8.5　机器学习有哪几种主要的分类方法? 每一种分类方法把机器学习分为哪几类?

8.6　机械式学习的基本思想是什么?

8.7　指导式学习一般包括哪几个学习步骤?

8.8　何谓归纳推理? 它与演绎推理有哪些主要区别?

8.9　　常用的归纳方法有哪些?

8.10　示例学习有哪些形成知识的方法?

8.11　何谓类比推理? 推理过程包括哪几步?

8.12　解释学习的学习过程是什么? 它与示例学习有什么区别?

8.13　试对各种学习方法进行比较分析。

8.14　机器学习今后将开展哪些方面的研究工作?

第9章 模式识别

前面在讨论专家系统时曾经说过,为了使计算机具有自动获取知识的能力,除了应使它具有学习能力外,还应使它具有能识别诸如文字、图形、图象、声音等的能力,计算机的这种识别能力是模式识别研究的主要内容。当然,模式识别的研究并不仅仅只是为了实现知识的自动获取,这只是它的应用之一。模式识别作为人工智能的一个重要研究领域,其研究的最终目标在于实现人类识别能力在计算机上的模拟,使计算机具有视、听、触等感知外部世界的能力。就目前而言,主要是开展机器视觉及机器听觉的研究,逐步提高计算机的识别能力。

模式识别的研究涉及到数学、图象处理等多个学科,同时它又正处于发展之中,新的研究不断充实着它的内容,需要讨论的内容较多,但限于篇幅,本章只对其基本概念及主要的实现技术进行讨论。

9.1 基本概念

9.1.1 什么是模式识别

从字面上就可以看出,模式识别(pattern recognition)是研究如何对模式进行识别的一门学科。下面首先讨论模式、模式类的有关概念,然后再给出模式识别的一般描述。

1. 模式

人类在长期的生活实践及科学研究中,逐渐积累起来了辨别不同事物的能力。例如,人们可以根据物体的形状、颜色、质地、组成以及各部分间的结构关系把不同物体区别开来;可以根据人的高矮、胖瘦、性别、年龄、肤色、脸型等把不同的人区分开来;甚至可以根据人的不同表情特征及形体动作区分喜、怒、哀、乐等。人们之所以能进行这样的辨别,重要的原因在于不同事物都具有不同的特征,包括物理特征及结构特征。由此使人们想到,如果能把事物的关键特征抽取出来,以不同的特征组合代表不同的事物,并且用适当的形式表示出来,这样就有可能使计算机具有识别能力,使它能区分不同的事物。像这样用事物的特征所构成的数据结构就称为相应事物的模式,或者说模式是对事物定量的或结构的描述。

模式的表示形式与识别方法有关。在统计模式识别中,模式通常用 n 维特征空间的特征向量

$$X = \{x_1, x_2, \cdots, x_n\}$$

表示。例如,可以用如下三个特征向量分别表示一张写字台、一个苹果、一个人的模式。

写字台-1: ((高 0.8),(长 1.3),(宽 0.7))

苹 果-1: ((形状 球状),(颜色 红),(味道 甜))

人-1: ((身高 高),(胖瘦 胖),(年龄 中年))

其中,"高"、"长"、"宽"、"形状"、"年龄"等是特征名;0.8,1.3,0.7,球状及中年等是特征值。如果事先约定特征的出现次序,并省略特征名,上述表示就可简写为:

写字台-1: (0.8, 1.3, 0.7)

苹　果-1: (球状, 红, 甜)

人-1: (高, 胖, 中年)

在上述表示中,有的特征值是数值型数据(如 0.8,1.3,0.7),有的是非数值量(如球状,高,中年等);有的是精确表示(如写字台的高度为 0.8m),有的是不精确表示(如人-1 的身高为"高",年龄是"中年"等)。对于用非数值量表示的特征值,在进行识别时可进行适当的变换,例如对"高"、"甜"等这些模糊概念可用模糊集把它们表示出来。

从不同角度进行划分,模式可有不同的分类方法。例如,可根据其特征值是数值型数据还是非数值型数据,把模式分为数值式的模式及非数值式的模式;可根据其特征值是否为精确表示,把模式分为精确表示的模式与不精确表示的模式;可根据相应事物是简单的还是复杂的,把模式分为简单模式与复杂模式。所谓简单模式,是指它所对应的事物可被作为一个整体看待,无须对其作进一步的细分就可根据其特征对它进行识别,对于这样的模式,一般用上述的特征向量就可对它进行表示。所谓复杂模式,是指它所对应的事物是由若干部分组成的,各部分间存在确定的结构关系。当然,简单与复杂是相对的,两者之间并不存在一个明确的界限,在确定一个模式是简单模式或复杂模式时,一方面可根据相应事物的属性,另一方面还可根据应用的实际需要以及应用时所采用的处理方法。

另外,若按事物的性质划分,模式又可分为具体模式和抽象模式这两类。文字、图象、声音等都是具体的事物,它们通过对人们的感觉器官的刺激而被识别,相应的模式称为具体模式;思想、观念、观点等是抽象的事物,相应的模式称为抽象模式。模式识别主要是研究对具体模式的识别,关于抽象模式的研究被归入哲学、心理学等的范畴。就具体模式而言,按其获取的途径不同又可分为以下几类:

(1) 视觉模式。这是通过视觉器官及视觉系统获得的模式,主要有图象(指二维映象,如图片等)、图形(指由线条构成的视觉形象,如三角形、圆等几何图形)、物景(指三维视觉对象,如房子、树木等)。

(2) 听觉模式。这是通过听觉器官及听觉系统获得的模式,主要有语音模式(主要指人类的自然语言)、音响模式(指由乐器、车辆、机器发出的音响等)。

(3) 触觉模式。这是通过触觉器官所获得的感觉模式,如形体、光滑度等。

其它还有味觉、嗅觉等感觉模式。由于条件的限制,目前它们还未被作为研究对象。鉴于人们对外部信息主要是通过视觉器官及听觉器官获得的,所以当前模式识别主要是开展对视觉模式及听觉模式识别的研究。

2. 模式类

由具有共同属性的模式所构成的集合称为模式类,它是一个抽象出各有关模式的共有属性而摒弃各具体模式不同属性的分类概念。例如,"桌子"就是由方桌、圆桌、课桌、办公桌等这些具体模式所构成的模式类。

设用 $\omega_i (i=1,2,\cdots,m)$ 作为某个模式类的标记,则论域上所有模式类所构成的集合:

$$\Omega = \{\omega_1, \omega_2, \cdots, \omega_m\}$$

称为模式空间。

3. 模式识别

所谓模式识别,是指研究一种自动技术,计算机通过运用这种技术,就可自动地或者人尽可能少干预地把待识别模式归入到相应的模式类中去。

计算机对待识别模式进行识别的过程实际上是一个决策过程,它根据一定的识别规则对待识别模式的特征进行判定,从而决定它所属的模式类别。设用 $\omega_i(i=1,2,\cdots,n)$ 表示论域上模式空间 Ω 中的一个模式类,X 为待识别模式的特征描述,则模式识别所要做的工作就是把待识别模式归入到它所属的模式类 ω_i 中去,即

$$\omega(X) = \omega_i$$

在具体实现时,对简单模式及复杂模式识别时所做的工作是不完全一样的。对于简单模式,由于可以把它当作一个整体对待,因而只要提取其关键特征,并且设计性能较高的分类器就可较好地实现对它的识别。其中,关键的问题是特征的选择与提取以及分类器的设计。对于复杂模式,由于它内部存在复杂的结构关系,从整体上对其分类是相当困难的,而且仅仅给出一个类别名也是不够的。例如,对于电路图这样一个复杂模式,仅仅给出这是一张"电路图"这样一个类别名是不够的,还需要对它进行描述及分析。通常对这种模式的处理方法是:把它分化为若干较简单的子模式,子模式再细分为若干基元,然后通过对基元的识别来识别子模式,最终实现对该复杂模式的识别。例如对汉字、指纹、连续发音的识别都采用了这一方法,并且取得了较满意的结果。

衡量模式识别的主要性能指标是正确识别率和识别速度。从实用角度考虑,还有系统的复杂性、可靠性等。但是,要使这几方面都达到最优是非常困难的。这是因为世界上的事物是很复杂的,种类繁多,结构千变万化,再加上各种因素的干扰、影响,就使得正确的识别十分困难。另外,人们对模式识别的研究虽已有较长的历史,但至今仍没有能够全面地适用于分析和描述各种模式的严谨理论。某些技术可能在某些情况下识别效果较好,但在其它情况下就不一定能够达到同样的效果,而且一个识别效果好的方法往往是以较高的复杂性及较大的时间、空间开销为代价的。

最后还应该说明的是,由于各种随机干扰、噪声等造成的观察特征的随机性及不确定性,以及事物本身所具有的模糊性等,致使模式类别与模式特征之间的对应关系经常具有某种程度的不确定性。因此,模式识别通常都是在一定误差的条件下实现的,我们的任务是尽可能地减小这种误差,使其满足一定的阈值条件,但很难完全消除它。

9.1.2 模式识别的一般过程

一般来说,用计算机进行模式识别时都需要经历模式信息采集、预处理、特征或基元抽取、模式分类等这几个主要步骤,如图 9-1 所示。

1. 模式信息采集

为了对待识别事物进行识别,首先应对其有关的信息进行采集。如果采集到的信息不是电信号(如灰度、色彩、声音、温度、压力等),还需要把它们转换为电信号,然后再经 A/D 变换,把它们转换为计算机可处理的数字信息。

对于不同的待识别事物,采集模式信息的方法一般是不一样的。例如,对于地面景物可通过摄影、电视摄象等进行信息采集;对于图形、文字信息可通过扫描系统及电视摄象系统等进行采集;对于语音信息可通过电容式话筒及声复合式动圈话筒等进行采集。

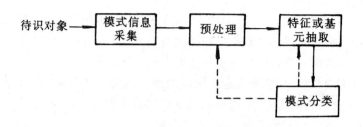

图 9-1　模式识别的一般过程

2. 预处理

信息采集时,由于受到采集设备灵敏度以及噪声(如电子器件的热噪声、传感器中的颗粒噪声等)、气象条件(如因云雾而可见度低、太阳光的倾角等)、技术条件等的影响,致使经采集及数字化后的信息产生失真、畸变等现象,因而必须对其进行弥补及校正,这项工作是在预处理时进行的。

预处理的内容与待识别对象及采集信息的方法等有关。例如,对于通过摄影等得到的图象信息,由于受到曝光量、光线、底片质量等的影响,常会出现灰度失真的情况,预处理时就要做灰度归一化的处理;对于热噪声以及颗粒噪声可通过低通滤波器予以排除,此时由于滤波而引起的景物轮廓和边界模糊的情况,可通过蜕化处理使其变得清晰;对于图形、文字由于纸张反光不一致而产生的杂散象素,可用区域平滑技术予以消除或补齐。

3. 特征或基元抽取

特征或基元的抽取是模式识别过程中非常重要的一个环节,能否从预处理后的信息中选择、抽取能充分反映待识别事物的特征,将直接影响到模式识别的精度,甚至关系到模式识别系统的成败。因此,许多研究者都在这个方面进行了多方面的研究,并针对不同的识别对象,提出了相应的抽取准则及方法。

4. 模式分类

这是在前几步工作的基础上,对待识别事物进行识别,即归并分类,确认其为何种模式并给出相应描述的过程。显然,这是模式识别过程中最为关键的一步,亦是本章讨论的重点。

模式的识别方法主要有统计模式识别方法和结构模式识别方法两大类。统计模式识别方法提出得较早,理论也较成熟,其要点是提取待识别模式的一组统计特征,然后按照一定准则所确定的决策函数进行分类判决。例如在汉字识别中,国外学者大多采用这种方法,从效果上看,对单一字体的汉字识别效果较好,但对不同字体混排的印刷资料,由于这种方法没有考虑汉字的结构特征,因而很难适用。结构模式识别的要点是把待识别模式看作是由若干较简单子模式构成的集合,每个子模式再分为若干基元,这样,任何一个模式都可以用一组基元及一定的组合关系来描述,就像一篇文章由单字、词、短语和句子按语法规则构成一样,所以这种方法又称为句法模式识别。用这种方法描述汉字字形结构是比较合适的,因此它在手写汉字的识别方面已经得到了应用。把统计识别方法与结构识别方法结合起来是近年来发展的一种趋势,它既可以吸取统计识别方法的优点,又可利用结构识别方法所得到的结构信息,可取得较好的识别效果。

另外,随着模糊数学及人工智能中某些领域研究的发展,人们已开始逐渐将其有关技术应用于模式识别的各个环节之中。尤其是人工神经网络所取得的成就以及它与模式识别的结合,使模式识别的研究进入了一个新的发展阶段,出现了模糊模式识别及智能模式识别的提法。

自下节起,我们将对统计模式识别、结构模式识别及模糊模式识别进行讨论,至于智能模式识别将留待神经网络一章进行讨论。

9.2　统计模式识别

在模式识别的研究中,统计模式识别是最先提出的一种模式识别方法。它首先通过观察与测量,对待识别模式提取一组统计特征,并将其表示为一个量化的特征向量,然后再用以某种判决函数设计的分类器对它进行归类。

模式识别方法按事先有否类的定义分为定界分类与不定界分类这两大类。所谓定界分类方法是指事先已确定了预期中类的界限定义,已知各类别的样本,并依此设计了判决函数,分类时只需用判决函数对待识别模式的特征进行判决,以确定它应该归入到哪一类中去。所谓不定界分类方法是指事先不知道有哪些类别,它是根据"物以类聚"的原则把相似程度较高的模式分为一类的。在下面讨论的方法中,聚类分析属于不定界分类,其余为定界分类。

9.2.1　模板匹配分类法

这是模式识别中一个最原始、最基本的分类方法。基本思想是,先对每一模式类建立一个模板,当要对一个待识别模式进行识别时,就用该模式与模板进行匹配,并按待识别模式与模板的匹配情况对它进行识别。实现匹配的方法有多种,下面讨论其中的两种。

1. 光学模板匹配

如图 9-2 所示,将待识别模式的正象,依次与各模板(负模)相匹配,并用输出光通量转换的电流量作为匹配不一致性的度量。

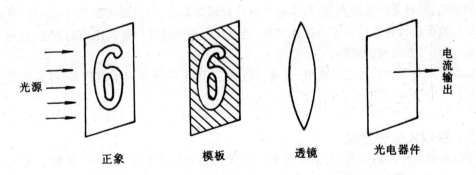

图 9-2　光学模板匹配

输出的电流愈小,表明待识模式与模板愈匹配,当它小于事先规定的阈值时,就表示它属于相应的类别,否则就拒识。

2. 模式匹配

在文字及语音识别中,模式匹配是常用的方法。现以文字为例说明其基本思想。把模板以 $m \times n$ 维数字矩阵的形式进行表示,并设 t_{ij} 表示第 i 行第 j 列上的元素;待识别文字经扫描仪等设备及相应电路送入计算机后,再经预处理等也将其变为 $m \times n$ 维数字矩阵,设用 x_{ij} 表

示第 i 行第 j 列的元素。然后进行如下计算：

$$H_k = \sum_{i=1}^m \sum_{j=1}^n |x_{ij} - t_{ij}|$$

其中，$k = 1, 2, \cdots, K$，K 为字库中的字数。

如果 H_k 中的最小者小于事先规定的阈值 σ，即

$$\min_k H_k < \sigma$$

则该待识别文字就属于相应的类，从而实现了对该文字的识别。如果不存在一个 H_k 能满足阈值条件，则就拒识。

9.2.2 最小距离分类法

在统计模式识别中，模式经某种数学变换后，被映射为一个量化的特征向量。这样，每一个模式就可被视作 n 维特征空间中的一个点，而且由两个点间的距离可以确定相应两个模式间的相似程度。设两个模式的特征向量分别为：

$$X = \{x_1, x_2, \cdots, x_n\}$$
$$Y = \{y_1, y_2, \cdots, y_n\}$$

则 X 与 Y 间的距离 $d(X, Y)$ 越小，表示相应两个模式越相似。

设论域上模式空间共有 m 个类别 $\omega_1, \omega_2, \cdots, \omega_m$，每一个类别 ω_i 有一个标准样本 $Y_i(i = 1, 2, \cdots, m)$，则最小距离分类法的基本思想是：求出待识别模式的特征向量 X 与每一个 $Y_i(i = 1, 2, \cdots, m)$ 的距离，择其最小者所对应的模式类作为待识别模式应属的模式类。即，当

$$d(X, Y_i) < d(X, Y_j)$$

对所有的 $j(j \neq i)$ 都成立时，则有

$$X \in \omega_i$$

关于计算两个向量间距离的方法，我们在第 5 章的 5.6 节已经给出一些，如海明距离、欧几里德距离，明可夫斯基距离等，那里虽然是针对模糊集的，但只要把那里的 $\mu_A(u_i)$ 及 $\mu_B(u_i)$ 用这里的特征值代替就可以了。除此之外，还有其它一些计算向量间距离的方法，这里不再一一列出，用时可查阅有关书籍。

最小距离分类法的优点是简单、直观，但它仅适用于特征空间维数较低，样本数较少的简单情况。

9.2.3 相似系数分类法

相似系数又称为相似度，它是一种表示模式间相似程度的度量，相似系数 r 的值越接近于 1，表示相应的两个模式越相似。设待识别模式 X 与 ω_i 的标准样本 $Y_i(i = 1, 2, \cdots, m)$ 的特征向量分别是：

$$X = \{x_1, x_2, \cdots, x_n\}$$
$$Y_i = \{y_{i1}, y_{i2}, \cdots, y_{in}\}$$

则只要分别求出 X 与 Y_i 的相似系数 $r(X, Y_i)$，并且从中选出最大的一个，那么它所对应的模式类就是待识别模式应该归入的模式类。即，当

$$r(X, Y_i) > r(X, Y_j)$$

对所有的 $j(j \neq i)$ 都成立时,则有

$$X \in \omega_i$$

计算相似系数的方法主要有:

(1) 余弦法

$$r(X,Y_i) = \frac{\sum\limits_{j=1}^{n} x_j \times y_{ij}}{\sqrt{\left(\sum\limits_{j=1}^{n} x_j^2\right) \times \left(\sum\limits_{j=1}^{n} y_{ij}^2\right)}}$$

(2) 数量积法

$$r(X,Y_i) = \sum_{j=1}^{n} \frac{x_j \times y_{ij}}{M}$$

其中,M 为一适当选择的正数,但应使 $0 \leqslant r(X,Y_i) \leqslant 1$。

(3) 指数相似系数法

$$r(X,Y_i) = \frac{1}{n} \sum_{j=1}^{n} \left(e^{-\frac{3}{4} \frac{(x_j - y_{ij})^2}{\varepsilon_j^2}} \right)$$

其中,$\varepsilon_j (j=1,2,\cdots,n)$ 为适当选择的一些数。

(4) 倒数法

$$r(X,Y_i) = \frac{M}{\sum\limits_{j=1}^{n} |x_j - y_{ij}|}$$

其中,M 为一适当选择的数,但应使 $0 \leqslant r(X,Y_i) \leqslant 1$。

(5) 减数法

$$r(X,Y_i) = 1 - C \times \sum_{j=1}^{n} |x_j - y_{ij}|$$

其中,C 为一适当选择的数,但应使 $0 \leqslant r(X,Y_i) \leqslant 1$。

(6) 专家评分法。请有关的专家对 X 与 Y_i 的相似程度打分,然后再加权平均作为 X 与 Y_i 的相似系数。

此外,我们在第 5 章的 5.6 节还给出了求相似度的最大最小法、算术平均最小法、几何平均最小法、相关系数法及指数法,只要把那里的 $\mu_A(u_i)$ 改为 x_j,把 $\mu_B(u_i)$ 改为 y_{ij},且关于 j 求和,就可用来求 $r(X,Y_i)$。

9.2.4 几何分类法

前已述及,由特征向量表示的模式可被视为特征空间的一个点。这就有可能出现这样一种情况:分属不同模式类 ω_i 的点集在几何上是分离的,即不同类的点集分别局限于一个区域内。此时,就可以设计一个判决函数 $G(X)$,使得对不同类的模式,$G(X)$ 有不同的值,这样通过运用 $G(X)$ 就可实现对模式的分类。例如,设论域上的模式类只有两个,即 ω_1,ω_2,此时可设计一个判决函数 $G(X)$:

$$G(X) = a_1 x_1 + a_2 x_2 + a_3$$

其中 x_1,x_2 为坐标变量;a_1,a_2,a_3 为系数。对于待识别模式 X,将它代入 $G(X)$ 后,若其值为

正,则它属于 ω_1 类;若为负值,则属于 ω_2 类;若为零,则为不可判别。

像这样把特征空间划分为对应于不同模式类的子空间,从而实现模式分类的方法,称为几何分类法。在这一方法中,关键问题是对判决函数 $G(X)$ 的设计,它可以是线性的,也可以是非线性的,分别称为线性分类方法及非线性分类方法。

几何分类法仅仅适用于确定可分的问题,但模式的分布通常不是几何可分的,即在同一区域中有可能出现不同类的模式,此时就不宜使用这一方法。

9.2.5 Bayes 分类法

Bayes 决策理论是统计模式识别中的一个经典方法,它是通过运用 Bayes 公式计算后验概率实现模式分类的。

1. Bayes 判决法则

设论域上有 m 个模式类 $\omega_1, \omega_2, \cdots, \omega_m$;$X$ 是某一待识别模式。令

$P(\omega_i)$:模式属于 ω_i 的先验概率。

$P(X/\omega_i)$:当给定输入模式属于 ω_i 类时,模式 X 出现的条件概率。

$P(\omega_i/X)$:当给定输入模式 X 时,该模式属于 ω_i 类的后验条件概率。

由 Bayes 公式,可得

$$P(\omega_i / X) = \frac{P(X/\omega_i) \times P(\omega_i)}{\sum_{i=1}^{m} P(X/\omega_i) \times P(\omega_i)} \tag{9.1}$$

我们知道,后验概率是一种客观概率,它表明随机试验中事件发生的相对频率,值越大,表示发生的相对频率越高。由此可以看出,若存在 $i \in \{1, 2, \cdots, m\}$,使得对所有的 j ($j = 1, 2, \cdots,$ $i-1, i+1, \cdots, m$)均有

$$P(\omega_i / X) > P(\omega_j / X) \tag{9.2}$$

则 $X \in \omega_i$。这称为 Bayes 判决法则。

由于(9.1)式中的分母对任何 ω_i 计算 $P(\omega_i / X)$ 的结果都是一样的,因而可以不考虑它,这样就可得到与(9.2)式等价的判决法则。即,当

$$P(X/\omega_i) \times P(\omega_i) > P(X/\omega_j) \times P(\omega_j) \tag{9.3}$$

对所有的 j,且 $j \neq i$ 都成立时,则 $X \in \omega_i$。

对(9.3)式两边取对数,可得到另一个等价的判决法则。即,当

$$[\ln P(X/\omega_i) + \ln P(\omega_i)] > [ln P(X/\omega_j) + ln P(\omega_j)] \tag{9.4}$$

对所有的 j,且 $j \neq i$ 都成立时,则 $X \in \omega_i$。

2. Bayes 分类器

根据 Bayes 判决法则可以建立相应的判决函数,并由此建立相应的分类器,如图 9-3 所示。

在图 9-3 中,判决函数 $G_i(i = 1, 2, \cdots, m)$ 可由上述判决法则得到:

$$G_i(X) = P(\omega_i / X)$$

$$G_i(X) = P(X/\omega_i) \times P(\omega_i)$$

$$G_i(X) = \ln P(X/\omega_i) + \ln P(\omega_i)$$

判决函数的作用是把特征空间分成 m 个决策区域,在第 i 个区域中,对所有的 $j \neq i$,有

$$G_i(X) > G_j(X)$$

成立。此时,对落入该区域中的 X,均判决它为 ω_i 类。即

$$\omega(X) = \omega_i$$

位于决策界面上的 X 满足

$$G_i(X) = G_j(X)$$

且两个区域相邻。

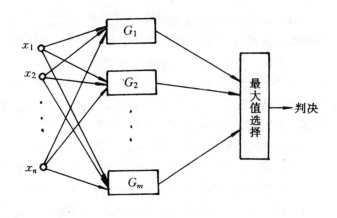

图 9-3　Bayes 分类器

9.2.6　聚类分析法

前面讨论的方法都是有教师的识别方法,在对模式进行分类时,事先已经知道有哪些模式类别及其样本,并依此设计出了判决函数。聚类分析法是一种无教师的识别方法,它是在不知道应该有哪些模式类的情况下进行分类的。

聚类分析法是根据模式间的相似程度自动地进行分类的,或者说它是通过运用某种相似程度自动地进行分类的,或者说它是通过运用某种相似性的度量方法把相似度大的模式聚为一类。聚类时的基本出发点是使类内模式间的相似度尽量大,而类间的相似度尽量小,类内的模式比不同类的模式更相似。

对聚类分析而言,重要的问题是确定模式间相似性的度量方法。不同的度量方法以及不同的优化方法形成了众多不同的聚类方法,用这些方法对同一个问题进行聚类分析时,可能会得到不同的聚类结果。这就产生一个问题,即如何评价这些聚类方法的性能? 为此,需要确定一个聚类准则,用它来判断分类的合理性,以便找出一个最佳的划分。聚类准则的确定,一般要考虑到聚类问题的实际情况。例如,对于类内模式比较密集、各类模式个数相差不大且类间距离较大的情况,可采用下述的误差平方和准则。

设有 n 个模式,它们被用某种聚类方法分配到 $\omega_1, \omega_2, \cdots, \omega_m$ 这 m 个类中,并设在 ω_i 类中有 n_i 个模式。此时可用下式对 ω_i 求出均值:

$$c_i = \frac{1}{n_i} \sum_{x \in \omega_i} x$$

然后再求出误差平方和:

$$E = \sum_{i=1}^{m} \sum_{x \in \omega_i} |x - c_i|^2$$

这样对每一种聚类方法都可以求出一个 E,其中 E 值最小者所对应的聚类方法可以认为是较优者。

目前,关于聚类技术的研究已经提出了多种方法,可分为五种类型,即属性聚类、上下文聚类、概念聚类、目标聚类及模糊聚类。在每一类中都有多种具体的实现算法。下面我们将对属性聚类、概念聚类进行简单的讨论,关于模糊聚类将在 9.4 节进行讨论。

1. 属性聚类

属性聚类是最先应用于聚类分析的一类聚类方法,它是根据模式间的距离进行聚类的,已经提出了多种实现算法,下面仅择其简单的两种进行讨论,目的是使读者了解属性聚类的基本

思想。

（1）邻近试探法。这是以模式间距离为基础的一种聚类算法。设 $X_1, X_2, \cdots, X_m$ 是 m 个待聚类的模式，σ 是用于确定两个模式是否邻近的阈值，则邻近试探法的基本思想是：

首先任选一个模式（即 n 维特征空间的一个点）作为聚类中心，不失一般性，可选 X_1 作为第一个聚类中心，并令 $Z_1 = X_1$。然后计算 X_2 到 Z_1 的距离 d_{21}，并用它与 σ 进行比较：若 $d_{21} > \sigma$，表示 X_2 与 Z_1 不邻近，此时就以 X_2 作为一个新的聚类中心，并令 $Z_2 = X_2$；若 $d_{21} \leqslant \sigma$，表示 X_2 与 Z_1 邻近，则就把 X_1 与 X_2 归入一类。

假设 X_2 为新的聚类中心，即 $Z_2 = X_2$。此时分别计算 X_3 到 Z_1 及 Z_2 的距离，分别得到 d_{31}, d_{32}。若 $d_{31} > \sigma$ 且 $d_{32} > \sigma$，则就以 X_3 作为新的聚类中心，且令 $Z_3 = X_3$；否则就将 X_3 归入与之最邻近的类中。假若在上一步中，X_2 没有被作为新的聚类中心，即已把 X_2 与 X_1 归为一类，则 X_3 将只与 Z_1（即 X_1）计算距离，并根据 σ 确定把它作为一个新的聚类中心，还是把它与 X_1, X_2 归为一类。

此后，用类似的方法可对 $X_4, X_5, \cdots, X_m$ 进行处理，最后就可得到 l 个类，以及每一类中的模式数量。

显然，用这种算法进行聚类的结果与 σ 的选择有密切关系，亦与第一个聚类中心的选取及模式的排列次序有关。对同一组模式，用不同的 σ，选择不同模式作为第一个聚类中心，以及对不同的排列次序将会得到不同的分类结果，如图 9-4 所示。

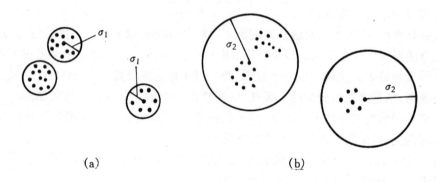

(a)　　　　　　　　　(b)

图 9-4　阈值及起点对聚类结果的影响

（2）类间距离聚类法。这是以模式类间的距离为基础的一种聚类算法，其基本思想是：先把各个模式分别自成一类，然后按某种方法求出各类间的距离，并把其中距离最小的类合并成一类，这样就得到模式的一组新的分类，对此新的分类重复以上工作，直到类间的最小距离大于预先指定的阈值 σ 时为止，此时所得到的分类就是该算法聚类的结果。具体步骤如图 9-5 所示。

在上述算法中，可用多种方法求出两个模式类间的距离。例如可以用类间的最小距离作为类间距离。设 d_{ab} 表示类 ω_i 中的模式 a 与类 ω_j 中的模式 b 之间的距离，则 ω_i 与 ω_j 间的最小距离定义为：

$$D_{ij} = \min_{\substack{a \in \omega_i \\ b \in \omega_j}} \{ d_{ab} \}$$

即两个模式类间的最小距离是这两类间任意两个模式间距离的最小者。

382

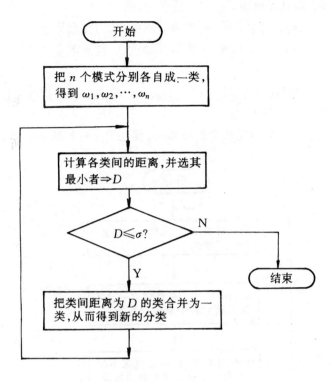

图 9-5 类间距离聚类法

2. 概念聚类

基于距离的聚类方法虽能给出聚类结果,但却不能给出概念上的描述,因而近年来又发展起来了概念聚类方法,这种方法是以概念聚合性来取代相似性度量的,并且以此作为聚类的依据,最终给出聚类结果概念上的描述。

在概念聚类中,把聚类对象称为事件,并且用如下形式的逻辑组合式来描述事件:

$$\wedge\ [x_i \ \sharp \ R_i]$$

其中,$x_i(i=1,2,\cdots,n)$是描述事件的变量,每一个事件都是变量 $x_1,x_2,\cdots,x_n$ 的值所组成的序列,并且假设 x_i 的取值集合 D_i 是有限的,且仅有 d_i 种取值;R_i 是 D_i 的子集,即 $R_i \subseteq D_i$;$\sharp$ 表示某一关系运算,它可以是:$=$,$\neq$,$<$,$>$,$\leqslant$,$\geqslant$。例如

[长度 $\geqslant$ 2] $\wedge$ [颜色 $=$ 红,白] $\wedge$ [重量 $=$ 2$\cdots$5]

它表示:长度大于等于 2,颜色为红色或白色,重量大于等于 2 且小于等于 5。通常上述表示中的合取符号"$\wedge$"可以省略,简写为

[长度 $\geqslant$ 2][颜色 $=$ 红,白][重量 $=$ 2$\cdots$5]

由于概念聚类法是用合取式表示事件的,因而这种聚类方法又常被称为概念合取聚类法。

概念聚类中,要用到覆盖的概念,下面用例子说明这一概念。设有如下两个事件:

e_1: [长度 $=$ 长][颜色 $=$ 红][重量 $=$ 3]

e_2: [长度 $=$ 中等][颜色 $=$ 白][重量 $=$ 5]

则合取式:

e: [长度 $\geqslant$ 中等][颜色 $=$ 红,白][重量 $=$ 3$\cdots$5]

不仅可描述 e_1 和 e_2,而且还描述了其它一些事件,例如

$$e_3: \quad [长度 = 中等][颜色 = 白][重量 = 3]$$
$$e_4: \quad [长度 = 中等][颜色 = 红][重量 = 5]$$
$$\vdots$$

这就称上述合取式 e 的描述覆盖了 $e_1, e_2, e_3, e_4, \cdots$。像 $e_3, e_4, \cdots$ 这些未被观察到的事件的个数,称为该合取式的备份数。

有了以上概念,就可以来讨论概念聚类算法,其处理过程如图 9-6 所示。

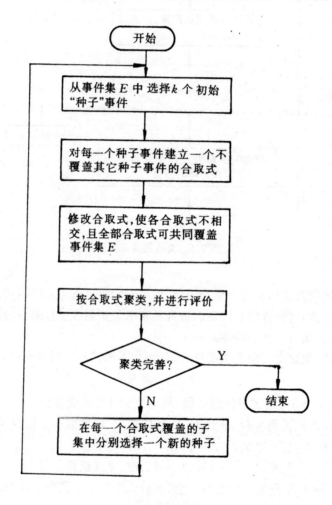

图 9-6　概念聚类

在图 9-6 中,所谓"种子"事件,实际上就是前面所说的聚类中心。选择时既可以是随机选择,亦可按某种原则选择。另外,关于聚类结果的评价,可从以下几个方面考虑:

(1) 离散程度。离散程度可用来反映类间的差异程度,其值等于相应合取式中所包含的关系谓词总数减去其变量名相同且值相交的关系谓词数。例如对如下两个合取式:

$$[长度=长,中等][颜色=红][重量=5]$$
$$[长度=中等,短][颜色=白]$$

其中,共有五个关系谓词,有两个的变量名相同,且其值相交,即[长度=长,中等]与[长度=中

384

等,短],它们都用"长度"作变量名,且都有值"中等"。所以这两个合取式的离散程度为

$$5 - 2 = 3$$

显然,离散程度越大,聚类的效果越好,但将导致合取式的长度增加。

(2) 基础维数。若某变量在所有各类中均有不同的值,则利用这种变量就可把不同的类加以区分,这种变量的个数称为基础维数,基础维数增大将使聚类的效果变好。

9.3 结构模式识别

对于一些比较复杂的模式,把它作为一个整体进行分类一般是相当困难的,这就需要把它分化为若干较简单的子模式,而子模式又分为若干基元,然后通过对基元的识别来识别子模式,最终达到识别模式的目标,像这样对模式进行识别的方法称为结构模式识别。

9.3.1 结构模式识别的基本过程

在9.1节我们曾经给出了模式识别的一般过程,现针对结构模式识别的特点,将"预处理","特征或基元抽取","模式分类"具体化,如图9-7所示。

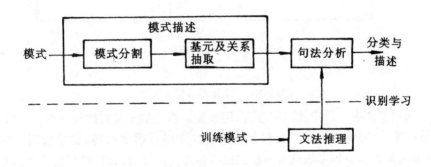

图 9-7 结构模式识别

在图9-7中,模式分割用于将模式划分为若干子模式;基元及关系抽取用于选择并抽取基元和基元间的关系,并按事先制订的语法或合成规则把模式用基元及其组合表示出来,例如可借助于链操作,把模式用一串链接起来的基元表示;句法分析用于对模式作句法检查,以判定它是按何种句法合成的,从而实现对它的识别。

在结构模式识别中,由于模式要被划分为子模式,子模式又被划分为基元,然后再由基元、子模式按某种合成规则把模式表示出来,这类似于语言中由字构成词,由词构成句子的过程。因此人们就在模式的结构和语言的文法之间建立起一种类推关系,把对模式的识别通过用一组给定的句法规则对模式结构进行句法分析来实现。通常一个文法表示一个模式类,图9-7中的句法分析就是用来判定当前待识别的模式遵循哪个文法,从而确定它应属哪一类的。

一类模式的结构信息需要用一个文法来描述,以指出它与其它类的区别。为了得到文法,就需要给它提供一组训练模式,使之通过推理进行学习,最后归纳出文法,这类似于统计模式识别中用训练模式来训练判决函数,图9-7中的文法推理就是起这个作用的。

9.3.2 基元抽取与模式文法

基元是构成模式的基本成分,对模式的识别起着重要作用,这就要求对基元的选择既要有利于对模式的识别,又能方便地进行抽取。但这是很难两全的,例如,笔划被认为是描述手写体汉字的较好基元,但它却不易被机器所抽取。因此,只能在这两者之间进行折衷。另外,由于受到模式自身的特征、用途、技术可行性等因素的影响,基元可在不同的情况下有不同的选择,没有固定的方法。例如,对图 9-8(a)所示的矩形,若不考虑每条边的长度,则可选用四条边作为基元,并且把该矩形用链接法表示为

$$a_1 + a_2 + a_3 + a_4$$

但若还要考虑每条边的长度,此时基元只能是边上的单位长度,对图 9-8(b)用链接法可表示为

$$a + a + a + a + b + b + c + c + c + c + d + d$$

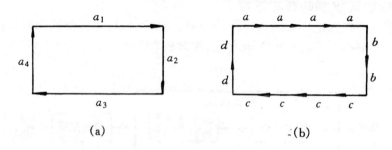

(a)　　　　　　　　　　　　(b)

图 9-8 一个矩形的模式基元

模式文法用于产生一种模式描述语言,用来描述模式基元及其结构关系。显然,如果选用的基元比较简单,可能就需要采用比较复杂的文法来进行模式描述;如果选用比较复杂的基元,可能只需用比较简单的文法就可对模式进行描述。因此,在设计结构模式识别系统时应权衡基元复杂性与文法复杂性之间关系,找到一个适当的平衡点。

在结构模式识别中,人们希望有一种具有学习功能的推理机,它可以自动地从给定的模式集合中推断出文法来,但目前还缺少可达到这一目标的算法,因此当今多数情况下还需要设计者自己来设计所需要的文法。下面简要介绍一种称为串文法的一维文法,它又称为链文法。

定义 9.1 一个串文法被定义为如下一个四元组:

$$G = (V_N, V_T, S, P)$$

其中:

(1) V_N 是非终止符(中间模式)的非空有限集,即

$$V_N = \{S, A_1, A_2, \cdots, A_n\}$$

(2) V_T 是终止符(模式基元)的非空有限集,即

$$V_T = \{a_1, a_2, \cdots, a_n\}$$

且 $V_N \bigcap V_T$ 为空集。

(3) S 是 V_N 中的一个显式符号,称为初始符或初始模式。

(4) P 是产生式的非空有限集,即

$$P = \{r_1, r_2, \cdots, r_n\}$$

每一个产生式 r_i 有如下形式：

$$r_i: \quad \alpha_i \rightarrow \beta_i \quad i = 1, 2, \cdots, n$$

而 α_i 及 β_i 分别为：

$$\alpha_i \in (V_N \bigcup V_T)^* V_N (V_N \bigcup V_T)^*$$
$$\beta_i \in (V_N \bigcup V_T)$$

这里，$(V_N \bigcup V_T)^*$ 表示在 $V_N \bigcup V_T$ 上由有限符号串组成的集合。

由以上定义可以看出，每一产生式的左边(α_i)至少包含一个中间模式元，即串

$$\alpha_i = \alpha_k \alpha_l \alpha_m$$

其中，$\alpha_k \in (V_N \bigcup V_T)^*$，$\alpha_l \in V_N$，$\alpha_m \in (V_N \bigcup V_T)^*$。

设 $\alpha_i, \alpha_{i+1} \in (V_N \bigcup V_T)^*$，如果存在子串 $\alpha_k, \alpha_l, \alpha_m, \alpha_n \in (V_N \bigcup V_T)^*$，使得

$$\alpha_i = \alpha_k \alpha_l \alpha_m, \quad \alpha_{i+1} = \alpha_k \alpha_n \alpha_m, \quad \alpha_l \rightarrow \alpha_n \in P$$

则称串 α_{i+1} 可由串 α_i 直接导出，并写为

$$\alpha_i \Rightarrow \alpha_{i+1}$$

如果存在串 $\alpha_i, i = 1, 2, \cdots, l$，使得

$$\alpha_m = \alpha_1 \Rightarrow \alpha_2 \Rightarrow \cdots \Rightarrow \alpha_l = \alpha_n$$

则称串 α_n 可由串 α_m 导出，并写为

$$\alpha_m \overset{*}{\Rightarrow} \alpha_n$$

定义 9.2 由文法 G 生成的语言用 $L(G)$ 来表示，它是由 G 生成的句子的集合，即

$$L(G) = \{\omega \mid S \overset{*}{\Rightarrow} \omega, \omega \in V_T^*\}$$

由该定义可以看出，语言 $L(G)$ 的句子是借助于产生式的应用，由 S 推导出来的终止符(基元)所构成的串。对于模式识别问题而言，所要做的识别工作就是确定一个字符串是否是这个语言的一个句子，即决定一个给定模式是否属于由产生该语言的文法所定义的模式类。

在定义 9.1 中，若对其中的产生式加以某种限制，就可得到关于文法的特殊类型。例如，若对产生式作如下限制：

$$\alpha_1 A \alpha_2 \rightarrow \alpha_1 \beta \alpha_2$$

其中，$A \in V_N$；$\alpha_1, \alpha_2, \beta \in (V_N \bigcup V_T)^*$，$\beta$ 不为空串，则此文法称为上下文有关文法。

再如，若对产生式作如下限制：

$$A \rightarrow \alpha$$

其中，$A \in V_N, \alpha \in (V_N \bigcup V_T)^+$，则此文法称为上下文无关文法。这里，$(V_N \bigcup V_T)^+$ 表示由 $(V_N \bigcup V_T)^*$ 中去掉空串。

由以上限制可以看出，所谓"与上下文有关"，实际上是指仅当非终止符 A 出现在子串 α_1，α_2 的上下文之间时，才能被重写为 β。而所谓"与上下文无关"是指允许非终止符 A 被串 α 替换，不考虑其上下文。

在模式识别中，经常用到上下文有关文法及上下文无关文法，它们都可以在有穷步内判定一个模式是否属于某个确定的类别。

9.3.3 模式的识别与分析

一般来说，识别的最简单方式当属"样板匹配"，即把待识别模式的基元串与样板的基元串

进行比较,如果待识别模式的基元串与某样板的基元串匹配得最好,那么该待识别模式就可归入相应样板所代表的类中。这种方法虽然简单,但它却没有考虑模式的结构信息,也不能给出相应的描述。如果在识别时还要求给出完整的模式结构描述,就必须进行句法分析。

句法分析的输出通常包括两部分:一部分是由给定文法所产生的关于模式(基元串)的识别;另一部分是关于模式的结构描述。就识别而言,如果是对两类模式进行分类,则首先判断描述待识别模式的基元串是否可由文法 G 产生,若能产生,则该待识别模式属于某一类,否则属于另一类。对于多类(如 m 类)分类,应先确定 m 种文法,它能生成 m 类语言 $L(G_i)(i=1,2,\cdots,m)$,当待识别模式的基元串属于 $L(G_i)$ 的一个句子时,则该待识别模式就属于第 i 类。

目前,人们已经研究出了多种进行句法分析的算法,如 CYK 算法,Early 算法,转移图法等等,这里不再一一对其进行讨论。

9.4　模糊模式识别

自扎德提出模糊集理论后,它的有关技术很快就在模式识别领域中得到了应用,并且收到了良好的效果。这一方面是由于世界上的事物大多是不分明、不清晰的,具有不同程度的模糊性;另一方面是由于人们对事物的识别亦具有不精确的特点。因此,把模糊集的有关理论、方法应用于模式识别,既是客观之需要,又是模拟人类识别之所需。

9.4.1　基于最大隶属原则的模式分类

第 2 章曾经讨论了模糊集、隶属函数及隶属度等概念。所谓元素 u 对模糊集 A 的隶属度 $\mu_A(u)$ 是指 u 隶属于 A 的程度,由此使我们想到可用隶属度作为某单个元素对某模式的归属程度。若用 $A_i(i=1,2,\cdots,n)$ 作为论域 U 上的模糊集,每个模糊集表示一个模糊模式,则由 $\mu_{A_i}(u)$ 就可知 u 归属于模式 A_i 的程度,若再运用最大隶属原则,就得出了 u 该归属于哪个 A_i 的结论。这就是基于最大隶属原则的模式识别方法,又称为模式识别的直接方法。

所谓最大隶属原则是指,设

$$A_1,A_2,\cdots,A_n$$

是论域 U 上的 n 个模糊集,$\mu_{A_i}(u)$ 是相应的隶属函数,若对任一 $u_0 \in U$,有

$$\mu_{A_i}(u_0) = \max\{\mu_{A_1}(u_0),\mu_{A_2}(u_0),\cdots,\mu_{A_n}(u_0)\}$$

则就认为 u_0 应归属于 A_i。

例 9.1 设水质按某种物质的含量分级(单位是 mg/ l,即毫克/ 升),A_1 代表一级水,A_2 代表二级水,论域 $U=[0,10]$,A_1 及 A_2 的隶属函数分别为:

$$A_1 = \begin{cases} 1, & u \geqslant 7 \\ \dfrac{1}{2}(u-5), & 5 < u < 7 \\ 0, & u \leqslant 5 \end{cases}$$

$$A_2 = \begin{cases} -\dfrac{1}{2}(u-7), & 5 \leqslant u < 7 \\ \dfrac{1}{2}(u-3), & 3 < u < 5 \\ 0, & u \leqslant 3 \text{ 或 } u \geqslant 7 \end{cases}$$

经抽样检查,某地水中含这种物质 $6.6\text{mg}/l$,那么该地的水应属哪一级?

解:

$$\because \quad \mu_{A_1}(6.6) = \frac{1}{2}(6.6-5) = 0.8$$

$$\mu_{A_2}(6.6) = -\frac{1}{2}(6.6-7) = 0.2$$

$$\therefore \quad \mu_{A_1}(6.6) = \max\{\mu_{A_1}(6.6), \mu_{A_2}(6.6)\}$$

$$\therefore \quad \text{该地的水属一级水。}$$

同样地,如果以年龄作为论域,并且已知"老年"、"中年"、"青年"的隶属函数,当给出某个人的年龄时,就可用上述方法求出他属于老、中、青中的哪一类,并且可以知道他隶属于相应类的程度。

9.4.2 基于择近原则的模式分类

上一方法识别的对象是单个元素,当识别的对象是论域 U 上的模糊集时,就需要运用择近原则。运用择近原则进行识别的方法,又称为间接方法。

所谓择近原则是指,设

$$A_1, A_2, \cdots, A_n$$

是论域 U 上的 n 个模糊集,待识别对象 B 也是 U 上的模糊集,如果 B 与某个 A_i 最贴近,则就认为 B 应归类于 A_i。

这里所说的 B 与 A_i 最贴近是指:B 与 A_i 的贴近度比 B 与 A_j 的贴近度大,或者 B 与 A_i 的距离比 B 与 A_j 的距离小,其中 $j = 1, 2, \cdots, i-1, i+1, \cdots, n$。

例 9.2 对某班 10 名学生进行评比分类。设论域 U 为:

$$U = \{\text{德}(u_1), \text{智}(u_2), \text{体}(u_3)\}$$

对于学生 $S_j (j = 1, 2, \cdots, 10)$,经考试成绩的核算以及平时表现,针对以上三个项目得到如下数据:

$$S_1 = (0.80, 0.85, 0.90)$$
$$S_2 = (0.96, 0.95, 0.86)$$
$$S_3 = (0.75, 0.65, 0.94)$$
$$S_4 = (0.83, 0.75, 0.60)$$
$$S_5 = (0.70, 0.70, 0.65)$$
$$S_6 = (0.80, 0.90, 0.86)$$
$$S_7 = (0.70, 0.60, 0.65)$$
$$S_8 = (0.85, 0.96, 0.90)$$
$$S_9 = (0.80, 0.89, 0.86)$$

$$S_{10} = (0.68, 0.60, 0.60)$$

根据学校有关规定,确定的优、良、中、差标准为:
$$A_1 = (0.90, 0.90, 0.85)$$
$$A_2 = (0.80, 0.80, 0.75)$$
$$A_3 = (0.70, 0.70, 0.65)$$
$$A_4 = (0.60, 0.60, 0.55)$$

要求确定这 10 个学生各属于哪一个等级。

解:可用贴近度以及前面列出的任一种距离公式进行计算。现用贴近度,并将各个学生对 A_1, A_2, A_3, A_4 的贴近度列于表 9-1 中。其中,S_j 对 A_i 贴近度的计算方法是:

$$S_j \cdot A_i = \bigvee_U (\mu_{S_j}(u_k) \wedge \mu_{A_i}(u_k))$$
$$S_j \odot A_i = \bigwedge_U (\mu_{S_j}(u_k) \vee \mu_{A_i}(u_k))$$
$$(S_j, A_i) = \frac{1}{2}(S_j \cdot A_i + (1 - S_j \odot A_i))$$

例如,计算 S_6 对 A_1 的贴近度 (S_6, A_1),其过程为:

$$S_6 \cdot A_1 = 0.80 \vee 0.90 \vee 0.85 = 0.90$$
$$S_6 \odot A_1 = 0.90 \wedge 0.90 \wedge 0.86 = 0.86$$
$$(S_6, A_1) = \frac{1}{2}(0.90 + (1 - 0.86)) = 0.52$$

余者类推。

表 9-1　$S_1 \sim S_{10}$ 对 $A_1 \sim A_4$ 的贴近度

	A_1	A_2	A_3	A_4
S_1	0.48	0.50*	0.45	0.40
S_2	0.52*	0.47	0.42	0.37
S_3	0.48	0.48	0.50*	0.48
S_4	0.49	0.53*	0.53*	0.50
S_5	0.43	0.48	0.53*	0.48
S_6	0.52*	0.50	0.45	0.40
S_7	0.43	0.48	0.53*	0.50
S_8	0.50*	0.48	0.48	0.38
S_9	0.52*	0.50	0.45	0.40
S_{10}	0.42	0.47	0.52*	0.50

对每一行选一个最大的数(如表中带 * 者),它所在的列对应的 A_i 就是相应行 S_j 应该属于的等级。例如第五行的最大数是 0.53,它所对应的列是 A_3 (即中等),这表示学生 S_5 属于"中等"这一等级。

如果在一行中有两个列的数都是最大数(如表中的第四行),则任取一个作为最大者。

这样,我们就得到了每个学生应属的等级,如表 9-2 所示。

表 9-2　学生等级分类

优	良	中	差
S_2, S_6, S_8, S_9	S_1, S_4	S_3, S_5, S_7, S_{10}	

在该例中,事先已经给出了各个模式类(即各等级)的样本 $A_i(i=1,2,3,4)$,然后通过计算各个模式 $S_j(j=1,2,\cdots,10)$ 与样本的贴近度来确定 S_j 的分类。事实上,也可以事先不给出样本 A_i,而用前面讨论的聚类分析方法进行分类,其距离的计算既可以用模糊集间的距离公式,亦可用贴近度,只是在这两种情况下,阈值的选择与判定不同而已。像这样用模糊集表示模式所进行的聚类分析称为模糊聚类分析。

9.4.3　基于模糊等价关系的模式分类

1. 模糊等价关系

在具体讨论分类方法之前,首先给出模糊等价关系的定义及其有关定理。

定义 9.3　设 $U=\{u_1,u_2,\cdots,u_n\}$ 是论域,R 是定义在 $U\times U$ 上的一个模糊关系,它对应的模糊矩阵为 $A=(a_{ij})$,如果该矩阵满足如下条件:

(1) 具有自反性,即 $a_{ii}=1$,　$i=1,2,\cdots,n$

(2) 具有对称性,即 $a_{ij}=a_{ji}$,　$i,j=1,2,\cdots,n$

(3) 具有传递性,即 $A\circ A\subseteq A$

则称矩阵 A 是一个模糊等价矩阵,它所对应的模糊关系 R 是一个模糊等价关系。如果矩阵 A 只满足条件(1)和(2),则称它为相似矩阵,它所对应的模糊关系 R 称为相似关系。

为了分类的需要,下面再给出两个定理。

定理 9.1　如果模糊关系矩阵 A 是模糊等价矩阵,则对任意 $\lambda\in[0,1]$,所得的截矩阵 A_λ 也是等价矩阵。

定理 9.2　如果 $0\leqslant\lambda_1<\lambda_2\leqslant1$,则由 A_{λ_2} 所分出的每一类必定是 A_{λ_1} 所分出的相应类的子类。

2. 分类步骤

在应用模糊等价关系进行模式分类时,要做以下三步工作:

(1) 构造论域上的相似关系及其相似矩阵。根据问题的实际情况,构造论域 $U=\{u_1,u_2,\cdots,u_n\}$ 上的模糊关系 R,$\mu_R(u_i,u_j)$ 表示 u_i 与 u_j 的相似程度,其值可由专家评分得到,或者通过计算相似度得到。

(2) 检查是否满足传递性。由上一步构造出的模糊关系 R 及其模糊矩阵 A,一般来说都只满足自反性及对称性的要求,但不一定满足传递性,此时需要对它进行检查,看其是否满足 $A\circ A\subseteq A$。若不满足,就需要通过合成运算对它进行变换,以最终得到一个具有自反性、对称性及传递性的模糊等价矩阵及模糊等价关系。用合成运算进行变换的过程为

$$A\rightarrow A\circ A=A_1\rightarrow A_1\circ A_1=A_2\rightarrow\cdots\rightarrow A_{k-1}\circ A_{k-1}=A_k$$

其中,每进行一次合成运算得到一个新的模糊矩阵后,都要检查它是否满足传递性,直到得到

一个满足传递性的矩阵为止。可以证明，如果 A 是 $n \times n$ 阶矩阵，则最多只要进行 $[\log_2 n] + 1$ 次合成运算就可达到目的。

（3）进行分类。对上一步得到的模糊等价矩阵用 λ 求其水平截集，从而得到相应的分类。当 λ 由 0 升至 1 时，分类将由粗变细，即 λ 值越大，得到的类数越多，类中元素的个数越少。

例 9.3 设 $U = \{u_1, u_2, u_3, u_4, u_5\}$，已知其相似矩阵为：

$$A = \begin{array}{c} u_1 \\ u_2 \\ u_3 \\ u_4 \\ u_5 \end{array} \begin{array}{ccccc} u_1 & u_2 & u_3 & u_4 & u_5 \\ \begin{bmatrix} 1 & 0.1 & 0.8 & 0.5 & 0.3 \\ 0.1 & 1 & 0.1 & 0.2 & 0.4 \\ 0.8 & 0.1 & 1 & 0.3 & 0.1 \\ 0.5 & 0.2 & 0.3 & 1 & 0.6 \\ 0.3 & 0.4 & 0.1 & 0.6 & 1 \end{bmatrix} \end{array}$$

可以验证，它不满足传递性，而只满足自反性及对称性。为此，需对它进行合成运算，以构造满足传递性的矩阵。

$$A_1 = A \circ A = \begin{bmatrix} 1 & 0.3 & 0.8 & 0.5 & 0.5 \\ 0.3 & 1 & 0.2 & 0.4 & 0.4 \\ 0.8 & 0.2 & 1 & 0.5 & 0.3 \\ 0.5 & 0.4 & 0.5 & 1 & 0.6 \\ 0.5 & 0.4 & 0.3 & 0.6 & 1 \end{bmatrix}$$

$$A_2 = A_1 \circ A_1 = \begin{bmatrix} 1 & 0.4 & 0.8 & 0.5 & 0.5 \\ 0.4 & 1 & 0.4 & 0.4 & 0.4 \\ 0.8 & 0.4 & 1 & 0.5 & 0.5 \\ 0.5 & 0.4 & 0.5 & 1 & 0.6 \\ 0.5 & 0.4 & 0.5 & 0.6 & 1 \end{bmatrix}$$

$$A_3 = A_2 \circ A_2 = \begin{bmatrix} 1 & 0.4 & 0.8 & 0.5 & 0.5 \\ 0.4 & 1 & 0.4 & 0.4 & 0.4 \\ 0.8 & 0.4 & 1 & 0.5 & 0.5 \\ 0.5 & 0.4 & 0.5 & 1 & 0.6 \\ 0.5 & 0.4 & 0.5 & 0.6 & 1 \end{bmatrix}$$

显然，$A_3 = A_2 \circ A_2 = A_2$，即 A_2 是模糊等价矩阵。下面用 λ 对 A_2 求水平截集。

设 $\lambda = 0.5$，得到

$$B = \begin{bmatrix} 1 & 0 & 1 & 1 & 1 \\ 0 & 1 & 0 & 0 & 0 \\ 1 & 0 & 1 & 1 & 1 \\ 1 & 0 & 1 & 1 & 1 \\ 1 & 0 & 1 & 1 & 1 \end{bmatrix}$$

其中，B 的元素 b_{ij} 的取值规律为

$$b_{ij} = \begin{cases} 1 & a_{ij} \geqslant \lambda \\ 0 & a_{ij} < \lambda \end{cases}$$

其中,a_{ij}是被截矩阵(即本例中的 A_2)中第 i 行第 j 列的元素。

由 B 得到相应的分类为:

$$\omega_1 = \{u_1, u_3, u_4, u_5\}$$
$$\omega_2 = \{u_2\}$$

设 $\lambda = 0.7$,得到

$$B = \begin{bmatrix} 1 & 0 & 1 & 0 & 0 \\ 0 & 1 & 0 & 0 & 0 \\ 1 & 0 & 1 & 0 & 0 \\ 0 & 0 & 0 & 1 & 0 \\ 0 & 0 & 0 & 0 & 1 \end{bmatrix}$$

则相应的分类是:

$$\omega_1 = \{u_1, u_3\}$$
$$\omega_2 = \{u_2\}$$
$$\omega_3 = \{u_4\}$$
$$\omega_4 = \{u_5\}$$

若设 $\lambda = 1$,将会得到最细的分类,即每类中只有一个元素,共五类。若设 $\lambda \leqslant 0.4$,将会得到最粗的分类,即只有一类,这类中有五个元素。

9.4.4 基于模糊相似关系的模式分类

在基于模糊等价关系的分类中,为了得到满足传递性的等价矩阵,需要对矩阵进行多次合成,当矩阵的维数较大时,就需占用较多的机器时间。为解决这一问题,我国学者提出了最大树法和编网法,可直接对模糊相似矩阵进行聚类,从而得到分类结果。

1.最大树法

用该方法进行分类的步骤是:

(1) 根据被分类元素间的相似性构造相似矩阵 A。

(2) 画出被分类的元素。

(3) 按 A 中元素 a_{ij} 从大至小的顺序依次对上一步画出的元素连边,并标上相应 a_{ij} 的值作为权重。连边时应保证不出现回路,直到所有元素都连通为止。这样就得到了一棵"最大树"(可以不唯一)。

(4) 取 $\lambda \in [0,1]$,并在最大树中砍去权重小于 λ 的边,这就得到互不连通的几棵子树,每一棵子树中的节点作为一类。

(5) 调整 λ 的值,以找到符合要求的分类。

下面以日本学者 Tamura 的例子来说明该方法。

例9.4 设有三个家庭,每家 4～7 人,现取每人一张照片放在一起,共有 16 张照片,请中学生对照片两两进行比较,并按相似程度评分,最相像者评 1 分,毫无相像之处者评 0 分,余者为 0 至 1 之间。现要求按相似程度进行聚类,希望能将三家区分开来。

解:首先根据评分建立相似矩阵 A,如表 9-3 所示。

表 9-3　16 张照片的相似矩阵

16	1	2	3	4	5	6	7	8	9	10	11	12	13	14	15
1	1														
2	0	1													
3	0	0	1												
4	0	0	0.4	1											
5	0	0.8	0	0	1										
6	0.5	0	0.2	0.2	0	1									
7	0	0.8	0	0	0.4	0	1								
8	0.4	0.2	0.2	0.5	0	0.8	0	1							
9	0	0.4	0	0.8	0.4	0.2	0.4	0	1						
10	0	0	0.2	0.2	0	0	0.2	0	0.2	1					
11	0	0.5	0.2	0.2	0	0	0.8	0	0.4	0.2	1				
12	0	0	0.2	0.8	0	0	0	0	0.4	0.8	0	1			
13	0.8	0	0.2	0.4	0	0.4	0	0.4	0	0	0	0	1		
14	0	0.8	0	0.2	0.4	0	0.8	0	0.2	0.2	0.6	0	0	1	
15	0	0	0.4	0.8	0	0.2	0	0	0.2	0	0	0.2	0.2	0	1
16	0.6	0	0	0.2	0.2	0.8	0	0.4	0	0	0	0	0.4	0.2	0.4	1

由表 9-3 可以看出,$a_{ii}=1$,它表示自己与自己最相似;$a_{ij}=a_{ji}$,表示第 i 个人与第 j 个人的相似程度与第 j 个人与第 i 个人的相似程度是一样的。所以这是一个相似矩阵。因为对称,所以上三角省略。

接下来就可根据该矩阵构造最大树。首先选 $i=1$,由表 9-3 可以看出,与节点 1 相连且权重最大的是节点 13,把两者连接起来,并将权重(0.8)标于连边上。然后再连节点 16,将权重(0.6)也标在连边上。如此这般地进行连接,最后就可得到如图 9-9 所示的最大树。

取 $\lambda=0.5$,即在最大树中砍去权重小于 0.5 的边,得到三棵子树,其节

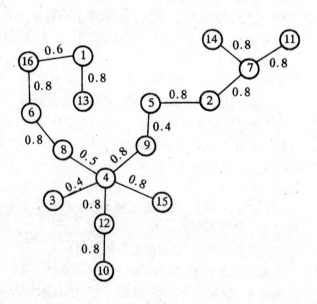

图 9-9　16 个节点的最大树

394

点集分别为：

$$V_1 = \{13,1,16,6,8,4,9,12,10,15\}$$
$$V_2 = \{3\}$$
$$V_3 = \{5,2,7,11,14\}$$

由于每家只有 4~7 人，而 V_1 中有 10 个元素，所以不符合问题要求。再选 $\lambda=0.6$，即在最大树中砍去权重小于 0.6 的边，得到四棵子树，如图 9-10 所示。

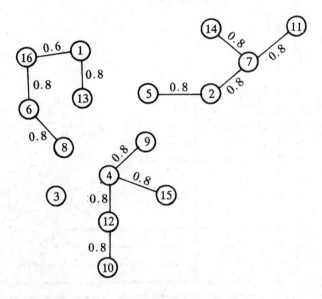

图 9-10　用 $\lambda=0.6$ 切割后的子树集

四棵子树的节点集分别为：

$$V_1 = \{1,6,8,13,16\}$$
$$V_2 = \{4,9,10,12,15\}$$
$$V_3 = \{3\}$$
$$V_4 = \{2,5,7,11,14\}$$

从表面上看，该分类结果仍然不符合题意，因为只有三家人，而现在得到了四个节点集，但只要仔细分析就会发现，当 λ 取 $(0.4,1]$ 上的任何数时，节点 3 都要独立成为一个子集，而当 λ 取 $[0,0.4]$ 上的数时，最大树始终为一棵树，不可能被划分为子树，这就说明节点 3 不是那三家中任何一家的成员，事实上它正是试验者故意加进去的。由此可知，三个家庭的成员分别是 V_1，V_2，V_4，每家都是五口人。

2. 编网法

用该方法进行分类的步骤是：

(1) 根据被分类元素间的相似性构造相似矩阵 A。

(2) 取 $\lambda \in [0,1]$，用 λ 水平截取 A 得到 A_λ。

(3) 在 A_λ 的对角线上填上代表分类元素的符号，而在对角线下方，以"$*$"代替"1"，"0"略去不写。

(4) 由"$*$"分别向对角线画竖线及横线，这称之为编网。

（5）在编网中,经过同一点的横、竖线称为打上了结,通过"打结"而能互相连接起来的点属于同一类。

（6）调整 λ 的值,以找到符合要求的分类。

例9.5 以上例的数据为例,用编网法进行分类。

图9-11给出了编网过程,这里取 $\lambda = 0.6$ 。由该图可以看出,通过编网把待分类元素分成

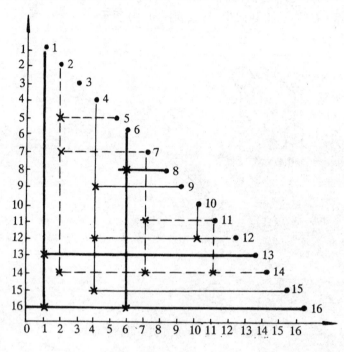

图 9-11 用编网法对 16 张照片分类

了四类:

$$V_1 = \{1,6,8,13,16\}$$

图中是用粗线将这些元素连接起来的。

$$V_2 = \{4,9,10,12,15\}$$

图中是用细线将这些元素连接起来的。

$$V_3 = \{3\}$$
$$V_4 = \{2,5,7,11,14\}$$

图中是用虚线将这些元素连接起来的。

显然,这个分类结果与最大树法得到的分类结果是完全一致的。

本 章 小 结

1. 模式识别是人工智能中研究机器识别的一个研究领域,其目的在于使计算机具有识别外部世界中客观事物的能力,实现人类感知能力在计算机上的模拟。无疑,这是提高计算机智能的一个非常重要的方面。近年来,计算机硬、软件都取得了迅速发展,运算速度大大提高,存

储容量不断扩大,应用范围亦在不断拓展,但在输入方面却变化不大,仍停留在键盘、鼠标等手工操作方式上,这不仅不能与计算机日益提高的运算能力相适应,而且直接影响到计算机应用的进一步开拓。为此,人们急盼着模式识别的研究能取得突破性的进展,使计算机能有效地感知诸如语音、文字、图象、温度等信息,人们可以直接以会话、文字等形式使用计算机。此时,计算机的处理能力将上升到一个新的层次上,人们对它的应用也将提高一个级别。

2. "模式"一词的本来含义是某种事物的标准式样,用它可以代表相应的事物。但为了让计算机识别它,就必须把它描述出来,这种描述既可以是物理的,也可是结构的,因而我们把模式定义为对某些事物定量的或结构的描述。

3. 一组具有某些共同特性的模式所构成的集合称为模式类。模式类是一个抽象的分类概念,在不同的场合下,同一个模式可以属于不同模式类,随应用的环境及要求而定。例如一个玻璃杯子,我们既可以说它属于"杯子"这一模式类(塑料杯子、玻璃杯子、瓷杯子等),又可以说它属于"玻璃器皿"这一模式类(玻璃杯、玻璃瓶等)。

4. 所谓模式识别,就是研究一种自动技术,通过运用这种技术,计算机将自动地或人尽量少干预地把待识别模式分配到各自的模式类中。由此可见,模式识别是通过"归类"来实现对待识别模式的识别的。

5. 不同的事物有不同的特性,相应地有不同的识别方法,本章我们讨论了如下三种模式识别方法:

(1) 统计模式识别方法。有些事物可以被当作一个整体看待,用一个或一组数值型数据来表征,如血压、温度、印刷体文字等。当从传感器等数据采集装置采到一组信息后,经过预处理,就可得到可表征相应事物、且能把它与其它事物区别开来、呈现出某种统计特征的一组数据(特征向量),它可被用来作为归类的依据。统计模式识别就是利用事物的这一特性,研究各种划分特征空间的方法,来判别待识别事物的归属的。

(2) 结构模式识别。当待识别事物比较复杂时,将导致统计数据的大量增加,难以用特征向量进行表征,维数过高时又将增加计算的复杂性。因而人们转向寻找事物内部的结构特征,把一个复杂模式分解为若干较简单的子模式,子模式再分解为更简单的子模式,直至分解为若干最简单、且易于识别的基元为止。然后在模式的结构与语言的文法之间建立起一种类推关系,通过运用句法规则对模式结构进行句法分析来实现对模式的识别。因此,这种模式识别方法又称为句法模式识别。

(3) 模糊模式识别。事物自身大多具有模糊性,人们对事物的分类通常也不要求十分精确,这就导致了对模糊模式识别的研究。模糊模式识别技术是建筑在模糊集理论的基础上的,其关键是建立性能良好的隶属函数。

6. 模式识别的分类方法可概括地分为两大类:

(1) 定界分类方法。定界分类方法又称为有教师的分类方法。在这种方法中,事先已确定了类的界限定义,并设计出了判决函数,分类时只是按判决函数把待识别模式归入到相应的类中去。

(2) 不定界分类方法。不定界分类方法又称为无教师的分类方法。在这种方法中,事先并不知道各类的定义,不能预见分类的结构,它是根据模式的实际情况,按照"物以类聚"的原则进行聚类的。因此,这种分类方法又称为聚类方法或聚类分析。

7. 对统计模式识别,本章讨论了模板匹配法、最小距离法、相似系数法、几何分类法、

Bayes 分类法及聚类分析法。其中,前面五种分类方法属于定界分类法,聚类分析法属于不定界分类方法。

8. 聚类技术不仅是模式识别中的一种重要技术,亦在人工智能的多个研究领域都有着广泛的应用,因而受到人们的普遍重视。在聚类技术中,属性聚类是根据模式及模式类间的距离,即模式间相应特征值的相似程度来聚类的,它是聚类技术家族的基础。但由于它没有考虑模式的动态特性,因此在某些情况下分类的效果不能令人满意。例如一个单词的含义往往需要根据上下文才能确定,孤立地对一个词进行识别,就有可能出现"词不达义"的情况,使人难以理解。在此情况下,人们提出了上下文聚类,把聚类与环境联系起来,这就可使某些聚类问题可以得到较好的识别效果。上下文聚类与属性聚类有一点是共同的,即它们都是与概念无关的,不能给出类在概念上的描述。针对这一问题,人们又发展起来了概念聚类技术,运用这种技术,能够从大量的观察中发现有意义的概念,因此在机器学习中又把这一技术用于归纳学习。以上聚类技术虽然在不断地完善,但却都存在这样一个问题,即未考虑聚类的目标,没有把用户关于聚类的期望与要求用于聚类过程中,这就有可能产生"答非所问"的现象,解决的办法是把关于聚类目标的元知识装入系统中,用以确定属性的选择。像这样要用关于聚类目标的元知识来指导聚类过程的聚类技术称为目标聚类。目前,关于聚类技术的研究还未达到成熟的地步,如何提高聚类的有效性是需要解决的主要问题。从聚类技术的发展过程来看,知识将会在聚类中发挥越来越重要的作用。

9. 结构模式识别用于对复杂模式的识别,其关键是基元的抽取与文法的建立。这种方法的优点是:识别可以从简单的基元开始,由简至繁;能反映模式的结构特征;能描述模式的性质;对图象畸变的抗干扰能力较强。缺点是基元抽取比较困难,没有固定的方法,特别是在存在干扰及噪声时,抽取基元容易失误。另外,除了一些专门的情况外,文法还不能通过一种推理机自动生成,需要设计者根据经验自己设计,而且若要提高语言的描述能力,就会使系统相应地复杂起来。

10. 关于模糊模式识别,本章讨论了四种方法,即基于最大隶属原则的模式分类、基于择近原则的模式分类、基于模糊等价关系的模式分类及基于模糊相似关系的模式分类。这些分类方法,特别是后面三类,在科学研究及日常生活中都有着广泛的应用。

习　题

9.1　何谓模式? 模式类? 模式识别?

9.2　简述模式识别的一般过程,并说明每个主要步骤所做的工作。

9.3　有哪些主要的模式识别方法? 它们有哪些共同及不同的特点?

9.4　对统计模式识别,本章讨论了哪些实现方法?

9.5　何谓聚类分析? 它与其它统计识别方法有什么区别?

9.6　结构模式识别的特点是什么?

9.7　什么是模糊模式识别? 本章讨论了哪些主要方法?

9.8　设有如下模糊关系矩阵:

$$A = \begin{bmatrix} 1 & 0.8 & 0 & 0.1 & 0.2 \\ 0.8 & 1 & 0.4 & 0 & 0.9 \\ 0 & 0.4 & 1 & 0 & 0 \\ 0.1 & 0 & 0 & 1 & 0.5 \\ 0.2 & 0.9 & 0 & 0.5 & 1 \end{bmatrix}$$

并设 $\lambda = 0.5$,请用基于模糊等价关系的分类方法对它进行分类。

第 10 章 智能决策支持系统

决策支持系统是管理科学的一个分支,原本与人工智能属于不同的学科范畴,但自 20 世纪 80 年代以来,由于专家系统在许多方面取得了成功,于是人们开始考虑把人工智能技术用于计算机管理中来。在用计算机所进行的各种管理中,如管理信息系统(MIS)、事务处理系统(TPS)、办公自动化系统(OAS)、决策支持系统(DSS)等,与人类智能关系最密切的莫过于决策支持系统,因而人们首先在这方面开展了研究工作,做了许多开拓性的研究,取得了一定的进展,逐渐形成了智能决策支持系统(IDSS)这一新兴的研究领域。

本章将简要地讨论智能决策支持系统的一般概念、组成及结构。

10.1 基本概念

10.1.1 决策与决策过程

决策是针对某一问题,根据确定的目标及当时的实际情况制订多个候选方案,然后按一定标准从中选出最佳方案的思维过程。

分析人们做决策的过程就会发现,当要对某一问题进行决策时,首先是把问题的要求搞清楚,确定要达到的目标,然后运用已掌握的各种数据、解题方法、知识等建立多个候选方案,最后通过对各候选方案的评判、分析、修正确定出可行的最佳方案并进行实施,在实施过程中如果发现了某些原来未考虑到的情况,或者原先的情况发生了变化,可再重新确定目标,重复上述过程。当然,在许多情况下一旦作出了决策就不再可挽回。因此,对一些重要问题的决策应是十分慎重的。以上决策过程可用图 10-1 描述出来。

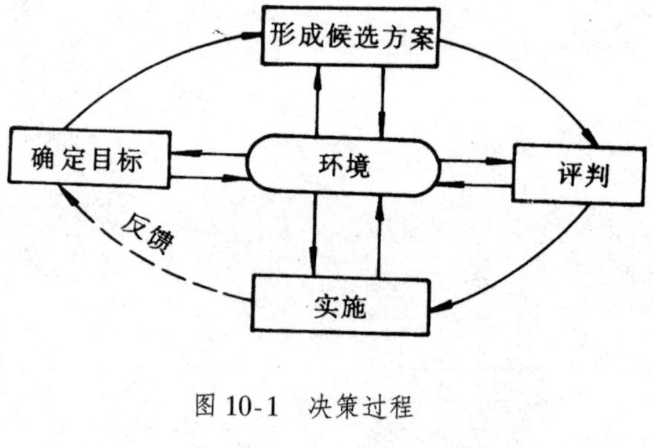

图 10-1 决策过程

1. 确定目标

在进行决策之前,首先应识别决策问题的含义,确定决策的目标以及评判的标准。这一步是十分重要的,如果对决策问题的含义不清楚、不准确,或者决策目标及评判标准不明确、不合适,就难以作出正确的或最佳的决策。

2. 形成候选方案

在对问题进行识别之后,就着手进行形成候选方案的工作。但是,在形成候选方案时需要运用有关数据、解题方法、计算方法以及有关的知识等,这就要求在形成候选方案之前,先建立起与问题有关的模型、知识库、数据库等,然后运用模型及有关知识得出候选方案。

3．评判

这是对得出的候选方案按事先确定的评判标准进行评价,并从中选出最佳方案的过程。在评判时,先按评判标准得出评价指标,然后再按这些评价指标进行综合评判。如果有多个候选方案的综合评判都满足事先确定的评判标准,则从中选出最优者作为决策方案;如果没有一个候选方案能满足评判标准,则需要重新形成候选方案。

4．实施

这是指实施上一步选出的决策方案。

5．环境

这是指与决策问题相关的客观条件以及与决策人密切相关的社会关系等。

决策通常面向的是半结构化的问题。所谓问题的结构化程度,一般是指对某一过程的环境和规律能否用明确的语言给予清晰的说明或描述。如果能清楚描述的,称为结构化问题;不能清楚描述而只能凭直觉或经验作出判断的,称为非结构化问题;介于这两者之间的,称为半结构化问题。

若依上述的决策过程作为判断结构化程度的依据,可以认为,结构化问题是指决策过程都能使用确定算法或决策规则来确定的问题。若在问题的求解过程中,不能按上述方法来决策问题,就称之为非结构化问题。若在某些条件下,其中一个或两个阶段由于认识不清楚而无法对问题进行准确而清晰的描述,称这样的问题为半结构化问题。半结构化问题兼有结构化问题与非结构化问题的特点,一方面它可以通过编制程序进行定量分析和计算,或者运用相对明确的决策原则和方法来解决问题;另一方面它还要依靠人的知识、经验和直觉来进行判断和选择。在求解半结构化问题时,人机交互是必不可少的,往往要经过很多次的对话才能完成对问题的求解。

10.1.2 决策支持系统

决策支持系统(Decision Support System, 简记为 DSS)是在管理信息系统(Management Information System,简记为 MIS)基础上发展起来的一种计算机管理系统。

1954 年,美国商业界首先把计算机运用到管理领域,进行工资管理、数据统计、帐目计算、报表登记等数据处理和事务信息服务工作,称之为电子数据处理(Electronic Data Processing,简记为 EDP)及事务处理系统(Transaction Processing Sysem, 简记为 TPS)。

电子数据处理及事务处理系统把人们从繁琐的事务处理中解脱了出来,大大地提高了工作效率。但是,任何一项数据处理都不是孤立的,它需要与其它工作进行信息交换及资源共享,在此情况下,管理信息系统与办公自动化系统(Office Automation System, 简记为 OAS)就应运而生。管理信息系统是一个由人及计算机等组成的、能进行管理信息收集、传递、存储、加工、维护和使用的系统,主要面向企业的经营管理。例如,生产调度、计划优化、财务管理、人事管理、物质管理、设备管理、能源管理、销售管理、市场管理等。它应用运筹学方法(如规划论、库存论、排队论等)和数据库技术等对企业进行综合性、全面的计算机辅助管理,以帮助企业实现其规划目标。办公自动化系统主要面向办公事物的处理及信息服务,以提高办公效率,改善办公环境。

管理信息系统能把孤立的、零碎的信息变为一个比较完整、有组织的信息系统,不仅解决了信息的"冗余"问题,而且提高了信息的效能。但是,管理信息系统只能帮助管理者对信息作表面上的组织与管理,如统计、查询等,而不能把信息的内在规律更深刻地挖掘出来为决策提供高层次的服务。在此情况下,于20世纪70年代初,美国麻省理工学院的莫顿(S.S.Morton)和肯(G.W.Keen)等人提出了决策支持系统的概念,并为之做了许多开拓性的工作,使之成为计算机在管理方面的一个新的应用领域。

决策支持系统与多种学科都有密切的联系,如计算机科学及工程、管理科学、人工智能等,人们从不同角度进行解释,给出了多种定义。概括起来可以认为,决策支持系统是一个具有如下特征的计算机管理系统:

(1) 能对诸如计划、管理、方案选优之类需要进行决策的问题进行辅助决策。

(2) 只能辅助和支持决策者进行决策,而不能代替决策者,即它所提供的功能是支持性的,而不是代替性的。

(3) 它所解决的问题一般是半结构化的。

(4) 它是通过数据和决策模型来实现决策支持的。

(5) 着重于改善决策的效益,而不是决策的效率。

(6) 以交互方式进行工作。

在以上特征中,应该特别强调的是"决策支持",它表示决策支持系统只是支持决策者进行决策,提高决策的有效性,而不是代替决策者,决策的主体是人而不是决策支持系统。肯曾把"支持"划分为如下四种类型:

1. 被动支持

此时,决策支持系统只是向决策者提供一个进行仿真的工具,决策者可利用该工具对自己的假设或决策方案进行仿真,以便在实施之前发现可能存在的问题,避免造成损失。

2. 传统支持

这是指由决策支持系统向决策者提供尽可能多的候选方案,然后由决策者进行选择。从提出方案这一点来看,它比管理信息系统有了很大进步,但它没有注意到候选方案的质量。寻求多种方案对于决策是必不可少的,但关键是如何作出选择。如果希望作出比较好的决策,那么就没有必要去寻求很多质量不高的方案,由此可以看出传统的决策支持系统对于如何改善决策的过程存在着不足。

3. 规范支持

这是一种理想化的支持,决策者只需提供数据和要求,它就可以对决策过程进行控制。事实上这是不现实的,因为决策所面临的问题大都是半结构化甚至非结构化的,在许多情况下不能进行形式化描述及通过算法来解决,需要通过与人的交互才能继续工作,这就从客观上决定了决策支持系统的工作方式不能是全自动的。

4. 扩展支持

这种支持方式不仅向决策者提供候选方案,而且能对决策者进行诱导,在尊重决策者判断的同时,提供一种开放环境,激发决策者的创造性,使之产生高质量的决策。显然,这是一种值得推崇的支持方式。

10.1.3 智能决策支持系统

决策支持系统主要是以数据和模型来支持决策的,这种基于两库(数据库、模型库)的结构对决策支持系统的结构有很大的影响,其后的研究大都是以它为基础进行的。尽管决策支持系统已经获得了较大的发展,但由于它的两库结构及数值分析方法,使其应用范围受到了限制,特别是对于那些带有不确定性的问题以及难以获得精确数值解的问题难以进行处理。另外,由于系统中缺少与决策有关的知识及相应的推理机制,使得系统不具有思维能力,不能对高层次的决策提供有力的支持。专家系统的成功使决策支持系统的研究受到启迪,人们开始考虑把人工智能的有关技术用于决策支持系统中,这就出现了智能决策支持系统(Intelligent Decision Support System, 简记为 IDSS)。

智能决策支持系统是在 20 世纪 80 年代初提出来的。它是决策支持系统与人工智能技术,特别是专家系统相结合的产物,它既充分发挥了专家系统中知识及知识处理的特长,也充分发挥了传统决策支持系统中数值分析的优势,既可以进行定量分析,又可以进行定性分析,能有效地解决半结构化及非结构化的问题,这就扩大了决策支持系统的应用范围,提高了系统求解问题的能力。目前,智能决策支持系统已成为决策支持系统的发展方向,具有很强的生命力。

10.2　智能决策支持系统的基本构件

智能决策支持系统是把人工智能的有关技术应用于传统决策支持系统发展起来的。因此,智能决策支持系统的基本构件应由传统决策支持系统的基本构件加上相应的智能部件组成。

自决策支持系统问世以来,它经历了两库系统、三库系统等发展过程。所谓两库系统是指数据库系统与模型库系统;三库系统是指在两库系统的基础上增加了方法库系统。另外,由于决策支持系统是一个典型的交互系统,它需要通过人机交互充分发挥决策者与决策支持系统的优势,以便做出更科学、合理的决策,因此人机接口就成为决策支持系统中一个十分重要的基本组成部分。

由此可见,一个智能决策支持系统应由数据库系统、模型库系统、方法库系统、人机接口系统及智能部件这五个部分组成。为了叙述上的方便,同时也考虑到决策支持系统描述的习惯,今后我们把智能部件称为知识库系统。但应注意这里所有说的知识库系统不仅包括知识库及相应的知识库管理,而且还包括推理、解释等功能。

10.2.1　数据库系统

数据库系统由数据库及其管理系统组成,它是任何一个决策支持系统都不可缺少的基本部件。

决策支持系统与管理信息系统(MIS)的数据库及其管理系统在概念上有许多共同之处,都具有如下一些主要特征:

1. 数据的独立性

这是指数据的存储方式与应用它的程序是相互独立的,当数据的存储方式和逻辑结构改变时,不需要修改应用程序,反之亦然。

2. 共享性

多个用户可使用同一数据库中的数据,称为数据的共享性。为此,要求数据库中的数据能作多种组合,以使不同用户能以不同的方式调用库中的数据,数据库以最优的方式去适应多个用户不同的需求。

3. 统一管理性

由数据管理系统对数据库进行统一的管理,以提高用户存储、检索、更新数据的能力,保证数据的完整性、安全性及保密性。

4. 可修改及可扩充性

数据库建成后,可以根据需要对数据进行增、删、改等操作,以不断充实、完善数据库的内容。

5. 安全、保密性

为防止数据的丢失、非法修改等,数据库系统都设置了相应的安全、保密措施,例如口令、存取权限等。

6. 最小冗余性

数据的重复存储不仅浪费了存储空间,而且增加了查找数据的时间,同时还会造成数据的不一致性,对数据的操作及运用带来了困难。由于数据库系统对数据进行统一的管理,从而减小了冗余性。

决策支持系统与管理信息系统的数据库系统虽然有以上一些共同特征,但由于两者的设计目标不同,因而也存在一些区别,主要表现在以下两个方面:

1. 对数据的要求不同

决策支持系统使用数据的主要目的是支持决策,因此它对综合性数据及经过处理的数据比较重视,而管理信息系统支持的是日常事务处理,因此它特别注意对原始数据的收集、组织、存储及处理。

2. 对数据管理的要求不同

决策支持系统着重强调数据库系统对数据的预处理及分析能力,要求它能及时地对决策提供所需的数据,而管理信息系统要求数据库系统具有较强的查询、统计、制表、绘图等功能。

10.2.2 模型库系统

模型库系统是决策支持系统的支柱性部件,亦是它区别于其它系统最有特色的部件之一。与管理信息系统相比,决策支持系统之所以能够对决策的制订提供有效的支持,主要原因在于决策支持系统具有能为决策者提供推理、分析、比较选择问题的模型库。因此,模型库及其相应的模型库管理系统在决策支持系统中占有十分重要的地位。

1. 模型

模型是对客观世界中现实事物的概括与抽象,是用一定的形式对事物本质及属性的描述,以揭示该事物的功能、行为及其变化规律。

在模型库系统中,一个模型通常是由若干个子模型构成的,一个子模型往往又由若干子子模型构成,最底层的子模型对应于一个基本单元。对于不同的管理模式,模型一般采用不同的表示方式,目前主要有以下三种:

(1)程序表示法。用程序表示模型是模型表示的传统方法,在应用过程中已被逐渐完善。初始时,用包括输入、输出和算法在内的完整程序来表示一个模型,这虽有针对性强、运行效率较高的优点,但却难以修改,而且容易产生冗余。于是人们把程序分成若干基本模块,使不同模型可以调用相同的模块,不同的模块也可以以适当方式组合成新的模型,这样既减少了冗余,也便于对模型进行修改与更新。

(2) 数据表示法。这是用数据及数据间的关系来表示模型的一种方法,其优点是可以引用关系数据库管理技术来实现对模型的管理,输入数据在关系框架下通过进行若干关系运算,就可得到相应的输出,模型的运算被转化为数据的关系运算,使模型单元既便于与其它单元通信,也便于对模型的更新。

(3) 基于知识的表示法。这是应用人工智能中知识表示的有关技术来表示模型的方法,目前主要有谓词逻辑、产生式、语义网络、关系框架等几种。例如,用谓词逻辑表示模型时,可用一个谓词表示一个基本单元,输入、输出用谓词参量表示,把若干个谓词结合在一起,就可形成一个新的模型,这既减少了冗余性又增强了模型集成的灵活性。

2. 模型库

模型库是用于存储模型及其基本单元的机构。它具有共享性及动态性,所谓共享性是指它具有一些可支持不同层次决策活动的基本模型,可被不同的决策活动共享;所谓动态性是指它所具有的基本单元可在不同的决策活动中,用不同的方式组合成不同的模型。

3. 模型库管理系统

模型库管理系统是用于生成模型和管理模型而建立的一个软件系统,主要功能有:

(1) 创建模型。当模型库中不具有可用于当前问题的模型时,模型库管理系统将通过与用户的交互建立起相应的模型。为此,该管理系统需要解决模型表示(与管理模式相适应的模型表示形式)、问题抽象(对问题进行分析,找出定量因素与定性因素,构造模型元)、模型生成(对模型元进行组织、选择、整理,形成相应的模型)等问题。为了与用户进行交互,还要为用户提供足够的建模知识、算法及友好的交互环境。

(2) 模型管理。模型管理的主要内容包括模型的组织、模型的校验以及模型的维护。

决策支持系统是一个主要解决半结构化或非结构化问题的软件系统,这类问题通常缺少定量描述和明确的求解算法,这一特点决定了决策支持系统求解问题的过程一般是试探性的,数据是通过不同程序模块(模型)的组合而进行处理的,这就要求对模型库中的模型进行合理的组织,以提高模型的组合效率。另外,由于试探性,这就不能保证所建立的模型及其模型体系总能正确地求解问题,因而在模型建立起来之后,需要用样例进行试运行,检查其运行结果是否与实际情况吻合。如不吻合,还需检查误差是否超出了允许的范围,并分析产生误差的原因等,这就是模型校验要做的工作。随着决策环境的变化,模型可能需要修改,甚至删除,管理系统应提供修改、删除模型的相应手段,这称之为模型的维护。

(3) 运行控制。建立模型的目的是为了用它求解现实问题。当为模型提供一组输入参数时,模型管理系统将负责启动、执行模型,并控制模型的运行状态,其控制项目主要包括进入权验证、模型选择、检索及联合访问。

进入权验证有两个作用:一是检查过程的运行是否有权调用指定的模型;另一是验证调用模型的优先权。验证的目的是为了防止模型被误用。

模型选择是控制模型运行的重要内容,一般来说一个问题的求解过程需要运行多个模型,这就存在何时用何模型的问题,模型选择用以确定模型的使用次序。

检索是指系统能按用户的要求查找所需的数据等。

联合访问是指通过人机交互,由系统与用户一起控制模型的运行、查找产生错误的原因并进行订正。

关于模型库的管理技术,用得较多的是数据库管理技术,目前人们已开始研究把人工智能技术渗透到对模型的管理中,特别是当模型用基于知识的表示方法进行表示时,可运用搜索、演绎推理等技术实现对模型的查询、运行控制等。

10.2.3　方法库系统

方法库系统是一个软件系统,用于向系统提供通用的决策方法、优化方法及软件工具等,并实现对方法的管理,它由方法库与方法库管理系统组成。

在决策支持系统中,方法通常用如下形式抽象地表示:

$$(y_1, y_2, \cdots, y_n) = F(x_1, x_2, \cdots, x_m)$$

即由 $x_1, x_2, \cdots, x_m$ 的一组输入,就可得到 $y_1, y_2, \cdots, y_n$ 的一组输出。这里,F 是一个抽象表示,它既可以是一个数学算法,也可以是一个程序。

方法可被理解为是一个可被公用的子程序,或者一个程序组件,它可以与其它组件一起构成一个较复杂的程序,具有通用性。为此,它需要解决与其它组件的接口以及与数据库的接口问题。

方法库管理系统是一组程序,用于对方法库进行管理,具有创建、选配、调用、修改、删除方法等功能,基本上与模型库管理系统的功能类似。

10.2.4　知识库系统

知识库系统是智能决策支持系统中的智能部件,用于模拟人类决策过程中的某些智能行为。与专家系统相比,知识库系统与之有许多相似之处,但由于它是面向决策支持的,因而在功能、知识库的内容及推理等方面,具有一些不同于专家系统的特征,主要有:

(1)专家系统一般是面向特定领域的,知识面比较狭窄,知识结构比较单一。而知识库系统是面向决策支持的,它不仅应具有特定的决策知识,而且还应具有与模型、方法有关的知识。例如,建立决策模型与评价模型的知识;形成候选方案的知识;建立评价标准的知识;修正候选方案,从而建立更优候选方案的知识;完善数据库,改进对它的操作及维护的知识等等。这就要求它能用适当的形式表示这些知识,并且针对不同的用途与表示形式进行合适的组织,例如建立多知识库的结构等。

(2)知识及其表示形式的多样性对推理机的设计提出了更高的要求。另外,决策支持系统求解问题时,不仅需要推理,往往还需要进行较多的数值计算,以便求出某些定量指标,这就要求系统把推理与计算有机地结合起来,以加强决策支持的有效性。

(3)知识库系统只是智能决策支持系统的一个组成部分,除此之外,还有模型库系统、数据库系统、方法库系统、人机接口系统等,这就存在功能划分及互相接口的问题。

由以上特征可以看出,一个智能决策支持系统的设计与实现要比一般专家系统更困难、复杂一些,如果再将一些动态的因素考虑进去,将更增加其难度。

10.2.5　人机接口系统

人机接口又称用户界面、人机界面及交互系统等,是任何一个决策支持系统都不可缺少的重要组成部分。

1. 人机接口系统的功能

人机接口系统一般具有如下功能：

(1) 为决策者提供一个方便、友好的交互环境。这就要求系统能根据用户的实际情况来设计交互形式，以便使用户可以方便地、充分地与系统进行交互。

(2) 向用户提供系统的运行状态，使用户可充分了解系统的运行情况、运行结果、推理结论。

(3) 根据用户的要求提供相应的输出形式。

(4) 为决策者提供控制系统运行、模型选择等权力。

(5) 具有校正输入错误的简单、快捷的操作以及确认操作、提供在线帮助、保密等功能。

2. 交互形式

一般用于管理信息系统中的交互形式都可用于智能决策支持系统，例如：

(1) Q／A 方式（Question and Answer）。这是一种最简单的交互方式，由系统提出问题并给出几个答案，由用户选择自己所希望的答案。

(2) 菜单方式及命令语言方式。在专家系统一章中已对这种方式做过讨论，这里不再重复。

(3) 表格填充。系统事先设计好需要输入数据的表格显示在屏幕上，由用户按表格上所列项目填入相应的数据，这一般用于需要输入较多数据的情况。

(4) 窗口。这是图形界面中常用的交互形式。窗口是在屏幕上开辟的一片独立区域，一个屏幕上可同时设立多个窗口，分别进行不同的操作。

近年来，随着多媒体技术研究的迅速发展，人们已开始将它用于人机接口之中，我们将在10.4 节进行讨论。

3. 交互控制方式

系统与用户交互时，由谁掌握会话的控制权，称为交互的控制方式，有如下三种情况：

(1) 用户主动式。在这种方式下，所有交互都是由用户发起的，系统只是对用户的询问做被动的回答。

(2) 系统主动式。在这种方式下，所有交互都是由系统发起的，用户仅对系统的提问或引导做被动的回答，只有当系统提示用户提问时，用户才可发出询问。

(3) 平等方式。这相当于前面两种方式的结合，用户与系统都可向对方发出询问，要求对方回答。显然，在决策支持系统中这是一种较为合适的交互方式。

10.3 智能决策支持系统的系统结构

上一节讨论了智能决策支持系统的基本构件，对这些构件的功能进行不同的取舍或者进行不同的组合，就可构成用于不同决策支持目标的智能决策支持系统，本节讨论两种常用的系统结构。

10.3.1 四库结构

所谓四库是指数据库、模型库、方法库、知识库，四库结构是指以此四库及其相应的软件系统为基本构件所组成的智能决策支持系统，这是目前比较流行的一种结构模式。在这种结构模式中,由于具有知识库及其推理系统,因而使它对决策者的支持大大增强。

在此结构模式中,根据用户的需求及环境条件的不同,可采用不同的设计方案,常用的有如下两种。

1. 多库并列型

在这种设计方案中,各库的地位平等,不分主次,如图 10-2 所示。其中,多库协同系统是在各库管理系统的基础上,对各库进行协同调度、相互通信、总体控制、实现资源共享、协同运行的软件系统。

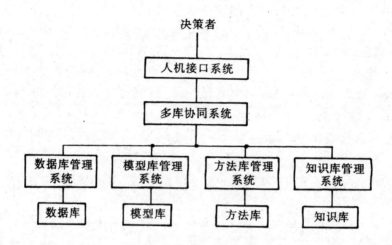

图 10-2　多库并列型

2. 知识主导型

在这种结构模式中,以知识库为主导,对数据库、模型库、方法库进行调度管理,实现多库协同,如图 10-3 所示。

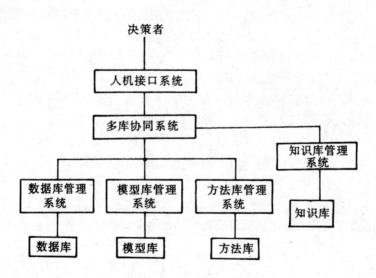

图 10-3　知识主导型

这里,可以把多库协同系统、知识库及知识库管理系统看成是一个准专家系统,由它对数据库、模型库及方法库进行管理,以协同实现智能决策任务。该结构模式适合于以知识处理为主的决策问题。

10.3.2 融合结构

智能决策支持系统是人工智能技术与传统决策支持系统相结合的产物,结合的方式除了上面讨论的四库结构外,还可以把人工智能的各有关技术分别应用于传统决策支持系统的各部分中。例如,在模型库系统中,可用基于知识的表示方法来表示模型并以此为基础实现模型的智能管理,这对于描述含有定性、定量、半结构化和非结构化的决策模型具有重要意义。再如,可把人工智能中模式识别及自然语言理解方面已有的研究成果用于人机接口,以部分提高接口的智能化程度,使用户可以用受限的自然语言以及印刷体文字或某些特定的图象与计算机交互。在问题求解策略方面,人工智能中关于状态空间的启发式搜索以及把一个复杂问题分解为递阶子问题的方法,可使决策支持系统处理以前难以处理的困难问题。另外,人工智能中关于不精确、模糊知识的表示与处理技术将有助于扩大决策支持系统处理问题的范围,提高其处理能力。

10.4　多媒体人机智能接口

智能决策支持系统求解问题的过程是决策者与系统共同形成决策方案的过程,是人与计算机不断进行交互的过程,在这一过程中人机接口是人与计算机直接交互的"桥梁"和"纽带",起着十分重要的作用。因此,决策支持系统的开发者都非常重视人机接口的设计,甚至将其视为系统成败的关键因素。事实上,人机接口的重要性还不仅体现在决策支持系统中,随着计算机应用的逐渐普及,人与计算机的关系逐渐由以计算机为中心向以人为中心的转移,人机接口的方便性越来越成为进一步拓展计算机应用领域的关键因素之一,人们愈来愈要求以自己习惯的方式(如自然语言、文字、图象等)与计算机进行信息交流,这就对人机接口提出了更高的要求。多媒体技术的出现以及它与人工智能技术的结合,为这一要求的最终实现提供了一种有效的途径。

本节将讨论多媒体技术的有关概念以及它在智能决策支持系统中人机接口方面的应用。

10.4.1 多媒体技术

"媒体"是一个含义比较广泛的概念,一般是指信息表示、存储或传播所需采用或依靠的载体。例如,语音、文字、图象、数据、各种传输信号的通信介质以及传播信息的新闻界等等。

在多媒体技术中,"媒体"主要是指声(语音、音响等)、文(文字)、图(静态的图片、图形,动态的电影、电视、录象等)这三种基本形式。

多媒体技术是研究声、文、图等媒体信息的输入、输出、传输、存储、处理及利用的一种技术,它是集计算机技术、通信技术、影视技术等多种技术于一体的一种综合性技术,它向计算机提供了对声、文、图等媒体信息综合处理及交互控制的能力。

与多媒体技术直接相关,且对多媒体技术直接提供支持的是可视化(Visualization)技术和虚拟现实(Virtual reality)。所谓可视化技术是指把科学计算或管理信息数据转换成形象化的信息形式,以利于与其它信息的融合和便于人们形象化思维。所谓虚拟现实是指在计算机中建立的人工媒体空间,它是虚拟的,但却能产生"身临其境"的感觉。

多媒体技术近年来获得了迅速的发展,特别是它的板级产品(声音卡、视频卡)、CD-ROM以及 Video-CD 视频光盘等的发展最为引人注目,成为目前世界上发展最快的产业之一。据报导,多媒体产品年平均增长率达到 40%～50%,市场规模亦在不断的扩大,正在取得扎实的进展。

10.4.2　多媒体技术在智能决策支持系统中的应用

多媒体技术的一个直接应用是把它与人工智能的有关技术结合起来构成多媒体人机智能接口,对智能决策支持系统的人机交互及决策者提供支持,具体表现为:

1. 提供声、文、图并茂的交互方式

智能决策支持系统的基本任务是建立决策问题的模型,对决策问题进行系统分析与情景分析(即系统模拟或仿真),最终为决策者提供帮助信息。在建立多媒体智能接口之前,模拟分析结果通常是以数字、文本、表格或直方图、圆饼图等图形形式呈现给决策者的。这种形式的信息虽然可被专业人员接受,但对非专业人员或高层次的决策者就比较困难。另外,人类对信息的各种表现形式的接受程度一般是不相同的,例如对文字信息,只能接受总信息量的 40%左右,而对图象和声音信息却可以接受总信息量的 80%。因此,人机接口最自然、最方便、效率最高的交互途径乃是声、文、图并重的方式。

多媒体人机智能接口由于具有声、文、图的输入、输出及处理能力,这就为决策者提供了直观、形象、便于理解的信息表达形式。例如在房地产交易系统中,购买者在决定购置房屋之前,他只要在相应软件呈现的菜单上通过鼠标或触摸屏指定一座建筑,系统立即就会将房屋的结构、价格、设施及环境信息(交通、学校、医院、商店)等以图片、文字的形式显示出来,并配以相应的声音、音乐等,使购置者切实地了解到有关情况,以便决定是否购买或者购置哪一套。当然,由于对文字、语音、图象的识别与理解大多是约束不充分的问题,而人工智能在这方面的研究还只取得了部分成果(如对手写文字及非标准语音的识别与理解还限于实验系统,对图象的识别还限于特定的场合),使得这方面信息的输入受到一定限制,但多媒体技术通过扫描仪、摄象机、录音机等设备以及相应的处理技术在某种程度上作了一些弥补,使人机交互的方便性有了很大提高。

交互性是多媒体人机智能接口的重要特征,这亦是它区别于电视的标志。电视虽然也已做到了"声、文、图"的一体化,但由于它只能让观众被动地接收信息,不能让观众与电视进行双向的信息交流,因而它不能称为多媒体人机智能界面。

2. 提供了决策者协同式工作及成组决策的环境

随着社会的发展与进步,人们的社会分工越来越具体,而工作的整体性及相互制约性却越来越强,这就要求在相关决策者之间建立起密切的联系,例如一个单位内各部门的负责人之间就是这样。虽然在他们之间可以通过电话、文件等形式进行联系,但是这些联系方式绝对与"面对面"的讨论不能相比,因为语言、文字只是表达信息的一种方式,而一个眼神、表情、形体动作往往蕴含了更多、更重要的信息。多媒体技术与通信技术的结合为位于不同地理位置间人们"面对面"的讨论提供了方便、建立了友好的环境,大大提高了决策工作的质量与效率。美国 AT&T 公司曾利用多媒体技术开发了一个称为 Rapport 多媒体会议的系统,该系统可以支持实时讨论,在讨论中参加者可以共享语言、视频图象等信息。另外,系统还提供了呼叫管理体制,对每个呼叫者建立一个"虚拟会议室",为每个人提供一个信息交流的场地,并协调各种信息的通信,这就使有关人员随时可对急需解决的问题进行讨论,提高工作的效率。

10.4.3 多媒体人机智能接口的设计与实现

为了建立具有多媒体信息的输入、输出、处理、利用等功能的多媒体人机智能接口,为决策者提供直观、生动、形象、方便的服务,需要在硬件、软件两个方面进行相应的设计。目前的技术实现主要有两种途径,即利用多媒体卡对通用计算机进行扩充升级及新型多媒体计算机的研制。

利用多媒体卡对通用计算机进行扩充升级是目前常用的一种方式。用到的硬件设备主要有声音卡、视频卡、触摸屏、光盘驱动设备等,它们与相应的系统软件及多媒体软件相配合可以完成视频和音频信息的获取、压缩及解压、实时处理与特技及视频信息的显示和音频信息的立体声输出等。

面向多媒体信息处理和利用的新型多媒体计算机具有声、文、图信息综合处理的体系结构以及系统软件平台,能提供高效率且友好的多媒体信息的输入输出功能,自身具有多媒体人机智能接口的各种能力。

本 章 小 结

1. 本章首先讨论了决策、决策过程、问题的结构化、决策支持等基本概念,并由计算机管理的发展过程引出了智能决策支持系统的概念。指出智能决策支持系统(IDSS)是传统决策支持系统(DSS)与人工智能技术相结合的产物,是在形成决策方案的过程中运用了知识及知识处理的有关技术。

2. 接着本章讨论了智能决策支持系统的基本构件以及由这些基本构件所构成的系统结构。系统的基本构件是数据库系统、模型库系统、方法库系统、人机接口系统及智能部件。由这些基本构件构成的系统结构有四库结构及融合结构。

3. 最后我们讨论了基于多媒体技术与人工智能中模式识别及自然语言理解的多媒体人机智能接口,简要讨论了有关概念及实现技术。

习 题

10.1 何谓决策、决策支持系统、智能决策支持系统?
10.2 智能决策支持系统由哪些基本构件组成? 各部分的功能是什么?
10.3 智能决策支持系统有哪几种系统结构?
10.4 何谓多媒体技术? 它对智能决策支持系统提供了哪些支持?

第 11 章　神经网络

神经网络(Neural Network)是近年来再度兴起的一个高科技研究领域,亦是信息科学、脑科学、神经心理学等多种学科近几年研究的一个热点。人们试图通过对它的研究最终揭开人脑的奥秘,建立起能模拟其功能和结构的人工神经网络系统,使计算机能像人脑那样进行信息处理。

本章将简要讨论神经网络的基本概念、模型及学习算法,最后给出它在专家系统及模式识别中的应用。

11.1　基本概念

广义上讲,神经网络是泛指生物神经网络与人工神经网络这两个方面。所谓生物神经网络是指由中枢神经系统(脑和脊髓)及周围神经系统(感觉神经、运动神经、交感神经、副交感神经等)所构成的错综复杂的神经网络,它负责对动物机体各种活动的管理,其中最重要的是脑神经系统。所谓人工神经网络是指模拟人脑神经系统的结构和功能,运用大量的处理部件,由人工方式建立起来的网络系统。显然,人工神经网络是在生物神经网络研究的基础上建立起来的,人脑是人工神经网络的原型,人工神经网络是对脑神经系统的模拟。

生物神经网络是脑科学、神经生理学、病理学等的研究对象,而计算机科学、人工智能则是在他们研究的基础上着重研究人脑信息的微结构理论以及建造人工神经网络的方法和技术。因此,从人工智能的角度来看,或者从狭义上讲,神经网络就是指人工神经网络,前者是后者的简称。今后我们将不加区分地使用这两个术语。

正如上述,人工神经网络的研究始源于人脑神经系统,因而本节在讨论人工神经网络之前,首先介绍有关脑神经系统及生物神经元的概念。

11.1.1　脑神经系统与生物神经元

1. 脑神经系统

众所周知,人脑是一个极其复杂的庞大系统,同时它又是一个功能非常完善、有效的系统。它不但能进行大规模的并行处理,使人们在极短的时间内就可以对外界事物作出判断和决策,而且还具有很强的容错性及自适应能力,善于联想、类比、归纳和推广,能不断地学习新事物、新知识,总结经验,吸取教训,适应不断变化的情况等。人脑的这些功能及特点是迄今为止任何一个人工系统都无法相比的。人脑为什么会具有如此强大的功能? 其结构及机理如何? 至今我们还对它知之甚少。但有一点是明确的,这就是人脑的功能与脑神经系统以及由它所构成的神经网络是密切相关的。美国著名的神经生理学家、诺贝尔奖金获得者斯佩里曾经指出:主观意识和思维是脑过程的一个组成部分,它取决于神经网络及其有关的生理特征。法国神经生理学家尚格也曾指出:行为、思维和情感等来源于大脑中产生的物理和化学现象,是相应神经元组合的结果。这些论述都着重强调了神经系统在人脑智能活动中的作用。

关于神经网络的构成,早在 1875 意大利解剖学家戈尔吉(C.Golgi)就用银渗透法最先识别出了单个的神经细胞。1889 年卡贾尔(Cajal)创立神经元学说,认为整个神经系统都是由结构上相对独立的神经细胞构成的。据估计,人脑神经系统的神经细胞约为 10^{11} 个。

2. 生物神经元

由上述可知,神经细胞是构成神经系统的基本单元,称之为生物神经元,或简称为神经元。神经元主要由三个部分组成:细胞体、轴突、树突。如图 11-1 所示。

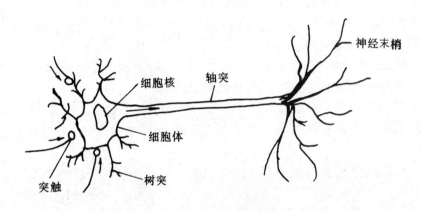

图 11-1 生物神经元结构

(1) 细胞体:由细胞核、细胞质与细胞膜等组成。直径为 $5\sim100\mu m$,大小不等。它是神经元的新陈代谢中心,同时还用于接收并处理从其它神经元传递过来的信息。细胞膜内外有电位差,称为膜电位,膜外为正,膜内为负。

(2) 轴突:这是由细胞体向外伸出的最长的一条分枝,每个神经元一个,长度最大可达 1m 以上,其作用相当于神经元的输出电缆,它通过尾部分出的许多神经末梢以及梢端的突触向其它神经元输出神经冲动。

(3) 树突:这是由细胞体向外伸出的除轴突外的其它分枝,长度一般均较短,但分枝很多。它相当于神经元的输入端,用于接收从四面八方传来的神经冲动。

突触是神经元之间相互连接的接口部分,即一个神经元的神经末梢与另一个神经元的树突相接触的交界面,位于神经元的神经末梢尾端。每个神经元都有很多突触,据测定,大多数神经元拥有突触的数量约在 $10^3\sim10^4$ 之间,而位于大脑皮层的神经元上突触的数目可达 3×10^4 以上,整个脑神经系统中突触的数量约在 $10^{14}\sim10^{15}$ 之间。

在神经系统中,神经元之间的联系形式是多种多样的。一个神经元既可以通过它的轴突及突触与其它许多神经元建立联系,把它的信息传递给其它神经元;亦可以通过它的树突接收来自不同神经元的信息。神经元之间的这种复杂联系就形成了相应的神经网络。经人们多年悉心研究,发现神经元还具有如下一些重要特性:

(1) 在每一神经元中,信息都是以预知的确定方向流动的,即从神经元的接收信息部分(细胞体、树突)传到轴突的起始部分,再传到轴突终端的突触,最后再传递给另一神经元。尽管不同的神经元在形状及功能上都有明显的不同,但大多数神经元都是按这一方向进行信息

413

流动的。这称为神经元的动态极化原则。

（2）神经元对于不同时间通过同一突触传入的信息，具有时间整合功能；对于同一时间通过不同突触传入的信息，具有空间整合功能。这称为神经元对输入信息的时空整合处理功能。

（3）神经元具有两种常规工作状态，即兴奋状态与抑制状态。所谓兴奋状态是指，神经元对输入信息经整合后使细胞膜电位升高，且超过了动作电位的阈值，此时产生神经冲动，并由轴突输出。所谓抑制状态是指，经对输入信息整合后，膜电位下降至低于动作电位的阈值，此时无神经冲动输出。

（4）突触传递信息的特性是可变的，随着神经冲动传递方式的变化，其传递作用可强可弱，所以神经元之间的连接是柔性的，这称为结构的可塑性。

（5）突触界面具有脉冲与电位信号的转换功能。沿轴突传递的电脉冲是等幅、离散的脉冲信号，而细胞膜电位变化为连续的电位信号，这两种信号是在突触接口进行变换的。

（6）突触对信息的传递具有时延和不应期，在相邻的两次输入之间需要一定的时间间隔，在此期间不响应激励，不传递信息，这称为不应期。

今后，随着脑科学与神经生理学研究的进一步深入，将会对神经元、神经网络有更深入的认识，发现更多的功能及特性，把关于人工神经网络的研究提高到一个新的水平上。

11.1.2 人工神经元及其互连结构

人工神经网络是由大量处理单元（人工神经元、处理元件、电子元件、光电元件等）经广泛互连而组成的人工网络，用来模拟脑神经系统的结构和功能。它是在现代神经科学研究的基础上提出来的，反映了人脑功能的基本特性。在人工神经网络中，信息的处理是由神经元之间的相互作用来实现的，知识与信息的存储表现为网络元件互连间分布式的物理联系，网络的学习和识别取决于各神经元连接权值的动态演化过程。

1. 人工神经元

正如生物神经元是生物神经网络的基本处理单元一样，人工神经元是组成人工神经网络的基本处理单元，简称为神经元。

在构造人工神经网络时，首先应该考虑的问题是如何构造神经元。在对生物神经元的结构、特性进行深入研究的基础上，心理学家麦克洛奇（W.McCulloch）和数理逻辑学家皮兹（W.Pitts）于 1943 年首先提出了一个简化的神经元模型，称为 M-P 模型，如图 11-2 所示。

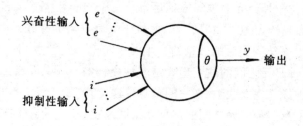

图 11-2 M-P 模型

在图 11-2 中，圆表示神经元的细胞体；e, i 表示外部输入，对应于生物神经元的树突，e

为兴奋性突触连接，i 为抑制性突触连接；θ 表示神经元兴奋的阈值；y 表示输出，它对应于生物神经元的轴突。与图 11-1 对照不难看，M-P 模型确实在结构及功能上反映了生物神经元的特征。但是，M-P 模型对抑制性输入赋予了"否决权"，只有当不存在抑制性输入，且兴奋性输入的总和超过阈值，神经元才会兴奋，其输入与输出的关系如表 11-1 所示。

表 11-1　M-P 模型输入输出关系表

输入条件		输出
$\sum e \geqslant \theta,$	$\sum i = 0$	$y = 1$
$\sum e \geqslant \theta,$	$\sum i > 0$	$y = 0$
$\sum e < \theta,$	$\sum i \leqslant 0$	$y = 0$

在 M-P 模型的基础上，根据需要又发展了其它一些模型，目前常用的模型如图 11-3 所示。

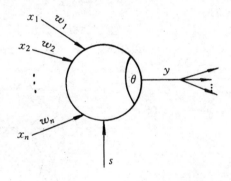

图 11-3　神经元的结构模型

在图 11-3 中，$x_i(i=1,2,\cdots,n)$ 为该神经元的输入；ω_i 为该神经元分别与各输入间的连接强度，称为连接权值；θ 为该神经元的阈值；s 为外部输入的控制信号，它可以用来调整神经元的连接权值，使神经元保持在某一状态；y 为神经元的输出。由此结构可以看出，神经元一般是一个具有多个输入，但只有一个输出的非线性器件。

神经元的工作过程一般是：

(1) 从各输入端接收输入信号 x_i；

(2) 根据连接权值 ω_i，求出所有输入的加权和 σ：

$$\sigma = \sum_{i=1}^{n} \omega_i x_i + s - \theta$$

(3) 用某一特性函数（又称作用函数）f 进行转换，得到输出 y：

$$y = f(\sigma) = f(\sum_{i=1}^{n} \omega_i x_i + s - \theta)$$

常用的特性函数有阈值型、分段线性型、Sigmoid 型（简称 S 型）及双曲正切型，如图 11-4 所示。

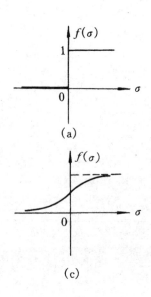

(a)

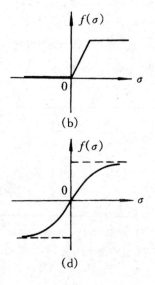

(b)

(c)

(d)

图 11-4　常用的特性函数

(a)阈值型；　(b)分段线性型；　(c)S 型；　(d)双曲正切型

2．神经元的互连形态

人工神经网络是由神经元广泛互连构成的,不同的连接方式就构成了网络的不同连接模型,常用的有以下几种：

(1) 前向网络。前向网络又称为前馈网络。在这种网络中,神经元分层排列,分别组成输入层、中间层(又称隐层,可有多层)和输出层。每一层神经元只接收来自前一层神经元的输入。输入信息经各层变换后,最终在输出层输出,如图 11-5 所示。

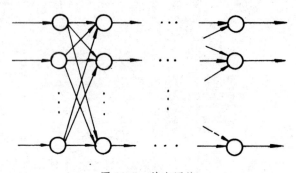

图 11-5　前向网络

(2) 从输出层到输入层有反馈的网络。这种网络与上一种网络的区别仅仅在于,输出层上的某些输出信息又作为输入信息送入到输入层的神经元上,如图 11-6 所示。

(3) 层内有互连的网络。在前面两种网络中,同一层上的神经元都是相互独立的,不发生横向联系。而在这一种网络(如图 11-7 所示)中,同一层上的神经元可以互相作用。这样安排的好处是可以限制每层内能同时动作的神经元数,亦可以把每层内的神经元分为若干组,让每组作为一个整体来动作。例如,可以利用同层内神经元间横向抑制的机制把层内具有最大输出的神经元挑选出来,而使其它神经元处于无输出的状态。

(4) 互连网络。在这种网络中,任意两个神经元之间都可以有连接,如图 11-8 所示。在无反馈的前向网络中,信息一旦通过某个神经元,过程就结束了,而在该网络中,信息可以在神经元之间反复往返地传递,网络一直处在一种改变状态的动态变化之中。从某初态开始,经过若干次的变化,才会到达某种平衡状态,根据网络的结构及神经元的特性,有时还有可能进入周期振荡或其它状态。

416

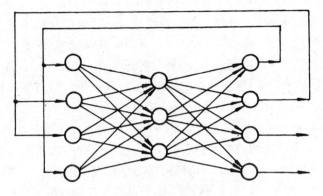

图 11-6　从输出层到输入层有反馈的网络

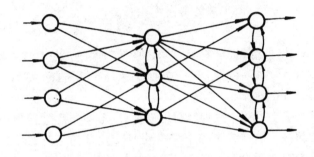

图 11-7　层内有互连的网络

　　以上四种连接方式中,前面三种可以看作是第四种情况的特例,但在应用中它们还是有很大差别的。

11.1.3　人工神经网络的特征及分类

1. 人工神经网络的特征

　　人工神经网络有以下主要特征:

　　(1) 能较好地模拟人的形象思维。逻辑思维与形象思维是人类思维中两种最重要的思维方式,前面几章的讨论都是通过物理符

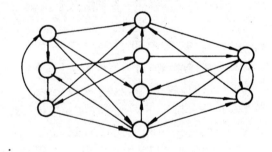

图 11-8　互连网络

号来实现某些智能行为的,是对逻辑思维的模拟。人工神经网络是对人脑神经系统结构及功能的模拟,以信息分布与并行处理为其主要特色,因而可以实现对形象思维的模拟。

　　(2) 具有大规模并行协同处理能力。在人工神经网络中,每一个神经元的功能和结构都是很简单的,但由于神经元的数量巨大,而且神经元之间可以并行、协同地工作,进行集体计算,这就在整体上使网络具有很强的处理能力。另外,由于人工神经元通常都很简单,这就为大规模集成的实现提供了方便。

　　(3) 具有较强的容错能力和联想能力。在人工神经网络中,任何一个神经元以及任何一个连接对网络整体功能的影响都是十分微小的,网络的行为取决于多个神经元协同行动的结果,其可靠性来自这些神经元统计行为的稳定性,具有统计规律性。因此,当少量神经元或它

417

们的连接发生故障时,对网络功能的影响是很微小的,这正如人脑中经常有脑细胞死亡,但并未影响人脑的记忆、思维等功能一样。神经网络的这一特性使得网络在整体上具有较强的鲁棒性(硬件的容错性)。另外,在神经网络中,信息的存储与处理(计算)是合二为一的,即信息的存储体现在神经元互连的分布上。这种分布式的存储,不仅在某一部分受到损坏时不会使信息遭到破坏,得以尽快恢复,增强网络的容错性,而且能使网络对带有噪声或缺损的输入有较强的适应能力,增强网络的联想及全息记忆能力。

(4)具有较强的学习能力。它能根据外界环境的变化修改自己的行为,并且能依据一定的学习算法自动地从训练实例中学习。它的学习主要有两种方式,即有教师的学习与无教师的学习。所谓有教师的学习是指,由环境向网络提供一组样例,每一个样例都包括输入及标准输出两部分,如果网络对输入的响应不一致,则通过调节连接权值使之逐步接近样例的标准输出,直到它们的误差小于某个预先指定的阈值为止。所谓无教师的学习是指,事先不给出标准样例,直接将网络置于环境之中,学习阶段与工作阶段融为一体,这种边学习边工作的特征与人的学习过程类似。

(5)它是一个大规模自组织、自适应的非线性动力系统。它具有一般非线性动力系统的共性,即不可预测性、耗散性、高维性、不可逆性、广泛连接性与自适应性等。

2.人工神经网络的分类

迄今为止,已经开发出了几十种神经网络模型,从不同角度进行划分,可以得到不同的分类结果。例如,若按网络的拓扑结构划分,则可分为无反馈网络与有反馈网络;若按网络的学习方法划分,则可分为有教师的学习网络与无教师的学习网络;若按网络的性能划分,则既可以分为连续型与离散型网络,又可分为确定型与随机型网络;若按连接突触的性质划分,则可分为一阶线性关联网络与高阶非线性关联网络。

11.1.4 神经网络研究的发展简史

关于神经网络的研究可以追溯到20世纪40年代。早在1943年麦克洛奇与皮兹就提出了神经网络的数学模型,即 *M-P* 模型,从此开创了神经科学理论研究的新时代。1949年心理学家赫布(Hebb)提出了改变神经元连接强度的 Hebb 规则,为神经网络学习算法的研究奠定了基础。1957年罗森勃拉特(F.Rosenblatt)提出了感知器(Perceptron)模型,把神经网络从纯理论的探讨引向了工程上的实现,掀起了神经网络研究的第一个高潮。据统计,当时有上百个实验室及研究机构研制了相应的电子装置以进行声音、文字的识别及学习记忆等。但由于感知器的概念与当时占主导地位的以符号推理为基本特征的人工智能的研究途径不同,因而既引起了人们的关注,也引起了很大的争议。

20世纪60年代,冯·诺依曼(Von Neumann)型数字计算机正处于发展的全盛时期,人工智能在符号处理上也取得了显著的成就,这些成绩的取得掩盖了发展新型模拟计算机和人工智能技术的必要性和迫切性。再加上神经网络自身的一些局限,一时使神经网络的研究陷入了困境。明斯基与佩珀特(Papert)仔细地从数学上分析了以感知器为代表的神经网络系统的功能及局限后,于1969年发表了对神经网络研究产生重要影响的"Perceptrons"一书,指出感知器仅能解决一阶谓词逻辑问题,不能解决高阶谓词问题,并且给出一个简单例子,即 XOR问题,指出该问题是不能直接通过感知器算法来解决的。明斯基在书中还指出,通过加入隐节点有可能使问题得到解决,但他对加入隐节点后能否给出一个有效算法持悲观态度。明斯基的论点极大地影响了对神经网络的研究,使众多的研究者转去研究当时发展较快的以符号处理为基础的人工智能上。

20世纪70年代末,随着人工智能在模拟人的逻辑思维方面取得的进展,智能计算机的研究受到重视,人们突出地感到传统的人工智能系统与人的智能相比存在着太大的差距,特别表现在感知能力及形象思维等方面。人们可以毫不费力地识别各种复杂事物,能从记忆的大量信息中迅速地找到所需要的信息,能对外界的刺激迅速地做出反应,具有自适应、自学习及创新等能力,而这些都是当时以符号处理为主的人工智能不能解决的。于是,人们又重新将目标转向神经网络的研究上,试图通过对人脑神经系统的结构、工作机理的研究,缩小以上差距。另一方面,当时学术界对复杂系统的研究也已取得许多进展,如普里高京(Prigogine)提出了非平衡系统的自组织理论,哈肯(Haken)对大量元件联合行动而产生的有序宏观表现进行了许多研究,提出了相应的理论。这些研究类似于生物系统的进化和自组织过程及认知过程的学习过程,这就为神经网络研究的再度兴起提供了理论基础。与此同时,脑科学与神经心理学的研究此时也取得了很大进步,出现了一系列新的研究成果,如皮层的功能柱结构,信息处理的平行、层次观点,联想记忆理论等,这也为神经网络研究的再度兴起创造了条件。

1982年美国加州工学院物理学家霍普菲尔特(J.J.Hopfield)提出了离散的神经网络模型,这被认为是一件有突破性的研究工作,标志着神经网络研究高潮的又一次到来。他引入了李雅普诺夫(Lyapunov)函数,给出了网络稳定性判据。1984年他又提出了连续神经网络模型,其中神经元动态方程可以用运算放大器来实现,并且用电子线路来仿真神经网络,这就为神经网络计算机的研究奠定了基础。次年,加州理工学院和贝尔实验室合作制成256个神经元,它由25 000个晶体管和10万个电阻集成在$1.613\text{cm}^2(0.25in^2)$的芯片上。

自20世纪80年代中期以来,世界上许多国家都掀起了研究神经网络的热潮。1986年4月美国物理学会在Snowbirds召开了国际神经网络会议;1987年6月IEEE在San Diego召开了神经网络国际会议,并成立了国际神经网络学会(INNS);1988年元月创刊"神经网络"杂志;自此以后每年都要召开一次神经网络国际学术年会;1990年3月IEEE神经网络会刊问世。在国际研究潮流的推动下,我国也于1990年10月由中国自动化学会、中国计算机学会等八个学会联合召开了中国神经网络首届学术大会,对人工神经网络模型、学习算法、神经网络与人工智能等进行了讨论。

对于神经网络研究热潮的出现,虽然也有人对之存在疑虑,但最悲观的估计仍然认为这一领域的发展会带来重大的科学研究成果和应用前景,而最乐观的估计则称之为一种新的主义,即连接主义,认为将建立起一种能解决知识表达、推理、学习、联想、记忆乃至复杂社会现象的统一模型,它将预示着一个新兴工业的诞生。不管这一估计是否正确,可以肯定的是,神经网络的研究及应用不仅会推动神经动力学本身的发展,而且将对新一代计算机的设计产生重大影响,有可能会为新一代计算机和人工智能的研究开辟一条崭新的途径。

表11-2列出了在人工神经网络研究中作出了重要贡献的一些学者的主要神经网络及研究成果。

表 11-2　重要神经网络及研究成果

名　称	贡　献　者	时间	基　本　应　用
感知器	F. Rosenblatt,康乃尔大学	1957	印刷字符的识别
自适应线性元件（Adaline）	B. Widrow,斯坦福大学	1962	自适应系统
Avalanche	S. Grossberg,波斯顿大学	1968	连续语音的识别
反向传播理论（B-P）	Rumelhart，McClland 等	1974 ～1985	模式识别
BSB-盒中脑	J. Anderson,布朗大学	1977	从数据库中提取知识
自适应共振理论（ART）	S. Grossberg,波斯顿大学	1978 ～1986	模式识别
自组织映射	T. Kohonen,赫尔辛基大学	1980	映射一维几何区域到另一区域,用于航空动力系统计算中
Hopfield 离散网络模型及连续网络模型	J. Hopfield,加州工学院	1982 ～1984	图象与复杂数据检索
双向联想记忆	B. Kosko,南加州大学	1985	按地址内容联想记忆
波尔兹曼机	J. Hinton 等,多伦多大学	1985	模式识别(声纳、雷达)
对传模型	R. H. Nielsen,神经计算机公司	1986	图象分析与统计分析
细胞网络模型	Chua-Yang	1988	

11.2　神经网络模型

网络模型是人工神经网络研究的一个重要方面,目前已经开发出了多种不同的模型。由于这些模型大都是针对各种具体应用开发的,因而差别较大,至今尚无一个通用的网络模型。本节将择其几种应用较多且较典型的进行讨论。

11.2.1　感知器

前面说过,罗森勃拉特于 1957 年提出的感知器模型把神经网络的研究从纯理论探讨引向了工程上的实现,在神经网络的发展史上占有重要的地位。尽管它有较大的局限性,甚至连简单的异或(XOR)逻辑运算都不能实现,但它毕竟是最先提出来的网络模型,而且它提出的自组织、自学习思想及收敛算法对后来发展起来的网络模型都产生了重要的影响,甚至可以说,后来发展的网络模型都是对它的改进与推广。

最初的感知器是一个只有单层计算单元的前向神经网络,由线性阈值单元组成,称为单层感知器。后来针对其局限性进行了改进,提出了多层感知器。

1.线性阈值单元

线性阈值单元是前向网络(又称前馈网络)中最基本的计算单元,它具有 n 个输入(x_1, x_2,…,x_n),一个输出(y),n 个连接权值($w_1, w_2,…, w_n$),且

$$y = \begin{cases} 1, & \text{若} \sum\limits_{i=1}^{n} w_i x_i - \theta \geqslant 0 \\ -1(\text{或} 0), & \text{若} \sum\limits_{i=1}^{n} w_i x_i - \theta < 0 \end{cases}$$

如图 11-9 所示。

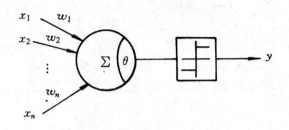

图 11-9　线性阈值单元

2. 单层感知器及其学习算法

单层感知器只有一个计算层,它以信号模板作为输入,经计算后汇总输出,层内无互连,从输出至输入无反馈,是一种典型的前向网络,如图 11-10 所示。

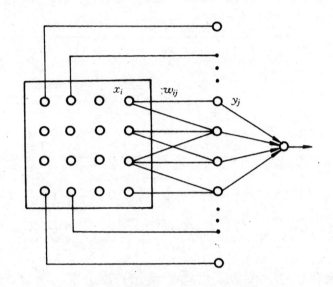

图 11-10　单层感知器

在单层感知器中,当输入的加权和大于等于阈值时,输出为 1,否则为 0 或 -1。它与 *M-P* 模型的不同之处是假定神经元间的连接强度(即连接权值 w_{ij})是可变的,这样它就可以进行学习。

罗森勃拉特于 1959 年给出了单层感知器的学习算法,学习的目的是调整连接权值,以使网络对任何输入都能得到所期望的输出。在以下的算法描述中,为清楚起见,只考虑仅有一个输出节点的情况,其中,x_i 是该输出节点的输入;w_i 是相应的连接权值($i=1,2,\cdots,n$);$y(t)$ 是时刻 t 的输出;d 是所期望的输出,它或者为 1,或者为 -1。学习算法如下:

(1) 给 $w_i(0)$ $(i=1,2,\cdots,n)$ 及阈值 θ 分别赋予一个较小的非零随机数作为初值。这里 $w_i(0)$ 表示在时刻 $t=0$ 时第 i 个输入的连接权值。

(2) 输入一个样例 $X=\{x_1,x_2,\cdots,x_n\}$ 和一个所期望的输出 d。

(3) 计算网络的实际输出:

$$y(t) = f(\sum_{i=1}^{n} w_i(t) x_i - \theta)$$

421

(4) 调整连接权值:
$$w_i(t+1) = w_i(t) + \eta[d - y(t)]x_i \qquad i = 1, 2, \cdots, n$$

此处 $0 < \eta \leqslant 1$,它是一个增益因子,用于控制调整速度,通常 η 不能太大,否则会影响 $w_i(t)$ 的稳定;η 也不能太小,否则 $w_i(t)$ 的收敛速度太慢。如果实际输出与已知的输出一致,表示网络已经作出了正确的决策,此时就无需改变 $w_i(t)$ 的值。

(5) 转到第(2)步,直到连接权值 w_i 对一切样例均稳定不变时为止。

罗森勃拉特还证明了如果取自两类模式 A, B 中的输入是线性可分的,即它们可以分别落在某个超平面的两边,那么单层感知器的上述算法就一定会最终收敛于将这两类模式分开的那个超平面,并且该超平面能将 A, B 类中的所有模式都分开。但是,当输入不是线性可分并且还部分重叠时,在单层感知器的收敛过程中决策界面将不断地振荡。作为例子,下面我们来说明上面多次提到的 XOR 问题,表 11-3 给出了异或逻辑运算的真值表。

表 11-3　异或逻辑运算真值表

点	输入 x_1	输入 x_2	输出 y
A_1	0	0	0
B_1	1	0	1
A_2	1	1	0
B_2	0	1	1

由表 11-3 可以看出,只有当输入的两个值中有一个为 1,且不能同时为 1 时,输出的值才为 1,否则输出的值为 0,即

$$y = x_1 \quad \text{XOR} \quad x_2 = x_1 \overline{x_2} \quad \bigvee \quad \overline{x_1} x_2$$

这里 $\overline{x_i}$ 表示 x_i 的非运算,即若 $x_i = 0$,则 $\overline{x_i} = 1$;若 $x_i = 1$,则 $\overline{x_i} = 0$。

现在我们来看用单层感知器实现简单逻辑运算时的情况:

(1) $y = x_1 \wedge x_2$ 等价于 $y = x_1 + x_2 - 2$,即 $w_1 = w_2 = 1, \theta = 2$。

(2) $y = x_1 \vee x_2$ 等价于 $y = x_1 + x_2 - 0.5$,即 $w_1 = w_2 = 1, \theta = 0.5$。

(3) $y = \overline{x_1}$ 等价于 $y = -x_1 + 1$,即 $w = -1, \theta = -1$。

(4) 如果 XOR 能由单层感知器实现,那么由 XOR 的真值表 11-3 可知 w_1, w_2 和 θ 应满足如下方程组:

$$w_1 + w_2 - \theta < 0$$
$$w_1 + 0 - \theta \geqslant 0$$
$$0 + 0 - \theta < 0$$
$$0 + w_2 - \theta \geqslant 0$$

但该方程组显然是无解的。这就说明单层感知器不能解决 XOR 问题。此外,这一事实还可以用几何方法来解释。x_1 与 x_2 有四种组合,分别对应于 $x_1 \sim x_2$ 平面上的四个点 A_1, A_2, B_1, B_2,如图 11-11 所示。由图可以看出,满足

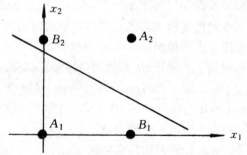

图 11-11　XOR 问题的几何解释

x_1 XOR $x_2=1$ 的顶点集为 $S_1=\{B_1,B_2\}$;满足 x_1 XOR $x_2=0$ 的顶点集为 $S_2=\{A_1, A_2\}$。显然找不到一条直线能将集合 S_1 和 S_2 分开,即它能把 S_1 划在直线的一边,而把 S_2 划在另一边。

3. 多层感知器

只要在输入层与输出层之间增加一层或多层隐层,就可得到多层感知器,图 11-12 是一个具有两个隐层的三层感知器。

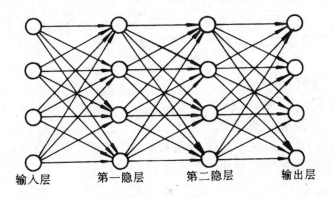

图 11-12 三层感知器

多层感知器克服了单层感知器的许多弱点。例如,应用二层感知器就可实现异或逻辑运算,如图 11-13 所示。其中

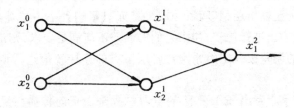

图 11-13 异或问题的二层感知器

$$x_1^1 = 1 \times x_1^0 + 1 \times x_2^0 - 1$$
$$x_2^1 = (-1) \times x_1^0 + (-1) \times x_2^0 - (-1.5)$$
$$x_1^2 = 1 \times x_1^1 + 1 \times x_2^1 - 2$$

相应的决策域如图 11-14 所示。

11.2.2 B-P 模型

B-P (Back-Propagation)模型是一种用于前向多层神经网络的反传学习算法,由鲁梅尔哈特(D. Rumelhart)和麦克莱伦德(McClelland)于 1985 年提出。在此之前,虽然已有韦伯斯(Werbos)和派克(Parker)分别于 1974 年及 1982 年

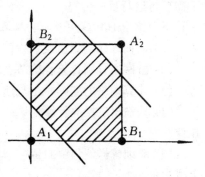

图 11-14 异或问题的决策域

提出过类似的算法,但只有在鲁梅尔哈特等提出后才引起了广泛的重视和应用。目前,B-P 算法已成为应用最多且最重要的一种训练前向神经网络的学习算法,亦是前向网络得以广泛应用的基础。

B-P 算法用于多层网络,网络中不仅有输入层节点及输出层节点,而且还有一层至多层隐层节点,如图 11-15所示。

当有信息向网络输入时,信息首先由输入层传至隐层节点,经特性函数作用后,再传至下一隐层,直到最终

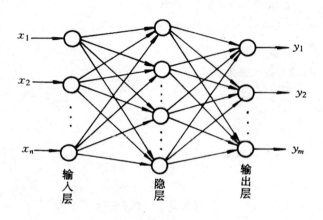

图 11-15　*B-P* 网络

传至输出层进行输出,其间每经过一层都要由相应的特性函数进行变换。节点的特性函数要求是可微的,通常选用 S 型函数,例如

$$f(x) = \frac{1}{1 + e^{-x}}$$

下面讨论 B-P 算法的学习过程。

学习的目的是对网络的连接权值进行调整,使得对任一输入都能得到所期望的输出。学习的方法是用一组训练样例对网络进行训练,每一个样例都包括输入及期望的输出两部分。训练时,首先把样例的输入信息输入到网络中,由网络自第一个隐层开始逐层地进行计算,并向下一层传递,直至传至输出层,其间每一层神经元只影响到下一层神经元的状态。然后,以其输出与样例的期望输出进行比较,如果它们的误差不能满足要求,则沿着原来的连接通路逐层返回,并利用两者的误差按一定的原则对各层节点的连接权值进行调整,使误差逐步减小,直到满足要求时为止。

由上述训练过程不难看出,B-P 算法的学习过程是由正向传播与反向传播组成的。正向传播用于进行网络计算,对某一输入求出它的输出;反向传播用于逐层传递误差,修改连接权值,以使网络能进行正确的计算。一旦网络经过训练用于求解现实问题,则就只需正向传播,不需要再进行反向传播。

下面给出 B-P 算法学习的具体步骤:

(1) 从训练样例集中取一样例,把输入信息输入到网络中。

(2) 由网络分别计算各层节点的输出。

(3) 计算网络的实际输出与期望输出的误差。

(4) 从输出层反向计算到第一个隐层,按一定原则向减小误差方向调整网络的各个连接权值。

(5) 对训练样例集中的每一个样例重复以上步骤,直到对整个训练样例集的误差达到要求时为止。

在以上步骤中,关键的是第(4)步,必须确定如何沿减小误差的方向调整连接权值。在对它进行说明之前,先对下面要用到的符号约定如下:

424

O_i：节点 i 的输出；

net_j：节点 j 的输入；

w_{ij}：从节点 i 到节点 j 的连接权值。

$y_k, \hat{y}_k$：分别为输出层上节点 k 的实际输出（即由网络计算得到的输出）及期望输出。

显然，对于节点 j 有：

$$net_j = \sum_i w_{ij}O_i \tag{11.1}$$

$$O_j = f(net_j) \tag{11.2}$$

其中，节点 j 位于节点 i 的下一层上，且节点 i 连接到节点 j。

在 B-P 算法学习过程中，为了使学习以尽可能快的减小误差的方式进行，对误差的计算采用了广义的 δ 规则，其误差函数为

$$e = \frac{1}{2}\sum_k (\hat{y}_k - y_k)^2 \tag{11.3}$$

连接权值的修改由下式计算：

$$w_{jk}(t+1) = w_{jk}(t) + \Delta w_{jk} \tag{11.4}$$

其中，$w_{jk}(t)$ 及 $w_{jk}(t+1)$ 分别是时刻 t 及 $t+1$ 从节点 j 至节点 k 的连接权值；Δw_{jk} 是权值的变化量。

现在的问题是如何计算 Δw_{jk}。为了使连接权值沿着 e 的梯度变化方向得以改善，网络逐渐收敛，B-P 算法取 Δw_{jk} 正比于 $-\dfrac{\partial e}{\partial w_{jk}}$，即

$$\Delta w_{jk} = -\eta \frac{\partial e}{\partial w_{jk}}$$

其中 η 为增益因子，$\dfrac{\partial e}{\partial w_{jk}}$ 由以下计算得到：

$$\frac{\partial e}{\partial w_{jk}} = \frac{\partial e}{\partial net_k}\frac{\partial net_k}{\partial w_{jk}}$$

由于

$$net_k = \sum_j w_{jk}O_j$$

故有

$$\frac{\partial net_k}{\partial w_{jk}} = \frac{\partial}{\partial w_{jk}}\sum_j w_{jk}O_j = O_j$$

令

$$\delta_k = \frac{\partial e}{\partial net_k}$$

所以有

$$\Delta w_{jk} = -\eta\frac{\partial e}{\partial w_{jk}} = -\eta\delta_k O_j \tag{11.5}$$

下面分两种情况计算 δ_k。

（1）节点 k 是输出层上的节点。此时，$O_k = y_k$，则

$$\delta_k = \frac{\partial e}{\partial net_k} = \frac{\partial e}{\partial y_k} \frac{\partial y_k}{\partial net_k}$$

由于

$$\frac{\partial e}{\partial y_k} = -(\hat{y}_k - y_k)$$

$$\frac{\partial y_k}{\partial net_k} = f'(net_k)$$

所以

$$\delta_k = -(\hat{y}_k - y_k)f'(net_k) \tag{11.6}$$

$$\Delta w_{jk} = \eta(\hat{y}_k - y_k)f'(net_k)O_j \tag{11.7}$$

(2) 节点 k 不是输出层上的节点。这表示连接权值是作用于隐层上的节点的,此时 δ_k 按如下计算:

$$\delta_k = \frac{\partial e}{\partial net_k} = \frac{\partial e}{\partial O_k} \frac{\partial O_k}{\partial net_k} = \frac{\partial e}{\partial O_k}f'(net_k)$$

其中, $\frac{\partial e}{\partial O_k}$ 是一个隐函数求导问题,这里不再进行推导,而直接给出结果,即

$$\frac{\partial e}{\partial O_k} = \sum_m \delta_m w_{km}$$

所以

$$\delta_k = f'(net_k) \sum_m \delta_m w_{km} \tag{11.8}$$

这表明,内层节点的 δ 值是通过上一层节点的 δ 值来计算的。这样,我们就可以先用(11.6)式计算出最高层(即输出层)上各节点的 δ 值,并将它反传到较低层上,然后用(11.8)式计算出各较低层上节点的 δ 值。每个较低层上节点的 δ 值的计算都要用到与它相邻但层次较高的节点的 δ 值。为了说明反传时 δ 的计算方法,下面给出一个例子。

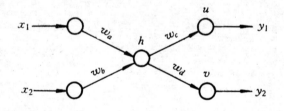

图 11-16 简单反传网络

设有如图 11-16 所示的一个简单网络。

由图 11-16 可以看出:

$$net_h = w_a x_1 + w_b x_2 \qquad O_h = f(net_h)$$
$$net_u = w_c O_h \qquad O_u = y_1 = f(net_u)$$
$$net_v = w_d O_h \qquad O_v = y_2 = f(net_v)$$
$$e = \frac{1}{2}[(\hat{y}_1 - y_1)^2 + (\hat{y}_2 - y_2)^2]$$

反向传播时计算如下:

(1) 计算 $\frac{\partial e}{\partial w}$

$$\frac{\partial e}{\partial w_a} = \frac{\partial e}{\partial net_h} \frac{\partial net_h}{\partial w_a} = \frac{\partial e}{\partial net_h}x_1 = \delta_h x_1$$

426

$$\frac{\partial e}{\partial w_b} = \frac{\partial e}{\partial net_h}\frac{\partial net_h}{\partial w_b} = \frac{\partial e}{\partial net_h}x_2 = \delta_h x_2$$

$$\frac{\partial e}{\partial w_c} = \frac{\partial e}{\partial net_u}\frac{\partial net_u}{\partial w_c} = \frac{\partial e}{\partial net_u}O_h = \delta_u O_h$$

$$\frac{\partial e}{\partial w_d} = \frac{\partial e}{\partial net_v}\frac{\partial net_v}{\partial w_d} = \frac{\partial e}{\partial net_v}O_h = \delta_v O_h$$

(2) 计算 δ

$$\delta_u = \frac{\partial e}{\partial net_u} = (y_1 - \hat{y}_1)f'(net_u)$$

$$\delta_v = \frac{\partial e}{\partial net_v} = (y_2 - \hat{y}_2)f'(net_v)$$

$$\delta_h = (\delta_u w_c + \delta_v w_d)f'(net_h)$$

另外,我们也可以按照上述权值的学习方式对阈值 θ_j 进行学习,这只要把 θ_j 设想为神经元的连接权值,其输入信号总为单位值 1 就可以了。

最后说明一下连接权值的调整时机。在鲁梅尔哈特等人提出的学习连接权值及阈值的广义 δ 规则中,学习过程是按照误差 e_p(对样例 p 经正向传播得到的误差)减小最快的方式改变连接权值,直到获得满意的连接权值的。但也可以基于 E 来完成在权值空间的梯度搜索,E 为

$$E = \frac{1}{2P}\sum_p \sum_k (\hat{y}_{pk} - y_{pk})^2$$

其中,P 为训练样例的个数;y_{pk} 及 $\hat{y}_{pk}$ 分别是对于样例 p 的节点 k 的实际输出与期望输出。一般来说,究竟是基于 e_p 还是基于 E 来完成在权值空间的梯度搜索,会获得不同的结果。对于前一种情况,连接权值的调整是顺序操作的,网络对样本逐个地顺序输入而不断地学习。而后一种情况,它是基于 E 的最小值进行学习的,这对于自适应模式识别是可行的,但没有模拟生物神经网络的处理过程。

关于基于 e_p 的学习过程在前面已经述及,图 11-17 给出了在单样例情况下的处理流程。下面简单说明一下基于 E 的学习过程。该过程也由正向传播及反向传播组成,正向传播开始时对所有连接权值均随机地置以初值,并任选一个样本进行输入,经逐层传播后最终在输出层得到输出。此时,输出值一般与期望值有一定的误差,需要通过反向传播过程计算样例 p 在各层神经元权值的变化量 $\Delta_p w_{jk}$,但并不对各层神经元的连接权值进行修改,而是不断重复这个过程,直至完成对样本集中所有样本的计算,并产生这一轮训练的权值改变量 Δw_{jk}:

$$\Delta w_{jk} = \sum_p \Delta_p w_{jk}$$

此时才对网络中各神经元的连接权值进行调整。在此之后,网络重新按照前向传播方式得到输出,如若实际输出与期望输出的误差仍然不能满足要求,则将又导致新一轮的权值修正。如此重复往返地进行循环,直到网络收敛,得到对应于该样例集的一组连接权值为止。

B-P 算法是一个有效的算法,许多问题都可以用它来解决。由于它具有理论依据坚实、推导过程严谨、物理概念清晰及通用性好等优点,使它至今仍然是前向网络学习的主要算法。但 B-P 算法也存在一些不足之处,主要有:

(1) 该学习算法的收敛速度非常慢,常常需要成千上万次迭代,而且随着训练样例维数的

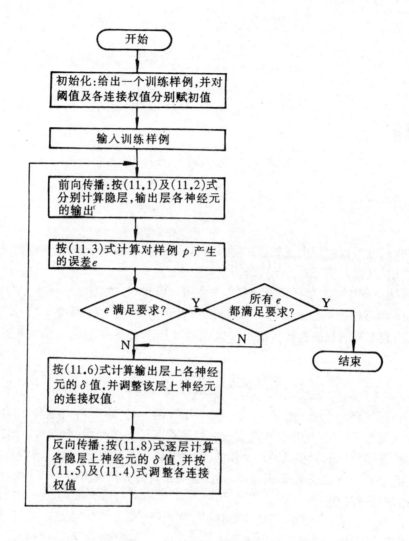

图 11-17　单样本 B-P 算法流程图

增加网络性能会变差。

（2）从数学上看它是一种梯度最速下降法，这就有可能出现局部极小问题。当局部极小点产生时，B-P 算法所求得的就不是问题的解，故 B-P 算法是不完备的。所谓算法的完备性是指，若问题有解，则运用算法就一定能求得解。

（3）网络中隐节点个数的选取尚无理论上的指导。

（4）当有新样例加入时，将会影响到已学习过的样例，而且要求刻画每个输入样例的特征数目相同。

对以上不足之处已经提出了一些解决方法，例如针对收敛速度慢的问题，有人提出了在多层网络中增加高阶项的方法以提高网络的性能等。

11.2.3　Hopfield 模型

前面讨论的两种模型都是前向神经网络，从输出层至输入层无反馈，这就不会使网络的输

428

出陷入从一个状态到另一个状态的无限转换中,因而人们对它的研究着重是学习方法的研究,而较少关心网络的稳定性。

Hopfield 模型是霍普菲尔特分别于1982年及 1984 年提出的两个神经网络模型,一个是离散的,一个是连续的,但它们都属于反馈网络,即它们从输入层至输出层都有反馈存在。图 11-18 是一个单层反馈神经网络。

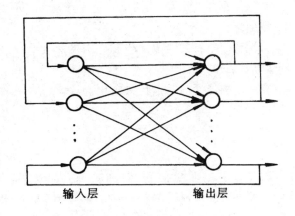

在反馈网络中,由于网络的输出要反复地作为输入送入网络中,这就使得网络的状态在不断地改变,因而就提出了网络的稳定性问题。所谓一个网络是稳定的,是指从某一时刻开始,网络的状态不再改变。设用 $X(t)$ 表示网络在时刻 t 的状态,如果从 $t=0$ 的任一初态 $X(0)$ 开始,存在一个有限的时刻 t,使得从此时刻开始神经网络的状态不再发生变化,即

图 11-18　单层反馈神经网络

$$X(t + \Delta t) = X(t) \qquad\qquad \Delta t > 0$$

就称该网络是稳定的。

霍普菲尔特提出的离散网络模型是一个离散时间系统,每个神经元只有两种状态,可用 1 和 -1,或者 1 和 0 表示,由连接权值 w_{ij} 所构成的矩阵是一个零对角的对称矩阵,即

$$w_{ij} = \begin{cases} w_{ji}, & \text{若 } i \neq j \\ 0, & \text{若 } i = j \end{cases}$$

在该网络中,每当有信息进入输入层时,在输入层不做任何计算,直接将输入信息分布地传递给下一层各有关节点。若用 $X_j(t)$ 表示节点 j 在时刻 t 的状态,则该节点在下一时刻(即 $t+1$)的状态由下式决定:

$$X_j(t + 1) = \text{sgn}(H_j(t))$$
$$= \begin{cases} 1, & \text{若 } H_j(t) \geqslant 0 \\ -1(\text{或 } 0), & \text{若 } H_j(t) < 0 \end{cases}$$

这里

$$H_j(t) = \sum_{i=1}^{n} w_{ij} X_i(t) - \theta_j$$

其中,w_{ij} 为从节点 i 到节点 j 的连接权值;θ_j 为节点 j 的阈值。

整个网络的状态用 $X(t)$ 表示,它是由各节点的状态所构成的向量。对于图 11-18,若假设输出层只有两个节点,并用 1 和 0 分别表示每个节点的状态,则整个网络共有四种状态,分别为:

$$00, \quad 01, \quad 10, \quad 11$$

如果假设输出层有三个节点,则整个网络共有八种状态,每个状态是一个三位的二进制数,如图 11-19 所示。在该图中,立方体的每一个顶角代表一个网络状态。一般来说,如果在输出层有 n 个神经元,则网络就有 2^n 个状态,它可以与一个 n 维超立体的顶角相联系。当有一个输

入向量输入到网络后,网络的迭代过程就不断地从一个顶角转向另一个顶角,直至稳定于一个顶角为止。如果网络的输入不完全或只有部分正确,则网络将稳定于所期望顶角附近的一个顶角那里。

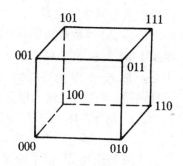

图 11-19　三个神经元的八个状态

霍普菲尔特的离散网络模型有两种工作方式,即串行(异步)方式及并行(同步)方式。所谓串行方式,是指在任一时刻 t 只有一个神经元 i 发生状态变化,而其余 $n-1$ 个神经元保持状态不变,即

$$X_j(t+1) = \text{sgn}(H_j(t))$$
$$X_i(t+1) = X_i(t) \qquad 对所有 i \neq j$$

所谓并行方式,是指在任一时刻 t,都有部分或全体神经元同时改变状态。

关于离散霍普菲尔特网络的稳定性,早在 1983 年就由科恩(Cohen)与葛劳斯伯格(S. Grossberg)给出了稳定性的证明。霍普菲尔特等又进一步证明,只要连接权值构成的矩阵是具有非负对角元的对称矩阵,则该网络就具有串行稳定性;若该矩阵为非负定矩阵,则该网络就具有并行稳定性。

离散霍普菲尔特网络中的神经元与生物神经元的差别较大,因为生物神经元的输入输出是连续的,而且生物神经元存在时延。于是霍普菲尔特于 1984 年又提出了连续时间的神经网络,在这种网络中,节点的状态可取 0 至 1 间任一实数值。

霍普菲尔特网络是一种非线性的动力学网络,它通过反复运算这一动态过程求解问题,这是符号逻辑方法所不具有的特性。在求解某些问题时,它与人们求解的方法很相似。例如对于"旅行推销员问题"就是这样。所谓旅行推销员问题是指:给定 N 个城市,要求找出一条能够到达各个城市但又不重复访问的最短路径。对该问题,若用穷尽搜索的方法来求解,则运算量将随城市数 N 的增加呈指数性增长,但若用霍普菲尔特网络求解这个问题,就会把最短路径问题化为一个网络能量(霍普菲尔特认为网络行为是受网络能量支配的,对于离散及连续的霍普菲尔特网络均有相应的能量函数来表示网络的能量)求极小的问题,这个动态系统的最后运行结果就是问题的解。当然,用这种方法求得的解不一定是最优的,即不一定是最短路径,而是某个较短路径,但这正好与人们凭直觉求解问题的效果是一致的。人们遇到问题时,经常能直观地很快作出决策,但它却不一定是最优的。

下面给出霍普菲尔特模型的算法:

(1) 设置互连权值

$$w_{ij} = \begin{cases} \sum_{s=1}^{m} x_i^s x_j^s, & i \neq j \\ 0, & i = j, i \geqslant 1, j \leqslant n \end{cases}$$

其中,x_i^s 为 s 类样例的第 i 个分量,它可以为 $+1$ 或 $-1(0)$,样例类别数为 m,节点数为 n。

(2) 未知类别样本初始化

$$y_i(0) = x_i \qquad\qquad 1 \leqslant i \leqslant n$$

其中,$y_i(t)$ 为节点 i 在 t 时刻的输出,当 $t=0$ 时,$y_i(0)$ 就是节点 i 的初始值,x_i 为输入样本的第 i 个分量。

(3) 迭代直到收敛

$$y_j(t+1) = f\left(\sum_{i=1}^{n} w_{ij}y_i(t)\right)$$

该过程将一直重复进行,直到进一步的迭代不再改变节点的输出为止。

(4) 转(2)继续。

霍普菲尔特模型的主要不足之处为:

(1) 很难精确分析网络的性能。

(2) 其动力学行为比较简单。

11.2.4 自适应共振理论

具有学习能力是神经网络的一个主要特点。前面讨论的那几种模型都是有教师的学习,本段将讨论无教师的学习网络,自适应共振理论网络就是其中应用较多的一种。

自适应共振理论(Adaptive Resonance Theory,简记为 ART)由葛劳斯伯格(S. Grossberg)和卡彭特(A. Carpenter)于 1986 年提出。这一理论包括 ART1,ART2 和 ART3 三种模型,它们可以对任意多个和任意复杂的二维模式进行自组织、自稳定和大规模并行处理。其中 ART1 用于二进制输入,ART2 用于连续信号输入,而 ART3 用模拟化学神经传导动态行为的方程来描述,它们主要用于模式识别。

1. ART 的基本原理

根据自适应共振理论建立的网络简称为 ART 网络。这种网络实际上是一个模式分类器,用于对模式进行分类。每当网络接收外界的一个输入向量时,它就对该向量所表示的模式进行识别,并将它归入与某已知类别的模式匹配的类中去;如果它不与任何已知类别的模式匹配,则就为它建立一个新的类。如果一个新输入的模式与某一个已知类别的模式近似匹配,则在把它归入该类的同时,还要对那个已知类别的模式向量进行调整,以使它与新模式更相似。这里所说的近似匹配是指两个向量的差异落在允许的警戒值(Vigilance)范围之内。

图 11-20 给出了单识别层 ART1 网络的工作原理示意。

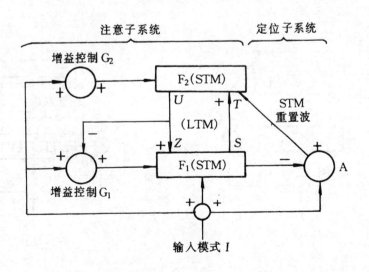

图 11-20 ART1 结构

ART1 网络具有 F_1 和 F_2 这两个短期记忆层 STM (Short Time Memory),在 F_1 和 F_2 之间是一个长期记忆层 LTM (Long Time Memory)。整个系统分为两个部分:注意子系统与定位子系统。前者的功能是完成自底向上向量的竞争选择以及自下而上与自上而下向量相似度的比较;后者的功能是检查预期向量 V 和输入向量 I 的相似程度,当相似度低于警戒值时,就取消相应的向量,然后转而从其它类别选取。

ART1 的工作过程主要包括以下几个部分:

(1) 自下而上的自适应滤波和 STM 中的对比度增强过程。输入信号经 F_1 的节点变换成激活模式 X,在完成特征检测后,F_1 中激活较大的节点就会输出信号到 F_2,就这形成了输出模式 S。当 S 通过 F_1 与 F_2 之间通道时,经过加权组合(LTM)变换为模式 T,然后作为 F_2 的输入,如图 11-21(a)所示。S 到 T 的变换称为自适应滤波。F_2 接收 T 后,通过节点间的相互作用就迅速产生对比度增强了的模式 Y,并存于 F_2 中。这一阶段的学习就是一系列的变换:

$$I \rightarrow X \rightarrow S \rightarrow T \rightarrow Y$$

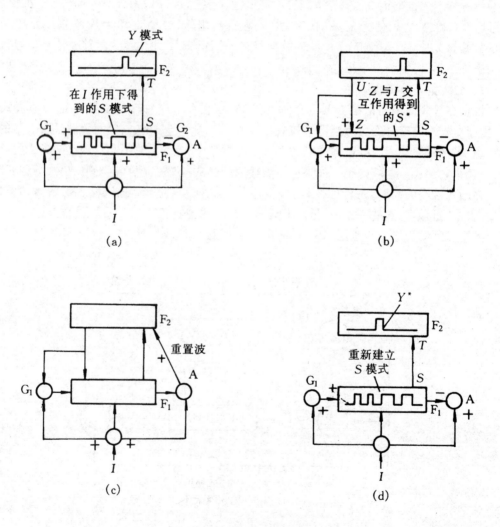

图 11-21　ART1 作用过程

432

(2) 自上而下的模板匹配和对已学编码的稳定。一旦自下而上的变换 $I \to Y$ 完成后，Y 就会产生自上而下的激活信号模式 U 向 F_1 输送(图 11-21(b))，但只有足够大的激活才会向反馈通道送出 U。U 经过加权组合变换为模式 Z，Z 称为自上而下的模板。现在有 I 和 Z 两组模式作用于 F_1，它们共同产生的激活模式 S^* 一般与只受 I 作用产生的 S 不同，此时 F_1 的作用是要使 Z 与 I 匹配，其匹配结果将决定此后的作用过程。

(3) 注意子系统与作用系统相互作用过程。在图 11-21(a)中，输入模式在产生 X 的同时也激发了定位子系统 A，但 F_1 中的 X 会在 A 产生输出前起禁止作用，当 F_2 的反馈模式 Z 与 I 失配时，就会大大减弱这一禁止作用，在减弱到一定程度时，A 就被激活，如图 11-21(c)所示。A 向 F_2 送信号将改变 F_2 的状态，取消原来自上而下的模板 Z，从而结束 Z 与 I 的失配。此时输入 I 将再次起作用直到 F_2 产生新状态 Y^*(图 11-21(d))，Y^* 产生新的自上而下模板 Z^*。如果仍然失配，定位子系统还会再起作用。这样，就产生了一个快速的匹配与重置过程，此过程一直进行到 F_2 送回的模板与外界输入的 I 相匹配时为止。

(4) 如果在 F_1 送出自下而上的作用前 F_2 被激发，此时 F_2 也会产生自上而下的模板 Z 作用于 F_1，并使 F_1 受到激发，产生自下而上的作用过程。这就产生一个问题，F_1 如何知道这一激发是来自下边的输入还是来自上边的反馈？解决这一问题的办法是使用增益控制这一辅助机构。若 F_2 被激发，注意启动机构会向 F_1 送学习模板，而增益控制机构则会给出禁止作用来影响 F_1 对输入响应的灵敏度，使 F_1 得以区分自上而下与自下而上的信号。

(5) 按 2/3 规则匹配。为要使 F_1 产生输出信号，它的三个信号源(输入 I，自上而下的信号，增益控制信号)必须有两个起作用。如果只有一个起作用，则 F_1 不会被激发。

2. ART 学习算法

ART 的基本结构如图 11-22 所示，它由一个输入层和一个输出层组成。

关于 ART 的学习分类过程，目前已有多种实现分类的方法，下面给出一种基于李普曼(Lippman)1987 年提出的方法，它分为以下几步：

(1) 初始化。在开始训练及分类前，要对自上而下的权值向量 W_j、自下而上的权值向量 B_j 以及警戒值 ρ 进行初始化。一般 B_j 应设置为相同的较小值，例如：

$$b_{ij}(0) = \frac{1}{1+n}$$

其中 n 为输入向量的元素个数。W_j 的元素初值为 1，即

$$w_{ij}(0) = 1$$

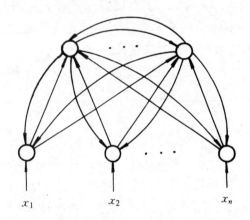

图 11-22　用于分类的 ART1 网络

相应的警戒值 ρ 为

$$0 \leqslant \rho \leqslant 1$$

通过调节 ρ 的值可调整分类的类数，当 ρ 大时，类别就多；当 ρ 小时，类别就少。因此在训练时，可通过调节 ρ 的值，使分类逐步由粗变细。

(2) 给出一个新的输入样例，即输入一个新的样例向量。

433

（3）计算输出节点 j 的输出

$$\mu_j = \sum_i b_{ij} x_i$$

其中，μ_j 是输出节点 j 的输出，x_i 是输入节点 i 的输入，取值为 0 或 1。

（4）选择最佳匹配

$$\mu_j^* = \max_j \{\mu_j\}$$

这可通过输出节点的扩展抑制权达到。

（5）警戒值检测

$$\|X\| = \sum_i x_i$$

$$\|\overline{W}X\| = \sum_i w_{ij} x_i$$

$$s = \frac{\|\overline{W}X\|}{\|X\|}$$

如果 $s > \rho$，则转（7）；否则，转（6）。例如，设

$$X = 1011101, \qquad\qquad \|X\| = 5$$
$$\overline{W}X = 0011101, \qquad\qquad \|\overline{W}X\| = 4$$
$$s = \frac{\|\overline{W}X\|}{\|X\|} = \frac{4}{5} = 0.8$$

（6）重新匹配。当相似率低于 ρ 时，这就需要另外寻找已有的其它模式，即寻找一个更接近于输入向量的类。为此，首先初始化搜索状态，把原激活的神经元置为 0，并标志该神经元取消竞争资格，然后转（3），重复上述过程，直到相似率大于 ρ 而转入（7），结束分类过程，或者全部已有的模式均被测试过，无一匹配，此时将输入信息作为新的一类存储。

（7）调整网络权值

$$w_{ij}(t + 1) = w_{ij}(t) x_i$$
$$b_{ij}(t + 1) = \frac{w_{ij}(t) x_i}{0.5 + \sum_i w_{ij}(t) x_i}$$

（8）转向（2），进行新的向量学习分类。

这是一种快速学习算法，并且是边学习边运行的，输出节点中每次最多只有一个为 1。每个输出节点可以看作一类相似模式的代表性概念。一个输入节点的所有权值对应于一个模式，只有当输入模式距某一个这样的模式较近时，代表它的输出节点才响应。

ART 学习算法有下列特性：

（1）它是一种无教师的学习算法。

（2）训练稳定后，任一已用于训练的输入向量都将不再需要搜索就能正确地激活约定的神经元，并作出正确的分类。同时又能迅速适应未经训练的新对象。

（3）搜索过程和训练过程是稳定的。

（4）训练过程会自行终止。在对有限数量的输入向量训练后，将产生一组确定的权值。

11.3 神经网络在专家系统中的应用

正如我们在第 1 章讨论的那样,自人工智能作为一个学科面世以来,关于它的研究途径就存在两种不同的观点。一种观点主张对人脑的结构及机理开展研究,并通过大规模集成简单信息处理单元来模拟人脑对信息的处理,神经网络是这一观点的代表。关于这方面的研究一般被称为连接机制、连接主义或结构主义。另一种观点主张通过运用计算机的符号处理能力来模拟人的逻辑思维,其核心是知识的符号表示和对用符号表示的知识的处理,专家系统是这一观点的典型代表。关于这方面的研究一般被称为符号机制、符号主义或功能主义。其实,这两方面的研究都各有所长,也各有所短,分别反映了人类智能的一个方面。因而,人们在对每一方面继续开展研究的同时,也已开始研究两者的结合问题,本节将对此做一简单讨论。

11.3.1 神经网络与专家系统的互补性

1. 传统专家系统中存在的问题

自 1968 年第一个专家系统问世以来的 30 年中,专家系统已经获得了迅速的发展,取得了令人瞩目的成就,被广泛应用于多个领域中,成为人工智能中最活跃的一个分支。但是,由于受串行符号处理的束缚,致使某些困难问题长久得不到解决,而且随着应用的不断扩大,这些缺陷日益显得更加突出,严重阻碍了它的进一步发展。其主要问题有:

(1) 知识获取的"瓶颈"问题。在第 7 章我们曾经多次提到知识获取是专家系统建造中的瓶颈问题,这不仅影响到专家系统开发的进度,而且直接影响到知识的质量及专家系统的功能,这是目前人们亟待解决的问题。

(2) 知识的"窄台阶"问题。目前,一般专家系统只能应用于相当窄的知识领域内,求解预定的专门问题,一旦遇到超出知识范围的问题,就无能为力,不能通过自身的学习增长知识,存在所谓的窄台阶问题。

(3) 系统的复杂性与效率问题。目前在专家系统中广泛应用的知识表示形式有产生式规则、语义网络、谓词逻辑、框架和面向对象方法等,虽然它们各自以不同的结构和组织形式描述知识,但都是把知识转换成计算机可以存储的形式存入知识库的,推理时再依一定的匹配算法及搜索策略到知识库中去寻找所需的知识。这种表示和处理方式一方面需要对知识进行合理的组织与管理,另一方面由于知识搜索是一串行的计算过程,必须解决冲突等问题,这就产生了推理的复杂性、组合爆炸及无穷递归等问题,影响到系统的运行效率。

(4) 不具有联想记忆功能。目前的专家系统一般还不具备自学习能力和联想记忆功能,不能在运行过程中自我完善,不能通过联想记忆、识别和类比等方式进行推理,当已知的信息带有噪声、发生畸变等不完全时,缺少有力的措施进行处理。

2. 神经网络中存在的问题

神经网络具有许多诱人的长处,例如它具有强大的学习能力,能从样例中学习,获取知识;易于实现并行运算,而且便于硬件上的实现,从而可大大提高速度;由于信息在网络中是分布表示的,因而它对带有噪声或缺损的输入信息有很强的适应能力。神经网络的这些长处正是传统专家系统所缺乏的。但是,与专家系统相比,它也有一些明显的缺陷。例如,神经网络的学习及问题求解具有"黑箱"特性,其工作不具有可解释性,人们无法知道神经网络得出的结论是如何得到的,而"解释"对于医疗、保险等许多应用领域来说都是必不可少的,这就限制了它的应用。另外,神经网络的学习周期较长,收敛速度慢,缺乏有效的追加学习能力,为了让一个已经训练好的网络再学习几个样例,常常需要对整个网络重新进行训练,浪费了许多时间。

3. 神经网络与专家系统的集成

神经网络与传统的专家系统各有自己的长处与不足,而且一方的长处往往又是另一方的不足,这就使人们想到把两者集成起来,以达到"取长补短"的目的。当然,由于两者在结构、表示方式等多方面都不相同,要使其集成在一起需要解决许多理论及技术上的问题。

根据集成时的侧重点不同,一般可把集成方式分为三种模式,即神经网络支持专家系统、专家系统支持神经网络及两者对等。

所谓神经网络支持专家系统是指,以传统的专家系统技术为主,辅以神经网络的有关技术。例如,知识获取是传统专家系统建造中的瓶颈问题,而学习恰是神经网络的主要特征,因而可把神经网络用于专家系统的知识获取,这样就可通过领域专家提供相应的事例由系统自动地获取知识,省却了知识工程师获取知识的手工过程。再如,在推理中可运用神经网络的并行推理技术以提高推理的效率等。

所谓专家系统支持神经网络是指,以神经网络的有关技术为核心,建立相应领域的专家系统,针对神经网络在解释等方面的不足,辅以传统专家系统的有关技术,这样建立的系统一般称为神经网络专家系统,下面(11.3.2及11.3.3)我们将讨论在这种系统中的知识表示及推理等问题。

所谓神经网络与专家系统的对等模式是指,在求解复杂问题时,仅仅使用神经网络或传统专家系统可能都不足以解决问题,此时可把问题分解为若干个子问题,然后针对每个子问题的特点分别用神经网络及传统的专家系统进行解决。这就要求在一个系统中同时具有神经网络及传统的专家系统,在它们之间建立一种松耦合或紧耦合的联系。

把神经网络与传统专家系统集成起来是一件有相当难度的工作,尽管目前已有一些集成系统问世(例如新加坡航空公司的航空设备故障诊断系统等),但规模都还比较小,求解的问题也都还比较单一,进一步的应用还需要做更多的研究工作。

11.3.2 基于神经网络的知识表示

知识表示是人工智能的基础,它是对客观世界进行的形式化描述。在基于神经网络的系统中,知识的表示方法与传统专家系统中所用的方法(如产生式、框架、语义网络等)完全不同,传统专家系统中所用的方法是知识的显式表示,而神经网络中的知识表示是一种隐式的表示方法。在这里,知识并不像在产生系统中那样独立地表示为每一条规则,而是将某一问题的若干知识在同一网络中表示。例如在有些神经网络系统中,知识是用神经网络所对应的有向带权图的邻接矩阵及阈值向量表示的。如对图 11-23 所示的表示异或逻辑的神经网络来说,其邻接矩阵为

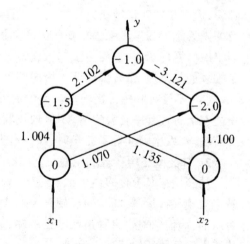

图 11-23 表示"异或"逻辑的神经网络

$$\begin{bmatrix} 0 & 0 & 1.004 & 1.070 & 0 \\ 0 & 0 & 1.135 & 1.100 & 0 \\ 0 & 0 & 0 & 0 & 2.102 \\ 0 & 0 & 0 & 0 & -3.121 \\ 0 & 0 & 0 & 0 & 0 \end{bmatrix}$$

如以产生式规则来描述,该网络代表了下述四条规则:

IF	$x_1=0$	AND	$x_2=0$	THEN	$y=0$
IF	$x_1=0$	AND	$x_2=1$	THEN	$y=1$
IF	$x_1=1$	AND	$x_2=0$	THEN	$y=1$
IF	$x_1=1$	AND	$x_2=1$	THEN	$y=0$

下面再来看一个用于医疗诊断的例子。假设整个系统的简易诊断模型只有六种症状,两种疾病,三种治疗方案。对网络的训练样例是选择一批合适的病人并从病历中采集如下信息:

症状:对每一症状只采集有、无及没有记录这三种信息。

疾病:对每一疾病也只采集有、无及没有记录这三种信息。

治疗方案:对每一治疗方案只采集是否采用这两种信息。

其中,对“有”、“无”、“没有记录”分别用 $+1$、-1、0 表示。这样对每一个病人就可以构成一个训练样例。

假设根据症状、疾病及治疗方案间的因果关系,以及通过训练样例对网络的训练得到了如图 11-24 所示的神经网络。其中,$x_1, x_2, \cdots, x_6$ 为症状;x_7, x_8 为疾病名;x_9, x_{10}, x_{11} 为治疗方案;x_a, x_b, x_c 是附加层,这是由于学习算法的需要而增加的。在此网络中,$x_1, x_2, \cdots, x_6$ 是输入层;x_9, x_{10}, x_{11} 是输出层;两者之间以疾病名作为中间层。

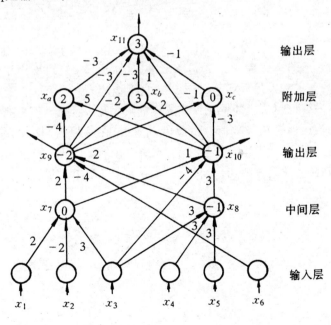

图 11-24 医疗诊断系统连接模型

对图 11-24 及有关问题说明如下：

（1）这是一个带有正负权值 w_{ij} 的前向网络，由 w_{ij} 可构成相应的学习矩阵。在该矩阵中，当 $i \geqslant j$ 时，$w_{ij} = 0$；当 $i < j$ 且节点 i 与节点 j 之间不存在连接弧时，w_{ij} 也为 0；其余为图中连接弧上所标出的数据，这个学习矩阵可用来表示相应的神经网络。

（2）神经元取值为 $+1, 0, -1$，特性函数为一离散型的阈值函数，计算公式为：

$$X_j = \sum_{i=0}^{n} w_{ij} x_i$$

$$x'_j = \begin{cases} +1, & 若\ X_j > 0 \\ 0, & 若\ X_j = 0 \\ -1, & 若\ X_j < 0 \end{cases}$$

其中，X_j 表示节点 j 输入的加权和；x'_j 为节点 j 的输出。另外，为计算方便，上式中增加了 $w_{oj} x_o$ 项，x_o 的值为常数 1，w_{oj} 的值标在节点的圆圈中，它实际上是 $-\theta_j$，即 $w_{oj} = -\theta_j$，θ_j 是节点 j 的阈值。

（3）图中连接弧上标出的 w_{ij} 值是根据一组训练样例，通过运用某种学习算法（如 B-P 算法）对网络进行训练得到的，这就是神经网络专家系统所进行的知识获取。

（4）由全体 w_{ij} 的值及各种症状、疾病、治疗方案名所构成的集合就形成了该疾病诊治系统的知识库。

11.3.3 基于神经网络的推理

基于神经网络的推理是通过网络计算实现的。把用户提供的初始证据用作网络的输入，通过网络计算最终得到输出结果。例如对上一段给出的诊治疾病的例子，若用户提供的证据是 $x_1 = 1$（即病人有 x_1 这个症状），$x_2 = x_3 = -1$（即病人没有 x_2 与 x_3 这两个症状），当把它们作为输入送入网络后，就可算出 $x_7 = 1$，这是由于

$$0 + 2 \times 1 + (-2) \times (-1) + 3 \times (-1) = 1 > 0$$

由此可知该病人患的疾病是 x_7。若再给出进一步的证据，还可推出相应的治疗方案。

在这个例子中，如果病人的症状是 $x_1 = x_3 = 1$（即该病人有 x_1 与 x_3 这两个症状），此时即使不指出是否有 x_2 这个症状，也能推出该病人患的疾病是 x_7，因为不管病人是否还有其它症状，都不会使 x_7 的输入加权和为负值。由此可以看出，在用神经网络进行推理时，即使已知的信息不完全，照样可以进行推理。一般来说，对每一个神经元 x_i 的输入加权和可分为两部分进行计算，一部分为已知输入的加权和，另一部分为未知的输入加权和，即

$$I_i = \sum_{x_j 已知} w_{ij} x_j$$

$$U_i = \sum_{x_j 未知} |w_{ij}|$$

当 $|I_i| > U_i$ 时，未知部分将不会影响 x_i 的判别符号，从而可根据 I_i 的值来使用特性函数：

$$x_i = \begin{cases} 1, & 若\ I_i > 0 \\ -1, & 若\ I_i < 0 \end{cases}$$

由以上例子可以看出网络推理的大致过程，一般来说，正向网络推理有如下步骤：

438

(1) 把已知数据作为输入赋予网络输入层的各个节点。

(2) 利用特性函数分别计算网络中各层的输出。计算中，前面一层的输出将作为后面一层有关节点的输入，逐层进行计算，直至计算出输出层的输出值。

(3) 用阈值函数对输出层的输出进行判定，从而得到输出结果。

上述推理具有如下特征：

(1) 同一层的处理单元(神经元)是完全并行的，但层间的信息传递是串行的。由于层中处理单元的数目要比网络的层数多得多，因此它是一种并行推理。

(2) 在网络推理中不会出现传统专家系统中推理的冲突问题。

(3) 网络推理只与输入及网络自身的参数有关，而这些参数又是通过使用学习算法对网络进行训练得到的，因此它是一种自适应推理。

以上讨论了基于神经网络的正向推理，其实在神经网络中也可实现逆向及双向推理，但它们要比正向推理复杂一些。

11.4　神经网络在模式识别中的应用

回顾模式识别中分类器的工作过程，就会发现它与本章所讨论的那几种网络模型的学习及工作过程有某些相似之处。模式识别中的分类法可分为有教师的及无教师的两种。对于前一种，其工作过程可分为两个步骤：首先计算待识别模式与各类模式标本(样例)的相似程度；然后选出相似度最大的类别作为待识别模式的类。现在我们再来看神经网络的学习及工作过程。在有教师的学习中，首先用一组训练样例对网络进行训练，确定各连接权值，然后再用网络求解现实问题。如果在进行模式识别之前，先用一组分别代表不同类别的样例对网络进行训练，将连接权值确定下来，那么该网络自然就会实现对待识别模式的分类。对于模式识别中无教师的分类方法，可用神经网络中无教师的学习与之对应。

下面我们来看两个用神经网络进行模式识别的例子。

1. 语音的识别

下面讨论以 B-P 算法进行语音识别的例子。

(1) 网络训练。分别取若干人的标准发音构成训练样例集，每一样例都有输入模式(基频信号)$X = (x_1, x_2, \cdots, x_n)$ 和相应的期望目标输出模式 $Y = (y_1, y_2, \cdots, y_m)$，用 B-P 算法进行训练。每一次训练过程都以输入模式 X 经输入层正向传播，得到一个实际输出模式与期望目标输出模式的差值，然后再反向传播去修正各连接权值。经若干次训练后就可得到稳定的连接权值。

(2) 识别。先对待识别的语音采样并进行基频信号提取，然后将它送入网络的输入层，网络经各层计算后得到输出，设为

$$O = (o_1, o_2, \cdots, o_n)$$

取其中最大者，即

$$o_i = \max_j \{o_j\}$$

作为待识别模式所属的类别。

2. 数字的识别

这是一个用霍普菲尔特网络识别数字的例子。

在该网络中有 120 个节点(神经元),14 400 个连接权值,用图 11-25 所示的八个数字的模式对网络进行训练,每个数字模式用 120 个黑白象素表示,每个象素为一小方块,分别用 1 和 -1 表示。

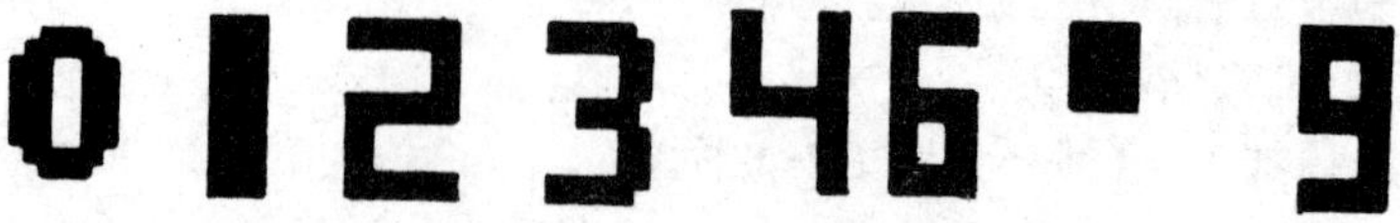

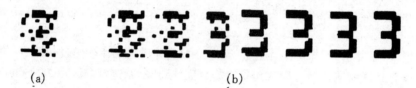

图 11-25　八个样本模式

在识别阶段,把表征数字 3 的向量按 25% 的比例随机进行改变,即把 1 改为 -1 或把 -1 改为 1,如图 11-26(a)所示。然后以修改后的模式作为输入,经网络七次迭代,最后得到原数字 3,如图 11-26(b)所示。由图可以看出,在迭代过程中,输出结果越来越接近于正确的模式,第六次迭代后已能输出正确的结果。

(a)　　　　　　　　　　　　　　(b)

图 11-26　含有噪声的输入"3"及其输出

本 章 小 结

1. 人工神经网络是一个用大量简单处理单元经广泛连接而组成的人工网络,用来模拟人脑神经系统的结构和功能。它具有学习能力、记忆能力、计算能力以及智能处理功能。

2. 人工神经元是对生物神经元的模拟,它是构成神经网络的基本单元,人工神经网络就是对许多人工神经元进行广泛连接而构成的,不同的连接方式以及不同的学习算法就构成了不同的网络模型。每一个神经元的功能与结构都是十分简单的,但经连接之后所构成的网络却是十分强大的,而且使它具有许多无可比拟的优越性,如容错、学习、便于实现等。

3. 本章讨论了四种网络模型。若按网络的拓扑结构划分,感知器及 B-P 模型属于无反馈的网络,Hopfield 模型及 ART 模型属于有反馈的网络;若按其学习有无教师来划分,则前三种模型的学习都是有教师的,而 ART 模型的学习属于无教师的。这样,我们就对各种主要类别中有代表性的网络模型进行了简要的讨论。

4. 学习是神经网络的主要特征之一,这使它可以根据外界环境来修改自身的行为。在神经网络的发展过程中,各种学习算法的研究占据着重要地位。从 20 世纪 40 年代末赫布提出的学习规则到 20 世纪 60 年代提出的感知器学习算法,以及以后的多层网络学习算法、竞争学习算法等,人们一直在探索模拟人类学习的机理,使计算机具有更强的学习能力。在人工神经网络中,学习的过程是对网络进行训练的过程,即不断调整它的连接权值,以使它适应环境变化的过程。学习可分为有教师(或称有监督)学习与无教师(无监督)学习两种类型。有教师的学习是指通过外部"示教者"进行的学习,所谓示教者就是对网络提供的一组训练样例,学习

440

时网络对样例的输入向量进行计算,再以其输出与样例的期望输出进行比较,求出差异,若该差异不满足事先规定的要求,则用算法按差异减小的方向改变网络的连接权值。逐个使用样例集中的样例,重复上述过程,直到整个训练样例集的差异达到要求为止。无教师的学习不要求在样例中提供期望的输出,它是通过在学习过程中抽取训练样例中的统计特性,把类似的输入向量聚成一类的,使用特定类中任一向量作为输入向量,都将产生该类特定的输出向量。

5. 对神经网络的研究,使人们对思维和智能有了更进一步的了解和认识,开辟了另一条模拟人类智能的道路。我们看到,以逻辑、语言为基础的人工智能只能模拟人类智能的一部分,即逻辑思维,而神经网络可实现对人类形象思维的模拟,这就使人工智能中遇到的一些困难问题有可能得到解决。但也应该看到,试图用神经网络方法去代替所有传统的人工智能方法亦是行不通的。把两者结合起来解决人们所面临的各种问题不仅与人们解决问题的方法相类似,而且是模拟智能研究的必由之路,因为人在解决问题时既用逻辑思维,也用形象思维。本章中我们讨论了神经网络在专家系统中的应用,就是这种结合的一个方面。

6. 神经网络的研究涉及到众多的学科,如数学、物理学、计算机科学、心理学、神经生理学、哲学等,它的发展必将对这些学科的发展产生重要影响,但也需要得到这些学科的支持与帮助,它只有在这些学科进一步发展的基础上才能得到提高和发展。由于种种客观条件的限制,虽然自麦克洛奇等提出 M-P 模型后的 50 多年来神经网络的研究取得了一定的进展,成为一种具有独特风格的信息处理学科,但目前研究的还只是一些简单的人工神经网络模型,尚未建立起一套完整的理论体系,许多艰巨而复杂的问题还有待人们深入的研究和探讨,任重而道远。

习　　题

11.1　何谓人工神经网络? 它有哪些特征?

11.2　生物神经元由哪几部分构成? 每一部分的作用是什么? 它有哪些特性?

11.3　什么是人工神经元? 它有哪些连接方式?

11.4　试述单层感知器的学习算法?

11.5　何谓 B-P 模型? 试述 B-P 学习算法的步骤。

11.6　什么是网络的稳定性? 霍普菲尔特网络模型分为哪两类? 两者的区别是什么?

11.7　试述 ART 的基本原理及学习过程。

11.8　神经网络与传统专家系统在哪些方面可以互补?

11.9　神经网络与专家系统有哪些集成方式?

11.10　说明有教师学习与无教师学习的区别?

第 12 章　智能计算机

随着人工智能研究的不断深入以及相关学科的迅速发展,人们对计算机的要求也在不断提高,不仅希望在现有的电子数字计算机上建造智能系统,使它能模拟人类的某些智能行为,而且希望逐步实现人工智能的远期目标,即建造智能计算机。为此,包括我国在内的许多国家都开展了相应的研究工作,取得了一定的进展。特别是在日本提出第五代计算机发展计划之后,更在世界上掀起了研制新型计算机的热潮,为智能计算机的最终实现迈出了重要的一步。

本章将讨论智能计算机的有关概念,并介绍几种新型计算机的研究情况。

12.1　什么是智能计算机

由第 1 章关于人工智能的讨论可以看出,所谓智能计算机就是用来模拟、延伸、扩展人类智能的一种新型计算机系统。它与目前人们使用的冯·诺依曼型计算机无论在体系结构,还是在工作方式及功能上都有很大的不同。本节将通过对冯·诺依曼型计算机的分析来讨论智能计算机的一般特征。

众所周知,自 1946 年莫克利(J. W. Mauchly)与埃柯特(J. P. Eckert)研制出第一台电子数字计算机 ENIAC 以来,计算机的发展已经经历了电子管计算机、晶体管计算机、集成电路计算机以及大规模集成电路计算机四代。50 多年来,计算机无论是在硬件方面还是在软件方面都取得了惊人的进步。在硬件方面,由于微电子技术及集成电路的发展,使得计算机大大提高了运算速度,扩大了存储容量,提高了可靠性与稳定性,减小了体积,降低了能耗及成本。在软件方面,各种通用的或专用的高级程序设计语言相继问世,各种操作系统、数据库系统、网络系统等也都交付使用。这一切都为计算机的普及与应用以及科学技术的发展与进步起到了非常重要的作用,产生了不可估量的影响。

但是,这四代计算机在硬件方面的进步主要还只是表现在组成部件的更新换代上,原理上并无实质性的突破,其体系结构始终没有跳出冯·诺依曼型的结构体系,具体表现在以下几个方面:

(1) 这四代计算机都是由运算器、控制器、存储器、输入输出设备这五大部分构成的。其中,运算器与控制器组成了中央处理器(CPU),负责控制与运算;存储器负责存储程序与数据。显然,存储与运算是分别集中进行的,而且两者是分离的。

(2) 工作方式是顺序的、串行的,因此它们所能执行的算法都是图灵模型意义下的算法,即串行算法。另外,当人们需要用计算机求解问题时,必须事先用某种程序设计语言编制程序,具体地指出先做什么,后做什么以及怎样做。计算机只能按程序规定的次序顺序地执行,只能完成程序指定的工作。

(3) 所采用的元件只有两种状态,任何数据或符号在计算机内部都是用二进制数表示的。

442

因此,需要用计算机求解的问题必须先把它转化为一系列的布尔代数运算,这样才能在计算机上实现。

(4) 从功能上看,它们主要用于数值型数据的计算及非数值型数据的符号处理。

(5) 人机接口不自然,而且输入输出的慢速度与主机的高速度处理能力不匹配,使得人们不能方便地使用计算机,它的效率亦得不到提高。

用这四代计算机与人脑相比,可明显地看出它有如下一些局限性:

(1) 人的记忆与思维是相随相伴不可分的,信息是分布存储的,但冯·诺依曼型计算机的数据处理与存储是完全分离的,在处理器与存储器之间仅仅通过一条狭窄的通道逐字地交换数据,这就与大脑中记忆与思维合一而且信息分布的方式不一致,不能满足模拟人类记忆与思维的需要。

(2) 人的思维过程是串行与并行共存且以并行为主的,这就使得人们不仅可以顺序地处理问题,而且可以同时应付多种不同的情况,把问题的不同侧面、不同因素密切地联系起来,进行多方位的综合性思考,但目前的计算机只能进行串行式的处理。

(3) 现实世界中的事物并非都是确定性的两态逻辑,更多的是多态逻辑、非确定性的、模糊的,人脑可以很自然地处理这样的事物,但目前的计算机是基于两态逻辑的,为了对不确定性进行处理,需要从软件上弥补这一缺陷,这就增加了软件设计的复杂性及难度,正像我们在第5章讨论的那样。

(4) 人的思维方式除了逻辑思维外,还有形象思维、顿悟思维等,人们在处理问题时,通常是把它们结合起来进行的。但是,目前的计算机只能进行符号处理,任何要在计算机上进行处理的问题都必须表示为一串符号序列,并且还要给出处理这些符号的规则。因此它所能解决的问题仅仅局限于逻辑思维所能解决的问题范畴内,这就使得现有的计算机难以有创造性,它只能做人们为它规定的工作。另外,由第6章的讨论可以看出,目前的计算机是通过搜索在知识库中寻找可利用的知识的,而这些知识都是事先用某种表示模式进行了形式化的,当问题比较复杂时,搜索空间就变得很庞大,往往会引起组合爆炸。冯·诺依曼型计算机在思维能力方面的局限性极大地限制了它的功能,使得它无法进行音乐、美术方面的创作,数学上不能发现新的定理。目前人工智能在自然信息理解、机器翻译、机器学习等方面遇到的困难都与它的这种局限性有关。

(5) 人具有感知能力,能通过感觉器官感知外部世界,得到所需要的有关信息,但目前的计算机却不具有这种能力,它需要人们通过输入设备(如键盘等)把已表示出来的信息交给它才能进行处理。尽管目前人们已经通过软件的方法设计了各种比较方便的人机接口方式,但它们仍然是非自然性的,人们仍然不能直接通过"说"或者手写文字以及图形、物象等与计算机直接交互,这就限制了计算机的应用与普及。

(6) 人们具有多种形式的表达能力及行为能力,能对外部刺激及时地作出反应,这也是目前的计算机做不到的。

总之,虽然目前的冯·诺依曼型计算机已经为人类做出了巨大的贡献,但它与人类智能相比还相差很远。为了实现人类智能在计算机上的模拟、延伸、扩展,必须对其体系结构、工作方式、处理能力、接口方式等进行彻底的变革,这样造出来的计算机才能称为智能计算机。然而,这不是一朝一夕就可以实现的,需要时间以及各有关学科的密切配合,目前人们正在朝着这一目标前进着。

12.2 知识信息处理系统

关于智能计算机的研究,首先引起了日本的重视,1981 年 10 月日本通产省正式宣布了一个研制知识信息处理系统 KIPS 的计划,号称为"第五代计算机",它试图从硬件上造出一个能方便地进行知识信息处理的机器。这一计划很快便得到了日本各大公司的响应和资助,并在世界上引起了强烈的反响,有的人惊呼,有的人怀疑,甚至有的人贬斥,然而多数人是重视的,致使在 20 世纪 80 年代出现了世界范围的开发新型计算机的浪潮,例如英国的阿尔维计划、西欧的尤里卡计划、美国的 STARS 计划和 MCC 计划等都相继地提了出来。虽然这些计划并不限于计算机技术,但大多与人工智能,特别是智能计算机的研制直接有关。日本提出的这项发展计划之所以能引起人们如此强烈的反响,而且形成了各发达国家互相竞争的局面,主要是因为新型计算机的研究将是对前四代计算机的彻底变革,它不仅要用到人工智能的各有关理论和技术,而且还将涉及通信技术、神经生理学、心理学、数学等多种学科,对它的研究将会促进这些学科的共同发展,推动整个新技术革命的进程。因此,它不仅在科学、技术进步方面有重要意义,而且对政治、经济、军事等都会产生深远的影响。

日本知识信息处理系统的研究目标是要建立起能适应知识信息处理,基于知识库和并行推理机的智能计算机,其结构如图 12-1 所示。

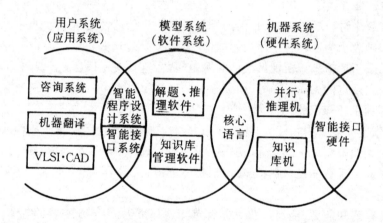

图 12-1 知识信息处理机概念图

由图 12-1 可以看出,知识信息处理系统由用户系统(应用系统)、模型系统(软件系统)和机器系统(硬件系统)三大部分组成。机器系统包括并行推理机、知识库机及专门用于声音与图象处理的智能接口硬件,它通过核心语言与模型系统接口。模型系统与用户系统的重叠部分有智能接口系统及智能程序设计系统。用户系统与机器系统之间通过模型系统实现联系。模型系统主要包括解题、推理软件和知识库管理软件。上述各部分之间的逻辑联系如图 12-2 所示。

下面分别就解题、推理系统,知识库系统,智能接口系统,智能编程系统作一简要说明。

1. 解题、推理系统

该系统以 PROLOG 语言作为核心语言,研制、开发基于元推理的协调解题系统,它的硬件

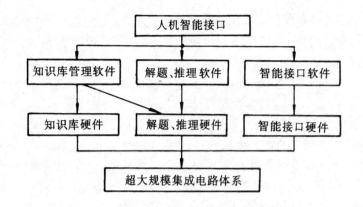

图 12-2 知识信息处理机逻辑结构

是并行推理机 PIM,其推理速度可达 100M～1GLIPS(Logical Inference Per Second)。PIM 是由若干台个人顺序推理机 PSI(Personal Sequential Inference Machine)组成的。协调解题系统的软件由两部分组成:一部分是用于并行推理的基本软件;另一部分是对问题建立有效算法的解题软件。

2.知识库系统

知识库系统是 KIPS 的基础部分,目标是建立起知识描述系统、知识获取系统、分布式知识库管理系统以及知识库维护支持系统等。实现这些功能的硬件是知识库机,其容量可达 $10^{12}\sim10^{13}$ 字节,能对知识信息进行高速的关系运算,并能以并行方式对大容量的知识库进行快速检索与更新。

知识库系统与上面讨论的解题、推理系统结合在一起,构成了知识信息系统的核心。

3.智能接口系统

该系统用于实现自然语言、图象等的人机交互。自然语言除包括日语外,还包括英语等多个语种。智能接口系统的硬件是可进行语音、文字、图象等处理的专用处理机及输入输出机,与之对应的软件系统是智能接口软件,它具有灵活的人机会话功能。

4.智能编程系统

该系统用于实现程序的自动合成。当要编程时,该系统根据问题的描述及输入输出条件生成相应的基本模块,并进行程序综合及正确性的验证,自动生成所需的解题程序。这样,当要求解一个问题时,只要给出问题的描述就可以了,不必再像过去那样要编写一个"如何解决"问题的程序,从而大大减轻了编程的负担。

具有上述能力的知识信息处理系统不仅能作为通用计算机使用,而且还能根据不同领域的不同性能要求,使之成为具有相应功能的专用计算机。另外,它还可以构成分布式处理系统。

知识信息处理系统的不足之处主要有以下两点:

(1)就其体系结构而言,虽然采用了分布式结构和并行处理方式,但却仍然是基于两态逻辑的,其连接方式依然是软、硬件分离的刚性连接。

(2)就其智能水平而言,它虽然能根据知识进行自动推理,并且能在多种求解方案中自动寻优,但这些功能仅仅是人类智能中比较机械、基本的部分。除此之外,人们还有更高级的智

445

能,如直觉、联想、学习、猜测等。

因此,知识信息处理系统要想真正成为一种智能计算机,还需要在理论及技术方面做更多的工作,有待进一步的发展。由于它在计算机的发展过程中,曾产生了一定的影响,故我们做了以上简单的讨论。

12.3　人工神经网络计算机

随着人工神经网络研究的重新崛起,以及人们在超大规模集成电路(VLSI)技术、光计算及现代光学技术等方面研究所取得的进展,继日本提出的知识信息处理系统之后,一些国家相继提出了研制人工神经网络计算机的发展计划,并以此作为智能计算机研究的主攻方向。例如,美国国防部高级研究计划局宣布从 1988 年 11 月开始执行一项发展人工神经网络计算机的计划,投资 4 亿美元;日本国际贸易工业省(MITI)1988 年提出所谓人类尖端科学计划;通产省 1989 年提出研究一种超分布、超并行的人工神经网络计算机,等等。

所谓人工神经网络计算机是指能模拟人脑神经信息处理功能,通过并行分布和自组织方式,由大量基本处理单元相互连接所构成的计算机系统。根据所用的基本器件不同,人工神经网络计算机可分为若干种类型,本节讨论其中用得最多的一种,即基于超大规模集成电路的神经网络计算机,称为 VLSI 神经网络计算机或电子神经网络计算机。

VLSI 神经网络计算机是由电子神经芯片组成的计算机,而每个芯片都是一个集成电路。它所模拟的对象有两类,即具有记忆、联想、思维、学习功能的人脑及具有传感作用的器官。然而,这些器件仅仅是具有一定神经生理特性的简单工程模型,只能模拟生物器官的部分功能,与实际的生物器官有着较大的差别,主要表现在:

(1) 生物器官具有高度冗余的并行分布式结构和容错性,而电子神经器件难以实现这一点。这主要是因为生物神经网络系统中存在着大量连接,某一信息可能存储于多个神经元中,而且单个神经元亦可能与多种存储信息有关。

(2) 电子神经器件的计算依赖于物理定理,且受到资源的约束,而生物器官却能有效地完成高度复杂的计算。

(3) 电子神经元的反应速度虽比生物神经元快得多,但生物神经元的并行处理能力却远远超过电子神经元。

对于电子神经网络计算机,依其实现技术不同,又可分为数字集成电路与模拟集成电路两种形式,下面分别讨论。

12.3.1　数字集成电路形式

神经网络的基本单位是神经元,如果神经元是用数字集成电路构成的,就称它为数字 VLSI实现,或数字集成电路形式。

数字电路神经元的组成如图 12-3 所示,它由突触电路、树突电路和细胞体电路组成。树突电路的作用是收集信号并送到细胞体,再将其加权和与细胞体的阈值相比较,如果加权和大于阈值,则按其差值的比例进行输出;如果小于阈值,则输出为 0。突触电路的权值变化通过调节脉冲速率实现,并采用 RAM 存储权值,然后用一乘法器把输入脉冲信号与权值相乘,得到变化的权值,从而完成对权值的修改。它的输出端是轴突,用以输出信号,通常简单地采用

446

输出线实现。

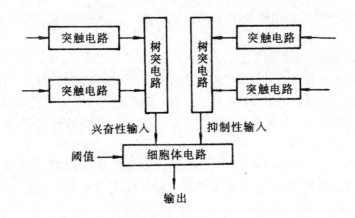

图 12-3　数字神经元电路

12.3.2　模拟集成电路形式

目前大多数神经网络器件都是用模拟集成电路实现的,这一方面是由于模拟电路模型与生物神经元的模型更接近,另一方面是由于模拟变量是连续变化的,比较容易实现神经网络的阈值器件及 S 型非线性特性函数等,但模拟集成电路方式存在功耗大、难以实现权值学习等困难。

1. 电压模式模拟

在电压模式模拟电路中,最基本的器件是一个有 Sigmoid 型响应的模块,它由放大器和一些电阻构成,如图 12-4 所示。

在稳压情况下,由基尔霍夫定律可以推出:

$$U_i = \sum_j w_{ij} V_j, \qquad w_{ij} = \frac{R}{R_j}$$

其中,要求 w_{ij} 的值可正可负,这可通过反相器同时提供 V 和 $-V$ 实现;另外要求 w_{ij} 的值可变,这个问题的解决要困难一些,一个简单的办法是用开关切换 k 个不同电阻,而开关可用事先存储的数字按要求进行控制。

霍普菲尔特网络可用电压模式模拟实现,其电路方程为

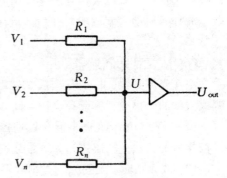

图 12-4　电压模式基本器件

$$\begin{cases} C_i \dfrac{\mathrm{d}u_i}{\mathrm{d}t} = \sum_{j=1}^{n} (V_j - u_i) T_{ij} + I_i \\ V_i = g(u_i) \end{cases}$$

如果定义系统的李雅普诺夫函数为

$$E = -\frac{1}{2} \sum_{i,j} T_{ij} V_i V_j - \sum_i I_i V_i + \sum_i \int_0^{V_i} g^{-1}(\eta) d\eta$$

就可证明

447

$$\frac{\mathrm{d}E}{\mathrm{d}t} \leqslant 0$$

其中, g 为单调增连续可微函数,从而可见霍普菲尔特网络的实现可归结为一有源 RC 网络的实现。

2. 电流模式模拟

目前集成电路的设计由于电流模式技术的发展而得到了新的发展。电流模式技术对诸如放大器、变换器、人工神经网络等都提供了有力的实现途径,人们预计电流模式信号处理与 IC 设计技术的发展将会改变目前由电压模式信号处理统治 VLSI 的局面,形成与其共同发展,互相补充,互为兼容的新局面。

神经网络中,求和、阈值、非线性作用及突触权值矩阵是起主导作用的四个方面,其中又以突触权值的实现最为关键。由于突触连接具有跨导特征,这就使得电流模式 VLSI 技术成为最优实现。

电流模式技术刚刚问世不久,对其基本理论与方法体系、基本部件(如集成传送器、电流放大器、电流模式电压放大器等)的设计、它与电压模式的兼容技术等都还需要做进一步的探讨与研究。

12.4 光计算机

自 1963 年气体激光器与半导体电流注入泵式激光器发展以来,人们已开始注意光数字计算技术发展的可能性,美国光学公司、麻省理工学院、IBM 公司率先开展了相应的研究工作。30 多年来,关于光计算的研究已经取得了较大的进展,形成了光学信息处理这一分支。如果说以前人们对它在计算机研制方面的发展前景还没有太大的把握,甚至把它视为一种"看不准的技术",那么今日已经得到广泛应用的光存储器以及具有某些识别及检索功能的光电计算机及全光计算机的研制成功,将使人们看到它在智能计算机研究方面所具有的巨大潜力。

12.4.1 空间光调制器

空间光调制器(SLM)是构成光计算机的基本功能器件,它用于对光束的位相、偏振态、振幅或强度的一维或二维分布进行空间和时间的调制。具体地说,它有下列功能:

(1) 变换功能。在光电混合处理器中它可以把写入的电信号转变为输出光信号,并且可以按所需的格式把输出排列为一维或二维的数据组,亦可以是二维的图象。

(2) 放大功能。当写入的光强较弱时,它可以对其进行放大,然后进行输出。

(3) 算术运算功能。对大多数 SLM 来说,信号相乘是其固有的性能,利用 SLM 很容易实现数字矢量与数字矩阵以及数字矩阵之间的乘法运算。

(4) 记忆功能。所有 SLM 都是利用电荷生成元件形成一个与写入像相对应的电荷分布的,这种电荷分布可以在 SLM 中存储,因而 SLM 可用作存储器件。

(5) 线性与非线性变换特性。SLM 可对写入象上的每一点同时进行线性运算,也可以进行非线性运算。有些器件的输出强度 O 以 $\alpha \sin^2(I^2)$ 正比于输入强度 I;另有一些器件的输出强度与写入光强度成指数比例关系;还有一些器件使读出光通过一组正交的偏转片或通过干涉来得到最后的输出光束,这就使输出振幅与写入光速的强度之间呈正弦函数关系。

（6）阈值操作功能。利用器件的阈值特性或双稳态特性可以实现二进制逻辑运算及模－数转换功能，同时还可用来限制噪声光束强度的涨落。

（7）并行处理功能。

SLM 的上述功能使得它既可以完成数字运算和模拟运算，又可以完成图象处理的许多任务。不仅能用于逻辑运算、算术运算、矩阵运算以及实现求解方程组，而且又能在图形识别、图象处理中起关键的作用。特别是近年来人工智能计算机的研究要求处理大量的信息，SLM 就愈发显示出它在三维互连和并行处理能力上的优越性，对诸如图形的识别与分类，图象的理解，机器人的视觉和操作，语言的理解等都可以发挥重要的作用，成为光计算机中不可缺少的主要部件。

12.4.2　光互连

通常，在神经网络计算机中随着神经元数量的增加，神经元互连的数量和状态演变所需的计算量都会急剧增加。在这方面，VLSI 系统的互连神经元个数受工艺和电感干扰的制约，运算时间依 $O(N^2)$ 的规律上升，而光学技术却具有超高速运算能力、高度空间并行性和良好的互连特性，在一定的条件下，运算时间基本上与 N 无关，而且是当前能够达到 10^{12} 路平行负荷神经元网络之间互连的唯一可行办法。

就光互连的方式而言，依所用传播介质的不同，大致可分为如下三类：

1. 自由空间互连

所谓自由空间互连是指光束按空间直线传播，并遵从反射、折射定律及衍射规则的互连方式。按所用的光学元件不同，又可分为聚焦及不聚焦两类。这是一种最简便、廉价的互连方式，当前的困难在于光学元件的效率不高，光能损耗较大。

2. 光纤互连

这是利用单膜或多膜光纤作为导光介质的一种互连方式。由于它具有传导速度快、抗干扰、体积小（直径仅有零点几毫米）等优点，目前已被广泛用于通信中。

3. 集成光波导互连

用集成光波导器件实现互连的结构称为集成光波导互连。由于它可做成平面的，体积又小，因而在距离较近的器件间，用它比较方便。

实际应用时，可把上述三种方式结合起来使用，在不同的部分使用不同的互连方式。

12.4.3　光全息存储与光计算机的研制

在光的应用研究中，人们首先在信息存储方面取得了突破。从全息图的记录和再现情况认识到全息图具有存储信息的能力，它不仅可以存储二维信息，也可以存储三维信息；信息既可以是彩色或编码的，也可以是图象或字母数字的；既可以是空间上分离的，也可以是重叠的；既可以是永久保存的，也可以是可擦除的。另外，由于它有很高的位密度，存取速度又快，因而可以改善信息存储的空间和存取时间。事实上，近几年人们已广泛地运用这种技术实现了光外存储器。

关于光计算机的研究，尽管人们已经研制出了具有某些识别能力的计算机，例如法哈特（Farhat）采用电光器件开发了混合型光电计算机；加州理工大学建成了全光计算机，能够用分光器把胶片上的图象输入到系统中，然后通过透镜将输入图象聚焦在一张全息图上，再经过匹配产生有关的图案等。但总的来说,光计算机的研制还处于研究阶段,还存在一些理论及技术上的问题需要进一步解决。

12.5　生物计算机

生物计算机是利用生物材料和生物过程研制的计算机,是近几年提出的一种新型计算机。

早在1983年美国就公布了研制生物芯片的设想,引起了各有关方面的极大兴趣,开始探讨研制生物芯片的原理和技术。生物芯片的概念来自分子生物学的有关研究。分子生物学认为生命现象是由大量基因和蛋白质组合而成的,通过研究发现生物分子之间存在遵循着化学和物理规律的相互作用,并且在相互作用的过程中形成了"生物电路",而且该"生物电路"具有类似于计算机信息传输和处理的功能,特别是具有某些逻辑运算功能。美国斯坦福大学的研究者们也在细菌中发现了"生物电路",并且在生物利用能量的糖酵解过程中发现了逻辑运算现象,声称找到了有关的"逻辑门"。英国剑桥大学的一个研究小组在研究中还发现,一些蛋白质的主要功能不是构成生物体的某些结构,而是用于传输和处理信息。根据这些发现,一些研究者提出了生物芯片的概念,并且进而提出了研制生物计算机的种种设想,其中最引人注目的是DNA计算机。

DNA上含有大量的遗传密码,它通过生物化学反应完成遗传信息的传递。研究者们希望利用生命现象中的这一特征来进行DNA计算机的设计,其基本思想是:DNA分子之间可以在某种酶的作用下瞬间完成生物化学反应,从一种基因代码变为另一种基因代码,这样就可把反应前的基因代码作为输入的数据,而把反应后的基因代码作为运算结果,如果控制得当,这一过程就可用作计算机的运算。

关于DNA计算机的理论是1994年11月在美国《科学》杂志上首先由南加利福尼亚大学的阿德拉曼博士提出的,他利用DNA溶液首先在试管中成功地实验了运算过程。他认为利用这一技术构造的计算机能通过生物化学过程解决非常复杂的数学难题。1995年4月,来自世界各地的200多名分子生物学家、数学家、计算机科学家曾云集美国的普林斯顿大学讨论这一新思想,并提出了实验计划。参加这次会议的学者认为,DNA计算机将具有非常快的运算速度及惊人的存储容量,据估计,它在几天之内完成的运算量就可以达到目前世界上所有计算机问世以来运算量的总和,而它用$1m^3$的DNA溶液就可存储10^{19}位的数据,但它的能耗却只有一台普通电子计算机的10^{-9}。当然,这些数据只是依照某些实验估算出来的,是否真的能达到这样的水平,还要靠这种计算机制造出来之后才能确定。

生物计算机是人们在探索新型计算机过程中的又一新的尝试,通过对它的研究也许可进一步揭示人类智能的奥秘,把对智能计算机的研究向前大大推进一步,也许未来的智能计算机就是分子生物技术与神经网络技术的结合体。

目前,生物计算机的研究尚处于起步阶段,由于成千上万个原子组成的生物大分子形状非常复杂,而且可以卷曲、移动,甚至改变形状,因此"生物电路"中大分子之间进行的物理化学过程远非实验室内可以模拟的。这就使得生物计算机的实现还要走一段漫长的路,需要解决许多理论与技术方面的困难问题。

本 章 小 结

1. 本章在分析冯·诺依曼型计算机存在问题的基础上讨论了智能计算机的概念。所谓智能计算机是指可模拟、延伸、扩展人类智能的一种新型计算机系统。

2. 根据智能计算机研究的发展过程,本章首先讨论了日本的知识信息处理系统。虽然人们对它是否是第五代计算机存在着分歧,而且正像我们在本章讨论的那样,它具有一些重要的不足之处,离智能计算机的要求还相差甚远,但它毕竟是较早提出,而且真正付诸实施的一项研究,在世界上产生了重要的影响,对推动智能计算机的研究起到了积极的作用。

3. 随后,我们又讨论了在智能计算机研究中占有重要地位的三种新型计算机的研究情况,即人工神经网络计算机、光计算机、生物计算机。这些计算机目前都还处于研究、甚至探索的阶段,虽有部分研究成果,但都还称不上是智能计算机。它们都具有巨大的潜力,相信通过它们各自进一步的研究,以及它们的互相结合,一定会在智能计算机的研究道路上结出丰硕的成果。

习 题

12.1 什么是智能计算机? 从对现有计算机局限性的分析中,你认为智能计算机应具有哪些基本特征?

12.2 什么是人工神经网络计算机? VLSI 神经网络计算机分为哪几种形式?

12.3 作为光计算机基本部件的空间光调制器有哪些功能? 光互连有哪几种形式?

12.4 何谓生物计算机? DNA 计算机设计的基本思想是什么?

12.5 你对智能计算机的研制有何设想?

附录 动物识别系统(vc)

```
/* * * * * * * * * * * * * * * * * * * * * * * * * * * * * * * * *
                  程序名:ANIMAL.C
* * * * * * * * * * * * * * * * * * * * * * * * * * * * * * * * */

#include <stdio.h>
#include <stdlib.h>
#include <conio.h>
#include <windows.h>
#include <math.h>
#include <string.h>


/* 事实链表的结构描述 */
struct CAUSE_TYPE{
char * cause;                           /* 事实字符串指针 */
struct CAUSE_TYPE * next;               /* 指向下一个节点 */
};
/* 规则链表的结构描述 */
struct RULE_TYPE{
char * result;                          /* 结论字符串指针 */
int lastflag;                           /* 结论规则标志 */
struct CAUSE_TYPE * cause_chain;        /* 事实链表指针 */
struct RULE_TYPE * next;                /* 指向下一个节点 */
};

/* ==================================== */
struct CAUSE_TYPE * DataBase;           /* 已知事实链表的头指针   */
struct CAUSE_TYPE * Conclusion;         /* 结论链表的头指针       */
struct RULE_TYPE * KnowledgeBase;       /* 知识库规则链表的头指针 */
struct RULE_TYPE * Used;                /* 已使用规则链表的头指针 */
/* ==================================== */

void freeKB(struct RULE_TYPE * );       /* 释放规则链表子程序 */
void freeDB(struct CAUSE_TYPE * );      /* 释放事实链表子程序 */
int  FindCause(char * );                /* 查证事实是否已知子程序 */
```

452

```c
void markKB();                    /* 标记结论性规则子程序 */
void creatKB();                   /* 创建知识库的子程序 */
void inputDB();                   /* 输入已知事实的子程序 */
void think();                     /* 推理机子程序 */
void explain();                   /* 解释子程序 */

long FAR PASCAL  _ WndFun(HWND hWnd,UINT mes,WPARAM wParam,LPARAM
lParam);

HANDLE hCurInst;
int PASCAL WinMain(HANDLE hInst,HANDLE hPreInst,LPSTR lpCmd,int nStyle)
{   char Name[]="动物识别专家系统";
    HWND hWnd;
    MSG msg;
    WNDCLASS wc;
    hCurInst = hInst;
    if (! hPreInst)
    {
        wc.lpszClassName = Name;
        wc.hInstance = hInst;
        wc.lpfnWndProc = _ WndFun;
        wc.hCursor = LoadCursor(0,IDC _ ARROW);
        wc.hIcon = LoadIcon(0,IDI _ APPLICATION);
        wc.lpszMenuName = 0;
        wc.hbrBackground = GetStockObject(WHITE _ BRUSH);
        wc.style = CS _ HREDRAW|CS _ VREDRAW;
        wc.cbClsExtra = 0;
        wc.cbWndExtra = 0;
        if (! RegisterClass(&wc))
            return FALSE;
    }
    hWnd = CreateWindow(Name,Name,WS _ OVERLAPPEDWINDOW,180,120,220,
250,0,0,hInst,NULL);
    ShowWindow(hWnd,nStyle);
    UpdateWindow(hWnd);
    while (GetMessage(&msg,0,0,0))
    {
        TranslateMessage(&msg);
        DispatchMessage(&msg);
    }
```

```
            return msg. wParam;
    }

    long FAR PASCAL _ Wndfun(HWND hWnd,UINT mes ,WPARAM wParam,LPARAM
lParam)
    {   static HWND hcre,hin,hth,hex,hqu;
        RECT w;
        for(;;)
        {
            switch (mes)
            {
                case WM _ DESTROY:
                    PostQuitMessage(0);
                    return 0;
                case WM _ COMMAND:
                {
                    if (LOWORD(lParam)==hcre)   creatKB();
                    if (LOWORD(lParam)==hin)    inputDB();
                    if (LOWORD(lParam)==hth)    think();
                    if (LOWORD(lParam)==hex)    explain();
                    if (LOWORD(lParam)==hqu)
                    {
                        freeKB(KnowledgeBase);
                        freeKB(Used);
                        freeDB(DataBase);
                        freeDB(Conclusion);
                        DestroyWindow(hWnd);
                        PostQuitMessage(0);
                    }
                        return(0);
                }
                case WM _ CREATE:
                    GetClientRect(hWnd,&w);
                        hcre = CreateWindow("BUTTON","创建知识库",WS _ CHILD|
WS _ VISIBLE|BS _ PUSHBUTTON,40,30,100,25,hWnd,0,hCurInst,0);
                        hin = CreateWindow("BUTTON","输入已知事实",WS _ CHILD|
WS _ VISIBLE|BS _ PUSHBUTTON,40,60,100,25,hWnd,1,hCurInst,0);
                        hth = CreateWindow("BUTTON","进行推理",WS _ CHILD|
WS _ VISIBLE|BS _ PUSHBUTTON,40,90,100,25,hWnd,2,hCurInst,0);
                        hex = CreateWindow("BUTTON","解释",WS _ CHILD|
```

454

```
                  WS_VISIBLE|BS_PUSHBUTTON,40,120,100,25,hWnd,3,hCurInst,0);
                            hqu=CreateWindow("BUTTON","退出",WS_CHILD|
WS_VISIBLE|BS_PUSHBUTTON,40,150,100,25,hWnd,4,hCurInst,0);
                         return 0;
                  default:
                         return DefWindowProc(hWnd,mes,wParam,lParam);
            }
        }
    }

    /* 释放条件链表 */
    void freeDB(struct CAUSE_TYPE * cPoint)
    {
        struct CAUSE_TYPE * cp;
        while(cPoint)
        {
            cp=cPoint->next;
            free(cPoint->cause);
            cPoint->cause=NULL;
            cPoint->next=NULL;
            free(cPoint);
            cPoint=cp;
        }
    }

    /* 释放规则链表 */
    void freeKB(struct RULE_TYPE * rPoint)
    {
        struct RULE_TYPE * rp;
        while(rPoint)
        {
            rp=rPoint->next;
            freeDB(rPoint->cause_chain);
            rPoint->cause_chain=NULL;
            free(rPoint->result);
            rPoint->result=NULL;
            rPoint->next=NULL;
            free(rPoint);
            rPoint=rp;
        }
```

```
    }

/* 整理输入的规则,找出结论性的规则并打上标记 */
void markKB()
{
    struct RULE _ TYPE * rp1 , * rp2;
    struct CAUSE _ TYPE *  cp;

    rp1 = KnowledgeBase;
    while(rp1)
    {
        cp = rp1 -> cause _ chain;
        rp1 -> lastflag = 1;
        while(cp)
        {
            rp2 = KnowledgeBase;
            while(rp2)
            {
/* 若该规则结论是某规则的条件,则将该规则置为非结论规则 */
                if(strcmp(rp2 -> result, cp -> cause)==0)
                    rp2 -> lastflag = 0;
                rp2 = rp2 -> next;
            }
            cp = cp -> next;
        }
        rp1 = rp1 -> next;
    }
}

/* 创建知识库 */
void creatKB()
{
    FILE *  fp;
    struct CAUSE _ TYPE * cp = NULL;
    struct RULE _ TYPE * rp = NULL;
    int i,j;
    char sp[80];
    char ch;

    /* 释放知识库规则链表及已使用规则链表 */
    freeKB(KnowledgeBase);
    freeKB(Used);
```

```
KnowledgeBase = Used = NULL;
if ((fp = fopen(". \ \ rule. dat","r")) == NULL)
{
    printf(" \ n 知识库不存在！ \ n");
    printf("请输入新的规则,以创建知识库！ \ n");
    /* 输入新知识库的规则 */
    for(i = 1; ; i++)
    {
        printf(" \ n * * * * * * * * 第（%d）条规则 * * * * * * * * * *",i);
        printf(" \ n * * 结论:(是/会/有) ");
        /* 输入规则的结论部分 */
        gets(sp);
        if ( * sp==' \ 0') break;
        rp = (struct RULE _ TYPE * )malloc(sizeof(rp));
        rp -> result = (char * )malloc(sizeof(sp));
        strcpy(rp -> result,sp);
        rp -> cause _ chain = NULL;
        rp -> next = KnowledgeBase;
        KnowledgeBase = rp;

        /* 输入规则的条件部分 */
        for(j = 1; ; j++)
        {
            printf(" \ n * * * 条件(%d):(是/会/有) ",j);
            /* 输入第 J 个事实 */
            gets(sp);
            if ( * sp==' \ 0')   break;
            cp = (struct CAUSE _ TYPE * )malloc(sizeof(cp));
            cp -> cause = (char * )malloc(sizeof(sp));
            strcpy(cp -> cause,sp);
            cp -> next = rp -> cause _ chain;
            rp -> cause _ chain = cp;
        }
    }

    if(! KnowledgeBase)
    {
        printf(" \ n 警告！知识库中没有任何规则!! \ n");
        return;
```

```
        }
        printf("\n需要保存已建立的知识库吗？(Y/N)?");
        while(! strchr("YyNn",ch=getchar()));
        if (ch=='Y'|ch=='y')
            if((fp=fopen(".\\rule.dat","w"))==NULL)
            {
                printf("\n写文件有错误！\n");
                exit(1);
            }
            else {
                /* 保存已建立的知识库 */
                rp=KnowledgeBase;
                while(rp)
                {
                    fputs(rp->result,fp);
                    fputc('\n',fp);    /* "\n"为结论或事实的终结符 */

                    cp=rp->cause_chain;
                    while(cp)
                    {
                        fputs(cp->cause,fp);
                        fputc('\n',fp);
                        cp=cp->next;
                    }
                    fputs("\\\n",fp); /* "\\\n"为一条规则的终结符 */
                    rp=rp->next;
                }
                fclose(fp);
            }
    }
    else{
        /* 若知识库文件存在,则读入所有的规则,建立知识库 */
        while(! feof(fp))
        {
            fgets(sp,80,fp);
            if( *sp=='\\') break;
            rp=(struct RULE_TYPE * )malloc(sizeof(rp));
            rp->result=(char * )malloc(i=strlen(sp));
            sp[i-1]='\0';
```

458

```
            strcpy(rp->result,sp);
            rp->cause_chain=NULL;
            rp->next=KnowledgeBase;
            KnowledgeBase=rp;

            fgets(sp,80,fp);
            while( * sp! = ' \ \ ')
            {
                cp=(struct CAUSE_TYPE * )malloc(sizeof(cp));
                cp->cause=(char * )malloc(i=strlen(sp));
                sp[i-1]=' \ 0';
                strcpy(cp->cause,sp);
                cp->next=rp->cause_chain;
                rp->cause_chain=cp;
                fgets(sp,80,fp);
            }
        }
        fclose(fp);
    }
/* 给知识库中的所有结论规则打上标记 */
    markKB();
}

/* 输入已知条件的子程序 */
void inputDB()
{
int i;
char sp[80];
struct CAUSE_TYPE * cp;
/* 释放条件链表和推出结论链表 */
freeDB(DataBase);
freeDB(Conclusion);
DataBase=Conclusion=NULL;

printf(" \ n * * * * * 请输入已知事实: \ n");
for(i=1; ; i++)
{
    printf(" \ n * * 条件(% d):(是/会/有)",i);
    gets(sp);
    if ( * sp==' \ 0') break;
    cp=(struct CAUSE_TYPE * )malloc(sizeof(cp));
```

```
          cp −>cause = (char * )malloc(sizeof(sp));
          strcpy(cp −>cause,sp);
          cp −>next = DataBase;
          DataBase = cp;
      }
  }

  /*  在条件链表及结论链表中查证字符串 sp 是否存在
      若存在返回 1,否则返回 0  */
  int FindCause(char *  sp)
  {
      struct CAUSE _ TYPE *  cp2;
      /*  在条件链表中查找  */
      cp2 = DataBase;
      while(cp2)
        if(strcmp(sp,cp2 −>cause)==0)  return(1);
        else cp2 = cp2 −>next;
      /*  在结论链表中查找  */
      cp2 = Conclusion;
      while(cp2)
        if(strcmp(sp,cp2 −>cause)==0)  return(1);
        else cp2 = cp2 −>next;

      return(0);
  }
  /*  推理机子程序  */
  void think()
  {
  struct RULE _ TYPE *  rp1, * rp2;
  struct CAUSE _ TYPE *  cp1;
  int RuleCount,i;
  char sp[80];

  /*  把规则链表和已使用规则链表连接起来  */
  if(Used)
  {
      rp1 = Used;
      while(rp1 −>next) rp1 = rp1 −>next;
      rp1 −>next = KnowledgeBase;
      KnowledgeBase = Used;
```

```
        Used = NULL;
}

/* 释放结论链表 */
if(Conclusion)
{
    freeDB(Conclusion);
    Conclusion = NULL;
}

do{
    RuleCount = 0;
    rp1 = KnowledgeBase;
    while(rp1)
    {
        cp1 = rp1 -> cause _ chain;
        /* 取出一条规则的条件部分,检查是否全部为已知 */
        while(cp1)
            if(FindCause(cp1 -> cause)==0)   /* 若有条件未知,跳出该规则 */
                break;
            else cp1 = cp1 -> next;               /* 若该条件已知,查下一条件 */
        if(cp1)                    /* 若该规则的条件非全部已知,转下一条 */
        {   rp2 = rp1;
            rp1 = rp1 -> next;
        }
        else if(FindCause(rp1 -> result)==0)
        {
            /* 若该条规则的结论为新事实,将该结论加入结论链表,并
               将该条规则从知识库中取出,插入已使用规则链表中 */
            cp1 = (struct CAUSE _ TYPE * )malloc(sizeof(cp1));
            cp1 -> cause = (char * )malloc(sizeof(rp1 -> result));
            strcpy(cp1 -> cause, rp1 -> result);
            cp1 -> next = Conclusion;
            Conclusion = cp1;

            rp2 -> next = rp1 -> next;
            rp1 -> next = Used;
            Used = rp1;
            rp1 = rp2;
            RuleCount++;
            if(Used -> lastflag==1)   /* 若该规则为结论性规则,推理结束 */
```

461

```
                    {
                        RuleCount = 0;
                        break;
                    }
                }
                else {
                    rp2 = rp1;
                    rp1 = rp1 ->next;
                }
            }
        }while(RuleCount>0);        //do while
    if(! Conclusion||Used ->lastflag==0)
    {
        printf("\n已知事实不充分！请输入补充事实：\n");
        cp1 = DataBase;
        /* 显示已输入的事实 */
        for(i = 1;cp1;i++)
        {
            printf("\n * * 条件(%d):(是/会/有) %s",i,cp1 ->cause);
            cp1 = cp1 ->next;
        }
        /* 输入补充事实 */
        for(; ;i++)
        {
            printf("\n * * 条件(%d):(是/会/有)",i);
            gets(sp);
            if ( * sp=='\0') break;
            cp1 = (struct CAUSE _ TYPE * )malloc(sizeof(cp1));
            cp1 ->cause = (char * )malloc(sizeof(sp));
            strcpy(cp1 ->cause,sp);
            cp1 ->next = DataBase;
            DataBase = cp1;
        }
    }
    else printf("\n这个动物::(是/会/有) \"%s\" \n",Conclusion ->cause);
}

/* 对推理结果进行解释 */
void explain()
```

```c
{
struct RULE _ TYPE * rp;
struct CAUSE _ TYPE * cp;
int i;

rp = Used;
i = 0;
while(rp)
{
    printf("\ n * 这个动物(是/会/有）\ "%s\ ",因为：\ n",rp ->result);
    cp = rp ->cause _ chain;
    while(cp)
    {
        printf(" * * ( % d)--它(是/会/有）\ "%s\ "\ n",i++,cp ->cause);
        cp = cp -> next;
    }
    rp = rp -> next;
}
}
```

参 考 文 献

[1]　钱学森．关于"第五代计算机"的问题．思维科学，No.2，1985

[2]　傅京孙、蔡自兴、徐光佑．人工智能及其应用．北京：清华大学出版社，1987

[3]　涂序彦．人工智能及其应用．北京：电子工业出版社，1988

[4]　何华灿．人工智能导论．西安：西北工业大学出版社，1988

[5]　杨祥金、蔡庆生．人工智能．科学技术文献出版社重庆分社，1988

[6]　姚玉川、薛源福、宫雷光．知识系统．大连理工大学出版社，1988

[7]　王彩华、宋连天．模糊论方法学．北京：中国建筑工业出版社，1988

[8]　陆汝钤．人工智能．北京：科学出版社，1989

[9]　伊波、徐家福．类比推理综述．计算机科学，No.4，1989

[10]　王永庆、杜长征等．专家系统外壳 TTY．计算机工程与应用，No.7，1989

[11]　管纪文、张成奇．专家系统中的不精确推理研究．计算机研究与发展，No.12，1989

[12]　陈火旺、张少平．基于解释的学习．计算机科学，No.1，1990

[13]　尹红风、戴汝为．论思维及模拟智能．计算机研究与发展，Vol.27，No.4，1990

[14]　朱海滨、胡运发．面向对象方法学的研究．计算机科学，No.5，1990

[15]　何新贵．知识处理与专家系统．北京：国防工业出版社，1990

[16]　施鸿宝、王秋荷．专家系统．西安交通大学出版社，1990

[17]　R.G.Hoffman, John McCarthy．谈人工智能研究途径．崔良沂泽，计算机科学，No.1，1991

[18]　洪家荣．机器学习——回顾与展望．计算机科学，No.2，1991

[19]　W.Myers, Elain Rich．谈专家系统与神经网络能结合在一起．梁戒刚、孙蓉晖译，计算机科学，No.5，1991

[20]　John McCarty．人工智能研究需要更高标准．林作铨译，计算机科学，No.5，1991

[21]　黄可鸣．专家系统．南京：东南大学出版社，1991

[22]　沈清、汤霖．模式识别导论．北京：国防科技大学出版社，1991

[23]　石柱、张华杰、韩振．第二代专家系统研究．计算机工程与设计，No.4，1991

[24]　李凡．模糊推理．计算机杂志，Vol.19，No.5，1991

[25]　赵瑞清、王晖、邱涤虹．知识表示与推理．北京：气象出版社，1991

[26]　王汝笠、章明、周斌．第六代计算机——人工神经网络计算机．北京：科学技术文献出版社，1992

[27]　戴汝为、王鼎兴．人工智能发展的几个问题——IJCAI-91 简介．模式识别与人工智能．Vol.20，No.1，1992

[28]　童颀、沈一栋．知识工程．北京：科学出版社，1992

[29]　张师超．非确定推理的几个问题．计算机工程，No.4，1992

[30]　陈世福、潘金贵、徐殿祥．产生式知识库一致性和冗余性检查．计算机学报，No.9，1992

[31]　钟义信、潘新安、杨义先．智能理论与技术——人工智能与神经网络．北京：人民邮电

出版社,1992

[32] Maurice V. Wilkes.人工智能研究的历史与展望.黄林鹏编译,计算机科学,Vol.20,No.3,1993

[33] 徐洁磐、惠永涛、吕嵘.智能决策支持系统的发展与展望.计算机研究与发展,Vol.30,No.3,1993

[34] 肖人彬、费奇.DSS中的决策支持研究.计算机研究与发展,Vol.30,No.5,1993

[35] 王元元、张学平.智能限定说.计算机科学,Vol.20,No.5,1993

[36] 王永庆、陈莹.一种不确定推理模式的研究与实现.西安交通大学学报,Vol.27,No.1,1993

[37] 王永庆、陈莹.基于Petri网的模糊推理,西安交通大学学报,Vol.27,No.1,1993

[38] 应启瑞、王永庆、杜长征等.SES-专家系统开发环境的设计与实现.计算机技术,No.1,1993

[39] 应启瑞、王永庆、杜长征等.一个股票交易辅助决策专家系统的建造.微电子学与计算机,No.12,1993

[40] 施鸿宝.神经网络及其应用.西安交通大学出版社,1993

[41] 史忠植.神经计算.北京:电子工业出版社,1993

[42] 何新贵.模糊知识处理的理论与技术.北京:国防工业出版社,1994

[43] 陆汝钤等.专家系统开发环境.北京:科学出版社,1994

[44] 刘泉宝、刘永清.从思维科学看人工智能的研究.计算机科学,Vol.21,No.5,1994

[45] 王永庆.人工智能.西安交通大学出版社,1994

[46] 王永庆.专家系统WMES的研究与实现.微机发展,No.6,1994

[47] 涂序彦、李秀山、陈凯.智能管理.北京:清华大学出版社、广西科学技术出版社,1995

[48] 刘有才、刘增良.模糊专家系统原理与设计.北京航空航天大学出版社,1995

[49] 焦李成.神经网络计算.西安电子科技大学出版社,1996

[50] 高洪深.决策支持系统(DSS)——理论.方法.案例.北京:清华大学出版社、广西科学技术出版社,1996

[51] R.Davis, D.B. Lenat, .Knowledge-Based System in Artificial Intelligence. New York, McGraw-Hill, 1980

[52] R.H. Sprague, .A Framework for the Development of DSS. MIS Quarterly, Vol.4, 1980

[53] R.A. Reiter, .A logic for default reasoning. Artificial Intelligence, Vol.13, 1980

[54] P.R. Cohen, E.A. Feigenbaum, .The Handbook of Artificial Intelligence. Vol.3, Addison-Wesley, 1982

[55] R.H. Sprague, E.D. Carlson, . Building Effective Decision Support System. Prentice-Hall, Englewood Cliffs, 1982

[56] F. Hayes-Roth, D.A. Waterman, . Building Expert Systems, Addison-Wesley, 1983

[57] B. Chandrasekaran, On Evaluating Artificial Intelligence for Medical Diagnosis. AI Magazine, 1983

[58] L.A. Zadeh, . The Role of Fuzzy Logic in the Management of Uncertainty in Expert Sys-

tem: Fuzzy Sets and System. 1983

[59] E. Rich, Artificial Intelligence. McGraw-Hill, 1983

[60] B. G. Buchaman, E. H. Shortliffe, Rule-Based Expert Systems. Addison – Wesley, 1984

[61] P. H. Winston, The Artificial Intelligence Business. The Commercial Uses of AI. MIT Press, 1984

[62] L. N. Kanal, J. F. Lemmer, Uncertainty in Artificial Intelligence. Elsevier Science, 1986

[63] T. G. Dietterich, Learning at the Knowledge Level. Machine Learning, Vol. 1, 1986

[64] N. J. Nilsson, Probabilistic Logic. Artificial Intelligence, Vol. 28, No. 1, 1986

[65] E. Turban, D. R. Warkins,. Integrating Expert Systems and Decision Support System. MISQ, 1986

[66] J. R. Quinlan,. Induction of Decision Trees. Machine Learning, Vol. 1, 1986

[67] R. Pfeifer, H. J. Luthi,. Decision Support Systems and Expert Systems: a complementary relationship? Expert Systems and Artificial Intelligence in Decision Support Systems. D. Reidel Publishing Company, 1987

[68] J. E. Laird, A. Newell,. An Architecture for General Intelligence. Artificial Intelligence, Vol. 33, 1987

[69] P. D. Wasserman,. Neural Computing, Theory and Practice. New York, VNR, 1989

[70] E. C. Payne, R. C. McArthur,. Developing Expert Systems. John Wiley & Sons, New York, 1990

[71] D. W. Patterson,. Introduction to Artificial Intelligence and Expert Systems. Prentice Hall, New Jersey, 1990

[72] W. Krentzer, B. Mckenzie,. Programming for Artificial Intelligence, Methods, Tools and Applications. Addison-Wesley, 1991